Herausgeber:
Prof. Dr. Holger Dette · Prof. Dr. Wolfgang Härdle

Statistik und ihre Anwendungen

Azizi Ghanbari, S.
**Einführung in die Statistik für Sozial- und Erziehungs-
wissenschaftler** 2002

Brunner, E.; Munzel, U.
Nichtparametrische Datenanalyse 2003

Dehling, H.; Haupt, B.
**Einführung in die Wahrscheinlichkeitstheorie
und Statistik** 2. Auflage 2004

Dümbgen, L.
Stochastik für Informatiker 2003

Falk, M.; Becker, R.; Marohn, F.
Angewandte Statistik 2004

Franke, J.; Härdle, W.; Hafner, C.
Statistik der Finanzmärkte 2. Auflage 2004

Greiner, M.
Serodiagnostische Tests 2003

Handl, A.
Mulitvariate Analysemethoden 2003

Hilgers, R.-D.; Bauer, R.; Scheiber, V.
Einführung in die Medizinische Statistik 2003

Kohn, W.
Statistik Datenanalyse und Wahrscheinlichkeitsrechnung 2005

Ligges, U.
Programmieren mit R 2005

Meintrup, D.; Schäffler, S.
Stochastik Theorie und Anwendungen 2005

Plachky, D.
Mathematische Grundbegriffe der Stochastik 2002

Pruscha, H.
Statistisches Methodenbuch 2006

Schumacher, M.; Schulgen, G.
Methodik klinischer Versuche 2002

Steland, A.
Mathematische Grundlagen der empirischen Forschung 2004

Helmut Pruscha

Statistisches Methodenbuch

Verfahren, Fallstudien, Programmcodes

 Springer

Helmut Pruscha
Universität München
Institut für Mathematik
Theresienstraße 39
80333 München, Deutschland
e-mail: pruscha@mathematik.uni-muenchen.de

Bibliografische Information der Deutschen Bibliothek
Die Deutsche Bibliothek verzeichnet diese Publikation in der Deutschen
Nationalbibliografie; detaillierte bibliografische Daten sind im Internet
über http://dnb.ddb.de abrufbar.

Mathematics Subject Classification (2000): 62-01, 62-07, 62-04, 62P12

ISBN-10 3-540-26006-4 Springer Berlin Heidelberg New York
ISBN-13 978-3-540-26006-6 Springer Berlin Heidelberg New York

Springer ist ein Unternehmen von Springer Science+Business Media

springer.de

© Springer-Verlag Berlin Heidelberg 2006

Umschlaggestaltung: *design & production,* Heidelberg
Datenerstellung durch den Autor unter Verwendung eines Springer LATEX-Makropakets
Herstellung: LE-TEX Jelonek, Schmidt & Vöckler GbR, Leipzig
Gedruckt auf säurefreiem Papier   40/3142YL - 5 4 3 2 1 0

Dem Andenken an meine Eltern

Vorwort

Statistik dringt in immer weitere Bereiche der Naturwissenschaft, Technik, Medizin und Ökologie vor: Man denke an

- Wirksamkeits- und Qualitätsprüfung von Medikamenten oder von technischen Apperaturen
- Ermittlung von Faktoren, die Schäden im Wald oder im menschlichen Körper bewirken
- Prädiktion von Naturereignissen, von Lagerstätten oder von klimatischen Entwicklungen.

Nach der Datenerhebung tauchen typischer Weise solche Fragen auf:

- Sind die beobachteten Effekte signifikant – oder können sie durch Zufall entstanden sein?
- Wie reduziere ich einen Satz miteinander korrelierter Variablen bzw. wie kombiniere ich diese zu wenigen – aber aussagekräftigen – Faktoren?
- Wie können Datenpunkte in mehrdimensionalen Räumen visualisiert werden? Bei welcher Art von Projektion geben sie verborgene Strukturen preis?
- Mit welchen Streubreiten muß bei den abgegebenen Prädiktionen gerechnet werden?

Solchen Fragen rückt der Statistiker mit seinem Methodenarsenal zu Leibe: Varianz- und Regressionsanalyse, Diskriminanz-, Cluster- und Faktoranalyse, Zeitreihenanalyse, mitsamt den darin enthaltenen Verfahren des Schätzens, Testens und Errichtens von Konfidenzbereichen. Alle diese Methoden gehen von gewissen einschränkenden Modellannahmen aus und lassen deshalb auch nur eingeschränkte Aussagen zu. Diese aber werden in quantifizierter und objektiv nachvollziehbarer Form gegeben.

Organisation des Buches. Ausgehend von Grundbegriffen und elementaren Verfahren (Kap. 1) wenden wir uns den (im Wesentlichen linearen) Standardverfahren der Regressions- und Varianzanalyse zu (Kap. 2 und 3). Nichtlineare statistische Methoden (Kap. 4 und 5.1) werden namentlich bei kategorialen Daten benötigt. Diesem Datentyp begegnet der Statistiker immer häufiger, weil aus Datenschutzgründen oft original metrische Daten codiert werden. Nichtparametrische Kurvenanpassungen folgen (5.2 – 5.4). Interessieren uns als Zielgrößen mehrere Variablen gleichzeitig, so gelangen wir zu den multivariaten Verfahren (Kap. 6 bis 8), die eine außerordentliche Attraktivität in den „life sciences" haben. Wir schließen mit den Analysemethoden für Zeitreihen (Kap. 9), die sowohl in der Ökologie als auch in der Ökonomie von Bedeutung sind.

Jedes Verfahren wird in der Regel durch ein Anwendungsbeispiel illustriert. Diese Beispiele sind größeren real-wissenschaftlichen Fallstudien entnommen, die im Anhang A mit Daten(auszug) und kurzen Erläuterungen vorgestellt werden. Den Fallstudien sind Programme in der Syntax der bekannten Statistikpakete Splus/R, SPSS, SAS angefügt. Mit ihrer Hilfe wurden die präsentierten Auswertungen mitsamt der Abbildungen und Tabellen produziert. Allerdings wurde stets eine Straffung der bisweilen sehr umfangreichen Programm-Outputs vorgenommen. Die Programme im Anhang A enthalten jeweils den Rahmen und die Variablendefinitionen. Die Methoden-spezifischen Codes finden sich in den jeweiligen Abschnitten des Buches.

Aus der umfangreichen Literatur zu den Programmpaketen soll erwähnt werden: Venables & Ripley (1997), Handl (2002), Zöfel (2002), Falk (1995), (2005), Dufner et al (2002). Informationen über das *open source* Paket R erhält man über http://cran.r-projekt.org/ .

Die Zielgruppe, die mit diesem Buch anvisiert wird, besteht: Einerseits aus den Anwendern in den oben genannten Gebieten, die mit komplexeren Auswertungsproblemen konfrontiert sind, und die bis zu einer Feinanalyse ihrer Daten vordringen möchten. Andererseits können sich Studenten und Dozenten in den Methodenwissenschaften (Mathematik, Statistik, Informatik) einen Einblick in die Fragestellungen und Lösungsangebote der Statistik verschaffen.

Vorausgesetzt werden Kenntnisse in der Wahrscheinlichkeitsrechnung, im Wesentlichen eine gewisse Vertrautheit mit Grundbegriffen wie Wahrscheinlichkeit, Zufallsvariable, Verteilung, Erwartungswert, Varianz, Kovarianz, Korrelation, Unabhängigkeit. Dieser Stoff wird in Einführungsvorlesungen in die Stochastik an unseren Hochschulen angeboten und in der Einführungsliteratur behandelt. Genannt seien: Bosch (2003), Krickeberg & Ziezold (1995), Georgii (2002). Das erste Kapitel des vorliegenden Buches stellt eine (komprimierte) Einführung in die Statistik dar.

Neben den Notationen aus der Stochastik werden – verstärkt ab Kap. 4 – solche aus der Vektor- und Matrizenrechnung verwendet.

Dank habe ich an viele Personen zu entrichten. Neben meinen Kollegen am Mathematischen Institut, insbesondere den Mitarbeitern am ehemaligen Lehrstuhl von Prof. Gänßler, muß ich Wissenschaftler aus anderen Instituten nennen, an deren Projekte ich mich beteiligen konnte. Stellvertretend für viele erwähne ich Prof. Göttlein, dessen Waldzustandsdaten aus dem Spessart für mich einen ständigen Ansporn zur statistischen Modellbildung und zur Methodenbeschaffung darstellen. Erprobt wurde der vorliegende Text an vielen „Studentengenerationen", die an meinen Vorlesungen und Praktika über Angewandte Statistik teilgenommen haben.

Errata werden nach Entdeckung auf meiner homepage
> `www.mathematik.uni-muenchen.de/~pruscha/`

aufgelistet. Dort finden sich auch Dateien zu Fallstudien, die im Anhang A nur in Auszügen abgedruckt werden konnten. Mitteilungen erbittet der Autor per e-mail unter
> `pruscha@mathematik.uni-muenchen.de` .

München   *Helmut Pruscha*
Juni 2005

Abkürzungen und Symbole

Abkürzungen, die häufiger vorkommen.

ANOVA	Varianzanalyse
dim	dimensional
FG	Freiheitsgrade
MANOVA	Multivariate Varianzanalyse
ML	Maximum-Likelihood
MQ	Minimum-Quadrat
se	Standardfehler (*standard error*)
SQ	Summen-Quadrate

Symbole der Wahrscheinlichkeitstheorie.

$\mathbb{P}$	Wahrscheinlichkeit
$X, Y, \ldots$	Zufallsvariablen
$\mathbb{E}(X)$	Erwartungswert von X
$\mathrm{Var}(X)$	Varianz von X
$\mathrm{Cov}(X, Y)$	Kovarianz von X und Y
$N_p(\mu, \Sigma)$	p-dimensionale Normalverteilung mit Erwartungswert-Vektor μ und Kovarianzmatrix Σ

Mengensymbole.

$\mathbb{N}$	natürliche Zahlen $\{1, 2, \ldots\}$
$\mathbb{Z}$	ganze Zahlen $\{\ldots, -2, -1, 0, 1, 2, \ldots\}$
$\mathbb{R}$	reelle Zahlen
$\mathbb{R}^p$	p-dimensionaler Raum der p-Tupel $(x_1, \ldots, x_p)$ reeller Zahlen

Vektoren, Matrizen.

p-dim. Vektor a
$$a = \begin{pmatrix} a_1 \\ a_2 \\ \vdots \\ a_p \end{pmatrix}, \qquad a^\top = (a_1, a_2, \ldots, a_p)$$

a wird platzsparend auch $a = (a_1, a_2, \ldots, a_p)^\top$ geschrieben

Ableitungs-Vektoren und -Matrizen siehe (5.1) in Kap. 5

$p \times m$-Matrix A
$$A = \begin{pmatrix} a_{11} & a_{12} & \cdots & a_{1m} \\ a_{21} & a_{22} & \cdots & a_{2m} \\ \vdots & \vdots & & \vdots \\ a_{p1} & a_{p2} & \ldots & a_{pm} \end{pmatrix}, \quad A^\top = \begin{pmatrix} a_{11} & a_{21} & \cdots & a_{p1} \\ a_{12} & a_{22} & \cdots & a_{p2} \\ \vdots & \vdots & & \vdots \\ a_{1m} & a_{2m} & \ldots & a_{pm} \end{pmatrix}$$

$p \times p$-Diagonalmatrix $\mathrm{Diag}(a_i) = \begin{pmatrix} a_1 & 0 & \cdots & 0 \\ 0 & a_2 & \cdots & 0 \\ \vdots & \vdots & \ddots & \vdots \\ 0 & . & \ldots & a_p \end{pmatrix}$

$p \times p$-Einheitsmatrix $I_p = \mathrm{Diag}(1)$, alle Diagonalelemente $= 1$

Inhaltsverzeichnis

1 Grundbegriffe und Elementare Methoden 1

  1.1 Einführung 1

     1.1.1 Stichprobe und Grundgesamtheit 1

     1.1.2 Beispiele 2

     1.1.3 Schätzer, Test, Konfidenzintervall 4

     1.1.4 Einteilen der Verfahren. Skalen 9

  1.2 Ein-Stichproben Situation 11

     1.2.1 Deskription: Histogramm, Geordnete Stichprobe 12

     1.2.2 Deskription: Lage, Streuung, Schiefe 16

     1.2.3 Inferenz für Lageparameter 19

     1.2.4 Anpassung 22

  1.3 Zwei-Stichproben Situation 28

     1.3.1 Tests und Konfidenzintervalle für
Normalverteilungsparameter 29

     1.3.2 Mann-Whitney U-Test 30

  1.4 Bivariate Stichprobe 33

     1.4.1 Scattergramm, Korrelationskoeffizient 34

     1.4.2 Einfache lineare Regression 37

     1.4.3 Partielle Korrelation 42

     1.4.4 Rangkorrelation 44

     1.4.5 Kontingenztafel 45

  1.5 Weiterführende Verfahren 49

     1.5.1 Simultane Verfahren 49

     1.5.2 Asymptotische Verfahren 50

     1.5.3 Bootstrap Verfahren 51

  1.6 Bestimmungsschlüssel 54

     1.6.1 Gleiche Funktion, gleiche Skalen 54

     1.6.2 Kriteriums- und Kovariable 55

     1.6.3 Multivariate Verfahren 56

2   Varianzanalyse 57
  2.1   Einfache Klassifikation 58
    2.1.1   Lineares Modell und Parameterschätzung 58
    2.1.2   Testen der globalen Nullhypothese 60
    2.1.3   Simultane Tests und Konfidenzintervalle 63
    2.1.4   Varianzhomogenität 68
  2.2   Zweifache Varianzanalyse, Kreuzklassifikation $A \times B$ 72
    2.2.1   Lineares Modell und Parameterschätzung 72
    2.2.2   Testen von Hypothesen 74
    2.2.3   Wechselwirkung 75
    2.2.4   Simultane Konfidenzintervalle, Paarvergleiche 77
  2.3   Varianzanalyse mit 3 Faktoren 81
    2.3.1   Kreuzklassifikation $A \times B \times C$ 81
    2.3.2   Lateinisches Quadrat 83
  2.4   Ein Faktor mit korrelierten Beobachtungen 85
    2.4.1   Lineares Modell 86
    2.4.2   Schätz- und Testgrößen 87
    2.4.3   Simultane Konfidenzintervalle 89
  2.5   Rang-Varianzanalysen 94
    2.5.1 k unabhängige Stichproben 94
    2.5.2 k verbundene Stichproben 98

3   Lineare Regressionsanalyse 105
  3.1   Multiple lineare Regression 106
    3.1.1   Lineares Modell und Parameterschätzung 107
    3.1.2   Testen von Hypothesen 108
  3.2   Standardfehler, Konfidenzintervalle 114
    3.2.1   Konfidenzintervalle 115
    3.2.2   Prognoseintervalle 116
    3.2.3   Spezialfall der einfachen Regression 118
  3.3   Variablenselektion 119
    3.3.1   Schrittweise Regression 119
    3.3.2   Best-subset Selektion 121
  3.4   Prüfen der Voraussetzungen 124
    3.4.1   Residuenanalyse 125
    3.4.2   Fishers Linearitätstest 129
  3.5   Korrelationsanalyse 131
    3.5.1   Multipler Korrelationskoeffizient 132
    3.5.2   Partieller Korrelationskoeffizient 134
  3.6   Kovarianzanalyse 136
    3.6.1   Lineares Modell und Schätzer der einfachen
        Kovarianzanalyse 137
    3.6.2   F-Tests der einfachen Kovarianzanalyse 138
    3.6.3   Lineares Modell und Schätzer der zweifachen
        Kovarianzanalyse 140

3.6.4   F-Tests der zweifachen Kovarianzanalyse 145

4 Kategoriale Datenanalyse 149
4.1 Binäre logistische Regression 149
   4.1.1 Modell und Parameterschätzung 151
   4.1.2 Residuen, Goodness-of-fit 153
   4.1.3 Asymptotische χ^2 Test-Statistiken 154
4.2 Multikategoriale logistische Regression 160
   4.2.1 Multikategoriales Modell 160
   4.2.2 Inferenz im multikategorialen Modell 162
   4.2.3 Kumulatives Modell 163
   4.2.4 Kumulatives Modell: Parameterschätzung 164
   4.2.5 Kumulatives Modell: Diagnose und Inferenz 165
4.3 Zweidimensionale Tafel: Unabhängigkeitsproblem 170
   4.3.1 Unabhängigkeitshypothese 170
   4.3.2 Cross-product ratios 171
   4.3.3 Strukturelle Nullen 174
4.4 Zweidimensionale Tafel: Homogenitätsproblem 177
   4.4.1 Homogenitätshypothese 177
   4.4.2 Simultane Konfidenzintervalle und Tests 179
4.5 Mehrdimensionale Kontingenztafeln 181
   4.5.1 Dreidimensionale Kontingenztafel 181
   4.5.2 Saturiertes Modell und hierarchische Unter-Modelle 183
   4.5.3 Schätzen und Testen 184
   4.5.4 Übersicht: Modelle, Hypothesen, Schätzer 187
   4.5.5 Schätzen und Testen der λ-Terme 190
   4.5.6 Vierdimensionale Kontingenztafel 192
4.6 Logit-Modelle 194
   4.6.1 Logit-Modell mit 2 Regressoren A und B 194
   4.6.2 Spezielle Logit-Modelle mit 2 Regressoren 195
   4.6.3 Logit-Modell mit 3 Regressoren A, B und C 198

5 Nichtlineare, nichtparametrische Regression 199
5.1 Nichtlineare Regression 200
   5.1.1 Modell und MQ-Methode 202
   5.1.2 Konfidenzintervalle und Tests 204
   5.1.3 Beispiele 205
5.2 Nichtparametrische Regression: Kernschätzer 208
   5.2.1 Nichtparametrisches Regressionsmodell 209
   5.2.2 Kerne 209
   5.2.3 Kernschätzer 210
   5.2.4 Asymptotische Eigenschaften 211
5.3 Nichtparametrische Regression: Splineschätzer 215
   5.3.1 Natürliche Splinefunktionen 216
   5.3.2 Penalisiertes MQ-Kriterium, Splineschätzer 217

        5.3.3   Hat-Matrix, Matrizenrechnung 219
        5.3.4   Rechengang zur Bestimmung des Splineschätzers 221
    5.4 Additive Modelle 222
        5.4.1   Smoothing Operator, smoothing Matrix 223
        5.4.2   Backfitting Algorithmus 225
        5.4.3   Semiparametrisches lineares Modell 228

6   MANOVA und Diskriminanzanalyse 231
    6.1 Einfache MANOVA 232
        6.1.1   Lineares Modell und Parameterschätzung 232
        6.1.2   Produktsummen-Matrizen, Testkriterien 234
        6.1.3   Simultane Tests und Konfidenzintervalle 239
    6.2 Zweifache MANOVA 243
        6.2.1   Lineares Modell und Parameterschätzung 244
        6.2.2   Testen von Hypothesen 245
    6.3 Diskriminanzanalyse 249
        6.3.1   Geometrische Beschreibung 250
        6.3.2   Spezialfall zweier Gruppen 251
        6.3.3   Diskriminanzfunktionen 253
        6.3.4   Fishers Klassifikationsfunktionen 259
        6.3.5   Schrittweise Diskriminanzanalyse 263

7   Hauptkomponenten- und Faktoranalyse 267
    7.1 Hauptkomponentenanalyse 268
        7.1.1   Hauptkomponenten aus der Kovarianzmatrix 269
        7.1.2   Hauptkomponenten aus der Korrelationsmatrix 271
        7.1.3   Tests und Konfidenzintervalle 276
    7.2 Faktoranalyse 277
        7.2.1   Darstellung des Beobachtungsvektors 278
        7.2.2   Zerlegung der Korrelationsmatrix 279
        7.2.3   Schritte der Faktoranalyse 280
        7.2.4   Kommunalitäten, Extraktion der Faktoren 281
        7.2.5   Rotation 285
        7.2.6   Faktorwerte 287

8   Clusteranalyse 289
    8.1 Probleme, Begriffe, Methodik 291
        8.1.1   Partitionen und Enumeration 291
        8.1.2   Distanzmaße 291
        8.1.3   Gütemaße 293
        8.1.4   Clusterbewertungen 294
        8.1.5   Einteilung der Clusterverfahren 296
    8.2 Hierarchische Verfahren 297
        8.2.1   Agglomerative Verfahren 297
        8.2.2   Die agglomerativen Verfahren im Überblick 303

8.2.3   Divisive Verfahren 305
8.3   Nicht-hierarchische Verfahren 305
8.3.1   Totale Enumeration 305
8.3.2   Hill-climbing Verfahren 306
8.3.3   k-means Verfahren 307
8.4   Clustern bei kategorialen Daten 308
8.4.1   Transinformation als Heterogenitätsmaß 309
8.4.2   Transinformation einer Partition 310
8.4.3   Agglomeratives hierarchisches Verfahren 312
8.4.4   Clusteranalyse in einer Übergangsmatrix 314

9   Zeitreihenanalyse 317
9.1   Einführung 317
9.1.1   Aufgaben der Zeitreihenanalyse 317
9.1.2   Bestimmung eines Trends 320
9.1.3   Saisonkomponente 323
9.2   Kenngrößen stationärer Prozesse 326
9.2.1   Stationarität, Kovarianzfunktion 326
9.2.2   Spektraldichte 328
9.3   Schätzen und Testen der Kenngrößen 329
9.3.1   Empirische Autokorrelation 329
9.3.2   Asymptotische Eigenschaften des Korrelogramms 330
9.3.3   Empirische partielle Autokorrelation 332
9.3.4   Periodogramm einer Zeitreihe 333
9.3.5   Periodogramm-Analyse 338
9.3.6   Spektraldichteschätzer 342
9.3.7   Asymptotisches Verhalten des Spektraldichteschätzers .. 344
9.4   Zeitreihenmodelle 346
9.4.1   Moving average Prozesse 347
9.4.2   Autoregressive Prozesse 348
9.4.3   ARMA und ARIMA Prozesse 351
9.4.4   Schätzen von ARMA-Parametern (aus den Residuen) .. 354
9.4.5   Schätzen von AR-Parametern (aus dem Korrelogramm) 355
9.5   Modelldiagnostik und Prognose 360
9.5.1   Identifikation, Residuenanalyse 360
9.5.2   Prognoseverfahren 361
9.5.3   Box-Jenkins Forecast-Formel 362
9.5.4   Prognoseintervalle 363
9.6   Bivariate Zeitreihen 364
9.6.1   Kenngrößen einer bivariaten Zeitreihe 365
9.6.2   Schätzen der Kenngrößen 367

A   Fallstudien zur Statistik 371

  A.1 Waldzustand Spessart [Spessart] 371

  A.2 Baumwollsamen-Ertrag [Cotton] 375

  A.3 Porphyrgestein [Porphyr] 376

  A.4 Insektenfallen [Insekten] 377

  A.5 Stylometrie in Texten [Texte] 380

  A.6 Gesteinsproben Toskana [Toskana] 382

  A.7 Bodenproben Höglwald [Höglwald] 383

  A.8 Pädiatrischer Längsschnitt [Laengs] 385

  A.9 Primaten-Taxonomie [Primaten] 387

  A.10 Klima Hohenpeißenberg [Hohenpeißenberg] 390

  A.11 Sonnenfleckenzahlen [Sunspot] 392

  A.12 Qualität pflanzlicher Nahrungsmittel [VDLUFA] 393

  A.13 Verhalten von Primaten [Verhalten] 394

B   Quantil-Tabellen 395

Literaturverzeichnis 403

Index 407

1

Grundbegriffe und Elementare Methoden

1.1 Einführung

Zum Beginn werden die Begriffe der Grundgesamtheit und der Stichprobe (mitsamt der Skalennatur von Stichprobenwerten) eingeführt, sowie die drei grundlegenden Verfahren des Schätzens, des Testens und des Errichtens von Konfidenzintervallen vorgestellt.

1.1.1 Stichprobe und Grundgesamtheit

Der zentrale Begriff der Statistik ist der einer *Stichprobe*, je nach Situation auch Messreihe oder Beobachtungsdatei genannt. Besteht die Stichprobe, was wir im Augenblick annehmen wollen, aus n Zahlen, so geben wir diese standardmäßig in der Form

$$x = (x_1, x_2, \ldots, x_n)$$

an. Die *beschreibende* (oder deskriptive) Statistik behandelt diese Zahlenreihe in ihrem eigenen Recht und berechnet Kenngrößen der Stichprobe wie

Mittelwert, Streuungswert, Häufigkeitsdiagramm,

die im Folgenden erläutert werden. Die *schließende* Statistik, auch Inferenz-Statistik genannt, interpretiert diese Stichprobe als das Ergebnis eines durchgeführten *Zufalls*-Experimentes. Die Werte $x_1, \ldots, x_n$ sind nach dieser Vorstellung zufällig entstanden: Sie könnten bei einer anderen Durchführung des Zufallsexperimentes anders ausfallen. Eine solche Durchführung stellt man sich vor als das zufällige Ziehen von Werten aus einer *Grundgesamtheit*, auch als Population bezeichnet. Von der Grundgesamtheit macht sich der Statistiker eine Vorstellung in Form eines *Modells*, das angibt, wie die Werte in ihr verteilt sind. Solche Verteilungsannahmen beinhalten gewisse Parameter, deren (wahre) Werte unbekannt sind, über die aber gerade die Stichprobe einen Rückschluss (Inferenz) erlauben soll. Durch alle Kapitel hindurch werden drei wichtige Inferenzmethoden auftauchen (vgl. Abschn. 1.1.3)

• Schätzen   • Testen   • Aufstellen eines Konfidenzintervalls.

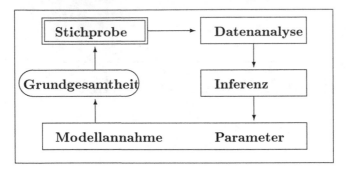

1.1.2 Beispiele

An Hand von drei kleinen Beispielen sollen diese drei Inferenzmethoden erläutert werden.

Messung einer physikalischen Konstanten. Die Gravitationskonstante, wir nennen sie μ, soll bestimmt werden, und zwar durch n-maliges unabhängiges Messen. Zum Beispiel erhielt Heyl (1930) bei Versuchen mit einer Goldkugel und einer schweren Stahlkugel die folgenden sechs Werte dieser Konstanten [in 10^{-8} cm^3/(g sec^2)]

$$6.683, \ 6.681, \ 6.676, \ 6.678, \ 6.679, \ 6.672 \,. \tag{1.1}$$

Diese Messreihe $x_1, x_2, \ldots, x_n$ vom Umfang $n = 6$ fassen wir als Ergebnis eines Zufallsexperimentes auf, das aus n-maligem Ziehen aus einer Grundgesamtheit besteht.

Wir bilden uns von der Grundgesamtheit das Modell von normalverteilten Werten: Diese sind symmetrisch um den mittleren Wert (genauer: Erwartungswert) μ verteilt und haben abnehmende Wahrscheinlichkeiten bei zunehmender Entfernung von μ. Das bedeutet: Den unbekannten („wahren") Wert der Konstanten stellen wir uns als mittleren Wert der Verteilungskurve vor.

Als Messfehler werden nur zufällige, nicht aber systematische Abweichung von μ zugelassen. Die mittlere Abweichung von μ, das ist die Standardabweichung σ, ist neben μ ein weiterer (unbekannter) Parameter.

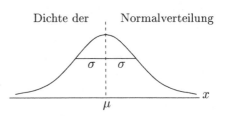

Üblicherweise wird μ durch das arithmetische Mittel $\bar{x}$ der Messwerte geschätzt, σ durch die empirische Standardabweichung s (siehe unter 1.2.2). Von Interesse ist hier auch die Angabe eines Konfidenz-(Vertrauens-) Intervalls für μ in der Form

$$\bar{x} - c \leq \mu \leq \bar{x} + c \,.$$

Qualitätskontrolle. Der Anteilswert p defekter Stücke in einer Produktionsserie soll bestimmt werden, p eine (unbekannte) Zahl zwischen 0 und 1. Dazu wird n mal aus der Produktion ein Stück herausgegriffen und auf Defektheit geprüft. Zum Beispiel könnte bei $n = 10$ Prüfstücken das Ergebnis

$$0,\ 0,\ 1,\ 0,\ 1,\ 0,\ 1,\ 0,\ 0,\ 1, \qquad \begin{cases} 0 = \text{Stück in Ordnung} \\ 1 = \text{Stück defekt} \end{cases}, \qquad (1.2)$$

lauten. Die Anzahl x defekter Stücke [$x = 4$ im Fall (1.2)] unter den n Probestücken wird aufgefasst als die Realisation einer zufälligen Größe, die gemäß einer Binomialverteilung über die Werte $0, 1, \ldots, n$ verteilt ist. Der unbekannte („wahre") Anteilswert p ist Parameter dieser Verteilung.

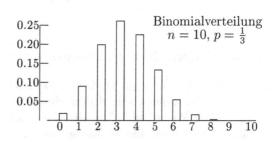

Hier schätzt man p durch die relative Anzahl x/n defekter Stücke unter den geprüften (was sich auch als arithmetisches Mittel der Werte 0 und 1, wie sie in (1.2) stehen, ausdrücken lässt). Stellt der Produzent der Serie eine Behauptung über den Anteilswert p auf, z. B. $p \leq 0.1$ (Anteil defekter Stücke höchstens 10 %), so ist ein Test von Interesse, der diese Behauptung als eine Hypothese über den Parameter prüft.

Ausgleichsgerade. Wir betrachten Bauvorhaben von einem festen Typus (z. B. Standard-Einfamilienhaus). Es soll der Zusammenhang zwischen dem Volumen x des umbauten Raumes und den anfallenden Baukosten y ermittelt werden. Dazu wird bei n Bauwerken das Wertepaar (x, y) gemessen und diese Wertepaare in ein x-y Koordinatensystem eingetragen. Wir machen die folgende Modellannahme: Es gibt eine „wahre", aber unbekannte lineare Beziehung $y = \alpha + \beta \cdot x$ zwischen den Größen x und y. In jedem Einzelfall tritt aber eine zufällige Abweichung von dieser Beziehung ein, so dass sich die Gerade $y = \alpha + \beta \cdot x$ nur noch als eine mittlere (erwartete) Beziehung interpretieren lässt.

Durch die (x, y)-Punktwolke wird eine Ausgleichsgerade $y = a + b \cdot x$ gelegt, vgl 1.4.2.

Die unbekannten Parameter α und β der Geradengleichung werden durch die Parameter a und b dieser Ausgleichsgeraden geschätzt. Hier interessieren ebenfalls Konfidenzintervalle, zum Beispiel für die Steigung β in der Form

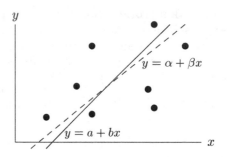

$$b - c \leq \beta \leq b + c.$$

1.1.3 Schätzer, Test, Konfidenzintervall

Der dem angenommenen Modell innewohnende – aber unbekannte – Parameter soll im Folgenden mit ϑ bezeichnet werden, die Menge der in Betracht kommenden Werte von ϑ sei eine Parametermenge Θ, Θ die Menge $\mathbb{R}$ der reellen Zahlen oder eine Teilmenge davon.

a) Schätzer

Auf der Grundlage einer Stichprobe $x_1, \ldots, x_n$ soll eine „Näherung" für den (unbekannten) Wert des zugrunde liegenden Parameters ϑ angegeben werden, und zwar in Form eines sogenannten Schätzers $\hat{\vartheta}$. Im einleitenden Beispiel **Qualitätskontrolle** gibt man intuitiv den Schätzer $\hat{\vartheta}(x) = \frac{x}{n}$ (relative Häufigkeit) für den Parameter p des tatsächlichen Anteilswerts an, im Fall von (1.2) also $\hat{\vartheta} \equiv \hat{p} = 0.4$. Im Beispiel **physikalische Konstante** schätzt man den wahren Wert μ der Konstanten üblicherweise durch das arithmetische Mittel $\hat{\vartheta}(x_1, \ldots, x_n) = \frac{1}{n} \sum_{i=1}^{n} x_i$, im Fall von (1.1) also durch $\hat{\vartheta} \equiv \hat{\mu} = 6.6782$.

Qualitätsmerkmale, die einen Schätzer $\hat{\vartheta}$ auszeichnen können (und die die meisten hier angegebenen Schätzer auch tatsächlich auszeichnen), beziehen sich auf den

$$\text{Bias oder die Verzerrung:} \quad \text{Bias}(\hat{\vartheta}) = \mathbb{E}(\hat{\vartheta}) - \vartheta$$

und auf die

$$\text{Varianz:} \quad \text{Var}(\hat{\vartheta}) = \mathbb{E}\big(\hat{\vartheta} - \mathbb{E}(\hat{\vartheta})\big)^2.$$

- Erwartungstreue (Unverzerrtheit): Der Erwartungswert von $\hat{\vartheta}$, berechnet unter dem Parameterwert ϑ, ist gleich ϑ. Für einen erwartungstreuen Schätzer ist der Bias also gleich 0.
- Varianzminimierung: Die Varianz von $\hat{\vartheta}$ ist minimal, im Vergleich zu konkurrierenden Schätzern; ferner: für wachsenden Stichprobenumfang n konvergiert sie gegen 0.

- Konsistenz: Der Schätzer $\hat{\vartheta}$ nähert sich bei wachsendem Stichprobenumfang n dem (zugrunde liegenden, wahren) Wert ϑ des Parameters an, und zwar im probabilistischen Sinne. Die Erwartungstreue und die Konvergenz der Varianz gegen 0 sind zusammen hinreichend für die Konsistenz.

Schätzmethoden. Wir geben zwei der wichtigsten Methoden an, wie man einen – i. d. R. qualitativ guten – Schätzer gewinnen kann.

1. ML-Methode: Wir nehmen an, dass für die Grundgesamtheit, aus der die Stichprobe stammt, eine Verteilungsform angegeben werden kann (wie in unseren Beispielen `physikalische Konstante` und `Qualitätskontrolle` die Normal- bzw. Binomialverteilung), und dass der zu schätzende Parameter als Parameter dieser Verteilung fungiert (wie es in den genannten Beispielen der Fall ist). Dann ermittelt man denjenigen Wert $\hat{\vartheta}$, für den die Wahrscheinlichkeit(sdichte) der beobachteten Stichprobe maximal wird: *Maximum-Likelihood* Methode oder kurz ML-Methode. Der Schätzer $\hat{\vartheta}$ heißt dann ML-Schätzer. In den eben genannten Beispielen sind $\hat{\mu}$ und $\hat{p}$ ML-Schätzer für die Parameter μ bzw. p.

2. MQ-Methode: Wir nehmen an, dass für die Erwartungswerte der Beobachtungen Y eine Modellgleichung angegeben werden kann, in der ϑ als ein Parameter vorkommt (wie z. B. der Parameter β im Beispiel `Ausgleichsgerade`). Dann werden die Abweichungen der Y-Werte von der Modellgleichung gebildet, quadriert und aufaddiert, und derjenige Wert $\hat{\vartheta}$ des Parameters ermittelt, für den diese Quadratsumme minimal wird: *Minimum-Quadrat* Methode oder kurz MQ-Methode. Der Schätzer $\hat{\vartheta}$ wird dann MQ-Schätzer genannt.

b) Tests

Liegt eine Behauptung oder eine Vermutung über den zugrunde liegenden Wert eines Parameters ϑ vor, so formuliert man diese in Form einer Hypothese, auch Nullhypothese genannt: $\vartheta \in \Theta_0$, wobei Θ_0 eine Teilmenge der Parametermenge Θ ist. Eine Prüfung dieser Hypothese findet dann mit Hilfe einer Prüfgröße T statt, deren Wert über ihre Verwerfung oder Nicht-Verwerfung entscheidet. Dabei soll die Wahrscheinlichkeit für eine fälschliche Verwerfung der Hypothese eine vorgegebene Schranke α, zwischen 0 und 1 liegend, nicht überschreiten.

Vorgegeben seien also eine echte Teilmenge $\Theta_0 \subset \Theta$ und eine Zahl $\alpha \in (0,1)$. Man nennt die Aussagen

$$\vartheta \in \Theta_0 \qquad \text{(Null-) Hypothese } H_0,$$

$$\vartheta \notin \Theta_0 \qquad \text{Alternative Hypothese } H_1,$$

und die Zahl α Signifikanz*niveau*. Ferner sei T eine aus den Stichprobenwerten $x_1, \ldots, x_n$ berechnete Größe, B eine Teilmenge der reellen Zahlen $\mathbb{R}$. Die Größe T wird *Teststatistik*, die Teilmenge B wird *Verwerfungsbereich* genannt. Man betrachtet die Hypothese H_0 als

- verworfen (abgelehnt) zugunsten von H_1, falls $T \in B$,
- nicht verworfen, falls $T \notin B$.

Die Größen Θ_0, α, T, B sind nun so konstruiert, dass

> im Fall, dass die Hypothese H_0 richtig ist,
>
> H_0 höchstens mit der Wahrscheinlichkeit α verworfen wird.   (1.3)

Technisch formuliert: Falls ϑ in Θ_0 liegt, so fällt T höchstens mit der Wahrscheinlichkeit α in die Teilmenge B; in einer Formel: $\mathbb{P}_{\vartheta \in \Theta_0}(T \in B) \leq \alpha$.

Im Beispiel **Qualitätskontrolle** könnte die Nullhypothese $H_0 : p \leq 0.1$ lauten. Dann ist Θ_0 das Intervall $[0, 0.1]$, T ist die Anzahl der defekten unter den n Probestücken, und der Verwerfungsbereich B umfaßt die ganzen Zahlen $\{n - k + 1, n - k + 2, \ldots, n\}$, das sind die letzten k Zahlen, die unterhalb der maximalen Zahl n (einschließlich) liegen. Im Fall (1.2) ist $n = 10$, und bei vorgegebenem $\alpha = 0.05$ lautet der Verwerfungsbereich $B = \{4, 5, 6, 7, 8, 9, 10\}$. Die Testgröße $T = 4$ fällt in diesen Bereich, die Nullhypothese kann also verworfen werden zugunsten der Alternativen $H_1 : p > 0.1$.

Durchführung. Die praktische Durchführung eines solchen *Signifikanztests* verläuft in folgenden Schritten:

1. Gemäß einer Vermutung (Behauptung) über den Wert von ϑ wird eine (Null-) Hypothese H_0 und eine entsprechende Alternative H_1 formuliert.
2. Ein Signifikanzniveau α wird gewählt ($\alpha = 0.10, 0.05, 0.01$ sind übliche Werte).
3. Eine Teststatistik T und ein Verwerfungsbereich B werden gewählt, so dass (1.3) erfüllt ist. I. d. R. konsultiert der Anwender dazu Fachbücher der Statistik.
4. Eine Stichprobe $x = (x_1, \ldots, x_n)$ wird erhoben, wobei angenommen wird, dass ϑ der – bei der Erhebung wirksame – Modellparameter ist.
5. Die Testgröße $T(x)$ wird berechnet; H_0 wird zugunsten von H_1 verworfen, falls $T(x)$ in B liegt, d. h. $T(x) \in B$ gilt, sonst wird H_0 nicht verworfen.

Im Folgenden geben wir drei typische Formen von Hypothesen an, zusammen mit einem geeigneten Verwerfungsbereich (Verwerfungsintervall) und einer zugehörigen Verwerfungsregel. In den Fällen 1. und 2. spricht man von einseitigen Tests, im Fall 3. von einem zweiseitigen Test.

	Hypothese H_0	Alternative H_1	Verwerfungs-Bereich B	Verwerfungs-Regel
1.	$\vartheta \leq \vartheta_0$	$\vartheta > \vartheta_0$	$(Q(1 - \alpha), \infty)$	$T > Q(1 - \alpha)$
2.	$\vartheta \geq \vartheta_0$	$\vartheta < \vartheta_0$	$(-\infty, Q(\alpha))$	$T < Q(\alpha)$
3.	$\vartheta = \vartheta_0$	$\vartheta \neq \vartheta_0$	$(-\infty, Q(\alpha/2))$	$T < Q(\alpha/2)$ oder:
			$\cup (Q(1 - \alpha/2), \infty)$	$T > Q(1 - \alpha/2)$

Die $Q(\gamma)$'s bezeichnen dabei Quantile sogenannter Testverteilungen. Häufig verwendet werden die Quantile

$$u_\gamma, \quad t_{m,\gamma}, \quad \chi^2_{m,\gamma}, \quad F_{k,m,\gamma} \qquad (1.4)$$

der $N(0,1)$-, t_m-, χ^2_m- und $F_{k,m}$-Verteilung, die für variierende Werte von m, k und γ in den Tabellen des Anhangs B zu finden sind. Für die ersten beiden Quantile $Q(\gamma)$ in (1.4) gilt $Q(\alpha/2) = -Q(1 - \alpha/2)$.

Fehler und ihre Wahrscheinlichkeiten. Als einen *Fehler 1. Art* bezeichnet man die fälschliche Verwerfung der Hypothese H_0. Gemäß (1.3) wird die Wahrscheinlichkeit, einen Fehler 1. Art zu begehen, durch die Schranke α begrenzt. Einen *Fehler 2. Art* begeht man, wenn man H_0 nicht verwirft, obwohl H_0 falsch ist (H_1 also richtig ist). Die Wahrscheinlichkeit für einen Fehler 2. Art bezeichnet man mit $\beta = \beta(\vartheta)$, vgl Tabelle 1.1. In der Regel wird $\beta(\vartheta)$ umso kleiner, je größer α ist, je weiter der zugrunde liegende Parameterwert ϑ von Θ_0 entfernt liegt und je größer der Stichprobenumfang n ist.

Tabelle 1.1. Übersicht über die Fehlermöglichkeiten und ihre Wahrscheinlichkeiten

Entscheidung	*Wirklichkeit*	
	H_0 richtig	H_0 falsch
H_0 nicht verwerfen	richtige Entscheidung	Fehler 2. Art Wahrscheinlichkeit $\beta(\vartheta)$
H_0 verwerfen	Fehler 1. Art Wahrscheinlichkeit $\leq \alpha$	richtige Entscheidung

Statistische Programmsysteme teilen i. A. keine Testentscheidung mit, sondern einen sogenannten *P-Wert*, auch *tail probability* P oder *significance* S genannt. Der Wert P ist die unter H_0 berechnete Wahrscheinlichkeit, dass die Testgröße T so extrem oder noch extremer ausfällt als der aktuelle Wert $T(x)$ dieser Größe. Ist ein Signifikanzniveau α vorgewählt, so verwirft man H_0, falls P kleiner gleich diesem α ist, sonst verwirft man nicht. Anders formuliert: P ist der kleinste Wert des Signifikanzniveaus, auf dem H_0 gerade noch verworfen wird.

c) Konfidenzintervalle

Auf der Grundlage einer Stichprobe $x = (x_1, \ldots, x_n)$ soll ein Intervall angegeben werden, das den zugrunde liegenden (wahren) Parameterwert möglichst

– das heißt in einer großen Zahl von Anwendungsfällen – überdeckt.

Es bezeichne ϑ wieder einen zugrunde liegenden (unbekannten) Parameter. Unter einem Konfidenz-(Vertrauens-) Intervall für ϑ zum Konfidenz*niveau* $1 - \alpha$ $(0 < \alpha < 1)$ verstehen wir ein Intervall der Form

$$[a(x), b(x)], \quad \text{mit Intervallgrenzen} \quad \begin{cases} a(x) = a(x_1, \ldots, x_n) \\ b(x) = b(x_1, \ldots, x_n) \end{cases}, \quad (1.5)$$

die von der Stichprobe – und damit auch vom Zufall – abhängen, und zwar mit folgender Eigenschaft:

Die Wahrscheinlichkeit, dass das zufällige Intervall $[a(x), b(x)]$
den wahren Wert von ϑ überdeckt, ist mindestens gleich $1 - \alpha$. $\qquad (1.6)$

Man nennt $1 - \alpha$ auch das Vertrauensniveau. Ein Konfidenzintervall (1.5) für ϑ schreibt man gerne in der Form

$$a(x) \leq \vartheta \leq b(x). \qquad (1.7)$$

Bemerkungen. Wir stellen einige ergänzende Aussagen zu Konfidenzintervallen zusammen.

1. Die Intervallgrenzen $a(x)$, $b(x)$ sind zufällig (fallen für jede Realisation u. U. verschieden aus), während ϑ fest, wenn auch unbekannt ist. Im neben stehenden Diagramm sind 3 mögliche Realisierungen angedeutet.

2. Für jedes zahlenmäßig feste $x = (x_1, \ldots, x_n)$ ist die Aussage (1.7) entweder richtig oder falsch. Es ist das zufällige Ereignis

$$\vartheta \in [a(x), b(x)]$$

welches die Wahrscheinlichkeit $\geq 1 - \alpha$ besitzt. In einer Häufigkeitsinterpretation besagt dies: In mindestens $(1 - \alpha) \cdot 100\%$ einer großen Zahl von Anwendungsfällen ist die Aussage (1.7) richtig.

3. Wie es viele der folgenden Beispiele zeigen, sind Konfidenzintervalle für einen Parameter ϑ oft von der Form

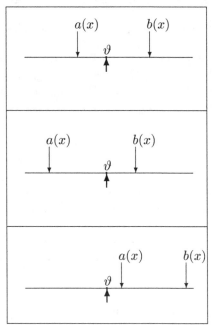

3 Realisationen der Intervallgrenzen a, b

$$[\hat{\vartheta} - Q(1 - \alpha/2) \cdot se(\hat{\vartheta}) \, , \, \hat{\vartheta} + Q(1 - \alpha/2) \cdot se(\hat{\vartheta})],$$

wobei $\hat{\vartheta}$ einen Schätzer für ϑ bildet, $se(\hat{\vartheta})$ sein sog. Standardfehler (*standard error*) ist und $Q(\gamma)$ ein geeignetes Quantil darstellt. Der Standardfehler von $\hat{\vartheta}$ ist die Wurzel aus einem Schätzer für die Varianz $Var(\hat{\vartheta})$ von $\hat{\vartheta}$, in einer Formel

$$se(\hat{\vartheta}) \; = \; \sqrt{\widehat{Var(\hat{\vartheta})}} \, . \tag{1.8}$$

4. Es besteht der folgende Zusammenhang mit Tests auf dem Signifikanzniveau α zum Prüfen einer Hypothese $H_0 : \vartheta = \vartheta_0$. Ist $[a(x), b(x)]$ ein Konfidenzintervall für ϑ zum Konfidenzniveau $1 - \alpha$, so verwirft man H_0 nicht, falls das Konfidenzintervall den behaupteten Wert ϑ_0 überdeckt: $a(x) \leq \vartheta_0 \leq b(x)$. Anderenfalls verwirft man H_0.

Im Beispiel physikalische Konstante aus 1.1.2 berechnen wir (Genaueres siehe unter 1.2.2, 1.2.3)

$$\bar{x} = 6.6782, \quad s = 0.003868, \quad se(\bar{x}) = s/\sqrt{6} = 0.001579 \, .$$

Sei $\alpha = 0.05$ vorgegeben. Man ermittelt aus Tabelle B.2 das Quantil $Q(0.975) = 2.571$. Mit $Q(0.975) \cdot se(\bar{x}) = 0.00406$ ergibt sich für μ ein Konfidenzintervall $a(x) \leq \mu \leq b(x)$ zum Niveau $1 - \alpha = 0.95$, mit den Grenzen

$$a(x) = 6.6782 - 0.0041 = 6.6741, \quad b(x) = 6.6782 + 0.0041 = 6.6823 \, .$$

1.1.4 Einteilen der Verfahren. Skalen

In diesem ersten Kapitel über statistische Methoden sollen eine Reihe elementarer Verfahren dargestellt werden. Das Einteilungskriterium ist dabei die Datenstruktur, die man meistens an der Form erkennt, in der die Stichprobenwerte organisiert sind.

Bei den Ein-Stichproben Verfahren gehen wir von n (unabhängig voneinander erhobenen) Werten

$$x_1, \ldots, x_n$$

derselben Messgröße x aus (statt Meßgröße sagt man auch: Merkmal, Variable). Beispiel ist die Messreihe (1.1) zur Bestimmung einer physikalischen Konstanten.

Sind diese Werte in zwei verschiedenen Gruppen (Populationen, Grundgesamtheiten) erhoben worden, d. h. liegen zwei Messreihen

$$x_1, \ldots, x_{n_1}, \qquad y_1, \ldots, y_{n_2}$$

ein- und derselben Messgröße vor, so befinden wir uns in der Zwei-Stichproben Situation. Das ist der Fall, wenn neben der Messreihe (1.1) vom Umfang $n_1 = 6$, die Heyl (1930) mit einer Goldkugel vornahm, noch die Messreihe vom Umfang $n_2 = 5$ betrachtet wird, die er mit einer Platinkugel durchführte.

Schliesslich wird der Fall behandelt, dass eine Messreihe von Wertepaaren (x, y) zweier verschiedener Messgrößen x und y vorliegt. Eine solche bivariate Stichprobe lässt sich in der Form

$$(x_1, y_1), \ldots, (x_n, y_n) \tag{1.9}$$

niederschreiben. Ein Beispiel ist in 1.1.2 unter `Ausgleichsgerade` zu finden. Ein Sonderfall einer bivariaten Stichprobe (1.9) liegt vor, wenn x und y die gleiche Messgröße darstellen, aber jeweils unter zwei verschiedenen Bedingungen (z. B. vor und nach einer Behandlung) aufgenommen werden, und falls jeweils die Differenz zwischen diesen beiden Werten von Interesse ist. Das Messpaar (x_i, y_i) bzw. die Stichprobe (1.9) heißen dann *verbunden*. Durch Bildung der Differenzen $z_i = x_i - y_i$ kann man zur Ein-Stichproben Situation $(z_1, \ldots, z_n)$ zurück gelangen.

Skalen. Variablen (Messgrößen) können unterschiedlicher Skalennatur sein, und danach richten sich auch die statistischen Verfahren, die zur Anwendung kommen. An Skalen unterscheiden wir:

- 1. *Nominalskala.* Eine solche Skala besteht aus endlich vielen, wechselseitig sich ausschließenden Kategorien (Ausprägungen). Zu je zwei Werten a und b einer nominal-skalierten Variablen (man nennt sie auch, ebenso wie die unter 2. genannten, kategoriale oder diskrete Variable) lässt sich nur konstatieren, ob sie der gleichen Kategorie angehören oder nicht (sinnlos ist ein Größenvergleich – wie es in 2. möglich ist – oder gar eine Angabe ihrer Differenz wie in 3.). Verfahren zur Analyse einer nominal-skalierten Variablen X sollten invariant sein gegenüber Permutationen der Zahlen, mit denen man die Kategorien von X durchnummeriert.
  Beispiel: Skala $\boxed{\text{A, B, AB, 0}}$ der Blutgruppen.

- 2. *Ordinalskala.* Eine solche Skala besteht aus Werten, die in einer Ordnungsrelation zueinander stehen: Für je zwei verschiedene Werte a und b lässt sich angeben, ob $a < b$ oder $b < a$ gilt. Verfahren zur Analyse ordinal-skalierter Variablen sollten invariant sein gegenüber streng monotonen (ordnungserhaltenden) Transformationen.
  Beispiel: Skala $\boxed{\text{1, 2, 3, 4, 5, 6}}$ der Schulnoten.

- 3. *Intervallskala.* Dies ist eine physikalische Mess-Skala im eigentlichen Sinne. Auf einer solchen Skala haben Intervalle gleicher Länge, egal an welcher Position der Skala gelegen, gleiche Bedeutung. Verfahren zur Analyse intervall-skalierter Variablen X sollten invariant sein gegenüber linearen Transformationen der Form $\beta \cdot X + \alpha$ (β ein Skalierungsfaktor und α eine Nullpunktverschiebung). Sinnverwandt zu intervall-skaliert – und bei uns gleichbedeutend benutzt – ist der Begriff *metrisch*.

Beispiel: Temperaturskala	0	100	°C
	32	212	°F

Eine nominal-skalierte Variable mit nur 2 möglichen Kategorien heißt auch *dichotom*. Dichotome Variablen als auch ordinal-skalierte Variablen mit einer strengen (physikalisch interpretierbaren) Ordnung in ihren Werten werden manchmal – namentlich als Regressoren in der Regressionanalyse – wie intervall-skalierte eingesetzt; dies geschieht zum Preis eingeschränkter Interpretierbarkeit der Ergebnisse.

In der Fallstudie **Spessart**, siehe Anhang A.1, bilden die PHo-Werte der 87 Standorte, das sind

4.37, 4.10, 4.31,..., 4.21, 4.49, 4.35,

eine univariate Stichprobe vom Umfang $n = 87$. Die PHo-Werte der 40 Standorte mit Mischwaldbestand (BT=2) bzw. der 43 Standorte mit Laubbaumbestand (BT=3),

4.37, 4.25,..., 4.35   bzw.   4.31, 5.04,..., 4.21,

führen zu einer Zwei-Stichproben Situtation. Betrachten wir neben den PHo-Werten, das sind die in 0–2 cm Tiefe gemessenen pH-Werte, noch die in 15–17 cm Tiefe gemessenen PHu-Werte, so bilden die Messpaare (PHo,PHu), also

(4.37,4.48), (4.10,4.60),..., (4.49,4.50), (4.35,4.85),

eine bivariate Stichprobe vom Umfang $n = 87$. Interessieren uns speziell die Differenzen beim Übergang von geringerer zu größerer Tiefe, so werden die beiden Stichproben der PHo- und PHu-Werte,

4.37, 4.10, 4.31,..., 4.49, 4.35
4.48, 4.60, 4.58,..., 4.50, 4.85

als verbundene Stichproben aufgefaßt.

Skalen: Die Variablen der Datei `Spessart` können wie folgt gemäß ihrer Skalennatur klassifiziert werden.

1. Intervall-skaliert: X, Y, NG, HO, AL, HU, PHo, PHu
2. Ordinal-skaliert: OR, AL, BS, BW, BO, FR, NS, B1, E1, F1, K1, L1
3. Nominal-skaliert: OR, OH, UH, BT, BO, FR, DU
4. Dichotom: OH, UH, DU

Bei einigen Variablen hängt die Unterscheidung zwischen 1. und 2. (siehe AL) und zwischen 2. und 3. (z. B. OR) von der Sichtweise des Anwenders und von der Verwendung in der Datenanalyse ab.

1.2 Ein-Stichproben Situation

Ein und dieselbe Messgröße (Variable) x wird n mal – z.B. an n verschiedenen Objekten – unabhängig voneinander gemessen; die resultierende Messreihe wird in einer Stichprobe $x_1, x_2, \ldots, x_n$ vom Umfang n niedergeschrieben.

1.2.1 Deskription: Histogramm, Geordnete Stichprobe

Wir beginnen mit den wichtigsten Techniken, mit denen eine Stichprobe beschrieben und veranschaulicht werden kann.

a) Histogramm

Es wird eine äquidistante Einteilung des Wertebereiches der Messgröße x in k Intervalle vorgenommen und ausgezählt, wieviele Messwerte x_i in die einzelnen Intervalle fallen. Wir bezeichnen die k Intervalle mit

$$I_1 = [a_0, a_1), \ I_2 = [a_1, a_2), \ldots, I_k = [a_{k-1}, a_k],$$

wobei a_0 so klein und a_k so groß gewählt sind, dass alle n Messwerte x_i dazwischen liegen. Die Anzahl (Häufigkeit) der Messwerte im Intervall I_j bezeichnen wir mit H_j, ihre relative Häufigkeit mit $h_j = H_j/n$; es ist

$$h_1 + \ldots + h_k = 1, \quad H_1 + \ldots + H_k = n.$$

Im Histogramm wird die Grundachse in Intervalle eingeteilt und über dem Intervall I_j eine Säule der Höhe H_j bzw. h_j gezeichnet, so dass die Gesamtsumme der Säulenhöhen n bzw. 1 ergibt, vgl. Abb. 1.1.

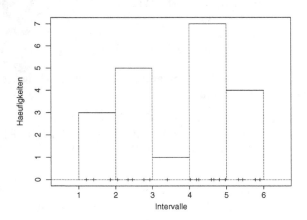

Abb. 1.1. Histogramm mit $k = 5$ Intervallen und $n = 20$ Messwerten (+).

Eine grobe Regel besagt, dass man die Anzahl k der Intervalle in die Nähe von $\sqrt{n}$ legen sollte.

b) Geordnete Stichprobe, Ränge, Quantile

Markiert man die Stichprobenwerte nacheinander auf einer – die Werteskala darstellenden – Achse, so stehen sie, von links nachs rechts gelesen, der

Größe nach geordnet. Wir führen eine neue Nummerierung der Werte mit Hilfe eingeklammerter Indizes (Ordnungsnummern) durch, und zwar gemäß aufsteigender Größe. Als Beispiel das Ordnen einer Stichprobe vom Umfang n = 5.

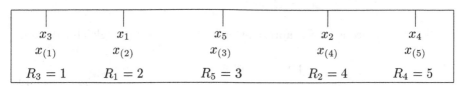

Wir haben also die aufsteigende Ordnung

$$(*) \qquad x_{(1)} \leq x_{(2)} \leq \cdots \leq x_{(n)} \qquad \text{[geordnete Stichprobe]}$$

hergestellt. Den Stichprobenwerten $x_1, \ldots, x_n$ werden Ränge (Rangzahlen) $R_1, \ldots, R_n$ gemäß ihrer Ordnungsnummer in der geordneten Stichprobe (*) zugeteilt (der kleinste Wert erhält die Rangzahl 1, usw.). Sind zwei oder mehrere Stichprobenwerte gleich groß (Bindungen genannt), so erhält jeder von ihnen einen entsprechenden mittleren Rang. In jedem Fall muss $R_1 + R_2 + \ldots + R_n = n(n+1)/2$ erfüllt sein.

Die geordnete Stichprobe (*) ist Grundlage einiger wichtiger Stichprobenverfahren, wie die Bestimmung von empirischen Quantilen und der empirischen Verteilungsfunktion.

Für eine Zahl p zwischen 0 und 1 wollen wir einen Wert $x_{n,p}$ angeben, genannt p-Quantil der Stichprobe, so dass (möglichst genau) $p \cdot 100$ % der Stichprobenwerte kleiner gleich $x_{n,p}$ und $(1-p) \cdot 100$ % größer als $x_{n,p}$ sind. Dazu setzen wir

$$x_{n,p} = \begin{cases} \frac{1}{2}(x_{(k)} + x_{(k+1)}), & k = n \cdot p, \text{ falls } n \cdot p \text{ ganzzahlig} \\ x_{(k)}, & k = [n \cdot p] + 1, \text{ falls } n \cdot p \text{ nicht ganzz.} \end{cases} \qquad (1.10)$$

Dabei bedeutet $[a]$ die größte ganze Zahl, die kleiner oder gleich a ist. Für einige p-Werte haben die p-Quantile spezielle Namen: so heißt $x_{n,p}$ im Fall

p = 1/4 , 3/4   das untere bzw. obere Quartil

p = 1/2   der Median

p = r/100   das r-te Perzentil.

Der Median $m_n \equiv x_{n,1/2}$ teilt also die geordnete Stichprobe in zwei gleichgroße Hälften ein. Er wird berechnet gemäß

$$m_n = \begin{cases} \frac{1}{2}(x_{(n/2)} + x_{(n/2+1)}), & \text{falls } n \text{ gerade} \\ x_{((n+1)/2)}, & \text{falls } n \text{ ungerade}. \end{cases} \qquad (1.11)$$

c) Empirische Verteilungsfunktion

In Umkehrung der eben angeschnittenen Fragestellung ermitteln wir nun für einen gegebenen Wert x, wieviel Prozent der Stichprobenwerte kleiner oder gleich x sind. Zu diesem Zweck führen wir die empirische Verteilungsfunktion $F_n(x)$ als Funktion von x ein. Bezeichnet $H_n(x)$ die Anzahl der Werte x_i aus der Stichprobe $(x_1, \ldots, x_n)$, die kleiner oder gleich x sind, so ist

$$F_n(x) = \frac{H_n(x)}{n} \ .$$

Mit Hilfe der geordneten Stichprobenwerte (*) lässt sich dies gleichbedeutend schreiben als

$$F_n(x) = \begin{cases} 0, & \text{falls } x < x_{(1)} \\ i/n, & \text{falls } x_{(i)} \le x < x_{(i+1)} \\ 1, & \text{falls } x \ge x_{(n)}. \end{cases} \tag{1.12}$$

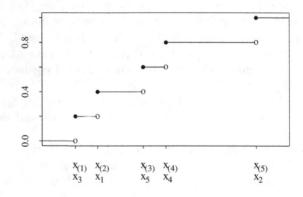

Abb. 1.2. Empirische Verteilungsfunktion $F_n(x)$ mit $n = 5$.

$F_n(x)$, $x \in \mathbb{R}$, stellt eine rechtsseitig stetige Treppenfunktion dar, mit Sprüngen der Höhe $1/n$, bzw. der Höhe $2/n$, $3/n$, ..., wenn ein Wert zweimal, dreimal, ... in der Stichprobe vorkommt.

Fallstudie **Spessart**. Das Histogramm der PHo-Werte in Abb. 1.3 lässt eine Links-Steilheit erkennen, anders als das der PHu-Werte, das mehr symmetrisch ausfällt. Ein probates Mittel, Variablen mit links-steiler Verteilung „auf Symmetrie hin" zu verändern, stellt die Logarithmus-Transformation dar. Tatsächlich weist die Variable $\log PHo = \ln(PHo - 3.3)$, das heißt die univariate Stichprobe $(z_1, \ldots, z_{87})$ mit

$$z_1 = \ln(4.37 - 3.3), z_2 = \ln(4.10 - 3.3), \ldots, z_{87} = \ln(4.35 - 3.3),$$

ein symmetrischeres Histogramm auf als die ursprüngliche Variable PHo. Für die Variable Humus zeigt das Histogramm die Häufigkeiten an, mit denen die 6 Werte 0, 1,..., 5 [cm] vorkommen.

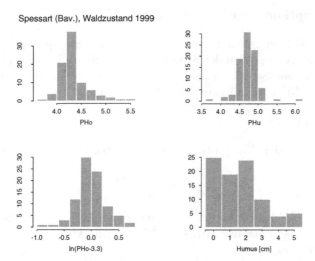

Abb. 1.3. Histogramme für die Variablen PHo, PHu, logPHo, Humus der Datei Spessart.

Die Quantile x_p der Variablen PHo und PHu für p=1/4, 1/2, 3/4 lauten

Variable	unteres Quartil	Median	oberes Quartil
PHo	4.165	4.280	4.435
PHu	4.555	4.700	4.860

Splus   R

```
# Erzeugung der Abbildung 1.3
logPHo<- log(PHo-3.3)            # log = ln
hist(PHo,xlab="PHo",cex=0.8)
hist(PHu,xlab="PHu",cex=0.8)
hist(logPHo,xlab="log(PHo-3.3)",cex=0.8)
hist(HU+0.01,xlab="Humus[cm]",nclass=7,xlim=c(0,6),lab=c(0,0,0))
axis(side=1,at=c(0.5,1.5,2.5,3.5,4.5,5.5),labels=c(0,1,2,3,4,5))
axis(side=2,at=c(0,5,10,15,20,25),labels=c(0,5,10,15,20,25))
```

SPSS

```
* Histogramme, Median und Quartile.
Compute logPHo = Ln(PHo - 3.3).
Frequencies Variables= PHo PHu logPHo HU /Histogramm
        /Statistics=Median /Ntiles = 4.
```

1.2.2 Deskription: Lage, Streuung, Schiefe

Kenngrößen der Lage geben die zentrale Position der Stichprobenwerte auf der Mess-Skala an, Kenngrößen der Streuung beschreiben die Schwankungsbreite der Stichprobe, die Schiefe bezieht sich auf die Form der Verteilung, wie sie etwa in einem Histogramm zum Ausdruck kommt.

a) Lageparameter

Der Mittelwert $\bar{x}$ der Stichprobe, auch arithmetisches Mittel genannt, d. i.

$$\bar{x} = \frac{x_1 + \ldots + x_n}{n},$$

ist das gebräuchlichste Maß der zentralen Lage. Das α-gestutzte Mittel $\bar{x}_\alpha$ $(0 < \alpha < 1/2)$ lässt bei der Mittelwertbildung die $k = [n \cdot \alpha]$ kleinsten und größten Werte weg,

$$\bar{x}_\alpha = \frac{x_{(k+1)} + \ldots + x_{(n-k)}}{n - 2k}.$$

Es ist weniger empfindlich (also robuster) gegen mögliche Ausreißerwerte. Den gleichen Vorteil hat der Median m_n (vgl. 1.2.1 b)). Für die Bildung des Mittelwerts $\bar{x}$ ist aber ein geringerer Rechenaufwand notwendig als für die Bildung der robusteren Lagemaße $\bar{x}_\alpha$ und m_n. Außerdem werden wir in komplexeren Verfahren der nachfolgenden Kapitel als Lageparameter den Mittelwert $\bar{x}$ (in der einen oder anderen Form) und nicht die robusteren Varianten verwenden.

b) Streuungsparameter, Boxplot

Stichproben werden nicht nur durch ihre zentrale Lage auf der Mess-Skala, sondern auch durch ihre Streubreite auf derselben charakterisiert. Aus der empirischen Varianz

$$s_n^2 = \frac{1}{n-1} \sum_{i=1}^{n} (x_i - \bar{x})^2 = \frac{1}{n-1} \Big(\sum_{i=1}^{n} x_i^2 - n \cdot (\bar{x})^2 \Big),$$

bei der manchmal auch der Faktor $1/n$ statt $1/(n-1)$ benutzt wird, wird als gebräuchlichstes Streuungsmaß die Standardabweichung

$$s_n = \sqrt{s_n^2}$$

abgeleitet (für s_n^2 und s_n wird auch s^2 und s geschrieben). Robuster gegen mögliche Ausreißerwerte verhält sich das Streuungsmaß des Quartilabstandes

$$qa_n = x_{n,3/4} - x_{n,1/4}$$

oder eine ähnliche Quantildifferenz. Ein selten benutztes Streuungsmaß ist der mittlere Abweichungsbetrag

$$\frac{1}{n} \sum_{i=1}^{n} |x_i - \bar{x}| \, .$$

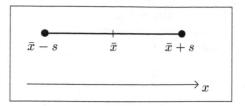

Das Paar $(\bar{x}, s)$ trägt man gern in der Form „Mittelwert mit Fehlerbalken" auf.

Die fünf – in 1.2.1 b) eingeführten – Quantile

$$x_{n,\frac{1}{10}} \, , \ x_{n,\frac{1}{4}} \, , \ m_n \, , \ x_{n,\frac{3}{4}} \, , \ x_{n,\frac{9}{10}}$$

können in einem Boxplot wie in Abb. 1.4 dargestellt werden.

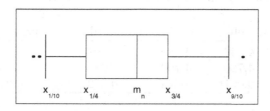

Abb. 1.4. Boxplot.

Außerhalb des Bereiches $[x_{n,1/10}, x_{n,9/10}]$ liegende Werte („Extremwerte") werden separat eingetragen. Manchmal werden an Stelle der Quantile $x_{n,1/10}, x_{n,9/10}$ auch andere Werte verwendet, z. B. der kleinste Wert größer als $x_{n,1/4} - 1.5 * qa_n$ und der größte Wert kleiner als $x_{n,3/4} + 1.5 * qa_n$.

c) Schiefe

Ein Maß für die Links-Steilheit (Rechts-Schiefe) der Verteilung der Stichprobenwerte ist

$$a_3 = \frac{1}{n \cdot s^3} \sum_{i=1}^{n} (x_i - \bar{x})^3 \, ,$$

wobei s^3 die dritte Potenz der Standardabweichung s bedeutet. Positives [negatives] a_3 signalisiert ein links-steiles [rechts-steiles] Histogramm; ein a_3-Wert von (ungefähr) gleich 0 deutet auf eine symmetrische Verteilung der Stichprobenwerte hin. Die Hypothese einer symmetrischen Verteilung der Grundgesamtheit lässt sich durch den folgenden Signifikanztest prüfen: Falls der Betrag der Teststatistik

$$Z_n = \sqrt{\frac{n}{6}} \cdot a_3$$

das $(1 - \alpha/2)$-Quantil $u_{1-\alpha/2}$ der $N(0,1)$-Verteilung übersteigt, so verwerfe die Annahme der Symmetrie (n groß, mindestens 100 vorausgesetzt; α das Signifikanzniveau).

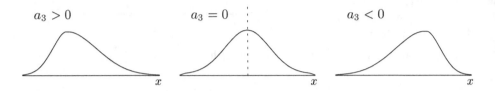

Fallstudie **Spessart.** Für die drei Variablen PHo, PHu und logPHo = $\ln(\text{PHo} - 3.3)$, siehe 1.2.1, sind Mittelwert $\bar{x}$, Median m_n, Standardabweichung s, Quartilabstand qa_n und die Schiefe a_3 aufgelistet.

Variable	Mittelwert	Median	Standardabw.	Quartilabstand	Schiefe
PHo	4.339	4.280	0.297	0.270	1.363
PHu	4.720	4.700	0.285	0.305	0.498
logPHo	0.001	−0.020	0.272	0.272	0.026

Die deutliche Links-Steilheit von PHo (stark positiver a_3-Wert) kommt auch dadurch zum Ausdruck, dass der Median unterhalb des Mittelwerts liegt. Die Log-Transformation von PHo führt zu einer Schiefe $a_3 \approx 0$. Sowohl die Abb. 1.3 oben als auch die Boxplots in Abb. 1.5 lassen erkennen, dass die Verteilung von PHo schiefer ist als die von PHu – bei niedrigerer zentraler Lage, aber bei etwa gleicher Streuung.

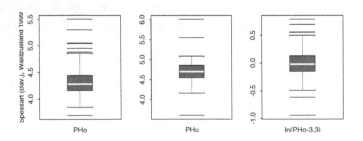

Abb. 1.5. Boxplots für die Variablen PHo, PHu, logPHo der Datei `Spessart`. Extremwerte sind als Linien (—) außerhalb der Klammern [ ] markiert.

Die Variable logPHo ist symmetrischer verteilt als PHo, so dass die Logarithmus-Transformation der PHo-Werte in diesem Sinne erfolgreich war.

Die Teststatistik Z_n verwirft die Symmetrie-Annahme nur bei PHo, nicht aber bei PHu, logPHo ($\alpha = 0.05$; der Wert $n = 87$ ist aber eher noch zu klein für diesen Test).

$\boxed{\text{Splus}}$ $\boxed{\text{R}}$ [logPHo siehe unter 1.2.1]

```
# Mittelwert, Standardabweichung und Schiefe
mean(PHo); mean(logPHo); mean(PHu)
sqrt(var(PHo)); sqrt(var(logPHo)); sqrt(var(PHu))
skewness(PHo); skewness(logPHo); skewness(PHu)  # nicht in R
# Boxplots der Abbildung 1.5
boxplot(PHo,sub="PHo",cex=0.7);boxplot(PHu,sub="PHu",cex=0.7)
boxplot(logPHo,sub="ln(PHo-3.3)",cex=0.7)
```

$\boxed{\text{SPSS}}$

```
* Mittelwert, Standardabweichung und Schiefe.
Descriptives Variables= PHo PHu logPHo
          /Statistics=Mean Stddev Skewness.
* Boxplots.
Examine Variables=PHo PHu logPHo /Plot = VBoxplot.
```

1.2.3 Inferenz für Lageparameter

Vorbemerkung (kurze Wiederholung aus 1.1.3). Kann eine Aussage (Behauptung) über den Wert eines Parameters in die Form einer Hypothese gekleidet werden, so kann diese durch einen Signifikanztest geprüft werden. Ferner ist das Aufstellen eines Konfidenz-(Vertrauens-) Intervalls für diesen Parameter von Interesse. Bei beiden Verfahren fungiert der Wert von α (üblicherweise werden die Werte 0.01 oder 0.05 gewählt) als Wahrscheinlichkeit für einen Fehler erster Art: bei Signifikanztests ist dies der Fehler, die Hypothese fälschlich zu verwerfen, bei Konfidenzintervallen der Fehler, dass das gewonnene Intervall den wahren Parameterwert gar nicht überdeckt. Die Quantile

$$u_\gamma, \ t_{m,\gamma}, \ \chi^2_{m,\gamma} \ \text{und} \ F_{k,m,\gamma}$$

der $N(0,1)$-, t_m-, χ^2_m- und $F_{k,m}$-Verteilung sind für variierende Werte von m, k und γ in den Tabellen des Anhangs B zu finden.

a) t-Test und Konfidenzintervall für μ einer Normalverteilung

Wir setzen voraus, dass die Stichprobenwerte $x_1, \ldots, x_n$ unabhängige Realisationen (Beobachtungen, Messungen) einer $N(\mu, \sigma^2)$-verteilten Zufallsvariablen X sind. Mittelwert und Standardabweichung werden wieder mit $\bar{x}$ und s bezeichnet; μ_0 gebe einen festen (behaupteten) Zahlenwert für den Erwartungswert μ an.

Die Hypothese $H_0 : \mu = \mu_0$ wird verworfen, falls die Testgröße

$$t = \sqrt{n}\,\frac{\bar{x} - \mu_0}{s} \qquad \text{[t-Teststatistik]}$$

betragsmäßig das Quantil $t_{n-1,1-\alpha/2}$ der t_{n-1}-Verteilung übersteigt, d. h. falls

$$|t| > t_0, \qquad t_0 = t_{n-1,1-\alpha/2} \qquad \text{[t-Test]}$$

gilt. Ein Konfidenzintervall für μ zum (Konfidenz-) Niveau $1 - \alpha$ lautet

$$\bar{x} - t_0 \cdot \frac{s}{\sqrt{n}} \le \mu \le \bar{x} + t_0 \cdot \frac{s}{\sqrt{n}}, \qquad t_0 = t_{n-1,1-\alpha/2}.$$

Dabei ist $s/\sqrt{n}$ der Standardfehler des Mittelwertes $\bar{x}$.

b) Wilcoxon-Test für den Median

Oft können wir die Annahme einer Normalverteilung nicht treffen, aber noch voraussetzen, dass die Stichprobenwerte $x_1, \ldots, x_n$ unabhängige Realisationen einer stetig und symmetrisch (um den Median M) verteilten Zufallsvariablen X sind. Sei m_n der Median der Stichprobe und M_0 ein fester (behaupteter) Zahlenwert für den (wahren) Median M (definitionsgemäß ist $\mathbb{P}(X < M) \le 1/2 \le \mathbb{P}(X \le M)$). Man leitet aus den Stichprobenwerten $x_1, \ldots, x_n$ nacheinander ab:

$$z_1 = x_1 - M_0, \; z_2 = x_2 - M_0, \ldots, \; z_n = x_n - M_0,$$
$$R_1^+, \ldots, R_n^+ \qquad \text{Rangzahlen der } |z_1|, \ldots, |z_n|.$$

Das bedeutet: Der kleinste $|z|$-Wert bekommt die Rangzahl 1, usw. Ferner bezeichne

$T^+ =$ Summe der Rangzahlen R_i^+, die zu positiven z_i-Werten gehören

$T^- =$ Summe der Rangzahlen R_i^+, die zu negativen z_i-Werten gehören

(Kontrolle: $T^+ + T^- = n(n+1)/2$; Stichprobenwerte $x_i = M_0$ werden gestrichen, bei entsprechender Verringerung von n). Die Hypothese $H_0 : M = M_0$ wird verworfen, falls für

$$T = \min(T^+, T^-) \qquad \text{[Wilcoxon-Teststatistik]}$$

gilt, dass

$$T \le w_{n,\alpha/2} \qquad \text{[Wilcoxon Vorzeichen-Rangtest]}.$$

Dabei bezeichnen die $w_{n,\gamma}$ die tabellierten Quantile zum Wilcoxon-Test; vergleiche Sachs (1997) oder Conover (1980), Hartung (1999); Letztere haben $w_{n,\gamma} + 1$ gelistet. Diese Quantile können rein kombinatorisch ermittelt werden. Für größere n (etwa ab $n = 25$) kann man die $N(0,1)$-Approximation

$$Z_n = \frac{T^+ - \mu_0}{\sigma_0}, \qquad \mu_0 = \frac{1}{4}\,n(n+1), \qquad \sigma_0^2 = \frac{1}{24}\,n(n+1)(2n+1),$$

verwenden und H_0 verwerfen, falls

$$|Z_n| > u_{1-\alpha/2}.$$

c) Zwei verbundene Stichproben

Liegen n *verbundene* Messpaare $(x_1', x_1''), \ldots, (x_n', x_n'')$ vor, wobei x' und x'' die gleiche Messgröße am gleichen Objekt darstellen, aber jeweils unter verschieden Bedingungen (z. B. vor und nach einer Behandlung) aufgenommen werden, so bildet man Differenzwerte $x_i = x_i' - x_i''$ und gelangt zu einer Stichprobe

$$x_1, \ldots, x_n \,. \tag{1.13}$$

Unter der Annahme, dass die Differenzwerte (1.13) unabhängige Realisationen einer $N(\mu, \sigma^2)$-verteilen Zufallsvariablen $X = X' - X''$ sind, lässt sich die Hypothese gleicher Erwartungswerte der X' und X'' Größen, das heißt

$$H_0 : \quad \mu \equiv \mathbb{E}(X') - \mathbb{E}(X'') = 0 \,,$$

mit Hilfe des t-Tests aus a) prüfen. Man verwirft also H_0, falls

$$|t| = \sqrt{n}\,\frac{|\bar{x}|}{s} > t_{n-1, 1-\alpha/2} \qquad \text{[t-Test für verbunde Stichproben]}.$$

Dabei bezeichnen $\bar{x}$ und s Mittelwert und Standardabweichung der Stichprobe (1.13) der Differenzwerte. Desgleichen ist das Konfidenzintervall aus a) für die Differenz $\mu' - \mu''$ anstatt für μ gültig, mit $\mu' = \mathbb{E}(X')$, $\mu'' = \mathbb{E}(X'')$.

Unter der schwächeren Voraussetzung, dass die Differenzvariable $X = X' - X''$ symmetrisch (um den Median M) und stetig verteilt ist, können wir die Hypothese H_0: $M = 0$ mit Hilfe des Wilcoxon-Tests aus b) prüfen. Wir haben dort $M_0 = 0$, also $z_i = x_i$, zu setzen.

In der Fallstudie **Spessart** wird der PH-Wert an jedem Standort zweimal gemessen, in 0–2 cm Tiefe ($x' = $ PHo) und in 15–17 cm Tiefe ($x'' =$PHu). Die Hypothese gleicher Erwartungswerte der Variablen PHo und PHu, d. h. H_0 : $\mu' = \mu''$, wird durch den t-Test für verbundene Stichproben abgelehnt, denn die Teststatistik $t = -11.44$ übersteigt betragsmäßig das Quantil $t_{86, 0.995} = 2.634$. Dasselbe macht der Wilcoxon-Test für verbundene Stichproben, mit einem Wert $Z_{87} = -7.22$ der $N(0, 1)$-Approximation. Ein Konfidenzintervall für die Differenz $\mu' - \mu''$ der Erwartungswerte von PHo und PHu zum Niveau $1 - \alpha = 0.99$ lautet

$$-0.469 \leq \mu' - \mu'' \leq -0.293, \quad [\mu', \mu'' \text{ Erwartungswerte von PHo und PHu}].$$

Es schließt den Wert 0 nicht ein, entsprechend der eben berichteten Verwerfung der Nullhypothese $H_0 : \mu' = \mu''$.

Splus R	SPSS

`PHdif<- PHo - PHu`
`t.test(PHdif,mu=0,conf.level`
`   =0.99)`
`wilcox.test(PHdif,mu=0)`
`# identisch mit`
`wilcox.test(PHo,PHu,paired=T)`
	`T-Test Pairs=PHo with PHu.`
	`NPar Tests Wilcoxon=PHo with PHu.`

1.2.4 Anpassung

Ist eine Annahme über die zugrunde liegende Verteilung getroffen worden, stehen diagnostische Plots und Signifikanztests zu ihrer Überprüfung zur Verfügung. Das Signifikanzniveau α, das ist die Wahrscheinlichkeit für einen Fehler 1. Art, sollte bei diesen Anpassungstests eher größer gewählt werden, etwa 0.20 oder 0.10 (bei größerem Stichprobenumfang n auch 0.05). Denn ein größeres α geht mit einer kleineren Wahrscheinlichkeit für einen Fehler 2. Art einher. Einen solchen Fehler begeht man aber, wenn die Verteilungs-Annahme nicht richtig ist, mit ihr aber weiter gearbeitet wird.

Anpassungstests sind – im Gegensatz zu den diagnostischen Plots – nur bei kleineren und mittleren Stichprobenumfängen n sinnvoll. Denn bei realen Daten mit sehr großem n, etwa n weit über 100, neigen Tests zur Verwerfung der Nullhypothese, wenn diese – wie es meistens der Fall ist, namentlich bei Anpassungstests – in „scharfer" Weise formuliert wird.

a) Normal probability plot

Bei diesem Auftragen der Stichprobe $x_1, \ldots, x_n$ in ein „Normalverteilungspapier" werden in ein x-y Diagramm die n Punkte

$$\big(x_i, \Phi^{-1}(r_i)\big), \quad i = 1, \ldots, n, \quad \text{wobei} \quad r_i = \frac{R_i - 1/3}{n + 1/3} \tag{1.14}$$

ist, eingezeichnet. Dabei bezeichnet R_i den Rang des Stichprobenwertes x_i ($\pm\frac{1}{3}$ sind Randkorrekturen), und Φ^{-1} ist die Umkehrfunktion der Verteilungsfunktion Φ der $N(0,1)$-Verteilung. Die gleiche Punktwolke wie (1.14) erzeugen die n Wertepaare

$$\Big(x_{(i)}, \Phi^{-1}\big(\frac{i - 1/3}{n + 1/3}\big)\Big), \quad i = 1, \ldots, n,$$

wobei die $x_{(i)}$ wieder die geordneten Stichprobenwerte bedeuten. In den Plot wird eine Gerade durch die Punkte $(\bar{x}-s, -1)$ und $(\bar{x}+s, 1)$ eingezeichnet, vgl. Abb. 1.6. Stichproben aus einer normalverteilten Grundgesamtheit sollte man an Punktwolken erkennen, die sich entlang dieser Geraden ausrichten. Stichproben mit zu langen [zu kurzen] rechten Verteilungsenden erkennt man am

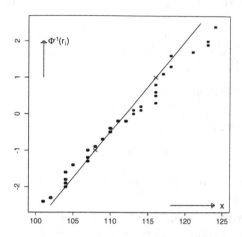

Abb. 1.6. Normal probability plot, mit markierten (x) Punkten $(\bar{x} - s, -1)$ und $(\bar{x} + s, 1)$.

rechten Rand des Plots daran, dass sich die Punktwolke horizontal [vertikal] von der markierten Geraden entfernt; Entsprechendes gilt für die linksseitigen Verhältnisse.

Man beachte, dass oft nicht der normal probability plot der Stichproben-werte selber von Interesse ist, sondern der Plot von Werten, die erst nach einer statistischen Analyse vorliegen. In Verfahren wie der Varianz- oder Re-gressionsanalyse (Kap. 2 und 3) sind es die Residuenwerte, die man in einem solchen Plot aufträgt.

b) χ^2-Anpassungstest

Wir betrachten ein Zufallsexperiment, das eine von m Alternativen $A_1, \ldots, A_m$ auswählt, und zwar mit den Wahrscheinlichkeiten

$$p_1 = \mathbb{P}(A_1), \ldots, p_m = \mathbb{P}(A_m) \qquad [p_1 + \ldots + p_m = 1],$$

und das n mal unabhängig wiederholt wird (Multinomialexperiment, im Spe-zialfall $m = 2$ Binomial- oder Bernoulliexperiment genannt). Zum Prüfen der Hypothese

$$H_0 : p_1 = p_1^{(0)}, \ldots, p_m = p_m^{(0)},$$

wobei die $p_j^{(0)}$ vorgegebene positive Zahlen sind, die sich zu 1 addieren, zählen wir die Häufigkeiten

$$n_1, \ldots, n_m \qquad [n_1 + \ldots + n_m = n]$$

aus, mit denen die Alternativen $A_1, \ldots, A_m$ vorkommen, und bilden die Teststatistik

$$\hat{\chi}_n^2 = \sum_{j=1}^m \frac{\left(n_j - n \cdot p_j^{(0)}\right)^2}{n \cdot p_j^{(0)}} \qquad \text{[Pearson- oder } \chi^2\text{-Teststatistik].}$$

Die Hypothese H_0 wird verworfen (zugunsten der Annahme, dass für minde-
stens eine Alternative $p_j \neq p_j^{(0)}$ gilt), falls $\hat{\chi}_n^2$ das $(1 - \alpha)$-Quantil der χ_{m-1}^2-
Verteilung übersteigt, d. h. falls

$$\hat{\chi}_n^2 > \chi_{m-1,1-\alpha}^2 \qquad [\chi^2\text{-Test}]$$

gilt. Dabei wird n als groß genug vorausgesetzt, etwa $n \cdot p_j^{(0)} \geq 4$ für alle
Alternativen $j = 1, \ldots, m$.

Test auf Normalverteilung. Der χ^2-Anpassungstest kann auch in mo-
difizierter Form zur Prüfung auf Normalverteilung benutzt werden. Die Hypothese H_0 lautet hier, dass die Stichprobenwerte $x_1, \ldots, x_n$ Realisierungen
einer $N(\mu, \sigma^2)$-verteilten Zufallsvariablen sind, mit nicht näher spezifizierten
Werten μ und σ^2. Dazu bilden wir Intervalle

$$I_1 = [a_0, a_1], \; I_2 = (a_1, a_2], \ldots, I_m = (a_{m-1}, a_m]$$

und notieren mit $n_1, \ldots, n_m$ die Anzahl der Stichprobenwerte, die in die Intervalle $I_1, \ldots, I_m$ fallen (a_0 so klein und a_m so groß gewählt, dass alle Beobachtungen dazwischen liegen); ferner bezeichnen wir mit $b_1, \ldots, b_m$ die Mittelpunkte der Intervalle $I_1, \ldots, I_m$. Aus der „gruppierten" Stichprobe leiten
wir die Schätzer

$$\hat{\mu} = \frac{1}{n} \sum_{j=1}^m n_j \cdot b_j, \qquad \hat{\sigma}^2 = \frac{1}{n} \sum_{j=1}^m n_j \cdot (b_j - \hat{\mu})^2 \qquad (1.15)$$

für die Parameter μ und σ^2 ab; genauere Formeln für die ML-Schätzer für μ
und σ^2 bei Cramér (1954) oder Pruscha (1996). Mit ihrer Hilfe transformieren
wir die Intervallgrenzen a_j zu

$$a_j^* = \frac{a_j - \hat{\mu}}{\hat{\sigma}}, \qquad j = 1, \ldots, m - 1,$$

und bilden damit die Wahrscheinlichkeiten

$$p_1^{(0)} = \Phi(a_1^*), \; p_2^{(0)} = \Phi(a_2^*) - \Phi(a_1^*), \; \ldots, \; p_m^{(0)} = 1 - \Phi(a_{m-1}^*),$$

Φ die Verteilungsfunktion der $N(0, 1)$-Verteilung. Diese werden in die obige
Pearson-Teststatistik $\hat{\chi}_n^2$ eingesetzt. H_0 wird dann verworfen, falls

$$\hat{\chi}_n^2 > \chi_{m-3,1-\alpha}^2$$

gilt (n als genügend groß vorausgesetzt). Dabei haben wir $m - 3$ statt $m - 1$
Freiheitgrade, und zwar wegen der 2 geschätzten Parameter $\hat{\mu}$ und $\hat{\sigma}^2$ (Regel
von Fisher).

c) Kolmogorov-Smirnov Test

Es soll die Hypothese H_0 geprüft werden, dass die Stichprobenwerte $x_1, \ldots, x_n$ Realisationen einer Zufallsvariablen mit der Verteilungsfunktion $F_0(x)$, $x \in \mathbb{R}$, sind. Dabei ist F_0 fest vorgegeben, und es wird F_0 als stetig vorausgesetzt. Dazu kann die empirische Verteilungsfunktion $F_n(x)$, $x \in \mathbb{R}$, der Stichprobe verwendet (vgl. 1.2.1 c)) und die Teststatistik

$$d_n = \sup_{x \in \mathbb{R}} |F_n(x) - F_0(x)| \qquad \text{[K-S Teststatistik]}$$

gebildet werden. Mit Hilfe der geordneten Statistik

$$x_{(1)} \leq x_{(2)} \leq \ldots \leq x_{(n)}$$

lässt sich d_n gemäß der Formel $d_n = \max(d_n^+, d_n^-)$ berechnen, wobei

$$d_n^+ = \max_{1 \leq i \leq n} \left[\frac{i}{n} - F_0(x_{(i)})\right], \qquad d_n^- = \max_{1 \leq i \leq n} \left[F_0(x_{(i)}) - \frac{i-1}{n}\right]. \qquad (1.16)$$

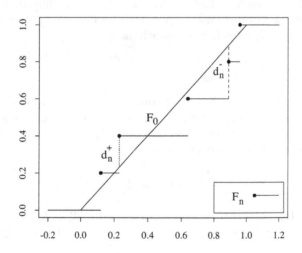

Abb. 1.7. K-S Teststatistiken d_n^+ ($\cdots$) und d_n^- (- - -) für die hypothetische Verteilungsfunktion $F_0(x) = x$, $0 \leq x \leq 1$, und die empirische Verteilungsfunktion F_n, mit $n = 5$.

Unter H_0 hängt die Verteilung von d_n nicht von der speziellen, als Hypothese gewählten Verteilungsfunktion F_0 ab. Bei Conover (1980) sowie – mit unterschiedlichen Skalierungen – bei Sachs (1997) und Hartung (1999) sind Quantile $k_{n,\gamma}$ der K-S Teststatistik tabelliert. Man verwirft H_0, falls

$$d_n > k_{n,1-\alpha} \qquad \text{[K-S Test]}$$

gilt. Für große n (etwa für $n > 35$) kann die Näherung $k_{n,\gamma} \approx z_\gamma/\sqrt{n}$ vorgenommen werden, mit einem nicht mehr von n abhängenden z_γ. Man verwendet dann die Verwerfungsregel

$$\sqrt{n}\, d_n > z_{1-\alpha}\,.$$

Einige Zahlenwerte für $z_{1-\alpha}$

Eine Näherungsformel für $z_{1-\alpha}$ lautet

α	0.20	0.15	0.10	0.05	0.01	0.001
$z_{1-\alpha}$	1.073	1.138	1.224	1.358	1.628	1.949

$$z_{1-\alpha} \approx \sqrt{-\frac{1}{2}\ln\left(\frac{\alpha}{2}\right)}\,.$$

Dieser K-S Test kann nur bei vollständig spezifizierter Hypothese F_0 angewandt werden: Die Parameter der Verteilungsfunktion sind zahlenmäßig anzugeben.

Test auf Normalverteilung. Zum Prüfen auf Normalverteilung muß der K-S Test modifiziert werden: H_0 bedeute jetzt die Hypothese, dass die Stichprobenwerte einer normalverteilten Grundgesamtheit entstammen; das heißt: die hypothetische Verteilungsklasse besteht aus den Verteilungsfunktionen der $N(\mu, \sigma^2)$-Verteilung, mit nicht näher spezifizierten Parameterwerten μ und σ^2. Dann lautet die modifizierte K-S Teststatistik

$$d_n^* = \sup_{x \in \mathbb{R}} \left| F_n(x) - \Phi\left(\frac{x - \bar{x}}{s}\right) \right|,$$

wobei $\bar{x}$ und s Mittelwert und Standardabweichung der Stichprobe bezeichnen und Φ wieder die Verteilungsfunktion der $N(0,1)$-Verteilung bedeutet. Wir können erneut die Rechenformel $d_n^* = \max(d_n^{*+}, d_n^{*-})$ verwenden, wenn wir in den Gleichungen (1.16) die Größen

$$\Phi\left(\frac{x_{(i)} - \bar{x}}{s}\right) \quad \text{anstelle der } F_0(x_{(i)})$$

verwenden. Die Hypothese H_0 wird verworfen, falls $d_n^* > k_{n,1-\alpha}^*$ gilt, wobei man die sogenannten Lilliefors-Quantile $k_{n,\gamma}^*$ tabelliert findet, vgl. Lilliefors (1967).

Für große n kann wieder eine Approximation $k_{n,\gamma}^* \approx z_\gamma^*/\sqrt{n}$ vorgenommen werden, wobei die z_γ^* nicht von n abhängig sind. Einige Zahlenwerte für $z_{1-\alpha}^*$:

α	0.10	0.05	0.01
$z_{1-\alpha}^*$	0.81	0.89	1.04

Häufig wird der Fehler gemacht, dass d_n^* mit dem Quantil $k_{n,\gamma}$ anstatt mit dem kleineren Wert $k_{n,\gamma}^*$ verglichen wird: Bei Benutzung der modifizierten K-S Teststatistik d_n^* und der nicht zugehörigen Quantile $k_{n,\gamma}$ wird H_0 zu oft beibehalten; d. h., es wird zu oft (unberechtigter Weise) mit der Normalverteilungs-Annahme weitergearbeitet.

Fallstudie **Spessart**. Die Verteilung der drei Variablen PHo, PHu und logPHo = ln(PHo − 3.3), siehe 1.2.1, wird auf Normalverteilung geprüft. Die normal probability plots der Abb. 1.8 signalisieren, dass PHu als ungefähr normalverteilt angenommen werden kann (3 Extrem- oder Ausreißer-Werte), dass PHo ein zu langes rechtes Verteilungsende aufweist, und dass die Log-Transformation der Variablen PHo eine Annäherung des rechten Verteilungsendes an das der Normalverteilung bewirkt.

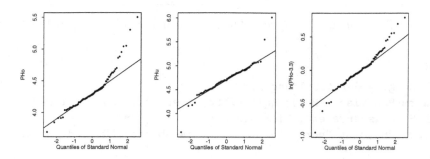

Abb. 1.8. Normal probability plots für die Variablen PHo, PHu, logPHo der Datei **Spessart**. Gegenüber Abb. 1.6 sind die horizontale und vertikale Achse vertauscht.

Signifikanztests mit Hilfe der χ^2-Teststatistik $\hat\chi_n^2$ und der modifizierten KS-Teststatistik d_n^* führen für die Variable PHo zur Verwerfung der Normalverteilungs-Hypothese (vergleiche den P-Wert 0.001 zum χ^2-Test).

Die P-Werte der Variablen PHu und logPHo liegen beim χ^2-Test um den Wert 0.05 herum und lassen keine klare Entscheidung zu. Das Gleiche gilt auch für den modifizierten KS-Test.

Variable	Chi-Quad.	m	FG	P-Wert	modif. KS-Stat.
PHo	22.44	7	6	0.001	0.158
PHu	12.52	7	6	0.051	0.105
logPHo	11.41	6	5	0.044	0.103

Das Lilliefors-Quantil zum (modifizierten) KS-Test lautet nämlich

$$k_{0.95}^* \approx 0.89/\sqrt{87} = 0.095\,.$$

Die Verteilungen der Variablen PHu und logPHo liegen also deutlich näher bei der Normalverteilung als diejenige von PHo.

Das folgende Rechenschema zum χ^2-Anpassungstest bezieht sich auf die Variable PHu. Zur Berechnung der transformierten Intervallgrenzen a_j^* wurden die Werte $\hat\mu = 4.7075$ und $\hat\sigma = 0.2966$ verwendet, die gemäß (1.15) aus der in $m = 7$ Intervalle gruppierten Stichprobe entstammen (für die ungruppierte Stichprobe lauten die Werte $\bar{x} = 4.720$ und $s = 0.2853$).

	1	2	3	4	5	6	7
a_j	4.4	4.6	4.7	4.8	5.0	5.2	6.2
n_j	6	19	19	12	23	6	2
a_j^*	−1.036	−0.362	−0.025	0.312	0.986	1.661	5.032
$\Phi(a_j^*)$	0.1499	0.3585	0.4899	0.6224	0.8380	0.9516	1.0000
p_j	0.1499	0.2086	0.1314	0.1325	0.2155	0.1135	0.0484
$n \cdot p_j$	13.04	18.15	11.43	11.53	18.75	9.87	4.21

Aus den Zeilen n_j und $n \cdot p_j$ schließlich erhält man den Wert $\hat{\chi}_n^2 = 12.52$.

Splus | R

```
# Erzeugung der Abbildung 1.8
qqnorm(PHo,ylab="PHo"); qqline(PHo) # ebenso: PHu und logPHo
# K-S Anpassungstest, nicht in R
ks.gof(PHo,dist="normal")          # ebenso: PHu und logPHo
```

SPSS

```
* Normal probability plots.
Examine Variables=PHo PHu logPHo /Plot = npplot.
* K-S Anpassungstest.
NPar Tests K-S (normal) = PHo PHu logPHo.
```

1.3 Zwei-Stichproben Situation

Ein und dieselbe Messgröße wird in zwei verschiedenen Situationen, z. B. in zwei verschiedenen Gruppen, unabhängig voneinander gemessen, und zwar in der ersten Gruppe n_1 mal, in der zweiten n_2 mal. Bezeichnen wir die Werte in der ersten Gruppe mit x, diejenigen in der zweiten Gruppe mit y, so haben wir das Datenschema

Gruppe	Stichproben-Umfang	Stichproben-Werte	Mittelwert	Standard-Abweichung
1	n_1	$x_1, \ldots, x_{n_1}$	$\bar{x}$	s_1
2	n_2	$y_1, \ldots, y_{n_2}$	$\bar{y}$	s_2

Aus den beiden Stichproben-Varianzen s_1^2 und s_2^2 bilden wir die gemittelte (*pooled*) Varianz

$$s^2 = \frac{1}{n_1 + n_2 - 2}\left((n_1 - 1) \cdot s_1^2 + (n_2 - 1) \cdot s_2^2\right)$$

(die i. d. R. kleiner als die Varianz der Gesamtstichprobe vom Umfang $n_1 + n_2$ ist), und daraus die *pooled* Standardabweichung $s = \sqrt{s^2}$.

1.3.1 Tests und Konfidenzintervalle für Normalverteilungsparameter

Es wird angenommen, dass jede der beiden Grundgesamtheiten normalverteilt ist, mit unbekannten Parametern

$$\mu \text{ (Erwartungswert) und } \sigma^2 \text{ (Varianz).}$$

a) Zwei-Stichproben t-Test

Wir setzen neben der Unabhängigkeit aller $n_1 + n_2$ Stichprobenwerte voraus, dass die Werte x_i Realisationen einer $N(\mu_1, \sigma^2)$-verteilten Zufallsvariablen X und die y_i Realisationen einer $N(\mu_2, \sigma^2)$-verteilten Zufallsvariablen Y sind.

Die Hypothese $H_0 : \mu_1 = \mu_2$ gleicher Erwartungswerte in den beiden Gruppen wird zugunsten der Ungleichheit $\mu_1 \neq \mu_2$ verworfen, falls die Teststatistik

$$t = \sqrt{\nu}\, \frac{\bar{x} - \bar{y}}{s}, \qquad \text{wobei} \quad \nu = \frac{n_1 \cdot n_2}{n_1 + n_2}$$

ist, das $(1 - \alpha/2)$-Quantil der $t_{n_1+n_2-2}$-Verteilung betragsmäßig überschreitet:

$$|t| > t_{n_1+n_2-2,1-\alpha/2} \qquad \text{[2-Stichproben t-Test]}.$$

Im Fall gleicher Stichprobenumfänge $n_1 = n_2$ lautet die Teststatistik

$$t = \sqrt{n_1}\, \frac{\bar{x} - \bar{y}}{\sqrt{s_1^2 + s_2^2}}\, .$$

Ein Konfidenzintervall für die Differenz $\mu_1 - \mu_2$ der Erwartungswerte in den beiden Gruppen zum Niveau $1 - \alpha$ lautet

$$(\bar{x} - \bar{y}) - t_0 \cdot \frac{s}{\sqrt{\nu}} \leq \mu_1 - \mu_2 \leq (\bar{x} - \bar{y}) + t_0 \cdot \frac{s}{\sqrt{\nu}}\, ,$$

wobei wir zur Abkürzung $t_0 = t_{n_1+n_2-2,1-\alpha/2}$ und wieder $\nu = n_1 \cdot n_2/(n_1+n_2)$ gesetzt haben. Es ist $s/\sqrt{\nu} = s \cdot \sqrt{1/n_1 + 1/n_2}$ der Standardfehler von $\bar{x} - \bar{y}$.

b) Zwei-Stichproben Varianz-Test

Da für den 2-Stichproben t-Test die Gleichheit $\sigma_1^2 = \sigma_2^2$ der Varianzen in den beiden Gruppen vorausgesetzt wird (Varianzhomogenität), sollte in einem Vorschalttest die Hypothese

$$H_\sigma : \sigma_1^2 = \sigma_2^2$$

zumindest nicht verworfen werden (und zwar für ein größeres α wie üblich, z. B. für $\alpha = 0.10,\ 0.20$, mindestens aber $\alpha = 0.05$). Nummeriere die Stichproben so mit 1 und 2, dass $s_1 \geq s_2$ ist. Dann wird H_σ verworfen, falls der

Varianzquotient s_1^2/s_2^2 das $(1 - \alpha/2)$-Quantil der F_{n_1-1,n_2-1}-Verteilung übersteigt, d. h. falls

$$F \equiv \frac{s_1^2}{s_2^2} > F_{n_1-1,n_2-1,1-\alpha/2} \qquad \text{[2-Stichproben Varianz-Test]}.$$

Falls H_σ verworfen wird, so kann

1. eine geeignete Transformation gesucht werden, so dass in den transformierten Stichprobenwerten die Hypothese H_σ dann nicht mehr abgelehnt werden muss.
2. oder: der (nur approximativ gültige) Aspin-Welch Test anstelle des t-Tests angewandt werden. Dieser verwirft die Hypothese $\mu_1 = \mu_2$, falls für

$$t' = \frac{\bar{x} - \bar{y}}{\sqrt{s_1^2/n_1 + s_2^2/n_2}}$$

gilt, dass $|t'| > t_{f,1-\alpha/2}$, wobei die Freiheitsgrade zu

$$f = \frac{(u_1^2 + u_2^2)^2}{u_1^4/(n_1 - 1) + u_2^4/(n_2 - 1)}, \qquad u_1 = \frac{s_1}{\sqrt{n_1}}, \ u_2 = \frac{s_2}{\sqrt{n_2}},$$

berechnet werden.
3. oder: der nichtparametrische Mann-Whitney U-Test anstelle des t-Tests angewandt werden.

Idealerweise wird der Vorschalt- und der Haupttest an verschiedenen Stichproben vorgenommen. Wo dies nicht möglich ist, muss im Haupttest mit einer Fehlerwahrscheinlichkeit 1. Art gerechnet werden, die größer als das gewählte α ist.

1.3.2 Mann-Whitney U-Test

Es soll die Hypothese H_0 geprüft werden, dass die x- und die y-Stichprobe Grundgesamtheiten entstammen, die identisch gleich verteilt sind. Fasst man die Stichprobenwerte $x_1, \ldots, x_{n_1}$ und $y_1, \ldots, y_{n_2}$ als unabhängige Realisationen unabhängiger Zufallsvariablen X und Y auf, die stetige Verteilungsfunktionen F bzw. G besitzen, so lautet die Hypothese

$$H_0: \ F(x) = G(x) \qquad \text{für alle } x \in \mathbb{R}.$$

[Definitionsgemäß ist $F(x) = \mathbb{P}(X \leq x)$, $G(x) = \mathbb{P}(Y \leq x)$]. Die Gesamtstichprobe vom Umfang $n = n_1 + n_2$, das ist

$$x_1, \ldots, x_{n_1}, y_1, \ldots, y_{n_2}, \qquad (1.17)$$

wird geordnet zu

$$z_{(1)} \leq z_{(2)} \leq \cdots \leq z_{(n)}, \qquad (1.18)$$

wobei jedes $z_{(i)}$ entweder ein x- oder ein y-Wert ist. Gemäß der Ordnung (1.18) hat jeder Stichprobenwert in der Gesamtstichprobe (1.17) eine Rangzahl R (der kleinste die Rangzahl 1, usw.), die nun den Beobachtungswert ersetzt:

Gruppe	Umfang	Rangzahlen		Rangsummen
1	n_1	R_1 ... R_{n_1}		$R_x = R_1 + \ldots + R_{n_1}$
2	n_2	R_{n_1+1} ... R_n		$R_y = R_{n_1+1} + \ldots + R_n$

Sind zwei oder mehr Stichprobenwerte aus (1.17) gleich groß (man spricht von Bindungen), so werden ensprechende mittlere Ränge vergeben, was die Kontrolle $R_x + R_y = (1/2)n(n+1)$ aber nicht beeinflusst. Von den Rangsummen der beiden Stichproben ziehen wir jeweils den kleinstmöglichen Wert ab, d. h. wir bilden

$$U_x = R_x - \frac{1}{2}\, n_1(n_1+1), \qquad U_y = R_y - \frac{1}{2}\, n_2(n_2+1)$$

(Kontrolle: $U_x + U_y = n_1 \cdot n_2$). Die endgültige Teststatistik U ist die kleinere der beiden Zahlen U_x, U_y,

$$U = \min(U_x, U_y) \qquad \text{[Mann-Whitney U-Statistik]}.$$

Unter Verwendung der tabellierten Quantile $w_{n_1,n_2,\gamma}$ des U-Tests, vgl. Sachs (1997) oder Conover (1980), Hartung (1999), verwirft man H_0, falls

$$U \leq w_{n_1,n_2,\alpha/2} \qquad \text{[M-W U-Test]}.$$

Diese Quantile gewinnt man rein kombinatorisch, denn unter H_0 nimmt der Vektor $(R_1, \ldots, R_n)$ der Ränge jede der $n!$ Permutationen der Zahlen $1, \ldots, n$ mit gleicher Wahrscheinlichkeit an, vgl. Randles & Wolfe (1979). Für größere n (etwa für n_1 oder n_2 größer 20) kann man die $N(0,1)$-Approximation

$$Z_n = \frac{U_x - \mu_0}{\sigma_0}, \qquad \mu_0 = \frac{1}{2}\, n_1 \cdot n_2, \quad \sigma_0^2 = \frac{1}{12}\, n_1 \cdot n_2 \cdot (n+1),$$

benutzen und H_0 verwerfen, falls $|Z_n| > u_{1-\alpha/2}$ gilt. Im Fall von Bindungen ist die Formel für σ_0^2 zu korrigieren in

$$\sigma_0^2 = \frac{1}{12} \cdot n_1 \cdot n_2 \cdot (n+1) \cdot (1-b), \qquad b = \frac{1}{n(n^2-1)} \sum_{t=1}^{T} \left(b_t^3 - b_t\right),$$

wobei insgesamt T verschiedene Stichprobenwerte in (1.17) mehrfach auftreten, und zwar b_1-, b_2-,..., b_T-fach, vgl. Lehmann (1975). Die oben gemachten Voraussetzungen lassen aber nur Stichproben mit wenigen Bindungen zu.

Der U-Test deckt Unterschiede zwischen zwei Grundgesamtheiten auf, die sich in einer unterschiedlichen zentralen Lage der Verteilungen manifestieren, und stellt damit das nichtparametrische Gegenstück zum Zwei-Stichproben t-Test dar.

Fallstudie **Spessart.** Die PH-Werte der gedüngten Standorte (DU=1) sollen verglichen werden mit denen der ungedüngten Standorte (DU=0). Bewirkt die Kalk-Düngung eine Erhöhung der PH-Werte (wie es zu erwarten wäre)? Dazu werden die zwei Stichproben der $n_1 = 71$ PHo-Werte an ungedüngten Standorten (mit x bezeichnet) und der $n_2 = 16$ PHo-Werte an gedüngten Standorten (mit y bezeichnet) miteinander verglichen. Die drei Schaubilder (Punkteplot, Fehlerbalken-Plot, Boxplot) der Abb. 1.9 jedenfalls zeigen insgesamt höhere PHo-Werte auf den gedüngten Standorten.

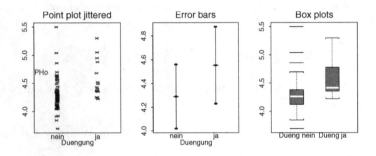

Abb. 1.9. Punkteplot (Scattergramm), Fehlerbalken-Plots und Boxplots (vgl. 1.2.2), jeweils für die PHo-Werte auf ungedüngten und gedüngten Flächen.

Ist dieser sichtbare Unterschied auch statistisch signifikant? Der 2-Stichproben Varianz-Test (als Vorschalt-Test) führt wegen

$$s_y^2 = 0.3238^2, \; s_x^2 = 0.2707^2 \quad \text{zum F-Quotienten} \quad F = s_y^2/s_x^2 = 1.4307$$

und verwirft die Hypothese gleicher Varianzen in den beiden Stichproben nicht (selbst nicht bei einem hohen α-Wert von 0.30). Der 2-Stichproben t-Test ergibt wegen

$$\bar{x} = 4.2904, \; \bar{y} = 4.5537 \quad \text{die Teststatistik} \quad t = -3.388$$

und weist den (optisch festgestellten) Unterschied auch als signifikant nach, zu einem Signifikanzniveau von $\alpha = 0.01$. Zum gleichen Ergebnis kommt der Aspin-Welch Test und der Mann-Whitney U-Test, bei dem die $N(0,1)$-Approximation verwendet wird.

Test	Teststatistik	FG	Sign.Niveau	Quantil	P-Wert
2-Stichpr. Varianz-	$F = 1.431$	15,70	0.10	1.811	0.315
2-Stichpr. t-Test	$t = -3.388$	85	0.01	2.635	0.001
M-W U-Test	$Z = -3.435$	–	0.01	2.576	0.001
Aspin-Welch Test	$t' = -3.023$	20	0.01	2.845	0.007

Splus   R

```
# 2-Stichproben Vergleiche, einschl. boxplots
PHoDuen0<- PHo[DU==0]; PHoDuen1<- PHo[DU==1]
boxplot(PHoDuen0,PHoDuen1,names=c("Dueng nein","Dueng ja"),
        ylab="PHo",cex=0.8)
t.test(PHoDuen0,PHoDuen1,conf.level=0.99)
var.test(PHoDuen0,PHoDuen1,conf.level=0.90)
wilcox.test(PHoDuen0,PHoDuen1)
```

SPSS

```
* 2-Stichproben Vergleiche.
T-Test Groups=DU(0,1) / Variables=PHo.
NPar Tests M-W=PHo by DU(0,1).
```

1.4 Bivariate Stichprobe

Pro Versuchseinheit (Fall) werden nun zwei Variablen (Merkmale) x und y gemessen. Dies ergibt eine bivariate Stichprobe vom Umfang n.

Fall	x	y
1	x_1	y_1
2	x_2	y_2
$\vdots$	$\vdots$	$\vdots$
n	x_n	y_n
Mittelwert	$\bar{x}$	$\bar{y}$
Standardabw.	s_x	s_y

Für den Fall i liegt also das Messpaar (x_i, y_i) vor, $i = 1, \ldots, n$. Typischerweise sind die Merkmale x und y miteinander korreliert.

Zunächst setzen wir metrische (intervall-skalierte) Merkmale x und y voraus, dann ordinal-skalierte und schließlich nominal-skalierte Merkmale.

1.4.1 Scattergramm, Korrelationskoeffizient

Die n Wertepaare $(x_1, y_1), \ldots, (x_n, y_n)$ werden wie in Abb. 1.10 als Punkte in ein x-y-Diagramm eingetragen; die resultierende Punktwolke nennt man das Scattergramm (Streuungsdiagramm) der bivariaten Stichprobe.

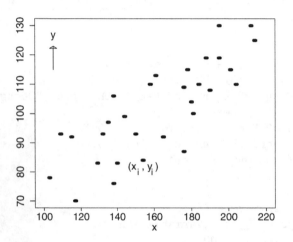

Abb. 1.10. Scattergramm mit n=30 Punkten.

Ein Maß für die Stärke der linearen Ausrichtung der Punktwolke stellt der (gewöhnliche oder Pearson-) *Korrelations*koeffizient $r_{x,y}$ dar,

$$r_{x,y} = \frac{\sum_{i=1}^{n}(x_i - \bar{x})(y_i - \bar{y})}{\sqrt{\sum_{i=1}^{n}(x_i - \bar{x})^2 \sum_{i=1}^{n}(y_i - \bar{y})^2}},$$

wobei $\bar{x} = \sum_{i=1}^{n} x_i/n$ und $\bar{y} = \sum_{i=1}^{n} y_i/n$ die Mittelwerte der x- bzw. y-Werte bezeichnen. Führen wir die empirische *Kovarianz* $s_{x,y}$ der bivariaten Stichprobe ein, das ist

$$s_{x,y} = \frac{1}{n-1} \sum_{i=1}^{n}(x_i - \bar{x})(y_i - \bar{y}), \qquad [s_{x,x} \equiv s_x^2,\ s_{y,y} \equiv s_y^2],$$

so lässt sich

$$r_{x,y} = \frac{s_{x,y}}{s_x \cdot s_y} \qquad [s_x = \sqrt{s_x^2},\ s_y = \sqrt{s_y^2}]$$

schreiben. Es gilt $-1 \le r_{x,y} \le 1$; ferner

$$r_{x,y} = \begin{cases} 1 \\ -1 \end{cases}, \text{ wenn alle } (x_i, y_i) \text{ auf einer } \begin{cases} \text{steigenden} \\ \text{fallenden} \end{cases} \text{ Geraden liegen.}$$

Nun setzen wir voraus, dass die bivariate Stichprobe vom Umfang n eine n-malige unabhängige Realisation eines Paares (X, Y) von Zufallsvariablen darstellt. Der Zufallsvektor (X, Y) sei zweidimensional normalverteilt, mit einem zugrunde liegenden (wahren) Korrelationskoeffizienten

$$\rho_{x,y} = \frac{\text{Cov}(X, Y)}{\sqrt{\text{Var}(X) \cdot \text{Var}(Y)}} \, .$$

Die Hypothese unkorrelierter Variablen X und Y, das heißt H_0: $\rho_{x,y} = 0$, wird mit der Teststatistik

$$t = \sqrt{n - 2} \, \frac{r_{x,y}}{\sqrt{1 - r_{x,y}^2}} \tag{1.19}$$

geprüft. H_0 wird verworfen, falls

$$|t| > t_{n-2, 1-\alpha/2} \qquad \text{[t-Test auf } \rho_{x,y} = 0].$$

Ein für großes n gültiges Konfidenzintervall für $\rho_{x,y}$ zum asymptotischen Niveau $1 - \alpha$ wird mit Hilfe der Funktion $\tanh(t) = (e^t - e^{-t})/(e^t + e^{-t})$ durch

$$\tanh(z - u_{1-\alpha/2}/\sqrt{n}) \leq \rho_{x,y} \leq \tanh(z + u_{1-\alpha/2}/\sqrt{n}) \tag{1.20}$$

gebildet. Dabei stellt

$$z = \tanh^{-1}(r) \equiv \frac{1}{2} \ln\left(\frac{1+r}{1-r}\right), \qquad r = r_{x,y} \, ,$$

die sog. Fishersche z-Transformation des Korrelationskoeffizienten dar.

Fallstudie **Spessart.** Für die 4 Variablen Düngung (DU), Humus (HU), PH-Werte oben (PHo) und unten (PHu) finden sich in Abb. 1.11 paarweise Scattergramms.

Die Tafel der zugehörigen Korrelationswerte – erweitert um die Variable Alter (AL) – weist außerhalb der Diagonalen als betragsmäßig höchste Werte

$$r(PHo, PHu) = 0.431, \qquad r(PHo, HU) = -0.374$$

auf. Mit zunehmender Humusstärke nimmt der PH-Wert in beiden Versionen, das sind PHo, PHu, tendenziell ab. Ist dieser r-Wert jeweils ein signifikant von Null verschiedener Wert? Der Betrag der Teststatistiken

(PHo,HU): $|t| = \sqrt{85} \cdot 0.374/\sqrt{1 - 0.374^2} = 3.718$

(PHu,HU): $|t| = \sqrt{85} \cdot 0.207/\sqrt{1 - 0.207^2} = 1.951$

übersteigt im ersten Fall das Quantil $t_{85, 0.995} = 2.635$, im zweiten nicht mal das Quantil $t_{85, 0.975} = 1.988$. Die Hypothese der Unkorreliertheit der Variablen HU und PHo kann jedenfalls abgelehnt werden. Konfidenzintervalle für die Korrelationskoeffizienten finden sich unter 1.5.3.

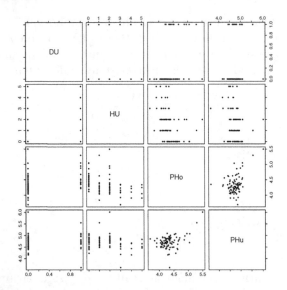

Abb. 1.11. Paarweise Scattergramms für die 4 Variablen DU, HU, PHo,PHu

	AL	DU	HU	PHo	PHu
AL	1	0.238	0.015	0.099	−0.065
DU		1	0.075	0.345	0.068
HU			1	−0.374	−0.207
PHo				1	0.431

 $\boxed{R}$

```
#Datei mit 4 ausgewaehlten Variablen DU,HU,PHo,PHu: spess99v
spess99v<- spess99[,c(15,16,17,18)]
# Paarweise Korrelation und paarweise Scattergramm
cor(spess99v); pairs(spess99v)
```

$\boxed{\text{SPSS}}$

```
Correlation  AL DU HU PHo PHu.
```

Autokorrelation

Korrelationen können nicht nur zwischen zwei Merkmalen (Variablen) x und
y auftreten, sondern auch zwischen je zwei aufeinander folgenden Messungen

des gleichen Merkmals x. Den Typ von Korrelationskoeffizienten, der zu dieser *seriellen* oder *Auto*-Korrelation gehört, erhält man aus einer univariaten Stichprobe

$$x_1, x_2, \ldots, x_n$$

in folgender Weise: Als Wert der y-Variablen wählt man jeweils den x-Wert des vorangehenden Falles:

$$y_i = x_{i-1}, \qquad i = 2, \ldots, n.$$

Fall	x	y
2	x_2	x_1
3	x_3	x_2
⋮	⋮	⋮
n	x_n	x_{n-1}
Mittelwert	$\bar{x}'$	$\bar{x}''$

Das ergibt eine bivariate Stichprobe vom Umfang $n - 1$ der nebenstehenden Gestalt. Der zugehörige Korrelationskoeffizient $r_{x,y} \equiv r_x(1)$ heißt Auto-Korrelationskoeffizient zum *time lag* 1, als Formel

$$r_x(1) = \frac{\sum_{i=2}^{n}(x_i - \bar{x}')(x_{i-1} - \bar{x}'')}{\sqrt{\sum_{i=2}^{n}(x_i - \bar{x}')^2 \sum_{i=1}^{n-1}(x_i - \bar{x}'')^2}}.$$

Definiert man als Wert der y-Variablen $y_i = x_{i-2}$, so erhält man eine bivariate Stichprobe vom Umfang $n - 2$, mit Auto-Korrelationskoeffizienten $r_x(2)$ zum time lag 2, usw. Zum Prüfen der Hypothese H_0 einer seriellen Unkorreliertheit zum time lag ℓ kann man analog zu (1.19) die Teststatistik

$$t = \sqrt{n - \ell - 2}\, \frac{r}{\sqrt{1 - r^2}}, \qquad r = r_x(\ell), \quad 1 \leq \ell \leq n - 3,$$

verwenden. H_0 wird dann verworfen, falls $|t| > t_{n-\ell-2, 1-\alpha/2}$ ist. Tatsächlich sollte der time lag ℓ aber nicht größer als etwa $n/6$ gewählt werden.

1.4.2 Einfache lineare Regression

Sind die Rollen der Variablen x und y in der Korrelationsanalyse als gleichwertig anzunehmen, so ist dies in der Regressionsanalyse nicht mehr der Fall. Im Folgenden seien

x die Kontroll- (Einfluss-, Regressor-) Variable

Y die Kriteriums-Variable.

Die n Messungen der Y-Variablen an den Stellen x_1, ..., x_n der x-Variablen werden mit y_1, ..., y_n bezeichnet. Durch das Scattergramm der bivariaten Stichprobe

$$(x_1, y_1), \ldots, (x_n, y_n)$$

vom Umfang n wird eine Ausgleichsgerade

$$y = a + b \cdot x \qquad \text{[Regressionsgerade]}$$

gelegt. Dabei wird der Ordinatenabschnitt a und die Steigung b nach der Methode der kleinsten Quadrate (MQ-Methode) bestimmt, nämlich so, dass die Summe der vertikalen Abweichungsquadrate

$$SQ(a,b) = \sum_{i=1}^{n} \bigl(y_i - (a + b \cdot x_i)\bigr)^2$$

minimal wird. Differenzieren nach a und b und Nullsetzen der Ableitungen führt zu

$$b = \frac{\sum_{i=1}^{n}(x_i - \bar{x})(y_i - \bar{y})}{\sum_{i=1}^{n}(x_i - \bar{x})^2} \qquad \text{[Regressionskoeffizient]}$$

$$a = \bar{y} - b \cdot \bar{x} \qquad \text{[Ordinatenabschnitt]}. \tag{1.21}$$

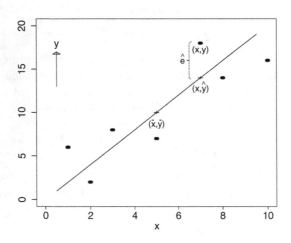

Abb. 1.12. Scattergramm mit Regressionsgerade und Residuum $\hat{e}$.

Mit den Bezeichnungen $r_{x,y}$, $s_{x,y}$, $s_x^2 = s_{x,x}$ aus 1.4.1 können wir auch

$$b = \frac{s_{x,y}}{s_x^2} = r_{x,y} \cdot \frac{s_y}{s_x}$$

schreiben. Man nennt die Werte der Regressionsgeraden an den Stellen x_i, das sind

$$\hat{y}_i = a + b \cdot x_i, \qquad i = 1, \dots, n,$$

Schätzwerte oder Prädiktionswerte, ihre Differenzen zu den Beobachtungswerten, das sind

$$\hat{e}_i = y_i - \hat{y}_i = y_i - (a + b \cdot x_i), \qquad i = 1, \ldots, n,$$

die Residuenwerte. Anders als der Korrelationskoeffizient ist der Regressionskoeffizient weder symmetrisch in x und y noch invariant unter linearen Skalentransformationen. Die Regressionsgerade geht durch die zwei Punkte $(0, a)$ und $(\bar{x}, \bar{y})$.

Modellannahme, Tests, Konfidenzintervalle

Wir machen die Modellannahme

$$Y_i = \alpha + \beta \cdot x_i + e_i, \qquad i = 1, \ldots, n,$$

wobei die Fehlervariablen e_i unabhängig sind, mit $\mathbb{E}(e_i) = 0$ und $\mathrm{Var}(e_i) = \sigma^2$ für alle i. Schätzer für die unbekannten Parameter α und β sind $\hat{\alpha} = a$ und $\hat{\beta} = b$ gemäß Gleichungen (1.21). Ein Schätzer für die unbekannte Varianz σ^2 ist

$$\hat{\sigma}^2 = \frac{1}{n-2} \sum_{i=1}^{n} \left(Y_i - (\hat{\alpha} + \hat{\beta} \cdot x_i) \right)^2.$$

Wird zusätzlich eine Normalverteilung für die Fehlervariablen e_i angenommen, so können wir die folgenden Signifikanztests (zum Niveau α; hier nicht zu verwechseln mit dem Ordinatenabschnitt α) und Konfidenzintervalle (zum Niveau $\gamma = 1 - \alpha$) aufstellen:

• Testen des Regressionskoeffizienten β. Mit der Teststatistik

$$t = \frac{\hat{\beta} - \beta_0}{\mathrm{se}(\hat{\beta})}$$

wird die Hypothese H_0: $\beta = \beta_0$ verworfen, falls $|t| > t_0$ gilt. Dabei ist $t_0 = t_{n-2, 1-\alpha/2}$ das $(1 - \alpha/2)$-Quantil der t_{n-2}-Verteilung und

$$\mathrm{se}(\hat{\beta}) = \frac{\hat{\sigma}}{\sqrt{\sum_{i=1}^{n}(x_i - \bar{x})^2}} \qquad [\hat{\sigma} = \sqrt{\hat{\sigma}^2}]$$

der Standardfehler von $\hat{\beta}$.

• Konfidenzintervall für den Parameter β. Mit dem eben eingeführten Quantil t_0 und Standardfehler $\mathrm{se}(\hat{\beta})$ lautet es

$$\hat{\beta} - t_0 \cdot \mathrm{se}(\hat{\beta}) \leq \beta \leq \hat{\beta} + t_0 \cdot \mathrm{se}(\hat{\beta}).$$

• Individuelles Konfidenzintervall für den Wert $\alpha + \beta x$ der (wahren) Regressionsgeraden an der Stelle x. Mit

$$\mathrm{se}(\hat{\alpha} + \hat{\beta}x) = \hat{\sigma} \cdot \sqrt{\frac{1}{n} + \frac{(x - \bar{x})^2}{\sum_i (x_i - \bar{x})^2}}$$

als Standardfehler von $\hat{\alpha} + \hat{\beta}x$ und wieder mit $t_0 = t_{n-2,1-\alpha/2}$ heißt es

$$(\hat{\alpha} + \hat{\beta}x) - t_0 \cdot \text{se}(\hat{\alpha} + \hat{\beta}x) \leq \alpha + \beta x \leq (\hat{\alpha} + \hat{\beta}x) + t_0 \cdot \text{se}(\hat{\alpha} + \hat{\beta}x). \quad (1.22)$$

Simultane Konfidenzintervalle

Das Konfidenzintervall (1.22) für den Wert $\alpha + \beta x$ der Regressionsgeraden ist nur für eine (individuelle) Stelle x gültig, siehe unter 1.5.1. Konfidenzstreifen, die für alle Stellen x gleichzeitig gelten, heißen simultane Konfidenzintervalle und lauten

$$(\hat{\alpha} + \hat{\beta}x) - S \cdot \text{se}(\hat{\alpha} + \hat{\beta}x) \leq \alpha + \beta x \leq (\hat{\alpha} + \hat{\beta}x) + S \cdot \text{se}(\hat{\alpha} + \hat{\beta}x), \quad (1.23)$$

mit dem Schefféschen Quantil $S = \sqrt{2 \cdot F_{2,n-2,\gamma}}$, $\gamma = 1 - \alpha$.

Fassen wir die linke und die rechte Intervallgrenze $A(x)$ und $B(x)$ in (1.22) bzw. $A^s(x)$ und $B^s(x)$ in (1.23) als Zufallsvariable auf, so gilt jeweils mit Wahrscheinlichkeit γ:

Das zufällige Intervall $[A(x), B(x)]$ in (1.22) überdeckt für eine feste (voraus gewählte) Stelle x den Wert $\alpha + \beta x$; das zufällige Intervall $[A^s(x), B^s(x)]$ in (1.23) überdeckt für alle x den Wert $\alpha + \beta x$. Letzteres bedeutet, dass die ganze (wahre) Regressionsgerade im Konfidenz*streifen* enthalten ist.

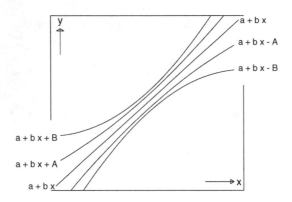

Abb. 1.13. Individuelle und simultane Konfidenzintervalle für die Regressionsgerade $\alpha + \beta \cdot x$, schematisch. Es bedeuten: $a = \hat{\alpha}$, $b = \hat{\beta}$, $A = t_0 \cdot \text{se}(\hat{\alpha} + \hat{\beta}x)$, $B = S \cdot \text{se}(\hat{\alpha} + \hat{\beta}x)$.

Wegen $t_0 < S$ ist das Intervall (1.22) schmaler als das Intervall (1.23). Beide Intervalle sind an der Stelle $x = \bar{x}$ am schmalsten und werden mit wachsender Entfernung von $\bar{x}$ immer breiter.

Fallstudie **Spessart.** Wir interpretieren die Variable Humus (HU) als Kontrollvariable x und den PH-Wert oben (PHo) als Kriterium y. Das Scattergramm der Abb. 1.14 mit der eingetragenen Regressionsgeraden

$$y = \hat{\alpha} + \hat{\beta} \cdot x, \qquad \hat{\alpha} = 4.462, \ \hat{\beta} = -0.078,$$

demonstriert die abnehmende Tendenz der PH-Werte bei zunehmender Humusstärke. Mit dem Standardfehler $se(\hat{\beta}) = 0.021$ und dem Quantil $t_{85,0.995} = 2.635$ erhalten wir als Konfidenzintervall für β zum Niveau $1 - \alpha = 0.99$:

$$-0.133 \leq \beta \leq -0.023.$$

Es schließt den Wert 0 nicht ein. Entsprechend verwirft der Signifikanztest die Hypothese $\beta = 0$:

$$|t| = 3.718 > t_{85,0.995} = 2.635.$$

Es ergibt sich der gleiche t-Wert wie in 1.4.1 oben beim Testen des entsprechenden Korrelationskoeffizienten.

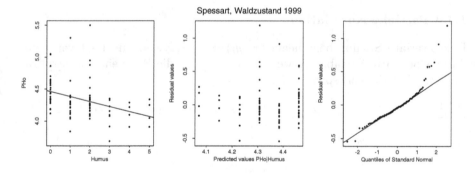

Abb. 1.14. Regression: PH-Werte (PHo) über Humus (HU). Scattergramm mit Regressionsgerade (*links*), Plot der Residuenwerte über Prädiktionswerte (*mitte*), normal probability plot der Residuen (*rechts*). Gegenüber der Abb. 1.6 sind im letzteren Plot horizontale und vertikale Achse vertauscht.

Auffällig sind einige große PH-Werte, die stark von der Regressionsgeraden abweichen. Diese „Ausreißer", oder Extremwerte, schlagen sich auch im Residuenplot und im normal probability plot der Residuen nieder (als zu langes Verteilungsende zu großen Residuenwerten hin, vgl. Abb. 1.14 *rechts*). Die gekrümmte U-Form des Residuenplots (Abb. 1.14 *mitte*) weist darauf hin, dass eine lineare Ausgleichskurve nicht wirklich angemessen ist (vgl. Kap. 5 unten für andere Regressionskurven).

Mit $\hat{\sigma} = 0.2775$ berechnet man die halbe Breite A [B] des individuellen [simultanen] Konfidenzintervalls an der (schmalsten) Stelle $x = \bar{x} = 1.586$ zu

$$A = t_{85,0.995} \cdot \hat{\sigma}/\sqrt{87} = 0.0784, \quad B = \sqrt{2 \cdot F_{2,85,0.99}} \cdot \hat{\sigma}/\sqrt{87} = 0.0928.$$

Splus   R

```
# Einfache lineare Regression
pho.hum<- lm(PHo~HU); summary(pho.hum)
# Erzeugung der Plots von Abbildung 1.14
plot(HU,PHo,xlab="Humus",ylab="PHo"); abline(pho.hum)
plot(fitted(pho.hum), resid(pho.hum),
  xlab="Predicted values PHo|Humus", ylab="Residual values")
qqnorm(resid(pho.hum),ylab="Residual values");
qqline(resid(pho.hum))
```

SPSS

```
*Einfache lineare Regression mit Scatter- und Residuenplots.
Regression Variables= PHo HU /Dependent=PHo /Method=Enter
            /Scatterplot = (PHo,HU) (*Resid,*Pred) (*Resid,HU).
```

1.4.3 Partielle Korrelation

Das bivariate Stichprobenschema (x_i, y_i), $i = 1, \ldots, n$, aus 1.4.1 wird nun durch eine dritte Variable z erweitert, welche i. F. die Rolle einer Kontrollvariablen (Kovariablen) spielt.

Fall	x	y	z
1	x_1	y_1	z_1
2	x_2	y_2	z_2
⋮	⋮	⋮	⋮
n	x_n	y_n	z_n
Mittelwerte	$\bar{x}$	$\bar{y}$	$\bar{z}$
Standardabw.	s_x	s_y	s_z

Es liegt also eine trivariate Stichprobe

$$(x_1, y_1, z_1), \ldots, (x_n, y_n, z_n)$$

vom Umfang n vor.

Auf der Grundlage dieser trivariaten Stichprobe berechnet man zunächst mit $r_{x,y}$, $r_{x,z}$ und $r_{y,z}$ die gewöhnlichen Korrelationskoeffizienten von je zwei Variablen, und daraus den partiellen Korrelationskoeffizienten

$$r_{x,y|z} = \frac{r_{x,y} - r_{x,z} \cdot r_{y,z}}{\sqrt{(1 - r_{x,z}^2) \cdot (1 - r_{y,z}^2)}}.$$

Der Koeffizient $r_{x,y|z}$ gibt die Korrelation von x und y nach Bereinigung des Einflusses von z auf diese beiden Variablen an (man sagt auch: bei kontrolliertem oder konstant gehaltenem z). Diese Interpretation wird auch durch folgendes Ergebnis unterstützt: Bezeichnen

$$x = a + bz \quad \text{und} \quad y = a' + b'z$$

die Regressionsgeraden der beiden bivariaten Stichproben

$$(z_i, x_i), \ i = 1, \ldots, n, \quad \text{und} \quad (z_i, y_i), \ i = 1, \ldots, n,$$

und bilden wir mit den Prädiktionswerten $\hat{x}_i = a + bz_i$ und $\hat{y}_i = a' + b'z_i$ die bivariate Stichprobe

$$(x_i - \hat{x}_i, \ y_i - \hat{y}_i), \ i = 1, \ldots, n, \tag{1.24}$$

der Residuen, so ist der partielle Korrelationskoeffizient $r_{x,y|z}$ gleich dem gewöhnlichen Korrelationskoeffizienten $r_{x-\hat{x}, y-\hat{y}}$ der bivariaten Stichprobe (1.24):

$$r_{x,y|z} = r_{x-\hat{x}, y-\hat{y}} \,.$$

Unter der Annahme einer drei-dimensionalen Normalverteilung und bei geeigneter Definition eines (wahren) partiellen Korrelationskoeffizienten $\rho_{x,y|z}$ (vgl. Arnold (1981), Pruscha (1996)) wird die Hypothese H_0: $\rho_{x,y|z} = 0$ verworfen, falls

$$|t| > t_{n-3,1-\alpha/2}, \quad \text{mit} \quad t = \sqrt{n-3}\, \frac{r}{\sqrt{1-r^2}} \quad [r = r_{x,y|z}] \,.$$

Zur Anschauung dienen partielle Scattergramms, wie sie in Abb. 1.15 dargestellt sind. Den Wertebereich von z teilt man aufsteigend in Intervalle ein (nennen wir sie A, B, ...). Für alle Punkte (x_i, y_i) mit zugehörigem Wert $z_i \in A$ erstellt man eine Punktwolke A; entsprechend werden Punktwolken B, C, ... gebildet. Der partielle Korrelationskoeffizient $r_{x,y|z}$ gibt die Stärke der linearen Ausrichtung dieser Teil-Punktwolken A, B, C, ... (geeignet gemittelt) an. Diese kann völlig anders ausfallen als die Stärke der linearen Ausrichtung der Gesamt-Punktwolke, wie Abb. 1.15 demonstriert.

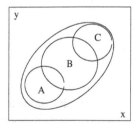 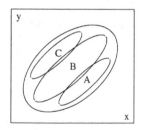 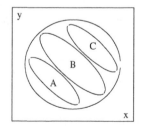

Abb. 1.15. Partielle Scattergramms und Gesamt-Scattergramm, mit den (fiktiven) Korrelationswerten *links:* $r_{x,y} = 0.7$, $r_{x,y|z} = 0$, *mitte:* $r_{x,y} = 0.7$, $r_{x,y|z} = 0.9$, *rechts:* $r_{x,y} = 0$, $r_{x,y|z} = -0.9$.

1.4.4 Rangkorrelation

Der gewöhnliche (Pearsonsche) Korrelationskoeffizient $r_{x,y}$ misst die Stärke des *linearen* Zusammenhangs der beiden – metrisch angenommenen – Variablen x und y. Der (Spearmansche) Rang-Korrelationskoeffizient $r_{x,y}^S$ gibt die Stärke des *monotonen* Zusammenhanges der beiden Variablen x und y wieder. Diese Variablen werden ordinal- oder metrisch-skaliert angenommenen.

Zu seiner Definition werden die x_i-Werte mit ihren Rangzahlen R_i^x innerhalb der x-Stichprobe und die y_i-Werte mit ihren Rangzahlen R_i^y innerhalb der y-Stichprobe versehen.

Fall	x	R^x	y	R^y
1	x_1	R_1^x	y_1	R_1^y
2	x_2	R_2^x	y_2	R_2^y
$\vdots$	$\vdots$	$\vdots$	$\vdots$	$\vdots$
n	x_n	R_n^x	y_n	R_n^y
Mittelw.	$\bar{x}$	$\bar{R}^x$	$\bar{y}$	$\bar{R}^y$

Das führt zur bivariaten Stichprobe der Rangzahlen,

$$(R_1^x, R_1^y), \ldots, (R_n^x, R_n^y) . \tag{1.25}$$

Der Rang-Korrelationskoeffizient ist nun nichts anderes als der gewöhnliche Korrelationskoeffizient der bivariaten Stichprobe (1.25), das ist

$$r_{x,y}^S = \frac{\sum_{i=1}^n (R_i^x - \mu) \cdot (R_i^y - \mu)}{\alpha_x \cdot \alpha_y} , \quad \text{mit} \quad \mu = \bar{R}^x = \bar{R}^y = \frac{1}{2}(n+1) ,$$

und mit $\alpha_x = \sqrt{\sum_{i=1}^n (R_i^x - \mu)^2}$, α_y entsprechend. Falls in jeder Stichprobe alle Rangzahlen verschieden sind (und damit keine mittleren Ränge verteilt wurden), so ist

$$\alpha_x^2 = \alpha_y^2 = \frac{1}{12} \cdot n \cdot (n-1) \cdot (n+1) ,$$

und man gelangt in diesem Fall zur Rechenformel

$$r_{x,y}^S = 1 - \frac{6}{(n-1) \cdot n \cdot (n+1)} \sum_{i=1}^n d_i^2 , \quad d_i = R_i^x - R_i^y .$$

Es gilt $-1 \leq r_{x,y}^S \leq 1$, und $r_{x,y}^S$ nimmt die Werte $+1$ [-1] bereits dann an, wenn die Punktwolke (x_i, y_i) auf einer streng monoton steigenden [fallenden] Kurve liegt. Mit Hilfe des Koeffizienten $r_{x,y}^S$ kann die

Hypothese H_0: die Variablen X und Y sind unabhängig

getestet werden, wenn wir die Annahme einer stetigen zweidimensionalen Verteilung der Variablen (X, Y) treffen. H_0 wird verworfen, falls

$$|r^S_{x,y}| > r^S_{n,1-\alpha/2} \, .$$

Dabei werden die zum Rang-Korrelationskoeffizienten gehörenden Quantile $r^S_{n,\gamma}$ benutzt, vgl. Sachs (1997) oder Conover (1980). Für größere n, etwa ab $n = 30$, verwendet man die $N(0,1)$-Approximation

$$Z_n = \sqrt{n-1} \cdot r^S_{x,y}$$

und verwirft H_0, falls $|Z_n| > u_{1-\alpha/2}$.

1.4.5 Kontingenztafel

Liegt für zwei kategoriale Variablen (Merkmale) x und y eine bivariate Stichprobe

$$(x_1, y_1), \ldots, (x_n, y_n) \tag{1.26}$$

vor, so wird diese zunächst durch Auszählen in die Form einer zweidimensionalen Häufigkeitstafel (Kontingenztafel) gebracht. Dazu nehmen wir an, dass die x-Variable I verschiedene Werte $1, 2, \ldots, I$ und die y-Variable J verschiedene Werte $1, 2, \ldots, J$ annehmen mögen. Sei ferner n_{ij} die Häufigkeit, mit der das Wertepaar (i, j) in der Stichprobe (1.26) vorkommt; und bezeichne unter Verwendung der Punktnotation

$$n_{i\bullet} = \sum_{j=1}^{J} n_{ij}, \quad n_{\bullet j} = \sum_{i=1}^{I} n_{ij}, \quad n = n_{\bullet\bullet} = \sum_{i=1}^{I}\sum_{j=1}^{J} n_{ij}$$

die Randsummen. Dann hat die $I \times J$-Kontingenztafel die Form

	1	2	...	J	$\sum$
1	n_{11}	n_{12}	...	n_{1J}	$n_{1\bullet}$
2	n_{21}	n_{22}	...	n_{2J}	$n_{2\bullet}$
$\vdots$	$\vdots$	$\vdots$		$\vdots$	$\vdots$
I	n_{I1}	n_{I2}	...	n_{IJ}	$n_{I\bullet}$
$\sum$	$n_{\bullet 1}$	$n_{\bullet 2}$	...	$n_{\bullet J}$	$n_{\bullet\bullet}$

$I \times J$-Kontingenztafel (n_{ij}).

Zum Prüfen der Hypothese H_0 unabhängiger (kategorialer) Variablen X und Y, das heißt von

$$H_0 : \mathbb{P}(X = i, Y = j) = \mathbb{P}(X = i) \cdot \mathbb{P}(Y = j), \qquad i = 1, \ldots, I, \; j = 1, \ldots, J,$$

bildet man für jede Zelle (i, j) dieser Tafel die (unter der Annahme der Unabhängigkeit) erwarteten Häufigkeiten

$$e_{ij} = \frac{n_{i\bullet} \cdot n_{\bullet j}}{n} \, .$$

Diese weisen die gleichen Randhäufigkeiten $n_{i\bullet}$ bzw. $n_{\bullet j}$ auf wie die beobachteten Häufigkeiten n_{ij}. Erwartete und beobachtete Häufigkeiten werden nun in jeder der beiden (etwa gleichwertigen) Teststatistiken $\hat{\chi}_n^2$ und T_n in einen Vergleich gesetzt; diese lauten

$$\hat{\chi}_n^2 = \sum_{i=1}^{I} \sum_{j=1}^{J} \frac{(n_{ij} - e_{ij})^2}{e_{ij}} = n \cdot \Big(\sum_{i=1}^{I} \sum_{j=1}^{J} \frac{n_{ij}^2}{n_{i\bullet} n_{\bullet j}} - 1 \Big) \quad [\chi^2\text{-Teststatistik}]$$

und

$$T_n = 2 \cdot \sum_{i=1}^{I} \sum_{j=1}^{J} n_{ij} \ln \Big(\frac{n_{ij}}{e_{ij}} \Big) \qquad [\text{log LQ-Teststatistik}].$$

Die Hypothese H_0 unabhängiger Variablen X und Y wird verworfen, falls

$$\hat{\chi}_n^2 > \chi_{f,1-\alpha}^2, \qquad f = (I-1)(J-1) \qquad [\chi^2\text{-Unabhängigkeitstest}]$$

(oder, bei Benutzung von T_n, falls $T_n > \chi_{f,1-\alpha}^2$). Dabei wird ein großes n vorausgesetzt. Eine weit verbreitete Anwendungsregel für „n groß genug" lautet:

$$\text{alle erwarteten Häufigkeiten } e_{ij} \geq 4.$$

Kontingenzkoeffizienten

Mit Hilfe der Statistik $\hat{\chi}_n^2$ werden empirische Maße für den Grad der Abhängigkeit der kategorialen Variablen X und Y abgeleitet. Die Kontingenzkoeffizienten C und V („Cramérs V") sind definiert als die Wurzel aus

$$C^2 = \frac{\hat{\chi}_n^2}{\hat{\chi}_n^2 + n} \qquad \text{bzw.} \qquad V^2 = \frac{\hat{\chi}_n^2}{n \cdot K},$$

mit $K = \min(I-1, J-1)$. Es gilt $0 \leq C^2 \leq K/(K+1)$, $0 \leq V^2 \leq 1$, wobei der Wert $V = 1$ gerade im Fall maximaler Korrelation in einer Kontingenztafel (n_{ij}) angenommen wird: In jeder Spalte (falls $J \geq I$) bzw. in jeder Zeile (falls $I \geq J$) der Tafel (n_{ij}) steht an einer einzigen Stelle eine von 0 verschiedene Häufigkeit.

Bezeichnen wir mit (π_{ij}) die $I \times J$-Tafel der zugrunde liegenden Wahrscheinlichkeiten,

$$\pi_{ij} = \mathbb{P}(X = i, Y = j), \qquad i = 1, \ldots, I, \ j = 1, \ldots, J,$$

so ist $\sqrt{K} \cdot V$ ein Schätzer für den Parameter π dieser Tafel, wobei π die Wurzel aus

$$\pi^2 = \sum_{i=1}^{I} \sum_{j=1}^{J} \frac{(\pi_{ij} - \pi_{i\bullet} \cdot \pi_{\bullet j})^2}{\pi_{i\bullet} \cdot \pi_{\bullet j}}$$

ist, $0 \leq \pi \leq \sqrt{K}$. Dabei haben wir wieder die schon eingeführte Punktnotation $\pi_{i\bullet} = \mathbb{P}(X = i)$, $\pi_{\bullet j} = \mathbb{P}(Y = j)$ verwendet.

Fallstudie **Spessart.** Die Variable Bu, das ist der Blattverlust Buche, gemessen in Kategorien $0 = 0\,\%$, $1 = 12.5\,\%$, $2 = 25\,\%$, ..., zeigt bei wachsendem Alter des Bestandes (AL) eine aufsteigende Tendenz, mit einer Trendwende bei einem Alter von > 150 Jahren; siehe das Scattergramm der Abb. 1.16 mit den Punkten (AL,Bu) der $n = 82$ Buchen-Standorte.

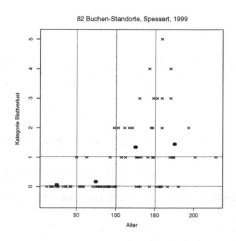

Abb. 1.16. Scattergramm Blattverlust Buche (Bu) über Alter des Bestandes (AL), mit eingezeichnetem Gitter zur Einteilung von Bu und AL in 3 bzw. 4 Kategorien und mit Bu-Mittelwerten pro Alterskategorie ($\bullet$)

Zum Nachweis der Abhängigkeit der Variablen Bu vom Alter sind die Methoden aus 1.4.1 und 1.4.2 (Korrelationskoeffizient bzw. lineare Regression) nicht geeignet. Der Grund liegt in der ordinalen Skalennatur der Variablen Bu. Auch der Rang-Korrelationskoeffizient gibt wegen der vielen gleichen Bu-Werte (Bindungen) kein gutes Maß ab. Vielmehr stellen wir – nach Einteilung von Bu und AL in 3 bzw. 4 Kategorien – eine Kontingenztafel auf: Tabelle 1.2 Unter den Zellhäufigkeiten n_{ij} sind die (unter der Annahme der Unabhängigkeit von Bu und AL) erwarteten Häufigkeiten e_{ij} eingetragen. Wie aufgrund des Scattergramms der Abb. 1.16 zu vermuten ist, sind die beobachteten Häufigkeiten bei kleinen Bu- und AL-Kategorien und bei großen Bu- und AL-Kategorien deutlich größer als die zugehörigen erwarteten Häufigkeiten. Die Teststatistiken
$$\hat{\chi}_n^2 = 35.024, \qquad T_n = 40.238,$$
übersteigen das Quantil $\chi_{6,0.99}^2 = 16.81$ der χ^2-Verteilung mit $2 \times 3 = 6$ Freiheitsgraden. Als Ersatz für den Korrelationskoeffizienten der Variablen Bu

und AL berechnen wir die Kontingenzkoeffizienten. Mit den Werten
$$C = 0.547, \qquad V = 0.462$$
zeigen sie einen mittleren Abhängigkeitsgrad der beiden Variablen auf.

Tabelle 1.2. 3 × 4-Kontingenztafel

Bu	Alt 0-50	Alt 51-100	Alt 101-150	Alt > 150	Sum $n_{i\bullet}$
0 %	15	20	5	6	46
	8.98	12.90	12.90	11.22	
12.5 %	1	2	9	7	19
	3.71	5.33	5.33	4.63	
≥25 %	0	1	9	7	17
	3.32	4.77	4.77	4.15	
Sum $n_{\bullet j}$	16	23	23	20	82

I. F. werden nur die $n = 82$ Buchen-Standorte der Spessart-Datei ausgewertet.

$\boxed{\text{Splus}}$ $\boxed{\text{R}}$ Die Datei in A.1 enthält die Variable B1 = Bu + 1.

```
# Kontingenztafel-Analyse mit gruppierten Variablen
BuCut<- cut(B1-1,c(-1,0,1,7))
levels(BuCut)<- c("0 %","12.5 %",">=25.0 %")
ALCut<- cut(AL,c(-1,50,100,150,250))
levels(ALCut)<- c("0-50","51-100","101-150",">150")
chi<- chisq.test(BuCut,ALCut)
chi$observed;  chi$expected
```

$\boxed{\text{SPSS}}$

```
* Kontingenztafel-Analyse mit gruppierten Variablen.
Recode B1 (1=1)(2=2)(3 thru Highest=3) into BuCut.
Recode AL (0 thru 50=1)(51 thru 100=2)(101 thru 150=3)
         (151 thru Highest=4) into ALCut.
Value Labels BuCut 1 "0 %" 2 "12.5 %" 3 ">=25 %".
Value Labels ALCut 1 "0-50" 2 "51-100" 3 "101-150" 4 ">150".
Crosstabs  BuCut by ALCut
         /Cells = Count Expected/ Statistics= Chisq.
```

$\boxed{\text{Splus}}$

```
# Erzeugung von Abbildung 1.16
dx<- 0.5; dy<- 0.02; Bu<- B1 - 1;
plot(AL,Bu,pch=4,cex=0.6,ylim=c(-0.5,5.1),xlab="Alter",
  ylab="Kategorie Blattverlust",cex=1.0)
```

```
abline(v=c(0+dx,50+dx,100+dx,150+dx),lty=2)
abline(h=c(0+dy,1+dy),lty=2)
xx<- c(25,75,125,175)
yb1<- Bu[AL<51];    yb2<- Bu[AL>50 & AL<101]
yb3<- Bu[AL>100 & AL<151]; yb4<- Bu[AL>150]
yy<- c(mean(yb1),mean(yb2),mean(yb3),mean(yb4))
points(xx,yy,pch=16,cex=1.5)
```

1.5 Weiterführende Verfahren

Die bisher vorgestellte Methodik reicht bei fortschreitender Datenkomplexität im Allgemeinen nicht aus. Der Anwender möchte oft an Hand vorliegender Daten mehrfache Tests durchführen und vielerlei Konfidenzintervalle errichten. Zur fachgerechten Durchführung sind dann simultane statistische Verfahren angezeigt. Auch können nicht immer für jeden Stichprobenumfang n exakte Verfahren angegeben werden. Man geht zu asymptotischen – nur für große Umfänge n gültigen – Verfahren über, was im Kap. 1 schon einige Male angeklungen ist. Schließlich stellen wir eine universelle, aber rechenintensive Methodik vor: das *resampling* Verfahren des *bootstrap*.

1.5.1 Simultane Verfahren

Ein Test zum Signifikanzniveau α führt unter der Annahme, dass die Hypothese H_0 richtig ist, mit Wahrscheinlichkeit (höchstens) α zur Verwerfung von H_0, also zu einer Fehlentscheidung. Prüfen wir in einer vorliegenden Datei verschiedene Hypothesen mit einem solchen Test, so steigt die Wahrscheinlichkeit W_F für (mindestens) eine Fehlentscheidung an. Testen wir 20 Hypothesen mit einem $\alpha = 0.05$, und nehmen wir an, dass diese Hypothesen alle zutreffen (richtig sind), dann ist die erwartete Anzahl der Verwerfungen gleich $20 \cdot 0.05 = 1$: mit einer Fehlentscheidung ist zu rechnen.

Beispiel. Liegen aus 7 verschiedenen Gruppen Stichproben vor (sagen wir: jede vom gleichen Umfang n_1) und werden die 7 Mittelwerte paarweise mit einem t-Test zum Signifikanzniveau α miteinander verglichen, so ist die Wahrscheinlichkeit W_F für (mindestens) einen Fehler 1. Art weitaus höher als α (wenn auch nicht einfach zu berechnen, da nicht alle Paarvergleiche unabhängig sind). Bei $\frac{7 \cdot 6}{2} = 21$ Paarvergleichen und bei einem $\alpha = 0.05$ ist (mindestens) ein signifikanter Mittelwert-Unterschied zu erwarten, sogar dann, wenn überhaupt keine Gruppenunterschiede existieren (H_0 richtig ist). Eine ad-hoc Methode ist die nach Bonferroni genannte Vergrößerung des Quantils $t_{f,\gamma}$ der t-Verteilung (hier: mit $f = 2 \cdot n_1 - 2$ Freiheitsgraden). Anstatt mit $\gamma = 1 - \alpha/2$ führt man die $m = 21$ t-Tests mit einem $\gamma = 1 - \beta/2$ durch, wobei $\beta = \alpha/m = \alpha/21$ ist. Durch die Vergrößerung des Quantils kommt es zu weniger Verwerfungen von H_0, so dass das Signifikanzniveau α eingehalten wird. Es gilt nämlich unter H_0, dass $W_F \leq m \cdot \beta = \alpha$. Bei kleineren m-Werten (und bei Annahme der Unabhängigkeit der Testanwendungen, was aber nur gelegentlich vorkommt: etwa in 9.3.2 und 9.3.5) ist die Bonferroni-Methode recht brauchbar, denn W_F liegt dann nicht weit unter α; es gilt dann nämlich $W_F = 1 - (1 - \beta)^m \approx m\beta = \alpha$.

Raffiniertere Methoden der simultanen statistischen Inferenz (als die eben genannte von Bonferroni) stammen von Holm (1979), Scheffé und Tukey.

Analoges gilt für Konfidenzintervalle zum Vetrauensniveau $1 - \alpha$.

Beispiel. Das Konfidenzintervall (1.22) für den Wert $\alpha + \beta \cdot x$ der Regressionsgeraden an der Stelle x ist nur für einen (individuellen) x-Wert gültig. Ein für alle x-Werte simultan (gleichzeitig) gültiges Konfidenzintervall – also einen Konfidenzstreifen – nach der Methode von Scheffé wurde unter (1.23) vorgestellt. Der Preis, den man für die erweiterte Gültigkeit zu zahlen hat, ist eine Verbreiterung der Konfidenzintervalle, also eine größere Ungenauigkeit der Aussage.

Bei simultanen Verfahren kommt neben den in 1.1.3 b) erwähnten Testverteilungen noch die Verteilung der studentisierten Variationsbreite (studentisierte Spannweite, studentized range) ins Spiel. Quantiltabellen dazu findet man bei Afifi & Azen (1979), Miller (1981), Sachs (1997) oder Hartung (1999).

1.5.2 Asymptotische Verfahren

Der Vergleich zweier Mittelwerte μ_1 und μ_2 mit dem t-Test in 1.3.1 a) oder das Prüfen des Regressionskoeffizienten β in 1.4.2 werden mit *exakten* Tests durchgeführt; diese Exaktheit gilt auch für die entsprechenden Konfidenzintervalle. Eine Voraussetzung dafür, dass für jeden Stichprobenumfang n Quantile (in den Beispielen: der t-Verteilung) vorliegen, so dass das Signifikanzniveau des Tests, bzw. das Konfidenzniveau des Intervalls, *exakt* gleich α bzw. gleich $1 - \alpha$ ist, besteht in der angenommenen Normalverteilung der Beobachtungen, sowie – im Zusammenhang mit dem Regressionskoeffizienten – in der zusätzlich angenommenen Linearität der Regressionsgleichung $\alpha + \beta \cdot x$. Dann kann die Verteilung der (geeignet normierten) Statistik $\hat{\vartheta}_n$ *genau* angegeben werden ($\hat{\vartheta}_n = \bar{x} - \bar{y}$ bzw. $= \hat{\beta}$ in den genannten Beispielen).

In Datensituationen, die komplexer sind als die eben erwähnten, stehen in der Regel keine exakten Tests und Konfidenzintervalle zur Verfügung. Hier hilft man sich mit sogenannten asymptotischen Verfahren. Ein solches Verfahren ist nur in einem statistischen Modell möglich, bei dem sich die Verteilung der (geeignet normierten) Statistik $\hat{\vartheta}_n$ mit wachsendem Stichprobenumfang n einer Grenzverteilung (meistens der Normalverteilung) nähert.

Der Anwender benutzt asymptotische Verfahren in der Hoffnung, das sein Stichprobenumfang n bereits groß genug ist, so dass die Grenzverteilung zumindest als gute Approximation brauchbar ist.

Eine typische Situation ist die Folgende. Für eine Statistik $\hat{\vartheta}_n$ haben wir die Aussage, dass

$$\sqrt{n}(\hat{\vartheta}_n - \vartheta) \quad \text{asymptotisch} \quad N(0, \sigma^2 \cdot v(\vartheta)) - \text{verteilt}$$

ist. Ist dann $\hat{\sigma}^2$ ein (konsistenter) Schätzer für σ^2, so ist

$$\text{se}(\hat{\vartheta}_n) = \frac{\hat{\sigma}}{\sqrt{n}} \cdot \sqrt{v(\hat{\vartheta}_n)}$$

der (über die Asymptotik gewonnene, also approximative) Standardfehler für $\hat{\vartheta}_n$. Ein Test für die Hypothese $\vartheta = \vartheta_0$ zum asymptotischen Signifikanzniveau α hat die Teststatistik und die Verwerfungsregel

$$T = \frac{\hat{\vartheta}_n - \vartheta_0}{\text{se}(\hat{\vartheta}_n)}, \qquad |T| > u_{1-\alpha/2} \qquad \text{[asymptotischer Test]}.$$

Entsprechend lautet dann ein Konfidenzintervall für den Parameter ϑ zum asymptotischen Vertrauensniveau $1 - \alpha$ (kurz: asymptotisches Konfidenzintervall)

$$\hat{\vartheta}_n - u_{1-\alpha/2} \cdot \text{se}(\hat{\vartheta}_n) \leq \vartheta \leq \hat{\vartheta}_n + u_{1-\alpha/2} \cdot \text{se}(\hat{\vartheta}_n). \qquad (1.27)$$

Die geschilderte Situation wird ab Kap. 4 häufig auftreten.

1.5.3 Bootstrap Verfahren

Wir gehen wieder von einem interessierenden, aber unbekannten Parameter ϑ aus und von einer

$$\text{Stichprobe} \quad x_1, x_2, \ldots, x_n, \qquad (1.28)$$

aus der Schlüsse auf den Parameterwert ϑ gezogen werden sollen, und zwar mittels der Statistik

$$\hat{\vartheta}_n = T_n(x_1, \ldots, x_n).$$

Stehen dem Statistiker keine exakten statistischen Verfahren zur Verfügung, so kann er unter Umständen auf bootstrap Verfahren zurück greifen. Innerhalb des bootstrap lassen sich gewinnen:

- ein bootstrap Schätzer ϑ_n^* für den Parameter ϑ
- ein bootstrap Schätzer $\text{Var}^*(\hat{\vartheta}_n)$ für die Varianz des Schätzers
- ein bootstrap Konfidenzintervall für den Parameter ϑ.

Wie erkenntlich, wollen wir dabei bootstrap Größen mit einem * versehen. Es wird i. F. die mit der Monte-Carlo Methode verknüpfte bootstrap Methode vorgestellt.

Der Grundansatz des bootstrap ist das zufällige Ziehen von Werten aus den vorliegenden Werten der Stichprobe (1.28). Dabei stellt man sich vor, dass diese n Werte wie Kugeln in einer Urne liegen und dass wir n mal mit Zurücklegen ziehen (Monte-Carlo Methode). Wir gelangen so zu einer

$$\text{bootstrap Stichprobe} \quad x_1^*, x_2^*, \ldots, x_n^*. \qquad (1.29)$$

Aus der bootstrap Stichprobe (1.29) berechnen wir den bootstrap Schätzer ϑ_n^* für ϑ, und zwar in gleicher Weise, wie wir den Schätzer $\hat{\vartheta}_n$ aus der Stichprobe (1.28) berechnen, nämlich

$$\vartheta_n^* = T_n(x_1^*, \ldots, x_n^*).$$

Ist z. B. $\hat{\vartheta}_n = \sum_{i=1}^n x_i/n$ der Mittelwert, so lautet der entsprechende bootstrap Schätzer $\vartheta_n^* = (1/n) \sum_{i=1}^n x_i^*$.

Eine solche bootstrap Stichprobe wird jetzt nicht nur einmal, sondern M mal (unabhängig voneinander) gezogen. Jedesmal wird dabei der bootstrap Schätzer ϑ_n^* berechnet.

1	x_1^{1*}	x_2^{1*}	$\ldots$	x_n^{1*}	ϑ_n^{1*}
2	x_1^{2*}	x_2^{2*}	$\ldots$	x_n^{2*}	ϑ_n^{2*}
..	$\ldots$	$\ldots$	$\ldots$	$\ldots$	$\ldots$
M	x_1^{M*}	x_2^{M*}	$\ldots$	x_n^{M*}	ϑ_n^{M*}

1. Varianzschätzer. Aus den M Werten

$$\vartheta_n^{1*}, \vartheta_n^{2*}, \ldots, \vartheta_n^{M*} \tag{1.30}$$

berechnet man die Varianz nach der üblichen Formel

$$\mathrm{Var}^*(\hat{\vartheta}_n) = \frac{1}{M} \sum_{j=1}^M \left(\vartheta_n^{j*} - \frac{1}{M} \sum_{m=1}^M \vartheta_n^{m*} \right)^2$$

(anstelle des Faktors $1/M$ ist auch $1/(M-1)$ üblich). Wir nennen $\mathrm{Var}^*(\hat{\vartheta}_n)$ und $v_n^* = \sqrt{\mathrm{Var}^*(\hat{\vartheta}_n)}$ den bootstrap Varianzschätzer bzw. bootstrap Standardfehler für $\hat{\vartheta}_n$.

2. Bias (Verzerrung). Die Verzerrung $\mathbb{E}(\hat{\vartheta}_n) - \vartheta$ des Schätzers $\hat{\vartheta}_n$ wird nach der bootstrap Methode geschätzt zu

$$\mathrm{Bias}^*(\hat{\vartheta}_n) = \frac{1}{M} \sum_{j=1}^M \vartheta_n^{j*} - \hat{\vartheta}_n.$$

3. Quantil (Perzentil). Aus den M Werten (1.30) für den bootstrap Schätzer bestimmen wir das empirische Quantil (Perzentil), vgl. 1.2.1 b). Zu einem vorgegebenen γ aus dem Intervall $(0,1)$ sei k_γ^* das empirische γ-Quantil, das ist ein solcher Wert, dass (möglichst genau)

$\gamma \cdot 100\%$ der Stichprobenwerte aus (1.30) kleiner gleich k_γ^* sind.

Man nennt k_γ^* ein bootstrap Perzentil.

4. Konfidenzintervall. Aufbauend auf 3. lässt sich ein bootstrap Konfidenzintervall für ϑ zum Niveau $1 - \alpha$ angeben. Mit den $\alpha/2$- und $(1 - \alpha/2)$-bootstrap Perzentilen $k_{\alpha/2}^*$ und $k_{1-\alpha/2}^*$ der Stichprobe (1.30) lautet es

$$k^*_{\alpha/2} \leq \vartheta \leq k^*_{1-\alpha/2}.\tag{1.31}$$

1. bis 4. stellen nur eine kleine Auswahl aus einer großen Vielfalt verschiedener, auf der bootstrap Methode basierender, statistischer Anwendungen dar; siehe Efron & Tibshirani (1993).

Fallstudie **Spessart**. Für die 3 Variablen Humus (HU), PH-Werte oben (PHo) und unten (PHu) wurden in 1.4.1 die paarweisen Scattergramms und Korrelationskoeffizienten präsentiert. Wir wollen Konfidenzintervalle

$$a \leq \rho_{x,y} \leq b$$

zum Niveau $1 - \alpha = 0.95$ für die „wahren" Korrelationen $\rho_{x,y}$ zwischen den Variablen angeben;
(i) mit Hilfe der Fisherschen z-Transformation aus 1.4.1 gemäß den Ungleichungen (1.20): $a \equiv a_z$, $b \equiv b_z$
(ii) mit Hilfe der bootstrap Perzentile (bei M = 1000 Replikationen) gemäß den Ungleichungen (1.31): $a \equiv a_{boot}$, $b \equiv b_{boot}$.

Variablen x,y	Korr.Koeff. $r_{x,y}$	untere Gr. a_z	obere Gr. b_z	untere Gr. a_{boot}	obere Gr. b_{boot}
PHo,PHu	0.4315	0.2464	0.5862	0.0849	0.6665
PHo,HU	−0.3740	−0.5393	−0.1809	−0.5348	−0.2218
PHu,HU	−0.2076	−0.3976	−0.0007	−0.3950	−0.0389

Während der t-Test in 1.4.1 die Hypothese der Unkorreliertheit von (PHu, HU) knapp nicht verwirft, tut es das Konfidenzintervall nach Fisher: Die Null liegt (knapp) außerhalb des Intervalls [−0.3976,−0.0007], und auch außerhalb des bootstrap Intervalls.

Ganz verschieden fallen bei den zwei Methoden die unteren Grenzen im Fall der Variablen (PHo,PHu) aus: $a_z = 0.246$, $a_{boot} = 0.085$. Der Grund liegt darin, dass die bootstrap Methode eine starke Unsymmetrie der Verteilung von $r_{x,y}$ erkennt (Abb.1.17 *links*) und deshalb die untere Grenze weiter nach links verschiebt. Die Unsymmetrie spiegelt sich auch in einem Bias und im Histogramm der Verteilung wieder:
   bootstrap: Mittelwert = 0.4051 , Bias = 0.4051 − 0.4315 = −0.0264.
Die Abb. 1.17 stellt die Verteilung der M = 1000 bootstrap Werte $r^*_{PHo,PHu}$ (links) bzw. $r^*_{PHo,HU}$ (rechts) in Form von Histogrammen dar.

Splus

```
bootc<- bootstrap(spess99,cor(PHu,HU),B=1000,seed=0,trace=F)
summary(bootc);  plot(bootc)
```

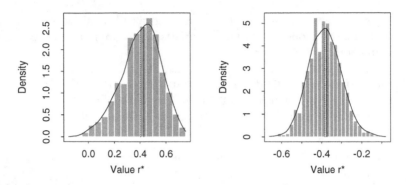

Abb. 1.17. Verteilung der M = 1000 bootstrap Werte $r^*_{PHo,PHu}$ (links) bzw. $r^*_{PHo,HU}$ (rechts) in Form von Histogrammen.

1.6 Bestimmungsschlüssel

Für die Bestimmung des geeigneten statistischen Verfahrens legen wir im Folgenden zugrunde
• die Struktur der Stichprobe: 1-Stichproben Fall, 2-Stichproben Fall usw.
• die Funktion der beteiligten Beobachtungsvariablen (jetzt nur noch Variable genannt):
- keine Funktionsdifferenzierung der Variablen
- Differenzierung in Kriteriumsvariable und in Kovariable, Letztere auch Begleitvariable oder Prädiktor-, Regressor-, Faktor-Variable genannt.
• den Skalentyp der beteiligten Beobachtungsvariablen: kategorial (Nominalskala, evtl. auch Ordinalskala), ordinal (Ordinalskala), metrisch (Intervallskala).

1.6.1 Gleiche Funktion, gleiche Skalen

In einem ersten Schlüssel, dargestellt durch die Tabelle 1.3, nehmen wir an, dass alle Variablen gleichberechtigt sind, dass also keine Funktionsdifferenzierung stattfindet. Ferner sind alle Variablen vom gleichen Skalentyp.

Grundsätzlich wird in diesen Schlüsseln die Unabhängigkeit der Beobachtungswerte vorausgesetzt. Sind in der univariaten [bivariaten] Stichprobe die nacheinander beobachteten Werte x_i [Wertepaare (x_i, y_i)] korreliert, so kommen wir in den Bereich der univariaten [bivariaten] Zeitreihenanalyse, siehe Kap. 9.

Tabelle 1.3. Statistische Verfahren: Jeweils gleicher Skalentyp der Variablen, ohne Anwesenheit von Kovariablen.

Daten-Struktur	Skalentyp		
	kategorial	ordinal	metrisch
1 Stichprobe 1.2.3, 1.2.4	Binomialtest* χ^2-Anpassungstest	K-S Anpassungstest	t-Test χ^2-Varianztest* Wilcoxon-Test
2 verbundene Stichproben 1.2.3			t-Test Wilcoxon-Test jew. für Differenzen
2 unabhängige Stichproben 1.3.1, 1.3.2	χ^2-Homog.test in 2 × J Tafeln 4.4	M-W U-Test Siegel-Tukey Test* K-S 2-Stichpr. Test*	2-Stichpr. t-Test 2-Stichpr.Varianz-T.
k verbundene Stichproben		Friedman Rang-VA 2.5.2	Zweifache VA (mit Besetzungszahl 1)*
k unabhängige Stichproben	χ^2-Homog.test in k × J Tafeln 4.4	K-W Rang-VA 2.5.1	Einfache VA 2.1 Bartlett-Test 2.1.4 Levene-Test 2.1.4
bivariate Stichprobe	χ^2-Unabhängig.test in Kontingenztafeln 1.4.5, 4.3	Rang- Korrelationskoeff. 1.4.4	Gewöhnlicher Korrelationskoeff. 1.4.1
m-variate Stichprobe	log-lineare Modelle 4.5		Korrelationsanalyse 3.5

Erläuterungen:
Für die leeren Zellen konsultiere man Conover (1980)
VA = Varianzanalyse
* siehe: Afifi & Azen (1979), Sachs (1997), Hartung (1999) u. a.
Verweise auf das vorliegende Buch sind eingerahmt □
Verweise □ am linken Rand beziehen sich auf die ganze Zeile der Tabelle.

1.6.2 Kriteriums- und Kovariable

In einem zweiten Schlüssel – in der Tabelle 1.4 – gehen wir von verschiedenen Funktionen der Variablen aus. Neben einer Kriteriums- oder Ziel-Variablen (meistens Y genannt) gibt es pro Beobachtungseinheit mehrere Kovariable (Begleitvariable, mit $x_1, \ldots, x_m$ bezeichnet). Je nach Methode und Skalentyp nennt man die Letzteren auch Faktoren oder Regressoren.

Im Wesentlichen geht es bei den in Tabelle 1.4 aufgeführten Verfahren darum, die Art und den Umfang der Abhängigkeit der Kriteriumsvariablen Y von den Kovariablen zu analysieren.

Tabelle 1.4. Statistische Verfahren: Anwesenheit von Kovariablen $x_1, \ldots, x_m$

Skalentyp der $x_1, \ldots, x_m$	**Skalentyp** der Kriteriumsvariablen Y kategorial ordinal	metrisch
alle kategorial (m Faktoren)	Logit Modell 4.6	VA mit m-fach Klassif. 2.2, 2.3
alle metrisch (m Regressoren)	Logistische RA kumul. logist. RA 4.1, 4.2 4.2.3-4.2.5	multiple (m-fache) RA 3.1 - 3.4
gemischt kateg. / metrisch		Kovarianz-Analyse 3.6

Erläuterungen: VA = Varianzanalyse, RA = Regressionsanalyse
Verweise auf das vorliegende Buch sind eingerahmt ☐.

1.6.3 Multivariate Verfahren

Die in den Kap. 6 bis 8 präsentierten multivariaten Verfahren gehen von einer m-variaten Stichprobe metrisch skalierter Beobachtungsvariablen aus. Es liegt hier also eine m-dimensionale Kriteriumsvariable vor. Das untere rechte Feld in der Tabelle 1.3 wird durch diese Verfahren weiter aufgefächert, siehe die Tabelle 1.5. Falls keine Kovariablen (Begleitvariablen) in der Datei stehen, sind – in Abhängigkeit von der Zielrichtung – zwei Analysen aufgeführt. Wegen der unterschiedlichen substanzwissenschaftlichen (und datentechnischen) Bedeutung von Fällen und Variablen handelt es sich bei den Zielen 1 und 2 nicht einfach um symmetrische Problemstellungen. Bei den übrigen Verfahren geht es wie in 1.6.2 um die Abhängigkeit der – hier mehrdimensionalen – Kriteriumsvariablen von den Kovariablen.

Tabelle 1.5. Statistische Verfahren: m-dimensionale Kriteriumsvariable

Datenstruktur	Ziel	**Analyse**	
ohne Kovariablen	1	Faktoranalyse	7
ohne Kovariablen	2	Clusteranalyse	8
mit 1 (kategoriellem) Faktor		MANOVA mit Einfachklassifikation	6.1
		Diskriminanzanalyse	6.3
mit 2, 3,... (kateg.) Faktoren		MANOVA mit 2-fach, 3-fach,...Klassif.	6.2
mit m (metrischen) Regressoren		Multivariate Regressionsanalyse	*

Erläuterungen
MANOVA = Multivariate Varianzanalyse
Ziel 1 / 2 = (Gruppen)Struktur der Variablen / der Fälle aufdecken
* siehe: Fahrmeir et al (1996), Hartung & Elpelt (1995)
Verweise auf das vorliegende Buch sind eingerahmt ☐.

2

Varianzanalyse

Mit Hilfe der Modelle der Varianzanalyse (ANOVA) untersucht man die Einflüsse einer oder mehrerer kategorialer Größen auf eine metrische Kriteriumsvariable. Diese kategorialen (nominal- oder ordinal-skalierten) Größen werden in der Varianzanalyse *Faktoren* genannt, Faktoren werden mit Buchstaben A, B, ... bezeichnet. Die endlich vielen Werte, die ein Faktor annehmen kann, heißen auch *Stufen* des Faktors.

In der Fallstudie **Porphyr**, siehe Anhang A.3, findet man den SiO_2-Anteil (in Prozent) von jeweils sieben Gesteinsproben aus sechs Alpenregionen. Wir haben also den einen Faktor A = Region, der auf 6 Stufen variiert. Die Mittelwerte der 7 Messwerte fallen von Region zu Region verschieden aus.

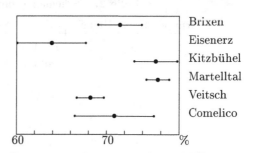

Die Frage, welche der Mittelwert-Unterschiede signifikant sind und nicht bloß zufällig auf Grund der

Eingezeichnet ist jeweils der Mittelwert $\bar{y}$ (•) und der „Fehlerbalken" $\bar{y} - s$ bis $\bar{y} + s$

Streuung der Werte – gemessen durch die Standardabweichung s – entstanden sein könnten, wird detailliert mittels varianzanalytischer Methoden untersucht.

Wir sprechen je nach der Anzahl $1, 2, \ldots$ der Faktoren von einer Varianzanalyse mit Einfach-, Zweifach-, ... Klassifikation. Weitere Einteilungen erfolgen nach dem Verhältnis, in dem die Faktoren zueinander stehen und welcher Art diese Faktoren sind. Ist jede Stufe eines Faktors mit jeder Stufe jedes anderen kombiniert, so sprechen wir von (einem Versuchsplan mit) Kreuzklassifikation. Anderenfalls kommen wir zu Modellen mit hierarchischer

Klassifikation, die hier nicht gebracht werden, wohl aber bei Nollau (1975), Rasch (1976), Pruscha (1996). Liegen für jede Stufenkombination der Faktoren auch wirklich Beobachtungswerte vor, so handelt es sich um einen vollständigen Versuchsplan, anderenfalls um einen unvollständigen (vgl. das Lateinische Quadrat in 2.3.2). Bestehen die Stufen eines Faktors aus aufeinander folgenden Messzeitpunkten (mit korrelierten Messungen am gleichen Objekt) oder aus nebeneinander liegenden Messorten (mit korrelierten Messungen innerhalb des gleichen Clusters), so gelangen wir zum repeated-measurements bzw. zum split-plot Versuchsplan (vgl. Abschn. 2.4).

2.1 Einfache Klassifikation

Die einfache Varianzanalyse dient zur Analyse des (Mittelwert-)Einflusses, welche die k Stufen eines Faktors auf die Kriteriumsvariable Y ausüben. Für die Stufen $1, \ldots, k$, die auch Gruppen $1, \ldots, k$ genannt werden, mögen Stichproben vom Umfang $n_1, \ldots, n_k$ vorliegen. Bezeichnen wir mit μ_i den Erwartungswert von Y in der Stichprobe i und mit Y_{ij} die j-te Messwiederholung in der i-ten Stichprobe, so kommen wir zu dem Schema der Tabelle 2.1.

Tabelle 2.1. Schema zur einfachen Varianzanalyse

Gruppe	Erw.	Umfang	Stichproben				Mittelwert
1	μ_1	n_1	Y_{11} Y_{12}		$\ldots$	Y_{1,n_1}	$\overline{Y}_1$
2	μ_2	n_2	Y_{21} Y_{22}		$\ldots$	Y_{2,n_2}	$\overline{Y}_2$
$\vdots$	$\vdots$	$\vdots$	$\vdots$		$\vdots$	$\vdots$	$\vdots$
i	μ_i	n_i	Y_{i1} Y_{i2}		$\ldots$	Y_{i,n_i}	$\overline{Y}_i$
$\vdots$	$\vdots$	$\vdots$	$\vdots$		$\vdots$	$\vdots$	$\vdots$
k	μ_k	n_k	Y_{k1} Y_{k2}		$\ldots$	Y_{k,n_k}	$\overline{Y}_k$

Mit $\overline{Y}_i = (1/n_i) \cdot \sum_{j=1}^{n_i} Y_{ij}$ wird der Mittelwert der Stichprobe (Gruppe) i bezeichnet. Die Gesamtstichprobe hat den Umfang $n = n_1 + \ldots + n_k$ und den Mittelwert

$$\overline{Y} = \frac{1}{n} \sum_{i=1}^{k} \sum_{j=1}^{n_i} Y_{ij} = \frac{1}{n} \sum_{i=1}^{k} n_i \, \overline{Y}_i \, .$$

2.1.1 Lineares Modell und Parameterschätzung

Das Lineare Modell der einfachen Varianzanalyse geht von der Vorstellung aus, dass die Messwiederholungen $Y_{i1}, Y_{i2}, \ldots$ in der i-ten Gruppe um den gleichen Gruppen-Erwartungswert μ_i herum schwanken. Es lautet

Modell a) $Y_{ij} = \mu_i + e_{ij}$, $\begin{cases} i = 1, \ldots, k \\ j = 1, \ldots, n_i \end{cases}$ (2.1)

mit unabhängigen Zufallsvariablen $e_{11}, \ldots, e_{k,n_k}$, die auch Fehlervariablen genannt werden. Dabei wird

$$\mathbb{E}(e_{ij}) = 0, \quad \mathrm{Var}(e_{ij}) = \sigma^2$$

vorausgesetzt. Im Unterschied zu den Erwartungswerten werden die Varianzen in allen k Gruppen als identisch vorausgesetzt (Varianzhomogenität). In Matrixschreibweise lauten die Gleichungen (2.1)

$$Y = X \cdot \beta + e,$$ (2.2)

mit dem k-dimensionalen Vektor $\beta = (\mu_1, \ldots, \mu_k)^\top$ der unbekannten Modellparameter, sowie mit dem n-dimensionalen Beobachtungsvektor Y und dem Fehlervektor e,

$$Y = (Y_{11}, \ldots, Y_{k,n_k})^\top, \qquad e = (e_{11}, \ldots, e_{k,n_k})^\top.$$ (2.3)

Die $n \times k$-*Designmatrix* X besteht nur aus Nullen und Einsen. In der ersten Spalte hat sie eine 1 nur an den Stellen (Zeilennummern) 1 bis n_1, in der zweiten Spalte eine 1 nur an den Stellen $n_1 + 1, \ldots, n_1 + n_2$, usw. Führen wir die Bezeichnungen

$$r = \mathrm{Rang}(X) \quad \text{und} \quad p = \text{Anzahl der Parameter}$$ (2.4)

ein, so ist in diesem Modell a)

$$r = p = k \quad \text{(Matrix } X \text{ hat vollen Rang)}.$$

In einer anderen Parametrisierung spaltet man μ_i auf in $\mu_i = \mu_0 + \alpha_i$, mit

$$\mu_0 = \frac{1}{n} \sum_{i=1}^{k} n_i \mu_i \qquad \text{[mittlerer Erwartungswert]}$$

$$\alpha_i = \mu_i - \mu_0 \qquad \text{[Effekt der Gruppe i]}$$

(es ist $\sum_1^k n_i \alpha_i = 0$). Damit erhält man das Lineare Modell

Modell b) $Y_{ij} = \mu_0 + \alpha_i + e_{ij}$, $\begin{cases} i = 1, \ldots, k \\ j = 1, \ldots, n_i \end{cases}$.   (2.5)

Formulieren wir das Modell b) in der Matrixschreibweise von (2.2), so sind die Vektoren Y und e wie in (2.3); der Vektor der Modellparameter lautet hier

$\beta = (\mu_0, \alpha_1, \ldots, \alpha_k)^\top$, und die $n \times (k+1)$-Designmatrix X erhält man aus der $n \times k$-Matrix des Modells a) durch Vorschalten einer Spalte, die ganz aus 1 besteht. In diesem Modell b) gilt für die Kennzahlen r und p aus (2.4) also $p = k + 1$ und $r = k < p$. Die Matrix X hat hier keinen vollen Rang.

Die Komponenten des Parametervektors β werden nach der MQ-Methode geschätzt (vgl. Abschn. 1.1.3), und zwar durch Minimieren der Fehlerquadrat-Summe $\sum_i \sum_j (Y_{ij} - \mu_i)^2$ in Bezug auf $\mu_1, \ldots, \mu_k$ (im Fall des Modells a). Man erhält

Modell a): $\hat{\mu}_i = \bar{Y}_i$ [i-tes Gruppenmittel],

Modell b): $\hat{\mu}_0 = \bar{Y}$ [Gesamtmittel], $\hat{\alpha}_i = \bar{Y}_i - \bar{Y}$,

Letzteres die Schätzung des Effekts der Gruppe i.

Die Varianz $\sigma^2 = \mathrm{Var}(e_{ij})$ schätzt man in beiden Modellen durch

$$\hat{\sigma}^2 \equiv MQE = \frac{SQE}{n-k}, \qquad SQE = \sum_{i=1}^{k} \sum_{j=1}^{n_i} (Y_{ij} - \bar{Y}_i)^2. \qquad (2.6)$$

'E' steht dabei für *error*, $\hat{\sigma}^2$ wird auch *mean squared error* genannt.

2.1.2 Testen der globalen Nullhypothese

Die globale Nullhypothese

$H_0:$ $\mu_1 = \ldots = \mu_k$ (identisch mit: $\alpha_1 = \ldots = \alpha_k = 0$)

sagt aus, dass der Faktor, der auch mit dem Buchstaben A bezeichnet wird, keinen Einfluss auf das Kriterium Y ausübt. Zu ihrer Prüfung verwendet man die Teststatistik

$$F = \frac{MQA}{MQE} \qquad \text{[F-Quotient].}$$

Den Nenner $MQE \equiv \hat{\sigma}^2$ hatten wir schon in (2.6) eingeführt und MQA findet sich in der Tabelle 2.2. Unter der *Normalverteilungs*-Annahme, dass nämlich die unabhängigen e_{ij} zusätzlich normalverteilt sind, besitzt F eine nichtzentrale F-Verteilung mit $k-1$ und $n-k$ Freiheitsgraden, kurz $F_{k-1,n-k}(\delta^2)$-Verteilung. Der Nichtzentralitätsparameter

$$\delta^2 = \sum_{i=1}^{k} n_i (\mu_i - \mu_0)^2 / \sigma^2$$

deutet darauf hin, dass F tendenziell um so größer wird, H_0 also umso eher verworfen wird, je weiter die Erwartungswerte μ_i der Gruppen auseinanderliegen. Die Hypothese H_0, die gleichbedeutend mit $\delta^2 = 0$ ist, wird verworfen, falls

$$F > F_{k-1,n-k,1-\alpha}, \qquad \text{[F-Test der Varianzanalyse]}$$

wobei $F_{f_1,f_2,\gamma}$ das γ-Quantil der F-Verteilung mit f_1, f_2 Freiheitsgraden bezeichnet. Alle für diesen F-Test der Varianzanalyse relevanten Größen werden in die *Tafel der Varianzanalyse*, das ist Tabelle 2.2, eingetragen.

Tabelle 2.2. Tafel der einfachen Varianzanalyse

Variationsurs.	SQ	FG	MQ
zwischen	$\mathrm{SQA} = \sum_{i=1}^{k} n_i (\bar{Y}_i - \bar{Y})^2$	$k-1$	$\mathrm{MQA} = \frac{SQA}{k-1}$
innerhalb	$\mathrm{SQE} = \sum_{i=1}^{k} \sum_{j=1}^{n_i} (Y_{ij} - \bar{Y}_i)^2$	$n-k$	$\mathrm{MQE} = \frac{SQE}{n-k}$
total	$\mathrm{SQT} = \sum_{i=1}^{k} \sum_{j=1}^{n_i} (Y_{ij} - \bar{Y})^2$	$n-1$	$\bullet\ F = \frac{MQA}{MQE}$

Die drei angegebenen Variationsursachen heißen ausgeschrieben:
zwischen den Gruppen, innerhalb der Gruppen, in der Gesamtstichprobe.
Als Rechenkontrolle dient die Formel

$$SQT = SQA + SQE. \qquad \text{[Streuungszerlegung]}$$

Wir wollen die Datei der Fallstudie **Cotton**, siehe Anhang A.2, mit Hilfe der einfachen Varianzanalyse auswerten und wählen den Pflanztermin (kurz: Termin), der über die drei Stufen
1: 29. Mai   2: 12. Juni   3: 26. Juni
variiert, als Faktor. Für jeden Pflanztermin sind die Erträge Y (Baumwoll-samen-Ertrag in kg) von 12 Feldern gemessen worden. Es ist also $k = 3$, $n_1 = n_2 = n_3 = 12$ und $n = 36$. Die Hypothese gleicher Erwartungswerte zu den drei Terminen wird durch den F-Test nicht verworfen (vgl. den P-Wert 0.141).

Variationsurs.	SQ	FG	MQ	F	P
zwischen	$\mathrm{SQA} = 13.707$	2	$\mathrm{MQA} = 6.853$	2.083	0.141
innerhalb	$\mathrm{SQE} = 108.561$	33	$\mathrm{MQE} = 3.290$		

Ein Grund dafür, dass sich die drei Termin-Mittelwerte
Termin 1: 4.956,   Termin 2: 4.982,   Termin 3: 3.660
als nicht signifikant verschieden erweisen, ist die große Streuung innerhalb jeder dieser drei Gruppen. Die Box-Plots der Abb. 2.1 der Ertragswerte, getrennt für die drei Termine aufgetragen, geben einen Eindruck von den Größenverhältnissen der Streubreiten. Mit

$$\hat{\sigma} \equiv \sqrt{MQE} = 1.814 \qquad \text{[root mean squared error]}$$

erweist sich der „Versuchsfehler" als relativ groß im Vergleich zu den Mittel-wert-Unterschieden. Im Anschluss an 2.2.3 werden wir eine zweifache Varianz-analyse mit den Faktoren Pflanztermin und Pflanzort durchführen.

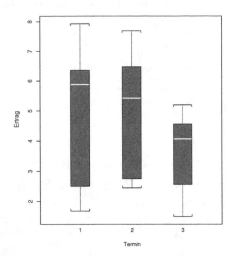

Abb. 2.1. Box-Plot (vgl. 1.2.2) für die Ertragswerte der Datei `Cotton`, getrennt nach den drei Pflanzterminen.

Splus	R.

```
# Boxplots der Abb. 2.1
plot.factor(Term,Ertr)
# Einfache Varianzanalyse
ertr.aov<-aov(Ertr~Term)
summary(ertr.aov)
```

SAS

```
* Einfache Varianzanalyse;
Proc anova;
Classes Term;
      Model Y=Term;
Title 'Einf. Varianzanalyse';
```

Im zweiten Beispiel der Datei **Porphyr** stellt der SiO_2-Anteil (in Prozent) einer Gesteinsprobe die Kriteriumsvariable Y dar, während die sechs Regionen

Brixen, Eisenerz, Kitzbühel, Martelltal, Veitsch, Comelico

der Süd- und Ostalpen die sechs Stufen des Faktors Region bilden. Hier ist $k = 6$, $n_1 = \ldots = n_6 = 7$ und $n = 42$. Die Tafel der einfachen Varianzanalyse lautet

Variationsurs.	SQ	FG	MQ	F	P
zwischen	SQA = 700.989	5	MQA = 140.197	17.17	0.000
innerhalb	SQE = 293.904	36	MQE = 8.164		

Nach Aussage des F-Tests sind die Gruppenmittelwerte hoch signifikant verschieden, vgl. den P-Wert 0.000. Wir werden im Anschluss an 2.1.3 eine Feinanalyse der Mittelwert-Unterschiede zwischen den einzelnen Regionen durchführen. Dazu wird der Wert

$$\hat{\sigma} \equiv \sqrt{MQE} = 2.857 \qquad \text{[root mean squared error]}$$

von Bedeutung sein.

Programme siehe unter 2.1.3.

2.1.3 Simultane Tests und Konfidenzintervalle

Führt der F-Test aus 2.1.2 zur Verwerfung der (globalen) Nullhypothese, so kann der Anwender davon ausgehen, dass nicht alle Gruppen-Erwartungswerte identisch sind. In aller Regel interessiert ihn dann die Frage, welche Gruppen bzw. welche Kombinationen von Gruppen für diese Verwerfung verantwortlich sind. Da die Beantwortung dieser Frage das Prüfen einer ganzen Reihe von Vergleichen erfordert, sind Methoden der *simultanen* statistischen Inferenz angezeigt; siehe dazu 1.5.1. Zu diesem Zwecke stellt der Anwender Erwartungswert-Vergleiche in Form sogenannter (linearer) Kontraste

$$\psi_c = \sum_{i=1}^{k} c_i\,\mu_i\,, \qquad c_1 + \ldots + c_k = 0,$$

an. Wichtige Beispiele für Kontraste ergeben sich, wenn man ein $c_i = 1$, ein anderes $c_j = -1$ setzt, und die übrigen c's gleich 0. Dann erhält man die

Paarvergleiche $\qquad \psi_{ij} = \mu_i - \mu_j \quad$ je zweier Gruppen i und j.

Für die ψ_c werden Konfidenzintervalle $[a_c, b_c]$ gebildet, welche für sämtliche Kontraste (d. h. für sämtliche Koeffizienten $c_1, \ldots, c_k$ mit $c_1 + \ldots + c_k = 0$) zum Niveau $1 - \alpha$ gültig sind. Man spricht dann von *simultanen* Konfidenzintervallen. Die spezielle Hypothese $\psi_c = 0$ wird verworfen, falls die Zahl 0 nicht im Intervall $[a_c, b_c]$ liegt. Im Folgenden soll stets die Normalverteilungs-Annahme gelten.

a) Simultane Konfidenzintervalle nach Scheffé

Ist $\psi_c = \sum_{i=1}^{k} c_i\,\mu_i$, $\sum_{i=1}^{k} c_i = 0$, ein linearer Kontrast und

$$\hat{\psi}_c = \sum_{i=1}^{k} c_i\,\bar{Y}_i \quad \text{Schätzer von } \psi_c,$$

so bilden die Ungleichungen

$$\hat{\psi}_c - S \cdot \text{se}(\hat{\psi}_c) \leq \psi_c \leq \hat{\psi}_c + S \cdot \text{se}(\hat{\psi}_c) \tag{2.7}$$

simultane Konfidenzintervalle für alle linearen Kontraste zum Niveau $1 - \alpha$. Dabei bedeuten

$$\text{se}(\hat{\psi}_c) = \sqrt{MQE} \cdot \sqrt{\sum_{i=1}^{k} \frac{c_i^2}{n_i}}$$

den Standardfehler von $\hat{\psi}_c$ und

$$S = \sqrt{(k-1) \cdot F_{k-1,n-k,1-\alpha}}$$

das zugehörige Scheffésche Quantil. Für die Paarvergleiche $\psi_{ij} = \mu_i - \mu_j$ ($i \neq j$) je zweier Erwartungswerte ist

$$\hat{\psi}_{ij} = \bar{Y}_i - \bar{Y}_j, \qquad \text{se}(\hat{\psi}_{ij}) = \sqrt{MQE} \cdot \sqrt{\frac{1}{n_i} + \frac{1}{n_j}},$$

so dass sich (2.7) in der Form schreibt:

$$(\bar{Y}_i - \bar{Y}_j) - S \cdot \text{se}(\hat{\psi}_{ij}) \leq \mu_i - \mu_j \leq (\bar{Y}_i - \bar{Y}_j) + S \cdot \text{se}(\hat{\psi}_{ij}).$$

b) Simultane Konfidenzintervalle nach Tukey

Wie eben bezeichnen

$$\psi_c = \sum_{i=1}^{k} c_i \mu_i, \quad \hat{\psi}_c = \sum_{i=1}^{k} c_i \bar{Y}_i \qquad \left(\sum_{i=1}^{k} c_i = 0 \right)$$

einen linearen Kontrast und seinen Schätzer; es werden gleich große Stichprobenumfänge $n_1 = \ldots = n_k$ vorausgesetzt. Dann bilden die Ungleichungen

$$\hat{\psi}_c - T \cdot d_c \leq \psi_c \leq \hat{\psi}_c + T \cdot d_c \tag{2.8}$$

simultane Konfidenzintervalle für alle linearen Kontraste zum Niveau $1 - \alpha$. Dabei sind

$$T = q_{k,n-k,1-\alpha}, \qquad d_c = \sqrt{MQE \cdot \frac{1}{n_1} \cdot \frac{1}{2} \sum_{i=1}^{k} |c_i|},$$

und $q_{f_1,f_2,\gamma}$ das γ-Quantil der (Verteilung der) studentisierten Variationsbreite (studentized range) mit f_1, f_2 Freiheitsgraden. Diese Quantile sind etwa bei Afifi & Azen (1979), Miller (1981), Sachs (1997), Hartung (1999) tabelliert. Für Paarvergleiche $\psi_{ij} = \mu_i - \mu_j$ ist $d_{ij} = \sqrt{MQE/n_1}$ für alle $i, j = 1, \ldots, k$, $i \neq j$, und (2.8) schreibt sich

$$(\bar{Y}_i - \bar{Y}_j) - T \cdot d_{ij} \leq \mu_i - \mu_j \leq (\bar{Y}_i - \bar{Y}_j) + T \cdot d_{ij}.$$

c) Bonferroni-Technik

Interessiert man sich nur für eine begrenzte Anzahl J von linearen Kontrasten $\psi_1, \ldots, \psi_J$,

$$\psi_j = \sum_{i=1}^{k} c_{ij}\, \mu_i \qquad (\sum_{i=1}^{k} c_{ij} = 0), \qquad j = 1, \ldots, J,$$

so lassen sich simultane Konfidenzintervalle auch mit Hilfe der Bonferroni-Technik gewinnen. Zunächst stellt für jedes $j = 1, \ldots, J$

$$A_j^{(\beta)}: \qquad \hat{\psi}_j - \mathrm{se}(\hat{\psi}_j) \cdot t_0^{(\beta)} \leq \psi_j \leq \hat{\psi}_j + \mathrm{se}(\hat{\psi}_j) \cdot t_0^{(\beta)} \qquad (2.9)$$

ein (individuelles) Konfidenzintervall für ψ_j zum Niveau $1 - \beta$ $(0 < \beta < 1)$ dar. Dabei haben wir

$$\hat{\psi}_j = \sum_{i=1}^{k} c_{ij}\, \bar{Y}_i, \qquad t_0^{(\beta)} = t_{n-k,1-\beta/2}, \qquad \mathrm{se}(\hat{\psi}_j) = \sqrt{MQE} \cdot \sqrt{\sum_{i=1}^{k} \frac{c_{ij}^2}{n_i}}$$

gesetzt. Eine Anwendung der Bonferroni-Ungleichung liefert: Die J Intervalle

$$A_1^{(\alpha/J)}, \ldots, A_J^{(\alpha/J)}, \qquad (2.10)$$

bei denen wir in (2.9) $\beta = \alpha/J$, d. h.

die $(1 - \alpha/(2J))$-Quantile der t_{n-k}-Verteilung an die Stelle der $t_0^{(\beta)}$

einsetzen, bilden simultane Konfidenzintervalle für $\psi_1, \ldots, \psi_J$ zum Niveau (mindestens) $1 - \alpha$. Interessieren wir uns für alle Paarvergleiche $\psi_{ij} = \mu_i - \mu_j$, $i \neq j$, so wird

$$J = \binom{k}{2}, \qquad \hat{\psi}_{ij} = \bar{Y}_i - \bar{Y}_j, \qquad \mathrm{se}(\hat{\psi}_{ij}) = \sqrt{MQE} \cdot \sqrt{\frac{1}{n_i} + \frac{1}{n_j}},$$

und die Intervalle (2.9) lauten, mit $\beta = \alpha/\binom{k}{2}$, $t_0^{(\beta)} = t_{n-k,1-\beta/2}$,

$$(\bar{Y}_i - \bar{Y}_j) - \mathrm{se}(\hat{\psi}_{ij}) \cdot t_0^{(\beta)} \leq \mu_i - \mu_j \leq (\bar{Y}_i - \bar{Y}_j) + \mathrm{se}(\hat{\psi}_{ij}) \cdot t_0^{(\beta)}, \qquad \begin{cases} i, j = 1, \ldots, k \\ i \neq j \end{cases}$$

d) Methodenvergleich, Multiple Mittelwertvergleiche

Nach Miller (1981) liefert die Scheffé-Methode bei komplexeren linearen Kontrasten (viele oder alle der c_i ungleich 0) die kürzeren Intervalle, während bei Beschränkung auf Paarvergleiche die Methoden nach Tukey (die allerdings gleiche Stichprobenumfänge n_i voraussetzt) oder nach Bonferroni vorteilhafter sind. In der Situation der Paarvergleiche und identischer Stichprobenumfänge berechnet sich die halbe Breite b des Konfidenzintervalls als Wurzel aus

Scheffé: $\qquad b_S^2 = (2/n_1) \cdot (k-1) \cdot F_{k-1,n-k,1-\alpha} \cdot MQE$

Tukey: $\qquad b_T^2 = (1/n_1) \cdot q_{k,n-k,1-\alpha}^2 \cdot MQE$

Bonferroni: $\qquad b_B^2 = (2/n_1) \cdot t_{n-k,1-\beta/2}^2 \cdot MQE, \qquad \beta = \alpha/\binom{k}{2}.$

Mit Hilfe dieser Schranken b lassen sich *simultane* Paarvergleiche durchführen: Zu vorgegebener Irrtumswahrscheinlichkeit α sollen alle Paare i, j von Stichproben aufgedeckt werden, deren Mittelwerte $\bar{Y}_i$, $\bar{Y}_j$ signifikant voneinander abweichen (multiple Mittelwertvergleiche). Dazu haben wir alle Paare i, j zu suchen, für die das (simultane) Konfidenzintervall für $\mu_i - \mu_j$ die Zahl 0 nicht enthält. Dies führt zu der Regel, alle Paare i, j von Stichproben als signifikant verschieden zu betrachten, für die

$$|\bar{Y}_i - \bar{Y}_j| > b_{ij}(\alpha)$$

gilt. Dabei berechnet sich die Schranke $b \equiv b_{ij}(\alpha)$ gemäß

- Scheffé (ungleiche Stichprobenumfänge zugelassen):

$$b \equiv b_S = \sqrt{MQE \cdot (1/n_i + 1/n_j) \cdot (k-1) \cdot F_{k-1, n-k, 1-\alpha}}$$

- Tukey (nur gleiche Stichprobenumfänge zugelassen):

$$b \equiv b_T = \sqrt{(1/n_1) \cdot MQE} \cdot q_{k, n-k, 1-\alpha}$$

- Bonferroni (ungleiche Stichprobenumfänge zugelassen):

$$b \equiv b_B = \sqrt{MQE \cdot (1/n_i + 1/n_j)} \cdot t_{n-k, 1-\beta/2}, \quad \beta = \alpha / \binom{k}{2} \quad .$$

Fallstudie **Porphyr.** Die Gruppen-Mittelwerte des SiO_2-Anteils Y der Gesteinsproben aus sechs Regionen, das sind

Brixen 71.48, Eisenerz 63.88, Kitzbühel 75.44, Martelltal 75.66,
Veitsch 68.20, Comelico 70.86,

werden jetzt paarweise miteinander verglichen, und zwar mit den Methoden der simultanen Paarvergleiche. Die halben Breiten b der simultanen Konfidenzintervalle für sämtliche Unterschiede $\mu_i - \mu_j$ zu einem $\alpha = 0.05$ [0.01] lauten, mit $t_{36, 1-\alpha/30} = 3.144$ [3.725], $F_{5, 36, 1-\alpha} = 2.477$ [3.574], $q_{6, 36, 1-\alpha} = 4.255$ [5.160]

Bonferroni: $b_B = \sqrt{\frac{2}{7}} \cdot t_{36, 1-\alpha/30} \cdot \sqrt{MQE} = 4.801$ [5.689]

Tukey: $b_T = \sqrt{\frac{1}{7}} \cdot q_{6, 36, 1-\alpha} \cdot \sqrt{MQE} = 4.595$ [5.572]

Scheffé: $b_S = \sqrt{\frac{2}{7}} \cdot \sqrt{5 \cdot F_{5, 36, 1-\alpha}} \cdot \sqrt{MQE} = 5.375$ [6.456].

Die Tukey-Methode ist demnach die günstigste. Die Mittelwert-Differenzen $\bar{Y}_i - \bar{Y}_j$ erweisen sich als signifikant verschieden, falls

$$|\bar{Y}_i - \bar{Y}_j| > b_T$$

gilt (dann ist die Hypothese $\mu_i = \mu_j$ zu verwerfen).

	1 Br	2 Ei	3 Ki	4 Ma	5 Ve	6 Co
1 Br	–	**				
2 Ei	–	–	**	**		**
3 Ki	–	–	–	**		
4 Ma	–	–	–	–	**	*
5 Ve	–	–	–	–	–	

Die signifikanten Paarvergleiche sind im oberen Dreieck der nebenstehenden Tafel markiert, und zwar für $\alpha = 0.05$ (*) und $\alpha = 0.01$ (**).

Aus dieser Tafel der Paarvergleiche lassen sich sogenannte *homogene Gruppen* von Stichproben bilden. Innerhalb einer homogenen Gruppe stehen die (maximal vielen) Stichproben, welche untereinander keine signifikanten Mittelwert-Unterschiede aufweisen.

	1 Br	2 Ei	3 Ki	4 Ma	5 Ve	6 Co
$\alpha = 0.05$	A		A	A		
	B				B	B
			C		C	
	D		D			D
$\alpha = 0.01$	A		A	A		A
	B				B	B
			C		C	

In jeder Zeile steht eine homogene Gruppe; und zwar bilden jeweils diejenigen Regionen eine solche Gruppe, die mit dem gleichen Buchstaben gekennzeichnet sind. Für $\alpha = 0.01$ vereinigen sich die – für $\alpha = 0.05$ noch getrennten – Gruppen A und D.

Wir wollen noch einen komplexeren Vergleich anstellen, und zwar zwischen den Regionen der sog. nördlichen Grauwackenzone (NGZ), das sind Eisenerz (2), Kitzbühel (3) und Veitsch (5), und den restlichen drei Regionen. Die vorangegangene Analyse homogener Gruppen gibt über diesen Vergleich keine eindeutige Auskunft. Der zugehörige lineare Kontrast lautet

$$\psi = \frac{1}{3}(\mu_2 + \mu_3 + \mu_5) - \frac{1}{3}(\mu_1 + \mu_4 + \mu_6).$$

Geschätzt wird er durch $\hat{\psi} = -3.494$. Die kritische Schranke berechnet sich gemäß Scheffé zu

$$b_S = \sqrt{\frac{2}{3 \cdot 7}} \, \sqrt{5 \cdot F_{5,36,1-\alpha}} \, \sqrt{MQE} = 3.105 \quad [3.731]$$

für $\alpha = 0.05$ $[\alpha = 0.01]$. Tukey liefert die gleichen Werte b_T wie oben bei den Paarvergleichen, nämlich 4.595 [5.572], so dass die Scheffé-Methode hier vorzuziehen ist. Auf dem Niveau $\alpha = 0.05$ ist

$$|\hat{\psi}| > b_S \,,$$

so dass die NGZ-Regionen signifikant geringere SiO_2-Werte aufweisen als die restlichen drei Regionen.

Splus R	SAS
# Einf. Varianzanalyse	* Einf. Varianzanalyse;
si.aov<- aov(SiO2~Reg)	* Multiple Paarvergleiche;
summary(si.aov)	Proc Anova;
pairwise.t.test(SiO2,Reg,	Classes Reg; Model Y=Reg;
p.adj="bonferroni") # in R	Means Reg;
multicomp(si.aov,comparisons=	Means Reg
"mca",method="tukey") # in S+	/Tukey Bon Scheffe;

2.1.4 Varianzhomogenität

Die Tests und Konfidenzintervalle aus 2.1.2 und 2.1.3 setzen gleiche Varianzen in den k Gruppen voraus. Bezeichnen wir die Varianz einer Messung in der i-ten Gruppe mit $\sigma_i^2 = \mathrm{Var}(Y_{ij})$, so ist also stillschweigend die Richtigkeit der Hypothese

$$H_\sigma: \quad \sigma_1^2 = \ldots = \sigma_k^2$$

der Varianzhomogenität unterstellt worden. Zum Prüfen dieser Hypothese können der Levene-Test oder der Bartlett-Test herangezogen werden. Ferner kann ein diagnostischer Plot, der s-m Plot, Auskunft über die Richtigkeit von H_σ geben bzw. Abweichungen von H_σ aufzeigen.

a) Levene-Test

Auf der Basis der Werte

$$z_{ij} = |Y_{ij} - \bar{Y}_i|, \quad i = 1,\ldots,k, \; j = 1,\ldots,n_i \qquad [\text{oder: } z_{ij} = (Y_{ij} - \bar{Y}_i)^2]$$

wird eine einfache Varianzanalyse durchgeführt und die Hypothese H_σ gleicher Gruppenvarianzen σ_i^2 dann verworfen, falls der F-Quotient der Varianzanalyse das Quantil $F_{k-1,n-k,1-\alpha}$ übersteigt (vgl. Tabelle 2.3; die Y_{ij}-Werte in der Tabelle 2.2 werden in der Tabelle 2.3 durch die z_{ij}-Werte ersetzt).

Bei fälschlicher Annahme von H_σ begeht man einen Fehler zweiter Art. Um die Wahrscheinlichkeit eines Fehlers 2. Art klein zu halten, ist ein größeres α zu wählen (mindestens $\alpha = 0.05$, besser $\alpha = 0.10$ oder höher, vgl. 1.1.3 b) und die Diskussion zu Anpassungstests im Abschn. 1.2.4). Bei Nicht-Verwerfung von H_σ betrachtet man die Voraussetzung gleicher Varianzen als nicht zu grob verletzt und führt anschließend die eigentliche Varianzanalyse durch, und zwar auf der Basis der Werte Y_{ij}. Das am Ende von 1.3.1 Gesagte über das konsekutive Testen (hier von H_σ und H_0) an Hand der gleichen Stichprobe ist auch hier gültig.

Hat man in die Normalverteilungs-Annahme kein Vertrauen (die ja bei Anwendung des F-Tests der Varianzanalyse in jedem Fall getroffen wird), so kann auf der Basis der z_{ij}-Werte eine Rang-Varianzanalyse nach Kruskal-Wallis zum Prüfen von H_σ durchgeführt werden, siehe Abschn. 2.5.1.

Tabelle 2.3. Tafel der einfachen Varianzanalyse zum Levene-Test

Variationsursache	SQ	FG	MQ
zwischen	SQA(z)	$k-1$	$MQA(z) = \frac{SQA(z)}{k-1}$
innerhalb	SQE(z)	$n-k$	$MQE(z) = \frac{SQE(z)}{n-k}$
total	SQT(z)	$n-1$	$\bullet \; F = \frac{MQA(z)}{MQE(z)}$

b) Bartlett-Test

Mit $s^2 = MQE$ und mit der Stichprobenvarianz

$$s_i^2 = \frac{1}{n_i - 1} \sum_{j=1}^{n_i} \left(Y_{ij} - \bar{Y}_i \right)^2$$

der i-ten Gruppe, $i = 1, \ldots, k$, bildet man

$$L = \sum_{i=1}^{k} (n_i - 1) \cdot \ln \left(\frac{s^2}{s_i^2} \right) = (n-k) \cdot \ln s^2 - \sum_{i=1}^{k} (n_i - 1) \cdot \ln s_i^2,$$

$$c = 1 + \frac{1}{3k-3} \left[\sum_{i=1}^{k} \frac{1}{n_i - 1} - \frac{1}{n-k} \right]$$

und die Teststatistik $\hat{\chi}^2 = L/c$. Diese ist unter H_σ für große n approximativ χ^2_{k-1}-verteilt, so dass H_σ verworfen wird, falls

$$\hat{\chi}^2 > \chi^2_{k-1,1-\alpha} \qquad \text{[Bartlett-Test]}.$$

Es ist stets $c \geq 1$, und falls gleiche Stichprobenumfänge $n_1 = \ldots = n_k$ vorliegen, so wird $c = 1 + (k+1)/[3 \cdot k \cdot (n_1 - 1)]$.

c) Diagnostischer s-m Plot

Die k Wertepaare $(\bar{Y}_i, s_i)$, $i = 1, \ldots, k$, jeweils aus Gruppenmittel und Gruppen-Standardabweichung bestehend, werden in ein Koordinatensystem eingetragen. Ist die resultierende Wolke der k Punkte horizontal ausgerichtet, so kann von gleichen Varianzen in den k Gruppen ausgegangen werden. Ansonsten kann ein eventuell vorhandener funktionaler Zusammenhang $\sigma \approx g(\mu)$ zwischen Standardabweichung σ und Erwartungswert μ erkannt werden. Eine *varianzstabilisierende* Transformation $\Psi(y)$ gewinnt man gemäß der Formel

$$\Psi(y) = \int \frac{dy}{g(y)} \qquad \text{[}\Psi \text{ Stammfunktion von } \tfrac{1}{g}\text{]}.$$

Die Originalwerte Y_{ij} sollten dann dieser Transformation unterzogen werden, d. h. durch die Werte $\Psi(Y_{ij})$ ersetzt werden.

Wir betrachten den häufig auftretenden Fall, dass alle Beobachtungswerte positiv sind. Verläuft die Standardabweichung ungefähr proportional zum Mittelwert, d. i. gilt $\sigma \approx c \cdot \mu$, so wird die Logarithmus-Transformation als varianzstabilisierende Transformation empfohlen: $\Psi(y) = \ln y$. Alle Y_{ij}-Werte sind dann durch $\ln Y_{ij}$ zu ersetzen. Wächst die Standardabweichung stärker [schwächer] an als der Mittelwert, so kann die Transformation $\Psi(y) = 1/y$ [$\Psi(y) = \sqrt{y}$] zum Einsatz kommen, vgl. Abb. 2.2.

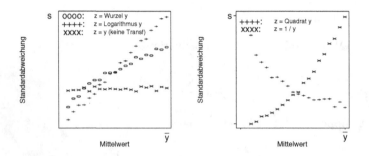

Abb. 2.2. s-m Plots. 5 mögliche Ausrichtungen der Punktwolke $(\bar{Y}_i, s_i)$, $i = 1, \ldots, k$, und die jeweils empfohlene varianzstabilisierende Transformation.

Fallstudie **Cotton.** Die 36 Beobachtungswerte Y [Ernteertrag in kg] werden jetzt in neun Gruppen eingeteilt, wobei jede Kombination aus Pflanztermin und Pflanzort eine eigene Gruppe darstellt. Bei dieser Einteilung in $k = 9$ Gruppen wird die Annahme gleicher Gruppen-Mittelwerte verworfen; es ist nämlich

$$F = \frac{SQA/8}{SQE/27} = \frac{112.063/8}{10.205/27} = 14.008/0.3780 = 37.06, \quad [\text{P-Wert} < 0.0001];$$

siehe dazu auch unter 2.2.3 die Werte in der Tafel der zweifachen Varianzanalyse. Die Prüfung auf Varianzhomogenität, das heißt der Test der Hypothese

$$H_\sigma : \sigma_1^2 = \ldots = \sigma_k^2 \,,$$

wurde nach Bartlett und nach Levene durchgeführt, Letzteres auf der Basis der Werte $z_{ij} = |Y_{ij} - \bar{Y}_i|$ (*Levene abs*) als auch der Werte $z_{ij} = (Y_{ij} - \bar{Y}_i)^2$ (*Levene quadr*).

Bartlett: $\hat{\chi}^2 = 8.951$, FG $= 8$, P-Wert $= 0.346$.

Die Hypothese gleicher Gruppen-Varianzen wird nicht verworfen; nach Bartlett kann von der Varianzhomogenität ausgegangen werden. Die gleiche Aussage treffen die beiden Versionen des Levene-Tests:

Test	Var.ursache	SQ	FG	MQ	F	P-Wert
Levene abs	zwischen	0.9406	8	$MQA(z) = 0.1176$	0.93	0.508
	innerhalb	3.4124	27	$MQE(z) = 0.1264$		
Levene quadr	zwischen	1.9326	8	$MQA(z) = 0.2414$	1.36	0.258
	innerhalb	4.7898	27	$MQE(z) = 0.1774$		

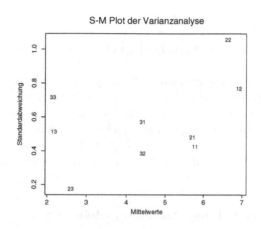

Abb. 2.3. Plot der Gruppen-Standardabweichungen über den Gruppen-Mittelwerten. Der zweistellige Gruppencode enthält den Termin (erste Ziffer) und den Ort (zweite Ziffer).

Der s-m Plot der Abb. 2.3 weist mit den Gruppen 22 (das ist Term = 2, Ort = 2) und 23 (Term = 2, Ort = 3) zwei Ausreißer im Sinne von sehr großer bzw. sehr kleiner Standardabweichung auf. Eine Empfehlung, die Rohdaten zu transformieren, kann aus dem Diagramm nicht abgelesen werden. Eine durchgeführte log-Transformation z. B. brachte keine Verbesserung der Varianzhomogenität mit sich – nach Aussage des Bartlett- und des Levene-Tests. Auch in den folgenden Varianzanalysen wurde deshalb bei dieser Datei auf eine Transformation verzichtet.

Splus   R

```
# Einfache Varianzanalyse mit einem kombinierten Faktor
TermxOrt<- 10*Termine+Orte
TxO<- factor(TermxOrt,
    levels=c("11","12","13","21","22","23","31","32","33"))
txo.aov<- aov(Ertr~TxO);  summary(txo.aov)
# Varianzhomogenitaets-Test nach Bartlett
bartlett.test(Ertr~TxO)   # nicht in Splus
```

SAS

```
* Einfache Varianzanalyse mit einem kombinierten Faktor;
* Varianzhomogenitaets-Tests nach Bartlett und Levene;
Proc glm; Classes TxO;
    Model Y=TxO;
    Means TxO/ hovtest=Levene(Type=Square);
    Means TxO/ hovtest=Levene(Type=Abs) hovtest=Bartlett;
```

2.2 Zweifache Varianzanalyse, Kreuzklassifikation $A \times B$

Die zweifache Varianzanalyse dient zur Analyse des (Mittelwert-)Einflusses, den zwei Faktoren, A und B genannt, auf die Kriteriumsvariable Y ausüben. Der Faktor A möge auf I, der Faktor B auf J Stufen variieren (I und $J \geq 2$). Für jede Stufenkombination (i, j) mögen gleich viele, nämlich K unabhängige Messungen $Y_{ij,1}, \ldots, Y_{ij,K}$, $i = 1, \ldots, I$, $j = 1, \ldots, J$, vorliegen ($K \geq 2$). Anstatt von der Stufenkombination (i, j) spricht man auch von der Zelle oder Stichprobe (i, j).

2.2.1 Lineares Modell und Parameterschätzung

Bezeichnen wir mit $\mu_{ij} = \mathbb{E}(Y_{ij,k})$ den Erwartungswert für die Zelle (i, j), so lautet das Lineare Modell der zweifachen Varianzanalyse

$$\textbf{Modell a)} \quad Y_{ij,k} = \mu_{ij} + e_{ij,k}, \qquad \left\{ \begin{array}{l} i = 1, \ldots, I \\ j = 1, \ldots, J \\ k = 1, \ldots, K \end{array} \right. , \qquad (2.11)$$

mit den üblichen Anforderungen an die Fehlervariablen $e_{ij,k}$. Es kann auch als Modell a) der einfachen Varianzanalyse mit einem einzigen Faktor aufgefasst werden, der auf den $I \cdot J$ Stufen $(1, 1), (1, 2), \ldots, (I, J - 1), (I, J)$ variiert. Es dient uns i. F. als ein Referenz- oder Hilfsmodell für das in den Anwendungen interessantere Modell b). Bei diesem wird der Erwartungswert μ_{ij} der Zelle (i, j) in

$$\mu_{ij} = \mu_0 + \alpha_i + \beta_j + \gamma_{ij} \qquad (2.12)$$

aufgespalten. Das Modell b) lautet demnach

$$\textbf{Modell b)} \quad Y_{ij,k} = \mu_0 + \alpha_i + \beta_j + \gamma_{ij} + e_{ij,k}, \qquad (2.13)$$

mit den gleichen Laufbereichen der Indizes i, j, k wie in (2.11). Wir stellen die Nebenbedingungen $[\sum_i = \sum_{i=1}^{I}, \sum_j = \sum_{j=1}^{J}]$

$$\sum_i \alpha_i = 0, \quad \sum_j \beta_j = 0, \quad \sum_i \gamma_{ij} = 0, \quad \sum_j \gamma_{ij} = 0 \qquad \text{NB}$$

auf, unter welchen die Darstellung von $\mu_{ij} \equiv \mathbb{E}(Y_{ij,k})$ in der Gestalt (2.12) eindeutig wird. Die Parameter α_i, β_j beschreiben die Haupteffekte der Faktoren A bzw. B, die Parameter γ_{ij} die Wechselwirkungen (Interaktionen) zwischen den Faktoren.

Zu den Schätzern der unbekannten Modellparameter gemäß der MQ-Methode: Modell a). Da dieses Modell als eines der einfachen Varianzanalyse aufgefasst werden kann, erhalten wir wie in 2.1.1

$$\hat{\mu}_{ij} = \bar{Y}_{ij}, \qquad \left[\bar{Y}_{ij} = \frac{1}{K} \sum_{k=1}^{K} Y_{ij,k}, \quad \bar{Y}_{ij} \text{ Zellenmittelwerte} \right].$$

Modell b). Die Schätzer für die Parameter μ_0, α_i, β_j, γ_{ij} lauten

$$\hat{\mu}_0 = \bar{Y}, \qquad \left[\bar{Y} = \frac{1}{IJ} \sum_i \sum_j \bar{Y}_{ij}, \quad \bar{Y} \text{ Gesamtmittelwert} \right]$$

$$\hat{\alpha}_i = \bar{Y}_{i.} - \bar{Y}, \qquad \left[\bar{Y}_{i.} = \frac{1}{J} \sum_j \bar{Y}_{ij}, \quad \bar{Y}_{i.} \text{ Faktor A-Mittelwerte} \right]$$

$$\hat{\beta}_j = \bar{Y}_{.j} - \bar{Y}, \qquad \left[\bar{Y}_{.j} = \frac{1}{I} \sum_i \bar{Y}_{ij}, \quad \bar{Y}_{.j} \text{ Faktor B-Mittelwerte} \right]$$

$$\hat{\gamma}_{ij} = \bar{Y}_{ij} - \bar{Y}_{i.} - \bar{Y}_{.j} + \bar{Y}, \qquad [\text{Wechselwirkungen}].$$

Einen Überblick über die Mittelwertbildungen bietet die Tabelle 2.4.

Tabelle 2.4. Tafel der Mittelwerte bei der zweifachen Varianzanalyse

B	1	2	...	J	Mittelwert
A 1	$\bar{Y}_{11}$	$\bar{Y}_{12}$	...	$\bar{Y}_{1J}$	$\bar{Y}_{1\bullet}$
2	$\bar{Y}_{21}$	$\bar{Y}_{22}$	...	$\bar{Y}_{2J}$	$\bar{Y}_{2\bullet}$
⋮	⋮	⋮	⋮	⋮	⋮
I	$\bar{Y}_{I1}$	$\bar{Y}_{I2}$	...	$\bar{Y}_{IJ}$	$\bar{Y}_{I\bullet}$
Mittelwert	$\bar{Y}_{\bullet 1}$	$\bar{Y}_{\bullet 2}$	...	$\bar{Y}_{\bullet J}$	$\bar{Y}_{\bullet\bullet} = \bar{Y}$

Analog zu (2.12) gilt $\hat{\mu}_{ij} = \hat{\mu}_0 + \hat{\alpha}_i + \hat{\beta}_j + \hat{\gamma}_{ij}$. Im Modell a) wie b) ist

$$\hat{\sigma}^2 = \frac{1}{n - IJ} SQE \equiv MQE \qquad \left[SQE = \sum_i \sum_j \sum_k (Y_{ij,k} - \bar{Y}_{ij})^2 \right]$$

der Schätzer für die Varianz σ^2 der Fehlervariablen.

2.2.2 Testen von Hypothesen

Zum Testen der Hypothesen

$$H_A : \alpha_1 = \ldots = \alpha_I = 0 \qquad (\text{„Faktor A hat keinen Einfluss“})$$
$$H_B : \beta_1 = \ldots = \beta_J = 0 \qquad (\text{„Faktor B hat keinen Einfluss“})$$
$$H_{A \times B} : \gamma_{11} = \ldots = \gamma_{IJ} = 0 \qquad (\text{„keine Wechselwirkungen“})$$

verwenden wir die Teststatistiken

$$F_A = \frac{MQA}{MQE}, \quad F_B = \frac{MQB}{MQE}, \quad F_{A \times B} = \frac{MQAB}{MQE} \qquad (\text{MQ's s. Tabelle 2.5})$$

und verwerfen H_A, H_B bzw. $H_{A \times B}$, falls

$$F_A > F_{I-1, n-IJ, 1-\alpha}, \qquad F_B > F_{J-1, n-IJ, 1-\alpha},$$
$$\text{bzw.} \quad F_{A \times B} > F_{(I-1)(J-1), n-IJ, 1-\alpha}$$

[F-Tests der zweifachen Varianzanalyse]. Dabei ist $n = IJK$ der Gesamtstichprobenumfang, so dass $n - IJ = IJ(K - 1)$ gilt. Die relevanten Größen sind wieder in der ANOVA-Tafel der Tabelle 2.5 eingetragen, in der die Summen $\sum_i$, $\sum_j$ und $\sum_k$ ausgeschrieben $\sum_{i=1}^{I}$, $\sum_{j=1}^{J}$ und $\sum_{k=1}^{K}$ lauten.

Tabelle 2.5. Tafel der zweifachen Varianzanalyse mit Zellenbesetzung $K \geq 2$

Variation	SQ	FG	MQ
Faktor A	SQA$= JK \sum_i (\bar{Y}_{i.} - \bar{Y})^2$	$I - 1$	MQA $= \frac{SQA}{I-1}$
Faktor B	SQB$= IK \sum_j (\bar{Y}_{.j} - \bar{Y})^2$	$J - 1$	MQB $= \frac{SQB}{J-1}$
Wechselw.	SQAB $= ^1$ s.u.	(I-1)(J-1)	MQAB $= \frac{SQAB}{(I-1)(J-1)}$
innerhalb	SQE$= \sum_i \sum_j \sum_k (Y_{ij,k} - \bar{Y}_{ij})^2$	$IJ(K-1)$	MQE$= \frac{SQE}{n-IJ}$
total	SQT $= \sum_i \sum_j \sum_k (Y_{ij,k} - \bar{Y})^2$	$n - 1$	

^{1} SQAB $= K \sum_i \sum_j (\bar{Y}_{ij} - \bar{Y}_{i.} - \bar{Y}_{.j} + \bar{Y})^2$

Als Rechenkontrolle dient die Formel SQT = SQA + SQB + SQAB + SQE der Streuungszerlegung.

Ein Verwerfen von H_A [bzw. von H_B] lässt sich nur schwer als ein Nachweis vorhandener Faktor A Effekte [bzw. Faktor B Effekte] interpretieren, wenn gleichzeitig auch $H_{A \times B}$ verworfen wird, wenn also eine Wechselwirkung zwischen den Faktoren angenommen werden muß. Denn der Effekt eines Faktors könnte ja allein durch den anderen Faktor entstanden sein, und zwar über die Wechselwirkung mit diesem.

2.2.3 Wechselwirkung

Der Wechselwirkungs- oder Interaktionsterm γ_{ij} lässt sich unter Benutzung der Nebenbedingungen NB in den Formen

$$\gamma_{ij} = \mu_{ij} - \bar{\mu}_{i.} - \bar{\mu}_{.j} + \mu_0 = (\mu_{ij} - \mu_0) - (\alpha_i + \beta_j)$$

schreiben $[\bar{\mu}_{i.} = \sum_j \mu_{ij}/J, \bar{\mu}_{.j} = \sum_i \mu_{ij}/I, \mu_0 = \bar{\mu}_{..} = \sum_i \sum_j \mu_{ij}/(IJ)]$. Er ist positiv/null/negativ, wenn die beiden Faktoren A und B auf der Stufenkombination (i, j) einen höheren/den gleichen/einen geringeren Mittelwerteinfluss auf Y haben als die Summe der beiden Einzeleinflüsse von $A = i$ und $B = j$. Sind sämtliche $\gamma_{ij} = 0$, existieren also keine Wechselwirkungen der Faktoren A und B in Bezug auf den Mittelwert von Y, so ist

$$\mu_{ij} - \bar{\mu}_{i.} \text{ unabhängig von i, nämlich} = \bar{\mu}_{.j} - \mu_0, \quad \text{und}$$

$$\mu_{ij} - \bar{\mu}_{.j} \text{ unabhängig von j, nämlich} = \bar{\mu}_{i.} - \mu_0.$$

In diesem Fall sind die

Verläufe von μ_{ij} , über die Stufen j von B aufgetragen,

für $i = 1, \dots, I$ parallel zueinander. Dasgleiche trifft auf die

Verläufe von μ_{ij} , über die Stufen i von A aufgetragen,

für $j = 1, \dots, J$ zu.

Trägt man die Zellenmittelwerte $\hat{\mu}_{ij} = \bar{Y}_{ij}$ entsprechend über die Stufen j des Faktors B oder über die Stufen i des Faktors A auf, so verrät der Grad der Nicht-Parallelität der Streckenzüge die Stärke der Wechselwirkungen; vgl. Abb. 2.4. Bei auffälligen Wechselwirkungen ist eine Feinanalyse der Zellenmittelwerte im Rahmen simultaner Verfahren angezeigt.

Fallstudie **Cotton.** Mit der Kriteriumsvariablen Ernteertrag Y in [kg] und den zwei Faktoren
- A: Pflanztermin (Termin)   • B: Pflanzort (Ort)

wird eine zweifache Varianzanalyse durchgeführt.

Variation	SQ	FG	MQ	F	P-Wert
A Termin	SQA= 13.707	2	MQA = 6.853	18.13	0.000
B Ort	SQB= 91.880	2	MQB = 45.940	121.54	0.000
A × B Wechselw.	SQAB= 6.475	4	MQAB = 1.619	4.283	0.008
Innerhalb	SQE= 10.205	27	MQE= 0.3780		
total	SQT = 122.268	35			

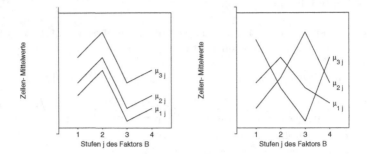

Abb. 2.4. Verlauf der Zellenmittelwerte über die Stufen j=1,...,4 des Faktors B. Abgebildet sind der Fall fehlender Wechselwirkung (links) und der Fall deutlicher Wechselwirkung (rechts).

Die beiden Faktoren Termin und Ort weisen demnach einen signifikanten Mittelwert-Einfluss auf den Ernteertrag auf. Ebenfalls signifikant ist die Wechselwirkung A × B der beiden Faktoren, wenn auch mit einem höherem P-Wert als die beiden Haupteffekte A und B. Dass eine deutliche Wechselwirkung vorhanden ist, kommt auch durch die nicht-parallelen Kurven der 3 Termin-Mittelwerte über die drei Orte in Abb. 2.5 zum Ausdruck.

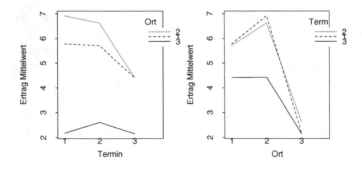

Abb. 2.5. Plot der Orts-Mittelwerte über den drei Terminen und der Termin-Mittelwerte über den drei Orten.

Wir schätzen die Wechselwirkungsterme γ_{ij} zwischen der Stufe i des Faktors A und der Stufe j des Faktors B in den Fällen $(i,j) = (1,2)$ und $(3,2)$. Man erhält

$$\hat{\gamma}_{12} = 6.92 - 5.99 - 4.96 + 4.53 = 0.50 \qquad \text{[positive Wechselwirkung]}$$
$$\hat{\gamma}_{32} = 4.42 - 3.66 - 5.99 + 4.53 = -0.70 \qquad \text{[negative Wechselwirkung]}.$$

Man beachte, dass die Werte $SQA + SQB + SQAB = 112.063$ und $SQE = 10.205$ bereits bei der einfachen Varianzanalyse in 2.1.4 auftauchten, mit einem kombinierten Faktor, bestehend aus den 9 Stufen $(1,1)$, ..., $(3,3)$.

Während bei der einfachen Varianzanalyse dem Faktor Termin keine Signifikanz zukam, ist dies hier – bei zusätzlicher Gruppierung nach dem zweiten Faktor Ort – der Fall. Können wir davon sprechen, dass ein Einfluss des Pflanztermins auf den Ertrag definitiv nachgewiesen ist? Nur im Fall fehlender (oder geringer) Wechselwirkung kann die Frage eindeutig bejaht werden. In unserem Fall einer starken Wechselwirkung könnte ein Einfluss des Termins erst durch die Wechselwirkung mit dem Ort entstanden sein, so dass die Frage unbeantwortet bleibt. Im Fall starker Wechselwirkung sollte gesteigerter Wert auf die Feinanalyse der Zellenmittelwerte des kombinierten Faktors gelegt werden (siehe unter 2.2.4).
Programme: siehe unter 2.2.4.

2.2.4 Simultane Konfidenzintervalle, Paarvergleiche

Wir werden zunächst nur die Methoden von Scheffé und von Tukey angeben. Für lineare Kontraste ψ_c mit ihren Schätzern $\hat{\psi}_c$, das sind mit den Summen $\sum_i \sum_j = \sum_{i=1}^{I} \sum_{j=1}^{J}$

$$\psi_c = \sum_i \sum_j c_{ij}\mu_{ij}\,, \qquad \hat{\psi}_c = \sum_i \sum_j c_{ij}\bar{Y}_{ij}\,, \qquad \left(\sum_i \sum_j c_{ij} = 0\right) \quad (2.14)$$

geben wir die simultanen Konfidenzintervalle in der Form

$$\hat{\psi}_c - Q \cdot d_c \le \psi_c \le \hat{\psi}_c + Q \cdot d_c$$

an. I. F. werden d_c und das Quantil Q für drei verschiedene Situationen angegeben und jeweils [in der rechten Spalte] auf den Fall der Paarvergleiche spezialisiert. Das γ-Quantil der (Verteilung der) studentisierten Variationsbreite (studentized range) wird wieder mit $q_{f_1,f_2,\gamma}$ bezeichnet.

a) Lineare Kontraste für Zellen-Mittelwerte   [Paarvergleiche]
ψ_c und $\hat{\psi}_c$ wie in (2.14).

Scheffé: $Q = \sqrt{(IJ - 1) \cdot F_{IJ-1,n-IJ,1-\alpha}}$

$d_c = \sqrt{(MQE/K) \cdot \sum_i \sum_j c_{ij}^2}$ $[d_c = \sqrt{2 \cdot MQE/K}]$

Tukey: $Q = q_{IJ,n-IJ,1-\alpha}$

$d_c = \sqrt{MQE/K} \cdot \dfrac{1}{2} \cdot \sum_i \sum_j |c_{ij}|$ $[d_c = \sqrt{MQE/K}]$.

Tatsächlich handelt es sich hier um die simultanen Verfahren aus 2.1.3 der einfachen Varianzanalyse, angewandt auf $k = I \cdot J$ Gruppen, mit Gruppenstärken jeweils $n_i = K$.

b) Lineare Kontraste für Faktor A-Mittelwerte   [Paarvergleiche]

Setze $c_{ij} = c_i/J$ in (2.14):

$\psi_c = \sum_i c_i \bar{\mu}_{i.}, \quad \hat{\psi}_c = \sum_i c_i \bar{Y}_{i.}. \quad (\sum_i c_i = 0).$

Scheffé: $Q = \sqrt{(I-1) \cdot F_{I-1,n-IJ,1-\alpha}}$

$\quad\quad\quad d_c = \sqrt{MQE/(JK) \cdot \sum_i c_i^2} \qquad\qquad [d_c = \sqrt{2 \cdot MQE/(JK)}]$

Tukey: $Q = q_{I,n-IJ,1-\alpha}$

$\quad\quad\quad d_c = \sqrt{MQE/(JK)} \cdot \frac{1}{2} \cdot \sum_i |c_i| \qquad\qquad [d_c = \sqrt{MQE/(JK)}]$

c) Lineare Kontraste für Faktor B-Mittelwerte

Analog zu b): Ersetze in Q und d_c stets J durch I und I durch J.

Multiple Mittelwertvergleiche

Aus den simultanen Konfidenzintervallen für Paarvergleiche gewinnt man simultane Signifikanztests zum Prüfen der Hypothese gleicher Zellen-Erwartungswerte. Wir setzen für die Anzahl der Zellen $k = I \cdot J$. Die Zellen (i,j) und (i',j') weisen signifikant verschiedene Mittelwerte auf, falls für die Differenz ihrer Mittelwerte

$$|\bar{Y}_{ij} - \bar{Y}_{i'j'}| > b_{ij,i'j'}(\alpha)$$

gilt, mit den folgenden Schranken $b = b_{ij,i'j'}(\alpha)$:

Tukey: $b_T = q_{k,n-k,1-\alpha} \cdot \sqrt{\frac{1}{K} \cdot MQE}$

Bonferroni: $b_B = t_{n-k,1-\beta/2} \cdot \sqrt{\frac{2}{K} \cdot MQE}, \qquad \beta = \alpha/\binom{k}{2},$

wobei $q_{f_1,f_2,\gamma}$ und $t_{f,\gamma}$ die γ-Quantile (der Verteilung) der studentisierten Variationsbreite bzw. der t-Verteilung bedeuten.

Wir haben im ganzen Abschn. 2.2 die Annahme gleicher Zellenbesetzung K getroffen, d. h., die Annahme, dass in jeder Zelle (i,j) der Stichprobenumfang $n_{ij} = K$ lautet. Bei Zellenvergleichen (da innerhalb eines Modells der einfachen Varianzanalyse mit $I \cdot J$ Gruppen interpretierbar) können auch ungleiche Zellenbesetzungen n_{ij} zugelassen werden. In Verallgemeinerung der Schranke b_B oben haben wir dann

Bonferroni: $b_B = t_{n-k,1-\beta/2} \cdot \sqrt{(\frac{1}{n_{ij}} + \frac{1}{n_{i'j'}}) \cdot MQE}, \qquad \beta = \alpha/\binom{k}{2},$

vgl. 2.1.3 c). Ferner kommt noch eine Schranke nach Scheffé hinzu, nämlich

Scheffé: $\qquad b_S = \sqrt{(k-1) \cdot F_{k-1,n-k,1-\alpha}} \cdot \sqrt{\left(\frac{1}{n_{ij}} + \frac{1}{n_{i'j'}}\right) \cdot MQE}$,

wobei $F_{f_1,f_2,\gamma}$ das γ-Quantil der F-Verteilung ist.

Fallstudie **Cotton.**

Mit der Kriteriumsvariablen Ernteertrag Y in [kg] und den zwei Faktoren

- A: Pflanztermin (Termin)
- B: Pflanzort (Ort)

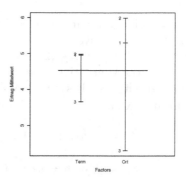

wurde unter 2.2.3 eine zweifache Varianzanalyse durchgeführt, die signifikante Haupteffekte (der Faktoren A
und B) und eine signifikante Wechselwirkung der beiden Faktoren ergab.

Betrachten wir zunächst die drei Mittelwerte des Faktors A (Termin), das sind

    Termin 1: 4.956   Termin 2: 4.982   Termin 3: 3.660,

dann sind gemäß der Tukey-Methode aus b) die Termine 1 und 2 jeweils vom
Termin 3 signifikant verschieden [$\alpha = 0.05$], aber nicht 1 und 2 untereinander.
In der Tat, es ist

$$Q = q_{3,27,0.95} = 3.507, \quad d = \sqrt{\frac{0.3780}{12}} = 0.1775, \quad Q \cdot d = 0.622,$$

so dass die kritische Mittelwert-Differenz (halbe Länge des simultanen Konfidenzintervalls) gerade $b_T = 0.622$ beträgt.

Als nächstes vergleichen wir alle 9 Zellenmittelwerte $\bar{Y}_{11}, \ldots, \bar{Y}_{33}$ untereinander, und zwar nach der Methode von Tukey aus a). Man rechnet mit

$$q_{9,27,0.95} = 4.758, \quad d = \sqrt{\frac{0.3780}{4}} = 0.3074, \quad Q \cdot d = 1.463,$$

dass die kritische Differenz zweier Zellenmittelwerte sich auf $b_T = 1.463$
beläuft. Damit sind signifikant verschieden [$\alpha = 0.05$]

    die drei Zellen des Ortes 3, das sind (1,3), (2,3), (3,3), von allen anderen
sechs Zellen

    zusätzlich die zwei Zellen (1,2), (2,2) von den zwei Zellen (3,1), (3,2).

Definiert man homogene Gruppen von Zellen wie in 2.1.3, nämlich als (maximal große) Menge von Zellen, die sämtlich untereinander nicht signifikant
verschieden sind, so findet man drei (i. F. nach abfallenden Erträgen geordnet
und mit A, B, C bezeichnet). Im folgenden Schema stehen diese Buchstaben
für die drei homogenen Gruppen in den entsprechenden Zellen.

A: (1,1), (2,1), (1,2), (2,2)
B: (1,1), (2,1), (3,1), (3,2)
C: (1,3), (2,3), (3,3).

Termin	Ort		
	1	2	3
1	A B	A	C
2	A B	A	C
3	B	B	C

Nun interessieren wir uns für einen komplexeren Vergleich, und zwar der beiden Anbau-Alternativen

- Alternative 1: (1,1), (2,1), (2,2)   gegen   Alternative 2: (3,1), (3,2),

und fragen, ob Alternative 1 signifikant größere Erträge liefert; der paarweise Zellenvergleich lässt dies offen. Wir wenden die Scheffé-Methode aus a) auf den linearen Kontrast ψ_c mit Schätzer $\hat{\psi}_c$ an, wobei

$$\psi_c = \frac{1}{3}\left(\mu_{11} + \mu_{21} + \mu_{22}\right) - \frac{1}{2}\left(\mu_{31} + \mu_{32}\right),$$

$$\hat{\psi}_c = \frac{1}{3}\left(5.78 + 5.71 + 6.63\right) - \frac{1}{2}\left(4.42 + 4.42\right) = 1.62$$

ist. Dieser Wert ist mit dem kritischen Wert $b_S = Q \cdot d_c$ zu vergleichen, wobei sich aus

$$Q = \sqrt{8 \cdot F_{8,27,0.95}} = 4.294, \quad d_c = \sqrt{\frac{1}{4} \cdot MQE \cdot \left(3\left(\frac{1}{3}\right)^2 + 2\left(\frac{1}{2}\right)^2\right)} = 0.281$$

die Schranke $b_S = 1.207$ ergibt. Tatsächlich bringt also die Alternative 1 signifikant höhere Erträge. Ein Konfidenzintervall für den Kontrast ψ_c zwischen den beiden Alternativen lautet

$$\hat{\psi}_c - b_S \leq \psi_c \leq \hat{\psi}_c + b_S, \quad \text{das heißt} \quad 0.41 \leq \psi_c \leq 2.83.$$

Zum Vergleich: Die Tukey-Methode ergibt mit

$$b_T = q_{9,27,0.95} \cdot \sqrt{\frac{MQE}{4}} = 4.758 \cdot 0.3074 = 1.463$$

breitere (also ungünstigere) Konfidenzintervalle.

Splus		R

```
# Zweifache Varianzanalyse mit Faktoren Term und Ort
ertr.aov<- aov(Ertr~Term*Ort); summary(ertr.aov)
# Einfache Varianzanalyse mit einem kombinierten Faktor TxO
TermxOrt<- 10*Termine+Orte      # schon in 2.1.4 verwendet
TxO<- factor(TermxOrt,
     levels=c("11","12","13","21","22","23","31","32","33"))
txo.aov<- aov(Ertr~TxO);  summary(txo.aov)
# Multiple Paarvergleiche nach Bonferroni/Tukey
multicomp(txo.aov,comparisons="mca",method="tukey") # in S+
pairwise.t.test(Ertr,TxO,p.adj="bonferroni")        # in R
```

$\boxed{\text{SAS}}$

```
* Zweifache Varianzanalyse mit Grupp.Variablen Term und Ort;
* Multiple Paarvergleiche nach Tukey und Bonferroni;
Proc anova;
Classes Term Ort;
     Model Y=Term Ort Term*Ort;
     Means Term Ort Term*Ort;
     Means Term Ort Term*Ort/Tukey Bon;
Title 'Zweifache Varianzanalyse';
```

2.3 Varianzanalyse mit 3 Faktoren

Nun liegen drei Faktoren A, B und C vor, deren Wirkung auf die Kriteriums-variable Y wir analysieren wollen. Dabei variiere der

$$\text{Faktor A auf den } I \text{ Stufen } i = 1, \ldots, I,$$
$$\text{Faktor B auf den } J \text{ Stufen } j = 1, \ldots, J, \qquad (2.15)$$
$$\text{Faktor C auf den } K \text{ Stufen } k = 1, \ldots, K.$$

Zunächst betrachten wir den Fall, dass auf jeder Stufenkombination (i, j, k) der drei Faktoren eine (und zwar die gleiche) Anzahl L von Messwiederholungen vorliegt. Der Gesamtstichproben-Umfang bei einer solchen *Kreuzklassifikation* beträgt also $I \cdot J \cdot K \cdot L$. Die Kreuzklassifikation stellt einen vollständigen Versuchsplan dar. Können soviele Beobachtungen nicht erhoben werden und bleiben Stufenkombinationen unbesetzt, so liegt ein *unvollständiger* Versuchsplan vor. Von diesen betrachten wir nur das sogenannte *Lateinische Quadrat*, das mit einem minimalen Stichprobenumfang auskommt.

2.3.1 Kreuzklassifikation $A \times B \times C$

Auf jeder Stufenkombination (i, j, k) mögen $L \geq 2$ Messwiederholungen

$$Y_{ijk,l}, \qquad l = 1, \ldots, L,$$

vorliegen. Die bisher mit α_i, β_j, ... bezeichneten Effekte werden jetzt zweckmä-ßigerweise mit λ_i^A, λ_j^B, ... notiert.

a) Lineares Modell und Parameterschätzung

Das Lineare Modell der dreifachen Varianzanalyse

$$Y_{ijk,l} = \mu_0 + \lambda_i^A + \lambda_j^B + \lambda_k^C + \lambda_{ij}^{AB} + \lambda_{ik}^{AC} + \lambda_{jk}^{BC} + \lambda_{ijk}^{ABC} + e_{ijk,l}$$

umfasst neben dem allgemeinen Mittel μ_0 und den Haupteffekten der einzelnen Faktoren (λ_i^A, λ_j^B, λ_k^C) auch die Wechselwirkungen zweier Faktoren (λ_{ij}^{AB}, λ_{ik}^{AC}, λ_{jk}^{BC}) und die dreier Faktoren (λ_{ijk}^{ABC}). Die Indizes i, j, k laufen dabei wie in (2.15) angegeben.

Wir benutzen i. F. ausgedehnt die Punktnotation: Ein Punkt an der Stelle eines Indexes steht für Summe über diesen Index; ein zusätzlicher Querstrich⁻ deutet die Mittelwert-Bildung an. Für eine vierfach indizierte Größe $a_{ijk,l}$ ist also z. B.

$$a_{ij,.,.} = \sum_k \sum_l a_{ijk,l}, \quad \bar{a}_{ijk} \equiv \bar{a}_{ijk,.} = \frac{1}{L} \sum_l a_{ijk,l}, \quad \bar{a}_{ij.} = \frac{1}{KL} \sum_k \sum_l a_{ijk,l}.$$

Wir führen die folgenden Nebenbedingungen ein:

$$\lambda_.^A = \lambda_.^B = \lambda_.^C = 0, \; \lambda_{i.}^{AB} = \ldots = \lambda_{.k}^{BC} = 0, \; \lambda_{ij.}^{ABC} = \lambda_{i.k}^{ABC} = \lambda_{.jk}^{ABC} = 0.$$
NB

Wir erhalten mit dem Gesamtstichproben-Umfang $n = IJKL$ als Schätzer für die unbekannten Modellparameter nach der MQ-Methode:

$$\hat{\mu}_0 = \bar{Y}, \qquad\qquad\qquad \bar{Y} = Y_{...,.}/n$$

$$\hat{\lambda}_i^A = \bar{Y}_{i..} - \bar{Y}, \quad \text{usw.} \qquad\qquad \bar{Y}_{i..} = \frac{Y_{i...,.}}{JKL}, \text{usw.}$$

$$\hat{\lambda}_{ij}^{AB} = \bar{Y}_{ij.} - \bar{Y}_{i..} - \bar{Y}_{.j.} + \bar{Y}, \quad \text{usw.} \qquad \bar{Y}_{ij.} = \frac{Y_{ij..,.}}{KL}, \text{usw.}$$

$$\hat{\lambda}_{ijk}^{ABC} = \bar{Y}_{ijk} - \bar{Y}_{ij.} - \bar{Y}_{i.k} - \bar{Y}_{.jk} + \bar{Y}_{i..} + \bar{Y}_{.j.} + \bar{Y}_{..k} - \bar{Y}, \qquad \bar{Y}_{ijk} = \frac{Y_{ijk,.}}{L}.$$

Der Schätzer für $\sigma^2 = \text{Var}(e_{ijk,l})$ lautet, mit $r = IJK$, d. h. mit $n - r = IJK(L-1)$,

$$\hat{\sigma}^2 = \frac{1}{n-r} \sum_i \sum_j \sum_k \sum_l (Y_{ijk,l} - \bar{Y}_{ijk})^2 \equiv \frac{1}{IJK(L-1)} SQE \equiv MQE.$$

b) Testen von Hypothesen

Bei drei Faktoren gibt es eine ganze Schar von möglichen Hypothesen, deren Prüfung von Interesse sein könnte:

$$H_A : \lambda_1^A = \ldots = \lambda_I^A = 0, \qquad H_B, H_C \quad \text{entsprechend}$$
$$H_{A \times B} : \lambda_{11}^{AB} = \ldots = \lambda_{IJ}^{AB} = 0, \qquad H_{A \times C}, H_{B \times C} \quad \text{entsprechend}$$
$$H_{A \times B \times C} : \lambda_{111}^{ABC} = \ldots = \lambda_{IJK}^{ABC} = 0.$$

Die Teststatistiken

$$\frac{MQA}{MQE}, \quad \frac{MQB}{MQE}, \quad \frac{MQC}{MQE}, \quad \frac{MQAB}{MQE}, \quad \ldots, \quad \frac{MQABC}{MQE}$$

Tabelle 2.6. Tafel der dreifachen Varianzanalyse mit Zellenbesetzung $L \geq 2$

Variation	SQ	FG	MQ$= \frac{SQ}{FG}$
Faktor A	SQA$= JKL \sum_i (\bar{Y}_{i..} - \bar{Y})^2$	$(I-1)$	MQA
Faktor B	SQB$= IKL \sum_j (\bar{Y}_{.j.} - \bar{Y})^2$	$(J-1)$	MQB
Faktor C	SQC$= IJL \sum_k (\bar{Y}_{..k} - \bar{Y})^2$	$(K-1)$	MQC
A × B	SQAB $=$ (siehe unten)	$(I-1)(J-1)$	MQAB
$\vdots$	$\vdots$	$\vdots$	$\vdots$
A × B × C	SQABC $=$ (siehe unten)	(I-1)(J-1)(K-1)	MQABC
innerhalb	SQE $= \sum_i \sum_j \sum_k \sum_l (Y_{ijk,l} - \bar{Y}_{ijk})^2$	$IJK(L-1)$	MQE
total	SQT $= \sum_i \sum_j \sum_k \sum_l (Y_{ijk,l} - \bar{Y})^2$	$IJKL-1$	

zum Prüfen dieser Hypothesen sowie die zugehörigen Freiheitsgrade entnimmt man der ANOVA-Tafel (Tabelle 2.6).

In dieser Tafel haben wir gesetzt:

$$SQAB = KL \sum_i \sum_j (\bar{Y}_{ij.} - \bar{Y}_{i..} - \bar{Y}_{.j.} + \bar{Y})^2$$

$$SQABC = L \sum_i \sum_j \sum_k (\bar{Y}_{ijk} - \bar{Y}_{ij.} - \bar{Y}_{i.k} - \bar{Y}_{.jk} + \bar{Y}_{i..} + \bar{Y}_{.j.} + \bar{Y}_{..k} - \bar{Y})^2 \, ,$$

und SQT ist die Summe aller in der Tafel darüber stehenden SQ's (Streuungszerlegung).

2.3.2 Lateinisches Quadrat

In der dreifachen Varianzanalyse variieren 3 Faktoren, A, B und C genannt, auf jeweils I, J bzw. K Stufen. Für alle $I \times J \times K$ Stufenkombinationen liegen je L Beobachtungen vor. Das lateinische Quadrat stellt einen Versuchsplan mit 3 Faktoren A, B und C dar, die jeweils auf I Stufen variieren (es ist hier also $I = J = K$). Dies geschieht aber so, dass nur für I^2 Stufenkombinationen Beobachtungen vorliegen, und auch nur jeweils eine. Immerhin aber wird jede Stufe von A einmal mit jeder B-Stufe und einmal mit jeder C-Stufe kombiniert. Formalisiert wird ein solcher Versuchsplan durch eine Menge D von Triplets (i, j, k), wobei D die folgende Eigenschaft besitzt:

Für jedes der Paare $(i, j), (i, k), (j, k)$, $1 \leq i, j, k \leq I$, gibt es – der Reihe nach – genau ein k, ein j, ein $i \in \{1, \ldots, I\}$ mit

$$(i, j, k) \in D \quad .$$

Faktor C

Faktor B		1	2	3	4	5
	1	1	2	3	4	5
	2	2	3	4	5	1
	3	3	4	5	1	2
	4	4	5	1	2	3
	5	5	1	2	3	4

Ein Beispiel gibt die neben stehende Tabelle wieder, bei der im B × C Quadrat eingetragen ist, mit welcher A-Stufe die jeweilige B × C-Stufe kombiniert wird.

Nach diesem Schema kann man zu jeder Zahl I einen Versuchplan in Form einer $I \times I$-Matrix angeben, so dass in den Feldern der Matrix die Stufen $i = 1, \ldots, I$ vom Faktor A stehen, und jede Stufe i genau einmal in jeder Zeile und in jeder Spalte auftritt. I. F. sei $I \geq 3$.

Bezeichnet Y_{ijk} die Beobachtung bei der Stufenkombination $(i, j, k) \in D$, so lautet das Lineare Modell des lateinischen Quadrats

$$Y_{ijk} = \mu_0 + \alpha_i + \beta_j + \gamma_k + e_{ijk}, \qquad (i, j, k) \in D.$$

Dabei stellen wir die Nebenbedingungen

$$\sum\nolimits_{i=1}^{I} \alpha_i = \sum\nolimits_{j=1}^{I} \beta_j = \sum\nolimits_{k=1}^{I} \gamma_k = 0 \qquad \text{NB}$$

auf. Es ist hier

$$\text{Stichprobenumfang } n = |D| = I^2, \quad \text{Anzahl Parameter } p = 3I + 1,$$

wovon aber auf Grund von NB nur $r = p - 3 = 3I - 2$ Parameter frei sind. Wechselwirkungsterme einzuführen verbietet die Forderung $n > r$.

Schätzen und Testen

Als Schätzer für die Modellparameter μ_0, α, β, γ erhalten wir mittels der MQ-Methode $\left(\sum\sum_D \sum = \sum\sum\sum_{(i,j,k) \in D} \right)$

$$\hat{\mu}_0 = \bar{Y} = \frac{1}{n} \sum\sum_D \sum Y_{ijk} \qquad \text{[Gesamtstichproben-Mittel]}$$

$$\hat{\alpha}_i = \bar{Y}_{i..} - \bar{Y}, \qquad \bar{Y}_{i..} = \frac{1}{I} \sum\sum_{(j,k) \in D_i} Y_{ijk}$$

$$\hat{\beta}_j = \bar{Y}_{.j.} - \bar{Y},$$

$$\hat{\gamma}_k = \bar{Y}_{..k} - \bar{Y}.$$

Dabei bezeichnet D_i die Menge aller (j, k) mit $(i, j, k) \in D$ (es ist $|D_i| = I$) und $\bar{Y}_{.j.}$, $\bar{Y}_{..k}$ sind analog zu $\bar{Y}_{i..}$ definiert. Die Varianz $\sigma^2 = \text{Var}(Y_{ijk})$ wird durch

$$\hat{\sigma}^2 = \frac{1}{(I-1)(I-2)} SQE, \quad SQE = \sum \sum_{D} \sum (Y_{ijk} - \bar{Y}_{i..} - \bar{Y}_{.j.} - \bar{Y}_{..k} + 2\bar{Y})^2$$

geschätzt. Die Teststatistiken für die Hypothesen

$$H_A : \text{alle } \alpha_i = 0, \quad H_B : \text{alle } \beta_j = 0, \quad H_C : \text{alle } \gamma_k = 0$$

lauten $F_A = \text{MQA/MQE}$, $F_B = \text{MQB/MQE}$, $F_C = \text{MQC/MQE}$. Diese MQ-Größen können der ANOVA-Tafel (Tabelle 2.7) entnommen werden.

Tabelle 2.7. Tafel der Varianzanalyse für das lateinische Quadrat $(I \geq 3)$

Variation	SQ	FG	MQ = $\frac{SQ}{FG}$
Faktor A	SQA= $I \sum_i (\bar{Y}_{i..} - \bar{Y})^2$	$(I-1)$	MQA
Faktor B	SQB= $I \sum_j (\bar{Y}_{.j.} - \bar{Y})^2$	$(I-1)$	MQB
Faktor C	SQC= $I \sum_k (\bar{Y}_{..k} - \bar{Y})^2$	$(I-1)$	MQC
Fehler	SQE s.o.	$(I-1)(I-2)$	MQE
total	SQT = $\sum \sum_D \sum (Y_{ijk} - \bar{Y})^2$	$n-1$	

2.4 Ein Faktor mit korrelierten Beobachtungen

Finden J Messwiederholungen am gleichen Objekt oder J Messungen innerhalb einer gleichen (Haupt-)Fläche statt, so sind diese in der Regel miteinander korreliert. Untersucht wird der Einfluss eines Faktors A auf eine Kriteriumsvariable Y, welche

(i) zeitlich nacheinander (zu J verschiedenen Zeitpunkten) jeweils am gleichen Objekt oder
(ii) örtlich nebeneinander (an J Unterflächen) jeweils innerhalb der gleichen Hauptfläche

gemessen wird. Im Fall (i) spricht man auch von *repeated measurements*, im Fall (ii) von einem *split-plot* Versuchsplan.

Diese J Zeitpunkte/Unterflächen bilden die J Stufen des Faktors B. Die Anzahl der Stufen des Faktors A (auch Anzahl der Gruppen genannt) wird mit I bezeichnet. Die Anzahl der Versuchseinheiten (Objekte) in jeder Gruppe sei als gleich angenommen, $n_1 = n_2 = \ldots = n_I$, i. F. mit K bezeichnet.

Wir werden nur eine ganz bestimmte Form der Korrelation zwischen den J Messstufen des Faktors B behandeln, nämlich diejenige identisch gleicher Korrelation ρ (*compound symmetry*).

2.4.1 Lineares Modell

Auf jeder der I Stufen des Faktors A, d. h. in jeder der I Gruppen, werden K Versuchseinheiten gemessen, und zwar jede durch J Messwiederholungen

$$Y_{i1,k}, \ldots, Y_{iJ,k}, \qquad k = 1, \ldots, K, \quad i = 1, \ldots, I,$$

vergleiche das Schema der Tabelle 2.8.

Tabelle 2.8. Schema zur Varianzanalyse mit K Versuchseinheiten und J Messwiederholungen pro Stufe des Faktors A

Faktor A		Faktor B 1	...	j	...	J	Mittelwert
1	1	$Y_{11,1}$	...	$Y_{1j,1}$	...	$Y_{1J,1}$	
	..	...	...	...	...	...	$\bar{Y}_{1.}$
	K	$Y_{11,K}$	...	$Y_{1j,K}$	...	$Y_{1J,K}$	
	..	...	...	...	...	...	..
i	k	$Y_{i1,k}$	...	$Y_{ij,k}$	...	$Y_{iJ,k}$	$\bar{Y}_{i.}$
	..	...	...	...	...	...	
	..	...	...	...	...	...	..
I	1	$Y_{I1,1}$	...	$Y_{Ij,1}$	...	$Y_{IJ,1}$	
	..	...	...	...	...	...	$\bar{Y}_{I.}$
	K	$Y_{I1,K}$	...	$Y_{Ij,K}$	...	$Y_{IJ,K}$	
Mittelw.		$\bar{Y}_{.1}$	...	$\bar{Y}_{.j}$	...	$\bar{Y}_{.J}$	$\bar{Y}$

Das Lineare Modell lautet formal wie (2.13), das Modell b) der zweifachen Varianzanalyse mit Kreuzklassifikation, nämlich

$$Y_{ij,k} = \mu_0 + \alpha_i + \beta_j + \gamma_{ij} + e_{ij,k}, \qquad \begin{cases} i = 1, \ldots, I \\ j = 1, \ldots, J \\ k = 1, \ldots, K \end{cases} \quad . \qquad (2.16)$$

Die Terme α_i, β_j, γ_{ij}, welche die Effekte des Faktors A, des Faktors B und die Wechselwirkungen von A und B beschreiben, unterliegen den Nebenbedingungen NB der zweifachen Varianzanalyse. Es existieren insgesamt $I \cdot K$ Versuchseinheiten (wovon jede auf den J Stufen des Faktors B gemessen wird). Die den Versuchseinheiten entsprechenden $I \cdot K$ Zufallsvektoren der Dimension J, das sind

$$e_{i,k} = (e_{i1,k}, \ldots, e_{iJ,k})^{\top}, \quad i = 1, \ldots, I, \quad k = 1, \ldots, K,$$

sind unabhängig, und jeder Vektor ist J-dimensional normalverteilt, genauer:

$$e_{i,k} \quad \text{ist} \quad N_J(0, \sigma^2 R) - \text{verteilt}.$$

Dabei enthält die $J \times J$-Matrix

$$R \text{ auf der Hauptdiagonalen Einsen, sonst den Wert } \rho, \qquad (2.17)$$

mit einem $0 < \rho < 1$. Letzeres macht den Unterschied zum Modell (2.13) der zweifachen Varianzanalyse aus: Dort war R die $J \times J$-Einheitsmatrix. Spezieller als bei der einfachen MANOVA im Kap. 6 sind hier die Korrelationen von je zwei Variablen aus den $Y_{i1,k}, \ldots, Y_{iJ,k}$ identisch gleich (nämlich gleich ρ: *compound symmetry*).

Das Modell (2.16) kann auch wie folgt geschrieben werden:

$$Y_{ij,k} = \mu_0 + \alpha_i + e_{(i)k} + \beta_j + \gamma_{ij} + e_{(i)j,k}, \qquad \begin{cases} i = 1, \ldots, I \\ j = 1, \ldots, J \\ k = 1, \ldots, K \end{cases}.$$

Dabei stehen α_i, β_j, γ_{ij} wieder für die Effekte der Faktoren A und B und ihrer wechselseitigen Beeinflussungen. Die Terme γ_{ij} können auch als die Effekte des Faktors B *innerhalb* der gleichen Stufe des Faktors A gedeutet werden. Ferner ist

$e_{(i)k}$ 1. Fehlerterm, für die Variation des Faktors A, $\text{Var}(e_{(i)k}) = \sigma_A^2$,

$e_{(i)j,k}$ 2. Fehlerterm, für die Variation von B und A $\times$ B, $\text{Var}(e_{(i)j,k}) = \sigma_B^2$

(alle Fehlervariablen als unabhängig vorausgesetzt). In der Tat, fassen wir die beiden Fehlervariablen zu einer zusammen, nämlich $e_{ij,k} = e_{(i)k} + e_{(i)j,k}$, und setzen wir $\sigma^2 = \sigma_A^2 + \sigma_B^2$ und $\rho = \sigma_A^2/\sigma^2$, so ist die Kovarianzmatrix des Zufallsvektors $(e_{i1,k}, \ldots, e_{iJ,k})$ gerade gleich $\sigma^2 \cdot R$, mit R wie in (2.17).

2.4.2 Schätz- und Testgrößen

Zum Schätzen der Parameter μ_0, α_i, β_j, γ_{ij} führen wir die Mittelwerte

$$\bar{Y}_{i.} = \frac{1}{JK} \sum_{j=1}^{J} \sum_{k=1}^{K} Y_{ij,k}, \qquad \bar{Y}_{.j} = \frac{1}{IK} \sum_{i=1}^{I} \sum_{k=1}^{K} Y_{ij,k}$$

$$\bar{Y}_{ij} = \frac{1}{K} \sum_{k=1}^{K} Y_{ij,k}, \qquad \bar{Y} = \frac{1}{IJK} \sum_{i=1}^{I} \sum_{j=1}^{J} \sum_{k=1}^{K} Y_{ij,k}$$

ein. Mittels der MQ-Methode ergeben sich die gleichen Schätzer wie in 2.2.1, vgl. Arnold (1981), nämlich $\hat{\mu}_0 = \bar{Y}$ sowie

$$\hat{\alpha}_i = \bar{Y}_{i.} - \bar{Y}, \qquad \hat{\beta}_j = \bar{Y}_{.j} - \bar{Y},$$

$$\hat{\gamma}_{ij} = \bar{Y}_{ij} - \bar{Y}_{i.} - \bar{Y}_{.j} + \bar{Y}, \qquad \hat{\sigma}^2 = \frac{SQE}{IJ(K-1)} \qquad [SQE \text{ s. u.}].$$

Zum Prüfen von Hypothesen verwenden wir die folgenden Quadratsummen aus der zweifachen Varianzanalyse in 2.2.1,

$$SQA = JK \sum_{i=1}^{I} (\bar{Y}_{i.} - \bar{Y})^2, \qquad MQA = SQA/(I-1)$$

$$SQB = IK \sum_{j=1}^{J} (\bar{Y}_{.j} - \bar{Y})^2, \qquad MQB = SQB/(J-1)$$

$$SQAB = K \sum_{i=1}^{I} \sum_{j=1}^{J} (\bar{Y}_{ij} - \bar{Y}_{i.} - \bar{Y}_{.j} + \bar{Y})^2, \ MQAB = SQAB/[(I-1)(J-1)]$$

$$SQE = \sum_{i=1}^{I} \sum_{j=1}^{J} \sum_{k=1}^{K} (Y_{ij,k} - \bar{Y}_{ij})^2, \qquad MQE = SQE/[IJ(K-1)].$$

Ferner spalten wir SQE auf in die beiden Residuen-Quadratsummen

$$SQE_1 = J \sum_{i=1}^{I} \sum_{k=1}^{K} (\bar{Y}_{i.k} - \bar{Y}_{i.})^2, \qquad MQE_1 = \frac{SQE_1}{I(K-1)}$$

$$SQE_2 = SQE - SQE_1 = \sum_{i=1}^{I} \sum_{j=1}^{J} \sum_{k=1}^{K} (Y_{ij,k} - \bar{Y}_{i.k} - \bar{Y}_{ij} + \bar{Y}_{i.})^2,$$

$$MQE_2 = \frac{SQE_2}{I(J-1)(K-1)}$$

ein, wobei wir $\bar{Y}_{i.k} = \sum_{j=1}^{J} Y_{ij,k}/J$ gesetzt haben. Es gilt die Zerlegung

$$I(J-1)(K-1) = IJ(K-1) - I(K-1)$$

der Freiheitsgrade. SQE_1 ist identisch dem 'SQE' der einfachen Varianzanalyse mit der Kriteriumsvariablen $Z = (Y_1 + \ldots + Y_J)/\sqrt{J}$ und dem einen Faktor A, der auf I Stufen variiert. Dabei bedeuten $Y_1, \ldots, Y_J$ die Beobachtungen auf den Stufen $1, \ldots, J$ des Faktors B. Mit Hilfe der eingeführten Quadratsummen lässt sich die Korrelation ρ zwischen den Messungen innerhalb der gleichen Versuchseinheit schätzen durch [$\hat{\sigma}^2$ wie oben]

$$\hat{\rho} = \frac{\hat{\sigma}^2 - \hat{\sigma}_B^2}{\hat{\sigma}^2}, \qquad \text{mit} \qquad \hat{\sigma}_B^2 = MQE_2 \qquad [MQE_2 \text{ wie oben}].$$

Tests und ANOVA-Tafeln

Zum Prüfen der Hypothese, dass Faktor A keinen Einfluss hat, das ist

$$H_A: \quad \alpha_1 = \ldots = \alpha_I = 0,$$

verwenden wir die Teststatistik $F_1 = MQA/MQE_1$, die unter H_A und der Normalverteilungs-Annahme F-verteilt ist mit $I - 1$ und $I(K - 1)$ Freiheitsgraden.

ANOVA Tafel zum Testen von H_A.

Variation	SQ	FG	MQ=$\frac{SQ}{FG}$	F
Faktor A	SQA	$I - 1$	MQA	$F_1 = MQA/MQE_1$
1.Fehler	SQE$_1$	$I(K - 1)$	MQE$_1$	

Zum Prüfen von H_B, das ist $\beta_1 = \ldots = \beta_J = 0$, benützt man die Teststatistik

$$F_2^B = \frac{MQB}{MQE_2}, \quad \text{mit} \quad J - 1 \text{ und } I(J - 1)(K - 1) \text{ Freiheitsgraden.}$$

Zum Prüfen von $H_{A \times B}$ ($\gamma_{11} = \ldots = \gamma_{IJ} = 0$), das ist gleichzeitig zum Prüfen der Hypothese von fehlenden Faktor B Einflüssen innerhalb der gleichen Stufe des Faktors A, steht die Teststatistik

$$F_2^{A \times B} = \frac{MQAB}{MQE_2}, \quad \text{mit} \quad (I - 1)(J - 1) \text{ und } I(J - 1)(K - 1) \text{ Freiheitsgraden}$$

zur Verfügung.

ANOVA Tafel zum Testen von H_B und $H_{A \times B}$.

Variation	SQ	FG	MQ=$\frac{SQ}{FG}$	F
Faktor B	SQB	J-1	MQB	$F_2^B = MQB/MQE_2$
Wechselwirkung	SQAB	(I-1)(J-1)	MQAB	$F_2^{A \times B}=MQAB/MQE_2$
2.Fehler	SQE$_2$	I(J-1)(K-1)	MQE$_2$	

Die Hypothesen H_A, H_B und $H_{A \times B}$ werden also verworfen, falls

$$F_1 > F_{I-1,I(K-1),1-\alpha}, \quad F_2^B > F_{J-1,I(J-1)(K-1),1-\alpha}$$
$$\text{bzw.} \quad F_2^{A \times B} > F_{(I-1)(J-1),I(J-1)(K-1),1-\alpha}.$$

2.4.3 Simultane Konfidenzintervalle

Kontraste. Wir bilden simultane Konfidenzintervalle für alle (linearen) Kontraste der Form

$$\mu_a = \sum_{i=1}^{I} a_i\,\alpha_i, \qquad a = (a_1, \ldots, a_I), \qquad \sum_i a_i = 0,$$

$$\mu_b = \sum_{j=1}^{J} b_j\,\beta_j, \qquad b = (b_1, \ldots, b_J), \qquad \sum_j b_j = 0$$

$$\mu_c = \sum_{i=1}^{I}\sum_{j=1}^{J} c_{ij}\gamma_{ij}, \qquad c = (c_{11}, \ldots, c_{IJ}), \qquad \sum_j c_{ij} = 0$$

mit Hilfe der folgenden Schätzer für μ_a, μ_b und μ_c:

$$\hat{\mu}_a = \sum_{i=1}^{I} a_i\,\bar{Y}_{i.}\,, \quad \hat{\mu}_b = \sum_{j=1}^{J} b_j\,\bar{Y}_{.j}\,, \quad \hat{\mu}_c = \sum_{i=1}^{I}\sum_{j=1}^{J} c_{ij}\,\left(\bar{Y}_{ij} - \bar{Y}_{.j}\right).$$

Simultane Konfidenzintervalle zum Niveau $1 - \alpha$ lauten dann wie folgt. Die Formel für die halbe Breite d ist jeweils in quadrierter Form d^2 angegeben worden, so dass noch die Wurzel gezogen werden muss.

a) Kontraste zwischen den Stufen (Gruppen) des Faktors A

$$\hat{\mu}_a - d_a \le \mu_a \le \hat{\mu}_a + d_a, \qquad d_a^2 = MQE_1 \cdot \Big(\sum_{i=1}^{I} \frac{a_i^2}{JK}\Big)(I-1) \cdot F_{1-\alpha}^a.$$

b) Kontraste zwischen den Stufen des Faktors B

$$\hat{\mu}_b - d_b \le \mu_b \le \hat{\mu}_b + d_b, \qquad d_b^2 = MQE_2 \cdot \Big(\sum_{j=1}^{J} \frac{b_j^2}{IK}\Big)(J-1) \cdot F_{1-\alpha}^b.$$

Dabei haben wir die F-Quantile wie folgt abgekürzt:

$$F_{1-\alpha}^a = F_{I-1,I(K-1),1-\alpha}\,, \qquad F_{1-\alpha}^b = F_{J-1,I(J-1)(K-1),1-\alpha}\,.$$

c) Kontraste zwischen den Stufen des Faktors B innerhalb der gleichen A-Stufe

$$\hat{\mu}_c - d_c \le \mu_c \le \hat{\mu}_c + d_c, \qquad d_c^2 = MQE_2 \cdot \Big(\sum_{i=1}^{I}\sum_{j=1}^{J} \frac{c_{ij}^2}{K}\Big)(I-1)(J-1) \cdot F_{1-\alpha}^c$$

mit dem F-Quantil $F_{1-\alpha}^c = F_{(I-1)(J-1),I(J-1)(K-1),1-\alpha}$.

Paarvergleiche. Wir spezialisieren die Kontraste jetzt auf Paarvergleiche.

a) Beim Vergleich der Stufen i und i' des Faktors A wird

$$\mu_a = \alpha_i - \alpha_{i'}, \quad \hat{\mu}_a = \bar{Y}_{i.} - \bar{Y}_{i'.}\,, \quad d_a^2 = MQE_1 \frac{2}{JK}(I-1)F_{I-1,I(K-1),1-\alpha}$$

b) Beim Vergleich der Stufen j und j' des Faktors B wird

$$\mu_b = \beta_j - \beta_{j'}, \quad \hat{\mu}_b = \bar{Y}_{.j} - \bar{Y}_{.j'}, \quad d_b^2 = MQE_2 \frac{2}{IK}(J-1)F_{J-1,I(J-1)(K-1),1-\alpha}$$

c) Beim Vergleich der Stufen j und j' des Faktors B innerhalb derselben Stufe i des Faktors A wird

$$\mu_c = \gamma_{ij} - \gamma_{ij'}, \quad \hat{\mu}_c = (\bar{Y}_{ij} - \bar{Y}_{.j}) - (\bar{Y}_{ij'} - \bar{Y}_{.j'}),$$

$$d_c^2 = MQE_2 \frac{2}{K}(I-1)(J-1)F_{(I-1)(J-1),I(J-1)(K-1),1-\alpha}.$$

Bei einer kleineren Anzahl N von interessierenden Kontrasten bzw. Paarvergleichen ersetzt man nach Bonferroni

$$f_1 \cdot F_{f_1, f_2, 1-\alpha} \quad \text{durch} \quad t_{f_2, 1-\beta/2}^2, \quad \beta = \alpha/N.$$

Fallstudie **Insekten,** siehe Anhang A.4. Wir interessieren uns für die Wirkung der Behandlung (Beh) auf die Anzahl Z der in der Falle befindlichen Insekten – Z als Mass für die Aktivitätsdichte am gegebenen Ort und Termin (Term). Um den Einfluss der Aktivitätsdichte $Z0$ vor Applikation auf Z zu eliminieren, sind zwei Möglichkeiten denkbar

1. $Z0$ tritt als Kovariable innerhalb einer Kovarianzanalyse auf (siehe dazu 3.6.3)
2. Wir bilden die neue Kriteriumsvariable $Z/Z0$, also die Aktivitätsdichte im relativen Vergleich zum Anfangszustand.

Hier wählen wir die zweite Alternative. Ein Plot der Standardabweichungen über die Mittelwerte (s-m Plot) für alle 5 mal 3 Kombinationen aus Termin und Behandlung zeigt einen anwachsenden Trend und signalisiert so die Nützlichkeit einer Logarithmus-Transformation. Wir definieren also die Kriteriumsvariable

$$Y = \log_{10}\left(\frac{Z}{Z0}\right), \tag{2.18}$$

die zu einem befriedigendem s-m Plot führt (Abb. 2.6).
Wir führen eine zweifache Varianzanalyse durch, und zwar mit

- der in (2.18) definierten Kriteriumsvariablen Y
- Faktor A Behandlung (Beh) auf den drei Stufen Unbehandelt, Dimilin-behandelt, Ambush-behandelt
- Faktor B Termin (Term) auf 5 Stufen, das sind die 5 Messtermine *nach* Applikation. B ist der *repeated measurements* Faktor.

Die erste Tafel der Varianzanalyse prüft den Faktor A (Beh) allein; das heißt, die Hypothese H_A wird getestet, dass der Faktor A keinen Einfluss ausübt. Sie ist identisch mit der Tafel einer einfachen Varianzanalyse mit dem einem Faktor A (Beh), mit der Kriteriumsvariable

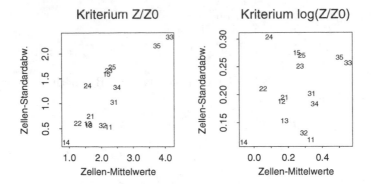

Abb. 2.6. Plot der Zellen-Standardabweichungen über den Zellen-Mittelwerten, einmal für die Variable $Z/Z0$ (links), einmal für die transformierte Variable $\log_{10}(Z/Z0)$. Die erste Ziffer gibt die Behandlungsstufe, die zweite Ziffer den Termin an.

$$Y' = \frac{1}{\sqrt{5}}(Y_1 + \ldots + Y_5),$$

wenn Y_j die Y-Variable zum j-ten Termin bezeichnet ($j = 1, \ldots, 5$) und mit jeweils 15 Messungen pro Behandlung.

1.ANOVA Tafel zum Testen von H_A

Variation	SQ	FG	MQ=$\frac{SQ}{FG}$	F
Faktor A (Beh)	SQA = 2.7573	2	MQA = 1.3786	F_1=15.70
1.Fehler	SQE_1 = 3.6890	42	MQE_1 = 0.0878	

Die Hypothese H_A wird demnach verworfen ($F_{2,42,0.99} = 5.149$, $P = 0.000$). Als nächstes prüfen wir den Faktor B innerhalb des Faktors A. Das ist der Test der Hypothese $H_{A \times B}$: der Faktor B, geschachtelt in der jeweiligen Stufe des Faktors A, übt keinen Einfluss aus. Nach Auskunft der 2. ANOVA-Tafel, das ist Tabelle 2.9, ist die Hypothese zu verwerfen, obwohl auf einem geringeren Signifikanzniveau ($P = 0.0025$).

Die Schätzer für die Varianzen lauten

$$\hat{\sigma}_B^2 = MQE_2 = 0.03642, \qquad \hat{\sigma}^2 = \frac{SQE_1 + SQE_2}{3 \cdot 5 \cdot 14} = 0.0467,$$

$$\hat{\sigma}_A^2 = \hat{\sigma}^2 - \hat{\sigma}_B^2 = 0.01028,$$

woraus sich die Korrelation ρ von Beobachtungen zu zwei verschiedenen Terminen schätzen lässt zu

Tabelle 2.9. 2. ANOVA Tafel zum Testen von H_B und $H_{A \times B}$

Variation	SQ	FG	MQ$=\frac{SQ}{FG}$	F
Faktor B	$SQB = 1.7314$	4	$MQB = 0.4328$	$F_2^B = 11.88$
B innerh. A	$SQAB = 0.9667$	8	$MQAB = 0.1208$	$F_2^{A \times B} = 3.32$
2.Fehler	$SQE_2 = 6.1185$	168	$MQE_2 = 0.0364$	

$$\hat{\rho} = \frac{\hat{\sigma}_A^2}{\hat{\sigma}^2} = 0.2201.$$

Die Mittelwerte $\bar{Y}_{ij}$ der Y-Werte in den 3×5 Zellen sind im neben stehenden Diagramm geplottet und in der folgenden Tafel gelistet – mitsamt der Termin-Mittelwerte $\bar{Y}_{\cdot j}$ in der untersten Zeile und der Behandlungs-Mittelwerte in der letzten Spalte.

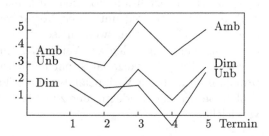

Behandlung	Termin					total
	1.nach	2.nach	3.nach	4.nach	5.nach	
Unhehandelt	0.3329	0.1607	0.1768	−0.0610	0.2511	0.1721
Dimilin	0.1787	0.0541	0.2703	0.0893	0.2818	0.1748
Ambush	0.3378	0.2923	0.5523	0.3561	0.5030	0.4083
total	0.2831	0.1690	0.3331	0.1281	0.3453	

Wir verzichten hier auf multiple Paarvergleiche, weil wir sie im Rahmen der zweifachen Kovarianzanalyse in 3.6.3 durchführen werden.

Splus R

```
# Def. von ABeh, BTerm, Y1 ... Y5 siehe Anhang A.4
# 1. ANOVA Tafel fuer Faktor A
Ystr<- (Y1 + Y2 + Y3 + Y4 + Y5)/sqrt(5)
fall1.aov<- aov(Ystr~ABeh); summary(fall1.aov)
# Zweifache Varianzanalyse fuer ABeh*BTerm, mit Kriterium Y
# 2.ANOVA Tafel laesst sich zusammenstellen mit
# SQE_2 = ResidSS(fall2.aov() - ResidSS(fall1.aov)
fall2.aov<-  aov(Y~ABeh*BTerm); summary(fall2.aov);
```

$\boxed{\text{SAS}}$

```
Proc GLM;
* Term ist der repeated measurements Faktor ;
  Classes Beh; Model Y1-Y5=Beh/Nouni;
  Repeated Term/Nom;   Means Beh;
Title 'Anova mit repeated measurements';
```

2.5 Rang-Varianzanalysen

Das Testen von Hypothesen und das Aufstellen von Konfidenzintervallen in den bisherigen varianzanalytischen Modellen (die parametrische Modelle waren) geschah durchweg unter der Normalverteilungs-Annahme. Kann diese Annahme nicht getroffen werden, so stehen varianzanalytische Modelle auf der Basis von Rangzahlen zur Verfügung (nichtparametrische Modelle). Wir werden die Rang-Varianzanalyse nach Kruskal-Wallis für k unabhängige Stichproben und die Rang-Varianzanalyse nach Friedman für k verbundene Stichproben besprechen, beide mit den zugehörigen Verfahren der simultanen Paarvergleiche.

2.5.1 k unabhängige Stichproben

In Verallgemeinerung der Zwei-Stichproben Situation beim Mann-Whitney U-Test in 1.3.2 mögen nun k unabhängige Stichproben vorliegen. Wir wollen die Nullhypothese testen, dass die k Stichproben aus identisch verteilten Grundgesamtheiten entnommen wurden. Der i. F. zu besprechende Kruskal-Wallis Test deckt Unterschiede zwischen den Verteilungen auf, die sich in verschiedenen zentralen Lagen manifestieren. Er ist damit einerseits eine Verallgemeinerung des U-Tests auf mehr als zwei Stichproben, andererseits ist er das *nichtparametrische* Gegenstück des F-Tests der einfachen Varianzanalyse in 2.1.2, bei dem normalverteilte Beobachtungen vorausgesetzt wurden.

a) Stichprobe, Ränge, Rangsummen

Die Umfänge der k Stichproben werden wie in 2.1.1 mit $n_1, \ldots, n_k$ bezeichnet; der Gesamtstichproben-Umfang lautet dann $n = n_1 + \ldots + n_k$. Die n Werte der Gesamtstichprobe erhalten Rangzahlen: der kleinste Wert also die Rangzahl 1, bis zum größten Wert, der die Rangzahl n bekommt. Bei gleich großen Y-Werten (Bindungen) werden mittlere Rangzahlen vergeben. Bezeichnet Y_{ij} die j-te Messwiederholung in der i-ten Gruppe und R_{ij} die Rangzahl, welche der Stichprobenwert Y_{ij} erhält, so entsteht das Schema der Tabelle 2.10

Getrennt nach Stichprobe (Gruppe) werden die Rangzahlen summiert,

Tabelle 2.10. Ränge und Rangsummen bei der einfachen Rang-Varianzanalyse

Stichpr	Umfang	Stichprobenwerte Rangzahlen	Rang- Summen	Rang- Mittelw.
1	n_1	$Y_{11} \ldots Y_{1j} \ldots Y_{1,n_1}$ $R_{11} \ldots R_{1j} \ldots R_{1,n_1}$	R_1	$\bar{R}_1$
2	n_2	$Y_{21} \ldots Y_{2j} \ldots Y_{2,n_2}$ $R_{21} \ldots R_{2j} \ldots R_{2,n_2}$	R_2	$\bar{R}_2$
$\vdots$	$\vdots$	$\vdots$	$\vdots$	$\vdots$
k	n_k	$Y_{k1} \ldots Y_{kj} \ldots Y_{k,n_k}$ $R_{k1} \ldots R_{kj} \ldots R_{k,n_k}$	R_k	$\bar{R}_k$
Summe	n		$n(n+1)/2$	

$$R_i = R_{i1} + \ldots R_{i,n_i}, \qquad i = 1, \ldots, k, \qquad [\text{i-te Rangsumme}].$$

Als Rechenkontrolle dient die Relation

$$R_1 + \ldots + R_k = 1 + 2 + \ldots + n = n(n+1)/2.$$

Diese Formel bleibt auch noch richtig, wenn mittlere Rangzahlen vergeben wurden. Ferner notiert man den Rangmittelwert der i-ten Stichprobe, d. i. $\bar{R}_i = R_i/n_i$, $i = 1, \ldots, k$.

b) Kruskal-Wallis H-Test

Die folgende Teststatistik H vergleicht die Rangmittelwerte $\bar{R}_i$ mit dem mittleren Gesamtrang, das ist $\bar{R} = (1 + 2 + \ldots + n)/n = (n + 1)/2$. Man setzt nämlich

$$H = \frac{12}{n(n+1)} \sum_{i=1}^{k} n_i \cdot \left(\bar{R}_i - \frac{1}{2}(n+1) \right)^2 \quad [\text{Kruskal-Wallis Teststatistik}].$$

Als Rechenformel kann man

$$H = \frac{12}{n(n+1)} \sum_{i=1}^{k} \frac{R_i^2}{n_i} - 3(n+1)$$

verwenden. Im Spezialfall zweier Stichproben ($k = 2$) rechnet man, mit der Mann-Whitney Statistik $U_1 = R_1 - \frac{1}{2}n_1(n_1 + 1)$ aus 1.3.2, dass

$$H = \frac{(U_1 - \mu_U)^2}{\sigma_U^2}, \quad \mu_U = \frac{1}{2} \cdot n_1 \cdot n_2, \quad \sigma_U^2 = \frac{1}{12} \cdot n_1 \cdot n_2 \cdot (n_1 + n_2 + 1). \quad (2.19)$$

Um den H-Test anzuwenden, setzen wir voraus, dass die Beobachtungen Y_{ij} stetig verteilt sind. Genauer: Wir setzen voraus, dass die k Verteilungsfunktionen $F_1, \ldots, F_k$, die den Beobachtungen in den Gruppen $1, \ldots, k$ zugrunde liegen, sämtlich stetige Funktionen sind (es ist definitionsgemäß $F_i(x) =$

$\mathbb{P}(Y_{ij} \leq x)$ für alle $i = 1, \ldots, k$, $j = 1, \ldots, n_i)$. Das Vorkommen identisch gleicher Y-Werte (Bindungen) sollte also eine Ausnahme sein. Die Nullhypothese behauptet die Gleichheit aller k Verteilungsfunktionen,

$$H_0 : \quad F_1(x) = \ldots = F_k(x) \quad \text{für alle } x \in \mathbb{R}.$$

Wir bezeichnen mit $h_{k-1,\gamma}$ das γ-Quantil zum Kruskal-Wallis Test; es ist dann

$$\mathbb{P}_{H_0}(H < h_{k-1,\gamma}) \leq \gamma \leq \mathbb{P}_{H_0}(H \leq h_{k-1,\gamma}).$$

H_0 ist also zum vorgewählten Niveau α zu verwerfen, falls

$$H > h_{k-1,1-\alpha} \qquad\qquad \text{[K-W H-Test]}.$$

In Tabellen findet man für $k = 3$ und n_1, n_2, n_3 sämtlich ≤ 5 diese Quantile, z. B. bei Conover (1980), Hartung (1999), oder die zu den Werten der Teststatistik H gehörenden tail-Wahrscheinlichkeiten $P = P(H)$, vgl. Lehmann (1975), Sachs (1997).

Für größere $n_1, \ldots, n_k$ lässt sich eine Approximation durch die χ^2-Verteilung mit $k - 1$ Freiheitsgraden verwenden. Dann ist nämlich die Teststatistik H unter H_0 approximativ χ^2_{k-1}-verteilt, so dass H_0 verworfen wird, falls

$$H > \chi^2_{k-1,1-\alpha}.$$

Im Spezialfall $k = 2$ reduziert sich die χ^2-Approximation des Kruskal-Wallis H-Tests auf die $N(0,1)$-Approximation des Mann-Whitney U-Tests, vgl. 1.3.2 und Gleichung (2.19).

c) Simultane Paarvergleiche

Im Zusammenhang mit der einfachen Varianzanalyse haben wir in 2.1.3 das Problem der simultanen Paarvergleiche diskutiert. Mit einer vorgegebenen Irrtumswahrscheinlichkeit α sollen alle Paare i, j von Stichproben ausgemacht werden, die sich signifikant voneinander unterscheiden, und zwar im Sinne ungleicher Verteilungsfunktion $F_i \neq F_j$. Die Regel lautet: Betrachte das Paar i, j von Stichproben als signifikant verschieden, falls die Differenz ihrer Rangmittelwerte betragsmäßig eine Schranke b überschreitet,

$$|\bar{R}_i - \bar{R}_j| > b_{ij}(\alpha).$$

Dabei berechnet sich $b \equiv b_{ij}(\alpha)$ wie folgt.

1. S-Methode (nach Scheffé):

$$b \equiv b_S = \sqrt{\frac{1}{12} \cdot n \cdot (n+1) \cdot \left(\frac{1}{n_i} + \frac{1}{n_j}\right) \cdot h_{k-1,1-\alpha}}.$$

Hier stellt $h_{k-1,\gamma}$ wieder das γ-Quantil zum Kruskal-Wallis H-Test dar. Für größere n_i kann es durch das Quantil $\chi^2_{k-1,1-\alpha}$ approximiert werden.

2. T-Methode (nach Tukey), alle Stichprobenumfänge n_i gleich n_1 vorausgesetzt:

$$b \equiv b_T = \sqrt{\frac{1}{12} \cdot k \cdot (k\,n_1 + 1)} \cdot q_{k,\infty,1-\alpha}\,,$$

wobei $q_{k,\infty,\gamma}$ das γ-Quantil der (Verteilung der) studentisierten Variationsbreite (studentized range) mit k und ∞ Freiheitsgraden ist. Tabelliert liegen oft auch die Schranken b_N von Nemenyi vor, z. B. bei Sachs (1997), die sehr wenig von den Schranken b_T von Tukey abweichen.

Fallstudie **Porphyr.** Die Kriteriumsvariable Y ist der SiO_2-Anteil der Gesteinsproben, 7 mal gemessen in jeder der sechs Regionen. Ordnen der Gesamtstichprobe vom Umfang $n = 42$ liefert die folgenden Ränge, Rangsummen R_i und Rangmittelwerte $\bar{R}_i$.

	1	2	3	4	5	6	7	R_i	$\bar{R}_i$
1 Brixen	10	23	28	27	30	19	21	158	22.57
2 Eisenerz	3	13	2	1	6	4	5	34	4.86
3 Kitzbühel	25	24	41	38	36	39	31	234	33.43
4 Martelltal	40	33	29	34	32	35	37	240	34.29
5 Veitsch	17	14	9	7	8	22	16	93	13.29
6 Comelico	15	12	11	26	20	42	18	144	20.57

Die Kruskal-Wallis Teststatistik liefert den Wert $H = 30.34$, das zugehörige Quantil der χ^2-Verteilung zum Niveau $\alpha = 0.05$ [0.01] ist $\chi^2_{5,1-\alpha} = 11.07$ [15.09], so dass wegen $H > \chi^2_{5,1-\alpha}$ die Hypothese gleicher Verteilungen in den sechs Gruppen (Regionen) abzulehnen ist.

Die Rangmittelwerte der sechs Gruppen werden jetzt paarweise miteinander verglichen, und zwar mit der Methode der simultanen Paarvergleiche. Die kritischen Schranken b_T nach Tukey für die Differenzen $|\bar{R}_i - \bar{R}_j|$ zum Niveau $\alpha = 0.05$ [$\alpha = 0.01$] lauten

$$b_T = \sqrt{\frac{1}{12} \cdot 6 \cdot (42 + 1)} \cdot q_{6,\infty,1-\alpha} = 4.6368 \cdot \begin{cases} 4.030 \\ 4.757 \end{cases} = \begin{cases} 18.686 \\ 22.057 \end{cases}$$

für $\alpha = \begin{cases} 0.05 \\ 0.01 \end{cases}$. Die Differenzen $\bar{R}_i - \bar{R}_j$ der Rangmittelwerte erweisen sich als signifikant verschieden, falls $|\bar{R}_i - \bar{R}_j| > b_T$ gilt. Die signifikanten Paarvergleiche sind in der folgenden Tafel markiert, und zwar in der oberen Dreiecksmatrix für $\alpha = 0.05$ (*) und $\alpha = 0.01$ (**).

	1 Br	2 Ei	3 Ki	4 Ma	5 Ve	6 Co
1 Br	–					
2 Ei	–	–	**	**		
3 Ki	–	–	–		*	
4 Ma	–	–	–	–	*	
5 Ve	–	–	–	–	–	

Gegenüber der entsprechenden Tafel in 2.1.3 – dort im Rahmen der einfachen Varianzanalyse – sind die Unterschiede zwischen 1 versus 2, 2 versus 6 und 4 versus 6, nicht mehr signifikant.

Aus dieser Tafel der Paarvergleiche lassen sich – wie schon in 2.1.3 – homogene Gruppen von Stichproben bilden. Innerhalb einer homogenen Gruppe stehen (maximal viele) Stichproben, welche untereinander keine signifikanten Unterschiede aufweisen (im Schema jeweils zeilenweise mit dem gleichen Buchstaben bezeichnet).

	1 Br	2 Ei	3 Ki	4 Ma	5 Ve	6 Co
$\alpha = 0.05$	A		A	A		A
	B	B			B	B
$\alpha = 0.01$	A		A	A	A	A
	B	B			B	B

Bei der einfachen Varianzanalyse in 2.1.3 spalten sich diese homogenen Gruppen weiter auf.

| Splus | R |

```
# Kruskal-Wallis
# Rang-Varianzanalyse
kruskal.test(SiO2,Reg)
```

| SAS |

```
*Kruskal-Wallis (bei k>2);
Proc Npar1way Wilcoxon;
    Var Y; Class Reg; Exact;
```

2.5.2 k verbundene Stichproben

In Verallgemeinerung der Situation zweier verbundener Stichproben in 1.2.3 haben wir jetzt k *verbundene* Stichproben vorliegen. Eine Messgröße wird in k verschiedenen Gruppen, bzw. unter k verschiedenen Bedingungen, erhoben, und zwar für J Objekte oder – wie man hier auch sagt – in J Blöcken. Diese J Blöcke werden oft zur „Homogenisierung" der Messergebnisse eingeführt. Ein typisches Beispiel für die Einführung solcher homogenisierender Blöcke ist das Einteilen von Patienten in Altersklassen im Rahmen medizinischer Versuche.

Zunächst wird der Fall nur einer Beobachtung pro Objekt (Block) und Gruppe (Bedingung) behandelt – der eigentliche Friedman-Test, dann lassen wir K solcher Beobachtungen zu.

a) Friedman-Test

Beim Friedman-Test handelt es sich um eine Erweiterung des Wilcoxon-Tests für 2 verbundene Stichproben vom gleichen Umfang J (vgl. 1.2.3 c)) auf k

verbundene Stichproben vom gleichen Umfang J. Die $k \times J$-Datenmatrix Y_{ij}, bei der die k verbundenen Stichproben also die k Zeilen einnehmen, wird in eine Matrix R_{ij} von Rangzahlen wie folgt transformiert: Innerhalb jeder der J Spalten der Matrix werden die Rangzahlen $1, \ldots, k$ vergeben, gemäß der Größe der Stichprobenwerte in dieser Spalte. Für Spalte j erhält also der kleinste Wert der $Y_{1j}, \ldots, Y_{kj}$ die Rangzahl 1 usw., der größte die Rangzahl k. Bezeichnen wir diese Rangzahlen mit $R_{1j}, \ldots, R_{kj}$, so gelangen wir zum Matrixschema der Tabelle 2.11.

Tabelle 2.11. Ränge und Rangsummen bei der zweifachen Rang-Varianzanalyse, Besetzungszahl 1

Stichpr Gruppe	Stichprobenwerte Rangzahlen			Rangsummen
1	$Y_{11} \ldots$ $R_{11} \ldots$	$Y_{1j} \ldots$ $R_{1j} \ldots$	Y_{1J} R_{1J}	R_1
2	$Y_{21} \ldots$ $R_{21} \ldots$	$Y_{2j} \ldots$ $R_{2j} \ldots$	Y_{2J} R_{2J}	R_2
$\vdots$	$\vdots \ldots$	$\vdots \ldots$	$\vdots$	$\vdots$
k	$Y_{k1} \ldots$ $R_{k1} \ldots$	$Y_{kj} \ldots$ $R_{kj} \ldots$	Y_{kJ} $R_{k,J}$	R_k
Kontrolle	$\frac{1}{2}k(k+1) \ldots$	$\frac{1}{2}k(k+1) \ldots$	$\frac{1}{2}k(k+1)$	$\frac{1}{2}k(k+1)J$

Anders als beim Datenschema der Tabelle 2.10 in 2.5.1, wo die Gesamtstichprobe der Größe nach zu ordnen war, wird hier jede Spalte getrennt geordnet. Ebenso wie dort wird die Bildung von Rangsummen zeilenweise vorgenommen,

$$R_i = \sum_{j=1}^{J} R_{ij} \quad i = 1, \ldots, k, \qquad \text{[i-te Rangsumme]}.$$

Friedmans Q-Statistik vergleicht jede Rangsumme R_i mit der mittleren Rangsumme $(1/k)\sum_{i=1}^{k} R_i = (1/2)(k+1)J$,

$$Q = \frac{12}{k(k+1)J} \sum_{i=1}^{k} \left(R_i - \frac{1}{2}(k+1)J \right)^2 \qquad \text{[Friedman Teststatistik]}.$$

Als Rechenformel dient

$$Q = \frac{12}{k(k+1)J} \sum_{i=1}^{k} R_i^2 - 3(k+1)J.$$

Die Voraussetzungen an die Y_{ij} sind wie folgt: Die J Zufallsvektoren der Dimension k, das sind – den J Spalten der Datenmatrix entsprechend –

$$\begin{pmatrix} Y_{11} \\ \vdots \\ Y_{i1} \\ \vdots \\ Y_{k1} \end{pmatrix}, \ldots, \begin{pmatrix} Y_{1j} \\ \vdots \\ Y_{ij} \\ \vdots \\ Y_{kj} \end{pmatrix}, \ldots, \begin{pmatrix} Y_{1J} \\ \vdots \\ Y_{iJ} \\ \vdots \\ Y_{kJ} \end{pmatrix}$$

sind unabhängig und stetig verteilt. Wie schon beim K-W H-Test in 2.5.1 sollten also nur wenige Bindungen (mehrfach auftretende Y-Werte) vorkommen.

Die Nullhypothese besagt, dass die Y-Variablen innerhalb jeder der J Spalten identisch verteilt sind:

$$H_0 : \quad \text{Die Verteilung der } Y_{ij}, \quad \begin{cases} i = 1, \ldots, k \\ j = 1, \ldots, J \end{cases} \quad \text{hängt}$$

nicht von der Gruppennummer i ab.

Ordnet man in einer üblichen Interpretation den k Gruppen k verschiedene Behandlungsformen zu, so besagt H_0, dass die Behandlungsform (innerhalb eines jeden Blocks) keinen Einfluss auf die Kriteriumsvariable Y hat.

Wir bezeichnen die Quantile, die zur Verteilung der Teststatistik Q unter H_0 gehören, mit $q^R_{k,J,\gamma}$, vergleiche Conover (1980), Sachs (1997) und Lehmann (1975), Letzterer gibt tail-Wahrscheinlichkeiten $P = P(Q)$ an.

H_0 ist also zum vorgewählten Niveau α zu verwerfen, falls

$$Q > q^R_{k,J,1-\alpha} \qquad \text{[Friedman-Test]}$$

gilt. Für größere Stichprobenumfänge lässt sich eine χ^2-Approximation verwenden. Dann ist nämlich die Teststatistik Q unter H_0 approximativ χ^2_{k-1}-verteilt, so dass H_0 verworfen wird, falls $Q > \chi^2_{k-1,1-\alpha}$ gilt.

Im Spezialfall $k = 2$ mit den zwei Rangsummen R_1, R_2 reduziert sich Q auf

$$Q = \frac{4}{J}\left(R_1 - \frac{3}{2}J\right)^2 = \frac{4}{J}\left(S_1 - \frac{1}{2}J\right)^2, \qquad S_1 = R_1 - J.$$

Dabei ist S_1 die Anzahl der Paare (Y_{1j}, Y_{2j}) mit $Y_{1j} > Y_{2j}$, $j = 1, \ldots, J$. Der Friedman-Test beläuft sich dann auf den sog. Vorzeichen-Test, das ist eine vereinfachte Version des Wilcoxschen Vorzeichen-Rang Test aus 1.2.3 c).

b) Simultane Paarvergleiche

Paare i, i' von je 2 Gruppen, bei denen die Differenz der Rangsummen R_i und $R_{i'}$ die Schranke $b \equiv b(\alpha)$ übersteigt, d. i.

$$|R_i - R_{i'}| > b, \qquad i, i' = 1, \ldots, k,$$

sind als signifikant verschieden anzusehen. Man berechnet $b = b(\alpha)$ gemäß:

i) Scheffé-Methode: $b \equiv b_S = J \cdot \sqrt{q^R_{k,J,1-\alpha}} \cdot \sqrt{k(k+1)/(6J)}$

ii) Tukey-Methode: $b \equiv b_T = J \cdot q_{k,\infty,1-\alpha} \cdot \sqrt{k(k+1)/(12J)}$.

Dabei bezeichnen $q^R_{k,J,\gamma}$ und $q_{k,m,\gamma}$ wieder das γ-Quantile der Verteilung der Friedman-Statistik Q (unter H_0) bzw. der (Verteilung der) studentisierten Variationsbreite. Ersteres kann für größere Stichprobenumfänge wieder durch das Quantil $\chi^2_{k-1,1-\alpha}$ approximiert werden.

In der Fallstudie **VDLUFA**, siehe Anhang A.11, wurde für drei Anbieter a, b, c die prozentuale Anzahl der Proben mit Rückständen (Y) angegeben, aufgeschlüsselt nach fünf Lebensmitteln. Wir interessieren uns für Unterschiede zwischen den Anbietern ($k = 3$ Gruppen), und betrachten die $J = 5$ Lebensmittel als homogenisierende Blöcke.

Die Prozentwerte, zusammen mit ihren Rangzahlen (innerhalb der Spalte) und den Rangsummen, sind in der folgenden Tafel zu finden.

Anbieter	Brot 1	Kart. 2	Lebensmittel Kopfs. 3	Möhre 4	Apfel 5	R_i
a 1	80.8	10.0	58.8	46.2	88.9	
	3	2	2	2	2	11
b 2	15.0	4.4	11.1	22.5	20.0	
	1	1	1	1	1	5
c 3	76.9	58.8	89.5	84.2	100.0	
	2	3	3	3	3	14

Man berechnet die Friedman-Teststatistik Q zu

$$Q = \frac{12}{3 \cdot 4 \cdot 5}(11^2 + 5^2 + 14^2) - 3 \cdot 4 \cdot 5 = 8.4.$$

Die zugehörigen Quantile der Friedman-Statistik lauten

$$q^R_{3,5,1-\alpha} = 6.4 \quad [8.4] \quad \text{für} \quad \alpha = 0.05 \quad [0.01],$$

so dass die Hypothese fehlender Unterschiede zwischen den Anbietern (in Hinblick auf Rückstände) auf dem Niveau $\alpha = 0.05$ verworfen wird (tatsächlich auch auf dem Niveau $\alpha = 0.01$, denn die tail-Wahrscheinlichkeit ist $P(8.4) = 0.008$). Zur Berechnung der kritischen Schranken für Gruppen- (Anbieter-) Vergleiche verwenden wir neben den Quantilen $q^R_{3,5,1-\alpha}$ auch die Quantile der studentisierten Variationsbreite,

$$q_{3,\infty,1-\alpha} = 3.314 \quad [4.120] \quad \text{für} \quad \alpha = 0.05 \quad [0.01].$$

Dann ergeben sich die kritischen Schranken nach Scheffé zu

$$b_S = \sqrt{q^R_{3,5,1-\alpha}} \cdot 5 \cdot \sqrt{\frac{3 \cdot 4}{5 \cdot 6}} = \begin{cases} 8.0 \\ 9.2 \end{cases} \quad \text{für} \quad \alpha = \begin{cases} 0.05 \\ 0.01 \end{cases} .$$

Tukey liefert die z. T. kleineren Werte

$$b_T = q_{3,\infty,1-\alpha} \cdot 5 \cdot \sqrt{\frac{3 \cdot 4}{5 \cdot 12}} = \begin{cases} 7.4 \\ 9.2 \end{cases} \quad \text{für} \quad \alpha = \begin{cases} 0.05 \\ 0.01 \end{cases} .$$

Wegen $|R_2 - R_3| = 9$ unterscheiden sich Anbieter b und c signifikant ($\alpha = 0.05$).

c) Besetzungszahl $K > 1$

Jede Zelle (i,j) der in Tabelle 2.11 stehenden Datenmatrix ist nur mit einem einzigen Eintrag Y_{ij} bzw. R_{ij} besetzt. Nun möge es in jeder Zelle K unabhängig wiederholte Beobachtungen $Y_{ij,1}, \ldots, Y_{ij,K}$ geben. Diese werden (untereinander) an die Position (i,j) der Datenmatrix in Tabelle 2.12 geschrieben. Wegen der Analogie zur zweifachen Varianzanalyse wollen wir die k Gruppen als Stufen eines Faktors A ansehen und dementsprechend $k = I$ setzen.

Tabelle 2.12. Ränge und Rangsummen bei der zweifachen Rang-Varianzanalyse, Besetzungszahl $K > 1$

B Faktor	Stichprobenwerte Rangzahlen			Rangsummen
	1	j	J	
A 1	...	...	...	R_1
⋮		⋮		⋮
	$Y_{i1,1}$ $R_{i1,1}$	$Y_{ij,1}$ $R_{ij,1}$	$Y_{iJ,1}$ $R_{iJ,1}$	
i	⋮	⋮		R_i
	$Y_{i1,K}$ $R_{i1,K}$	$Y_{ij,K}$ $R_{ij,K}$	$Y_{iJ,K}$ $R_{iJ,K}$	
⋮	⋮	⋮		⋮
I	...	...	...	R_I
Kontrolle	$\frac{1}{2}IK(IK+1)$			$\frac{1}{2}IJK(IK+1)$

Jede Spalte, das heißt jede Stufe des Faktors B, enthält IK Beobachtungswerte, insgesamt hat die Gesamtstichprobe den Umfang $n = IJK$. Pro Spalte

(Stufe des Faktors B) werden – gemäß der Größe der Y-Werte – die Rangzahlen 1 bis IK vergeben; und zwar erhält der Stichprobenwert $Y_{ij,k}$ die Rangzahl $R_{ij,k}$. Die Summe aller Rangzahlen auf der i-ten Stufe des Faktors A (es gibt JK solcher Rangzahlen) wird wieder mit R_i bezeichnet,

$$R_i = \sum_{j=1}^{J} \sum_{k=1}^{K} R_{ij,k}, \quad i = 1, \ldots, I.$$

Die Voraussetzungen an die $Y_{ij,k}$ werden analog zu a) getroffen; ebenso wird die Nullhypothese H_0 entsprechend formuliert, dass nämlich die Verteilung der $Y_{ij,k}$ nicht von der Gruppennummer i abhängt (dass also der Faktor A – innerhalb eines jeden Blocks – keinen Einfluss auf das Kriterium Y hat). Unter H_0 errechnet man die folgenden Momente der Rangsumme R_i, $i = 1, \ldots, I$:

$$\mu_0 \equiv \mathbb{E}_{H_0}(R_i) = \frac{1}{2} JK(IK+1), \quad \sigma_0^2 \equiv \mathrm{Var}_{H_0}(R_i) = \frac{1}{12} JK^2(I-1)(IK+1).$$

Die Teststatistik lautet

$$Q^K = \frac{I-1}{I} \sum_{i=1}^{I} \left(\frac{R_i - \mu_0}{\sigma_0} \right)^2,$$

und kann gemäß der Formel

$$Q^K = \frac{12}{IJK^2(IK+1)} \cdot \sum_{i=1}^{I} R_i^2 - 3J(IK+1)$$

berechnet werden. Im Fall $K = 1$ wird $Q^1 = Q$, das ist die Friedman-Statistik aus Teil a). Unter H_0 ist Q^K bei großem Stichprobenumfang n approximativ χ_{I-1}^2-verteilt, so dass H_0 bei

$$Q^K > \chi_{I-1,1-\alpha}^2$$

verworfen wird, vergleiche Conover (1980).

3

Lineare Regressionsanalyse

Wie in der Varianzanalyse, so untersucht man auch in der Regressionsanalyse den Mittelwerteinfluss von Faktoren (hier Regressoren genannt) auf eine Kriteriumsvariable Y. Doch während in der Varianzanalyse die Faktoren kategorialer Natur sind, sind die Regressoren der Regressionsanalyse metrischer Natur (intervall-skaliert). Die Kriteriumsvariable Y wird in diesem Kapitel ebenfalls vom metrischen Skalentyp sein. Regressionsprobleme mit einer nominal- oder ordinal-skalierten Kriteriumsvariablen werden im nächsten Kapitel besprochen, im Rahmen der kategorialen Daten-Analyse.

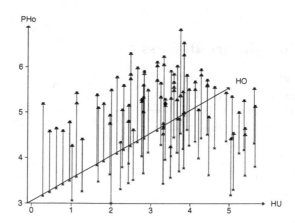

Abb. 3.1. Der PH-Wert PHo, aufgetragen über HU (Humusstärke in cm) und HO (Meereshöhe in m) für die Datei `Spessart`

Die lineare Regression wird im Rahmen des Linearen Modells der Statistik analysiert, siehe Arnold (1981), Christensen (1987), Toutenburg (2003).

In der Fallstudie **Spessart**, siehe Anhang A.1, interessieren wir uns dafür, in welcher Art und welchem Umfang die

Variable PHo (mit den PH-Werten in 0–2 cm Tiefe)

von den Bestandsvariablen wie

NG, HO, AL, BS, BW, DU, HU

abhängt. Als metrische Kriteriumsvariable fungiert dann PHo, als Regressoren NG, HO, ..., HU. Die Abb. 3.1 zeigt im Fall zweier ausgewählter Regressoren HU und HO ein 3D-Scattergramm, in Erweiterung der zweidimensionalen Streudiagramme, die in 1.4.2 bei der einfachen Regressionsanalyse auftraten.

Soll auch der Bestandstyp BT, mit seinen drei Ausprägungen Nadel- (1), Misch- (2), Laubwald (3), als potientieller Prädiktor für PHo einbezogen werden, und betont man die kategoriale Skalennatur von BT, so könnte BT als qualitativer Faktor in einer

Kovarianzanalyse (vgl. Abschn. 3.6), als Verknüpfung von Varianz- und Regressionsanalyse,

fungieren. Werden die unterschiedlichen Rollen der Variablen, nämlich Kriteriumsvariable PHo auf der einen und Prädiktorvariable NG, HO, ..., HU auf der anderen Seite, aufgehoben und die Größen PHo, NG, HO, ..., HU als gleichberechtigte Zufallsvariablen gewertet, so sind

Korrelationsanalytische Methoden (vgl. Abschn. 3.5)

geeignet.

3.1 Multiple lineare Regression

In der multiplen linearen Regressionsanalyse wird der Erwartungswert der Kriteriumsvariablen Y als lineare Funktion von Regressorvariablen $x_1, \ldots, x_m$ dargestellt. Diese Regressorvariablen werden auch Kontroll-, Prädiktor-, Einfluss-Variablen oder kurz Regressoren genannt.

Fall Nr.	Regressorenwerte			Kriteriums- Werte
1	x_{11}, x_{21}	$\ldots$	x_{m1}	Y_1
2	x_{12}, x_{22}	$\ldots$	x_{m2}	Y_2
$\vdots$	$\vdots$	$\vdots$	$\vdots$	$\vdots$
i	x_{1i}, x_{2i}	$\ldots$	x_{mi}	Y_i
$\vdots$	$\vdots$	$\vdots$	$\vdots$	$\vdots$
n	x_{1n}, x_{2n}	$\ldots$	x_{mn}	Y_n

Im Fall eines einzigen Regressors ($m = 1$) spricht man auch von einfacher, im Fall von $m > 1$ Regressoren auch von m-facher oder multipler Regressionsanalyse. Bei jeder Messwiederholung werden die m Regressorvariablen und die Kriteriumsvariable gemessen. Die i-te von n (unabhängig durchgeführten) Wiederholungen möge die Werte $x_{1i}, \ldots, x_{mi}$ der Regressoren und den Wert

Y_i des Kriteriums liefern. Es liegt den folgenden Analysen also das oben stehende Datenschema zugrunde.

Im Fall von $m = 2$ Regressoren kann man sich die Daten in Form eines 3D-Scattergramms wie in der Abb. 3.1 dargestellt denken, mit Y in der Vertikalen aufgetragen. Die lineare Regressionsanalyse legt dann durch die Punktwolke eine möglichst gut angepasste Ausgleichsebene, um den gleichzeitigen Einfluss der Regressorvariablen auf Y zu ermitteln.

3.1.1 Lineares Modell und Parameterschätzung

Dem Linearen Modell der multiplen linearen Regressionsanalyse liegt die Vorstellung zugrunde, dass jede Messung Y der Kriteriumsvariablen um den von den Regressoren erzeugten Wert $\alpha + \beta_1 x_1 + \ldots + \beta_m x_m$ herum schwankt. Mit unbekannten Parametern $\alpha, \beta_1, \ldots, \beta_m$ lautet es also

$$Y_i = \alpha + \beta_1 x_{1i} + \ldots + \beta_m x_{mi} + e_i, \qquad i = 1, 2, \ldots, n,$$

mit unabhängigen Zufalls-(Fehler-) Variablen $e_1, \ldots, e_n$, welche $\mathbb{E}(e_i) = 0$ und $\mathrm{Var}(e_i) = \sigma^2$ für alle i erfüllen. In Matrixschreibweise

$$Y = X \cdot \beta + e,$$

mit den n-dimensionalen Vektoren Y und e der Beobachtungen bzw. Fehler und dem $(m+1)$-dimensionalen Vektor β der unbekannten Parameter,

$$Y = \begin{pmatrix} Y_1 \\ \vdots \\ Y_n \end{pmatrix}, \qquad e = \begin{pmatrix} e_1 \\ \vdots \\ e_n \end{pmatrix}, \qquad \beta = \begin{pmatrix} \alpha \\ \beta_1 \\ \vdots \\ \beta_m \end{pmatrix}. \tag{3.1}$$

Ferner haben wir die $n \times (m+1)$-Matrix der Einflussgrößen

$$X, \quad \text{deren i-te Zeile } (1, x_{1i}, \ldots, x_{mi})$$

lautet, $i = 1, \ldots, n$. Es wird vorausgesetzt, dass die Matrix X vollen Rang $m + 1$ besitzt. Wir führen die (wahre) Fehler-Quadratsumme

$$SQE(\beta) = \sum_{i=1}^{n} \left(Y_i - (\alpha + \beta_1 x_{1i} + \ldots + \beta_m x_{mi}) \right)^2$$

ein. Schätzer $\hat{\alpha}$, $\hat{\beta}_j$ für die Parameter α, β_j, Letztere zusammengefasst im $(m+1)$-dimensionalen Parametervektor β, erhalten wir nach der Minimum-Quadrat Methode als Lösungen von

$$SQE(\hat{\beta}) = \min\{ SQE(\beta) : \beta \in \mathbb{R}^{m+1} \}, \qquad \text{[MQ-Schätzer]}$$

oder – äquivalent dazu – als Lösungen der Normalgleichungen $(X^\top X)\beta = X^\top Y$. Diese lauten in ausgeschriebener Form $[\sum = \sum_{i=1}^n]$

$$n\,\alpha + \sum x_{1i}\,\beta_1 + \ldots + \sum x_{mi}\,\beta_m = \sum Y_i$$

$$\sum x_{1i}\,\alpha + \sum x_{1i}^2\,\beta_1 + \ldots + \sum x_{1i}\,x_{mi}\,\beta_m = \sum x_{1i}\,Y_i$$

$$\cdots\cdots\cdots\qquad\cdots\cdots\cdots$$

$$\sum x_{mi}\,\alpha + \sum x_{mi}\,x_{1i}\,\beta_1 + \ldots + \sum x_{mi}^2\,\beta_m = \sum x_{mi}\,Y_i.$$

Die aus diesem System errechneten Größen sind

$$\hat{\beta}_1, \ldots, \hat{\beta}_m \qquad\qquad \text{[(empirische) Regressionskoeffizienten]}$$

$$\hat{\alpha} = \bar{Y} - \hat{\beta}_1 \bar{x}_1 - \ldots - \hat{\beta}_m \bar{x}_m, \qquad \text{[(empirischer) Ordinatenabschnitt]}$$

wobei $\bar{x}_j = (1/n)\sum_{i=1}^n x_{ji}$ und $\bar{Y} = (1/n)\sum_{i=1}^n Y_i$ gesetzt wurden. Im Spezialfall $m = 1$ der einfachen linearen Regression sind Formeln für $\hat{\alpha}$, $\hat{\beta}$ in 1.4.2 angegeben worden. Wir definieren den *Prädiktion*swert

$$\hat{Y}_i = \hat{\alpha} + \hat{\beta}_1 x_{1i} + \ldots + \hat{\beta}_m x_{mi} = \bar{Y} + \hat{\beta}_1(x_{1i} - \bar{x}_1) + \ldots + \hat{\beta}_m(x_{mi} - \bar{x}_m) \quad (3.2)$$

für die i-te Beobachtung, $i = 1, \ldots, n$. $\hat{Y}_i$ ist die beste – allein auf der Basis der m Regressoren durchgeführte – lineare Prädiktion des Kriteriumswertes Y. Ferner führen wir das i-te *Residuum*

$$\hat{e}_i = Y_i - \hat{Y}_i$$

und die (empirische) Residuen-(Fehler-) Quadratsumme $SQE \equiv SQE(\hat{\beta}) = \sum_i \hat{e}_i^2$ ein, das heißt

$$SQE = \sum_{i=1}^n (Y_i - \hat{Y}_i)^2.$$

Dann lautet ein erwartungstreuer Schätzer für die unbekannte Fehlervarianz $\sigma^2 = \text{Var}(e_i)$

$$\hat{\sigma}^2 = \frac{SQE}{n - m - 1}.$$

Haben die $e_1, \ldots, e_n$ eine $N(0, \sigma^2)$-Verteilung, so werden wir im Folgenden von der Normalverteilungs-Annahme sprechen. Die Variablen Y_i sind dann $N(\mu_i, \sigma^2)$-verteilt, mit $\mu_i = \alpha + \beta_1 x_{1i} + \ldots + \beta_m x_{mi}$ als Erwartungswert von Y_i, für $i = 1, \ldots, n$.

3.1.2 Testen von Hypothesen

Mit Hilfe von Signifikanztests wird die Frage geprüft, ob im Modell der m-fachen Regression auf einen Teil oder auf alle der Regressoren verzichtet werden kann. Die letztere Frage wird durch den sogenannten globalen F-Test angegangen. Nur wenn dieser globale F-Test zur Verwerfung führt, kann überhaupt von einer (linearen statistischen) Abhängigkeit des Kriteriums Y von den Regressoren ausgegangen werden. Nur in diesem Fall macht ein Fortschreiten zu nachfolgenden Verfahren einen Sinn.

a) Globaler F-Test

Die globale Nullhypothese

$$H_0: \quad \beta_1 = \beta_2 = \ldots = \beta_m = 0$$

sagt aus, dass $Y_i = \alpha + e_i$ gilt, dass also keine Abhängigkeit der Variablen Y von den Regressoren $x_1, \ldots, x_m$ vorliegt. Setze

$$SQT = \sum_{i=1}^{n}(Y_i - \bar{Y})^2, \qquad SQR = \sum_{i=1}^{n}(\hat{Y}_i - \bar{Y})^2,$$

wobei $\bar{Y} = (1/n)\sum_{i=1}^{n} Y_i$ das Stichprobenmittel der Y-Werte ist und $\hat{Y}_i$ der in (3.2) definierte Prädiktionswert ist. SQR wird umso größer, je stärker die Prädiktionswerte der Regression, das sind die $\hat{Y}_i$, streuen; SQE reagiert allein auf die Streuung der Beobachtungen Y_i um die Prädiktion $\hat{Y}_i$, während die Total-Streuung SQT vom Regressionsansatz gänzlich unberührt bleibt. Es gilt die Formel

$$SQT = SQE + SQR$$

der Streuungszerlegung. Mit den Abkürzungen

$$MQR = \frac{SQR}{m}, \qquad MQE = \frac{SQE}{n - m - 1}$$

lautet die Teststatistik zum Prüfen von H_0

$$F = \frac{MQR}{MQE}.$$

Unter H_0 und unter der Normalverteilungs-Annahme ist sie $F_{m,n-m-1}$-verteilt, so dass H_0 verworfen wird, falls

$$F > F_{m,n-m-1,1-\alpha} \qquad \text{[globaler F-Test der RA]}.$$

Zusammengefasst werden die relevanten Größen in der – auch bei der Regressionsanalyse so genannten – ANOVA-Tafel der Tabelle 3.1.

Tabelle 3.1. Tafel der Varianzanalyse der m-fachen linearen Regression

Variationsursache	SQ	FG	MQ
Regression	$SQR = \sum_i(\hat{Y}_i - \bar{Y})^2$	m	$MQR = \frac{SQR}{m}$
Abweichung von der R.	$SQE = \sum_i(Y_i - \hat{Y}_i)^2$	$n - m - 1$	$MQE = \frac{SQE}{n-m-1}$
Total	$SQT = \sum_i(Y_i - \bar{Y})^2$	$n - 1$	

Anstelle von „Abweichung von der Regression" steht auch oft „Residuen" oder „Fehler" (das 'E' in SQE und MQE steht für *error*).

b) Partieller F-Test

Die partielle Nullhypothese H_k für ein $k < m$ besagt, dass die Kriteriumsvariable Y von den $m - k$ Regressoren $x_{k+1}, \ldots, x_m$ gar nicht abhängt; d. h. es ist

$$H_k : \quad \beta_{k+1} = \ldots = \beta_m = 0 \,.$$

Neben dem (vollen) linearen Modell

$$LM(m) : \qquad Y_i = \alpha + \beta_1\, x_{1i} + \quad \ldots \quad + \beta_m\, x_{mi} + e_i\,, \qquad i = 1, \ldots, n,$$

haben wir unter H_k das Teilmodell

$$LM(k) : \qquad Y_i = \alpha + \beta_1\, x_{1i} + \ldots + \beta_k\, x_{ki} + e_i\,, \qquad i = 1, \ldots, n.$$

Neben der schon oben eingeführten Residuen-Quadratsumme

$$SQE(m) = \sum_{i=1}^{n}(Y_i - \hat{Y}_i)^2$$

im Bezug auf das volle Modell LM(m) haben wir noch eine Residuen-Quadratsumme bezüglich des Teilmodells LM(k), nämlich

$$SQE(k) = \sum_{i=1}^{n}(Y_i - \widetilde{Y}_i)^2, \qquad \widetilde{Y}_i = \widetilde{\alpha} + \widetilde{\beta}_1\, x_{1i} + \ldots + \widetilde{\beta}_k\, x_{ki},$$

wobei die $\widetilde{\alpha}$ und $\widetilde{\beta}_j$ Lösungen der Normalgleichungen bezüglich des Modells LM(k) sind. Führen wir neben $MQE(m) = SQE(m)/(n - m - 1)$ noch

$$MQDif = \frac{SQE(k) - SQE(m)}{m - k} = \frac{SQR(m) - SQR(k)}{m - k}$$

ein, so verwendet man zum Prüfen der Hypothese H_k die Teststatistik

$$F_k = \frac{MQDif}{MQE(m)}\,.$$

Diese ist unter H_k und unter der Normalverteilungs-Annahme $F_{m-k,n-m-1}$-verteilt. H_k ist also zu verwerfen, falls

$$F_k > F_{m-k,n-m-1,1-\alpha} \qquad\qquad \text{[partieller F-Test der RA]},$$

vgl. auch die ANOVA-Tafel der Tabelle 3.2.

Im wichtigen Spezialfall $k = m - 1$ lautet die Hypothese $H_{m-1} : \beta_m = 0$; sie besagt, dass Y von dem Regressor x_m gar nicht abhängt. Die zugehörige Teststatistik

$$F_{m-1} = \frac{SQE(m-1) - SQE(m)}{MQE(m)}$$

Tabelle 3.2. Tafel der Varianzanalyse für den partiellen Test auf das Modell LM(k) innerhalb LM(m), $k < m$

Abweichung von der R.	SQE	FG	MQ
im Modell LM(k)	SQE(k)	$n - k - 1$	
im Modell LM(m)	SQE(m)	$n - m - 1$	MQE(m)
Differenz	SQE(k) - SQE(m)	$m - k$	MQDif

ist unter H_{m-1} (und unter der Normalverteilungs-Annahme) $F_{1,n-m-1}$-verteilt, d. h. t^2_{n-m-1}-verteilt. H_{m-1} ist zu verwerfen, falls $\sqrt{F_{m-1}} > t_{n-m-1,1-\alpha/2}$. Die Teststatistik F_{m-1} wird auch F-to-enter (bezüglich der Regressorvariable x_m) genannt und mit

$$F_{m-1} \equiv F(x_m | x_1, \ldots, x_{m-1})$$

bezeichnet. Mit dem in 3.2.1 einzuführenden Standardfehler $se(\hat{\beta}_j)$ von $\hat{\beta}_j$ haben wir die Formel

$$F(x_m | x_1, \ldots, x_{m-1}) = \left(\frac{\hat{\beta}_m}{se(\hat{\beta}_m)} \right)^2$$

zur Verfügung. Mit dem in 3.5.2 auftretenden partiellen Korrelationskoeffizienten $r = r(x_m, y | z)$ von x_m und y, gegeben $z = (x_1, \ldots, x_{m-1})$, gilt der Zusammenhang

$$F(x_m | x_1, \ldots, x_{m-1}) = (n - m - 1) \cdot \frac{r^2}{1 - r^2}.$$

Fallstudie **Spessart.** Mit den Variablen

- PHo, der PH-Wert in 0–2 cm Tiefe, als Kriteriumsvariable
- NG, HO, AL, BS, BT, BW, DU, HU, das sind acht Bestandsgrößen, als Regressoren

führen wir eine multiple lineare Regressionsanalyse durch. Dabei sind DU (mit zwei Ausprägungen 0 = ohne, 1 = mit Kalkung) und BT (mit den zwei Ausprägungen 2 = Mischwald, 3 = Laubwald, wenn wir von den vier Nadelwald-Standorten absehen) dichotome Variable, die bei der linearen Regression üblicherweise zugelassen werden.

Die empirischen Regressionskoeffizienten $\hat{\beta}_0 \equiv \hat{\alpha}$, $\hat{\beta}_1, \ldots, \hat{\beta}_8$, werden zusammen mit ihren Standardfehlern $se(\hat{\beta}_j)$ und den Quotienten $t = \hat{\beta}_j / se(\hat{\beta}_j)$ in Tabelle 3.3 gelistet. Ferner ist der zugehörige P-Wert des Tests auf $\beta_j = 0$ eingetragen, vgl. die Diskussion am Ende dieses Abschnitts. Das Vorzeichen des Regressionskoeffizienten $\hat{\beta}_j$ gibt die Richtung an, in der sich der PHo-Wert bei Erhöhung des Regressors x_j (und bei konstant bleibenden restlichen Regressoren) verändert. So nimmt etwa der PH-Wert mit zunehmender Hang-neigung (NG) und Höhe des Standortes (HO) tendenziell ab. Verläßlich ist das Vorzeichen aber nur im Fall eines signifikanten t-Werts, hier also – bei $\alpha = 0.05$ – für HO, DU und HU.

Tabelle 3.3. Für alle 8 Regressoren: Regressionskoeffizient, mitsamt Standardfeh-ler, t-Wert (t^2 = F-to-enter F_7) und zugehörigem P-Wert. Datei **Spessart**

Variable x_j	Parameter $\hat{\beta}_j$	Stand. Error se($\hat{\beta}_j$)	t-Wert	P-Wert
Intercept	4.6158	0.2883	16.01	< .001
NG	−0.0055	0.0028	−1.97	0.052
HO	−0.1643	0.0530	−3.10	0.003
AL	0.0004	0.0006	0.74	0.460
BS	0.0278	0.0174	1.60	0.114
BT	0.0928	0.0521	1.78	0.078
BW	0.0290	0.0337	0.86	0.392
DU	0.3052	0.0705	4.33	< .001
HU	−0.0726	0.0203	−3.58	0.001

Die Tafel der Varianzanalyse des Modells
LM(8): Y = PHo, $x_1, \ldots, x_8$ = NG, HO, AL, BS, BT, BW, DU, HU
der 8-fachen linearen Regression fällt wie folgt aus.

Variationsursache	SQ	FG	MQ
Regression	SQR = 2.9888	8	MQR = 0.3736
Abweichung von der R.	SQE = 4.6207	78	MQE = 0.0592
Total	SQT = 7.6095	86	

Die globale Nullhypothese, dass keine Abhängigkeit der Variablen PHo von den 8 Regressorvariablen besteht, wird auf einem Niveau < 0.001 verworfen ($P < 0.001$), denn

$$F = \frac{0.37360}{0.05924} = 6.307 > F_{8,78,0.999} = 3.717 \qquad \text{[globaler F-Test]}.$$

Allerdings deutet der Wert

$$R^2 = \frac{SQR}{SQT} = 0.3928$$

des Bestimmtheitsmaßes (siehe Abschn. 3.3 unten) auf einen nur mäßigen Grad der Abhängigkeit hin. Man beachte die unterschiedlichen Bedeutungen des P- und des R^2-Wertes. Gibt der P-Wert das Signifikanzniveau an, auf dem die Nullhypothese (gerade noch) verworfen werden kann, so beschreibt der R^2-Wert den Anteil der durch die Regressoren „erklärten" Variation an der Gesamtvariation des Kriteriums („Anteil erklärter Varianz").

Die Schätzung für die Standardabweichung σ der Fehlervariablen e_i lautet

$$\hat{\sigma} = \sqrt{MQE} = 0.2434 \qquad \text{[root mean squared error]}.$$

Sie wird bei den Themen Konfidenzintervalle und Residuenanalyse von Bedeutung sein.

Mit Hilfe des partiellen F-Tests prüfen wir jetzt die Frage, ob die Bestandsgrößen AL, BS, BT, BW, DU, HU noch einen signifikanten Zuwachs an PHo-Prädiktion bringen, wenn die topographischen Größen NG und HO bereits im Ansatz sind. Dazu führen wir – nach dem Modell LM(8) oben – ein Modell

LM(2): Kriteriumsvariable Y=PHo, Regressoren x_1=NG, x_2=HO

einer 2-fachen linearen Regressionsanalyse ein, das die folgende varianzanalytische Tafel liefert:

Variationsursache	SQ	FG	MQ
Regression	SQR = 0.2843	2	MQR = 0.1421
Abweichung von der R.	SQE = 7.3252	84	MQE = 0.0872
Total	SQT = 7.6095	86	

Der partielle Test auf das Modell LM(2), innerhalb des größeren Modells LM(8), ergibt sich aus der Tafel

Abweichung von der Regression	SQE	FG	MQ
im Modell LM(2)	SQE(2) = 7.3252	84	
im Modell LM(8)	SQE(8) = 4.6207	78	MQE(8) = 0.0592
Differenz	SQE(2) – SQE(8) = 2.7045	6	MQDif = 0.4507

Wegen $F_2 = \text{MQDif}/\text{MQE}(8) = 7.614 > F_{6,78,0.99} = 3.042$ wird die Alternative, dass nämlich die Bestandsgrößen AL, BS, BT, BW, DU, HU einen (zu NG und HO) zusätzlichen signifikanten Einfluss auf die Variable PHo ausüben, angenommen.

Mit Hilfe des partiellen F-Tests F_7 können wir auch für eine einzelne Regressorvariable prüfen, ob sie – zusätzlich zu den restlichen – einen signifikanten Beitrag zur Prädiktion von PHo liefert. Die Testergebnisse sind bereits in der Spalte der t-Werte in Tabelle 3.3 oben eingetragen. Beispiel: Wir wählen das Signifikanzniveau $\alpha = 0.05$. Die Größe NG ist – zusätzlich zu den restlichen 7 Regressoren – wegen $|t| = 1.97 < t_{78,0.975} = 1.99$ nicht signifikant (vergleiche auch den zum t-Wert gehörenden P-Wert 0.052), wohl aber die Größe HO.

In allen drei folgenden Programmen wird die multiple lineare Regression für die Modelle LM(8) und LM(2) gerechnet.

Splus R

```
ph.lm8<- lm(PHo~NG+HO+AL+BS+BT+BW+DU+HU)
ph.lm2<- lm(PHo~NG+HO)
summary(ph.lm8); summary(ph.lm2)
```

SAS

```
proc reg;
   model PHo=NG HO AL BS BT BW DU HU;
proc reg;
   model PHo=NG HO;
```

SPSS

```
REGRESSION Variables=PHo NG HO AL BS BT BW DU HU
           /Dependent=PHo /Method=Enter.
REGRESSION Variables=PHo NG HO /Dependent=PHo /Method=Enter.
```

3.2 Standardfehler, Konfidenzintervalle

Der Standardfehler se($\hat{\vartheta}$) eines Schätzers $\hat{\vartheta}$ für ϑ ist nach 1.1.3 definiert als die Wurzel aus dem Schätzer für die Varianz von $\hat{\vartheta}$. Wie schon bei den Modellen im Kap. 2 mehrfach aufgetreten, ist ein Konfidenzintervall für ϑ zum Niveau $1 - \alpha$ innerhalb von linearen Modellen von der Bauart

$$\hat{\vartheta} - Q \cdot \text{se}(\hat{\vartheta}) \leq \vartheta \leq \hat{\vartheta} + Q \cdot \text{se}(\hat{\vartheta}),$$

wobei Q ein geeignetes Quantil ist. Dabei treffen wir stets die Normalverteilungs-Annahme, was im Folgenden nicht mehr ausdrücklich wiederholt wird. Ferner wird, wie in 3.1.1 eingeführt, $\hat{\sigma} = \sqrt{MQE}$ gesetzt ($\hat{\sigma}$ wird auch als Versuchsfehler bezeichnet); $t_{m,\gamma}$ und $F_{k,m,\gamma}$ bezeichnen wie immer die γ-Quantile der t_m- bzw. $F_{k,m}$-Verteilung.

3.2.1 Konfidenzintervalle

a) Der Standardfehler $\mathrm{se}(\hat{\beta}_j)$ des j-ten Regressionskoeffizienten $\hat{\beta}_j$ lautet

$$\mathrm{se}(\hat{\beta}_j) = \hat{\sigma} \cdot \sqrt{S^{jj}}, \quad j = 1, \ldots, m,$$

wobei S^{jj} das j-te Diagonalelement der $m \times m$-Matrix (S^{jk}) bezeichnet, welche definiert ist als das Inverse der $m \times m$-Matrix (S_{jk}),

$$(S^{jk}) = (S_{jk})^{-1}, \qquad S_{jk} = \sum_{i=1}^{n}(x_{ji} - \bar{x}_j)(x_{ki} - \bar{x}_k), \quad j, k = 1, \ldots, m.$$

Dabei sind $\bar{x}_j = \sum_{i=1}^{n} x_{ji}/n$ und $\bar{x}_k$ die Mittelwerte des j-ten und k-ten Regressors. Ein Konfidenzintervall für β_j zum Niveau $1 - \alpha$ lautet dann

$$\hat{\beta}_j - t_0 \cdot \mathrm{se}(\hat{\beta}_j) \leq \beta_j \leq \hat{\beta}_j + t_0 \cdot \mathrm{se}(\hat{\beta}_j), \qquad t_0 = t_{n-m-1,1-\alpha/2} \, .$$

b) Im Folgenden kennzeichnen wir einen Vektor der Dimension m, der einen Satz von Regressorenwerten darstellt, durch Unterstreichen; d. h. wir setzen

$$\underline{x} = (x_1, \ldots, x_m), \quad \underline{x}_i = (x_{1i}, \ldots, x_{mi}) \, ;$$

Letzteres bezeichnet also die i-te Zeile der Datenmatrix der Regressoren, die auch eine *Designstelle* genannt wird. Der Wert der (wahren) Regressions-Hyperebene an einer Stelle $\underline{x}$, d. i.

$$\psi(\underline{x}) = \alpha + \beta_1 x_1 + \ldots + \beta_m x_m \, , \tag{3.3}$$

wird geschätzt durch

$$\hat{\psi}(\underline{x}) = \hat{\alpha} + \hat{\beta}_1 x_1 + \ldots + \hat{\beta}_m x_m = \bar{Y} + \hat{\beta}_1(x_1 - \bar{x}_1) + \ldots + \hat{\beta}_m(x_m - \bar{x}_m)$$

$[\hat{\psi}(\underline{x}_i) = \hat{Y}_i]$. Der zugehörige Standardfehler lautet

$$\mathrm{se}(\hat{\psi}(\underline{x})) = \hat{\sigma} \cdot \sqrt{G(\underline{x})}, \qquad G(\underline{x}) = \frac{1}{n} + \sum_{j=1}^{m}\sum_{k=1}^{m}(x_j - \bar{x}_j) \cdot S^{jk} \cdot (x_k - \bar{x}_k) \, ,$$

mit der in a) eingeführten Matrix (S^{jk}). Wir kommen also zum folgenden Konfidenzintervall für $\psi(\underline{x})$ zum Niveau $1 - \alpha$:

$$\hat{\psi}(\underline{x}) - t_0 \cdot \mathrm{se}(\hat{\psi}(\underline{x})) \leq \psi(\underline{x}) \leq \hat{\psi}(\underline{x}) + t_0 \cdot \mathrm{se}(\hat{\psi}(\underline{x})), \qquad t_0 = t_{n-m-1,1-\alpha/2} \, .$$

c) Das Konfidenzintervall in b) ist nur für eine individuelle (vorher festgelegte) Stelle $\underline{x}$ gültig. Ein simultanes Konfidenzintervall, welches für alle Stellen $\underline{x} = (x_1, \ldots, x_m)$ gültig ist, lautet

$$\hat{\psi}(\underline{x}) - S \cdot \mathrm{se}(\hat{\psi}(\underline{x})) \leq \psi(\underline{x}) \leq \hat{\psi}(\underline{x}) + S \cdot \mathrm{se}(\hat{\psi}(\underline{x})),$$

wobei das Scheffésche Quantil S als

$$S = \sqrt{(m + 1) \cdot F_{m+1,n-m-1,1-\alpha}}$$

definiert ist. Wegen $S > t_0$ sind die simultanen Intervalle breiter als die individuellen in b). Beide Intervalltypen haben ihre geringste Breite an der Stelle des Mittelwertvektors $\bar{\underline{x}} = (\bar{x}_1, \ldots, \bar{x}_m)$.

3.2.2 Prognoseintervalle

Mit Hilfe der in (3.3) eingeführten Funktion $\psi(\underline{x})$, dem Wert der Regressions-Hyperebene an der Stelle $\underline{x} = (x_1, \ldots, x_m)$, definieren wir die Zufallsvariable

$$Y(\underline{x}) = \psi(\underline{x}) + e \qquad \text{[Prognosevariable]},$$

wobei e eine $N(0, \sigma^2)$-Verteilung besitzt und unabhängig von den Beobachtungsvariablen $Y_1, \ldots, Y_n$ ist. $Y(\underline{x})$ kann als eine (zukünftige) Beobachtung der Kriteriumsvariablen Y interpretiert werden, bei der die Regressorenwerte $x_1, \ldots, x_m$ eingestellt sind. Mit Wahrscheinlichkeit $1 - \alpha$ sind dann die Ungleichungen

$$\hat{\psi}(\underline{x}) - t_0 \cdot \hat{\sigma} \cdot \sqrt{1 + G(\underline{x})} \leq Y(\underline{x}) \leq \hat{\psi}(\underline{x}) + t_0 \cdot \hat{\sigma} \cdot \sqrt{1 + G(\underline{x})}$$

richtig $[t_0 = t_{n-m-1, 1-\alpha/2}, G(\underline{x})$ wie in 3.2.1 b)]. Diese können als ein Prognoseintervall $[U(\underline{x}), V(\underline{x})]$ für eine zukünftige Beobachtung $Y(\underline{x})$ zum Niveau $1 - \alpha$ interpretiert werden. Dieses Prognoseintervall für $Y(\underline{x})$ ist breiter als das Konfidenzintervall in 3.2.1 b) für $\psi(\underline{x}) = \mathbb{E}(Y(\underline{x}))$.

Fallstudie **Spessart.** Für die ersten acht Standorte $i = 1, \ldots, 8$, mit dem Vektor $\underline{x}_i$ der Regressorenwerte am Standort i, werden

das 95 % Konfidenzintervall $[a(\underline{x}_i), b(\underline{x}_i)]$ für den Erwartungswert $\mathbb{E}(Y_i) \equiv \psi(\underline{x}_i)$ gemäß 3.2.1 b),

das 95 % Prognoseintervall $[U(\underline{x}_i), V(\underline{x}_i)]$ für eine zukünftige Beobachtung $Y(\underline{x}_i)$ gemäß 3.2.2

ausgedruckt.

Obs	Dep Var	Predict	Std Error	95 % Conf Limit		95 % Progn Limit	
i	PHo	$\hat{Y}_i$	se($\hat{Y}_i$)	$a(\underline{x}_i)$	$b(\underline{x}_i)$	$U(\underline{x}_i)$	$V(\underline{x}_i)$
1	4.37	4.7296	0.0983	4.534	4.925	4.207	5.252
2	4.10	4.1674	0.0892	3.990	4.345	3.651	4.683
3	4.31	4.4301	0.0493	4.332	4.528	3.936	4.924
4	4.25	4.5748	0.0856	4.404	4.745	4.061	5.088
5	4.05	4.0929	0.1038	3.886	4.299	3.566	4.620
6	5.04	4.6979	0.0890	4.521	4.875	4.182	5.214
7	5.50	4.6115	0.1063	4.400	4.823	4.083	5.140
8	4.36	4.5378	0.0872	4.364	4.711	4.023	5.052

Das Prognoseintervall ist stets deutlich breiter als das Konfidenzintervall. Man beachte aber, dass das Konfidenzintervall $[a(\underline{x}_i), b(\underline{x}_i)]$ nur für jeden Fall (Beobachtung) einzeln gültig ist. Um einen – für alle Fälle simultan gültigen – Konfidenzstreifen $[a_S(\underline{x}_i), b_S(\underline{x}_i)]$, $i = 1, \ldots, n$, zu bekommen, müssen gemäß 3.2.1 c) die Standardfehler se($\hat{Y}_i$) $\equiv$ se($\hat{\psi}(\underline{x}_i)$) nicht mit dem t-Quantil $t_{78, 0.975} = 1.991$ multipliziert werden, sondern mit dem Schefféschen $S = \sqrt{9 \cdot F_{9, 78, 0.95}} = 4.245$. So bekommt man etwa für den Fall $i = 1$ mit

$$a_S(\underline{x_1}) = 4.312, \qquad b_S(\underline{x_1}) = 5.147$$

ein Intervall, welches $[4.534, 4.925]$ umfasst. Der Plot der Abb. 3.2 enthält alle simultanen Konfidenzintervalle $[a_S(\underline{x_i}), b_S(\underline{x_i})]$, $i = 1, \ldots, 87$, und zwar projeziert auf eine Koordinaten-Ebene, auf deren y-Achse die PHo-Werte und auf deren x-Achse die Prädiktionswerte $\hat{Y_i} \equiv \hat{\psi}(\underline{x_i})$, $i = 1, \ldots, 87$, abgetragen werden.

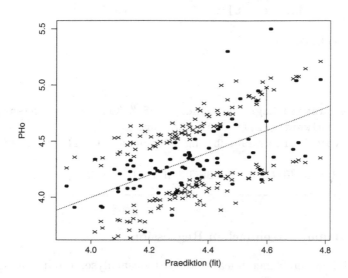

Abb. 3.2. Aufsicht auf die Regressions(hyper)ebene (eingezeichnete Gerade). Obere und untere simultane Konfidenzintervall-Grenzen ($\times$) für die Prädiktionswerte $\hat{Y_i} = \hat{\psi}(\underline{x_i})$ sind über $\hat{\psi}(\underline{x_i})$, $i = 1, \ldots, 87$, aufgetragen. In einem Fall ist das ganze Konfidenzintervall eingetragen. Die beobachteten PHo-Werte Y_i sind als ($\bullet$) markiert.

| Splus | R |

```
# Erzeugung der Abbildung 3.2
ph.lm<- lm(PHo~NG+HO+AL+BS+BT+BW+DU+HU)
"confint.lm"<-
function(object,alpha=0.05,plot.it=T) {
f<- predict(object,se.fit=T)
p<- length(coef(object))
# p = Parameteranzahl, length(fit) = n
fit<- f$fit
adjust<- (p*qf(1-alpha,p,length(fit) - p))^0.5 * f$se.fit
lower<- fit - adjust;  upper<- fit + adjust
y<- fit + resid(object)
```

```
plot(fit,y,pch=16,xlab="Praediktion (fit)",ylab="PHo")
# Regressionshyperebene ist die Winkelhalbierende
abline(0,1,lty=2)
# order nur noetig, falls lines statt points:
ord<- order(fit)
points(fit[ord],lower[ord],pch=4)
points(fit[ord],upper[ord],pch=4)
# Bei x = fit[28] ein Intervall als Linie einzeichnen
segments(fit[28],lower[28],fit[28],upper[28])
}
confint.lm(ph.lm)
```

$\boxed{\text{SAS}}$

```
* Multiple lineare Regr. mit indiv. 95 % Konfidenzgrenzen (CL);
/* fuer Mittelwert (Psi(x_i)): CLM   und
   fuer Individuelle Beobachtung (Prognose Y(x_i)): CLI */
proc reg;
   model PHo=NG HO AL BS BT BW DU HU/P R CLM CLI;
```

3.2.3 Spezialfall der einfachen Regression

Im Spezialfall der einfachen linearen Regressionsanalyse, d. i. im Fall des Modells

$$Y_i = \alpha + \beta x_i + e_i, \quad i = 1, \dots, n,$$

mit einer (einzigen) Regressorvariablen x, wurden in 1.4.2 die MQ-Schätzer $\hat{\alpha}$ und $\hat{\beta}$ für die Parameter α und β angegeben. Wir erhalten hier im Fall $m = 1$ vereinfachte Formeln für die Standardfehler des Regressionskoeffizienten $\hat{\beta}$ und des Wertes der Regressionsgeraden $\hat{\psi}(x) = \hat{\alpha} + \hat{\beta}x$ an der Stelle x, nämlich

$$\text{se}(\hat{\beta}) = \frac{\hat{\sigma}}{\sqrt{\sum_i (x_i - \bar{x})^2}}$$

$$\text{se}(\hat{\psi}(x)) = \hat{\sigma} \cdot \sqrt{G(x)}, \qquad G(x) = \frac{1}{n} + \frac{(x - \bar{x})^2}{\sum_i (x_i - \bar{x})^2}.$$

Für das in a) – c) auftauchende t-Quantil bzw. für das Scheffésche Quantil haben wir hier

$$t_0 = t_{n-2, 1-\alpha/2}, \qquad S = \sqrt{2 \cdot F_{2, n-2, 1-\alpha}}.$$

Nur die simultanen Intervalle lassen sich als ein Konfidenzstreifen interpretieren, die individuellen sind als (vertikal im x-y Plot einzuzeichnende) Intervalle zu betrachten, vgl. Abb. 1.13.

3.3 Variablenselektion

Bei einer Regressionsanalyse mit einer großen Anzahl von Regressoren stellt sich die Frage, ob nicht schon ein kleinerer Teil der Regressoren ausreicht, um die Kriteriumsvariable Y zu bestimmen. Tatsächlich führt die hiermit angeschnittene Frage der Variablenselektion zu einem der wichtigsten Anwendungsfelder der angewandten Regressionsanalyse. Wir werden dazu das *schrittweise* und das *best-subset* Verfahren vorstellen; Letzteres benötigt ein Gütemaß für Regressorensätze.

Ein Maß für den Beitrag der Regressoren $x_1, \ldots, x_m$ an der Variation der Kriteriumsvariablen Y ist das sogenannte *Bestimmtheitsmaß*

$$ R^2 = \frac{SQR}{SQT} = 1 - \frac{SQE}{SQT}, $$

das zwischen 0 und 1 liegt. Die Quadratsummen SQ finden sich in der ANOVA-Tafel in 3.1.2 a), das ist Tabelle 3.1; R^2 wird sich in 3.5.1 als quadrierter multipler Korrelationskoeffizient von Y und den Regressoren $x_1, \ldots, x_m$ erweisen. Den Wert 1 nimmt R^2 genau dann an, wenn die Werte Y_i, aufgetragen über den zugehörigen Regressorenwerten $\underline{x_i} = (x_{1i}, \ldots, x_{mi})$, auf einer m-dimensionalen Hyperebene des $\mathbb{R}^{m+1}$ liegen. Ein weiteres (ähnliches) Maß ist das *adjustierte* R^2,

$$ R^2_{adj} = 1 - \frac{n-1}{n-m-1} \cdot (1 - R^2) = 1 - \frac{\hat{\sigma}^2}{s_y^2} $$

$[\hat{\sigma}^2 = MQE, \ s_y^2 = \frac{SQT}{n-1}]$. Häufig findet man auch das Akaike Informations-Kriterium (AIC) im Einsatz, vgl. Venables & Ripley (1997).

3.3.1 Schrittweise Regression

Die Methode der schrittweisen Regressionsanalyse bildet aus den zur Verfügung stehenden Regressorvariablen Schritt für Schritt einen Satz von einer, von zwei, von drei ... Variablen. Dabei wird bei jedem Schritt diejenige Variable in den Satz der bereits vorhandenen aufgenommen, die (unter den noch nicht aufgenommenen Variablen) den größten F-to-enter Wert aufzuweisen hat, äquivalent: betragsmäßig den größten partiellen Korrelationskoeffizienten mit Y (gegeben die bereits aufgenommenen Variablen, vgl. 3.5.2) besitzt.

Zu Beginn der Analyse befindet sich keine Regressorvariable im Ansatz.

- step 1: Nehme in den Ansatz diejenige Variable, genannt x_1, auf, welche unter den $x_1, \ldots, x_m$ den höchsten Wert

$$ F = MQR(1)/MQE(1) \qquad \text{(FG: 1,n-2)} $$

hat (d. i. die Variable, welche betragsmäßig am höchsten mit Y korreliert):

im Ansatz: x_1 \qquad\qquad nicht im Ansatz: $x_2, \ldots, x_m$

- step 2: Nehme in den Ansatz zusätzlich diejenige Variable, genannt x_2, auf, welche unter den $x_2, \ldots, x_m$ den höchsten F-to-enter Wert

$$F(x_2|x_1) \qquad \text{(FG: 1,n-3)}$$

besitzt (d. i. diejenige Variable, welche betragsmäßig den höchsten partiellen Korrelationskoeffizienten $r(x_2, y|x_1)$ von x_2 und Y, gegeben x_1, aufweist):

im Ansatz: x_1, x_2 nicht im Ansatz: $x_3, \ldots, x_m$
- Beim step p bildet dann der F-to-enter Wert

$$F(x_p|x_1, \ldots, x_{p-1}) \qquad \text{(FG: 1,n-p-1)}$$

(äquivalent dazu: der Betrag des partiellen Korrelationskoeffizienten $r(x_p, y|x_1, \ldots, x_{p-1})$) das Entscheidungskriterium für die Aufnahme der Variablen x_p:

im Ansatz: $x_1, x_2, \ldots, x_p$ nicht im Ansatz: $x_{p+1}, \ldots, x_m$.

Dieses Verfahren kann solange wiederholt werden, bis sämtliche m Regressorvariablen im Ansatz sind; oder es kann abgebrochen werden, wenn eine vorgegebene Schranke für den F-to-enter Wert unterschritten wird. Während man das geschilderte Verfahren *forward selection* Prozedur nennt, wird bei der *backward selection* aus dem Satz sämtlicher Regressoren Schritt für Schritt eine Variable entfernt. Der F-to-enter Wert heißt dann F-to-remove.

Schematisch lässt sich das *forward selection* Verfahren wie in Tabelle 3.4 darstellen (im Englisch der Computer-outputs).

Sobald eine Variable im Ansatz ist, kann mit Hilfe des partiellen F-Tests ihre Signifikanz innerhalb der Gesamtheit der im Ansatz befindlichen Variablen geprüft werden (Spalte 'F-to-remove' in Tabelle 3.4). Beim reinen *forward selection* Verfahren – wie das in der Tabelle dargestellte – wird aber aus der Größe dieses F-Wertes keine Konsequenz gezogen, wohl aber bei einer gemischten *forward-backward* Prozedur:

Ein gemischtes *forward-backward* Verfahren, wie etwa *forward selection* mit der Möglichkeit des *to remove*, verlangt die Vorgabe von zwei kritischen F-Werten: einem to-enter Wert F_{in} und einem to-remove Wert F_{out}. Wie bei der geschilderten forward selection Prozedur werden Schritt für Schritt Regressorvariablen aufgenommen, bis keine mehr einen F-to-enter Wert größer F_{in} aufweist. Zusätzlich werden aber auf jeder Stufe solche (auf einer früheren Stufe aufgenommenen) Variablen wieder entfernt, die ein F-to-remove kleiner F_{out} aufweisen.

Zur Interpretation der schrittweisen Regressionsanalyse: Auf jeder Stufe p stellt der Satz $(x_1, \ldots, x_p)$ der aufgenommenen Regressoren den – nach Maßgabe des schrittweisen Verfahrens – „besten" Satz mit p Regressoren dar. Die Reihenfolge der Aufnahme (ab Schritt $p \geq 2$) ist aber i. A. nicht als eine Rangfolge der einzelnen Regressoren untereinander zu interpretieren.

Tabelle 3.4. Schema der forward selection Prozedur der schrittweisen linearen Regression

Step p	criterion	in the equ.	F-to-remove $F_{1,n-p-1}$	not in equ.	F-to-enter $F_{1,n-p-2}$
0		$-$	$-$	x_1 ... x_m	$F(x_1)$ ... $F(x_m)$
1	select the variable (say x_1) with max $F(x_1)$	x_1	$F(x_1)$	x_2 ... x_m	$F(x_2\|x_1)$ ... $F(x_m\|x_1)$
2	select the variable (say x_2) with max $F(x_2\|x_1)$	x_1 x_2	$F(x_1\|x_2)$ $F(x_2\|x_1)$	x_3 ... x_m	$F(x_3\|x_1x_2)$ ... $F(x_m\|x_1x_2)$
...	...	...	...	...	...
p	select the variable (say x_p) with max $F(x_p\|x_1 \ldots x_{p-1})$	x_1 ... x_p	$F(x_1\|x_2 \ldots x_p)$ ... $F(x_p\|x_1 \ldots x_{p-1})$	x_{p+1} ... x_m	$F(x_{p+1}\|x_1 \ldots x_p)$ ... $F(x_m\|x_1 \ldots x_p)$
...	...	...	...	...	...
m	select last variable x_m	x_1 ... x_m	$F(x_1\|x_2 \ldots x_m)$ ... $F(x_m\|x_1 \ldots x_{m-1})$	$-$	$-$

Der nach Maßgabe des schrittweisen Verfahrens beste Satz mit p Regressoren braucht nicht der absolut beste Satz mit p Regressoren zu sein. Letzteres liefert allein ein Durchtesten aller Sätze mit Hilfe des folgenden *best-subset* Verfahrens.

3.3.2 Best-subset Selektion

Dieses Verfahren verlangt zunächst die Vorgabe eines Gütemaßes für Regressorensätze, z.B. das Bestimmtheitsmaß R^2. Es sucht auf jeder Stufe p unter den Regressoren $x_1, \ldots, x_m$ denjenigen Satz mit p Regressoren aus, welcher das Gütemaß maximiert. Nennen wir diesen ausgezeichneten Regressorensatz $\overset{*}{x} = (x_{k_1}, \ldots, x_{k_p})$, dann lautet der zugehörige Regressionsansatz

step	best-subset $\overset{*}{x}$	$\overset{*}{R}^2$-value
1	x_i	$\overset{*}{R}_1^2$
2	x_{j_1}, x_{j_2}	$\overset{*}{R}_2^2$
⋮	⋮	⋮
p	$x_{k_1}, \ldots, x_{k_p}$	$\overset{*}{R}_p^2$
⋮	⋮	⋮
m	$x_1, \ldots, x_m$	$\overset{*}{R}_m^2$

$$Y \text{ über } \overset{*}{x}, \quad \text{mit Bestimmtheitsmaß } \overset{*}{R}^2.$$

Ist $\widetilde{x}$ ein anderer Satz mit p Regressoren und $\widetilde{R}^2$ das Bestimmtheitsmaß des Regressionsansatzes Y über $\widetilde{x}$, so gilt also

$$\overset{*}{R}{}^2 \geq \widetilde{R}^2 \, .$$

Oft wird neben dem besten Variablensatz auch noch pro Stufe der zweit- und dritt-beste Variablensatz angegeben.

Es gibt $\binom{m}{p}$ Möglichkeiten, p Regressoren aus m Stück auszuwählen; die *best-subset* Selektions-Methode kann bei größerem m und mittlerem (nicht nahe bei 1 oder m liegenden) p sehr viel Rechenzeit benötigen. In solchen Fällen sollte der Regressorensatz zunächst durch eine schrittweise lineare Regression im Umfang reduziert werden.

Die *forward* (bzw. *backward*) Methode der schrittweisen Regression liefert nicht notwendig den (gemäß *best-subset*) besten Regressorensatz $\overset{*}{x}$ (ausgenommen auf der ersten Stufe $p = 1$). Der Grund liegt im Korrelationsmuster der m Regressoren untereinander: Die Aufnahme einer Regressorvariablen, nennen wir sie x_1, kann eine andere Variable x_2, die mit x_1 hoch korreliert ist, überflüssig machen; x_1 bleibt in allen nachfolgenden Stufen im Ansatz, x_2 fehlt. Es könnte sich aber um x_2 herum ein Regressorensatz mit größerem R^2-Wert bilden („schrittweise steilster Anstieg" führt nicht notwendig zum „Hauptgipfel").

Fallstudie **Spessart.** Wir wenden die Methode der schrittweisen Regression im Modell

LM(8): Kriterium PHo, 8 Regressoren NG, HO, AL, BS, BT, BW, DU, HU

an, und wählen aus diesen 8 Variablen Schritt für Schritt gemäß der *forward* Selektions-Methode 3.3.1 jeweils eine Variable aus. Die nachfolgende Tabelle gibt Schritt für Schritt an, welche Variable zum Satz der schon ausgewählten Variablen hinzutritt. Ferner ist der Betrag des partiellen Korrelationskoeffizienten und der Wert der partiellen F-Teststatistik eingetragen (Letzteres mit zugehörigem P-Wert), die jeweils auf diesem Schritt gültig waren.

Step	Variable entered	Number Vars In	Model R-Square	|Partial Corr|	partial F Value	P-value
1	HU	1	0.1399	0.374	13.82	0.000
2	DU	2	0.2800	0.404	16.35	0.000
3	HO	3	0.3248	0.249	5.50	0.021
4	BT	4	0.3490	0.189	3.06	0.084
5	NG	5	0.3729	0.191	3.08	0.083
6	BS	6	0.3847	0.137	1.54	0.218
7	BW	7	0.3885	0.080	0.48	0.489
8	AL	8	0.3928	0.084	0.55	0.460

So hat nach Aufnahme von HU und DU unter den sechs Variablen HO,..., AL, die noch nicht im Ansatz sind, die Variable HO den größten partiellen F-Wert, nämlich $F(HO|HUDU) = 5.50$, bzw. betragsmäßig den größten partiellen Korrelationskoeffizienten, nämlich $|r(HO, Y|HUDU)| = 0.249$.

Unter *Model R-Square* zum Schritt p befindet sich der R^2-Wert des Modells mit den p bereits aufgenommenen Regressoren. Er wächst kontinuierlich an bis zum Wert $R^2 = 0.3928$ des vollen Modells LM(8).

Auffällig ist die Aufnahme der Variablen AL erst auf der letzten Stufe 8; AL ist mit dem Kriterium PHo betragsmäßig am fünftstärksten korreliert. Aber die Aufnahme von BT und dann BS (mit denen AL jeweils deutlich korreliert ist) lässt die Bedeutung von AL für das Kriterium PHo absinken (Phänomen der *Substitution*).

Verkehrt wäre es, die Ergebnistafel der schrittweisen Regression im Sinne einer Reihenfolge der einzelnen Variablen zu lesen. Vielmehr steht zum Beispiel auf Stufe 3 nicht (nur) die Variable HO, sondern der Satz HU, DU, HO von Variablen.

Bei Anwendung der Methode 3.3.2 der *best-subset* Selektion werden die Ergebnisse der schrittweisen Methode bestätigt: In unserem Fallbeispiel (aber nicht in jedem Beispiel) produziert die schrittweise *forward* Methode bereits die – im Sinne des R^2-Kriteriums – optimalen Sätze von Regressoren.

Number Vars in Model	R-Square R^2	Variables in Model
1	0.1399	HU
1	0.1190	DU
2	0.2800	DU HU
2	0.2056	BT DU
3	0.3248	HO DU HU
3	0.3062	BT DU HU
4	0.3490	HO BT DU HU
4	0.3432	NG HO DU HU
5	0.3729	NG HO BT DU HU
5	0.3599	HO BS BT DU HU
6	0.3847	NG HO BS BT DU HU
6	0.3729	NG HO BT BW DU HU
7	0.3885	NG HO BS BT BW DU HU
7	0.3870	NG HO AL BS BT DU HU
8	0.3928	NG HO AL BS BT BW DU HU

Neben dem besten Satz von Regressoren ist auch noch der zweitbeste Satz angegeben.

Splus R

```
# Stepwise backward Selektion, AIC Kriterium
ph.lm<- lm(PHo~NG+HO+AL+BS+BT+BW+DU+HU)
step(ph.lm,
    scope=list(upper= ~NG+HO+AL+BS+BT+BW+DU+HU, lower= ~1))
```

SAS

```
* Stepwise forward und best subset Regression;
proc reg;
    model PHo=NG HO AL BS BT BW DU HU /method=forward;
proc reg;
    model PHo=NG HO AL BS BT BW DU HU /method=rsquare best=5;
```

SPSS

```
* Stepwise forward Regression mit dem P-Wert von F_in.
* als Abbruchkriterium.
REGRESSION Variables=PHo NG HO AL BS BT BW DU HU
    /Dependent=PHo /Method=Forward /Criteria=PIN(0.10).
```

3.4 Prüfen der Voraussetzungen

Statistische Inferenz in der multiplen linearen Regressionsanalyse baut auf einigen Annahmen auf, die es im Einzelnen zu überprüfen gilt. Wir formulieren die folgenden Voraussetzungen 1, 3 und 4 mit Hilfe der Fehlervariablen e_i, weil die Residuen $\hat{e}_i$ (und nicht die Beobachtungen Y_i) zu ihrer Prüfung herangezogen werden.

1. Varianzhomogenität. Die Fehlervarianzen $\text{Var}(e_i) = \sigma^2$ sind für alle Wiederholungen $i = 1, \ldots, n$ identisch (auch Homoskedastizität genannt).
2. Linearität. Der Erwartungswert $\mathbb{E}(Y)$ des Kriteriums hängt in linearer Weise von den Regressoren $x_1, \ldots, x_m$ ab: Für die i-te Wiederholung ist

$$\mathbb{E}(Y_i) = \alpha + \beta_1 x_{1i} + \ldots + \beta_m x_{mi} \, .$$

3. Unabhängigkeit. Die Fehler-(Residuen-) Variablen $e_1, \ldots, e_n$ sind stochastisch unabhängig, insbesondere also paarweise unkorreliert.
4. Normalverteilung. Die Fehler-(Residuen-) Variablen $e_1, \ldots, e_n$ sind normalverteilt.

Die Prüfungsmethoden sind durchaus nicht einheitlich. Bevorzugt kommen visuelle Diagnosemethoden zum Einsatz; sie sind oft aussagekräftiger als statistische Tests, namentlich für große Stichprobenumfänge n (bei denen ja der Test bei der kleinsten Abweichung von der Nullhypothese H_0 zur Verwerfung von H_0 neigt).

3.4.1 Residuenanalyse

Der Hauptteil der Prüfungsmethoden benutzt die Residuen

$$\hat{e}_i = Y_i - \hat{Y}_i \quad [\hat{Y}_i = \hat{\alpha} + \hat{\beta}_1 x_{1i} + \ldots + \hat{\beta}_m x_{mi} \text{ Prädiktionswert}], \quad i = 1, \ldots, n,$$

das sind die vertikalen Abweichungen der Beobachtungswerte Y_i von der Regressions-Hyperebene. Ihr Erwartungswert (und auch ihr Mittelwert) ist Null, ihre Varianz geringer als σ^2. Mit den i-ten Diagonalelementen h_{ii} der Projektions-Matrix $X(X^\top X)^{-1}X^\top$, den sog. *leverage* Werten, gilt nämlich

$$\mathbb{E}(\hat{e}_i) = 0, \quad \mathrm{Var}(\hat{e}_i) = \sigma^2 \cdot (1 - h_{ii}) \qquad [\text{also: } \mathrm{se}(\hat{e}_i) = \hat{\sigma} \cdot \sqrt{1 - h_{ii}}].$$

Außerdem sind sie nicht mehr paarweise unkorreliert, selbst wenn es – wie es ja vorausgesetzt wird – die Fehlervariablen e_i sind. Die standardisierten Residuen lauten also

$$\frac{\hat{e}_i}{\hat{\sigma} \cdot \sqrt{1 - h_{ii}}}, \quad i = 1, \ldots, n.$$

a) Normal probability plot. Ein normal probability plot (siehe 1.2.4) der Residuenwerte $\hat{e}_i$ gibt Auskunft über die Nähe der Verteilung der e_i zur Normalverteilung.
b) Residuenplot. Darunter versteht man im Allgemeinen den Plot der Residuen $\hat{e}_i$ bzw. der standardisierten Residuen über den Prädiktionswerten $\hat{Y}_i$. Im Idealfall zeigt er eine horizontal ausgerichtete Punktwolke. Abweichungen von dieser Idealform signalisieren Verletzungen von Voraussetzungen, vgl. Abb. 3.3. Insbesondere lassen sich fehlende Varianzhomogenität und fehlende Linearität diagnostizieren und dann korrigieren (Variablentransformation; Einbau weiterer Regressoren wie Quadratterme $x_1^2, x_2^2, \ldots$ oder Produktterme $x_1 \cdot x_2, \ldots$), vgl. Draper & Smith (1981), Atkinson (1985).

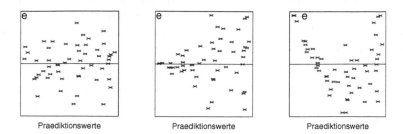

Praediktionswerte   Praediktionswerte   Praediktionswerte

Abb. 3.3. Plot der Residuenwerte ($\hat{e}$) über den Prädiktionswerten. Zufrieden stellende Form (*links*), fehlende Varianzhomogenität: I. A. log-Transformation empfohlen (*mitte*), fehlende Linearität: Einbau weiterer Regressoren empfohlen (*rechts*).

c) Ausreißer. Ist der Residuenwert $\hat{c}_i$ betragsmäßig größer als $\hat{\sigma}, 2 \cdot \hat{\sigma}, 3 \cdot \hat{\sigma}, \ldots$, so sprechen wir bei der i-ten Beobachtung Y_i von einem 1s, 2s , 3s, ... Ausreißer, vgl. Abb. 3.4.

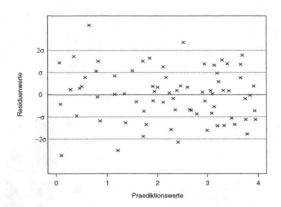

Abb. 3.4. Plot der Residuenwerte über den Prädiktionswerten. Identifikation von 1s und 2s-Ausreißern (σ steht für $\hat{\sigma}$).

d) Autokorrelation, Durbin-Watson Statistik. Zum Prüfen der Voraussetzung der Unkorreliertheit aufeinander folgender Residuenwerte kann die Durbin-Watson Teststatistik DW verwendet werden. Schreiben wir jetzt zur Vereinfachung e_i statt $\hat{e}_i$, so lautet sie

$$DW = \frac{\sum_{i=2}^{n}(e_i - e_{i-1})^2}{\sum_{i=1}^{n} e_i^2}, \qquad 0 \leq DW \leq 4 \, .$$

Die Nullhypothese H_0 unkorrelierter Fehler (Residuen) $e_1, \ldots, e_n$ wird verworfen, falls $1 - DW/2$ betragsmäßig zu groß ist (DW also zu weit von 2 entfernt ist), siehe Draper & Smith (1981) für Verwerfungsbereiche. Man kann den DW-Test aber auch (approximativ) mit Hilfe des Auto-Korrelationskoeffizienten der Residuen durchführen. Dazu setzt man

$$r_e(1) = \frac{\sum_{i=2}^{n} e_{i-1} \cdot e_i}{\sum_{i=1}^{n} e_i^2}, \qquad R_n = \frac{e_1^2 + e_n^2}{\sum_{i=1}^{n} e_i^2},$$

und rechnet

$$DW = 2 \cdot \big(1 - r_e(1)\big) - R_n.$$

Dabei ist $r_e(1)$ eine Formel für die Autokorrelation der Folge $e_1, e_2, \ldots$ zum time-lag 1 (der Mittelwert der $e_1, \ldots, e_n$ ist 0), vgl. 1.4.1 und 9.3.1. Unter Vernachlässigung des Randterms R_n lässt sich also für die Autokorrelation die Formel

$$r_e(1) = 1 - \frac{DW}{2}$$

gewinnen. Unter Benutzung von $r \equiv r_e(1)$ leitet sich aus 1.4.1 die Regel ab, H_0 zu verwerfen, falls

$$\sqrt{n-3} \cdot \frac{|r|}{\sqrt{1-r^2}} > t_{n-3,1-\alpha/2}\,.$$

Fallstudie Spessart. Für die ersten und die letzten acht Fälle der 87 Standorte werden zusammengestellt: der Beobachtungswert Y_i und der Prädiktionswert $\hat{Y}_i \equiv \hat{\psi}(\underline{x}_i)$ der Regression

Y = PHo über die 8 Regressoren NG, HO, AL, BS, BT, BW, DU, HU; ferner der Standardfehler $\mathrm{se}(\hat{Y}_i) \equiv \mathrm{se}(\hat{\psi}(x_i))$, der Residuenwert $e_i = Y_i - \hat{Y}_i$, sein Standardfehler $\mathrm{se}(e_i)$ und sein standardisierter Wert $e_i/\mathrm{se}(e_i)$, vgl. auch die Tabelle am Ende von 3.2.2.

Obs	Dep Var	Predict	Std Error	Resid	Std Error	Std Res
i	PHo	$\hat{Y}_i$	$\mathrm{se}(\hat{Y}_i)$	e_i	$\mathrm{se}(e_i)$	$e_i/\mathrm{se}(e_i)$
1	4.37	4.730	0.0983	-0.360	0.223	-1.615
2	4.10	4.167	0.0892	-0.067	0.226	-0.297
3	4.31	4.430	0.0493	-0.120	0.238	-0.504
4	4.25	4.575	0.0856	-0.325	0.228	-1.426
5	4.05	4.093	0.1038	-0.043	0.220	-0.195
6	5.04	4.698	0.0890	0.342	0.227	1.510
7	5.50	4.611	0.1063	0.888	0.219	4.058
8	4.36	4.538	0.0872	-0.178	0.227	-0.783

Obs	Dep Var	Predict	Std Error	Resid	Std Error	Std Res
i	PHo	$\hat{Y}_i$	$\mathrm{se}(\hat{Y}_i)$	e_i	$\mathrm{se}(e_i)$	$e_i/\mathrm{se}(e_i)$
80	4.12	4.482	0.0616	-0.362	0.235	-1.537
81	4.34	4.271	0.0687	0.069	0.234	0.294
82	4.44	4.288	0.0693	0.152	0.233	0.653
83	4.49	4.705	0.0874	-0.215	0.227	-0.949
84	4.86	4.563	0.0630	0.297	0.235	1.264
85	4.21	4.583	0.1046	-0.373	0.220	-1.700
86	4.49	4.288	0.0627	0.202	0.235	0.860
87	4.35	4.429	0.0814	-0.079	0.229	-0.347

Der PHo-Wert am Standort $i = 7$ ist ein 4s-Ausreißer $[s = \mathrm{se}(e_i)]$, die übrigen PHo-Werte dieser Auswahl haben standardisierte Residuen zwischen -1.7 und 1.5. Die Standorte 83 und 86 haben die gleichen PHo-Werte, doch sollte – gemäß der Prädiktion durch die Regressoren – der PHo-Wert am Standort 83 ($\hat{Y}_{83} = 4.705$) deutlich größer sein als am Standort 86 ($\hat{Y}_{86} = 4.288$). Dies kann ein Anlass sein, nach zusätzlichen Prädiktoren Ausschau zu halten, damit solche Differenzen behoben werden können.

Der Residuenplot der standardisierten Residuen über den Prädiktionswerten weist neben $i = 7$ noch $i = 21$ als Ausreißer aus (vgl. Abb. 3.5 oben links). Der Pulk der Beobachtungen liegt in einem horizontal ausgerichteten Streifen um die Nulllinie herum, was für die Passgüte des linearen Regressionsmodells LM(8) spricht.

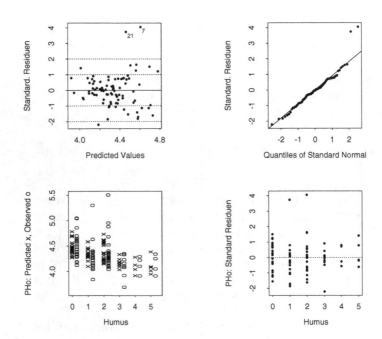

Abb. 3.5. 8-fache lineare Regression der Datei **Spessart**, Kriteriumsvariable PHo. Oben: Residuenplot (standardisierte Residuen über Prädiktionswerte) und normal probability plot der Residuen. Unten: Beobachtungswerte (○) und Prädiktionswerte (×) über Humus (HU), sowie standardisierte Residuen über HU.

Der normal probability plot der standardisierten Residuen (Abb. 3.5 oben rechts) lässt die beiden Ausreißer-Fälle erkennen, ansonsten unterstützt er die Normalverteilungs-Annahme (wie sie bei unseren Inferenz-statistischen Aussagen ja benötigt wird).

Mit Hilfe der Residuen prüfen wir auch die Voraussetzung der Unkorreliertheit der aufeinander folgenden Beobachtungen. Da hier die Standorte gitterförmig über einer Fläche verteilt sind – und die Zählung der Standorte spaltenweise von Süden nach Norden erfolgte, mit durchschnittlich fünf Standorten in einer Spalte – ist über die räumliche Nähe der Standorte eine Autokorrelation der 87 Beobachtungen denkbar. Die Werte der Durbin-Watson Statistik und der Autokorrelation der Residuen, das sind

$$DW = 1.974, \qquad r_e(1) = -0.001,$$

liegen nahe 2 bzw. 0 und machen die Annahme serieller Unkorreliertheit glaubhaft.

Der Einfluss der betragsmäßig am stärksten mit PHo korrelierten Variablen HU soll nochmal gesondert studiert werden (vgl. Abb 3.5 unten). Die Prädiktionswerte $\hat{Y}_i$ bzw. die standardisierten Residuen im Modell LM(8), über den 6 Werten von HU aufgetragen, sind entlang einer fallenden Geraden (links) bzw. der Null-Horizontalen (rechts) ausgerichtet.

Splus   R

```
# Multiple lineare Regression mit Residuenplots
# Erzeugung der zwei Abbildungen 3.5 oben
ph.mlr<- lm(PHo~NG+HO+AL+BS+BT+BW+DU+HU)
#Praediktionswerte pred und Residuenwerte res
pred<- predict(ph.mlr); res<- residuals(ph.mlr)
# Standardisierte Residuen stres bilden
si<- summary(ph.mlr)$sigma; ha<- lm.influence(ph.mlr)$hat
stres<- res/(si*sqrt(1-ha))
plot(pred,stres,xlab="Predicted Values",ylab="Standard.Resid")
# Normal Probability Plot mit Standard. Residuen
qqnorm(stres,ylab="Standard. Residuen",cex=0.8)
qqline(stres)
```

SPSS

```
* Multiple lineare Regression mit Normal Probability Plot.
* und Residuenplot (Residuen- ueber Praediktions-Werte).
Regression Variables= PHo NG HO AL BS BT BW DU HU
    /Dependent=PHo /Method=Enter /Residuals=Durbin Normprob
    /Scatterplot = (*Resid,*Pred).
```

3.4.2 Fishers Linearitätstest

Vor Ausführung der linearen Regressionsanalyse kann die Hypothese geprüft werden, ob die Annahme einer linearen Abhängigkeit der Größe $\mathbb{E}(Y_i)$ von den Regressorenwerten $x_{1i}, \ldots, x_{mi}$ berechtigt ist. Voraussetzung zur Durchführung dieses Tests ist, dass Wertesätze $(x_{1i}, \ldots, x_{mi})$, welche die Regressorvariablen $x_1, \ldots, x_m$ annehmen, mehrfach auftreten. Wir bezeichnen mit

- k die Anzahl der verschiedenen Wertesätze der $(x_1, \ldots, x_m)$, wobei nach Voraussetzung $k < n$ gilt,

- $n_1, \ldots, n_k$ die Häufigkeiten, mit denen die k Wertesätze vorkommen $(n_1 + \ldots + n_k = n)$.

Zugrunde gelegt wird für den Fisherschen Linearitätstest das Modell der einfachen Varianzanalyse, mit k Gruppen und Stichprobenumfängen $n_1, \ldots, n_k$, vgl. 2.1.1. Führen wir für die Beobachtungswerte Y eine der Gruppierung entsprechende Doppelindizierung ein, so lässt sich

$$Y_{ij} = \mu_i + e_{ij}, \qquad i = 1, \ldots, k, \ j = 1, \ldots, n_i,$$

schreiben. Die Hypothese der linearen Regression lautet nun, dass der Erwartungswert μ_i der i-ten Gruppe linear von den x-Werten abhängt,

$$H_0: \ \mu_i = \alpha + \beta_1 x_{1i} + \ldots + \beta_m x_{mi}, \qquad i = 1, \ldots, k.$$

Im Modell der einfachen Varianzanalyse setzt man (das SQE in 2.1.1 wird jetzt SQI genannt)

$$SQI = \sum_{i=1}^{k} \sum_{j=1}^{n_i} (Y_{ij} - \bar{Y}_i)^2, \qquad [\bar{Y}_i = \tfrac{1}{n_i} \sum_{j=1}^{n_i} Y_{ij} \ \text{Gruppenmittel}].$$

Mit den Schätzern $\hat{\alpha}$, $\hat{\beta}_j$ für α, β_j im Modell der Regressionsanalyse „Y über $x_1, \ldots, x_m$" und mit dem Prädiktionswert $\hat{Y}_i = \hat{\alpha} + \hat{\beta}_1 x_{1i} + \ldots + \hat{\beta}_m x_{mi}$ definiert man ferner

$$SQE = \sum_{i=1}^{k} \sum_{j=1}^{n_i} (Y_{ij} - \hat{Y}_i)^2.$$

Führen wir noch

$$SQD = \sum_{i=1}^{k} n_i \cdot (\bar{Y}_i - \hat{Y}_i)^2$$

ein, so erhalten wir die Formel $SQE = SQD + SQI$ der Streuungszerlegung, und kommen zur Teststatistik

$$F = \frac{MQD}{MQI}, \qquad [MQD = \tfrac{SQD}{k-m-1}, \quad MQI = \tfrac{SQI}{n-k}].$$

F ist unter H_0 und der Normalverteilungs-Annahme $F_{k-m-1,n-k}$-verteilt, so dass H_0 (Linearität in den $x_1, \ldots, x_m$) verworfen wird, falls

$$F > F_{k-m-1,n-k,1-\alpha} \qquad \text{[Fishers Linearitätstest]}$$

gilt. Zusammengefasst werden die relevanten Größen in der folgenden ANOVA-Tafel. Ihr innerer Teil bezieht sich auf Fishers Linearitätstest, ihr äußerer Teil auf den globalen F-Test aus 3.1.2 [$\sum_i = \sum_{i=1}^{k}$, $\sum_i \sum_j = \sum_{i=1}^{k} \sum_{j=1}^{n_i}$].

Tafel der Varianzanalyse für den Linearitätstest von Fisher

Variationsursache	SQ	FG	MQ
Regression	$SQR = \sum_i n_i(\hat{Y}_i - \bar{Y})^2$	m	$MQR = \frac{SQR}{m}$
Abw. der Gruppenmi.	$SQD = \sum_i n_i(\bar{Y}_i - \hat{Y}_i)^2$	k-m-1	$MQD = \frac{SQD}{k-m-1}$
innerhalb der Gruppe	$SQI = \sum_i \sum_j (Y_{ij} - \bar{Y}_i)^2$	n-k	$MQI = \frac{SQI}{n-k}$
Abw. der Y-Werte	$SQE = \sum_i \sum_j (Y_{ij} - \hat{Y}_i)^2$	n-m-1	$MQE = \frac{SQE}{n-m-1}$
Total	$SQT = \sum_i \sum_j (Y_{ij} - \bar{Y})^2$	n-1	

Die Variationsursache zu SQD und SQE lautet ausgeschrieben: Abweichung der Gruppenmittel von der Regression bzw. Abweichung der Beobachtungswerte Y von der Regression.

SQD wird *lack-of-fit* Quadratsumme genannt; SQI, d. i. die Summe der Abweichungsquadrate der Y-Werte vom jeweiligen Gruppenmittel, wird als *pure-error* Quadratsumme bezeichnet. Im Fall $m = 1$ bringt Abb. 3.6 eine Veranschaulichung der Größen $Y_{ij} - \bar{Y}_i$ (*pure error*), $\bar{Y}_i - \hat{Y}_i$ (*lack of fit*) und $\hat{Y}_i - \bar{Y}$.

3.5 Korrelationsanalyse

Im Folgenden werden wir (neben der Kriteriumsvariablen Y) auch die m Regressoren $X_1, \ldots, X_m$ als Zufallsvariable ansehen. Ausgangspunkt ist also ein $(m + 1)$-dimensionaler Zufallsvektor $(Y, X_1, \ldots, X_m)$, der n mal (unabhängig voneinander) beobachtet wird und zu n Datenvektoren der Form

$$(y_1, x_{11}, x_{21}, \ldots, x_{m1})$$
$$(y_2, x_{12}, x_{22}, \ldots, x_{m2})$$
$$\cdots \qquad \cdots \qquad \cdots \qquad (3.4)$$
$$(y_n, x_{1n}, x_{2n}, \ldots, x_{mn})$$

führt. Es interessiert die wechselseitige Beeinflussung der Y-Variablen auf der einen und des Satzes der X-Variablen auf der anderen Seite. Im Unterschied zum Regressionsproblem nehmen wir (zunächst) keine Differenzierung nach Kriteriums- und Kovariablen vor. Erst in 3.5.2 wird ein Teil der Variablen in eine den Kovariablen vergleichbare Funktion gestellt. Wir werden i. F. alle Variablen, sowohl y als auch die x_j's, in Kleinbuchstaben schreiben. Im Fall $m = 1$ wurde in 1.4.1 bereits der bivariate Korrelationskoeffizient $r_{xy} \equiv r(x, y)$ von x und y eingeführt, in 1.4.3 der partielle Korrelationskoeffizient $r_{xy|z} \equiv r(x, y|z)$ von x und y, gegeben z. Der bivariate Koeffizient $r(x, y)$ wird

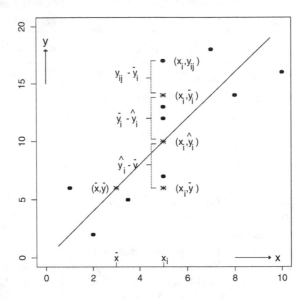

Abb. 3.6. Abweichungsgrößen beim Linearitätstest von Fisher im Fall eines einzigen Regressors ($m = 1$)

verallgemeinert zum multiplen Koeffizienten $r((x_1, \ldots, x_m), y)$, der partielle Koeffizient $r(x, y|z)$ zu einem $r(x, y|z_1, \ldots, z_m)$.

Der multiple Korrelationskoeffizient $r((x_1, \ldots, x_m), y)$ beschreibt die Korrelation der Variablen Y mit dem ganzen Vektor $(X_1, \ldots, X_m)$, der partielle Korrelationskoeffizient $r(x, y|z_1, \ldots, z_m)$ die Korrelation der Variablen X und Y nach Bereinigung des Einflusses von $Z_1, \ldots, Z_m$ auf diese.

Die diversen Korrelationskoeffizienten konstituieren nicht so sehr eine eigene Methodenfamilie; vielmehr dienen sie in vielen anderen Analysen als Hilfsgrößen: In der Regressionsanalyse begegnet man die multiple Korrelation als Bestimmtheitsmaß R^2 (in 3.3) und die partielle Korrelation bei der schrittweisen Variablenselektion (in 3.3.1). Ferner treten die bivariaten Koeffizienten in der Faktoranalyse und (in Form von Autokorrelationen) in der Residuenanalyse (3.4.1 d)) und in der Zeitreihenanalyse (Kap. 9) auf.

3.5.1 Multipler Korrelationskoeffizient

Gegeben sei das Datenschema (3.4). Wir definieren den (empirischen)

multiplen Korrelationskoeffizienten $r(x, y)$ von y und x,

x der Vektor $(x_1, \ldots, x_m)$, als den bivariaten Korrelationskoeffizienten der y-Werte und der Prädiktionswerte $\hat{y}$; das heißt wir setzen

$$r(x,y) \; = \; r(\hat{y}, y) \; = \; \frac{s_{\hat{y}\, y}}{s_{\hat{y}} \cdot s_y}, \qquad (3.5)$$

wobei das zweite Gleichheitszeichen bereits in 1.4.1 festgestellt wurde. In (3.5) bezeichnen $s_{\hat{y}\, y}$ und $r(\hat{y}, y)$ die (empirische) Kovarianz bzw. Korrelation der bivariaten Stichprobe

$$(\hat{y}_1, y_1), \ldots, (\hat{y}_n, y_n), \qquad \hat{y}_i = \hat{\alpha} + \hat{\beta}_1 x_{1i} + \ldots + \hat{\beta}_m x_{mi}, \quad i = 1, \ldots, n,$$

$s_{\hat{y}}$ und s_y die Standardabweichung der entsprechenden univariaten Stichpro-ben $(\hat{y}_1, \ldots, \hat{y}_n)$ und $(y_1, \ldots, y_n)$. Die Prädiktionswerte $\hat{y}_i$ kommen aus der m-fachen linearen Regression „y über $x_1, \ldots, x_m$", vgl. 3.1.1. Aufgrund der Beziehung $s_{\hat{y}\, y} = s_{\hat{y}}^2$ haben wir auch

$$r(x,y) \; = \; \frac{s_{\hat{y}}}{s_y}.$$

Wir führen noch weitere nützliche Formeln für den multiplen Korrelationsko-effizienten an. Für das Quadrat von $r(x,y)$ gilt

$$\bigl(r(x,y)\bigr)^2 \; = \; R^2 \; \equiv \; \frac{SQR}{SQT},$$

wobei SQR und SQT in 3.1.2 eingeführt wurden und R^2 im Abschn. 3.3 als Bestimmtheitsmaß der Regression „y über $x_1, \ldots, x_m$" verwendet wur-de. Schließlich ist $r(x,y)$ auch der maximale Wert der bivariaten Korrelation zwischen y und einer Linearkombination der $x_1, \ldots, x_m$. Es gilt nämlich

$$r(x,y) \; = \; \max\{ r(y^*, y) : y^* = c_0 + c_1 x_1 + \ldots + c_m x_m \}, \qquad (3.6)$$

wobei das Maximum über alle Koeffizienten $c_0, \ldots, c_m$ gebildet wird. Aus der Formel (3.6) folgert man für $r(x,y)$, $x = (x_1, \ldots, x_m)$,

$$0 \le r(x,y) \le 1, \quad |r(x_j, y)| \le r(x,y) \;\; \text{für jedes } j = 1, \ldots, m,$$

$$r(x,y) \; = \; |r(x_1, y)|, \quad \text{falls } m = 1, x = x_1.$$

(3.6) ergibt zusammen mit (3.5) das *Dualitätsprinzip*:

Unter allen Linearkombinationen $y^* = c_0 + c_1 x_1 + \ldots + c_m x_m$ der Variablen $x_1, \ldots, x_m$ ist die Linearkombination

$$\hat{y} = \hat{\alpha} + \hat{\beta}_1 x_1 + \ldots + \hat{\beta}_m x_m$$

(mit $\hat{\alpha}$ und den Regressionskoeffizienten $\hat{\beta}_j$ als Lösungen der Normalgleichun-gen) gerade diejenige, welche
 • die Residuen-Quadratsumme $\sum_{i=1}^n (y_i - y_i^*)^2$ minimiert
und gleichzeitig
 • die Korrelation $r(y^*, y)$ von y^* und y maximiert.

3.5.2 Partieller Korrelationskoeffizient

Hier erweitern wir das Schema (3.4) in der Weise, dass wir einen $(m + 2)$-dimensionalen Zufallsvektor

$$(Y, X, Z), \quad Z = (Z_1, \ldots, Z_m),$$

zugrunde legen, dessen n-malige (unabhängige) Beobachtung zu den n Datenvektoren

$$(y_1, x_1, z_{11}, \ldots, z_{m1})$$
$$(y_2, x_2, z_{12}, \ldots, z_{m2})$$
$$\ldots \qquad \ldots \qquad \ldots \qquad (3.7)$$
$$(y_n, x_n, z_{1n}, \ldots, z_{mn})$$

führt. Dann definiert man den (empirischen) partiellen Korrelationskoeffizienten von x und y, gegeben $z = (z_1, \ldots, z_m)$, durch

$$r(x, y|z) = \frac{a_{xy}}{\sqrt{a_{xx} \cdot a_{yy}}} \, .$$

Dabei haben wir die Koeffizienten a_{xx}, a_{xy}, a_{yy} der symmetrischen 2×2-Matrix

$$A \equiv \begin{pmatrix} a_{xx} & a_{xy} \\ a_{xy} & a_{yy} \end{pmatrix} = S(u, u) - S(u, z) \cdot S^{-1}(z, z) \cdot S(z, u) \qquad (3.8)$$

benutzt, mit den (empirischen) Kovarianzmatrizen $S(u, u)$, $S(z, z)$, $S(u, z) = S^\top(z, u)$. Unter Benutzung der Abkürzung $u = (x, y)$ sind diese wie folgt als 2×2-, $m \times m$-, $2 \times m$-Matrizen definiert:

$$S(u, u) = \begin{pmatrix} s_x^2 & s_{xy} \\ s_{xy} & s_y^2 \end{pmatrix}, \qquad S(z, z) = \left(s_{z_j z_k}, \ j, k = 1, \ldots, m \right),$$

$$S(u, z) = \begin{pmatrix} s_{x z_1}, \ldots, s_{x z_m} \\ s_{y z_1}, \ldots, s_{y z_m} \end{pmatrix}.$$

Im Spezialfall $m = 1$, in dem z also 1-dimensional ist, erhalten wir die schon in 1.4.3 aufgetretene Formel

$$r(x, y|z) = \frac{r(x, y) - r(x, z) \, r(y, z)}{\sqrt{[1 - (r(x, z))^2][1 - (r(y, z))^2]}} \, ,$$

und den schon dort besprochenen Zusammenhang mit der einfachen linearen Regression. Im Spezialfall $m = 2$ gilt die Formel

$$r(x, y|z_1, z_2) = \frac{r(x, y|z_2) - r(x, z_1|z_2) \, r(y, z_1|z_2)}{\sqrt{[1 - (r(x, z_1|z_2))^2][1 - (r(y, z_1|z_2))^2]}} \, .$$

Diese Rekursionsformeln lassen sich auf die Fälle $m = 3, 4, \ldots$ ausdehnen, vgl. Anderson (1958).

Ein Zusammenhang mit der partiellen F-Teststatistik wurde bereits in 3.1.2 erwähnt: Die F-Teststatistik zum Prüfen der Hypothese $\beta_m = 0$ im Regressionsmodell „y über $x_1, \ldots, x_m$" kann geschrieben werden als

$$F(x_m|x_1, \ldots, x_{m-1}) = (n-m-1)\,\frac{r^2}{1-r^2}, \quad r = r(x_m, y|z), \; z = (x_1, \ldots, x_{m-1})$$

Die Umkehrformel lautet

$$r^2 = \frac{1}{1 + (n - m - 1)/F}\,, \qquad F = F(x_m|x_1, \ldots, x_{m-1}). \tag{3.9}$$

Diesen Zusammenhang mit dem partiellen F-Test der Regressionsanalyse nützt man auch zum Testen der partiellen Korrelation auf den Wert 0. Dazu wird der (wahre) partielle Korrelationskoeffizient $\rho_{xy|z}$ definiert als

$$\rho_{xy|z} = \frac{\alpha_{xy}}{\sqrt{\alpha_{xx} \cdot \alpha_{yy}}}\,,$$

wobei die α-Koeffizienten in Analogie zu den in (3.8) eingeführten empirischen a-Koeffizienten definiert werden, aber für die Grundgesamtheit (statt wie oben für die Stichprobe), vgl. Nollau (1975), Arnold (1981), Pruscha (1996). Sei wieder $z = (x_1, \ldots, x_{m-1})$ und $x = x_m$ gesetzt. Man verwirft die Hypothese

$$H_0: \quad \rho_{x_m y|z} = 0\,,$$

falls $F(x_m|x_1, \ldots, x_{m-1}) > F_{1,n-m-1,1-\alpha}$, bzw. äquivalent, falls

$$\sqrt{n - m - 1}\,\frac{|r|}{\sqrt{1 - r^2}} > t_{n-m-1,1-\alpha/2}\,, \qquad r = r(x_m, y|z)\,.$$

Fallstudie **Spessart.** Für die Variablen
$Y = \mathrm{PHo}, \; X = (X_1, \ldots, X_8) = (\mathrm{NG, HO, AL, BS, BT, BW, DU, HU})$, lautet der multiple Korrelationskoeffizient gemäß 3.1.2

$$r(x, y) \equiv \sqrt{R^2} = \sqrt{0.3928} = 0.6267\,,$$

was eine mäßig starke Korrelation zwischen Y und dem Satz X der acht Variablen darstellt.

Ferner vergleichen wir die paarweisen bivariaten Korrelationen zwischen PHo und den acht Variablen NG,...,HU mit den paarweisen partiellen Korrelationen zwischen PHo und den acht Variablen, wenn jeweils die restlichen sieben Variablen gegeben sind (im Ansatz sind). Der letztere Koeffizient, für den Augenblick r genannt, berechnet sich aus dem t-Wert der Tabelle 3.3 in 3.1.2 gemäß (3.9) nach der Formel

$$r^2 = \frac{1}{1 + \frac{n-m-1}{t^2}} \qquad \text{[hier ist } n - m - 1 = 87 - 8 - 1 = 78].$$

Zu jedem Korrelationswert ist in der folgenden Tafel der zugehörige P-Wert gestellt. Dieser gehört zum Signifikanztest, der die Hypothese eines (wahren) Korrelationswertes 0 prüft. Der P-Wert zur partiellen Korrelation ist derselbe wie derjenige zum t-Wert der Tabelle 3.3 in 3.1.2.

Man beobachtet die Phänomene, dass sich durch die Hinzunahme der restlichen Variablen in den Ansatz

• die Korrelation von PHo mit einer Variablen betragsmäßig abschwächt [bei AL, BT, wobei die Korrelation von PHo mit BT sogar die Signifikanz verliert]

• die Korrelation von PHo mit einer Variablen betragsmäßig verstärkt [bei NG, HO, BS, DU, wobei die Korrelation von PHo mit HO sogar signifikant wird]

• das Vorzeichen der Korrelation umkehrt [bei BW, allerdings auf einem nicht signifikanten Niveau]

Variable x_j	bivariate Korr. $r(x_j, PHo)$	P-Wert	partielle Korr. $r(x_j, PHo|Rest)$	P-Wert
NG	−0.020	0.852	−0.218	0.052
HO	−0.158	0.142	−0.331	0.003
AL	0.100	0.357	0.084	0.460
BS	0.078	0.473	0.178	0.114
BT	0.273	0.010	0.198	0.078
BW	−0.049	0.649	0.097	0.392
DU	0.345	0.001	0.440	< .001
HU	−0.374	< .001	−0.376	0.001

| SPSS |

```
*Auf der Hauptdiagonalen: Partielle Korrelationskoeffizienten.
*PHo mit je 1 Variablen, bedingt durch die restl.7 Variablen.
Partial Corr PHo  with  NG HO AL BS BT BW DU HU  by
      HU DU BW BT BS AL HO NG(7).
```

3.6 Kovarianzanalyse

Die Kovarianzanalyse stellt eine Verknüpfung von Varianz- und Regressionsanalyse dar. Es wird der gleichzeitige Mittelwerteinfluß von kategorialen Variablen (Faktoren) und metrischen Variablen (Regressoren, hier Kovariable genannt) auf eine metrische Kriteriumsvariable analysiert. Demgemäß können in einem Modell der Kovarianzanalyse jeweils zwei Arten von Hypothesen geprüft werden: Varianzanalytische Hypothesen („Faktoren haben keinen Einfluss") und regressionsanalytische Hypothesen („Kovariablen haben keinen Einfluss"). Aber selbst in Situationen, in denen allein Hypothesen vom varianzanalytischen Typ von Interesse sind, lohnt sich oft die Aufnahme von Kovariablen in die Analyse, weil die Stichprobenwerte auf den einzelnen Stufen des Faktors dadurch von (evtl. störenden) Einflüssen der Kovariablen bereinigt werden können (homogenisierende Variable). Im Folgenden sprechen wir bei Anwesenheit eines Faktors [zweier Faktoren] von einfacher [zweifacher] Kovarianzanalyse.

3.6.1 Lineares Modell und Schätzer der einfachen Kovarianzanalyse

Es mögen k Stichproben (k Gruppen, k Stufen eines Faktors A) vorliegen, und damit eine Aufteilung des Stichprobenumfanges n in die Umfänge $n_1, \ldots, n_k$: $n = n_1 + \ldots + n_k$. Ferner sei – neben der Kriteriumsvariablen Y – eine reellwertige metrische Kontrollvariable, die sogenannte Kovariable x, vorhanden. Für die i-te Gruppe liegen dann die Daten

$$(x_{i1}, Y_{i1}), \ (x_{i2}, Y_{i2}), \ \ldots, \ (x_{i,n_i}, Y_{i,n_i})$$

vor. Mit den $k+1$ Parametern $\mu_1, \ldots, \mu_k, \beta$ schreibt man das Lineare Modell in der Form

$$Y_{ij} = \mu_i + \beta \cdot (x_{ij} - \bar{x}) + e_{ij}, \quad j = 1, \ldots, n_i, \ i = 1, \ldots, k,$$

mit $\bar{x} = (1/n) \sum_{i=1}^{k} \sum_{j=1}^{n_i} x_{ij}$ als Gesamtmittel der x-Werte. Wir nehmen an, daß für mindestens ein i die $x_{i1}, \ldots, x_{i,n_i}$ nicht alle identisch sind.

Man erhält als MQ-Schätzer für die μ_i die sogenannten *adjustierten* Gruppenmittel

$$\hat{\mu}_i = \bar{Y}_i - \hat{\beta} \cdot (\bar{x}_i - \bar{x}) \qquad [\ \bar{x}_i = \tfrac{1}{n_i} \sum_{j=1}^{n_i} x_{ij}, \ \bar{Y}_i = \tfrac{1}{n_i} \sum_{j=1}^{n_i} Y_{ij}].$$

Als Schätzer für β, den sog. Regressionskoeffizienten *innerhalb*, ergibt sich

$$\hat{\beta} \equiv b_I = \frac{\sum_i \sum_j (Y_{ij} - \bar{Y}_i)(x_{ij} - \bar{x}_i)}{\sum_i \sum_j (x_{ij} - \bar{x}_i)^2} = \frac{1}{SQE_{xx}} \sum_i \sum_j (x_{ij} - \bar{x}_i) \cdot Y_{ij},$$

wobei die Summen stets $\sum_{i=1}^{k} \sum_{j=1}^{n_i}$ lauten und

$$SQE_{xx} = \sum_i \sum_j (x_{ij} - \bar{x}_i)^2$$

bedeutet. Mit den Prädiktionswerten $\hat{Y}_{ij} = \bar{Y}_i + \hat{\beta} \cdot (x_{ij} - \bar{x}_i)$ schreibt man

$$SDE = \sum_i \sum_j \left(Y_{ij} - \hat{Y}_{ij}\right)^2 \equiv \sum_i \sum_j \left(Y_{ij} - \bar{Y}_i - \hat{\beta} \cdot (x_{ij} - \bar{x}_i)\right)^2.$$

Als erwartungstreuen Schätzer für σ^2 erhält man dann

$$\hat{\sigma}^2 = \frac{SDE}{n-k-1} \equiv MDE.$$

Simultane Konfidenzintervalle

Für einen Koeffizientenvektor $c = (c_1, \ldots, c_k)$ mit $\sum_{i=1}^k c_i = 0$ seien ein linearer Kontrast ψ_c der μ_i's und sein Schätzer $\hat{\psi}_c$ gegeben, das sind

$$\psi_c = \sum_{i=1}^k c_i \, \mu_i \quad \text{und} \quad \hat{\psi}_c = \sum_{i=1}^k c_i \, \hat{\mu}_i, \qquad \hat{\mu}_i = \bar{Y}_i - \hat{\beta} \cdot (\bar{x}_i - \bar{x}),$$

Letzteres die adjustierten Gruppenmittel. Ein simultanes Konfidenzintervall für ψ_c zum Niveau $1-\alpha$, das für alle Koeffizienten $c = (c_1, \ldots, c_k)$ mit $\sum_i^k c_i = 0$ gleichzeitig gültig ist, lautet

$$\hat{\psi}_c - S \cdot \text{se}(\hat{\psi}_c) \leq \psi_c \leq \hat{\psi}_c + S \cdot \text{se}(\hat{\psi}_c),$$

mit dem Schefféschen Quantil S und mit dem Standardfehler $\text{se}(\hat{\psi}_c)$ für $\hat{\psi}_c$, berechnet jeweils als Wurzel aus

$$S^2 = (k-1) \cdot F_{k-1,n-k-1,1-\alpha}, \quad \left(\text{se}(\hat{\psi}_c)\right)^2 = MDE \cdot \left(\sum_i \frac{c_i^2}{n_i} + \frac{\left(\sum_i c_i \, \bar{x}_i\right)^2}{SQE_{xx}}\right).$$

$$(3.10)$$

Im Spezialfall der Paarvergleiche $\psi_{ij} = \mu_i - \mu_j$ der i-ten mit der j-ten Gruppe erhalten wir

$$\hat{\psi}_{ij} = \bar{Y}_i - \bar{Y}_j - \hat{\beta} \cdot (\bar{x}_i - \bar{x}_j),$$

und der Standardfehler für $\hat{\psi}_{ij}$ ist die Wurzel aus

$$\left(\text{se}(\hat{\psi}_{ij})\right)^2 = MDE \cdot \left(\frac{1}{n_i} + \frac{1}{n_j} + \frac{(\bar{x}_i - \bar{x}_j)^2}{SQE_{xx}}\right).$$

3.6.2 F-Tests der einfachen Kovarianzanalyse

Entsprechend den zwei Komponenten des kovarianzanalytischen Modells lässt sich eine varianz- und eine regressionsanalytische Hypothese formulieren und testen.

Test der varianzanalytischen Hypothese

Zum Prüfen der Hypothese

$$H_A: \quad \mu_1 = \ldots = \mu_k$$

gleicher Gruppen-Erwartungswerte führen wir die Quadratsumme

$$SDT = \sum_i \sum_j \left(Y_{ij} - \bar{Y} - b_T \cdot (x_{ij} - \bar{x}) \right)^2$$

ein, mit dem Regressionskoeffizienten *total*

$$b_T = \frac{\sum_i \sum_j (Y_{ij} - \bar{Y})(x_{ij} - \bar{x})}{\sum_i \sum_j (x_{ij} - \bar{x})^2} = \frac{1}{SQT_{xx}} \sum_i \sum_j (x_{ij} - \bar{x}) \, Y_{ij} \,,$$

wobei $SQT_{xx} = \sum_i \sum_j (x_{ij} - \bar{x})^2$ gesetzt wurde. Es gilt die Formel

$$SDT = SDE + SDA$$

der Streuungszerlegung, mit

$$SDA = \sum_i \sum_j \left(\bar{Y}_i - \bar{Y} + b_I \cdot (x_{ij} - \bar{x}_i) - b_T \cdot (x_{ij} - \bar{x}) \right)^2 \qquad [b_I \equiv \hat{\beta}].$$

Wir erhalten im Normalverteilungs-Fall die unter H_A

$$F_{k-1, n-k-1} - \text{verteilte Teststatistik} \quad F = \frac{MDA}{MDE}, \qquad MDA = \frac{SDA}{k-1}.$$

Wir kommen so zur

ANOVA-Tafel für die einfache Kovarianzanalyse
Testen von $H_A : \mu_1 = \mu_2 = \ldots = \mu_k$ [zuerst Kovariablen-Anpassung]

Variationsursache	S (Quadratsumme)	FG	M = S/FG
Kovariable	SQT – SDT	1	
zwischen den Gruppen	SDA	$k-1$	MDA
innerhalb der Gruppen	SDE	n–k–1	MDE
Total	$SQT = \sum_i \sum_j (Y_{ij} - \bar{Y})^2$	$n-1$	$\bullet\ F = \frac{MDA}{MDE}$

F-Test der regressionsanalytischen Hypothese

Zum Prüfen der Hypothese $H_\beta : \beta = 0$ führen wir die aus der einfachen Varianzanalyse bekannte Quadratsumme *innerhalb*

$$SQE = \sum_i \sum_j (Y_{ij} - \bar{Y}_i)^2$$

ein und erhalten die Formel

$$SQE = SDE + b_I^2 \cdot SQE_{xx}$$

der Streuungszerlegung. Wir stellen die unter H_β

$$F_{1,n-k-1} - \text{verteilte Teststatistik} \quad F = \frac{b_I^2 \cdot SQE_{xx}}{MDE}$$

auf (Normalverteilungs-Annahme getroffen), so dass wir zu folgender Tafel gelangen:

ANOVA-Tafel für die einfache Kovarianzanalyse
Test der Hypothese $H_\beta : \beta = 0$ [zuerst Haupteffekten-Anpassung]

Variationsursache	S (Quadratsumme)	FG	M = S/FG
zwischen den Gruppen	$SQA = \sum_i n_i (\bar{Y}_i - \bar{Y})^2$	k-1	
Kovariable	$SQE - SDE =$ [1]	1	SQE – SDE
innerhalb der Gruppen	SDE	n-k-1	MDE
Total	SQT	n-1	• $F = \frac{SQE-SDE}{MDE}$

[1] $= b_I^2 \cdot \sum_i \sum_j (x_{ij} - \bar{x}_i)^2$

3.6.3 Lineares Modell und Schätzer der zweifachen Kovarianzanalyse

Es liegen zwei Faktoren A und B vor, die auf I bzw. J Stufen variieren. Auf jeder Stufenkombination (i, j) werden K Meßwiederholungen vorgenommen, und zwar sowohl der Kriteriumsvariablen Y als auch der Kovariablen x. Die k-te Messwiederholung in der Zelle (i, j) wird mit $Y_{ij,k}$ bzw. $x_{ij,k}$ bezeichnet, so dass

$$(x_{ij,1}, Y_{ij,1}), \ (x_{ij,2}, Y_{ij,2}), \ \ldots \ , \ (x_{ij,K}, Y_{ij,K})$$

die Daten auf der Stufenkombination (i, j) sind. Das Lineare Modell lautet dann

$$Y_{ij,k} = \mu_0 + \alpha_i + \beta_j + \gamma_{ij} + \beta \cdot (x_{ij,k} - \bar{x}) + e_{ij,k} \,, \tag{3.11}$$

mit $i = 1, \ldots, I, \ j = 1, \ldots, J, \ k = 1, \ldots, K$, und

$$\bar{x} = \frac{1}{n} \sum_i \sum_j \sum_k x_{ij,k}, \quad n = IJK.$$

Wir setzen voraus, daß für mindestens eine Zelle (i, j) nicht alle x-Werte $x_{ij,1}$, ..., $x_{ij,K}$ identisch sind. Wir setzen

$$\mu_{ij} = \mu_0 + \alpha_i + \beta_j + \gamma_{ij} \qquad (3.12)$$

und können dann (3.11) in der Form

$$Y_{ij,k} = \mu_{ij} + \beta \cdot (x_{ij,k} - \bar{x}) + e_{ij,k} \qquad (3.13)$$

einer einfachen Kovarianzanalyse mit $I \cdot J$ Gruppen schreiben. Unter den Nebenbedingungen

$$NB \qquad \sum_i \alpha_i = \sum_j \beta_j = \sum_i \gamma_{ij} = \sum_j \gamma_{ij} = 0$$

ist die Darstellung der μ_{ij}'s in (3.12) eindeutig. Es gibt $(I+1)(J+1)+1$ Parameter, davon wegen NB nur $IJ+1$ freie. Für die Größen (3.12) erhalten wir gemäß 3.6.1 als Schätzer die *adjustierten* Zellenmittel

$$\hat{\mu}_{ij} = \bar{Y}_{ij} - \hat{\beta} \cdot (\bar{x}_{ij} - \bar{x}), \qquad [\bar{Y}_{ij} = \tfrac{1}{K} \sum_k Y_{ij,k} \ , \ \bar{x}_{ij} \text{ entspr.}],$$

mit dem (empirischen) Regressionskoeffizienten *innerhalb*

$$\hat{\beta} \equiv b_I = \frac{\sum_i \sum_j \sum_k (Y_{ij,k} - \bar{Y}_{ij})(x_{ij,k} - \bar{x}_{ij})}{\sum_i \sum_j \sum_k (x_{ij,k} - \bar{x}_{ij})^2} .$$

Die Parameter μ_0, α_i, β_j, γ_{ij} werden wie folgt geschätzt:

$$\hat{\mu}_0 = \bar{Y} \qquad\qquad [\bar{Y} = \frac{1}{n} \sum_i \sum_j \sum_k Y_{ij,k}]$$

$$\hat{\alpha}_i = \bar{Y}_{i.} - \bar{Y} - \hat{\beta} \cdot (\bar{x}_{i.} - \bar{x}), \qquad [\bar{Y}_{i.} = \frac{1}{JK} \sum_j \sum_k Y_{ij,k}, \ \bar{x}_{i.} \text{ entspr.}]$$

$$\hat{\beta}_j = \bar{Y}_{.j} - \bar{Y} - \hat{\beta} \cdot (\bar{x}_{.j} - \bar{x})$$
$$\hat{\gamma}_{ij} = \bar{Y}_{ij} - \bar{Y}_{i.} - \bar{Y}_{.j} + \bar{Y} - \hat{\beta} \cdot (\bar{x}_{ij} - \bar{x}_{i.} - \bar{x}_{.j} + \bar{x}).$$

Die $\hat{\alpha}_i$, $\hat{\beta}_j$, $\hat{\gamma}_{ij}$ sind die *adjustierten* Schätzer der zweifachen Varianzanalyse (vgl. 2.2.1). Mit

$$SDE = \sum_i \sum_j \sum_k \left(Y_{ij,k} - \bar{Y}_{ij} - \hat{\beta} \cdot (x_{ij,k} - \bar{x}_{ij}) \right)^2$$

erhalten wir als erwartungstreuen Schätzer für $\sigma^2 = \mathrm{Var}(e_{ij,k})$

$$\hat{\sigma}^2 = \frac{SDE}{n - IJ - 1} \equiv MDE.$$

Simultane Konfidenzintervalle

Gegeben sei ein linearer Kontrast ψ_c der μ_{ij}'s, d. h. eine Linearkombination

$$\psi_c = \sum_{i=1}^{I} \sum_{j=1}^{J} c_{ij}\,\mu_{ij}\,, \qquad \sum_i \sum_j c_{ij} = 0\,.$$

Man stellt simultane Konfidenzintervalle zum Niveau $1 - \alpha$ im Rahmen des Modells (3.13) der einfachen Kovarianzanalyse mit $I \cdot J$ Gruppen auf. Mit dem Schätzer

$$\hat{\psi}_c = \sum_i \sum_j c_{ij}\,\hat{\mu}_{ij}\,, \qquad \hat{\mu}_{ij} = \bar{Y}_{ij} - \hat{\beta} \cdot (\bar{x}_{ij} - \bar{x})\,,$$

für ψ_c lauten sie

$$\hat{\psi}_c - S \cdot \mathrm{se}(\hat{\psi}_c) \leq \psi_c \leq \hat{\psi}_c + S \cdot \mathrm{se}(\hat{\psi}_c)\,,$$

wobei zur Berechnung von S und $\mathrm{se}(\hat{\psi}_c)$ die Größen k, n_i aus Gleichungen (3.10) durch IJ, K zu ersetzen sind, und die Summen $\sum_i$, $\sum_i \sum_j$ durch $\sum_i \sum_j$, $\sum_i \sum_j \sum_k$. Das heißt, es ist

$$S^2 = (IJ - 1) \cdot F_{IJ-1,\,n-IJ-1,\,1-\alpha}$$

und, mit $SQE_{xx} = \sum_i \sum_j \sum_k (x_{ij,k} - \bar{x}_{ij})^2$,

$$\left(\mathrm{se}(\hat{\psi}_c)\right)^2 = MDE \cdot \left(\sum_i \sum_j \frac{c_{ij}^2}{K} + \frac{\left(\sum_i \sum_j c_{ij}\,\bar{x}_{ij}^2 \right)^2}{SQE_{xx}} \right).$$

Im speziellen Fall der Paarvergleiche $\psi_{ij,i'j'} = \mu_{ij} - \mu_{i'j'}$ der Zellen (i,j) und (i',j') gilt

$$\hat{\psi}_{ij,i'j'} = \bar{Y}_{ij} - \bar{Y}_{i'j'} - \hat{\beta} \cdot (\bar{x}_{ij} - \bar{x}_{i'j'})\,,$$

und der Standardfehler ist die Wurzel aus

$$\left(\mathrm{se}(\hat{\psi}_{ij,i'j'})\right)^2 = MDE \cdot \left(\frac{2}{K} + \frac{(\bar{x}_{ij} - \bar{x}_{i'j'})^2}{SQE_{xx}} \right).$$

Fallstudie **Insekten,** siehe Anhang A.4. Wir führen eine zweifache Kovarianzanalyse durch, und zwar mit

- Kriteriumsvariable $Y = \log_{10}(Z)$, Z die Anzahl der in der Falle befindlichen Insekten als Maß für die Aktivitätsdichte am gegebenen Ort und Termin (zur Log-Transformation von Z siehe 2.4.3)
- Faktor A Behandlung (Beh) auf den drei Stufen Unbehandelt, Dimilinbehandelt, Ambush-behandelt

- Faktor B Termin (Term) auf fünf Stufen, das sind die fünf Messtermine *nach* Applikation
- Kovariable $x = \log_{10}(z_0)$, z_0 die Aktivitätsdichte *vor* Applikation.

Die folgende Tafel zeigt die *adjustierten* 15 Zellenmittelwerte $\hat{\mu}_{ij}$,

$$\hat{\mu}_{ij} = \bar{Y}_{ij} - \hat{\beta} \cdot (\bar{x}_{ij} - \bar{x}),$$

für die drei Behandlungsformen $i = 1, 2, 3$ und die fünf Termine $j = 1, \ldots 5$. Dabei wurden die Werte

$$\hat{\beta} = 0.414,\ \bar{x} = 1.513,\ \bar{x}_{1j} = \bar{x}_{1\cdot} = 1.606,\ \bar{x}_{2j} = \bar{x}_{2\cdot} = 1.455,\ \bar{x}_{3j} = \bar{x}_{3\cdot} = 1.477$$

eingesetzt. Die Mittelwerte $\bar{x}_{1\cdot}, \bar{x}_{2\cdot}, \bar{x}_{3\cdot}$ der Kovariablen x sind in der Tafel dazugesetzt worden (die Kovariable x bleibt ja jeweils über die 5 Termine konstant gleich), ebenso (in Klammern) die 15 arithmetischen Zellenmittelwerte $\bar{Y}_{ij}$. Letztere sind auch in Abb. 3.7 als Verlaufskurven aufgetragen. Diese Kurven sind zu den in 2.4.3 abgebildeten parallel, aber untereinander verschoben.

Behandlung	Kovariable x	Termin				
	vor Appl.	1.nach	2.nach	3.nach	4.nach	5.nach
Unhehandelt	1.606	1.900	1.728	1.744	1.506	1.818
		(1.939)	(1.766)	(1.782)	(1.545)	(1.857)
Dimilin	1.455	1.658	1.533	1.750	1.568	1.761
		(1.634)	(1.510)	(1.726)	(1.545)	(1.737)
Ambush	1.477	1.830	1.784	2.044	1.848	1.995
		(1.815)	(1.769)	(2.029)	(1.833)	(1.980)

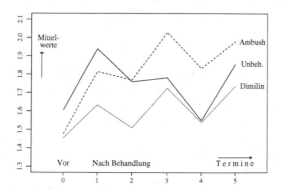

Abb. 3.7. Zellenmittelwerte der Variable $Y = \log_{10}(Z)$, Z die Variable `Anzahl` in der Datei `Insekten`.

Im Vergleich zu den entsprechenden arithmetischen Mittelwerten sind die adjustierten Mittelwerte bei Unbehandelt durchweg kleiner, bei Dimilin- und

Ambush-behandelt durchweg größer. Das liegt daran, dass die unbehandelten Flächen die höheren Kovariablen-Werte x aufweisen als die Dimilin- und Ambush-behandelten.

Mittels der Bonferroni-Technik sollen die 30+15 Vergleiche zwischen je zwei Terminen (innerhalb der gleichen Behandlung) und zwischen je zwei Behandlungsformen (innerhalb gleicher Termine) durchgeführt werden [Niveau $\alpha = 0.01$].

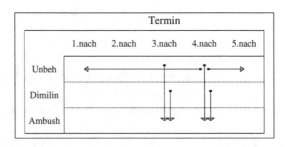

Abb. 3.8. Signifikante Termin-Unterschiede innerhalb der gleichen Behandlungsform und signifikante Behandlungs-Unterschiede innerhalb des gleichen Termins ($\alpha = 0.01$), basierend auf den adjustierten Zellenmittelwerten.

Dazu benötigen wir das Quantil $t_0 = t_{209,1-0.005/45} = 3.75$, den Versuchsfehler $\hat{\sigma} \equiv \sqrt{MDE} = 0.1937$ (siehe nach 3.6.4) und für den Paarvergleich i, j versus i', j' den Standardfehler $\mathrm{se}(\hat{\psi}_{ij,i'j'})$, der für die verschiedenen Vergleiche wenig variiert und ≈ 0.071 beträgt. Übersteigt eine Differenz $\hat{\mu}_{ij} - \hat{\mu}_{i'j}$ bzw. $\hat{\mu}_{ij} - \hat{\mu}_{ij'}$ zweier Zellen betragsmäßig den kritischen Wert

$$d = \mathrm{se}(\hat{\psi}_{ij,i'j'}) \cdot t_0 \approx 0.27,$$

so werden die Zellen als signifikant verschieden gewertet. Der Wert d stellt gleichzeitig die halbe Breite der simultanen (Bonferroni) Konfidenzintervalle für $\mu_{ij} - \mu_{i'j}$ bzw. $\mu_{ij} - \mu_{ij'}$ zum Niveau $1 - \alpha = 0.99$ dar.

Termin-Unterschiede fallen demnach nur zweimal signifikant aus, nämlich innerhalb Unbehandelt der Termin 4 im Vergleich zum 1. und zum 5. Termin. Signifikante Behandlungs-Unterschiede zu Unbehandelt weist Ambush zu den Terminen 3 und 4 auf (allerdings mit den höheren Werten für Ambush), Dimilin überhaupt nicht auf (Abb. 3.8). Insgesamt konnte durch diese Studie eine Insekten-reduzierende Wirkung der zwei Behandlungsformen nicht nachgewiesen werden.

Programme siehe im Anschluss an 3.6.4.

3.6.4 F-Tests der zweifachen Kovarianzanalyse

Ebenso wie bei der einfachen Kovarianzanalyse in 3.6.2 unterscheiden wir wieder die varianz- und die regressionsanalytischen Hypothesen.

Test der varianzanalytischen Hypothese

Wir betrachten die Hypothese

$$H_A : \alpha_1 = \ldots = \alpha_I = 0$$

gleicher Faktor A Stufen-Mittelwerte („Faktor A hat keinen Einfluss"). Zu ihrer Prüfung führen wir die Quadrat- und Produkt-Summen

$$SQE_{xx} = \sum_i \sum_j \sum_k (x_{ij,k} - \bar{x}_{ij})^2$$

$$SQA_{xx} = JK \sum_i (\bar{x}_{i\cdot} - \bar{x})^2$$

$$SPE_{xy} = \sum_i \sum_j \sum_k (Y_{ij,k} - \bar{Y}_{ij})(x_{ij,k} - \bar{x}_{ij})$$

$$SPA_{xy} = JK \sum_i (\bar{Y}_{i\cdot} - \bar{Y})(\bar{x}_{i\cdot} - \bar{x})$$

ein, sowie

$$S_A = SQE + SQA - \frac{(SPE_{xy} + SPA_{xy})^2}{SQE_{xx} + SQA_{xx}}.$$

Dabei sind $SQE \equiv SQE_{yy}$, $SQA \equiv SQA_{yy}$ analog zu SQE_{xx}, SQA_{xx} definiert, aber mit Y-Werten anstatt mit x-Werten (den Tiefindex $_{yy}$ lassen wir also weg). Völlig analog zu S_A führt man S_B ein. Mit

$$SDA = S_A - SDE, \qquad MDA = \frac{SDA}{I-1},$$

erhalten wir unter H_A die im Normalverteilungs-Fall

$$F_{I-1,n-IJ-1} - \text{verteilte Teststatistik} \quad F_A = \frac{MDA}{MDE}.$$

In gleicher Weise testen wir die Hypothese $H_B : \beta_1 = \ldots = \beta_J = 0$. Die Hypothese fehlender Wechselwirkung, das ist

$$H_{AB} : \qquad \gamma_{11} = \ldots = \gamma_{IJ} = 0,$$

schließlich prüft man mit der unter H_{AB}

$$F_{(I-1)(J-1),n-IJ-1} - \text{verteilten Teststatistik} \quad F_{AB} = \frac{MDAB}{MDE}$$

(Normalverteilungs-Annahme getroffen). Dabei ist

$$MDAB = \frac{SDAB}{(I-1)(J-1)}$$

$$SDAB = SQE + SQAB - \frac{(SPE_{xy} + SPAB_{xy})^2}{SQE_{xx} + SQAB_{xx}} - SDE$$

und

$$SPAB_{xy} = K \sum_i \sum_j (\bar{Y}_{ij} - \bar{Y}_{i.} - \bar{Y}_{.j} + \bar{Y})(\bar{x}_{ij} - \bar{x}_{i.} - \bar{x}_{.j} + \bar{x}),$$

$SQAB_{xx}$, $SQAB \equiv SQAB_{yy}$ entsprechend.

Zusammenfassung aller relevanten Größen zum Testen der varianzanalytischen Hypothesen

$$H_A: \alpha_1 = \ldots = \alpha_I = 0, \ H_B: \beta_1 = \ldots = \beta_J = 0, \ H_{AB}: \gamma_{11} = \ldots = \gamma_{IJ} = 0$$

in der

ANOVA-Tafel für die zweifache Kovarianzanalyse
[zuerst Kovariablen-Anpassung]

Variationsurs.	Summe S	FG	S/FG	F-Test
Kovariable	SQT – SDH – SDE	1		
Faktor A	SDA = S_A – SDE	I-1	MDA	$F_A = \frac{MDA}{MDE}$
Faktor B	SDB = S_B – SDE	J-1	MDB	$F_B = \frac{MDB}{MDE}$
Wechselwirkung	SDAB = S_{AB} – SDE	(I-1)(J-1)	MDAB	$F_{AB} = \frac{MDAB}{MDE}$
Innerhalb	SDE = SQE – $\frac{SPE_{xy}^2}{SQE_{xx}}$	n-IJ- 1	MDE	
Total	SQT	n-1		

Hierbei ist

$$SDH = SDA + SDB + SDAB, \quad SQT = \sum\sum\sum(Y_{ij,k} - \bar{Y})^2,$$

und S_{AB} wird analog zu S_A, S_B gebildet.

Test der regressionsanalytischen Hypothese

Den Test der regressionsanalytischen Hypothese

$$H_\beta: \quad \beta = 0$$

stellen wir gleich zusammengefasst in der folgenden ANOVA-Tafel dar.

ANOVA-Tafel der zweifachen Kovarianzanalyse
[zuerst Haupteffekten-Anpassung (einschl. Wechselwirkung)]

Variationsurs.	Summe S	FG	S/FG	F-Test
Haupteffekte	SQH	IJ-1	MQH	
Kovariable	$SQE - SDE = \frac{SPE_{xy}^2}{SQE_{xx}}$	1	SQE-SDE	$F_\beta = \frac{SQE-SDE}{MDE}$
Innerhalb	SDE	n-IJ-1	MDE	
Total	SQT	n-1		

wobei wir $SQH = SQA + SQB + SQAB$ gesetzt haben. Die Teststatistik F_β besitzt also 1, n-IJ-1 Freiheitsgrade.

Fallstudie **Insekten.** Wir führen wie in 3.6.3 eine zweifache Kovarianzanalyse durch, und zwar mit

- der Kriteriumsvariablen $Y = \log_{10}(Z)$, Z Anzahl der in der Falle befindlichen Insekten,
- dem Faktor A Behandlung (Beh), dem Faktor B Termin (Term),
- der Kovariablen $x = \log_{10}(z_0)$, z_0 Aktivitätsdichte vor Applikation.

Als Hilfsanalyse betrachten wir eine zweifache Varianzanalyse (ohne Kovariable x) wie in Abschn. 2.2, mit den beiden Faktoren A und B, aus der wir (ohne Tabelle) die Größen

SQH = SQA + SQB + SQAB = 5.1597,
SQE = 8.8221,   SQT = 13.9818

entnehmen. In der Kovarianzanalyse reduziert sich der Error-(Innerhalb-) Term SQE auf SDE = 7.8396, was zu einer Schätzung von

$$\hat{\sigma} = \sqrt{SDE/209} = 0.1937$$

für den „Versuchsfehler" führt, ein Wert, der in 3.6.3 bei der Feinanalyse der Zellenmittelwerte bereits verwendet wurde.

Test der varianzanalytischen Hypothesen H_A, H_B, H_{AB}
[zuerst Kovariablen-Anpassung]

Variationsursache	Summe S	FG	S/FG	F-Test	P-Wert
Kovariable	1.1002	1			
A Beh	2.3437	2	1.1718	$F_A = 31.24$	0.000
B Term	1.7314	4	0.4328	$F_B = 11.54$	0.000
AxB Beh x Term	0.9667	8	0.1208	$F_{AB} = 3.22$	0.002
Innerhalb	7.8397	209	0.0375		
Total	13.9818	224			

Die Haupteffekte, also die Wirkungen der beiden Faktoren Beh und Term, sind hochsignifikant, ebenso – wenn auch mit geringerer Signifikanz – ihre Wechselwirkung; Letzteres wird auch aus der deutlichen Nicht-Parallelität der Verlaufskurven in der obigen Abb. 3.7 deutlich. Aufgrund der vorhandenen Wechselwirkung ist nicht auszuschließen, dass die Signifikanz des einen Faktors durch die Wirkung des anderen hervorgerufen worden ist. Auf jeden Fall gibt die Analyse der Zellenunterschiede in 3.6.3 detaillierte Auskunft.

Insgesamt entsprechen die Ergebnisse denen der zweifachen Varianzanalyse aus 2.4.3; dort wurde die Anfangsaktivität nicht als eine Kovariable berücksichtigt, sondern durch Relativierung des Kriteriums auf diese.

Ebenso weist die Kovariable x – nach Berücksichtigung der Faktoreinflüsse – gemäß der folgenden Tafel einen hochsignifikanten Einfluss auf. Die Vernachlässigung der Anfangsaktivität hätte zu Verfälschungen der Analyse geführt.

Test der regressionsanalytischen Hypothese $H_\beta : \beta = 0$
[zuerst Haupteffekten-Anpassung]

Variationsursache	Summe S	FG	S/FG	F-Test	P-Wert
Haupteffekte	5.1597	14			
Kovariable	0.9824	1	0.9824	$F_\beta = 26.19$	0.000
Innerhalb	7.8396	209	0.0375		
Total	13.9818	224			

| SPLUS | | R | Variablen Z und Z0 im Anhang A.4 definiert.

```
ABEH<- factor(rep(c("1","2","3"),c(75,75,75)))
for (i in 1:45) { for (j in 1:5) Termin[(i-1)*5+j]<- j}
BTERM<- factor(Termin,levels=c(1,2,3,4,5))
Y<- log10(Z); X<- log10(Z0)
# Zweifache Kovarianzanalyse: Zuerst Haupteffekten-Anpassung
fall.aov<-  aov(Y~ABEH*BTERM+Z0); summary(fall.aov)
```

| SAS | Variablen Y und x im Anhang A.4 definiert.

```
* Zweifache Kovarianzanalyse mit Kriterium Y;
* Faktoren Beh und Term, Kovariable x, Adjust. Mittelwerte;
Proc Glm;
    Classes Beh Term;
    Model Y = Beh Term Beh*Term x/Solution;
    LSmeans Beh Term Beh*Term;
```

4

Kategoriale Datenanalyse

Die Varianzanalyse prüft die Abhängigkeit einer metrischen Kriteriumsvariablen Y von kategorialen Faktoren, die im Folgenden zu besprechende logistische Regressionsanalyse behandelt das Problem einer kategorialen Kriteriumsvariablen Y und metrischer Regressoren. Dabei werden wir die Fälle unterscheiden, in denen die Variable Y zwei Alternativen oder mehrere Alternativen annehmen kann (Abschnitte 4.1 und 4.2). Innerhalb des mehrkategorialen Falles wird noch der häufig auftretende Spezialfall diskutiert, dass diese Kategorien in einer Ordnung stehen (ordinal-skaliert sind). Die logistischen Regressionsmodelle der ersten beiden Abschnitte werden – nicht hier, aber z. B. bei Fahrmeir & Tutz (2001) – innerhalb der sogenannten *generalisierten* linearen Modelle (GLM) analysiert.

Es bleibt das varianz- und regressionsanalytische Problem in solchen Fällen, in denen ausschließlich kategoriale Variablen im Spiel sind. Einen Ansatz zu seiner Behandlung bieten Analysen, die auf Kontingenztafeln aufbauen. Zunächst behandeln wir (in den Abschnitten 4.3 und 4.4) zweidimensionale Kontingenztafeln. Das Prüfen auf Unabhängigkeit wurde bereits in 1.4.5 behandelt. Wir steuern hier Ergänzungen bei: Das verwandte Homogenitätsproblem, das multiple Testen in Kontingenztafeln und die Analyse von Tafeln mit strukturellen Nullen.

Dann werden (im Abschn. 4.5) sogenannte log-lineare Modelle für höherdimensionale Kontingenztafeln eingeführt, und zwar als lineare Modelle für den Logarithmus der zugrunde liegenden Wahrscheinlichkeiten. Während die log-linearen Modelle der varianzanalytischen Begriffswelt entstammen, sind die artverwandten Logit-Modelle von regressionsanalytischer Bauart (4.6).

4.1 Binäre logistische Regression

Liegt eine kategoriale Kriteriumsvariable Y vor, die in Abhängigkeit von m Regressorvariablen $x_1, \ldots, x_m$ analysiert werden soll, so ist das Modell der linearen Regression nicht brauchbar. Insbesondere gilt dies für eine dichotome (binäre) Variable Y, die nur die Werte 0 und 1 annimmt, was wir zunächst annehmen wollen. Der Erwartungswert von Y ist auf das Intervall $[0, 1]$ beschränkt; durch Aufsetzen einer sogenannten

Response-Funktion $F(x)\,, x \in \mathbb{R}$,   mit Werten im Intervall $[0, 1]$,

wird die Linearkombination $\eta = \alpha + \beta_1 x_1 + \beta_2 x_2 + \ldots + \beta_m x_m$ der Regressoren ebenfalls auf dieses Intervall begrenzt. Wir kommen zum Ansatz der Form

$$\mathbb{E}(Y) \;=\; \mathbb{P}(Y = 1) \;=\; F(\eta).$$

Wir befinden uns hier im Bereich nichtlinearer statistischer Modelle, für welche es in der Regel keine „exakten", sondern nur noch asymptotische (also für große n gültige) Inferenzmethoden gibt, vgl. dazu 1.5.2.

In der Fallstudie **Spessart**, siehe Anhang A.1, wählen wir als Kriteriumsvariable den Blattverlust (Defoliation) der Buche (BuDef) an den $n = 82$ Buchen-Standorten. Den Blattverlust, der in den Kategorien

   BuDef $=$ $0 \approx 0\,\%$, $1 \approx 12.5\,\%$, $2 \approx 25\,\%$, $\ldots$

gemessen wurde, wird hier reduziert auf die Alternativen

   $Y = 0$ kein Blattverlust [d. h. BuDef $= 0$],
   $Y = 1$ Blattverlust [d. h. BuDef ≥ 1].

Als Regressoren dienen wie im Abschn. 3.1 eine Reihe von Standortgrößen,

   $x_1, \ldots, x_8 =$ NG, HO, AL, BS, BT, DU, HU, PHo.

Stellen wir die Verteilungen der Alterswerte (AL), getrennt nach den beiden Alternativen Y = 0 und Y = 1, in Form von Boxplots (1.2.2) dar, so fällt auf, dass höheres Alter eher mit Blattverlust einhergeht als geringeres. Ähnlich – aber weniger auffällig – verhält es sich mit der Größe Humusdicke (HU), während die Variable Meereshöhe (HO) kaum eine Differenzierung bezüglich der beiden Alternativen erfährt.

   Anders als bei den 2-Stichproben Vergleichen im Abschn. 1.3 ist die Zugehörigkeit eines Standortes zu einer der beiden Alternativen (ohne/mit Blattverlust) zufällig, während die Gruppenzugehörigkeit dort fest vorgegeben ist.

Splus   Datei der n $=$ 82 Buchen-Standorte

```
# Erzeugung der Abb. 4.1, Faktor BuDefol mit Levels 0 und 1
BuDef<- pmin(B1-1,1)
BuDefol<- factor(BuDef,levels=c("0","1"))
levels(BuDefol)<- c("ohne Defol.","mit Defol.")
spess99v<- data.frame(BuDefol,HO,AL,HU)
#Box-plots fuer HO,AL,HU, jeweils BuDefol=0 und 1
plot.factor(spess99v)
```

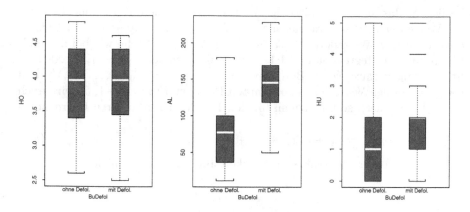

Abb. 4.1. Boxplots für die Variablen Meereshöhe HO, Alter AL, Humus HU, aufgespaltet nach den Werten $Y = 0$ (ohne Defoliation) und $Y = 1$ (mit Defoliation). Datei `Spessart`, Buchen-Standorte.

4.1.1 Modell und Parameterschätzung

Die logistische Regression benutzt als Responsefunktion die logistische Funktion

$$F(t) = \frac{1}{1 + e^{-t}} \equiv \frac{e^t}{1 + e^t}, \quad t \in \mathbb{R},$$

vgl. Abb. 4.2, welche die sog. Logit-Funktion als Umkehrfunktion besitzt,

$$\mathrm{Logit}(s) = \ln\left(\frac{s}{1-s}\right), \quad 0 < s < 1.$$

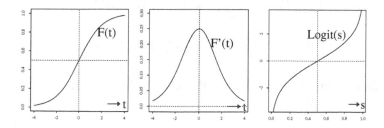

Abb. 4.2. Die logistische Funktion $F(t) = e^t/(1 + e^t)$, ihre Ableitung $F'(t) = F(t)(1 - F(t))$ und ihre Umkehrfunktion $\mathrm{Logit}(s)$.

Für den Fall Nr. i mögen die Werte

$$Y_i, x_{1i}, x_{2i}, \ldots, x_{mi}, \qquad i = 1, \ldots, n, \tag{4.1}$$

vorliegen, das sind: der Wert der Kriteriumsvariablen Y (0 oder 1) sowie die Werte der Regressorvariablen $x_1, x_2, \ldots, x_m$. Das Datenschema ist also – abgesehen vom Wertebereich der Variablen Y – das gleiche wie bei der multiplen linearen Regression in 3.1.1. Die Zufallsvariablen $Y_1, \ldots, Y_n$ werden als unabhängig vorausgesetzt. Bezeichnet man mit $\beta = (\beta_0, \beta_1, \ldots, \beta_m)^T$ den p-dimensionalen Vektor der unbekannten Parameter ($p = m + 1$, β_0 wird auch mit α bezeichnet), so bildet man für den Fall Nr. i den linearen Regressionsterm

$$\eta_i(\beta) = \beta_0 + \beta_1 x_{1i} + \ldots + \beta_m x_{mi}, \qquad i = 1, \ldots, n. \qquad (4.2)$$

Kürzt man ferner die Wahrscheinlichkeit für das Eintreten des Ereignisses $Y_i = 1$ mit

$$\pi_i(\beta) = P(Y_i = 1)$$

ab, so lautet das Modell der binären logistischen Regression

$$\pi_i(\beta) = F\big(\eta_i(\beta)\big) \equiv \frac{1}{1 + \exp\left(-\eta_i(\beta)\right)}, \qquad i = 1, \ldots, n. \qquad (4.3)$$

Äquivalent zu (4.3): Das Logit $\ln\left(\pi_i/(1 - \pi_i)\right)$, $\pi_i = \pi_i(\beta)$, unterliegt dem linearen Ansatz:

$$\ln\left(\frac{\pi_i}{1 - \pi_i}\right) = \eta_i(\beta) \qquad [\eta_i(\beta) \text{ wie in (4.2)}]. \qquad (4.4)$$

Die unbekannten Parameter β_j werden nach der Maximum-Likelihood (ML) Methode ermittelt: Ausgehend vom

$$\text{Likelihood} \quad \prod_{i=1}^{n} \left(\pi_i^{Y_i}(1 - \pi_i)^{(1-Y_i)}\right) \quad \text{der Stichprobe} \quad (4.1)$$

gelangt man über Gleichung (4.4) durch Logarithmieren zur log-Likelihood Funktion $\ell_n = \sum_{i=1}^{n} \left(Y_i \eta_i + \ln(1 - \pi_i)\right)$ oder, in Abhängigkeit von β geschrieben,

$$\ell_n(\beta) = \sum_{i=1}^{n} \left(Y_i \eta_i(\beta) - \ln(1 + e^{\eta_i(\beta)})\right). \qquad (4.5)$$

Als Schätzer $\hat{\beta}$ für den unbekannten Parametervektor β wählt man den ML-Schätzer, definiert durch

$$\ell_n(\hat{\beta}) = \max \ell_n(\beta),$$

wobei das Maximum über alle $\beta = (\beta_0, \ldots, \beta_m)^\top$ gebildet wird. Mit Hilfe des p-dimensionalen Scorevektors $U_n(\beta) \equiv (U_{nj}(\beta), j = 0, \ldots, m) = (d/d\beta)\ell_n(\beta)$,

$$U_{nj}(\beta) \equiv \frac{\partial}{\partial \beta_j} \ell_n(\beta) = \sum_{i=1}^{n} x_{ji} \left(Y_i - \pi_i(\beta)\right) \qquad (4.6)$$

($x_{0i} = 1$), lässt sich $\hat{\beta}$ iterativ aus den ML-Gleichungen

$$U_{nj}(\beta) = 0, \qquad j = 0, \ldots, m \,,$$

berechnen. Wir führen die $p \times p$-Fisher Informationsmatrix

$$I_n(\beta) = X^\top \cdot V(\beta) \cdot X \tag{4.7}$$

ein, mit der $n \times n$-Diagonalmatrix $V(\beta) = \text{Diag}\left(\sigma_i^2(\beta)\right)$,

$$\sigma_i^2(\beta) = \pi_i(\beta)(1 - \pi_i(\beta)) = \frac{1}{2 + \exp(\eta(\beta)) + \exp(-\eta(\beta))} \,,$$

und mit der gleichen $n \times p$-Matrix X der Regressorenwerte x_{ji} wie in 3.1.1 (die i-te Zeile von X heißt also $(1, x_{1i}, \ldots, x_{mi})$). $I_n(\beta)$ ist einerseits die Kovarianzmatrix des Scorevektors $U_n(\beta)$, andererseits die negative Hessematrix von $\ell_n(\beta)$; d. h. für

$$W_n(\beta) = \frac{d^2}{d\beta d\beta^\top} \ell_n(\beta) \equiv \left(\frac{\partial^2}{\partial \beta_j \, \partial \beta_{j'}} \ell_n(\beta), j, j' = 0, \ldots, m \right)$$

gilt $W_n(\beta) = -I_n(\beta)$. Der Standardfehler des Schätzers $\hat{\beta}_j$ für β_j berechnet sich approximativ zu

$$\text{se}(\hat{\beta}_j) = \sqrt{v_{jj}} \,. \tag{4.8}$$

Dabei ist v_{jj} das j-te Diagonalelement der $p \times p$-Matrix $I_n^{-1}(\hat{\beta})$, wobei $I_n^{-1}(\beta)$ das Inverse der Fisher-Informationsmatrix $I_n(\beta)$ bedeutet. Ein Konfidenzintervall für β_j zum asymptotischen Niveau $1 - \alpha$ lautet dann

$$\hat{\beta}_j - u_{1-\alpha/2} \cdot \sqrt{v_{jj}} \leq \beta_j \leq \hat{\beta}_j + u_{1-\alpha/2} \cdot \sqrt{v_{jj}} \,. \tag{4.9}$$

4.1.2 Residuen, Goodness-of-fit

Wir führen die Prädiktions-Wahrscheinlichkeit des i-ten Falles ein,

$$\hat{\pi}_i \equiv \pi_i(\hat{\beta}) \qquad\qquad \text{[predicted probability]}.$$

Ferner definieren wir $Y_i - \pi_i(\hat{\beta})$ als das Residuum des i-ten Falles und

$$Z_i = \frac{Y_i - \hat{\pi}_i}{\sqrt{\hat{\pi}_i(1 - \hat{\pi}_i)}} \qquad \text{als das standardisierte Residuum.}$$

Im Residuenplot werden für alle Fälle $i = 1, \ldots, n$ die standardisierten Residuen Z_i über den predicted probabilities $\hat{\pi}_i$ aufgetragen; ein Plot, der sich allerdings bei dichotomem Y – wie es hier der Fall ist – als weniger aussagekräftig erweist als im Fall der linearen Regression (siehe die Abb. 4.3).

Ein *goodness-of-fit* Test mit der Nullhypothese H_0, dass das Modell (4.3) der logistischen Regression das richtige ist, kann nur durchgeführt werden, falls die verschiedenen Werte-Kombinationen der Regressoren gehäuft vorkommen. Ein solcher Test kann also nicht durchgeführt werden, falls jeder Fall einen verschiedenen Werte-Satz $x_{1i}, \ldots, x_{mi}$ der Regressorvariablen aufweist. Der Wertesatz

$$x_{1i}, \ldots, x_{mi} \quad \text{möge} \quad n_i \quad \text{mal vorkommen,}$$
$$Y_i^* = \text{Summe der } n_i \text{ zugehörigen } Y\text{-Werte,} \quad 0 \leq Y_i^* \leq n_i,$$

$i = 1, \ldots I$, wobei die Anzahl I der verschiedenen Wertesätze deutlich kleiner als die Anzahl $n = n_1 + \ldots + n_I$ der Fälle sein möge. Mit Hilfe der Teststatistik

$$\hat{\chi}^2 = \sum_{i=1}^{I} \frac{\left(Y_i^* - n_i \hat{\pi}_i\right)^2}{n_i \hat{\pi}_i \left(1 - \hat{\pi}_i\right)} \qquad [\chi^2 \text{ goodness-of-fit}],$$

verwirft man H_0, falls $\hat{\chi}^2 > \chi^2_{I-m-1, 1-\alpha}$ ist.

Eine andere Möglichkeit zur Überprüfung der Passgüte des Modells ist die Erstellung einer sogenannten Klassifikationstafel. Dazu wird ein *cutpoint c*, $0 < c < 1$, gewählt und der Fall i der Gruppe 0 bzw. 1 zugeordnet, falls $\hat{\pi}_i \leq c$ bzw. $\hat{\pi}_i > c$. Da der Fall Nr. i ja einen Wert $Y_i = 0$ oder $Y_i = 1$ besitzt, ist diese Zuordnung entweder richtig oder falsch.

Klassifikationstafel

observed	predicted as 0	1	$\sum$
$Y = 0$	N_{00}	N_{01}	N_0
$Y = 1$	N_{10}	N_{11}	N_1

Es ist $N_0 + N_1 = n$. Ein Maß für die Passgüte des Modells ist nun die Prozentzahl der richtig klassifizierten Fälle.

Es sind $\dfrac{N_{00} + N_{11}}{n} \cdot 100\,\%$ der Fälle korrekt klassifiziert.

Zur Wahl des *cutpoints c*: Oft wird $c = 0.5$ gewählt. Eine geeignetere Wahl scheint der Medianwert $\hat{m}$ aller n Werte $\hat{\pi}_i$ zu sein (d.h.: je 50% der $\hat{\pi}_i$-Werte sind kleiner bzw. größer als $\hat{m}$). Noch informativer ist ein Histogramm der $\hat{\pi}_i$-Werte, $i = 1, \ldots, n$, zusammen mit der Angabe, ob der Fall den Y-Wert 0 oder 1 hat; insbesondere kann die obige Klassifikationstafel aus diesem Histogramm ausgezählt werden, bzw. der cutpoint c selbst kann aus diesem Histogramm bestimmt werden, vgl. Abb. 4.3.

4.1.3 Asymptotische χ^2 Test-Statistiken

In Regressionsproblemen sind Methoden von Interesse, welche die Auswahl von „relevanten" Regressoren aus dem Satz aller Regressoren ermöglichen. Wie wir schon bei der linearen Regression im Abschn. 3.3 gesehen haben, kommen dabei to-enter und to-remove Statistiken zum Einsatz.

log-Likelihood Statistik

Wir gehen von einem logistischen Regressionsmodell mit m Regressoren wie in (4.3) aus,

$$LR(m): \qquad \pi_i(\beta_0, \dots, \beta_m) = F\big(\eta_i(\beta_0, \dots, \beta_m)\big),$$

in welchem der ML-Schätzer $\hat{\beta} = (\hat{\beta}_{n,0}, \dots, \hat{\beta}_{n,m})^T$ lautet und die log-Likelihood Funktion an der Stelle $\hat{\beta}$, also $\ell_n(\hat{\beta})$, wie in (4.5) berechnet wird. Zum Prüfen des Submodells mit $m - r$ Regressoren, das ist

$$LR(m - r): \qquad \pi_i(\beta_0, \dots, \beta_{m-r}) = F\big(\eta_i(\beta_0, \dots, \beta_{m-r})\big),$$

das heißt zum Testen der Hypothese

$$H_0: \qquad \beta_{m-r+1} = \dots = \beta_m = 0,$$

berechnet man die ML-Schätzer $\tilde{\beta}_0, \dots, \tilde{\beta}_{m-r}$ im Modell $LR(m - r)$, bildet den entsprechend mit Nullen aufgefüllten Vektor

$$\tilde{\beta} = (\tilde{\beta}_0, \dots, \tilde{\beta}_{m-r}, 0, \dots, 0)^\top, \qquad\qquad (4.10)$$

sowie das zugehörige log-Likelihood $\ell_n(\tilde{\beta})$. Eine Teststatistik zum Prüfen der Hypothese H_0 ist die log-likelihood Quotienten-Statistik

$$\begin{aligned} T_n &= 2\left(\ell_n(\hat{\beta}) - \ell_n(\tilde{\beta})\right) \\ &= 2\sum_{i=1}^{n}\left\{ Y_i\, {x_i}^\top (\hat{\beta} - \tilde{\beta}) - \ln\left(\frac{1 + e^{x_i^\top \hat{\beta}}}{1 + e^{x_i^\top \tilde{\beta}}}\right)\right\}, \qquad \text{[log-LQ]} \end{aligned}$$

mit ${x_i}^\top = (1, x_{1i}, \dots, x_{mi})$. Unter H_0 ist T_n asymptotisch χ_r^2-verteilt.

Aus der Sicht des Untermodells $LR(m-r)$ bildet T_n eine χ^2-to-enter Statistik – in Hinsicht auf die eventuelle Aufnahme der Variablen $x_{m-r+1}, \dots, x_m$. Aus der Sicht des Modells $LR(m)$ ist T_n eine χ^2-to-remove Statistik.

Wald-Statistik

Als χ^2-to-remove Statistik lässt sich auch die folgende Wald-Statistik W_n verwenden: Bezeichne

$$\hat{\beta}_2 = (\hat{\beta}_{n,m-r+1}, \dots, \hat{\beta}_{n,m})^T$$

den Vektor der letzten r Komponenten des ML-Schätzers $\hat{\beta}$ und $G_{22}(\beta)$ die entsprechende (untere rechte) $r \times r$-Untermatrix von $I_n^{-1}(\beta)$, d. h.

$$G_{22}(\beta) = H^T \cdot I_n^{-1}(\beta) \cdot H, \qquad\qquad (4.11)$$

mit $H = \binom{0}{I}$, I hier die $r \times r$-Einheitsmatrix. Sei G_{22}^{-1} das Inverse von G_{22} (i. A. ungleich der unteren rechten $r \times r$-Untermatrix von $I_n(\beta)$). Dann ist

$$W_n = \hat{\beta}_2^\top \cdot G_{22}^{-1}(\hat{\beta}) \cdot \hat{\beta}_2 \qquad \text{[Wald-Teststatistik]}$$

unter H_0 asymptotisch χ_r^2-verteilt. W_n ist als to-remove Statistik geeignet, weil nur der ML-Schätzer $\hat{\beta}$ im vollen Modell $LR(m)$, nicht derjenige im Submodell $LR(m-r)$ benötigt wird.

Im Spezialfall $r = 1$, in dem für ein $j \in \{1, \ldots, m\}$ die Hypothese $\beta_j = 0$ getestet wird (d. h. über das Entfernen des Regressors x_j befunden wird) gilt für die Waldsche Teststatistik $W_n \equiv W_{n,j}$, dass

$$W_{n,j} = \hat{\beta}_{n,j}^2 / v_{jj},$$

mit v_{jj} wie in (4.8) das j-te Diagonalelement von $I_n^{-1}(\hat{\beta})$. $W_{n,j}$ ist unter $\beta_j = 0$ asymptotisch χ_1^2-verteilt, d. h. unter $\beta_j = 0$ ist

$$T_{n,j} = \frac{\hat{\beta}_{n,j}}{\sqrt{v_{jj}}} \quad \text{asymptotisch } N(0,1)\text{-verteilt.}$$

Score-Statistik

Als χ^2-to-enter Statistik lässt sich die folgende Score-Statistik S_n verwenden. Es bezeichne

$$U_2(\beta) = (U_{n,m-r+1}(\beta), \ldots, U_{n,m}(\beta))^\top$$

den Vektor der letzten r Komponenten des Scorevektors, vgl. (4.6), $\tilde{\beta}$ wie in (4.10) den (mit Nullen aufgefüllten) Vektor mit den ML-Schätzern für β im Submodell $LR(m-r)$ und $G_{22}(\beta)$ die $r \times r$-Matrix aus (4.11). Dann ist

$$S_n = U_2^\top(\tilde{\beta}) \cdot G_{22}(\tilde{\beta}) \cdot U_2(\tilde{\beta}) \qquad \text{[Score-Teststatistik]}$$

unter H_0 asymptotisch χ_r^2-verteilt. S_n ist als to-enter Statistik geeignet, weil nur der ML-Schätzer $\tilde{\beta}$ im Submodell $LR(m-r)$ verwendet wird. Im Spezialfall $r = 1$, in welchem für ein $j \in \{1, \ldots, m\}$ über die Hypothese $\beta_j = 0$ entschieden wird (das heißt über das Hinzufügen des Regressors x_j zu den $m-1$ übrigen) vereinfacht sich die Score-Statistik $S_n \equiv S_{n,j}$ zu

$$S_{n,j} = (U_{n,j}(\tilde{\beta}))^2 \cdot \tilde{v}_{jj}, \qquad [\tilde{v}_{jj} \text{ j-tes Diagonalelement von } I_n^{-1}(\tilde{\beta})].$$

Unter $\beta_j = 0$ ist $S_{n,j}$ asymptotisch χ_1^2-verteilt.

Schrittweise logistische Regression

Wie im Modell der linearen Regression in 3.3.1 wird bei der *forward* Prozedur Schritt für Schritt dem Satz der (sich schon im Ansatz befindenden) Regressoren ein weiterer hinzugefügt. Dabei wird jeweils diejenige Regressorvariable ausgewählt, die (unter den noch nicht im Ansatz sich befindenden)

den größten χ^2-to-enter Wert aufweist. Das χ^2-to-enter bezieht sich dabei auf eine der beiden Teststatistiken

$$T_n \;(\text{log-Likelihood}) \quad \text{oder} \quad S_n \;(\text{Score}),$$

mit jeweils einem Freiheitsgrad. Bei der *backward* Prozedur wird schrittweise eine Variable entfernt, nach Maßgabe des kleinsten χ^2-to-remove Wertes der Teststatistiken

$$T_n \;(\text{log-Likelihood}) \quad \text{oder} \quad W_n \;(\text{Wald}).$$

Fallstudie **Spessart.** Wir führen eine binäre logistische Regression für die n = 82 Buchen-Standorte durch, mit
- der Kriteriumsvariablen Y = 0 oder 1 (d. i. ohne bzw. mit Defoliation),
- den acht Regressoren $x_1, \ldots, x_8$ = NG, HO, AL, BS, BT, DU, HU, PHo,

vergleiche auch die Fallstudie vor 4.1.1. Die folgende Tafel gibt die Schätzer $\hat{\beta}_j$ der Regressionskoeffizienten wieder, zusammen mit ihren Standardfehlern $\text{se}(\hat{\beta}_j)$ und den – aus der Waldschen Teststatistik abgeleiteten – Werten $T_{n,j} \equiv T = \hat{\beta}_j / \text{se}(\hat{\beta}_j)$.

Regressor	Koeffizient	Standardfehler	T-Statistik	P-Wert
Intercept	−20.9703	8.7348	−2.401	0.017
NG	0.0382	0.0446	0.857	0.392
HO	0.6142	0.7278	0.844	0.399
AL	0.0271	0.0085	3.186	0.002
BS	−0.6203	0.2159	−2.873	0.004
BT	1.0301	0.7906	1.291	0.197
DU	−1.9116	1.1320	−1.689	0.092
HU	0.5571	0.2844	1.959	0.050
PHo	3.7406	1.5504	2.413	0.016

Die Variablen Alter (AL), Beschirmung (BS), PH-Wert (PHo) sind signifikant, jeweils als Prädiktor für Blattverlust zusätzlich zu den restlichen Variablen, nicht dagegen Meereshöhe (HO). Dies entspricht auch unserer (allerdings nicht zwingenden) Erwartung aus Abb. 4.1 oben. Prüfen wir mit einem Test die globale Hypothese $\beta_1 = \ldots = \beta_8 = 0$, so führt die log-LQ Teststatistik, mit den Schätzern $\hat{\beta} = (\hat{\beta}_0, \ldots, \hat{\beta}_8)$ und $\tilde{\beta} = (\tilde{\beta}_0, 0, \ldots, 0)$, zu ihrer Verwerfung. Es ist nämlich

$$T_n = 2\{\ell_n(\hat{\beta}) - \ell(\tilde{\beta})\} \;=\; (-58.429) - (-112.454) \;=\; 54.025 \;>\; \chi^2_{8,0.99} = 20.09\,.$$

Eine schrittweise logistische Regression nach der *forward* Methode liefert die folgende Ergebnistabelle. Das Einschlusskriterium ist dabei ein P-Wert ≤ 0.10 der *to-enter* Score-Statistik S_n.

Stufe	Regressor	Score S_n	P-Wert	Variablen im Ansatz
1	AL	28.551	0.000	AL
2	BS	8.485	0.004	AL, BS
3	PHo	4.331	0.037	AL, BS, PHo
4	Du	2.723	0.099	AL, BS, PHo, Du
5	Hu	2.709	0.100	AL, BS, PHo, Du, Hu

Bringt die Hinzunahme der Variablen AL^2, das ist das quadrierte Alter, als neunter Regressor x_9 (zusätzlich zu den Regressoren x_1 bis x_8) eine signifikante Verbesserung der Anpassungsgüte des Modells? Wir erhalten die folgenden log-Likelihoodwerte (mal 2)

Regressionsmodell mit 8 Regressoren NG,...,PHo: $2 \cdot \ell_n(\hat{\beta}) = -58.429$

Regressionsmodell mit 9 Regressoren NG,...,PHo,AL^2: $2 \cdot \ell_n(\hat{\beta}) = -55.306$.

Die Differenz der Werte, das ist der Wert der log-LQ Teststatistik T_n, beträgt 3.123 und ist wegen $\chi^2_{1,0.95} = 3.842$ nicht signifikant. Auf eine weitere Mitnahme des Regressores AL^2 kann deshalb verzichtet werden.

Auf der Grundlage des Modells mit den acht Regressoren $x_1, \ldots, x_8$ berechnen wir für jeden der n = 82 Fälle den Regressionsterm $\hat{\eta}_i$ und die Prädiktions-Wahrscheinlichkeit $\hat{\pi}_i$, $i = 1, \ldots, n$, gemäß

$$\hat{\eta}_i \equiv \eta_i(\hat{\beta}) = \hat{\beta}_0 + \hat{\beta}_1 x_{1i} + \ldots + \hat{\beta}_8 x_{8i}, \qquad \hat{\pi}_i \equiv \pi_i(\hat{\beta}) = \frac{e^{\hat{\eta}_i}}{1 + e^{\hat{\eta}_i}}.$$

Diese Prädiktions-Wahrscheinlichkeiten $\hat{\pi}_i$ werden über den Werten $\hat{\eta}_i$ des Regressionsterms aufgetragen, vgl. Abb. 4.3 oben links. Es wird die Funktion $F(\eta)$, $\eta \in \mathbb{R}$, dargestellt; der Pulk der Fälle mit $Y = 0$ liegt auf dem linken Ast der Kurve ($\eta < 0$), während die Fälle mit $Y = 1$ sich hauptsächlich auf dem rechten Ast ($\eta > 0$) befinden.

Ferner wird für jeden der 82 Fälle der standardisierte Residuenwert $(Y_i - \hat{\pi}_i)/s_i$, $s_i = \sqrt{\hat{\pi}_i(1 - \hat{\pi}_i)}$, berechnet und über den Prädiktionswerten $\hat{\pi}_i$, $i = 1, \ldots, n$, aufgetragen (Residuenplot, vgl. Abb. 4.3 oben rechts). Dieser Residuenplot reproduziert die beiden Kurven

$$f(x) = -x/\sqrt{x(1-x)} \quad \text{und} \quad f(x) = (1-x)/\sqrt{x(1-x)},$$

wobei der untere Zweig (Y = 0) [obere Zweig (Y = 1)] mehrheitlich aus Punkten mit $\hat{\pi}_i < 0.5$ [$\hat{\pi}_i > 0.5$] besteht. Dass die Fälle $Y = 0$ und $Y = 1$ durch das Modell gut getrennt werden, wird durch ein Histogramm der Prädiktionswerte – getrennt nach $Y = 0$ (ohne Defoliation) und $Y = 1$ (mit Defoliation) – weiter erhärtet, vgl. Abb. 4.3 unten links und rechts. Wählen wir einen *cutpoint c* aus, $0 < c < 1$, und klassifizieren wir alle Fälle i mit $\hat{\pi}_i < c$ als '0', mit $\hat{\pi}_i \geq c$ als '1', so erhalten wir die folgenden Klassifikationstafeln:

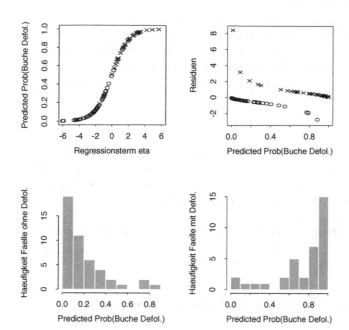

Abb. 4.3. Prädiktions-Wahrscheinlichkeiten (= Prädiktionswerte) über dem Regressionsterm (oben links), Standardisierte Residuen über Prädiktionswerte (oben rechts), jedes Mal differenziert nach Fällen mit Y = 0 (o) und Y = 1 (x); Histogramm der Prädiktionswerte, für die Fälle mit Y = 0 (unten links) und Y = 1 (unten rechts).

	Classified as		
		0	1
c = 0.5	Y=0	42	4
	Y=1	5	31
c = 0.4	Y=0	40	6
	Y=1	5	31

Mit einem cutpoint von c = 0.5 erhalten wir (42+31)/82 × 100% = 89.0% korrekt klassifizierte Fälle. Da der Mittelwert [Median] der Prädiktionswerte $\hat{\pi}_i$ gleich 0.44 [0.31] ist, scheint ein cutpoint von c = 0.4 angemessener zu sein (als der Wert 0.5). Hier ergeben sich immerhin noch (40+31)/82 × 100 % = 86.6 % korrekt klassifizierte Fälle.

Splus   R   Datei der n = 82 Buchen-Standorte

```
# Binaere logistische Regression
BuDef<- pmin(B1-1,1)        # 0,1-wertige Variable BuDef
bu.log<- glm(BuDef~NG+HO+AL+BS+BT+DU+HU+PHo,family=binomial)
summary(bu.log)
# Histogramm der predicted probabilities
```

```
pred<- fitted(bu.log)
pred0<- pred[BuDef==0];  pred1<- pred[BuDef==1]
hist(pred0,xlab="Predicted Prob(Buche Defol.)",
     ylab="Haeufigkeit Faelle ohne Defol.",nclass=10)
hist(pred1,xlab="Predicted Prob(Buche Defol.)",
     ylab="Haeufigkeit Faelle mit Defol.",nclass=10)
```

$\boxed{\text{SAS}}$

```
* Binaere logistische Regression, auch schrittweise;
BuDef=min(B1-1,1);        /* 0,1-wertige Variable BuDef*/
proc logistic desc;       /* 0 = no event, 1 = event */
model BuDef=Ng Ho Al Bs Bt Du Hu PHo;
proc logistic desc;
model BuDef=Ng Ho Al Bs Bt Du Hu PHo/ selection = forward;
```

4.2 Multikategoriale logistische Regression

Die möglichen Werte der Kriteriumsvariablen Y umfasse nun $q \geq 2$ Kategorien, die wir mit $j = 1, 2, \ldots, q$ nummerieren wollen. Zunächst werden diese q Kategorien als rein nominal (ohne innewohnende Anordnung) betrachtet; das führt zum eigentlichen multikategorialen Modell, bei welchem die Wahrscheinlichkeiten $\mathbb{P}(Y = j)$ einem Modellansatz unterworfen werden. Dann behandeln wir den Fall einer ordinal-skalierten Kriteriumsvariablen Y, bei der also die q Kategorien in einer Anordnung stehen. Hier wird die kumulative Wahrscheinlichkeit $\mathbb{P}(Y \leq j)$, dass Y den Wert j nicht überschreitet, modelliert. Man spricht von einem kumulativen Modell.

4.2.1 Multikategoriales Modell

Wir nehmen an, dass die m Regressoren bei der i-ten Beobachtung die Werte $x_{1i}, \ldots, x_{mi}$ besitzen, und dass die kategoriale Kriteriumsvariable einen

$$\text{Wert } Y_i \text{ aus der Menge } \{1, \ldots, q-1, q\}$$

annimmt. Wir führen die dichotomen Variablen Y_{ij} ein, die aussagen, ob die i-te Beobachtung den Wert j ergab oder nicht,

$$Y_{ij} = \begin{cases} 1 & \text{falls} \quad Y_i = j \\ 0 & \text{falls} \quad Y_i \neq j \end{cases}.$$

Tatsächlich benötigen wir nur $q-1$ dieser dichotomen Variablen, denn wegen $\sum_{j=1}^{q} Y_{ij} = 1$ gilt etwa für die Alternative q, dass

$$Y_{iq} = 1 - \sum_{j=1}^{q-1} Y_{ij} \, . \tag{4.12}$$

Die Alternative q spielt die Rolle einer Referenz-Kategorie. Wir definieren den $(q-1)$-dimensionalen Vektor

$$W_i = \big(Y_{i1}, \ldots, Y_{i,q-1}\big)^\top \, ,$$

aus dem sich Y_i zurückgewinnen lässt durch die Gleichung

$$Y_i = \sum_{j=1}^{q} j \cdot Y_{ij} \, , \qquad Y_{iq} \quad \text{gemäß (4.12)} \, . \tag{4.13}$$

Es liegt also das Datenschema der Tabelle 4.1 vor.

Tabelle 4.1. Datenschema der multikategorialen Regression $[Y_i = \sum_{j=1}^{q} j \cdot Y_{ij}]$

Fall	Kategoriale oder: Variable	Dichotome Variablen		Regressor- Variablen	
1	Y_1	Y_{11} ...	Y_{1q}	x_{11} ...	x_{m1}
2	Y_2	Y_{21} ...	Y_{2q}	x_{12} ...	x_{m2}
$\vdots$	$\vdots$	$\vdots$	$\vdots$	$\vdots$	$\vdots$
i	Y_i	Y_{i1} ...	Y_{iq}	x_{1i} ...	x_{mi}
$\vdots$	$\vdots$	$\vdots$	$\vdots$	$\vdots$	$\vdots$
n	Y_n	Y_{n1} ...	Y_{nq}	x_{1n} ...	x_{mn}

Für den i-ten Fall führen wir den $(m+1)$-dimensionalen Vektor

$$\underline{x}_i = \begin{pmatrix} 1 \\ x_{1i} \\ \vdots \\ x_{mi} \end{pmatrix} \quad \text{der Regressionswerte ein (verlängert um die Konstante 1), sowie}$$

den linearen Regressionsterm

$$\eta_i(\beta_j) = \alpha_j + \beta_{j1} x_{1i} + \ldots + \beta_{jm} x_{mi} \equiv \underline{\beta_j}^\top \cdot \underline{x}_i \qquad \begin{cases} i = 1, \ldots, n, \\ j = 1, \ldots, q-1 \, . \end{cases} \tag{4.14}$$

Jede der $q-1$ Komponenten erhält also ihre eigenen Koeffizienten; die für die Komponente j sind im Vektor

$$\underline{\beta_j}^\top = \big(\beta_{j0}, \beta_{j1}, \ldots, \beta_{jm}\big) \quad \text{der Dimension} \quad p = m+1$$

zusammengefasst, $\beta_{j0} \equiv \alpha_j$. Die Gesamtheit aller (unbekannten) Koeffizienten stellt der Vektor

$$\beta = \begin{pmatrix} \underline{\beta_1} \\ \vdots \\ \underline{\beta}_{q-1} \end{pmatrix}$$

dar, der von der Dimension $p \cdot (q-1)$ ist. Mit dieser Notation von β wird für jedes $i = 1, \ldots, n$ der Vektor

$$\eta_i(\beta) = \left(\eta_i(\underline{\beta_1}), \ldots, \eta_i(\underline{\beta}_{q-1}) \right)^\top \tag{4.15}$$

der $q-1$ Regressionsterme (4.14) definiert. Es bezeichne $\pi_{i,j}$ die Wahrscheinlichkeit, dass $Y_i = j$, also $Y_{ij} = 1$, beobachtet wird. Für die j-te Alternative führen wir die Responsefunktion

$$h_j(t) = \frac{\exp(t_j)}{1 + \sum_{k=1}^{q-1} \exp(t_k)}, \qquad t = (t_1, \ldots, t_{q-1}),$$

ein und setzen das multikategoriale logistische Regressionsmodell durch

$$\pi_{i,j} = h_j\big(\eta_i(\beta)\big) = \frac{\exp(\eta_i(\underline{\beta_j}))}{1 + \sum_{k=1}^{q-1} \exp(\eta_i(\underline{\beta_k}))}, \qquad j = 1, \ldots, q-1, \tag{4.16}$$

an, für $i = \ldots, n$. Für die Referenz-Kategorie q gilt

$$\pi_{i,q} = 1 - \sum_{j=1}^{q-1} \pi_{i,j} = 1 \Big/ \Big(1 + \sum_{k=1}^{q-1} \exp(\eta_i(\underline{\beta_k}))\Big).$$

4.2.2 Inferenz im multikategorialen Modell

Wir setzen die Unabhängigkeit der $Y_1, Y_2, \ldots, Y_n$ voraus. Die log-Likelihood Funktion der Beobachtungsdaten von Tabelle 4.1 lautet dann

$$\ell_n(\beta) = \sum_{i=1}^n \ln(\pi_{i,Y_i}) = \sum_{i=1}^n \left[\eta_i^\top(\beta) \cdot W_i - \ln\Big(1 + \sum_{j=1}^{q-1} \exp(\eta_i(\underline{\beta_j}))\Big) \right],$$

wobei gemäß (4.15) und (4.14)

$$\eta_i^\top(\beta) \cdot W_i = \sum_{j=1}^{q-1} \eta_i(\underline{\beta_j}) Y_{ij} = \underline{\beta_{Y_i}}^\top \cdot \underline{x_i} \quad \text{für} \quad Y_i \leq q-1$$

gilt, und $\eta_i^\top(\beta) \cdot W_i = 0$ sonst. Für die p-dimensionalen (Score-) Vektoren $U_{n,j}(\beta)$ der Ableitungen $(d/d\underline{\beta_j})\ell_n(\beta)$ ergeben sich mit Hilfe von (4.16)

$$U_{n,j}(\beta) = \sum_{i=1}^n \underline{x_i} \cdot \big(Y_{ij} - \pi_{i,j}(\beta)\big), \qquad j = 1, \ldots, q-1,$$

$\pi_{i,j} \equiv \pi_{i,j}(\beta)$ als Funktion von β aufgefasst. Die $p \times p$-Matrizen

$$I_{n,j}(\beta) = \mathbb{E}\big(U_{n,j}(\beta) \cdot U_{n,j}^\top(\beta)\big) = -(d/d\underline{\beta_j}) U_{n,j}^\top(\beta)$$

der Fisher-Information lauten dann, mit $\sigma_{ij}^2(\beta) = \pi_{i,j}(\beta)(1 - \pi_{i,j}(\beta))$, $X^\top = (\underline{x_1}, \ldots, \underline{x_n})$, $V_j(\beta) = \text{Diag}(\sigma_{ij}^2(\beta), i = 1, \ldots, n)$,

$$I_{n,j}(\beta) = \sum_{i=1}^{n} \sigma_{ij}^2(\beta) \, \underline{x_i} \cdot \underline{x_i}^\top = X^\top \cdot V_j \cdot X, \qquad j = 1, \ldots, q-1.$$

Ihre Invertierbarkeit wird vorausgesetzt. Der Maximum-Likelihood Schätzer $\hat{\beta}$ für den Parametervektor β berechnet sich aus den ML-Gleichungen

$$U_{n,j}(\beta) = 0, \quad j = 1, \ldots, q-1.$$

Entnehmen wir der Matrix $I_{n,j}^{-1}(\hat{\beta})$ das h-te Diagonalelement, das mit $v_{j,hh}$ bezeichnet wird (auch $v_{j,hh}$ ist eine Funktion von $\hat{\beta}$), so haben wir als (approximativen) Standardfehler des Schätzers $\hat{\beta}_{jh}$ für β_{jh}

$$\text{se}\left(\hat{\beta}_{jh}\right) = \sqrt{v_{j,hh}}, \quad j = 1, \ldots, q-1, \; h = 1, \ldots, m.$$

Eine Teststatistik zum Prüfen der Hypothese $H_0 : \beta_{jh} = 0$, wobei $j \in \{1, \ldots, q-1\}$, $h \in \{1, \ldots, m\}$, zum asymptotischen Niveau α lautet

$$T_{jh} = \hat{\beta}_{jh} \, / \, \sqrt{v_{j,hh}}.$$

Man verwirft H_0, falls $|T_{jh}| > u_{1-\alpha/2}$. Ein Konfidenzintervall für β_{jh} zum asymptotischen Niveau $1 - \alpha$ wird analog zu (4.9) durch die Ungleichungen

$$\hat{\beta}_{jh} - u_{1-\alpha/2} \cdot \sqrt{v_{j,hh}} \leq \beta_{jh} \leq \hat{\beta}_{jh} + u_{1-\alpha/2} \cdot \sqrt{v_{j,hh}}$$

gebildet. Im Fall $q = 2$ reduziert sich alles auf das binäre Modell aus 4.1.1, wo die Referenz-Kategorie $q = 2$ mit '0' bezeichnet wurde.

4.2.3 Kumulatives Modell

Im Fall geordneter Kategorien bezeichnen wir mit

$$\pi_{i(j)} = \mathbb{P}(Y_i \leq j), \quad j = 1, \ldots, q, \; i = 1, \ldots, n,$$

die Wahrscheinlichkeit, daß Y_i den Wert j nicht überschreitet (kumulative Wahrscheinlichkeit, $\pi_{i(q)} = 1$ für jedes i) und

$$\pi_{i,j} = \pi_{i(j)} - \pi_{i(j-1)} = \mathbb{P}(Y_i = j) \tag{4.17}$$

wie bisher die Wahrscheinlichkeit, daß Y_i den Wert j annnimmt ($\pi_{i(0)} = 0$).

Das Modell der kumulativen logistischen Regression verwendet wieder die logistische Funktion $F(t) = 1/(1 + e^{-t})$ als Responsefunktion. Es lautet

$$\pi_{i(j)} = F\left(\eta_{i(j)}\right) \equiv \frac{1}{1 + \exp(-\eta_{i(j)})},$$

$$\eta_{i(j)} = \alpha_{(j)} + \beta_1 x_{1i} + \ldots + \beta_m x_{mi}, \quad \begin{cases} i = 1, \ldots, n \\ j = 1, \ldots, q-1 \end{cases} . \tag{4.18}$$

In Erweiterung des Regressionsterms (4.2) besitzen die Kategorien $j = 1, \ldots, q-1$ hier spezifische *intercepts* $\alpha_{(j)}$; sie sind der Größe nach strikt geordnet, d. h.

$$\alpha_{(1)} < \alpha_{(2)} < \ldots < \alpha_{(q-1)}.$$

(Aus formalen Gründen kann man $\alpha_{(q)} = \infty$ setzen, damit (4.18) für $j = q$ gerade $\pi_{i(q)} = 1$ ergibt). Die Wahrscheinlichkeiten $\pi_{i,j}$ werden dann nach (4.17) berechnet. Wir haben $p = q - 1 + m$ unbekannte Modellparameter, die wir im p-dimensionalen Parametervektor

$$\beta = (\alpha_{(1)}, \ldots, \alpha_{(q-1)}, \beta_1, \ldots, \beta_m)^\top$$

zusammenschreiben, und wir fassen $\pi_{i(j)} \equiv \pi_{i(j)}(\beta)$ als Funktion von β auf.

Das Modell (4.18) der kumulativen logistischen Regression lässt sich als ein *grouped continuous variable* Modell interpretieren: Sei Y^* nämlich eine *latente* (verborgene) metrische Variable, die einem linearen Modell der Form

$$Y_i^* = -(\beta_1 x_{1i} + \ldots + \beta_m x_{mi}) + e_i, \quad i = 1, \ldots, n,$$

folgt, wobei die $e_1, e_2, \ldots$ unabhängige und gemäß der logistischen Verteilungsfunktion F verteilte Fehlervariablen seien. Führt man ordinal-skalierte Variablen Y_i durch

$$Y_i \leq j \quad \text{genau dann, wenn} \quad Y_i^* \leq \alpha_{(j)}, \quad i = 1, \ldots, n,$$

ein, so unterliegt Y_i gerade dem Modell (4.18).

4.2.4 Kumulatives Modell: Parameterschätzung

Ähnlich wie im Fall der binären logistischen Regression führen wir bei Vorliegen einer Stichprobe

$$Y_i, x_{1i}, \ldots, x_{mi}, \quad i = 1, \ldots, n,$$

nacheinander ein:

- log-Likelihood Funktion:

$$\ell_n(\beta) = \sum_{i=1}^n \ln\left(\pi_{i,Y_i}(\beta)\right) = \sum_{i=1}^n \left(\vartheta_i^\top W_i - b(\vartheta_i)\right), \qquad (4.19)$$

wobei wir die $(q-1)$-dimensionalen Vektoren ϑ_i und W_i und den Skalar $b(\vartheta_i)$ eingeführt haben, gemäß

$$\vartheta_i^\top = (\vartheta_{i1}, \ldots, \vartheta_{i,q-1}), \qquad \vartheta_{ij} = \ln\left(\frac{\pi_{i,j}(\beta)}{\pi_{i,q}(\beta)}\right),$$

$$W_i = (Y_{i1}, \ldots, Y_{i,q-1})^\top, \qquad Y_{ij} = \begin{cases} 1, & \text{falls } Y_i = j \\ 0, & \text{sonst}, \end{cases} \qquad (4.20)$$

$$b(\vartheta_i) = -\ln\left(\pi_{i,q}(\beta)\right) = \ln\left(1 + \sum_{j=1}^{q-1} e^{\vartheta_{ij}}\right).$$

- p-dimensionaler Scorevektor $U_n(\beta) = (d/d\beta)\ell_n(\beta)$:

$$U_n(\beta) = \sum_{i=1}^{n} \frac{1}{\pi_{i,Y_i}(\beta)} \frac{d}{d\beta} \pi_{i,Y_i}(\beta) = \sum_{i=1}^{n} Z_i \left(\frac{d\pi_i^\top}{d\eta_i}\right) \Sigma_i^{-1} (W_i - \pi_i), \quad (4.21)$$

wobei $\pi_i \equiv \pi_i(\beta) = (\pi_{i,1}(\beta), \ldots, \pi_{i,q-1}(\beta))^\top$ gilt, sowie $\Sigma_i \equiv \Sigma_i(\beta)$ und $\left(\frac{d\pi_i^T}{d\eta_i}\right)$ zwei $(q-1) \times (q-1)$-Matrizen sind, mit den Elementen

$$\Sigma_{i,jj} = \pi_{i,j}(1 - \pi_{i,j}), \quad \Sigma_{i,jk} = -\pi_{i,j} \cdot \pi_{i,k} \quad (j \neq k)$$

$$\left(\frac{d\pi_i^\top}{d\eta_i}\right)_{jj} = F'(\eta_{i(j)}), \quad \left(\frac{d\pi_i^\top}{d\eta_i}\right)_{j,j+1} = -F'(\eta_{i(j)}), \quad \text{(Nullen sonst)}.$$

Ferner ist Z_i eine $p \times (q-1)$-Matrix von der Form $\binom{I}{B}$ mit folgenden Teilmatrizen I und B: I ist die $(q-1) \times (q-1)$ Einheitsmatrix und $B = (\underline{x}_i, \ldots, \underline{x}_i)$ die $m \times (q-1)$-Matrix, deren $q-1$ Spalten sämtlich aus dem Vektor $\underline{x}_i = (x_{i1}, \ldots, x_{im})^\top$ bestehen. Man beachte, daß für die logistische Funktion $F(t)$, $t \in \mathbb{R}$, gilt

$$F'(t) = \frac{1}{e^t + 2 + e^{-t}} = F(t) \cdot (1 - F(t)) \qquad \text{[vgl. Abb. 4.2]}.$$

- $p \times p$-Fisher Informationsmatrix $I_n(\beta) = $ Kovarianzmatrix von $U_n(\beta)$:

$$I_n(\beta) = \sum_{i=1}^{n} Z_i \left(\frac{d\pi_i^\top}{d\eta_i}\right) \Sigma_i^{-1} \left(\frac{d\pi_i}{d\eta_i^\top}\right) Z_i^\top . \qquad (4.22)$$

Die Matrix $\left(\frac{d\pi_i}{d\eta_i^\top}\right)$ ist gerade die Transponierte der Matrix $\left(\frac{d\pi_i^\top}{d\eta_i}\right)$, siehe Gleichung (5.1) unten. Der ML-Schätzer $\hat{\beta}$ für β wird iterativ aus den ML-Gleichungen $U_n(\beta) = 0$ gewonnen. Im Spezialfall $q = 2$ reduzieren sich Gleichungen (4.19), (4.21), (4.22) auf die entsprechenden Gleichungen (4.5), (4.6), (4.7) der binären Regression, wobei die Referenz-Kategorie $q = 2$ dort '0' hieß. Da das kumulative logistische Modell ein generalisiertes lineares Modell mit einer *nicht*-natürlichen Responsefunktion ist, vgl. Fahrmeir & Tutz (2001) oder Pruscha (1996), fallen die obigen Gleichungen komplizierter aus als die entsprechenden Formeln beim binären und beim multikategorialen logistischen Modell.

Wie bei der binären logistischen Regression berechnet sich der Standardfehler des Schätzers $\hat{\beta}_j$ approximativ zu

$$se(\hat{\beta}_j) = \sqrt{v_{jj}}, \qquad [v_{jj} \text{ das j-te Diagonalelement von } I_n^{-1}(\hat{\beta}_n)].$$

4.2.5 Kumulatives Modell: Diagnose und Inferenz

In Fragen der Diagnose und der statistischen Testverfahren in einem kumulativen logistischen Regressionsmodell kann man sich in vielen Punkten an das für das binäre Modell Gesagte orientieren.

Diagnose. Wir führen die Prädiktions-Wahrscheinlichkeiten (*predicted probabilities*) $\hat{\pi}_{i,j} = \pi_{i,j}(\hat{\beta})$ für den i-ten Fall ein, $j = 1, \ldots, q$, und zwar setzen wir wie in Gleichung (4.17)

$$\hat{\pi}_{i,j} = F(\hat{\eta}_{i(j)}) - F(\hat{\eta}_{i(j-1)}), \qquad \hat{\eta}_{i(j)} = \hat{a}_{(j)} + \hat{\beta}_1 x_{1i} + \ldots + \hat{\beta}_m x_{mi},$$

für $2 \leq j \leq q-1$, sowie für $j = 1$ bzw. für $j = q$

$$\hat{\pi}_{i,1} = F(\hat{\eta}_{i(1)}), \qquad \hat{\pi}_{i,q} = 1 - F(\hat{\eta}_{i(q-1)}).$$

Für den i-ten Fall berechnet man den Prädiktionswert $\hat{Y}_i = \sum_{j=1}^{q} j \cdot \hat{\pi}_{i,j}$, die geschätzte Varianz von Y_i zu

$$s_i^2 = \sum_{j=1}^{q} j^2 \cdot \hat{\pi}_{i,j} - \left(\sum_{j=1}^{q} j \cdot \hat{\pi}_{i,j} \right)^2,$$

und schließlich das Residuum des i-ten Falles zu

$$\hat{e}_i = \frac{Y_i - \hat{Y}_i}{s_i}.$$

Im Residuenplot der Werte $\hat{e}_i$ über den Werten $\hat{Y}_i$ (siehe Abb. 4.5) können eventuelle Abweichungen von den Modellvoraussetzungen entdeckt werden. Die Güte des Modells kann auch wieder durch Auszählen der korrekt klassifizierten Fälle angegeben werden. Dazu wird der Fall Nr. i mit dem Beobachtungswert $Y_i = j$ als korrekt klassifiziert gewertet, wenn seine Prädiktions-Wahrscheinlichkeit $\hat{\pi}_{i,j}$ größer als $c = 0.5$ ist, oder, weniger verlangend, wenn $\hat{\pi}_{i,j}$ der maximale Wert unter den q Prädiktions-Wahrscheinlichkeiten für den Fall Nr. i ist.

Testverfahren. In einem kumulativen Regressionsmodell $KLR(m)$ mit m Regressoren und mit $p = q - 1 + m$ im Vektor

$$\beta = \left(\alpha_{(1)}, \ldots, \alpha_{(q-1)}, \beta_1, \ldots, \beta_m \right)^{\top}$$

zusammengefassten Parametern prüfen wir nun die Gültigkeit des Submodells $KLR(m-r)$, welches die $p - r$ Parameter $(\alpha_{(1)}, \ldots, \alpha_{(q-1)}, \beta_1, \ldots, \beta_{m-r})^{\top}$ enthält. Wir testen also in Form des Modells $KLR(m)$ die Hypothese

$$H_0: \quad \beta_{m-r+1} = \ldots = \beta_m = 0.$$

Wir bezeichnen wie schon in 4.1.3 den ML-Schätzer für β im Modell $KLR(m)$ mit $\hat{\beta}$ und im Modell $KLR(m-r)$ mit $\tilde{\beta}$, Letzterer wie in (4.10) entsprechend mit Nullen aufgefüllt. Ferner verwenden wir $\ell_n(\beta)$, $I_n(\beta)$, $U_n(\beta)$ wie in den Gleichungen (4.19), (4.21), (4.22). Dann können die in 4.1.3 eingeführten, jetzt für das kumulative Modell entsprechend formulierten, Teststatistiken

$$T_n \text{ (log-LQ)}, \quad W_n \text{ (Wald)}, \quad S_n \text{ (Score)}$$

verwendet werden, die unter H_0 asymptotisch χ_r^2-verteilt sind. Die spezielle Hypothese $\beta_j = 0$ für ein $j \in \{1, \ldots, m\}$ wird verworfen, falls für $T_{n,j} = \hat{\beta}_j / \sqrt{v_{jj}}$ die Ungleichung

$$|T_{n,j}| > u_{1-\alpha/2}$$

gilt (n groß vorausgesetzt, v_{jj} wieder das j-te Diagonalelement von $I_n^{-1}(\hat{\beta})$). Ein Konfidenzintervall für β_j zum asymptotischen Niveau $1 - \alpha$ steht in (4.9). Auch das Verfahren der schrittweisen Regression verläuft wie in 4.1.3 beschrieben.

Fallstudie **Spessart.** Wir teilen jetzt die Stufen 0, 1, ..., 6 der Defoliation bei der Buche in drei Kategorien ein, indem die Werte 2, ..., 6 in einer Kategorie 2 zusammengefasst werden, und führen eine kumulative logistische Regression durch. Diese umfasst die n = 82 Buchen-Standorte und

- die Kriteriumsvariable Y,   Y = 0, 1 oder 2,
- die acht Regressoren $x_1, \ldots, x_8$ = NG, HO, AL, BS, BT, DU, HU, PHo.

Die folgende Tafel gibt die Schätzer $\hat{\beta}_j$ der Regressionskoeffizienten wieder, zusammen mit ihren Standardfehlern $\mathrm{se}(\hat{\beta}_j)$ und den aus der Waldschen Teststatistik abgeleiteten Werten $T_{n,j} \equiv T = \hat{\beta}_j / \mathrm{se}(\hat{\beta}_j)$.

Regressor	Koeffizient	Standardfehler	T-Statistik	P-Wert
Interc. $\alpha_{(0)}$	–18.0667	6.5836	–2.744	0.006
Interc. $\alpha_{(1)}$	–15.9538	6.4911	–2.458	0.014
NG	0.0253	0.0312	0.812	0.417
HO	0.6060	0.5796	1.045	0.296
AL	0.0221	0.0069	3.198	0.001
BS	–0.6550	0.1684	–3.889	0.000
BT	0.7946	0.6722	1.182	0.237
DU	–2.3796	0.9080	–2.621	0.009
HU	0.6642	0.2452	2.709	0.007
PHo	2.9257	1.1668	2.508	0.012

Die Ergebnisse sind denen der binären logistischen Regression in 4.1.3 sehr ähnlich. Lediglich die Variablen DU und HU weisen hier höhere Signifikanzen (geringere P-Werte) auf als dort. Führen wir einen Test auf die globale Hypothese $\beta_1 = \ldots \beta_8 = 0$ durch, so führt die log-LQ Teststatistik, mit den Schätzern $\hat{\beta} = (\hat{\alpha}_{(0)}, \hat{\alpha}_{(1)}, \hat{\beta}_1, \ldots, \hat{\beta}_8)$ und $\tilde{\beta} = (\tilde{\alpha}_{(0)}, \tilde{\alpha}_{(1)}, 0, \ldots, 0)$, zu ihrer Verwerfung. Es ist nämlich

$$T_n = 2\{\ell_n(\hat{\beta}) - \ell(\tilde{\beta})\} = (-104.19) - (-162.25) = 58.06 > \chi_{8,0.99}^2 = 20.09.$$

Eine schrittweise logistische Regression nach der *forward* Methode (Einschlusskriterium: der P-Wert der *to-enter* Score-Statistik S_n ist ≤ 0.10) liefert die folgende Ergebnistabelle. Gegenüber der binären logistischen Regression vertauschen sich nur die Aufnahmestufen für DU und PHo.

Stufe	Regressor	Score S_n	P-Wert	Variablen im Ansatz
1	AL	26.684	0.000	AL
2	BS	12.370	0.000	AL, BS
3	DU	4.182	0.041	AL, BS, DU
4	PHo	3.161	0.075	AL, BS, DU, PHo
5	HU	6.319	0.012	AL, BS, DU, PHo, Hu

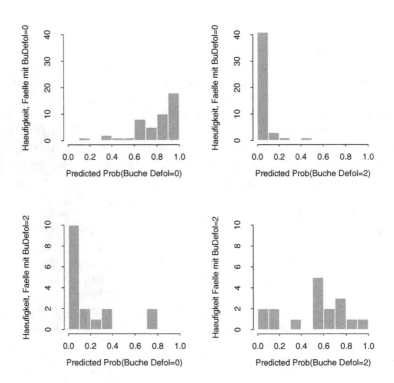

Abb. 4.4. Histogramm der Prädiktions-Wahrscheinlichkeiten $\hat{\pi}_{i,0}$ und $\hat{\pi}_{i,2}$ für die Fälle mit Y = 0 (obere Reihe) und Y = 2 (untere Reihe).

Auf der Grundlage des Modells mit den acht Regressoren $x_1, \ldots, x_8$ bestimmen wir für jeden der n = 82 Fälle die drei Prädiktions-Wahrscheinlichkeiten (die sich zu 1 addieren)

$$\hat{\pi}_{i,0} = F(\hat{\eta}_{i(0)}), \ \hat{\pi}_{i,1} = F(\hat{\eta}_{i(1)}) - F(\hat{\eta}_{i(0)}), \ \hat{\pi}_{i,2} = 1 - F(\hat{\eta}_{i(1)}),$$

$i = 1, \ldots, n$, indem wir den Regressionsterm $\hat{\eta}$ mittels

$$\hat{\eta}_{i(j)} \equiv \eta_{i(j)}(\hat{\beta}) = \hat{\alpha}_{(j)} + \hat{\beta}_1 x_{1i} + \ldots + \hat{\beta}_8 x_{8i}, \quad j = 0 \text{ und } 1,$$

berechnen. Die Prädiktions-Wahrscheinlichkeiten $\hat{\pi}$ für die extremen Kategorien 0 und 2 werden in einem Histogramm aufgetragen, getrennt nach den Standorten mit $Y = 0$ und $Y = 2$ (die Fälle mit dem mittleren Wert $Y = 1$ weggelassen), vgl. Abb. 4.4. Die $\hat{\pi}$'s häufen sich – der Erwartung entsprechend – an demjenigen Ende (0 oder 1) des Intervalls $[0,1]$, das der beobachteten Kategorie (0 oder 2) entspricht.

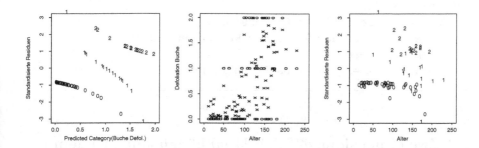

Abb. 4.5. Standardisierte Residuen über den Prädiktionswerten $\hat{Y}$ (*links*); Beobachtete Werte Y (o) und Prädiktionswerte $\hat{Y}$ (x) über Alter (*mitte*); Standardisierte Residuen über Alter (*rechts*). Im linken und im rechten Plot wurde differenziert nach Fällen mit $Y = 0$, $Y = 1$ und $Y = 2$.

Ferner wird für jeden der $n = 82$ Fälle der standardisierte Residuenwert $(Y_i - \hat{Y}_i)/s_i$, $i = 1, \ldots, n$, berechnet, und über den Prädiktionswerten $\hat{Y}_i$ aufgetragen (Abb. 4.5 links). Dieser Residuenplot reproduziert drei Kurven $f_j(x) = (j - x)/\sqrt{x(1 - x)}$, $j = 0, 1, 2$. Klassifizieren wir alle Fälle i als Kategorie 'j', wenn $\hat{\pi}_{i,j}$ die größte der drei Zahlen

$$\hat{\pi}_{i,0}, \ \hat{\pi}_{i,1}, \ \hat{\pi}_{i,2}$$

ist, so erhalten wir die folgende Klassifikationstafel.

	Classified as			
	0	1	2	Summe
Y=0	42	3	1	46
Y=1	6	8	5	19
Y=2	2	3	12	17

Es werden $(42+8+12)/82 \times 100\,\% = 75.6\%$ Fälle korrekt klassifiziert. Hätte man stereotyp stets in die am häufigsten aufgetretene Kategorie, das ist 0, klassifiziert, so hätte sich eine Trefferrate von $46/82 \times 100\,\% = 56.1\%$ ergeben.

Die Prädiktionen im Fall $Y = 0$ fallen besser aus als im Fall $Y = 2$, vgl. auch die Histogramme der Abb. 4.4 (obere Plots versus untere Plots).

Der Regressor Alter (AL) wird nochmal gesondert betrachtet. Der Plot der Prädiktionswerte $\hat{Y}_i = 1 \cdot \hat{\pi}_{i,1} + 2 \cdot \hat{\pi}_{i,2}$ über AL zeigt eine deutlich steigende

Tendenz (Abb. 4.5 mitte), entsprechend der wichtigen Rolle der Variablen AL als Prädiktor, die sich schon in den obigen Ergebnislisten offenbarte. Die Residuenwerte $(Y_i - \hat{Y}_i)/s_i$ sind (im Großen und Ganzen) im Bereich von -1.6 bis $+1.6$ gelagert; doch sind drei deutliche Ausreißer zu erkennen, zwei nach unten und einer nach oben (Abb. 4.5 rechts).

| SAS | Daten der n = 82 Buchenstandorte

```
BuDef=min(B1-1,2);
*  Kumulative logistische Regression;
*  Absteigende Ordnung 2,1,0 der Werte von BuDef;
proc logistic desc;
      model BuDef=Ng Ho Al Bs Bt Du Hu PHo;
```

4.3 Zweidimensionale Tafel: Unabhängigkeitsproblem

Eine bivariate Stichprobe $(x_1, y_1), \ldots, (x_n, y_n)$, wobei die x-Variable die Werte $1, \ldots, I$ und die y-Variable die Werte $1, \ldots, J$ annehmen, führt durch Auszählen der verschiedenen Wertepaare (i, j) zu einer $I \times J$-Häufigkeitstafel (n_{ij}), die auch Kontingenztafel genannt wird, vgl. 1.4.5. Dabei ist n_{ij} die Anzahl der Male, dass das Wertepaar (i, j) in der bivariaten Stichprobe vorkommt. Die Hypothese der Unabhängigkeit der Zufallsvariablen X und Y wurde dort mittels χ^2- und log LQ-Teststatistik geprüft.

	1	2	$\ldots$	J	$\sum$
1	n_{11}	n_{12}	$\ldots$	n_{1J}	$n_{1\bullet}$
2	n_{21}	n_{22}	$\ldots$	n_{2J}	$n_{2\bullet}$
$\vdots$	$\vdots$	$\vdots$		$\vdots$	$\vdots$
I	n_{I1}	n_{I2}	$\ldots$	n_{IJ}	$n_{I\bullet}$
$\sum$	$n_{\bullet 1}$	$n_{\bullet 2}$	$\ldots$	$n_{\bullet J}$	$n_{\bullet\bullet} = n$

$I \times J$-Kontingenztafel (n_{ij})

4.3.1 Unabhängigkeitshypothese

Die Hypothese unabhängiger (kategorialer) Variablen X und Y kann mit Hilfe der Wahrscheinlichkeiten

$$\pi_{ij} = \mathbb{P}(X = i, Y = j), \quad \pi_{i\bullet} = \mathbb{P}(X = i), \quad \pi_{\bullet j} = \mathbb{P}(Y = j)$$

in der Form

$$H_0: \quad \pi_{ij} = \pi_{i\bullet} \cdot \pi_{\bullet j}$$

geschrieben werden. Die beiden Teststatistiken

$$\hat{\chi}_n^2 = \sum_{i=1}^{I}\sum_{j=1}^{J} \frac{(n_{ij} - e_{ij})^2}{e_{ij}} = n \cdot \left(\sum_{i=1}^{I}\sum_{j=1}^{J} \frac{n_{ij}^2}{n_{i\bullet}\, n_{\bullet j}} - 1 \right) \quad [\chi^2\text{-Teststatistik}]$$

und

$$T_n = 2 \cdot \sum_{i=1}^{I}\sum_{j=1}^{J} n_{ij} \cdot \ln\left(\frac{n_{ij}}{e_{ij}}\right) \qquad [\text{log LQ-Teststatistik}],$$

wobei

$$e_{ij} = \frac{n_{i\bullet} \cdot n_{\bullet j}}{n} \qquad\qquad [\text{expected frequencies}]$$

die sogenannten erwarteten Häufigkeiten darstellen, sind unter H_0 asymptotisch χ_f^2-verteilt, mit $f = (I-1)(J-1)$ Freiheitsgraden. Man verwirft also H_0, falls

$$\hat{\chi}_n^2 > \chi_{f,1-\alpha}^2 \quad \text{bzw.} \quad T_n > \chi_{f,1-\alpha}^2$$

(n groß vorausgesetzt). Wird H_0 verworfen, so stellt sich die Frage, welche Ausprägungen von X und Y dafür verantwortlich sind. Eine Antwort kann die simultane Analyse aller Kreuzprodukt-Quotienten (cross-product ratios) geben.

4.3.2 Cross-product ratios

Wir gehen von der $I \times J$-Feldertafel (π_{ij}) der Wahrscheinlichkeiten aus.

	1	2	...	J	$\sum$
1	π_{11}	π_{12}	...	π_{1J}	$\pi_{1\bullet}$
2	π_{21}	π_{22}	...	π_{2J}	$\pi_{2\bullet}$
$\vdots$	$\vdots$	$\vdots$		$\vdots$	$\vdots$
I	π_{I1}	π_{I2}	...	π_{IJ}	$\pi_{I\bullet}$
$\sum$	$\pi_{\bullet 1}$	$\pi_{\bullet 2}$	...	$\pi_{\bullet J}$	$\pi_{\bullet\bullet} = 1$

$I \times J$-Feldertafel (π_{ij})

Alle π_{ij} werden positiv vorausgesetzt; Tafeln mit Nullen an fest vorgegebenen Stellen werden in 4.3.3 besprochen. Aus dieser Tafel blenden wir alle 2×2-Untertafeln

X \ Y	j	j'
i	π_{ij}	$\pi_{ij'}$
i'	$\pi_{i'j}$	$\pi_{i'j'}$

$$1 \le i < i' \le I, \quad 1 \le j < j' \le J,$$

aus. Für jede Untertafel definieren wir die Kreuzprodukte $\pi_{ij} \cdot \pi_{i'j'}$ und $\pi_{ij'} \cdot \pi_{i'j}$, bilden den Quotienten

$$\beta_{ij,i'j'} = \frac{\pi_{ij} \cdot \pi_{i'j'}}{\pi_{ij'} \cdot \pi_{i'j}} \qquad\qquad [\text{cross-product ratio}],$$

und dann den Logarithmus dieses Quotienten

$$\delta_{ij,i'j'} \equiv \ln \beta_{ij,i'j'} = \ln \pi_{ij} + \ln \pi_{i'j'} - \ln \pi_{i'j} - \ln \pi_{ij'} .$$

Die Unabhängigkeitshypothese ist jetzt äquivalent mit

$$H_0 : \quad \text{alle} \quad \beta_{ij,i'j'} = 1 \quad \text{bzw.} \quad \text{alle} \quad \delta_{ij,i'j'} = 0.$$

Auf der Grundlage der beobachteten Häufigkeiten (n_{ij}) erhalten wir den Schätzer

$$\hat{\delta}_{ij,i'j'} = \ln n_{ij} + \ln n_{i'j'} - \ln n_{i'j} - \ln n_{ij'}$$

für $\delta_{ij,i'j'}$. Mit Hilfe des Standardfehlers von $\hat{\delta}_{ij,i'j'}$, das ist die Wurzel aus

$$\left[\text{se}(\hat{\delta}_{ij,i'j'}) \right]^2 = \frac{1}{n_{ij}} + \frac{1}{n_{i'j'}} + \frac{1}{n_{i'j}} + \frac{1}{n_{ij'}} , \qquad (4.23)$$

und mit der Zahl a, der Wurzel aus dem Quantil der χ_f^2-Verteilung, d. i.

$$a = \sqrt{\chi_{f,1-\alpha}^2}, \qquad f = (I-1)(J-1),$$

können wir die folgenden simultanen Konfidenzintervalle zum asymptotischen Niveau $1 - \alpha$ bilden:

$$\hat{\delta}_{ij,i'j'} - a \cdot \text{se}(\hat{\delta}_{ij,i'j'}) \leq \delta_{ij,i'j'} \leq \hat{\delta}_{ij,i'j'} + a \cdot \text{se}(\hat{\delta}_{ij,i'j'}) . \qquad (4.24)$$

Diese Intervalle sind für alle logarithmierten cross-product ratios δ gleichzeitig gültig. Nach Goodman (1964) können bei der Berechnung von (4.23) Häufigkeiten $n_{ij} = 0$ durch $n_{ij} = 1/2$ ersetzt werden. Schließt das Intervall (4.24) die Null nicht ein, so kann auf eine signifikante Abhängigkeit zwischen den Alternativen i, i' der Variablen X auf der einen und den Alternativen j, j' der Variablen Y auf der anderen Seite geschlossen werden. Diese Tatsache führt zu folgenden simultanen Tests der Unabhängigkeit in den Untertafeln

$$\begin{pmatrix} \pi_{ij} & \pi_{ij'} \\ \pi_{i'j} & \pi_{i'j'} \end{pmatrix}, \qquad 1 \leq i < i' \leq I, \ 1 \leq j < j' \leq J,$$

und zwar zum asymptotischen Signifikanzniveau α. Verwirf die Unabhängigkeitsannahme, falls

$$|\hat{\delta}_{ij,i'j'}| / \text{se}(\hat{\delta}_{ij,i'j'}) > a , \qquad [a = \sqrt{\chi_{f,1-\alpha}^2}] .$$

In der Fallstudie **Verhalten**, siehe Anhang A.13, wurden die Verhaltensaktivitäten in einer Primatengruppe über einen gewissen Zeitraum hinweg beobachtet. Bei jeder Aktivität wurde das ausführende Tier und die ausgeübte Verhaltensweise notiert. Dann wurde ausgezählt, wie oft jedes Tier

(Sendertier) die einzelnen Verhaltensweisen ausgeführt hat. Wir erhalten die nachstehende Kontingenztafel mit

    Variable A: Sendertier, mit drei Ausprägungen 1, 2, 3, gemäß des Ranges des Tieres

    Variable B: Verhaltensklasse, mit drei Ausprägungen.

Unterhalb der beobachteten Häufigkeiten n_{ij} sind die (unter der Annahme der Unabhängigkeit von A und B) erwarteten Häufigkeiten e_{ij} eingetragen. Diese weisen dieselben Randhäufigkeiten auf wie die beobachteten Häufigkeiten.

A	B 1	2	3	Summe
1	1002	383	49	1434
	750.4	278.0	405.6	
2	296	122	560	978
	511.8	189.6	276.6	
3	73	3	132	208
	108.8	40.3	58.8	
	1371	508	741	2620

Der Test auf Unabhängigkeit führt wegen

$$\hat{\chi}_n^2 = 980.3 > \chi_{4,0.999}^2 = 18.47$$

zur Verwerfung der Hypothese der Unabhängigkeit von A und B, und zwar auf hohem Signifikanzniveau.

Dass das hohe Signifikanzniveau (P-Wert < 0.0001) auch eine Folge des großen Stichprobenumfangs $n = 2620$ ist, zeigt der Wert $V = 0.43$ von Cramérs Kontingenzkoeffizienten aus 1.4.5, der auf eine nur mittlere Stärke der Abhängigkeit zwischen A und B hinweist. Auf jeden Fall ist gesichert, dass die Tiere gewisse Verhaltensweisen vermeiden oder bevorzugen. Im Einzelnen vergleicht man dazu die beobachteten mit den erwarteten Häufigkeiten.

Welche Paare (i, i') von Tieren auf der einen und Paare (j, j') von Verhaltensweisen auf der anderen Seite sind für die Verwerfung der Unabhängigkeitshypothese verantwortlich? Dazu berechnen wir die simultanen Konfidenzintervalle für alle cross-product ratios, und zwar für das (asymptotische) Niveau $1 - \alpha = 0.999$, das aufgrund des großen Wertes von $n = 2620$ so hoch gewählt wurde. Unter 'Signifikanz' wird notiert, ob das Intervall die Null überdeckt oder nicht, vgl. Tabelle 4.2.

Alle vier signifikanten Untertafeln enthalten das Tier i=1 und die Verhaltensweise j=3. Die graphische Darstellung zeigt die signifikanten Untertafeln, indem die vier zur Untertafel gehörenden Felder jeweils miteinander verbunden sind.

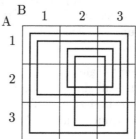

    Programme zur Analyse von Kontingenztafeln finden sich im Anschluss an 1.4.5.

Tabelle 4.2. Simultane Konfidenzintervalle zum Niveau $1 - \alpha = 0.999$ für cross-product ratios $[a = \sqrt{\chi^2_{4,0.999}} = 4.297]$

i i'	j j'	$\hat{\delta}$	$se^2(\hat{\delta})$	$a \cdot se(\hat{\delta})$	$\hat{\delta} - a \cdot se(\hat{\delta})$	$\hat{\delta} + a \cdot se(\hat{\delta})$	Signifikanz
12	12	0.075	0.0152	0.530	-0.455	0.605	nein
12	13	3.656	0.0266	0.701	2.955	4.357	ja
12	23	3.580	0.0330	0.781	2.799	4.361	ja
13	12	-2.230	0.3506	2.545	-4.775	0.315	nein
13	13	3.610	0.0427	0.888	2.722	4.498	ja
13	23	5.840	0.3639	2.593	3.247	8.433	ja
23	12	-2.306	0.3586	2.574	-4.880	0.268	nein
23	13	-0.045	0.0264	0.698	-0.743	0.653	nein
23	23	2.260	0.3510	2.546	-0.286	4.806	nein

4.3.3 Strukturelle Nullen

Wir gehen von einer $I \times J$-Tafel (π_{ij}) von Wahrscheinlichkeiten aus, die Nullen enthält, und zwar an Stellen i, j, die schon vor der Stichprobenerhebung bekannt sind (man spricht von *a priori* oder strukturellen Nullen). Die Menge

$$T = \{(i,j): \pi_{ij} > 0,\ 1 \le i \le I,\ 1 \le j \le J\}$$

bezeichnet alle Stellen in der Tafel mit positiven Wahrscheinlichkeiten π_{ij},

$z = I \cdot J - |T|$ ist dann die Anzahl der strukturellen Nullen.

Stillschweigend wird $z < (I-1)(J-1)$ vorausgesetzt; außerdem soll keine Zeile und keine Spalte ganz aus strukturellen Nullen bestehen. Zum Schätzen der π_{ij} und zum Testen von Hypothesen benötigen wir noch eine Voraussetzung, die besagt, dass die Tafel nicht aus getrennten Teiltafeln besteht. Genauer verlangen wir die folgende *Konnektivität*:

- Je zwei Stellen (i,j) und (i',j') der Tafel (π_{ij}), die im Indexbereich T liegen, können durch einen Streckenzug verbunden werden, der nur horizontale und vertikale Teilstücke aufweist, der Anfang und das Ende jedes Teilstücks im Indexbereich T liegend.

So besitzt eine Tafel $\Pi = (\pi_{ij})$ die Konnektivität, falls alle Diagonalelemente gleich Null sind, alle Elemente außerhalb der Diagonalen aber positiv sind. Dagegen besitzt eine Tafel Π diese Eigenschaft nicht, falls sie – eventuell nach Permutation der Zeilen und Spalten – die Block-Diagonalgestalt $\Pi = \begin{pmatrix} \Pi_1 & 0 \\ 0 & \Pi_2 \end{pmatrix}$ besitzt. Anstelle der Hypothese der Unabhängigkeit tritt hier die der *Quasi*-Unabhängigkeit. Eine Tafel π_{ij} heißt quasi-unabhängig, falls es positive Zahlen $a_1, \ldots, a_I$ und $b_1, \ldots, b_J$ gibt mit

$$H_0: \quad n \cdot \pi_{ij} = a_i \cdot b_j \quad \text{für alle } (i,j) \in T.$$

Für die folgende Untersuchung setzen wir noch voraus, dass n groß genug ist, damit an allen Stellen der Kontingenztafel, zu welchen positive Wahrscheinlichkeiten gehören, Häufigkeiten größer Null stehen:

$$n_{ij} > 0 \qquad \text{für alle } (i,j) \in T. \tag{4.25}$$

Unter den Voraussetzungen der Konnektivität und (4.25) sind die ML-Schätzer $\hat{\pi}_{ij}$ der π_{ij} unter der Hypothese H_0 der Quasi-Unabhängigkeit eindeutig bestimmt, und zwar durch die Existenz positiver Zahlen $\hat{a}_1, \ldots, \hat{a}_I, \hat{b}_1, \ldots, \hat{b}_J$, so dass die Gleichungen

$$n \cdot \hat{\pi}_{ij} = \hat{a}_i \cdot \hat{b}_j \qquad \text{für alle} \quad (i,j) \in T, \tag{4.26}$$

$$n \cdot \hat{\pi}_{i\bullet} = n_{i\bullet}, \quad n \cdot \hat{\pi}_{\bullet j} = n_{\bullet j} \qquad \text{für alle } i \text{ und } j \tag{4.27}$$

gelten. Dabei ist die Punktnotation auch auf die $\hat{\pi}_{ij}$ angewandt worden, d. h. $\hat{\pi}_{i\bullet} = \sum_j \hat{\pi}_{ij}$ und $\hat{\pi}_{\bullet j}$ entsprechend. Die log LQ-Teststatistik

$$T_n = 2 \sum_{(i,j) \in T} n_{ij} \cdot \ln \left(\frac{n_{ij}}{n \cdot \hat{\pi}_{ij}} \right)$$

ist unter H_0 asymptotisch χ_g^2-verteilt, mit $g = (I-1)(J-1) - z$ Freiheitsgraden. Man verwirft also die Annahme der Quasi-Unabhängigkeit, falls $T_n > \chi_{g,1-\alpha}^2$.

Iterationsverfahren IPF. Zur Berechnung der ML-Schätzer $\hat{\pi}_{ij}$, welche (4.26) und (4.27) erfüllen, setzt man – entsprechend den linken Seiten dieser Gleichungen – zur Abkürzung

$$\hat{\mu}_{ij} = n \cdot \hat{\pi}_{ij} \qquad \qquad \text{[predicted frequencies]}.$$

Man bezeichnet mit B_j die Anzahl der Elemente in der j-ten Spalte, die keine strukturellen Nullen sind, und startet mit

$$\mu_{ij}^{(0)} = \begin{cases} n_{\bullet j}/B_j & \text{für } (i,j) \in T \\ 0 & \text{sonst} \end{cases}.$$

Für eine gerade ganze Zahl $m \geq 2$ setzt man rekursiv

$$(IPF) \qquad \mu_{ij}^{(m-1)} = \mu_{ij}^{(m-2)} \cdot \frac{n_{i\bullet}}{\mu_{i\bullet}^{(m-2)}}, \qquad \mu_{ij}^{(m)} = \mu_{ij}^{(m-1)} \cdot \frac{n_{\bullet j}}{\mu_{\bullet j}^{(m-1)}}$$

(*iterative proportional fitting*). Man rechnet nach, dass die IPF-Iterierten die Gleichungen (4.26) und jeweils eine der beiden Gleichungen (4.27) erfüllen. Ferner kann die Konvergenz des Verfahrens bewiesen werden:

- Das Iterationsverfahren IPF konvergiert für $m \to \infty$ gegen die (unter H_0 eindeutig bestimmten) ML-Schätzer $(\hat{\mu}_{ij})$ von $(n \cdot \pi_{ij})$, vergleiche Pruscha (1996). Aus den Grenzwerten $\hat{\mu}_{ij}$ des IPF-Verfahrens gewinnt man also die ML-Schätzer $\hat{\pi}_{ij}$ für π_{ij} vermöge

$$\hat{\pi}_{ij} = \hat{\mu}_{ij} / n\,.$$

In der Fallstudie **Verhalten** wurden die Verhaltensaktivitäten in einer Gruppe von fünf Primaten, mit 1, 2, ..., 5 nummeriert, über einen gewissen Zeitraum hinweg beobachtet. Es wurde ausgezählt, wie oft ein (Sender-) Tier i gegen ein (Empfänger-) Tier j eine sozial relevante Verhaltensweise ausführt.

Die Tiere 1 und 2 sind Männchen (dominant bzw. subdominant), die Tiere 3 bis 5 sind Weibchen, Nr. 5 das aktivste unter diesen drei.

Sender	Empfänger					
	1	2	3	4	5	Summe
1	–	1228	289	392	212	2121
2	202	–	38	79	93	412
3	1	8	–	2	0	11
4	2	3	0	–	0	5
5	1	12	6	26	–	45
	206	1251	333	499	305	2594

Da selbstbezogenes Verhalten nicht aufgezeichnet wurde, befinden sich auf der Diagonalen leere Zellen, also strukturelle Nullen; die Nullen in den Zellen (3,5), (4,3), (4,5) sind dagegen beobachtete Häufigkeiten. Wir führen einen Test auf Quasi-Unabhängigkeit durch. Dazu werden für die Nicht-Diagonalzellen

$$T = \{(i,j),\, i,j = 1,\ldots,5,\, i \neq j\}$$

die (unter der Quasi-Unabhängigkeit) erwarteten Häufigkeiten

$$n \cdot \hat{\pi}_{ij} = \hat{a}_i \cdot \hat{b}_j, \qquad (i,j) \in T,$$

berechnet, und zwar mit dem IPF-Verfahren. Man erhält, mit der Normierung $\hat{b}_1 = 1$, die am linken und am oberen Rand der Tabelle 4.3 eingetragenen $\hat{a}_i$ und $\hat{b}_j$, sowie die erwarteten Häufigkeiten $\hat{\mu}_{ij} = \hat{a}_i \cdot \hat{b}_j$, $(i,j) \in T$.

Das subdominante Männchen 2 richtet mehr Signale gegen das dominante Männchen 1, nämlich 202, als es bei Quasi-Unabhängigkeit zu erwarten wäre (nämlich 188; es sind vor allem Demutsgesten); das aktivste der Weibchen, Tier 5, sendet dagegen weniger in Richtung der beiden Männchen als erwartet. Männchen 1 bevorzugt (im Vergleich zur Erwartung) als Adressat seiner Verhaltensweisen das Weibchen 3, Männchen 2 dagegen das Weibchen 5. Die Hypothese der Quasi-Unabhängigkeit wird wegen der großen Werte

$$T_n = 103.37, \quad \text{bzw.} \quad \hat{\chi}_n^2 = 116.38,$$

der Teststatistiken verworfen ($\chi^2_{11,0.999} = 31.26$).

Tabelle 4.3. Unter der Quasi-Unabhängigkeit erwartete Häufigkeiten. Die ganzzahligen Randsummen der Tafel entstehen hier erst durch Rundungen

			Empfänger				
		1	2	3	4	5	Summe
Sender	$\hat{b}_j$	1	1.616	0.347	0.519	0.321	3.803
	$\hat{a}_i$						
1	756.61	–	1222.30	262.54	392.76	242.95	2121
2	188.32	188.32	–	65.35	97.76	60.47	412
3	3.182	3.18	5.14	–	1.65	1.02	11
4	1.522	1.52	2.46	0.53	–	0.49	5
5	12.92	12.91	20.87	4.48	6.71	–	45
	962.55	206	1251	333	499	305	2594

```
 SAS 

* Kontingenztafel mit Strukturellen Nullen auf der Diagonalen;
* Beobachtete Nullen werden 1E-20 gesetzt;
input Sender Empf Count @@;
if Count ne Empf then
   if Count=0 then Count=1E-20;
datalines;
 1 1   0   1 2 1228   1 3 289   1 4 392   1 5 212
 2 1 202   2 2   0   2 3  38   2 4  79   2 5  93
 3 1   1   3 2   8   3 3   0   3 4   2   3 5   0
 4 1   2   4 2   3   4 3   0   4 4   0   4 5   0
 5 1   1   5 2  12   5 3   6   5 4  26   5 5   0
;
proc catmod;   weight Count;
model Sender*Empf=_response_/ freq  pred noresponse oneway;
```

4.4 Zweidimensionale Tafel: Homogenitätsproblem

Die I Alternativen, welche die Zeilen der Kontingenztafel (n_{ij}) bilden, sind jetzt nicht mehr mögliche Ausprägungen einer Variablen X, sondern stellen I vorgegebene Gruppen oder Stichproben dar.

4.4.1 Homogenitätshypothese

In jeder der I Gruppen liegen positive Zahlen vor, welche die Wahrscheinlichkeiten für das Auftreten der Alternativen $1, \ldots, J$ der Y-Variablen bilden. In der Gruppe i seien es

$$p_{i1}, p_{i2}, \ldots, p_{iJ} \qquad\qquad [\text{alle } p_{ij} > 0, \; \sum\nolimits_{j=1}^{J} p_{ij} = 1]$$

$i = 1, \ldots, I$. Es liegt also eine $I \times J$-Tafel zugrunde, bei der in jeder Zeile ein Vektor mit positiven Wahrscheinlichkeiten steht, die sich zu 1 addieren.

	Alternative				$\sum$	
	1	2	$\cdots$	J		
Gruppe 1	p_{11}	p_{12}	$\cdots$	p_{1J}	1	
2	p_{21}	p_{22}	$\cdots$	p_{2J}	1	$I \times J$-Feldertafel (p_{ij})
$\vdots$	$\vdots$	$\vdots$		$\vdots$	$\vdots$	
I	p_{I1}	p_{I2}	$\cdots$	p_{IJ}	1	

Die Hypothese H_0 der Homogenität behauptet die Gleichheit der I Wahrscheinlichkeits-Vektoren; die Wahrscheinlichkeiten für die einzelnen Alternativen unterscheiden sich also nicht von Gruppe zu Gruppe:

$$H_0: \quad p_{ij} = p_{i'j}, \quad i, i' = 1, \ldots, I, \; j = 1, \ldots, J.$$

Zu vorgegebenen Stichprobenumfängen $n_1, \ldots, n_I$ für die I Gruppen beobachten wir die Häufigkeiten

$$n_{i1}, \ldots, n_{iJ} \quad \text{in der Gruppe } i \qquad [\sum\nolimits_{j=1}^{J} n_{ij} = n_{i\bullet} \equiv n_i],$$

$i = 1, \ldots, I$. Die Gesamtheit dieser Häufigkeiten bildet eine Kontingenztafel (n_{ij}). Mit den eben eingeführten Zeilensummen $n_{i\bullet}$, den Spaltensummen $n_{\bullet j} = \sum_{i=1}^{I} n_{ij}$ und der Gesamthäufigkeit $n \equiv n_{\bullet\bullet}$ führen wir die (unter H_0) erwarteten Häufigkeiten

$$e_{ij} = \frac{n_{i\bullet} \cdot n_{\bullet j}}{n} \qquad\qquad [\text{expected frequencies}]$$

ein, $i = 1, \ldots, I$, $j = 1, \ldots, J$. Wie schon in 4.3.1 bilden wir die beiden Teststatistiken

$$\hat{\chi}_n^2 = \sum_{i=1}^{I} \sum_{j=1}^{J} \frac{(n_{ij} - e_{ij})^2}{e_{ij}} = n \cdot \left(\sum_{i=1}^{I} \sum_{j=1}^{J} \frac{n_{ij}^2}{n_{i\bullet} \, n_{\bullet j}} - 1 \right) \quad [\chi^2\text{-Teststatistik}]$$

und

$$T_n = 2 \cdot \sum_{i=1}^{I} \sum_{j=1}^{J} n_{ij} \cdot \ln\left(\frac{n_{ij}}{e_{ij}}\right) \qquad\qquad [\text{log LQ-Teststatistik}],$$

die beide unter H_0 asymptotisch χ_f^2-verteilt sind, mit $f = (I-1)(J-1)$ Freiheitsgraden. Die Hypothese H_0 der Homogenität wird also verworfen, falls

$$\hat{\chi}_n^2 > \chi_{f,1-\alpha}^2 \quad \text{bzw.} \quad T_n > \chi_{f,1-\alpha}^2$$

(n groß vorausgesetzt). Obwohl in 4.3.1 und hier in 4.4.1 verschiedene Ausgangssituationen vorliegen (eine bivariate Stichprobe dort bzw. I univariate Stichproben hier) und verschiedene Hypothesen geprüft werden (Unabhängigkeits- bzw. Homogenitätshypothese), erhält man doch dieselben Testverfahren mit Hilfe derselben Prüfgrößen. Das ist vom Standpunkt des Anwenders aus zu begrüßen, denn oft verschwimmen die Unterschiede zwischen den beiden zugrunde liegenden Situationen.

Wird H_0 verworfen, so stellt sich die Frage, welche der I Gruppen bezüglich welcher der J Alternativen dafür verantwortlich sind.

4.4.2 Simultane Konfidenzintervalle und Tests

Wir gehen wie in 4.4.1 von der Tafel (p_{ij}) der I Wahrscheinlichkeits-Vektoren aus. Um sämtliche Gruppenvergleiche bezüglich aller Alternativen simultan prüfen zu können, bilden wir mit einer $I \times J$-Matrix (c_{ij}) von Koeffizienten, deren Spalten sich zu 0 addieren (*Kontrast*-Koeffizienten) die linearen Kontraste

$$\psi_c = \sum_{i=1}^{I} \sum_{j=1}^{J} c_{ij}\, p_{ij}\,, \qquad \sum_{i=1}^{I} c_{ij} = 0\,, \qquad \text{für alle} \quad j = 1, \ldots, J.$$

Die einzige Voraussetzung an die Matrix (c_{ij}) ist dabei, dass nicht alle J Spalten identisch ausfallen. Mit Hilfe der ML-Schätzer

$$\hat{p}_{ij} = \frac{n_{ij}}{n_i} \qquad \text{[relative Häufigkeiten]}$$

für die p_{ij}'s lautet der Schätzer für den linearen Kontrast ψ_c

$$\hat{\psi}_c = \sum_{i=1}^{I} \sum_{j=1}^{J} c_{ij}\, \hat{p}_{ij}.$$

Der (approximative) Standardfehler des Schätzers $\hat{\psi}_c$, in quadrierter Form geschrieben, ist

$$\left[\operatorname{se}(\hat{\psi}_c) \right]^2 = \sum_{i=1}^{I} \frac{1}{n_i} \Big(\sum_{j=1}^{J} c_{ij}^2\, \hat{p}_{ij} - \Big(\sum_{j=1}^{J} c_{ij}\, \hat{p}_{ij} \Big)^2 \Big).$$

Mit der Wurzel $a = \sqrt{\chi_{f,1-\alpha}^2}$ aus dem χ_f^2-Quantil, $f = (I-1)(J-1)$, können wir Konfidenzintervalle für ψ_c zum asymptotischen Niveau $1 - \alpha$ aufstellen,

$$\hat{\psi}_c - a \cdot \operatorname{se}(\hat{\psi}_c) \leq \psi_c \leq \hat{\psi}_c + a \cdot \operatorname{se}(\hat{\psi}_c)\,, \tag{4.28}$$

welche für alle linearen Kontraste, d. h. für alle Matrizen (c_{ij}) von Kontrastkoeffizienten, gleichzeitig gültig sind. Schließt das Intervall (4.28) die Null nicht ein, so ist der Wert $\hat{\psi}_c$ signifikant von Null verschieden, die spezielle Hypothese $\psi_c = 0$ also abzulehnen (die Homogenitätshypothese H_0 ist gleichbedeutend mit $\psi_c = 0$ für alle Kontrastkoeffizienten $c = (c_{ij})$).

Simultane Paarvergleiche. Wir spezialisieren nun das obige Ergebnis auf Paarvergleiche zwischen zwei Gruppen i und i' und eine Alternative j; das heißt auf lineare Kontraste der Form

$$\psi = p_{ij} - p_{i'j}, \quad i \neq i', \; j \in \{1, \ldots J\}.$$

Mit $a = \sqrt{\chi^2_{f,1-\alpha}}$ wie oben und mit

$$\left[\text{se}(\hat{p}_{ij} - \hat{p}_{i'j}) \right]^2 = \frac{1}{n_i} \left(\hat{p}_{ij} - \hat{p}^2_{ij} \right) + \frac{1}{n'_i} \left(\hat{p}_{i'j} - \hat{p}^2_{i'j} \right)$$

als Quadrat des Standardfehlers lauten die Intervalle (4.28)

$$(\hat{p}_{ij} - \hat{p}_{i'j}) - a \cdot \text{se}(\hat{p}_{ij} - \hat{p}_{i'j}) \leq p_{ij} - p_{i'j} \leq (\hat{p}_{ij} - \hat{p}_{i'j}) + a \cdot \text{se}(\hat{p}_{ij} - \hat{p}_{i'j}).$$

Sie sind für alle i, i' und j gleichzeitig gültig (großes n vorausgesetzt).

Ein simultaner Test für alle solche Paare lautet dann: Verwirf die spezielle Hypothese $p_{ij} = p_{i'j}$ gleicher Wahrscheinlichkeiten für die Alternative j in den beiden Gruppen i und i', falls

$$\frac{|\hat{p}_{ij} - \hat{p}_{i'j})|}{\text{se}(\hat{p}_{ij} - \hat{p}_{i'j})} > a.$$

In der Fallstudie **Verhalten** wurden die Verhaltensaktivitäten von Primaten über einen gewissen Zeitraum hinweg beobachtet. Mit ein und derselben Gruppe von Tieren (mit 1, 2 und 3 klassifiziert) wurden drei verschiedene Experimente durchgeführt, die sich jeweils durch den Auslösemodus der Verhaltensaktivitäten unterschieden. Es wurde jedesmal ausgezählt, wie oft die einzelnen Tiere als Ausführende einer (sozial relevanten) Verhaltensweise auftraten. Auch die relativen Zeilenhäufigkeiten sind in der Tafel eingetragen.

Experiment	Tier			Summe
	1	2	3	
Exp.1	266	436	21	723
	0.368	0.603	0.029	1.0
Exp.2	669	817	4	1490
	0.449	0.548	0.003	1.0
Exp.3	459	874	11	1344
	0.342	0.650	0.008	1.0
	1394	2127	36	3557

Der χ^2-Homogenitätstest führt wegen $\hat{\chi}^2_n =$

$$68.71 > \chi^2_{4,0.99} = 13.28$$

zur Verwerfung der Homogenitätshypothese; das heißt zu der Annahme, dass das Aktivitätsmuster innerhalb der Gruppe bei verschiedenen Auslösemechanismen variiert.

Mit Hilfe von simultanen Paarvergleichen bestimmen wir die Unterschiede zwischen je zwei Experimenten, und zwar getrennt pro Tier. Signifikante Unterschiede markieren wir mit 'ja' (der Wert 0 wird dann nicht vom Konfidenzintervall überdeckt), vgl. Tabelle 4.4

Tabelle 4.4. Simultane Paarvergleiche bei drei Experimenten und drei Tieren [$s_c = \mathrm{se}(\hat{\psi}_c)$, $b = a \cdot s_c$, $a = \sqrt{\chi^2_{4,0.99}} = 3.644$]

Vergleich	Tier	$\hat{\psi}$	s_c	b	$\hat{\psi} - b$	$\hat{\psi} + b$	Signifikanz
Exp.1 vs. Exp.2	1	−0.081	0.022	0.081	−0.162	0.000	nein
	2	0.055	0.022	0.081	−0.026	0.136	nein
	3	0.026	0.0064	0.023	0.003	0.049	ja
Exp.1 vs. Exp.3	1	0.026	0.022	0.081	−0.055	0.107	nein
	2	−0.047	0.022	0.081	−0.128	0.034	nein
	3	0.021	0.0067	0.024	−0.003	0.045	nein
Exp.2 vs. Exp.3	1	0.107	0.018	0.067	0.040	0.174	ja
	2	−0.102	0.018	0.067	−0.169	−0.035	ja
	3	−0.005	0.0028	0.010	−0.015	0.005	nein

Die Aktivitätsmuster (also die relativen Häufigkeiten) von Tier 1 und 2 unterscheiden sich nur zwischen den Experimenten 2 und 3 signifikant; bezüglich der Aktivität von Tier 3 ist dies nur zwischen den Experimenten 1 und 2 der Fall. Zwischen den Experimenten 1 und 3 gibt es keine signifikanten Unterschiede.

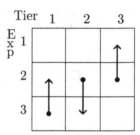

Programme zur Kontingenztafel-Analyse findet man im Anschluss an 1.4.5.

4.5 Mehrdimensionale Kontingenztafeln

Wir werden ausführlich 3-dimensionale Kontingenztafeln studieren, und erst zum Schluss auf 4-dimensionale eingehen. Außerdem werden wir von den beiden Erhebungsschemata, die in 4.3.1 und in 4.4.1 präsentiert wurden, nur das Erstere verwenden.

4.5.1 Dreidimensionale Kontingenztafel

Wir gehen von drei Zufallsvariablen X, Y und Z aus, die I, J bzw. K verschiedene Werte annehmen können ($I, J, K \geq 2$). Die trivariate Stichprobe

$$(x_1, y_1, z_1), \ (x_2, y_2, z_2), \ldots, (x_n, y_n, z_n) \tag{4.29}$$

vom Umfang n reduzieren wir durch Auszählen auf die Häufigkeiten n_{ijk}. Dabei ist n_{ijk} die Anzahl der Male, dass das Wertetriplet (i, j, k) in der Stichprobe (4.29) vorkommt. Diese Häufigkeiten lassen sich in der Gestalt eines 3-dimensionalen Quaders darstellen, der durch die I hintereinander liegenden 2-dimensionalen Tafeln

$$\left(n_{1jk},\, j = 1, \ldots, J, k = 1, \ldots, K\right), \ldots, \left(n_{Ijk},\, j = 1, \ldots, J, k = 1, \ldots, K\right)$$

gebildet werden; vgl. Tabelle 4.5 mit einer zweidimensionalen Wiedergabe.

Tabelle 4.5. 3-dimensionale $I \times J \times K$-Kontingenztafel (n_{ijk})

	1	2	$\ldots$	K	$\sum$	
1	n_{111}	n_{112}	$\ldots$	n_{11K}	$n_{11\bullet}$	
2	n_{121}	n_{122}	$\ldots$	n_{12K}	$n_{12\bullet}$	$J \times K$-Kontingenztafel (n_{1jk})
$\vdots$	$\vdots$	$\vdots$		$\vdots$	$\vdots$	
J	n_{1J1}	n_{1J2}	$\ldots$	n_{1JK}	$n_{1J\bullet}$	
$\sum$	$n_{1\bullet1}$	$n_{1\bullet2}$	$\ldots$	$n_{1\bullet K}$	$n_{1\bullet\bullet}$	

	1	2	$\ldots$	K	$\sum$	
1	n_{211}	n_{212}	$\ldots$	n_{21K}	$n_{21\bullet}$	
2	n_{221}	n_{222}	$\ldots$	n_{22K}	$n_{22\bullet}$	$J \times K$-Kontingenztafel (n_{2jk})
$\vdots$	$\vdots$	$\vdots$		$\vdots$	$\vdots$	
J	n_{2J1}	n_{2J2}	$\ldots$	n_{2JK}	$n_{2J\bullet}$	
$\sum$	$n_{2\bullet1}$	$n_{2\bullet2}$	$\ldots$	$n_{2\bullet K}$	$n_{2\bullet\bullet}$	

$$\ldots \qquad \ldots \qquad \ldots \qquad \ldots \qquad \ldots$$

	1	2	$\ldots$	K	$\sum$	
1	n_{I11}	n_{I12}	$\ldots$	n_{I1K}	$n_{I1\bullet}$	
2	n_{I21}	n_{I22}	$\ldots$	n_{I2K}	$n_{I2\bullet}$	$J \times K$-Kontingenztafel (n_{Ijk})
$\vdots$	$\vdots$	$\vdots$		$\vdots$	$\vdots$	
J	n_{IJ1}	n_{IJ2}	$\ldots$	n_{IJK}	$n_{IJ\bullet}$	
$\sum$	$n_{I\bullet1}$	$n_{I\bullet2}$	$\ldots$	$n_{I\bullet K}$	$n_{I\bullet\bullet}$	

Die aus den 2-dimensionalen Tafeln bekannte Punktnotation wird auch hier angewandt, so dass $n_{\bullet\bullet\bullet} = n$ ist, der vorgegebene Umfang der trivariaten Stichprobe (4.29).

Die zugrunde liegenden Wahrscheinlichkeiten lauten

$$\pi_{ijk} = \mathbb{P}(X = i, Y = j, Z = k), \quad i = 1, \ldots, I,\ j = 1, \ldots, J,\ k = 1, \ldots, K;$$

sie werden als positiv vorausgesetzt. Rand-Wahrscheinlichkeiten werden ebenfalls durch die Punktnotation angegeben, z. B.

$$\pi_{ij\bullet} = \mathbb{P}(X = i, Y = j), \quad \pi_{\bullet\bullet k} = \mathbb{P}(Z = k), \quad \pi_{\bullet\bullet\bullet} = 1.$$

Bei den nun folgenden log-linearen Modellen gehen wir von den Wahrscheinlichkeiten π_{ijk} zu den Logarithmen derselben über,

$$\vartheta_{ijk} = \ln \pi_{ijk}.$$

Ferner werden wir die Variablen X, Y, Z hier mit A, B und C bezeichnen und – wie in der mehrfachen Varianzanalyse – Faktoren nennen.

4.5.2 Saturiertes Modell und hierarchische Unter-Modelle

Die ϑ_{ijk} werden in der Form

$$\vartheta_{ijk} = \lambda + \lambda_i^A + \lambda_j^B + \lambda_k^C + \lambda_{ij}^{AB} + \lambda_{ik}^{AC} + \lambda_{jk}^{BC} + \lambda_{ijk}^{ABC}, \quad \begin{cases} i = 1, \ldots, I, \\ j = 1, \ldots, J, \\ k = 1, \ldots, K, \end{cases} \quad (4.30)$$

eines *saturierten* oder vollen Modells geschrieben. Die überparametrisierte Darstellung (4.30) wird eindeutig, wenn die Nebenbedingungen

$$\lambda_\bullet^A = \lambda_\bullet^B = \lambda_\bullet^C = \lambda_{i\bullet}^{AB} = \ldots = \lambda_{\bullet k}^{BC} = \lambda_{ij\bullet}^{ABC} = \lambda_{i\bullet k}^{ABC} = \lambda_{\bullet jk}^{ABC} = 0 \quad (4.31)$$

eingeführt werden. Aus (4.30) und (4.31) leitet man die folgenden Darstellungen für die λ-Terme ab:

$$
\begin{aligned}
\lambda &= \frac{\vartheta_{\bullet\bullet\bullet}}{IJK} \\
\lambda_i^A &= \frac{\vartheta_{i\bullet\bullet}}{JK} - \lambda \\
\lambda_{ij}^{AB} &= \frac{\vartheta_{ij\bullet}}{K} - \frac{\vartheta_{i\bullet\bullet}}{JK} - \frac{\vartheta_{\bullet j\bullet}}{IK} + \lambda \\
\lambda_{ijk}^{ABC} &= \vartheta_{ijk} - \frac{\vartheta_{ij\bullet}}{K} - \frac{\vartheta_{i\bullet k}}{J} - \frac{\vartheta_{\bullet jk}}{I} + \frac{\vartheta_{i\bullet\bullet}}{JK} + \frac{\vartheta_{\bullet j\bullet}}{IK} + \frac{\vartheta_{\bullet\bullet k}}{IJ} - \lambda.
\end{aligned}
\quad (4.32)
$$

Die Größen λ_j^B, λ_k^C werden entsprechend zu λ_i^A dargestellt; sie heißen Haupteffekte. Die Größen λ_{ik}^{AC}, λ_{jk}^{BC} haben eine Darstellung entsprechend zu λ_{ij}^{AB}; sie heißen 2-Faktoren Wechselwirkungen. Die λ_{ijk}^{ABC} werden 3-Faktoren Wechselwirkungen genannt. Schätzer für π_{ijk} und ϑ_{ijk} lauten

$$\hat{\pi}_{ijk} = \frac{n_{ijk}}{n} \quad \text{bzw.} \quad \hat{\vartheta}_{ijk} = \ln\left(\frac{n_{ijk}}{n}\right) \quad [\text{ML-Schätzer im vollen Modell}].$$

Wir nennen (4.30) das volle Modell, weil noch keine Hypothesen (Restriktionen) bezüglich des Satzes (π_{ijk}) von Wahrscheinlichkeiten eingeführt wurden. Spezielle Unter-Modelle werden aus (4.30) abgeleitet, indem einige λ-Terme Null gesetzt werden, und zwar jeweils für alle Indizes gleichzeitig. Dabei benutzen wir die Notation

$$\lambda^{ABC} = 0, \quad \text{falls} \quad \lambda_{ijk}^{ABC} = 0, \quad \text{für alle} \quad i, j, k;$$

$$\text{und analog } \lambda^{AB} = 0, \ \lambda^A = 0 \ \text{ etc.}$$

Hierarchische log-lineare Modelle. Innerhalb der großen Zahl von Untermodellen beschränken wir uns auf die Klasse der *hierarchischen* Modelle. Diese sind durch die folgende Eigenschaft definiert: Ist ein Term λ^α gleich Null, wobei α einen der 7 Hochindizes A, B,..., ABC in (4.30) bedeutet, so auch alle λ-Terme mit einem Hochindex, der α umfasst. Ist zum Beispiel der

Term $\lambda^A = 0$, dann sind auch die Terme λ^{AB}, λ^{AC}, λ^{ABC} gleich Null. Andersherum formuliert: Taucht ein Term λ^α in einem hierarchischen Modell auf, so auch alle λ-Terme mit einem Hochindex, der in α enthalten ist.

Es gibt 19 verschiedene 3-dimensionale hierarchische log-lineare Modelle, die in der Tabelle 4.6 in 4.5.4 zusammengestellt sind. Zu ihrer Angabe bedient man sich einer Kurznotation der folgenden Form: Es werden nur diejenigen Hochindizes angegeben, die unbedingt nötig sind und sich nicht aus dem Bildungsgesetz hierarchischer Modelle von selbst ergeben. So wird das saturierte Modell (4.30) mit [ABC] notiert. Zwei weitere Beispiele

Modellgleichung	Kurznotation
$\vartheta_{ijk} = \lambda + \lambda_i^A + \lambda_j^B + \lambda_{ij}^{AB}$	[AB]
$\vartheta_{ijk} = \lambda + \lambda_i^A + \lambda_j^B + \lambda_k^C + \lambda_{jk}^{BC}$	[A,BC]

jeweils für $i = 1, \ldots, I$, $j = 1, \ldots, J$, $k = 1, \ldots, K$. Im Folgenden werden nur noch hierarchische log-lineare Modelle betrachtet.

Hypothesen. Wie sind spezielle Hypothesen bzw. die dadurch definierten Untermodelle zu interpretieren? Eine genaue Herleitung der folgenden Aussagen findet sich z. B. bei Lindeman et al (1980) oder Andersen (1990).

• Hypothese $\lambda^{ABC} = 0$ (d. i. das Modell [AB,AC,BC]):
Man führt *bedingte* Wechselwirkungen zweier Faktoren (z. B. von A und B) ein, gegeben der Wert des dritten Faktors (z. B. $C = k$), und zwar mit Hilfe bedingter Wahrscheinlichkeiten. Im Fall der Hypothese $\lambda^{ABC} = 0$ sind diese bedingten 2-Faktoren Wechselwirkungen dann unabhängig vom Wert des jeweils dritten Faktors.

• Hypothese $\lambda^{AB} = \lambda^{ABC} = 0$ (d. i. das Modell [AC,BC]):
Die Variablen (Faktoren) A und B sind bedingt unabhängig, gegeben der Wert von C.

• Hypothese $\lambda^{AB} = \lambda^{AC} = \lambda^{ABC} = 0$ (d. i. das Modell [A,BC]):
Die Variable A und das Variablenpaar (B,C) sind (voneinander) unabhängig.

• Hypothese $\lambda^{AB} = \lambda^{AC} = \lambda^{BC} = \lambda^{ABC} = 0$ (d. i. das Modell [A,B,C]):
Die drei Variablen (Faktoren) A, B, C sind unabhängig.

4.5.3 Schätzen und Testen

Wir setzen für den Rest des Abschnitts voraus, das alle beobachteten Häufigkeiten $n_{ijk} > 0$ sind. Im vollen Modell (4.30) ist die relative Häufigkeit n_{ijk}/n der ML-Schätzer für π_{ijk}. Im Folgenden erweisen sich die Bezeichnungen $\mu_{ijk} = n \cdot \pi_{ijk}$ und $\hat{\mu}_{ijk} = n \cdot \hat{\pi}_{ijk}$ für die erwartete Häufigkeit und ihren Schätzer als nützlich.

a) Schätzen in Untermodellen

In einem hierarchischen Untermodell bestimmen sich die ML-Schätzer $\hat{\pi}_{ijk}$ für π_{ijk} eindeutig durch zwei Gleichungssysteme, das sind

- die Modellgleichungen für $\hat{\vartheta}_{ijk} = \ln \hat{\pi}_{ijk}$
- die Randgleichungen in Bezug auf $\hat{\mu}_{ijk}$ und n_{ijk}, die durch die Kurznotation des Modells angegeben werden.

Dies soll am Beispiel des Modells [A,BC], d. i.

$$\vartheta_{ijk} = \lambda + \lambda_i^A + \lambda_j^B + \lambda_k^C + \lambda_{jk}^{BC}, \quad \text{für alle } i,j,k, \qquad (4.33)$$

demonstriert werden. Die ML-Schätzer lauten $\hat{\mu}_{ijk} = n_{i\bullet\bullet} \cdot n_{\bullet jk}/n$. Tatsächlich erfüllen sie

(i) die Modellgleichungen, denn es ist $\hat{\vartheta}_{ijk} \equiv \ln\left(\hat{\mu}_{ijk}/n\right) = -2\ln(n) + \ln(n_{i\bullet\bullet}) + \ln(n_{\bullet jk})$ von der Gestalt $\tilde{\lambda} + \tilde{\lambda}_i^A + \tilde{\lambda}_{jk}^{BC}$, was sich wiederum in der Form (4.33) schreiben lässt.

(ii) die Randgleichungen $\hat{\mu}_{i\bullet\bullet} = n_{i\bullet\bullet}$ und $\hat{\mu}_{\bullet jk} = n_{\bullet jk}$, wie man sofort nachprüft.

Für 18 der 19 hierarchischen Modelle lassen sich geschlossene Formeln für die ML-Schätzer $\hat{\pi}_{ijk}$ bzw. $\hat{\mu}_{ijk}$ angeben (siehe Tabelle 4.6 in 4.5.4). Allein für das Modell [AB,AC,BC], d. i. das saturierte Modell ohne den Term λ^{ABC}, muss ein Iterationsverfahren angewandt werden.

IPF-Verfahren. Im Modell [AB,AC,BC] gewinnt man die ML-Schätzer $\hat{\mu}_{ijk}$ für μ_{ijk} durch ein Iterationsverfahren nach der *iterative proportional fitting* Methode. Starte mit

$$\mu_{ijk}^{(0)} = \frac{n_{\bullet jk}}{I}$$

und berechne für ein $m \geq 3$, das ein Vielfaches von 3 ist,

$$\mu_{ijk}^{(m-2)} = \mu_{ijk}^{(m-3)} \frac{n_{ij\bullet}}{\mu_{ij\bullet}^{(m-3)}} \qquad \text{[fitting } n_{AB}]$$

$$\mu_{ijk}^{(m-1)} = \mu_{ijk}^{(m-2)} \frac{n_{i\bullet k}}{\mu_{i\bullet k}^{(m-2)}} \qquad \text{[fitting } n_{AC}]$$

$$\mu_{ijk}^{(m)} = \mu_{ijk}^{(m-1)} \frac{n_{\bullet jk}}{\mu_{\bullet jk}^{(m-1)}} \qquad \text{[fitting } n_{BC}].$$

Dieses Verfahren konvergiert für $m \to \infty$ gegen die (eindeutig bestimmten) ML-Schätzer $\hat{\mu}_{ijk}$, vgl. Pruscha (1996). Die ML-Schätzer für π_{ijk} berechnet man dann gemäß $\hat{\pi}_{ijk} = \hat{\mu}_{ijk}/n$.

b) Testen von Untermodellen

Innerhalb des saturierten Modells L = [ABC] kann ein spezielles (hypothetisches) Untermodell H als Hypothese H_0 getestet werden. Bezeichnet man für den Moment mit

$$e_{ijk}^H = n \cdot \hat{\pi}_{ijk}^H \qquad \text{[expected frequencies]}$$

die ML-Schätzer für $\mu_{ijk} = n \cdot \pi_{ijk}$ im Untermodell H (also unter H_0), so sind die beiden Teststatiken

$$\hat{\chi}_n^2 = \sum_{i=1}^{I} \sum_{j=1}^{J} \sum_{k=1}^{K} \frac{\left(n_{ijk} - e_{ijk}^H\right)^2}{e_{ijk}^H} \qquad \text{[χ^2-Teststatistik]}$$

und

$$T_n = 2 \cdot \sum_{i=1}^{I} \sum_{j=1}^{J} \sum_{k=1}^{K} n_{ijk} \cdot \ln\left(\frac{n_{ijk}}{e_{ijk}^H}\right) \qquad \text{[log LQ-Teststatistik]},$$

unter H_0 asymptotisch χ_f^2-verteilt. Die Anzahl f der Freiheitsgrade (F.G.) ermittelt man mit Hilfe der Regel

F.G. = Anzahl der in der Hypothese Null gesetzten Parameter,

wobei die Nebenbedingungen (4.31), das sind $\lambda_{\bullet}^A = \ldots = \lambda_{ij\bullet}^{ABC} = 0$, zu berücksichtigen sind. Die folgende Tabelle gibt an, wie sich die IJK Freiheitsgrade des saturierten Modells [ABC] in die einzelnen Bestandteile aufspalten.

λ-Terme	F. G.	λ-Terme	F. G.
λ	1	λ^{AB}	$(I-1)(J-1)$
λ^A	$I-1$	λ^{AC}	$(I-1)(K-1)$
λ^B	$J-1$	λ^{BC}	$(J-1)(K-1)$
λ^C	$K-1$	λ^{ABC}	$(I-1)(J-1)(K-1)$

Beispiel: Zum Testen des hypothetischen Modells H = [AB,AC], d. h. zum Prüfen der Hypothese $\lambda^{BC} = \lambda^{ABC} = 0$ im saturierten Modell [ABC], hat man also

$$f = (J-1)(K-1) + (I-1)(J-1)(K-1) = I(J-1)(K-1) \quad \text{Freiheitsgrade.}$$

Innerhalb eines log-linearen Modells L, das nun nicht mehr notwendig das saturierte zu sein braucht, lässt sich ein spezielleres (hypothetisches) Modell H durch die Teststatistik

$$T_n(H|L) = 2 \cdot \sum_{i=1}^{I} \sum_{j=1}^{J} \sum_{k=1}^{K} n_{ijk} \cdot \ln\left(\frac{\hat{\pi}_{ijk}^L}{\hat{\pi}_{ijk}^H}\right) \qquad \text{[konditionales log-LQ]}$$

prüfen. Dabei sind

$\hat{\pi}_{ijk}^{L}$ und $\hat{\pi}_{ijk}^{H}$ ML-Schätzer für π_{ijk} im Modell L bzw. H.

Die Anzahl der Freiheitsgrade ist wieder wie oben gleich der Anzahl der Parameter des Modells L, die im Modell H Null gesetzt sind (Nebenbedingungen (4.31) beachten).

Beispiel: Zum Testen des hypothetischen Modells H = [AB,C] innerhalb des Modells L = [AB,AC,BC], das heißt zum Prüfen der Hypothese $\lambda^{AC} = \lambda^{BC} = 0$, ermittelt man

$$(I - 1)(K - 1) + (J - 1)(K - 1) = (I + J - 2)(K - 1)\quad \text{Freiheitsgrade.}$$

4.5.4 Übersicht: Modelle, Hypothesen, Schätzer

Die Tabelle 4.6 gibt die 9 Prototypen der 19 verschiedenen 3-dimensionalen hierarchischen Modelle wieder. Dabei ist die Kurznotation verwendet worden, zusammen mit

- der Anzahl N von Modellen dieses Prototyps (die man durch Permutieren der Buchstaben A, B, C erhält)
- der zugehörigen Hypothese im saturierten Modell
- der Anzahl der Freiheitsgrade (F.G.)
- der Formel des ML-Schätzers $\hat{\mu}_{ijk}$ für $\mu_{ijk} = n \cdot \pi_{ijk}$
- einer Interpretation der Hypothese (teilweise).

Fallstudie **Spessart.** Wir analysieren das Zusammenspiel der drei kategorialen Variablen

A: Alter(sklasse), in den drei Kategorien 0–70, 71–140, > 140 [Jahre]

B: Baum(art), in den drei Kategorien Buche, Fichte, Lärche

C: Defoliation (Blattverlust), in den zwei Alternativen 0 = ohne, 1 = mit Defoliation.

Nebenstehend die dreidimensionale 3 × 3 × 2-Kontingenztafel.

Alter	Baum	Defol. 0	1	Summe
0–70	Buche	20	2	22
	Fichte	11	1	12
	Lärche	7	1	8
71–140	Buche	18	13	31
	Fichte	3	6	9
	Lärche	4	7	11
> 140	Buche	8	21	29
	Fichte	1	1	2
	Lärche	1	5	6
				130

Zwei ihrer drei zweidimensionalen Randtafeln, zusammen mit den relativen Zeilenhäufigkeiten, lauten:

Tabelle 4.6. Prototypen 3-dimensionaler hierarchischer Modelle

Modell	N	Hypothese Freiheitsgrade	$\hat{\mu}_{ijk}$	Beschreibung
[ABC]	1	– IJK	n_{ijk}	Saturiertes Modell
[AB,AC,BC]	1	$\lambda^{ABC} = 0$ (I-1)(J-1)(K-1)	IPF	bedingte 2 Variablen Interaktion ist un-abh. vom Wert der dritten
[AC,BC]	3	$\lambda^{ABC} = \lambda^{AB} = 0$ (I-1)(J-1)K	$\frac{n_{i\bullet k} n_{\bullet j k}}{n_{\bullet \bullet k}}$	A und B bedingt unabh., gegeben der Wert von C
[A,BC]	3	$\lambda^{ABC} = \lambda^{AB} =$ $\lambda^{AC} = 0$ (I-1)(JK-1)	$\frac{n_{i\bullet\bullet} n_{\bullet j k}}{n}$	A ist unabhängig vom Paar (B,C)
[A,B,C]	1	$\lambda^{ABC} = \lambda^{AB} =$ $\lambda^{AC} = \lambda^{BC} = 0$ IJK-I-J-K+2	$\frac{n_{i\bullet\bullet} n_{\bullet j \bullet} n_{\bullet\bullet k}}{n^2}$	Die Variablen A,B,C sind unabhängig
[BC]	3	$\lambda^{ABC} = \lambda^{AB} =$ $\lambda^{AC} = \lambda^{A} = 0$ (I-1)JK	$\frac{n_{\bullet j k}}{I}$	
[B,C]	3	$\lambda^{ABC} = \ldots = 0$ [1] IJK-J-K+1	$\frac{n_{\bullet j \bullet} n_{\bullet\bullet k}}{In}$	
[C]	3	$\lambda^{ABC} = \ldots = 0$ [2] (IJ-1)K	$\frac{n_{\bullet\bullet k}}{IJ}$	
[–]	1	$\lambda^{ABC} = \ldots = 0$ [3] IJK-1	$\frac{n}{IJK}$	$\pi_{ijk} = \frac{1}{IJK}$ konstant für alle i,j,k

Ausgeschrieben lauten die Hypothesen in den letzten drei Fällen

[1] $\lambda^{ABC} = \lambda^{AB} = \lambda^{AC} = \lambda^{BC} = \lambda^{A} = 0$

[2] $\lambda^{ABC} = \lambda^{AB} = \lambda^{AC} = \lambda^{BC} = \lambda^{A} = \lambda^{B} = 0,$

[3] $\lambda^{ABC} = \lambda^{AB} = \lambda^{AC} = \lambda^{BC} = \lambda^{A} = \lambda^{B} = \lambda^{C} = 0.$

Alter	Defoliation		
	0	1	Summe
0–70	38	4	42
	0.905	0.095	1
71–140	25	26	51
	0.490	0.510	1
> 140	10	27	37
	0.270	0.730	1
Summe	73	57	130

Baum	Defoliation		
	0	1	Summe
Buche	46	36	82
	0.561	0.439	1
Fichte	15	8	23
	0.652	0.348	1
Lärche	12	13	25
	0.480	0.520	1
Summe	73	57	130

Die 19 hierarchischen log-linearen Modelle, mit ihren log-LQ Statistiken T_n, Freiheitsgraden (F.G.) und P-Werten zum Testen des Modells gegen das saturierte Modell [ABC],

A = Alter (i=1,2,3), B = Baumart (j=1,2,3), C = Defoliation (k=0,1) finden sich in der folgenden Tabelle.

Modell	T_n	F.G.	P
[ABC]	0	0	
[AB, AC, BC]	1.604	4	0.808
[AB, AC]	3.580	6	0.733
[AB, BC]	40.090	6	0.000
[AC, BC]	11.291	8	0.186
[A, BC]	49.255	10	0.000
[B, AC]	12.744	10	0.239
[C, AB]	41.543	8	0.000
[A, B, C]	50.708	12	0.000

Modell	T_n	F.G.	P
[AB]	43.517	9	0.000
[AC]	60.702	12	0.000
[BC]	51.553	12	0.000
[A, B]	52.682	13	0.000
[A, C]	98.666	14	0.000
[B, C]	53.006	14	0.000
[A]	100.641	15	0.000
[B]	54.981	15	0.000
[C]	100.939	16	0.000
[−]	102.939	17	0.000

Auf die 3-Faktoren Wechselwirkung λ^{ABC} kann verzichtet werden: Der P-Wert für das Modell [AB,AC,BC] ist gleich 0.808. Akzeptabel sind ferner – nach Aussage ihrer P-Werte – die Modelle [AB,AC], [AC,BC], [B,AC]. Das sparsamste, noch annehmbare Modell lautet also [B,AC], mit $P = 0.239$, das ist das Modell

$$\ln \pi_{ijk} = \lambda + \lambda_i^A + \lambda_j^B + \lambda_k^C + \lambda_{ik}^{AC}, \quad i = 1, 2, 3, \ j = 1, 2, 3, \ k = 0, 1. \quad (4.34)$$

Die 2-Faktoren Wechselwirkungen λ^{AB} und λ^{BC} kommen in diesem Modell nicht mehr vor.

Splus   R   Eingabe der Häufigkeitstafel siehe unter 4.6.2 (`defol<- ...`)

```
# Volles 3-dimensionales log lineares Modell
defol0<- glm(Freq~Defol*Baum*Alter,family=poisson,
        data=defol,maxit=20)
```

```
# Durchtesten von hierarchischen Teilmodellen
# Modell ohne 3 Variablen Interaktion
defol1<- glm(Freq~Defol*Baum+Defol*Alter+Baum*Alter,
        family=poisson,data=defol)
...    ...   ...
```

SAS Eingabe der Häufigkeitstafel durch `datalines`

```
data spescat;
   input Alter $ Baum $ Defol $ Count @@;
datalines;
 Alt1 Bu Ohne 20  Alt1 Bu Mit  2
 Alt1 Fi Ohne 11  Alt1 Fi Mit  1
 ...             ...
 Alt3 La Ohne  1  Alt3 La Mit  5
 ;
* Volles 3-dimensionales log lineares Modell;
proc catmod order=data;  /*order=data hier ohne Auswirkung*/
   weight count;
   model Alter*Baum*Defol=_response_/ noresponse noiter;
   loglin Alter|Baum|Defol;
* Durchtesten von hierarchischen Teilmodellen;
proc catmod order=data;
   weight count;
   model Alter*Baum*Defol=_response_/ noresponse noiter;
   loglin Alter|Baum   Alter|Defol   Baum|Defol;
   title2 'Modell ohne 3 Variablen Interaktion';
...    ...   ...
```

4.5.5 Schätzen und Testen der λ-Terme

Liegen in einem log-linearen Modell die ML-Schätzer $\hat{\vartheta}_{ijk} = \ln \hat{\pi}_{ijk}$ für $\vartheta_{ijk} = \ln \pi_{ijk}$ vor, so kann man aus diesen auch ML-Schätzer für die λ-Terme des Modells gewinnen. Und zwar bedient man sich dazu der Formeln (4.32), bei nicht-saturierten Modellen einer entsprechenden Teilmenge aus diesen Formeln. Lautet die Linearkombination für den (zu schätzenden) λ-Term, den wir symbolisch mit λ_a^α bezeichnen wollen,

$$\lambda_a^\alpha = \sum_i \sum_j \sum_k c_{ijk}\, \vartheta_{ijk}\,,$$

so heißt der ML-Schätzer dieses λ-Terms gerade

$$\hat{\lambda}_a^\alpha = \sum_i \sum_j \sum_k c_{ijk}\, \hat{\vartheta}_{ijk}\,.$$

Beispiele: Gemäß der ersten beiden Formeln (4.32) ist

$$\hat{\lambda} = \sum_i \sum_j \sum_k \frac{1}{IJK} \hat{\vartheta}_{ijk} = \frac{1}{IJK} \hat{\vartheta}_{\bullet\bullet\bullet} \qquad [c_{ijk} = \frac{1}{IJK}]$$

$$\hat{\lambda}_{i_0}^A = \sum_i \sum_j \sum_k \Big(\frac{1}{JK}\delta_{i,i_0} - \frac{1}{IJK}\Big)\hat{\vartheta}_{ijk} = \frac{\hat{\vartheta}_{i_0\bullet\bullet}}{JK} - \hat{\lambda} \quad [c_{ijk} = \frac{\delta_{i,i_0}}{JK} - \frac{1}{IJK}]$$

$$(4.35)$$

Zum Aufstellen von Konfidenzintervallen und zum Testen der Hypothese, dass ein bestimmter λ-Term gleich Null ist, benötigt man seinen Standardfehler. Dazu beschränken wir uns auf das saturierte Modell.

Hat der Term die Darstellung

$$\lambda_a^\alpha = \sum_i \sum_j \sum_k c_{ijk}\, \vartheta_{ijk}\,,$$

so berechnet sich der Standardfehler (approximativ) als Wurzel aus

$$\big[\mathrm{se}(\hat{\lambda}_a^\alpha)\big]^2 = \sum_i \sum_j \sum_k \frac{c_{ijk}^2}{n_{ijk}} - \frac{(c_{\bullet\bullet\bullet})^2}{n} \qquad [c_{\bullet\bullet\bullet} = \sum_i \sum_j \sum_k c_{ijk}].$$

Beispiele: Gemäß der obigen Darstellungen (4.35) von $\hat{\lambda}$ und $\hat{\lambda}_{i_0}^A$ gilt

$$\big[\mathrm{se}(\hat{\lambda})\big]^2 = \Big(\frac{1}{IJK}\Big)^2 \sum_i \sum_j \sum_k \frac{1}{n_{ijk}} - \frac{1}{n}$$

$$\big[\mathrm{se}(\hat{\lambda}_{i_0}^A)\big]^2 = \Big(\frac{1}{IJK}\Big)^2 \sum_i \sum_j \sum_k \frac{1}{n_{ijk}} + \frac{I-2}{IJ^2K^2} \sum_j \sum_k \frac{1}{n_{i_0jk}}\,.$$

Konfidenzintervalle für λ_a^α zum asymptotischen Niveau $1 - \alpha$ lauten

$$\hat{\lambda}_a^\alpha - u_{1-\alpha/2} \cdot \mathrm{se}(\hat{\lambda}_a^\alpha) \le \lambda_a^\alpha \le \hat{\lambda}_a^\alpha + u_{1-\alpha/2} \cdot \mathrm{se}(\hat{\lambda}_a^\alpha)\,.$$

Entsprechend heißt die Verwerfungsregel für die Hypothese $\lambda_a^\alpha = 0$ (großes n vorausgesetzt)

$$|\hat{\lambda}_a^\alpha| \,/\, \mathrm{se}(\hat{\lambda}_a^\alpha) > u_{1-\alpha/2}\,.$$

Fallstudie **Spessart.** Wir analysieren in Fortsetzung von 4.5.4 das Zusammenspiel der drei kategorialen Variablen
- A: Alter(sklasse) • B: Baum(art) • C: Defoliation

mittels log-linearer Analysen.

Für das Modell [AB,AC,BC] ohne 3-Faktoren Wechselwirkung und für das Modell [B,AC], das ist Gleichung (4.34), listen wir die Schätzwerte $\hat{\lambda}$, mitsamt Standardfehler $\mathrm{se}(\hat{\lambda})$ und Quotient $T = \hat{\lambda}/\mathrm{se}(\hat{\lambda})$. Ferner werden für jeden Haupteffekt (das sind die Effekte Alter A, Baum B, Defoliation C) sowie für einige Wechselwirkungen die Freiheitsgrade, der Wert $\hat{\chi}_n^2$ der (to-remove) Teststatistik, vgl. 4.5.3 b), und der zugehörige P-Wert aufgeführt.

Term	$\hat{\lambda}$	se($\hat{\lambda}$)	T	F.G.	$\hat{\chi}_n^2$	P	
Alter A i = 1	−0.1045	0.2141	−0.488				
Alter A i = 2	0.5049	0.1718	2.939				
Alter A i = 3	−0.4004			2	8.85	0.012	
Baum B j = 1	0.8898	0.1382	6.438				
Baum B j = 2	−0.5924	0.2012	−2.944				
Baum B j = 3	−0.2974			2	41.93	0.000	
Defol C k = 0	0.1163	0.1349	0.862				
Defol C k = 1	−0.1163			1	0.74	0.389	[AB,AC,BC]
...	...	...	...				
A × C i=1,k=0	0.9647	0.1992	4.843				
A × C i=2,k=0	−0.2161	0.1432	−1.509				
A × C i=3,k=0	−0.7486			2	25.64	0.000	
B × C j=1,k=0	0.1978	0.1528	1.2945				
B × C j=2,k=0	−0.0344	0.1993	−0.1726				
B × C j=3,k=0	−0.1634			2	1.91	0.386	

Term	$\hat{\lambda}$	se($\hat{\lambda}$)	T	F.G.	$\hat{\chi}_n^2$	P	
Alter A i = 1	−0.3379	0.1915	−1.764				
Alter A i = 2	0.3886	0.1421	2.735				
Alter A i = 3	−0.0507			2	7.52	0.023	
Baum B j = 1	0.8197	0.1212	6.763				
Baum B j = 2	−0.4515	0.1585	−2.848				
Baum B j = 3	−0.3682			2	45.73	0.000	[B,AC]
Defol C k = 0	0.2031	0.1169	1.737				
Defol C k = 1	−0.2031			1	3.02	0.082	
A × C i=1,k=0	0.9225	0.1915	4.817				
A × C i=2,k=0	−0.2227	0.1421	−1.567				
A × C i=3,k=0	−0.6998			2	25.55	0.000	

Die Summe über die Koeffizienten eines jeden Effekts ergibt Null. Hohe $\hat{\chi}_n^2$-Werte weisen der Haupteffekt B (Baumart) auf, sowie die Wechelwirkung A × C, d. i. Alter × Defoliation.

4.5.6 Vierdimensionale Kontingenztafel

Wir gehen von vier Zufallsvariablen aus, A, B, C und D genannt, die I, J, K bzw. L verschiedene Werte annehmen können ($I, J, K, L \geq 2$). Die 4-variate Stichprobe

$$(x_1, y_1, z_1, w_1), \ldots, (x_n, y_n, z_n, w_n)$$

vom (vorgegebenen) Umfang n reduzieren wir durch Auszählen auf die Häufigkeiten n_{ijkl}, mit denen die Wertequadrupel (i, j, k, l) darin vorkommen.

Die zugrunde liegenden Wahrscheinlichkeiten bezeichnen wir mit

$$\pi_{ijkl} = \mathbb{P}(A = i, B = j, C = k, D = l), \qquad \begin{cases} i = 1, \ldots, I, \ j = 1, \ldots, J, \\ k = 1, \ldots, K, \ l = 1, \ldots, L \end{cases} ;$$

sie werden als positiv vorausgesetzt. Rand-Häufigkeiten und Rand-Wahrscheinlichkeiten werden wieder durch die Punktnotation angegeben. Wie bei den drei-dimensionalen log-linearen Modellen gehen wir von den π_{ijkl} zu den Logarithmen über,

$$\vartheta_{ijkl} = \ln \pi_{ijkl} .$$

Die Variablen A, B, C, D werden wie in der mehrfachen Varianzanalyse Faktoren genannt.

Saturiertes Modell und hierarchische Unter-Modelle

Die ϑ_{ijkl} werden in der Form

$$\vartheta_{ijkl} = \lambda + \lambda_i^A + \lambda_j^B + \lambda_k^C + \lambda_l^D + \lambda_{ij}^{AB} + \lambda_{ik}^{AC} + \ldots + \lambda_{kl}^{CD} +$$

$$+\lambda_{ijk}^{ABC} + \lambda_{ijl}^{ABD} + \lambda_{ikl}^{ACD} + \lambda_{jkl}^{BCD} + \lambda_{ijkl}^{ABCD} , \qquad \begin{cases} i = 1, \ldots, I, \\ j = 1, \ldots, J, \\ k = 1, \ldots, K, \\ l = 1, \ldots, L, \end{cases} \qquad (4.36)$$

eines *saturierten* oder vollen Modells geschrieben. Die überparametrisierte Darstellung (4.36) wird eindeutig, wenn die üblichen Nebenbedingungen

$$\lambda_\bullet^A = \ldots = \lambda_\bullet^D = \lambda_{i\bullet}^{AB} = \ldots = \lambda_{\bullet l}^{CD} = \lambda_{ij\bullet}^{ABC} = \ldots = \lambda_{ijk\bullet}^{ABCD} = \ldots = 0$$

eingeführt werden. Es gibt 166 vier-dimensionale hierarchische Modelle, von denen einige eine geschlossene Formel zur Berechnung der ML-Schätzer $\hat{\mu}_{ijkl}$ zulassen, andere das – hier viergliedrige – Iterationsverfahren IPF wie in 4.5.3 benötigen. Einige Beispiele von hierarchischen Modellen, mit Anzahl der Freiheitsgrade (F.G.) und mit Schätzern $\hat{\mu}_{ijkl}$ finden sich in der Tabelle.

Modell	F.G.	Schätzer $\hat{\mu}_{ijkl}$
[A,B,C,D]	IJKL - I - J - K - L + 3	$\frac{n_{i\bullet\bullet\bullet}\, n_{\bullet j\bullet\bullet}\, n_{\bullet\bullet k\bullet}\, n_{\bullet\bullet\bullet l}}{n^3}$
[AB,C,D]	IJKL - IJ - K - L + 2	$\frac{n_{ij\bullet\bullet}\, n_{\bullet\bullet k\bullet}\, n_{\bullet\bullet\bullet l}}{n^2}$
[ABC,D]	(IJK - 1)(L - 1)	$\frac{n_{ijk\bullet}\, n_{\bullet\bullet\bullet l}}{n}$
[AB,AC,BC,D]	IJKL - IJ - JK - IK - L + I + J + K	IPF
[ABC,BD,CD]	IJKL - IJK - JL - KL + J + K + L-1	IPF
[ABC,ABD,BCD]	(IJ - J + 1)(K - 1)(L - 1)	IPF

Spezielle (hypothetische) Modelle – wie die in der Tabelle angeführten – werden wie in 4.5.3 getestet, mit vierfach Summen $\sum_i \sum_j \sum_k \sum_l$ in den Teststatistiken und mit der gleichen Regel zur Bestimmung der Freiheitsgrade.

4.6 Logit-Modelle

Das log-lineare Modell (4.30) für eine 3-dimensionale Kontingenztafel behandelt die drei Variablen A, B, C gleichberechtigt. Oft ist aber eine von ihnen, sagen wir C, als *Kriteriums*variable ausgezeichnet, und A und B fungieren als erklärende Variablen (Regressoren). In solchen Fällen stellt man ein Logit-Modell auf. Wir wählen hier den Zugang über hierarchische log-lineare Modelle. Einfachheitshalber wird hier angenommen, dass es für C nur 2 Alternativen, $k = 1$ und $k = 2$, gibt.

4.6.1 Logit-Modell mit 2 Regressoren A und B

Man bildet mit den Wahrscheinlichkeiten π_{ijk} aus 4.5.1 das *Logit*

$$L_{ij} = \ln\left(\frac{\pi_{ij1}}{\pi_{ij2}}\right) = \ln\left(\frac{\mathbb{P}(C=1|A=i,B=j)}{1-\mathbb{P}(C=1|A=i,B=j)}\right) \quad \begin{cases} i = 1,\ldots,I \\ j = 1,\ldots,J \end{cases}.$$

Für diese Logits stellen wir das saturierte (volle) Logit-Modell

$$L_{ij} = \nu + \nu_i^A + \nu_j^B + \nu_{ij}^{AB}, \qquad i = 1,\ldots,I, \; j = 1,\ldots,J, \qquad (4.37)$$

auf. Wie üblich heißen die Terme ν^A, ν^B Haupteffekte, die Terme ν^{AB} Wechselwirkungen. Die Darstellung (4.37) wird durch die Nebenbedingungen

$$\nu_\bullet^A = \nu_\bullet^B = \nu_{i\bullet}^{AB} = \nu_{\bullet j}^{AB} = 0 \qquad (4.38)$$

eindeutig. Die ν-Terme des Logit-Modells (4.37) lassen sich aus den λ-Termen des saturierten log-linearen Modells (4.30) berechnen. In der Tat, es ist

$$L_{ij} = \vartheta_{ij1} - \vartheta_{ij2},$$

so dass wir aufgrund der Nebenbedingungen (4.31) die Formeln

$$\nu = 2 \cdot \lambda_1^C, \quad \nu_i^A = 2 \cdot \lambda_{i1}^{AC}, \quad \nu_j^B = 2 \cdot \lambda_{j1}^{BC}, \quad \nu_{ij}^{AB} = 2 \cdot \lambda_{ij1}^{ABC}$$

erhalten. Die Bauart dieser Formeln ist

$$\nu_a^\alpha = 2 \cdot \lambda_{a1}^{\alpha C}, \quad \alpha = -, \; A, \; B \text{ oder } AB, \quad a = -, \; i, \; j \text{ oder } ij. \quad (4.39)$$

Liegen die ML-Schätzer der λ-Terme aus dem saturierten log-linearen Modell vor, so schätzt man die ν-Terme des Logit-Modells gemäß

$$\hat{\nu}_a^\alpha = 2 \cdot \hat{\lambda}_{a1}^{\alpha C}. \qquad (4.40)$$

4.6.2 Spezielle Logit-Modelle mit 2 Regressoren

Ein spezielles (hypothetisches) Untermodell erhält man durch Nullsetzen einzelner ν-Terme in (4.37), wobei das Bildungsgesetz aus 4.5.2 für hierarchische Modelle eingehalten wird.

Nullsetzen der Wechselwirkungsterme im saturierten Modell liefert

$$L_{ij} = \nu + \nu_i^A + \nu_j^B \qquad i = 1, \ldots, I, \; j = 1, \ldots, J. \qquad (4.41)$$

Geschätzt werden die ν-Terme gemäß

$$\hat{\nu} = 2 \cdot \hat{\lambda}_1^C, \quad \hat{\nu}_i^A = 2 \cdot \hat{\lambda}_{i1}^{AC}, \quad \hat{\nu}_j^B = 2 \cdot \hat{\lambda}_{j1}^{BC}, \qquad (4.42)$$

wobei die $\hat{\lambda}$'s die ML-Schätzer aus dem log-linearen Modell [AB,AC,BC] sind. Auch im log-linearen Modellen [AC,BC] würden $\hat{\lambda}$-Schätzer, wie sie in (4.42) auftreten, zur Verfügung stehen. Man entscheidet sich aber für die Herleitung aus dem Modell [AB,AC,BC] gemäß der folgenden Regel von Bishop (1969):

- Leite das Logit-Modell (mit gewissen ν_a^α-Termen) aus demjenigen (hierarchischen) log-linearen Modell ab – und zwar über Formeln vom Typ (4.40), das die $\lambda_{a1}^{\alpha C}$-Terme als auch sämtliche Wechselwirkungen der Regressorvariablen (hier A und B) untereinander enthält.

Die folgende Tabelle enthält alle Logit-Modelle (mit Kriterium C und Regressoren A,B) und die zugehörigen log-linearen Modellen, aus denen sie hergeleitet werden.

Logit-Modell		aus dem log-linearen Modell
Kurznotation	Modellgleichung L_{ij}	[Kurznotation]
C $\sim$ [AB]	$\nu + \nu_i^A + \nu_j^B + \nu_{ij}^{AB}$	[ABC]
C $\sim$ [A,B]	$\nu + \nu_i^A + \nu_j^B$	[AB,AC,BC]
C $\sim$ [A]	$\nu + \nu_i^A$	[AB,AC]
C $\sim$ [B]	$\nu + \nu_j^B$	[AB,BC]
C $\sim$ [-]	ν	[AB,C]

Die letzten drei Angaben zum log-linearen Modell beziehen sich darauf, dass das Logit-Modell als *Unter*modell des saturierten (4.37) aufgefasst wird.

Spezielle (hypothetische) Logit-Modelle testet man, indem man die – gemäß dieser Tabelle zugehörigen – log-linearen Modelle testet, und zwar wie in 4.5.3 geschildert.

Konfidenzintervalle für ν_a^α zum asymptotischen Niveau $1 - \alpha$ lauten

$$\hat{\nu}_a^\alpha - u_{1-\alpha/2} \cdot \mathrm{se}(\hat{\nu}_a^\alpha) \leq \nu_a^\alpha \leq \hat{\nu}_a^\alpha + u_{1-\alpha/2} \cdot \mathrm{se}(\hat{\nu}_a^\alpha).$$

Dabei ist der (approximative) Standardfehler von $\hat{\nu}_a^\alpha$ gemäß (4.40) das Doppelte des Standardfehlers von $\hat{\lambda}_{a1}^{\alpha C}$,

$$se\left(\hat{\nu}_a^\alpha\right) = 2 \cdot se\left(\hat{\lambda}_{a1}^{\alpha C}\right).$$

Die entsprechende Verwerfungsregel für die Hypothese $\nu_a^\alpha = 0$ lautet (großes n vorausgesetzt)

$$\frac{|\hat{\nu}_a^\alpha|}{se(\hat{\nu}_a^\alpha)} = \frac{|\hat{\lambda}_{a1}^{\alpha C}|}{se(\hat{\lambda}_{a1}^{\alpha C})} > u_{1-\alpha/2}.$$

Fallstudie **Spessart**. Wir analysierten in 4.5.5 das Zusammenwirken der drei kategorialen Variablen

A: Altersklasse, in den drei Kategorien $i = 1, 2, 3$: 0–70, 71–140, > 140 [Jahre]

B: Baumart, in den drei Kategorien $j = 1, 2, 3$: Buche, Fichte, Lärche

C: Defoliation, in den zwei Alternativen $k = 0, 1$ (anstatt $k = 1, 2$ wie oben): 0 = ohne, 1 = mit,

und zwar mit Hilfe log-linearer Modelle. In diesen traten die drei Variablen A, B und C als gleichberechtigte Faktoren auf. Nun betrachten wir die

Variable C (Defoliation) als Kriteriumsvariable,

die beiden anderen, A (Altersklasse) und B (Baumart), als Regressoren bzw. Prädiktorvariablen. Die fünf hierarchischen Logit-Modelle sind im Folgenden mit ihren zugehörigen log-linearen Modellen angegeben, dazu die log-LQ Statistiken T_n, Freiheitsgrade (F.G.) und P-Werte zum Testen des Modells gegen das saturierte Modell C $\sim$ [AB].

Logit-Modell	aus log-linearem M.	T_n	F.G.	P-Wert
$C \sim [AB]$	[ABC]	0	0	
$C \sim [A, B]$	[AB,AC,BC]	1.604	4	0.808
$C \sim [A]$	[AB,AC]	3.580	6	0.733
$C \sim [B]$	[AB,BC]	40.090	6	0.000
$C \sim [-]$	[AB,C]	41.543	8	0.000

Im saturierten Logit-Modell $C \sim [AB]$ kann auf die Wechselwirkungs-Terme ν^{AB} als auch auf die Haupteffekt-Terme ν^B verzichtet werden; das minimale – noch akzeptable – Logit-Modell $C \sim [A]$ kommt also ohne den Regressor B (Baumart) aus, und heißt

$$\ln\left(\frac{\pi_{ij0}}{\pi_{ij1}}\right) = \nu + \nu_i^A, \quad i = 1, 2, 3 \qquad \text{[unabhängig von } j = 1, 2, 3\text{]}.$$

Für die Modelle $C \sim [A, B]$ und $C \sim [A]$ geben wir die Schätzer $\hat{\nu}$ an, mitsamt Standardfehler $se(\hat{\nu})$ und Quotient $T = \hat{\nu}/se(\hat{\nu})$. Die Koeffizienten $\hat{\nu}$ berechnen sich aus den Koeffizienten $\hat{\lambda}$ des log-linearen Modells gemäß

Intercept $\hat{\nu} = 2\,\hat{\lambda}_0^C$, $\quad \hat{\nu}_i^A = 2\,\hat{\lambda}_{i0}^{AC}$, $\quad \hat{\nu}_j^B = 2\,\hat{\lambda}_{j0}^{BC}$.

Term	$\hat{\nu}$	se($\hat{\nu}$)	T
Intercept	0.2326		
Alter A i = 1	1.9294	0.3984	4.843
Alter A i = 2	−0.4322	0.2864	−1.509
Alter A i = 3	−1.4972		
Baum B j = 1	0.3956	0.3056	1.294
Baum B j = 2	−0.0688	0.3986	−0.173
Baum B j = 3	−0.3266		

Modell $C \sim [A, B]$

Term	$\hat{\nu}$	se($\hat{\nu}$)	T
Intercept	0.4063		
Alter A i = 1	1.8450	0.3830	4.817
Alter A i = 2	−0.4454	0.2842	−1.567
Alter A i = 3	−1.3996		

Modell $C \sim [A]$

Die Standardfehler se($\hat{\nu}$) sind das Doppelte der entsprechenden Standardfehler se($\hat{\lambda}$), die obigen T-Werte tauchen alle schon in den Tabellen der Fallstudie zum log-linearen Modell im Anschluss an 4.5.5 auf.

Das Alter ist ein wichtiger, signifikanter Faktor für den Blattverlust, die Baumart weitaus weniger. Wir vergleichen die Koeffizienten für die Baumart (aus der Tafel $C \sim [A, B]$), das sind

$$\hat{\nu}_{Bu}^B = 0.396, \quad \hat{\nu}_{Fi}^B = -0.069, \quad \hat{\nu}_{La}^B = -0.327,$$

mit den relativen Häufigkeiten, mit denen jede der Baumarten Defoliation = 0 (d. h. keinen Blattverlust) aufweist, das sind

$$h_{Bu} = 0.561, \quad h_{Fi} = 0.652, \quad h_{La} = 0.480,$$

(vgl. die zweidimensionale Randtafel in 4.5.4) und finden die Ordnung der Werte für Buche und Fichte vertauscht: Das Logit-Modell weist die Buche – anders als es die relativen Häufigkeiten tun – als weniger blattverlustig aus als die Fichte. Das Logit-Modell berücksichtigt nämlich, dass die Buche relativ stärker in den Altersklassen 2 und 3 (die häufiger Defoliation zeigen) vertreten ist als die Fichte, die öfters in der Altersklasse 1 (welche seltener Defoliation erleidet) vorkommt.

Splus | R   Eingabe der Häufigkeitstafel im Programm

```
defol<- cbind(expand.grid(Defol=c("0","1"),
      Baum=c("Bu","Fi","La"),
      Alter=c("0-70","71-140",">140")),
      Freq=c(20,2,11,1,7,1, 18,13,3,6,4,7, 8,21,1,1,1,5))
defo<- cbind(defol[Defol=="0",-1],
      Mit=defol[Defol=="1","Freq"])
names(defo)[3]<- "Ohne"
#Logit-Modelle C ~ [AB], C ~ [A,B], C ~ [A], C ~ [B], C ~ [-]
defol1<- glm(cbind(Mit,Ohne)~ Baum*Alter,family=binomial,
```

```
        data=defo)
defol2<- glm(cbind(Mit,Ohne)~ Baum+Alter,family=binomial,
        data=defo)
defol3<- glm(cbind(Mit,Ohne)~ Baum,family=binomial,data=defo)
defol4<- glm(cbind(Mit,Ohne)~Alter,family=binomial,data=defo)
defol5<- glm(cbind(Mit,Ohne)~ 1,family=binomial,data=defo)
```

4.6.3 Logit-Modell mit 3 Regressoren A, B und C

Es liegen jetzt die vier kategorialen Variablen A, B, C, D vor. Die als Kriterium ausgezeichnete Variable D habe nur $L = 2$ Alternativen. Wir definieren mit den Wahrscheinlichkeiten π_{ijkl} aus 4.5.6 das Logit

$$L_{ijk} = \ln\left(\frac{\pi_{ijk1}}{\pi_{ijk2}}\right) = \ln\left(\frac{\mathbb{P}(D = 1|A = i, B = j, C = k)}{1 - \mathbb{P}(D = 1|A = i, B = j, C = k)}\right),$$

mit $i = 1, \ldots, I$, $j = 1, \ldots, J$, $k = 1, \ldots, K$. Dann lautet das saturierte (volle) Logit-Modell

$$L_{ijk} = \nu + \nu_i^A + \nu_j^B + \nu_k^C + \nu_{ij}^{AB} + \nu_{ik}^{AC} + \nu_{jk}^{BC} + \nu_{ijk}^{ABC}, \tag{4.43}$$

mit den üblichen Nebenbedingungen für die ν-Terme.

In der folgenden Tabelle finden sich einige Typen von Logit-Modellen mit Kriterium D und den Regressoren A, B, C, nämlich das volle Modell und fünf Untermodelle desselben. Die log-linearen Modelle, aus denen sie abgeleitet werden, werden gemäß der in 4.6.2 formulierten Regel von Bishop gewählt (jetzt lauten die Regressorvariablen A, B und C).

	Logit-Modell	aus dem log-linearen Modell
Kurznotation	Modellgleichung L_{ijk}	Kurznotation
D ~ [ABC]	(4.43)	[ABCD]
D ~ [AB,C]	$\nu + \nu_i^A + \nu_j^B + \nu_k^C + \nu_{ij}^{AB}$	[ABC,ABD,CD]
D ~ [A,B,C]	$\nu + \nu_i^A + \nu_j^B + \nu_k^C$	[ABC,AD,BD,CD]
D ~ [A,B]	$\nu + \nu_i^A + \nu_j^B$	[ABC,AD,BD]
D ~ [A]	$\nu + \nu_i^A$	[ABC,AD]
D ~ [–]	ν	[ABC,D]

Die Schätzer der ν-Terme werden aus denen des zugehörigen log-linearen Modells nach der Formel

$$\hat{\nu}_a^\alpha = 2 \cdot \hat{\lambda}_{a1}^{\alpha D}, \qquad \alpha = -,\ A,\ B,\ C,\ AB,\ AC,\ BC \text{ oder } ABC,$$

$$a = -,\ i, j, k, ij, ik, jk \text{ oder } ijk,$$

berechnet.

5

Nichtlineare, nichtparametrische Regression

Die Regressionsmethoden des Kapitels 3 gehen von der Annahme aus, dass die Kriteriumsvariable Y metrisch skaliert ist und dass ihr Erwartungswert eine lineare Funktion vom Modellparameter β ist. Im Kapitel 4 wurden kategoriale (nominal- oder ordinal-skalierte) Y-Variablen behandelt. In diesem Kapitel wird die Kriteriumsvariable als metrisch skaliert vorausgesetzt, aber anstatt lineare werden (i) sowohl (parametrische) nichtlineare (ii) als auch nichtparametrische Regressionsmodelle betrachtet. Das Objekt der statistischen Analyse ist in beiden Fällen die Regressionskurve: das ist der Erwartungswert des Kriteriums Y, aufgetragen als Funktion des Regressionsterms. Im ersten Fall kann die Regressionskurve mit endlich vielen (unbekannten) Parametern β definiert werden. Im zweiten Fall ist die ganze Regressionskurve unbekannt.

Tests und Konfidenzintervalle sind in diesem Kapitel nur noch approximativ gültig. Es muß ein großer Stichprobenumfang n angestrebt werden.

Fallstudie **Spessart**, siehe Anhang A.1. Wir definieren als metrisch skalierte Y-Variable die Gesamt-Defoliation (GDef). Dazu bildet man an jedem Standort den Mittelwert über die standardisierten Defoliations-Werte der vorhandenen Baumarten. Diese (artifizielle) Variable GDef ist in Abb. 5.1 über das Alter (AL) des Bestandes aufgetragen. Sie zeigt mit Zunahme von AL zunächst ansteigende Tendez, die sich dann abflacht und für die ältesten Bestände eher wieder absinkt.

Die zwei Ausgleichskurven, die durch die Punktwolke gelegt wurden, bestätigen diese Aussage. Eine der Kurven wurde mittels Spline-Approximation erstellt (vgl. Abschn. 5.3), die andere nach der Methode lokaler Polynome (local polynomial fitting, vgl. Fan & Gijbels (1999)).

Während wir bei den linearen Regressionsmodellen nur sparsam von der Matrixnotation Gebrauch gemacht haben, ist diese bei der nichtlinearen und nichtparametrischen Regression unumgänglich. Insbesondere wird folgende Notation für Ableitungs-Vektoren und -Matrizen verwendet. Für ei-

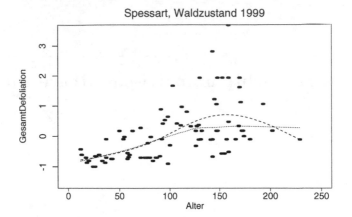

Abb. 5.1. Nichtparametrische Ausgleichskurven durch das Scattergramm der Variablen Gesamt-Defoliation (GDef) über Alter (AL); local polynomial fitting ($\cdots$) und Spline-Approximation (- - -).

ne Funktion $f(t)$, $t = \begin{pmatrix} t_1 \\ \vdots \\ t_m \end{pmatrix}$, von m Veränderlichen definieren wir den m-dimensionalen Gradientenvektor $\frac{df(t)}{dt}$, und für eine n-komponentige Funktion $g(t) = \begin{pmatrix} g_1(t) \\ \vdots \\ g_n(t) \end{pmatrix}$ von jeweils m Veränderlichen die $m \times n$-Funktionalmatrix $\frac{dg^\top(t)}{dt}$, und zwar gemäß der Gleichungen

$$\frac{df(t)}{dt} = \begin{pmatrix} \frac{\partial f(t)}{\partial t_1} \\ \vdots \\ \frac{\partial f(t)}{\partial t_m} \end{pmatrix}, \text{ bzw. } \frac{dg^\top(t)}{dt} = \begin{pmatrix} \frac{\partial g_1(t)}{\partial t_1} & \cdots & \frac{\partial g_n(t)}{\partial t_1} \\ \cdots\cdots\cdots \\ \frac{\partial g_1(t)}{\partial t_m} & \cdots & \frac{\partial g_n(t)}{\partial t_m} \end{pmatrix} \equiv \left(\frac{dg(t)}{dt^\top}\right)^\top \quad (5.1)$$

5.1 Nichtlineare Regression

Wir lassen nun im linearen Modell der multiplen Regression die Voraussetzung fallen, dass der Erwartungswert von Y eine lineare Funktion in den Koeffizienten β_j ist. Vielmehr möge es für $i = 1, \ldots, n$

reellwertige Funktionen $\mu_i(\beta)$, $\beta \in \mathbb{R}^p$ $[p < n]$,

geben, so dass das nichtlineare Modell

$$Y_i = \mu_i(\beta) + e_i, \qquad i = 1, \ldots, n, \quad (5.2)$$

gültig ist. Der Parametervektor $\beta = (\beta_1, \dots, \beta_p)^\top$ kann auch auf eine offene Teilmenge des $\mathbb{R}^p$ beschränkt bleiben. Für die Fehler-(Residuen-) Variablen $e_1, \dots, e_n$ setzen wir wie üblich

$$\text{Unabhängigkeit,} \quad \text{Erwartungswert} = 0, \quad \text{Varianz} = \sigma^2$$

voraus. Solche nichtlinearen Modelle treten hauptsächlich auf, wenn neben der Kriteriumsvariablen Y noch m Regressorvariablen $x_1, \dots, x_m$ gemessen werden, und die i-te Regressionsfunktion $\mu_i(\beta)$ eine (nichtlineare) Funktion von β und dem i-ten Satz von Regressorenwerten, das ist $x_{1i}, \dots, x_{mi}$, darstellt. In diesem Fall liegt das Datenschema der Tabelle 5.1 zugrunde; das ist formal dasselbe wie das Schema zur multiplen linearen Regression in 3.1.1.

Tabelle 5.1. Datenschema der Regression mit m Regressorvariablen

Fall Nr.	Regressorenwerte					Kriteriums- Werte
1	x_{11}	x_{21}	$\dots$ x_{j1}	$\dots$	x_{m1}	Y_1
2	x_{12}	x_{22}	$\dots$ x_{j2}	$\dots$	x_{m2}	Y_2
$\vdots$	$\vdots$		$\vdots$		$\vdots$	$\vdots$
i	x_{1i}	x_{2i}	$\dots$ x_{ji}	$\dots$	x_{mi}	Y_i
$\vdots$	$\vdots$		$\vdots$		$\vdots$	$\vdots$
n	x_{1n}	x_{2n}	$\dots$ x_{jn}	$\dots$	x_{mn}	Y_n

Beipiele von nichtlinearen Regressionsfunktionen $\mu_i(\beta)$, $i = 1, \dots, n$.

1. $\mu_i(\beta)$ ist Funktion des linearen Regressionsterms

$$\eta_i(\beta) = \beta_1 x_{1i} + \dots + \beta_m x_{mi},$$

das heißt $\mu_i(\beta) = h(\eta_i(\beta))$. Als *Response*-Funktion h wird z. B. verwendet

a) $h(\eta) = e^\eta$ (exponentielles Wachstum in η)
b) $h(\eta) = e^\eta/(1 + e^\eta)$ (logistisches Wachstum in η, Abb. 4.2)
c) $h(\eta) = \alpha + \eta$ (m-faches lineares Regressionsmodell aus 3.1.1)

2. $\mu_i(\beta)$ ist Funktion nur einer einzigen Regressorvariablen x $(x_{1i} = x_i)$, aber mehrerer (nämlich p) unbekannter Parameter β_j; z. B.
  a) $\mu_i(\beta) = \beta_1 e^{\beta_2 x_i}$ $(p = 2)$
  b) $\mu_i(\beta) = \beta_1 + x_i^{\beta_2}$ $(p = 2)$
  c) $\mu_i(\beta) = \frac{\beta_1}{1 + \beta_2 e^{-\beta_3 x_i}}$ $(p = 3)$.
Eine Variante von a) entsteht durch die Wahl von $\ln x_i$ statt x_i, nämlich
(a') $\mu_i(\beta) = \beta_1 x_i^{\beta_2} \equiv \beta_1 e^{\beta_2 \ln x_i}$ $(x_i > 0)$.

5.1.1 Modell und MQ-Methode

Mit den n-dimensionalen Vektoren

$$Y = \begin{pmatrix} Y_1 \\ \vdots \\ Y_n \end{pmatrix}, \quad e = \begin{pmatrix} e_1 \\ \vdots \\ e_n \end{pmatrix}, \quad \mu(\beta) = \begin{pmatrix} \mu_1(\beta) \\ \vdots \\ \mu_n(\beta) \end{pmatrix}$$

lautet das nichtlineare Modell (5.2) in Vektorschreibweise

$$Y = \mu(\beta) + e \,.$$

Als Schätzer $\hat{\beta}$ des unbekannten Parametervektors β wählen wir die Minimumstelle der (wahren) Fehlerquadrat-Summe

$$SQE(\beta) = \sum_{i=1}^{n} \left(Y_i - \mu_i(\beta) \right)^2 \,,$$

wobei das Minimum über alle p-dimensionalen Parametervektoren β gebildet wird. Das bedeutet

$$SQE(\hat{\beta}) = \min\{SQE(\beta) : \beta \in \mathbb{R}^p\} \qquad \text{[Minimum-Quadrat Methode]}.$$

Wir setzen die zweimal stetige Differenzierbarkeit von $\mu(\beta)$ nach den β_j voraus. Mit der transponierten Funktionalmatrix von $\mu(\beta)$, das ist die $n \times p$-Matrix

$$M(\beta) = \left(\frac{\partial \mu_i(\beta)}{\partial \beta_j} \right) = \begin{pmatrix} \frac{\partial \mu_1(\beta)}{\partial \beta_1} & \cdots & \frac{\partial \mu_1(\beta)}{\partial \beta_p} \\ \cdots\cdots\cdots \\ \frac{\partial \mu_n(\beta)}{\partial \beta_1} & \cdots & \frac{\partial \mu_n(\beta)}{\partial \beta_p} \end{pmatrix} \,,$$

deren voller Rang p vorausgesetzt wird (man beachte $p < n$), kommen wir zu den *nichtlinearen* Normalgleichungen

$$M^\top(\beta) \cdot (Y - \mu(\beta)) = 0 \,,$$

das heißt zu

$$M^\top(\beta) \cdot \mu(\beta) = M^\top(\beta) \cdot Y. \qquad (5.3)$$

Diese lauten komponentenweise

$$\sum_{i=1}^{n} \frac{\partial \mu_i(\beta)}{\partial \beta_j} \mu_i(\beta) = \sum_{i=1}^{n} \frac{\partial \mu_i(\beta)}{\partial \beta_j} Y_i \,, \qquad j = 1, \ldots, p \,.$$

Wir betrachten kurz den Spezialfall 3.1.1 des linearen Regressionsmodells mit der $n \times (m+1)$-Matrix X der Regressorenwerte (diese Matrix hat als i-te Zeile $(1, x_{1i}, \ldots, x_{mi})$). Hier ist $p = m + 1$,

$$\mu(\beta) = X \cdot \beta, \qquad M(\beta) = X, \quad \text{mit} \quad \beta = \begin{pmatrix} \alpha \\ \beta_1 \\ \vdots \\ \beta_m \end{pmatrix},$$

so dass sich die nichtlinearen Normalgleichungen (5.3) auf die linearen Normalgleichungen $(X^{\top}X)\beta = X^{\top}Y$ aus 3.1.1 reduzieren.

Lösungen $\hat{\beta}$ von (5.3) heißen MQ-Schätzer für β. Auf ihrer Grundlage definiert man die

$$\text{Prädiktionswerte} \quad \hat{Y}_i = \mu_i(\hat{\beta}),$$

$$\text{Residuenwerte} \quad \hat{e}_i = Y_i - \hat{Y}_i,$$

und die (empirische) Residuenquadrat-Summe

$$SQE \equiv SQE(\hat{\beta}) = \sum_{i=1}^{n} \left(Y_i - \hat{Y}_i\right)^2.$$

Einen Schätzer für $\sigma^2 = \text{Var}(e_i)$ erhält man in der Form

$$\hat{\sigma}^2 = \frac{SQE}{n-p} = \frac{1}{n-p} \sum_{i=1}^{n} \left(Y_i - \hat{Y}_i\right)^2. \tag{5.4}$$

Newton-Verfahren. Zur numerischen Berechnung eines MQ-Schätzers $\hat{\beta}$ für β bedient man sich des Newtonschen Iterationsverfahrens, bzw. einer der vielen Varianten dieses Verfahrens. In seiner Grundform gewinnt man eine

$$\text{Folge} \quad \beta^{(0)}, \beta^{(1)}, \beta^{(2)}, \ldots \quad \text{von p-dim. Schätzern für } \beta \tag{5.5}$$

wie folgt. Es wird ein p-dimensionaler Startvektor $\beta^{(0)}$ vorgegeben, und es sei die m-te Iterierte $\beta^{(m)}$ bereits errechnet. Mit dem p-dimensionalen Gradientenvektor von $-\frac{1}{2} \text{SQE}(\beta)$, das ist

$$U(\beta) = M^{\top}(\beta) \cdot \left(Y - \mu(\beta)\right),$$

gewinnt man dann die $(m+1)$-te Iterierte $\beta^{(m+1)}$ mittels des Ansatzes

$$U(\beta^{(m+1)}) \approx U(\beta^{(m)}) + (d/d\beta^{\top})U(\beta^{(m)}) \cdot \left(\beta^{(m+1)} - \beta^{(m)}\right) = 0.$$

Nach einer weiteren Näherung, nämlich

$$(d/d\beta^{\top})U(\beta) \approx -M^{\top}(\beta) \cdot M(\beta),$$

kommen wir zur Iterationsgleichung

$$\beta^{(m+1)} = \beta^{(m)} + \left(M^{\top}(\beta^{(m)}) \cdot M(\beta^{(m)})\right)^{-1} \cdot U(\beta^{(m)}), \qquad m = 1, 2, \ldots,$$

vorausgesetzt, dass sich die $p \times p$-Matrix $M^{\top}(\beta) \cdot M(\beta)$ für alle β invertieren lässt. Im Allgemeinen konvergiert die Folge (5.5) für $m \to \infty$ gegen einen MQ-Schätzer $\hat{\beta}$ für β.

5.1.2 Konfidenzintervalle und Tests

Auf der Grundlage eines MQ-Schätzers $\hat{\beta}$ für β können wir die folgenden Konfidenzintervalle und Tests in Bezug auf den unbekannten Parametervektor β aufstellen. Unter der Normalverteilungs-Annahme an die $e_1, \ldots, e_n$ sind diese approximativ gültig, bei fehlender Normalverteilung sind sie asymptotisch (für großes n) gültig. Im letzteren Fall dürfen die Werte der Regressoren mit wachsendem n aber (betragsmäßig) nicht unkontrolliert ansteigen, vgl. die „Regularitätsbedingungen" in Gallant (1987), Pruscha (2000). Wir setzen $\hat{M} = M(\hat{\beta})$, bezeichnen mit $\hat{\sigma}$ die Wurzel aus (5.4) und mit $\hat{\beta}^{(n)}$ den p-dimensionalen MQ-Schätzer für β in Abhängigkeit von n. Wir nehmen an, dass die $p \times p$-Matrix $\hat{M}^\top \cdot \hat{M}$ invertierbar ist. Dann konvergiert die Verteilung des p-dimensionalen Zufallsvektors

$$\sqrt{n}\left(\hat{\beta}^{(n)} - \beta\right) \quad \text{gegen eine} \quad N_p\left(0, \sigma^2 \cdot V^{-1}(\beta)\right) - \text{Verteilung}, \tag{5.6}$$

wobei die (asymptotische) Kovarianzmatrix $V^{-1}(\beta)$ durch $n \cdot \left(\hat{M}^\top \cdot \hat{M}\right)^{-1}$ und σ^2 durch $\hat{\sigma}^2$ approximiert werden kann.

Konfidenzintervall für β_j zum asymptotischen Niveau $1 - \alpha$, $j = 1, \ldots, p$. Es lautet gemäß (5.6)

$$\hat{\beta}_j - u_0 \cdot se(\hat{\beta}_j) \leq \beta_j \leq \hat{\beta}_j + u_0 \cdot se(\hat{\beta}_j), \tag{5.7}$$

mit dem Quantil $u_0 = u_{1-\alpha/2}$ der $N(0,1)$-Verteilung und mit dem Standardfehler

$$se(\hat{\beta}_j) = \hat{\sigma} \cdot \sqrt{\hat{S}^{jj}}$$

des Schätzers $\hat{\beta}_j$, wobei

$\hat{S}^{jj}$ das j-te Diagonalelement der $p \times p$-Matrix $(\hat{M}^\top \cdot \hat{M})^{-1}$

bedeutet. Das Intervall (5.7) ist von der gleichen Bauart wie im Fall der linearen Regressionsanalyse in 3.2.1, nur dass es dort (unter der Normalverteilungs-Annahme) ein exaktes ist und hier in jedem Fall ein approximatives.

Test der linearen Hypothese H_0: $H \cdot \beta = 0$, mit einer $q \times p$-Matrix H vom vollen Rang q: Man verwirft H_0, falls die Waldsche Teststatistik

$$T = \frac{1}{\hat{\sigma}^2} \hat{\beta}^\top H^\top \cdot \hat{G}^{-1} \cdot H \hat{\beta} \tag{5.8}$$

das $(1 - \alpha)$-Quantil der χ_q^2-Verteilung übersteigt:

$$T > \chi_{q, 1-\alpha}^2 \qquad \text{[allgemeiner Waldtest]}.$$

Dabei ist die $q \times q$-Matrix $\hat{G}$ durch

$$\hat{G} = H (\hat{M}^\top \hat{M})^{-1} H^\top \tag{5.9}$$

definiert. Im Spezialfall der Hypothese

$$H_k : \quad \beta_{k+1} = \ldots = \beta_p = 0 \,, \qquad \text{[hier: } q = p - k, \; H = \big(0, I_{p-k}\big)\text{]} \quad (5.10)$$

dass also die letzten $p - k$ Komponenten des Parametervektors gleich Null sind, erhält man anstelle von (5.8) und (5.9)

$$T = \frac{1}{\hat\sigma^2} \, \hat\beta_c^\top \, \hat G^{-1} \, \hat\beta_c > \chi^2_{p-k,1-\alpha}, \qquad \hat G = \big((\hat M^\top \hat M)^{-1}\big)_{cc} \,.$$

Hier ist $\hat\beta_c$ der Vektor der letzten $p-k$ Komponenten von $\hat\beta$ und $\big((\hat M^\top \hat M)^{-1}\big)_{cc}$ die untere rechte $(p - k) \times (p - k)$-Teilmatrix von $(\hat M^\top \hat M)^{-1}$. Man beachte, dass bei der Berechnung der Matrix $\hat G$ zuerst $\hat M^\top \hat M$ invertiert werden muss und dann die untere rechte Teilmatrix der Invertierten genommen wird. Die Hypothese (5.10) wiederum spezialisierend, bekommen wir für die Hypothese $\beta_j = 0$, dass nämlich die Komponente β_j gleich Null ist, die Verwerfungsregel

$$T = \frac{(\hat\beta_j)^2}{\hat\sigma^2 \, \hat S^{jj}} \equiv \Big(\frac{\hat\beta_j}{\mathrm{se}(\hat\beta_j)}\Big)^2 > \chi^2_{1,1-\alpha}$$

$$\text{bzw.} \quad \frac{|\hat\beta_j|}{\mathrm{se}(\hat\beta_j)} > u_{1-\alpha/2} \qquad \text{[to-remove Test]}.$$

Dabei wurden $\hat S^{jj}$ und $\mathrm{se}(\hat\beta_j)$ bereits nach Gleichung (5.7) eingeführt.

5.1.3 Beispiele

1. Regressionsfunktionen mit linearem Regressionsterm η:

$$\mu_i(\beta) = h(\eta_i(\beta)), \quad i = 1, \ldots, n, \;\; \text{mit einem}$$

$$\text{Regressionsterm} \quad \eta_i \equiv \eta_i(\beta) = \beta_1 x_{1i} + \ldots + \beta_m x_{mi}$$

und einer Funktion $h(\eta), \eta \in \mathbb{R}$, deren Ableitung $h'(\eta)$ für alle η größer 0 sein möge. Man erhält dann $p = m$ und

$$\frac{\partial \mu_i(\beta)}{\partial \beta_j} = h'(\eta_i) \cdot x_{ji}, \quad \text{d. h.} \quad M(\beta) = \mathrm{Diag}\big(h'(\eta_i)\big) \cdot X \,,$$

wobei $\mathrm{Diag}(a_i)$ die $n \times n$-Diagonalmatrix mit den Diagonalelementen $a_1, \ldots, a_n$ bedeutet und X die $n \times m$-Matrix mit der i-ten Zeile $(x_{1i}, \ldots, x_{mi})$ ist. Daraus leitet sich die $m \times m$-Matrix

$$M^\top(\beta) \cdot M(\beta) = X^\top \cdot \mathrm{Diag}\big((h'(\eta_i))^2\big) \cdot X$$

ab. Die beiden obigen Wachstumsfunktionen h und ihre Ableitung h' sind

a) $h(\eta) = e^\eta, \quad h'(\eta) = e^\eta$

b) $h(\eta) = e^\eta/(1+e^\eta), \quad h'(\eta) = h(\eta)(1-h(\eta)) = 1/(2+e^\eta+e^{-\eta})$.

2. Regressionsfunktionen mit einer einzigen Regressorvariablen:

a) Mit $\mu_i(\beta) = \beta_1 e^{\beta_2 x_i}$ erhalten wir den Gradientenvektor bzw. die Funktionalmatrix

$$\frac{d\mu_i(\beta)}{d\beta} = \begin{pmatrix} e^{\beta_2 x_i} \\ \beta_1 x_i e^{\beta_2 x_i} \end{pmatrix}, \quad M^\top(\beta) = \begin{pmatrix} e^{\beta_2 x_1} & \cdots & e^{\beta_2 x_n} \\ \beta_1 x_1 e^{\beta_2 x_1} & \cdots & \beta_1 x_n e^{\beta_2 x_n} \end{pmatrix}.$$

Daraus leiten wir die 2×2-Matrix

$$M^\top(\beta) \cdot M(\beta) = \begin{pmatrix} \sum_{i=1}^n e^{2\beta_2 x_i} & \beta_1 \sum_{i=1}^n x_i e^{2\beta_2 x_i} \\ \beta_1 \sum_{i=1}^n x_i e^{2\beta_2 x_i} & \beta_1^2 \sum_{i=1}^n x_i^2 e^{2\beta_2 x_i} \end{pmatrix}$$

ab. In der Version a') wird x_i durch $\ln x_i$ ersetzt:

$$M^\top(\beta) = \begin{pmatrix} x_1^{\beta_2} & \cdots & x_n^{\beta_2} \\ \beta_1 \ln x_1 \, x_1^{\beta_2} & \cdots & \beta_1 \ln x_n \, x_n^{\beta_2} \end{pmatrix}, \quad \text{usw.}$$

b) Mit $\mu_i(\beta) = \beta_1 + x_i^{\beta_2}$ erhalten wir nacheinander den Gradientenvektor und die Matrizen $M^\top$ und $M^\top \cdot M$

$$\frac{d\mu_i(\beta)}{d\beta} = \begin{pmatrix} 1 \\ x_i^{\beta_2} \ln x_i \end{pmatrix}, \quad M^\top(\beta) = \begin{pmatrix} 1 & \cdots & 1 \\ x_1^{\beta_2} \ln x_1 & \cdots & x_n^{\beta_2} \ln x_n \end{pmatrix},$$

$$M^\top(\beta) \cdot M(\beta) = \begin{pmatrix} n & \sum_{i=1}^n x_i^{\beta_2} \ln x_i \\ \sum_{i=1}^n x_i^{\beta_2} \ln x_i & \sum_{i=1}^n x_i^{2\beta_2} (\ln x_i)^2 \end{pmatrix}.$$

In der Fallstudie **Texte**, siehe Anhang A.5, sind 56 deutschsprachige Textstücke analysiert und auf zwei Arten ausgezählt worden, auf die Anzahl der vorkommenden Wörter (Tokens) und die Anzahl der lexikographisch *verschiedenen* Wörter unter ihnen (Types). Wir wollen die – offensichtlich nichtlineare – Abhängigkeit der Variablen

Y = Types/1000   von der Variablen   x = Tokens/1000

untersuchen. Kandidaten für die gesuchte Regressionsfunktion sind solche Funktionen $y = \mu(x)$, welche monoton wachsend sind in x, mit ansteigendem x aber eine abklingende Wachstumsrate aufweisen. Wir beschränken uns dabei auf zwei (bzw. drei) unbekannte Parameter $\vartheta = (\alpha, \beta)$ bzw. $\vartheta = (\alpha, \beta, \gamma)$, so dass wir die Regressionsfunktion auch $y = \mu(x, \vartheta)$ schreiben.

Wir prüfen die folgenden vier Funktion 1. bis 4. und geben auch an, welcher Differentialgleichung sie gehorchen. Für die Funktionen 3. und 4. sind es eine lineare bzw. eine logistische Differentialgleichung (γ die Integrationskonstante, auf die in den Fällen 1. und 2. verzichtet wurde).

Nr.	Regressionsfunktion $y = \mu(x)$ $(\alpha, \beta, \gamma > 0)$	Anzahl Parameter p	Differentialgleichung $y' = f(y, (a, b))$ $(a, b > 0)$	Fit $\hat{\sigma}$
1.	$y = \alpha \cdot x^\beta \quad [\beta < 1]$	2	$y' = a/y^b$	0.5569
2.	$y = \alpha' + \beta \cdot \ln(x)$	2	$y' = ae^{-y/b}$	0.9912
3.	$y = \alpha \cdot \left(1 - \gamma \cdot e^{-\beta \cdot x}\right)$	3	$y' = a - b \cdot y$	0.5807
4.	$y = \alpha/\left(1 + \gamma \cdot e^{-\beta \cdot x}\right)$	3	$y' = a \cdot y - b \cdot y^2$	0.7291

Als Maß für die Güte der Anpassung (*Fit*) wählen wir die Wurzel aus der (normierten) Residuenquadrat-Summe (5.4), das ist

$$\hat{\sigma} \equiv \sqrt{\frac{SQE}{n-p}} = \sqrt{\frac{1}{n-p} \sum_{i=1}^{n} \left(Y_i - \mu(x_i, \hat{\vartheta})\right)^2}, \qquad \hat{\vartheta} = \begin{cases} (\hat{\alpha}, \hat{\beta}) & (p = 2) \\ (\hat{\alpha}, \hat{\beta}, \hat{\gamma}) & (p = 3) \end{cases}.$$

Regressionsmodell 1. weist die kleinsten Residuenquadrate auf; die zugehörigen MQ-Schätzer und der Standardfehler für $\hat{\beta}$ lauten

$$\hat{\alpha} = 0.507, \quad \hat{\beta} = 0.745, \quad \mathrm{se}(\hat{\beta}) = 0.0333.$$

Zur Berechnung des Standardfehlers von $\hat{\beta}$: Ausgehend von der $2 \times n$-Matrix $\hat{M}^\top \equiv M^\top(\hat{\alpha}, \hat{\beta})$ wie oben im Beispiel 2 a') erhält man die 2×2-Matrix

$$\hat{M}^\top \cdot \hat{M} = \begin{pmatrix} 1856.055 & 3085.695 \\ 3085.695 & 5409.818 \end{pmatrix}, \text{ mit Determinante } \det(\hat{M}^\top \cdot \hat{M}) = 519408.9$$

Aus diesen Zahlen ergeben sich

$$\hat{S}^{22} \equiv \left([\hat{M}^\top \cdot \hat{M}]^{-1}\right)_{22} = 0.0035734,$$

$$\mathrm{se}(\hat{\beta}) = \sqrt{0.0035734} \cdot 0.5569 = 0.03329.$$

Ein Konfidenzintervall für β zum asymptotischen Niveau 0.95 lautet demnach $0.745 \pm 1.96 \cdot 0.0333$, d. h.

$$0.680 \leq \beta \leq 0.810.$$

Die Funktion 1., das ist $y = \alpha \cdot x^\beta$, lässt sich auch schreiben als lineare Funktion der Logarithmen, nämlich als $\ln(y) = \alpha_0 + \beta \cdot \ln(x)$, mit $\alpha_0 = \ln(\alpha)$.

Selbst die beiden Regressionsfunktionen 3. und 4. mit jeweils drei Parametern passen nicht so gut zu den Daten wie Regressionsfunktion 1. (mit nur zwei Parametern). Vergleichbare Ergebnisse wurden auch für anders sprachige Textkörper gefunden, vgl. Pruscha (1998).

Die Abb. 5.2 zeigt das Scattergramm $\ln(Y)$ über $\ln(x)$, mit den eingezeichneten Funktionen 1. und 3.; bei Letzterer ist für kleinere x-Werte die

Anpassung schlecht. Die Funktionen 3. und 4. streben für wachsendes x gegen eine feste obere Grenze, nämlich α, und nicht wie Funktion 1. gegen ∞. Für umfangreichere Texte (größere x-Werte als in der vorliegenden Datei) könnten diese dann besser angepasst sein: die Abflachung der Regressionskurve 3. in der Abb. 5.2 oben rechts kann als Illustration gewertet werden.

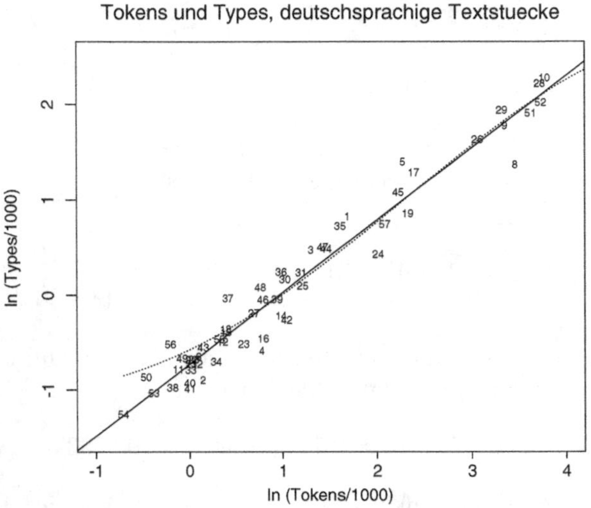

Abb. 5.2. Scattergramm $\ln(Types/1000)$ über $\ln(Tokens/1000)$, mit eingezeichneten Regressionsfunktionen 1. (———) und 3. ($\cdots$). Die Nummern der Texte beziehen sich auf die Datei des Anhangs.

Splus	R

```
# nls evtl. mehrfach - mit verbesserten Startwerten - aufrufen.
nonl1<- nls(Y1~a*exp(b*log(X1)),start=list(a=-1,b=1))
nonl2<- nls(Y1~a + b*log(X1),start=list(a=-1,b=1))
nonl3<- nls(Y1~a*(1-c*exp(-b*X1)),start=list(a=10,b=0.1,c=1),
          trace=T)
nonl4<- nls(Y1~a/(1+c*exp(-b*X1)),start=list(a=10,b=0.1,c=1),
          trace=T)
# Output jeweils durch  summary(nonl1) etc.
```

5.2 Nichtparametrische Regression: Kernschätzer

Die statistischen Verfahren des ersten Abschnitts und die meisten Verfahren der vorangegangenen Kapitel 2 bis 4 behandelten (endlich viele) unbekannte

Parameter, die oft in einem Parametervektor β zusammengefasst wurden. In den nächsten Abschnitten ist es eine unbekannte Funktion $\mu(x)$, welche zum Objekt unserer statistischen Analyse wird. Dabei ist $\mu(x)$ der Erwartungswert der Kriteriumsvariablen Y in Abhängigkeit vom Wert x einer Regressorvariablen. Das Auftragen der Funktion $\mu(x)$ über x gibt dann den Kurvenverlauf der *Regressionsfunktion* wieder. Zunächst wird nur eine einzige Regressorvariable betrachtet. Erst im Abschn. 5.4 werden wir mehrere Regressorvariablen, und entsprechend auch mehrere Regressionsfunktionen, zulassen.

5.2.1 Nichtparametrisches Regressionsmodell

Das Modell der einfachen linearen Regression, das ist

$$Y_i = \alpha + \beta x_i + e_i, \quad i = 1, \ldots, n,$$

konnte im Abschn. 5.1 auf das einer einfachen nichtlinearen (parametrischen) Regression

$$Y_i = \mu(\beta, x_i) + e_i, \quad i = 1, \ldots, n,$$

erweitert werden (wobei für $\mu(\beta, x_i)$ kurz $\mu_i(\beta)$ geschrieben wurde). Ein einfaches *nichtparametrisches* Regressionsmodell lautet

$$Y_i = \mu(x_i) + e_i, \quad i = 1, \ldots, n,$$

wobei die Regressionsfunktion $\mu(x)$, $x \in$ Intervall $[a, b]$, unbekannt ist.

Wir werden Kernschätzer und, im Abschn. 5.3, Splineschätzer für die Funktion μ vorstellen. Als typisch für nichtparametrische *Kurvenschätzer* wird sich herausstellen:

1. Neben dem Stichprobenumfang n haben wir noch eine zweite Kenngröße, welche *Glättungs*parameter oder *smoothing* Parameter genannt wird. Bei Kernschätzern wird dies die Fensterbreite h sein, mit der die gleitenden Durchschnitte gebildet werden.
2. Neben der asymptotischen Varianz taucht noch eine asymptotische Verzerrung (ein asymptotischer Bias) auf.

Wir werden die Varianz und den Bias der asymptotischen Normalverteilung des Kernschätzers angeben, und daraus Konfidenzintervalle für $\mu(x)$ ableiten, die für großes n gültig sind.

5.2.2 Kerne

Eine beschränkte, nichtnegative Funktion K heißt ein *Kern* oder *Fenster*, falls sie symmetrisch und normiert ist im folgenden Sinn:

1. $K(x) = K(-x)$ für alle $x \in \mathbb{R}$ [K symmetrisch]
2. $\int K(x)\, dx = 1$ [K normiert].

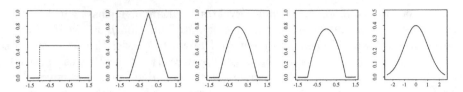

Abb. 5.3. Rechteck-, Dreiecks-, Cosinus-, Epanechnikov-, Gauss-Fenster (von links nach rechts).

Das Integral $\int$ bedeutet dabei stets $\int_{-\infty}^{\infty}$.

Gängige Beispiele für Kerne (Fenster) sind, vgl. Abb 5.3,

$$K(x) = \begin{cases} \frac{1}{2} & \text{für } |x| \leq 1 \\ 0 & \text{sonst} \end{cases} \qquad \text{Rechteck-Fenster}$$

$$K(x) = \begin{cases} 1 - |x| & \text{für } |x| \leq 1 \\ 0 & \text{sonst} \end{cases} \qquad \text{Dreiecks-Fenster}$$

$$K(x) = \begin{cases} \frac{\pi}{4} \cos(\frac{\pi}{2}x) & \text{für } |x| \leq 1 \\ 0 & \text{sonst} \end{cases} \qquad \text{Cosinus-Fenster}$$

$$K(x) = \begin{cases} \frac{3}{4}(1 - x^2) & \text{für } |x| \leq 1 \\ 0 & \text{sonst} \end{cases} \qquad \text{Epanechnikov-Fenster}$$

$$K(x) = \frac{1}{\sqrt{2\pi}} e^{-x^2/2} \qquad \text{für } x \in \mathbb{R} \qquad \text{Gauß-Fenster.}$$

Neben der Wahl eines Kerns K muss der Statistiker eine *Bandbreite h* wählen (auch Fensterbreite genannt). Diese positive Zahl sollte um so kleiner ausfallen, je größer der Stichprobenumfang n ist.

5.2.3 Kernschätzer

Wir gehen von dem in 5.2.1 angegebenen nichtparametrischen Regressionsmodell

$$Y_i = \mu(x_i) + e_i, \qquad i = 1, \ldots, n, \tag{5.11}$$

aus. Die Regressorenwerte x_i mögen geordnet in einem vorgegebenen Intervall $[a, b]$ liegen und die Fehlervariablen e_i die üblichen Voraussetzungen erfüllen:

$$a \leq x_1 < x_2 < \cdots < x_n \leq b$$

$$e_1, e_2, \ldots, e_n \quad \text{paarweise unkorreliert,} \tag{5.12}$$

$$\mathbb{E}(e_i) = 0, \ \text{Var}(e_i) = \sigma^2 > 0.$$

Unter Verwendung eines Kerns K aus 5.2.2 und einer Bandbreite h geben wir zwei Varianten eines Kernschätzers $\hat{\mu}_n \equiv \hat{\mu}_{n,h}$ für die Regressionskurve μ an.

Heuristisch lassen wir uns dabei von der empirischen Regressionsgeraden aus 1.4.2, das ist

$$\hat{\mu}_n(x) = \bar{Y} + \hat{\beta}(x - \bar{x}), \quad x \in \mathbb{R},$$

leiten. Wenn wir sie in der Form

$$\hat{\mu}_n(x) = \sum_{i=1}^{n} \left[\frac{1}{n} + \frac{1}{c_x}(x_i - \bar{x})(x - \bar{x}) \right] Y_i, \qquad c_x = \sum_{i=1}^{n}(x_i - \bar{x})^2,$$

schreiben, ergibt sich für den Schätzer einer Regressionsfunktion $\mu(x)$ die Gestalt

$$\hat{\mu}_n(x) = \sum_{i=1}^{n} Y_i \cdot w_{i,n}(x),$$

mit Gewichten $w_{i,n}$, die vom Wert x abhängen. Zwei der wichtigsten Kernschätzer lauten

$$\hat{\mu}_n(x) = \frac{\sum_{i=1}^{n} Y_i \cdot K\left(\frac{x-x_i}{h}\right)}{\sum_{i=1}^{n} K\left(\frac{x-x_i}{h}\right)} \qquad \text{[Nadaraya-Watson]} \quad (5.13)$$

$$\hat{\mu}_n(x) = \frac{1}{h}\sum_{i=1}^{n} Y_i \cdot \int_{s_{i-1}}^{s_i} K\left(\frac{x-s}{h}\right) ds, \qquad \text{[Gasser-Müller]} \quad (5.14)$$

$$s_0 = a, \ s_{i-1} < x_i \leq s_i, \ s_n = b.$$

Dabei wird in (5.14) das Intervall $[a, b]$ disjunkt so in n Intervalle

$$I_1 = [a, s_1], \ I_i = (s_{i-1}, s_i], \quad i = 2, \ldots, n,$$

zerlegt, dass x_i in I_i liegt. Eine mögliche Wahl ist $s_i = (x_i + x_{i+1})/2$.

Der Gasser-Müller Schätzer (5.14) lässt sich als eine Verbesserung einer einfachen Kernschätzer-Variante auffassen, nämlich von

$$\hat{\mu}_n(x) = \frac{b-a}{nh}\sum_{i=1}^{n} Y_i \cdot K\left(\frac{x-x_i}{h}\right). \qquad (5.15)$$

Den Nadaraya-Watson Schätzer (5.13) leitet man aus den (hier nicht behandelten) Kernschätzern für Dichten ab; vergleiche dazu Nadaraya (1989) oder Wand & Jones (1995).

Zur Interpretation des Kernschätzers für Regressionskurven wählen wir die einfache Variante (5.15) aus (Vorfaktor $(b-a)/(nh)$ gleich 1 gesetzt): Der Schätzer $\hat{\mu}_n(x)$ stellt die Summe der Werte aller, an den Beobachtungswerten x_i zentrierten, „Buckelfunktionen" $Y_i \cdot K\left(\frac{x-x_i}{h}\right)$ an der Stelle x dar. K bestimmt die Form, h die Breite, Y_i die Höhe des Buckels, vgl. Abb. 5.4.

5.2.4 Asymptotische Eigenschaften

Es mögen für das Modell (5.11) die Voraussetzungen (5.12) in verschärfter Form gelten, nämlich dass

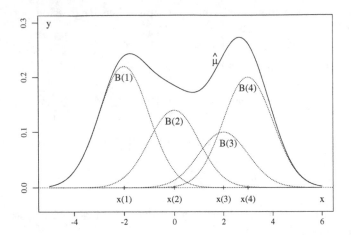

Abb. 5.4. Der Kernschätzer $\hat{\mu}$ (——) als Überlagerung von „Buckelfunktionen"
$B(i)$ ($\cdots$). Dabei ist $B(i) = Y_i \cdot K\left(\frac{x-x_i}{h}\right)$ und $\hat{\mu} = \sum_i B(i)$; es wurde das Gauß-
Fenster K und $h = 1$ gewählt, der Vorfaktor wurde 1 gesetzt.

- die x-Werte $x_1, \ldots, x_n$ ziemlich gleichmäßig über das Intervall $[a, b]$ verteilt
  liegen [genauer: $\max_{2 \le i \le n}(x_i - x_{i-1}) \approx c/n$ für größere n, mit einem $c > 0$]
- die Fehlervariablen e_i unabhängig und identisch verteilt sind
- die Funktion $\mu(x)$ zweimal differenzierbar bezüglich x ist, mit stetiger zweiter Ableitung $\mu''(x)$.

Wir definieren den Bias (die Verzerrung) und die Varianz des Schätzers in
Abhängigkeit von x durch

$$\text{Bias}(x) = \mathbb{E}\big(\hat{\mu}_n(x)\big) - \mu(x), \qquad \text{Var}(x) = \text{Var}\big(\hat{\mu}_n(x)\big).$$

Dann haben wir für jedes $x \in (a, b)$ die folgenden asymptotischen (also für
großes n approximativ gültigen) Ausdrücke

$$
\begin{aligned}
\text{Bias}(x) &= \frac{1}{2}\, h^2\, \kappa_2\, \mu''(x), \qquad && \kappa_2 = \int u^2\, K(u)\, du \\
\text{Var}(x) &= \frac{1}{nh}\, \sigma^2\, \lambda_2, \qquad && \lambda_2 = \int K^2(u)\, du.
\end{aligned}
\tag{5.16}
$$

Für σ^2 und für die zweite Ableitung $\mu''(x)$ von $\mu(x)$ an der Stelle x hat man
Schätzungen anzugeben. Für $\mu''(x)$ ist das in der Regel nicht möglich ($\mu(x)$
ist ja unbekannt); es kann aber eine Vorausschätzung für $\mu''(x)$ durchgeführt
werden, vgl. Härdle (1990). Gleichungen (5.16) können qualitativ ausgewertet
werden und sind für ein Verständnis der Methode nichtparametrischer Kurvenschätzer wichtig: Fixieren wir den Stichprobenumfang n und vergrößern
wir die Bandbreite h, so wird die Varianz $\text{Var}(x)$ des Schätzers kleiner, der
Bias $\text{Bias}(x)$ betragsmäßig größer. Bei Verkleinerung der Bandbreite ist es

umgekehrt. Die Reduzierungen des Bias und der Varianz erweisen sich also als konkurrierende Ziele, vgl. Abb. 5.5.

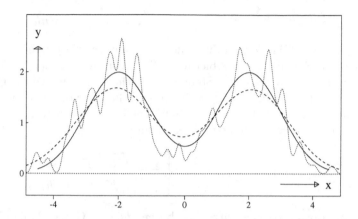

Abb. 5.5. Kurvenschätzer für eine zweigipflige Kurve μ (———), mit einer großen (- - -) und einer kleinen ($\cdots$) Bandbreite h. Großes h: Geringe Oszillation, starke (mittlere) Abweichung; kleines h: Starke Oszillation, geringe (mittlere) Abweichung.

Bei festem Wert von h ist der Bias proportional zur Oszillation der Kurve (an der Stelle x), gemessen durch den Term $\mu''(x)$.

Der Kernschätzer $\hat{\mu}_n(x)$ ist unter den getroffenen Voraussetzungen asymptotisch normalverteilt, und zwar für Grenzübergänge $n \to \infty$ und $h \to 0$. Die Theorie besagt genauer, dass unter

$$n \to \infty \quad \text{und} \quad n \cdot h \to \infty, \quad \text{aber} \quad n\,h^5 \to c^2 \quad [c^2 < \infty] \qquad (5.17)$$

die Verteilung von

$$\sqrt{nh}\,\big(\hat{\mu}_n(x) - \mu(x)\big) \text{ gegen die Normalverteilung konvergiert, mit}$$
$$\text{Erwartungswert } \frac{1}{2}\,c\,\kappa_2\,\mu''(x) \quad \text{und Varianz} \quad \sigma^2\,\lambda_2. \qquad (5.18)$$

Die Voraussetzungen (5.17) stellen an den Anwender eine Forderung nach einem abgestimmten Größenverhältnis der Fensterbreite h zum Stichprobenumfang n, vgl. Härdle (1990), Wand & Jones (1995).

Konfidenzintervall, Varianzschätzer. Als eine Anwendung stellen wir ein Konfidenzintervall für $\mu(x)$ zum asymptotischen Niveau $1 - \alpha$ vor. Unter Benutzung eines konsistenten Schätzers $\hat{\sigma}_n$ für σ lautet es gemäß (5.18)

$$\hat{\mu}_n(x) - b_{n,h} - c_{n,\alpha} \le \mu(x) \le \hat{\mu}_n(x) - b_{n,h} + c_{n,\alpha}\,,$$

$$b_{n,h} = \frac{1}{2}\, c\, \kappa_2\, \mu''(x)\, \frac{1}{\sqrt{nh}}\,, \qquad (5.19)$$

$$c_{n,\alpha} = u_{1-\alpha/2}\, \hat{\sigma}_n\, \sqrt{\lambda_2}\, \frac{1}{\sqrt{nh}}\,.$$

Der asymptotische Bias $b_{n,h}$ enthält die Konstante c, die durch $c = \sqrt{nh^5}$ bestimmt wird. Für die zweite Ableitung $\mu''(x)$ von $\mu(x)$ an der Stelle x hat man eine Schätzung anzugeben. Steht eine solche nicht zur Verfügung und setzt man in (5.19) $c = 0$, also $b_{n,h} = 0$, so wird die Lage des Konfidenzintervalls entsprechend verzerrt. Um einen Schätzer für $\sigma^2 = \mathrm{Var}(e_i)$ anzugeben, schreiben wir den Kurvenschätzer in der Form

$$\hat{\mu}_n(x) = \sum_{i=1}^{n} w_{i,n}(x)\, Y_i, \qquad w_{i,n}(x) = \begin{cases} \frac{K((x-x_i)/h)}{\sum_{k=1}^{n} K((x-x_k)/h)} \\ \frac{1}{h} \int_{s_{i-1}}^{s_i} K((x-s)/h)\,ds \end{cases}, \qquad (5.20)$$

mit dem Nadaraya-Watson Schätzer im oberen und dem Gasser-Müller Schätzer im unteren Fall. Die Varianz σ^2 schätzt man dann durch

$$\hat{\sigma}_n^2 = \sum_{i=1}^{n} w_{i,n}(x_i)\left(Y_i - \hat{\mu}_n(x_i)\right)^2.$$

Betrachten wir noch den heteroskedastischen Fall: Anders als in (5.12) lassen wir eine Abhängigkeit der Varianz der Fehlervariablen vom Wert x des Regressors zu, welche wir mit $\sigma^2(x)$ bezeichnen. Der Schätzer für $\sigma^2(x)$ lautet dann mit $w_{in}(x)$ wie in (5.20)

$$\hat{\sigma}_n^2(x) = \sum_{i=1}^{n} w_{i,n}(x)\left(Y_i - \hat{\mu}_n(x)\right)^2.$$

Eine Verfeinerung der Konfidenzintervalle (5.19) erhält man, indem man anstelle von $\hat{\sigma}_n$ den Schätzer $\hat{\sigma}_n(x)$ einsetzt.

Fallstudie **Spessart.** Wie oben in Abb. 5.1 definieren wir als Y-Variable die Gesamt-Defoliation (GDef) des Standortes. Durch die Punktwolke GDef über Alter (AL) ist in Abb. 5.6 der Kernschätzer nach Nadaraya-Watson gezogen worden. Benutzt wurde das Gaußfenster mit einer gößeren und mit einer kleineren Band-(Fenster-) Breite.

Splus   R

```
# N-W Kernschaetzer an den Designpunkten X[i]; Gaussfenster
KS<- 1:87;  H<- 20
for(i in 1:87)
```

```
{KS[i] <- 0.0; sum<- 0.0
for (j in 1:87) {sum<- sum + exp(- (X[i] - X[j])^2/(2*H*H))}
for (j in 1:87)
{KS[i]<- KS[i] + Y[j]*exp(- (X[i] - X[j])^2/(2*H*H))/sum }}
```

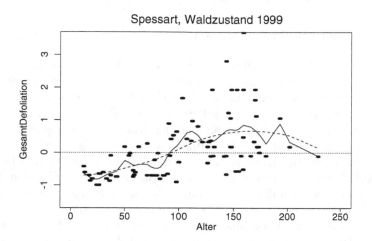

Abb. 5.6. Nichtparametrische Ausgleichskurven durch das Scattergramm Gesamt-Defoliation (GDef) über Alter (AL): Kernschätzer nach Nadaraya-Watson; Gauß-fenster; Bandbreite h = 5 (——) und h = 20 (- - - -).

5.3 Nichtparametrische Regression: Splineschätzer

Wir gehen wie im Abschn. 5.2 vom Modell

$$Y_i = \mu(x_i) + e_i, \qquad i = 1, \ldots, n,$$

einer einfachen nichtparametrischen Regression aus. Die Voraussetzungen (5.12) mögen auch hier gelten, insbesondere also

$$a \le x_1 < x_2 < \ldots < x_n \le b. \tag{5.21}$$

Die aufsteigend geordneten Werte x_i werden im Zusammenhang mit Spline-schätzern auch *Knoten* genannt. Wir suchen einen Schätzer $\hat{\mu}_n(x)$ für die Regressionskurve $\mu(x)$, der ein Anpassungskriterium optimiert, das kombiniert ist mit einem Glattheitskriterium. Um ein solches Optimum zu finden, schränken wir die Klasse der Regressionsfunktionen $\mu(x)$ durch die folgende Forderung ein:

$\mu(x)$, $x \in [a, b]$, ist 2 mal differenzierbar, mit $\displaystyle\int_a^b \left(\mu''(x)\right)^2 < \infty$.   (5.22)

Während μ und μ' also stetig sind, braucht es die 2-te Ableitung μ'' von μ nicht mehr zu sein; wohl muss aber ihr Quadrat über $[a, b]$ integrierbar sein (wozu die Beschränktheit ausreicht).

5.3.1 Natürliche Splinefunktionen

In die Klasse (5.22) fallen auch gewisse Splinefunktionen, i. F. oft kurz Splines genannt, von denen wir nur die *natürlichen kubischen* betrachten. Genauer interessieren uns die natürlichen kubischen Splines mit *Knoten* $x_1, \ldots, x_n$. Eine solche Splinefunktion s stellt auf jedem Teilintervall $[x_i, x_{i+1})$ ein Polynom vom Grade 3 dar. Diese Polynome sind an den Knoten x_i aber „glatt" zusammengebunden, so dass stetige Ableitungen s' und s'' existieren (die dritten Ableitungen bilden eine Treppenfunktion mit Sprüngen (höchstens) bei den x_i). Außerhalb des Intervalls $[x_1, x_n]$ besitzt s die Gestalt einer Geraden. Diese letztere Eigenschaft qualifiziert den Spline als *natürlich* (man denke an Staklatten, die außerhalb des letzten Fixierpunktes als Geraden herausstehen). Eine kubische Splinefunktion bindet also segmentweise kubische Polynome so an den Knoten zusammen, dass stetige zweite Ableitungen vorhanden sind (dies wird vom Auge als hinreichend glatt empfunden).

Zur Darstellung einer Splinefunktion s benutzt man die Plus-Funktionen $(x - x_1)_+^3, \ldots, (x - x_n)_+^3$, wobei für $i = 1, \ldots, n$

$$(x - x_i)_+^3 = \begin{cases} (x - x_i)^3 & \text{für } x \geq x_i \\ 0 & \text{für } x < x_i \end{cases}$$

gesetzt wurde, vgl. Abb. 5.7.

Ein natürlicher kubischer Spline lässt sich dann in der Form

$$s(x) = \vartheta_0 + \vartheta_1 x + \sum_{i=1}^n \alpha_i (x - x_i)_+^3, \quad \sum_{i=1}^n \alpha_i = 0, \quad \sum_{i=1}^n \alpha_i x_i = 0, \quad (5.23)$$

schreiben. Die beiden letzten Gleichungen stellen Nebenbedingungen an die Koeffizienten α_i dar, die erzwingen, dass rechts von x_n die Funktion s eine Gerade ist. Die Menge aller natürlichen kubischen Splines mit fest vorgegebenen n Knoten bildet einen n-dimensionalen linearen Raum.

Eine besondere Rolle werden die Werte

$$\mu_1 = s(x_1), \ldots, \mu_n = s(x_n)$$

des Splines an den Knotenstellen x_i, $i = 1, \ldots, n$, spielen. Ferner benötigen wir die Werte

$$\nu_2 = s''(x_2), \ldots, \nu_{n-1} = s''(x_{n-1})$$

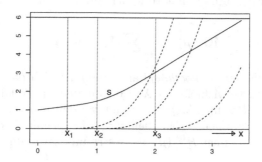

Abb. 5.7. Die Plus-Funktionen $(x - x_i)_+^3$, $x \in \mathbb{R}$, für $i = 1, 2, 3$ und $x_1 = 0.5$, $x_2 = 1$, $x_3 = 2$ (- - -), sowie ein kubischer natürlicher Spline s (——) mit den drei Knoten x_1, x_2, x_3. Genauer: $s(x) = 1 + 0.4 \cdot x + \frac{2}{3} \cdot (x - 0.5)_+^3 - (x - 1)_+^3 + \frac{1}{3} \cdot (x - 2)_+^3$.

der zweiten Ableitung von s an den Knotenstellen x_i (es ist $s''(x_1) = s''(x_n) = 0$). Mittels der Werte μ_i und ν_i können wir dann die Werte $s(x)$ des Splines an jeder Stelle $x \in \mathbb{R}$ berechnen. In der Tat, für eine (Zwischen-) Stelle $x \in [x_i, x_{i+1}]$, $i = 1, \ldots, n - 1$, gilt

$$
\begin{aligned}
s(x) = a_i(x)\,\mu_{i+1} + b_i(x)\,\mu_i - \frac{1}{6}\,(x_{i+1} - x_i)^2 \\
\times \left[a_i(x)\,b_i(x)\,(\nu_{i+1} + \nu_i) + a_i^2(x)\,b_i(x)\,\nu_{i+1} + a_i(x)\,b_i^2(x)\,\nu_i \right],
\end{aligned}
\tag{5.24}
$$

wobei

$$
a_i(x) = \frac{x - x_i}{x_{i+1} - x_i} \quad \text{und} \quad b_i(x) = \frac{x_{i+1} - x}{x_{i+1} - x_i}
$$

gesetzt wurden. Außerhalb von $[x_1, x_n]$ gilt nach Green & Silverman (1994)

$$
s(x) = \begin{cases} \mu_1 - (x_1 - x) \left(\frac{\mu_2 - \mu_1}{x_2 - x_1} - \frac{1}{6}(x_2 - x_1)\nu_2 \right), & x \leq x_1 \\ \mu_n + (x - x_n) \left(\frac{\mu_n - \mu_{n-1}}{x_n - x_{n-1}} + \frac{1}{6}(x_n - x_{n-1})\nu_{n-1} \right), & x \geq x_n. \end{cases}
\tag{5.25}
$$

5.3.2 Penalisiertes MQ-Kriterium, Splineschätzer

Für Funktionen μ aus der oben eingeführten Klasse (5.22) definieren wir die *Oszillation* (Rauheit) mit Hilfe der 2-ten Ableitung μ'' von μ durch

$$
H^{(2)}(\mu) = \int_a^b \left(\mu''(x) \right)^2 dx.
\tag{5.26}
$$

Für eine Gerade μ gilt $H^{(2)}(\mu) = 0$. Je stärker eine Funktion μ oszilliert, desto größer fällt $H^{(2)}(\mu)$ aus. Die Anpassungsgüte wird wie üblich nach der

Minimum-Quadrat Methode mit Hilfe der Summe der Fehlerquadrate angegeben als

$$\text{MQ}_n(\mu) = \frac{1}{n} \sum_{i=1}^{n} \big(Y_i - \mu(x_i)\big)^2. \tag{5.27}$$

Als *Glättungs*parameter (*smoothing* Parameter) des nichtparametrischen Problems fungiert ein Gewichtsfaktor $\lambda \geq 0$, mit dem der relative Einfluss der beiden Kriterien $H^{(2)}$ und MQ_n bestimmt werden kann. Er spielt die Rolle eines *trade-off* Parameters. Wir definieren das penalisierte MQ-Kriterium $\Psi \equiv \Psi_{n,\lambda}$, mit der Rauheit $H^{(2)}(\mu)$ als Bestrafungsterm, durch

$$\Psi(\mu) = \text{MQ}_n(\mu) + \lambda \cdot H^{(2)}(\mu). \tag{5.28}$$

Wir stellen die Optimierungsaufgabe, ein $\hat{\mu}_n \equiv \hat{\mu}_{n,\lambda}$ zu finden, welches (5.22) erfüllt und Ψ minimiert:

$$\Psi(\hat{\mu}_n) = \min_{\mu \text{ mit } (5.22)} \Psi(\mu).$$

Es kann gezeigt werden, dass diese Aufgabe in eindeutiger Weise durch eine kubische natürliche Splinefunktion gelöst wird, vgl. Eubank (1988) oder Pruscha (2000). Eine solche Lösung $\hat{\mu}_n$ wird *Spline*schätzer genannt. Wir beschreiben im Folgenden, wie sich dieser Splineschätzer $\hat{\mu}_n$ aus den Daten

$$(x_1, Y_1), (x_2, Y_2), \ldots, (x_n, Y_n) \tag{5.29}$$

der Stichprobe berechnen lässt. Zunächst geben wir eine Darstellung bezüglich einer vorgewählten Basis

$$s_1, s_2, \ldots, s_n \quad \text{des linearen Raums der natürlichen Splines}$$

an, wobei wir für jedes s_j die Darstellung (5.23) wählen, d. h.

$$s_j(x) = \vartheta_{0j} + \vartheta_{1j}x + \sum_{i=1}^{n} \alpha_{ij}(x - x_i)_+^3, \quad j = 1, \ldots, n. \tag{5.30}$$

Darstellung in der Basis s_j. Der Splineschätzer $\hat{\mu}_n$ habe bezüglich der Basis s_j aus (5.30) die Darstellung

$$\hat{\mu}_n(x) = \sum_{j=1}^{n} \hat{\beta}_j s_j(x), \qquad x \in \mathbb{R}. \tag{5.31}$$

Wir bilden die n-dimensionalen Vektoren

$$Y = (Y_1, \ldots, Y_n)^\top, \qquad \hat{\beta} = (\hat{\beta}_1, \ldots, \hat{\beta}_n)^\top,$$

und die $n \times n$-Matrizen S und A mit den Elementen

$$S_{ij} = s_j(x_i), \qquad A_{ij} = 6 \cdot \alpha_{ij}.$$

Dann berechnet sich der Koeffizientenvektor $\hat{\beta}$ (und damit gemäß (5.31) der Splineschätzer) aus dem linearen Gleichungssystem

$$(S + n\lambda A) \cdot \beta = Y \qquad\qquad (5.32)$$

in β. Die Matrizen S und $S + n\lambda A$ sind invertierbar, so dass sich (5.32) eindeutig nach β auflösen lässt.

Grenzfälle von λ. Die Grenzfälle $\lambda = 0$ [$\lambda = \infty$] interpretiert man so, dass ein Splineschätzer $\hat{\mu}_n$ gesucht wird, für den das MQ-Kriterium MQ_n [das Rauheitskriterium $H^{(2)}$] gleich Null wird und der unter allen diesen das Rauheitskriterium $H^{(2)}$ [das MQ-Kriterium MQ_n] minimiert. Man erhält

1. $\lambda = 0$: Der Splineschätzer $\hat{\mu}_n$ stellt die (eindeutig bestimmte) kubische natürliche Splinefunktion dar, welche durch alle n Messpunkte (x_i, Y_i), $i = 1, \ldots, n$, geht (*Interpolationsspline*), so dass also gilt

$$\hat{\mu}_n(x_i) = Y_i, \qquad i = 1, \ldots, n.$$

2. $\lambda = \infty$: Der Splineschätzer $\hat{\mu}_n$ stellt die (eindeutig bestimmte) Regressionsgerade durch die Punktwolke (x_i, Y_i), $i = 1, \ldots, n$, dar, nämlich (vgl. 1.4.2)

$$\hat{\mu}_n(x) = \hat{\beta}_1 + \hat{\beta}_2\, x, \qquad x \in \mathbb{R}.$$

5.3.3 Hat-Matrix, Matrizenrechnung

Neben dem Vektor $Y = (Y_1, \ldots, Y_n)^\top$ der Beobachtungen definieren wir den Vektor $\hat{\mu}^{(n)}$ des Splineschätzers $\hat{\mu} \equiv \hat{\mu}_n$ an den Knotenstellen $x_1, \ldots, x_n$,

$$\hat{\mu}^{(n)} = \left(\hat{\mu}(x_1), \ldots, \hat{\mu}(x_n) \right)^\top \qquad \text{[Prädiktionsvektor]}.$$

Als *hat*-Matrix bezeichnen wir diejenige, noch vom Glättungsparameter λ abhängige, $n \times n$-Matrix $H(\lambda)$, welche den Beobachtungsvektor Y in den Prädiktionsvektor $\hat{\mu}^{(n)}$ überführt,

$$\hat{\mu}^{(n)} = H(\lambda) \cdot Y.$$

Mit Hilfe der $n \times n$-Matrizen A und S aus 5.3.2 berechnet sich diese hat-Matrix zu

$$H(\lambda) = S\,[S + n\lambda A]^{-1} = [I_n + n\lambda A S^{-1}]^{-1}.$$

In der Tat, wegen $\hat{\mu}_n(x_i) = \sum_j \hat{\beta}_j\, s_j(x_i)$ gemäß (5.31) gilt $\hat{\mu}^{(n)} = S \cdot \hat{\beta}$, und wegen (5.32) ist $\hat{\beta} = [S + n\lambda A]^{-1} \cdot Y$. Führen wir noch die (positiv definite) $n \times n$-Matrix

$$K = A \cdot S^{-1} = S^{-\top} \cdot \Omega \cdot S^{-1} \qquad [\Omega = S^\top \cdot A]$$

ein, so lässt sich die hat-Matrix $H(\lambda)$ auch in der Form

$$H(\lambda) = [I_n + n\,\lambda\,K]^{-1} \tag{5.33}$$

schreiben, und der Prädiktionsvektor damit als

$$\hat{\mu}^{(n)} = [I_n + n\,\lambda\,K]^{-1} \cdot Y\,. \tag{5.34}$$

Die Matrix K kann berechnet werden, ohne auf eine Spline-Basis $s_1, \ldots, s_n$ zurückgreifen zu müssen. Mit Hilfe der in den Gleichungen (5.38) und (5.39) unten angegebenen tridiagonalen Matrizen, nämlich der $n \times (n-2)$-Matrix Q und der symmetrischen, invertierbaren $(n-2) \times (n-2)$-Matrix R, gilt

$$K = Q \cdot R^{-1} \cdot Q^\top\,. \tag{5.35}$$

Gemäß Gleichungen (5.24), (5.25) in 5.3.1 lässt sich aus dem Prädiktionsvektor $\hat{\mu}^{(n)}$ die ganze Splinefunktion $\hat{\mu}_n(x)$, $x \in \mathbb{R}$, berechnen, wenn wir noch den $(n-2)$-dimensionalen Vektor

$$\hat{\nu}^{(n)} = \left(\hat{\mu}''(x_2), \ldots, \hat{\mu}''(x_{n-1})\right)^\top \qquad \text{[Vektor der 2-ten Ableitungen]}$$

kennen. Dieser errechnet sich aus $\hat{\mu}^{(n)}$ ebenfalls mit Hilfe der Matrizen R und Q, nämlich durch

$$\hat{\nu}^{(n)} = R^{-1} \cdot Q^\top \cdot \hat{\mu}^{(n)}\,. \tag{5.36}$$

Umschreiben des Kriteriums. Für einen kubischen natürlichen Spline $\hat{\mu} \equiv \hat{\mu}_n$ können wir den Wert des Rauheitskriteriums allein aus dem Vektor $\hat{\mu}^{(n)}$ und der Matrix K berechnen, nämlich gemäß

$$H^{(2)}(\hat{\mu}) = \hat{\mu}^{(n)\top} \cdot K \cdot \hat{\mu}^{(n)}\,.$$

Das penalisierte MQ-Kriterium $\Psi = \Psi_{n,\lambda}$ aus 5.3.2 kann damit als Minimierungsaufgabe über n-tupel $\mu^{(n)} = (\mu_1^{(n)}, \ldots, \mu_n^{(n)})^\top$ formuliert werden. Dazu definieren wir die reellwertige Funktion Φ von n Veränderlichen in der Form

$$\Phi(\mu^{(n)}) = \frac{1}{n}\left(Y - \mu^{(n)}\right)^\top \cdot \left(Y - \mu^{(n)}\right) + \lambda\,\mu^{(n)\top} \cdot K \cdot \mu^{(n)}\,.$$

Man überzeugt sich, dass das Minimum von Φ (einzig) durch $\hat{\mu}^{(n)} = H(\lambda) \cdot Y$ angenommen wird, vgl. Green & Silverman (1994).

Cross-Validation. Zur Bestimmung des Glättungsparameters λ wird oft die cross-validation Methode angewandt. Dabei wird nacheinander jeweils eine Beobachtung (x_i, Y_i), $i = 1, \ldots, n$, ausgelassen (*leave-out-one* Methode). Bei Auslassung von (x_i, Y_i) bezeichne $\hat{\mu}_{n,\lambda}^{(i)}$ den Splineschätzer mit den $n-1$ Knoten $(x_1, \ldots, x_{i-1}, x_{i+1}, \ldots, x_n)$. Er minimiert das Kriterium

$$\Psi_{n,\lambda}^{(i)}(\mu) = \mathrm{MQ}_n^{(i)}(\mu) + \lambda \cdot H^{(2)}(\mu)\,,$$

mit $\mathrm{MQ}_n^{(i)}(\mu) = \frac{1}{n} \sum_{j=1,j\neq i}^n \left(Y_j - \mu(x_j)\right)^2$, $i = 1,\ldots,n$. Man wählt ein solches $\lambda \equiv \hat{\lambda}$, für welches das

cross-validation Kriterium

$$CV_n(\lambda) = \frac{1}{n} \sum_{i=1}^n \left(Y_i - \hat{\mu}_{n,\lambda}^{(i)}(x_i)\right)^2, \quad \lambda > 0,$$

minimal wird.

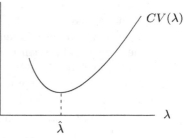

Tatsächlich müssen die n leave-out-one Lösungen $\hat{\mu}_{n,\lambda}^{(i)}$ nicht explizit berechnet werden; man kommt mit dem Splineschätzer $\hat{\mu}_{n,\lambda}$, d. i. die Minimalstelle des in 5.3.2 definierten Kriteriums $\Psi_{n,\lambda} = MQ_n + \lambda H^{(2)}$, aus: Für das cross-validation Kriterium gilt nämlich

$$CV_n(\lambda) = \frac{1}{n} \sum_{i=1}^n \left(\frac{Y_i - \hat{\mu}_{n,\lambda}(x_i)}{1 - H_{ii}(\lambda)}\right)^2, \tag{5.37}$$

wobei $H_{ii}(\lambda)$ das i-te Diagonalelement der hat-Matrix $H(\lambda)$ ist.

5.3.4 Rechengang zur Bestimmung des Splineschätzers

Wir fassen zusammen, wie man, von den Daten (5.29) ausgehend, zum (kubischen, natürlichen) Splineschätzer $\hat{\mu}(x) \equiv \hat{\mu}_n(x)$, $x \in \mathbb{R}$, gelangt.

Zunächst bildet man die tridiagonale $n \times (n-2)$-Matrix Q und die tridiagonale, symmetrische, positiv definite $(n-2) \times (n-2)$-Matrix R. Dazu setzen wir $h_i = x_{i+1} - x_i$, $i = 1,\ldots,n-1$, und

$$Q = \begin{pmatrix} 1/h_1 & 0 & \ldots & 0 \\ -(1/h_1 + 1/h_2) & 1/h_2 & \ldots & 0 \\ 1/h_2 & -(1/h_2 + 1/h_3) & \ldots & 0 \\ 0 & 1/h_3 & \ldots & 0 \\ \ldots & \ldots & \ldots & \ldots \\ 0 & 0 & \ldots & 1/h_{n-2} \\ 0 & 0 & \ldots & -(1/h_{n-2} + 1/h_{n-1}) \\ 0 & 0 & \ldots & 1/h_{n-1} \end{pmatrix} \tag{5.38}$$

$$R = \frac{1}{6} \cdot \begin{pmatrix} 2(h_1 + h_2) & h_2 & 0 & \ldots & 0 & 0 \\ h_2 & 2(h_2 + h_3) & h_3 & \ldots & 0 & 0 \\ \ldots & \ldots & \ldots\ldots & \ldots & & \ldots \\ 0 & 0 & 0 & \ldots & \ldots & h_{n-2} \\ 0 & 0 & 0 & \ldots & h_{n-2} & 2(h_{n-2} + h_{n-1}) \end{pmatrix} \tag{5.39}$$

Dann berechnet man sukzessive

1. die $n \times n$-Matrix $K = Q \cdot R^{-1} \cdot Q^\top$ (siehe Gleichung (5.35))
2. den n-dimensionalen Vektor $\hat{\mu}^{(n)}$, der die n Werte von $\hat{\mu}(x)$ an den Knotenstellen $x = x_1, \ldots, x_n$ umfasst (Prädiktionsvektor), und zwar gemäß Gleichung (5.34)
3. den $(n-2)$-dimensionalen Vektor $\hat{\nu}^{(n)}$, der die $n-2$ Werte der 2-ten Ableitung $\hat{\mu}''(x)$ an den Knotenstellen $x = x_2, \ldots, x_{n-1}$ enthält, und zwar gemäß Gleichung (5.36)
4. Die Werte $\hat{\mu}(x)$ des Splineschätzers an einer beliebigen Stelle $x \in \mathbb{R}$ gewinnt man durch die Formeln (5.24), (5.25) in 5.3.1, indem man dort $\mu_i = \hat{\mu}_i^{(n)}$ und $\nu_i = \hat{\nu}_i^{(n)}$ einsetzt, also die Komponenten der Vektoren $\hat{\mu}^{(n)}$ und $\hat{\nu}^{(n)}$.

Für die Schritte 2–4 muss ein Glättungsparameter $\lambda > 0$ vorgewählt sein. Will man diesen durch die cross-validation Methode ermitteln, so ist der Schritt 2 mit verschieden λ-Werten zu wiederholen, bis ein Minimum der Größe $CV_n(\lambda)$ in (5.37) gefunden ist.

Fallstudie **Spessart.** Wie oben im Anschluss an 5.2.4 verwenden wir als Y-Variable die Gesamt-Defoliation (GDef) des Standortes. Durch die Punktwolke GDef über Alter (AL) ist in Abb. 5.1 ein Splineschätzer approximiert worden. Die Wahl des smoothing Parameters erfolgt indirekt über *equivalent degrees of freedom*, vgl. Venables & Ripley (1997), Green & Silverman (1994).

| Splus | R |

```
# Scattergramm GDef "uber AL
plot(AL,GDef,type="p",pch=16,cex=0.6,xlim=c(0,250),
     ylim=c(-1.5,3.5),xlab="Alter",ylab="GesamtDefoliation")
# Natuerlicher Spline-Sch"atzer, df = equiv. degrees of freedom
spli<-lm(GDef~ns(AL,df=5)); fit<- fitted(spli)
ord<- order(AL)  # Ordnen der Faelle nach der Groesse von AL
lines(AL[ord],fit[ord],lty=3)
```

5.4 Additive Modelle

In den Abschnitten 5.2 und 5.3 haben wir nur *einfache* nichtparametrische Regressionsmodelle

$$Y_i = f(x_i) + e_i, \quad i = 1, \ldots, n, \tag{5.40}$$

betrachtet, in denen nur *eine* Regressionsfunktion f und *eine* Regressorvariable x vorkommen. Wirken p Regressorvariablen in unterschiedlicher funktionaler Form auf die Kriteriumsvariable Y, so setzt man ein additives Modell

$$Y_i = f_1(x_{1i}) + f_2(x_{2i}) + \ldots + f_p(x_{pi}) + e_i, \quad i = 1, \ldots, n, \qquad (5.41)$$

an, wobei man wie üblich

$$\mathbb{E}(e_i) = 0, \qquad \text{Var}(e_i) = \sigma^2, \qquad e_1, \ldots, e_n \text{ unabhängig}, \qquad (5.42)$$

voraussetzt. Die

$$\text{Regressionsfunktionen } f_1, \ldots, f_p$$

sind unbekannt und müssen aus der Stichprobe geschätzt werden. Dabei wollen wir uns nicht auf einen bestimmten nichtparametrischen Schätzertyp wie

$$\text{Kernschätzer oder Splineschätzer}$$

festlegen. Er kann sogar für die verschiedenen Funktionen f_i unterschiedlich sein. Dazu muß aber zuerst eine einheitliche Notation für nichtparametrische Schätzer entwickelt werden, was an Hand des einfachen Modells (5.40) geschehen soll.

5.4.1 Smoothing Operator, smoothing Matrix

Mit Hilfe der n-dimensionalen Vektoren

$$Y^{(n)} = \begin{pmatrix} Y_1 \\ \vdots \\ Y_n \end{pmatrix}, \quad f^{(n)} = \begin{pmatrix} f(x_1) \\ \vdots \\ f(x_n) \end{pmatrix}, \quad e^{(n)} = \begin{pmatrix} e_1 \\ \vdots \\ e_n \end{pmatrix} \qquad (5.43)$$

schreibt sich das einfache nichtparametrische Modell (5.40) in der Form

$$Y^{(n)} = f^{(n)} + e^{(n)}.$$

Den nichtparametrischen Schätzer $\hat{f}^{(n)}$ für $f^{(n)}$ setzen wir in der Form

$$\hat{f}^{(n)} \equiv \begin{pmatrix} \hat{f}(x_1) \\ \vdots \\ \hat{f}(x_n) \end{pmatrix} = S(x^{(n)}, Y^{(n)}) \qquad (5.44)$$

an. Dabei haben wir die n-komponentigen Größen

$$x^{(n)} = \begin{pmatrix} x_1 \\ \vdots \\ x_n \end{pmatrix} \quad \text{und} \quad S(x^{(n)}, y^{(n)}) = \begin{pmatrix} S_1(x^{(n)}, y^{(n)}) \\ \vdots \\ S_n(x^{(n)}, y^{(n)}) \end{pmatrix}$$

eingeführt. S wird auch *smoothing* Operator genannt.

Auf der Grundlage des Beobachtungsvektors $Y^{(n)}$ und nach Wahl eines Operators S werden wie in Gleichung (5.44) die Werte der Funktion f an den vorgegebenen Stellen (Designstellen) $x_1, \ldots, x_n$ geschätzt, vgl. das Schema der Abb. 5.8. Für eine Stelle $x \in \mathbb{R}$, die nicht notwendig Designstelle ist (Zwischenstelle genannt), schreiben wir

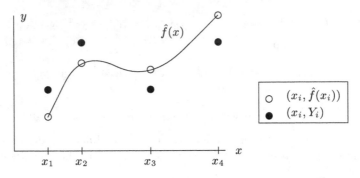

Abb. 5.8. Scatterplot mit Regressionskurven-Schätzer $\hat{f}(x)$.

$$\hat{f}(x) = t\big(x^{(n)}, x, Y^{(n)}\big), \tag{5.45}$$

mit einem ein-komponentigen *smoothing* Operator $t\big(x^{(n)}, x, y^{(n)}\big)$. Die Größen $t(x^{(n)}, x_i, y^{(n)})$ bilden die Komponenten von $S\big(x^{(n)}, y^{(n)}\big)$,

$$S(x^{(n)}, y^{(n)}) = \begin{pmatrix} t(x^{(n)}, x_1, y^{(n)}) \\ \vdots \\ t(x^{(n)}, x_n, y^{(n)}) \end{pmatrix}. \tag{5.46}$$

In vielen Fällen ist (5.45) oder zumindest (5.44) linear in $Y^{(n)}$. Es gilt dann

$$\hat{f}^{(n)} = S\big(x^{(n)}\big) \cdot Y^{(n)}, \tag{5.47}$$

mit einer $n \times n$-*smoothing* Matrix $S(x^{(n)})$, bzw.

$$\hat{f}(x) = t\big(x^{(n)}, x\big) \cdot Y^{(n)}, \tag{5.48}$$

mit einem $1 \times n$-Zeilenvektor $t\big(x^{(n)}, x\big)$. Analog zu (5.46) bildet der Zeilenvektor $t(x^{(n)}, x_i)$ die i-te Zeile der Matrix $S(x^{(n)})$.

Beispiele von smoothing Matrizen.

1. Einfache lineare Regression. Im Modell (5.40) haben wir gemäß 1.4.2

$$f(x_i) = \beta_0 + \beta_1(x_i - \bar{x}), \qquad \bar{x} = \frac{1}{n}\sum_{j=1}^{n} x_j,$$

zu setzen. Hier ist $\hat{f}(x_i)$ der Wert der (empirischen) Regressionsgeraden an der Stelle x_i, also

$$\hat{f}(x_i) \equiv \hat{Y}_i = \hat{\beta}_0 + \hat{\beta}_1(x_i - \bar{x}), \quad \text{mit } \hat{\beta}_0 = \frac{1}{n}\sum_{j=1}^{n} Y_j, \ \hat{\beta}_1 = \frac{\sum_{j=1}^{n}(x_j - \bar{x})\,Y_j}{\sum_{j=1}^{n}(x_j - \bar{x})^2}.$$

Folglich gilt Gleichung (5.47) mit

$$\left(S(x^{(n)})\right)_{i,j} = \frac{1}{n} + \frac{(x_i - \bar{x})(x_j - \bar{x})}{\sum_{k=1}^{n}(x_k - \bar{x})^2}, \quad \text{bzw.} \quad S(x^{(n)}) = X(X^\top X)^{-1} X^\top,$$

mit der $n \times 2$-Matrix X, welche $(1, x_i - \bar{x})$ als i-te Zeile aufweist. Der Prädiktionswert für eine (Zwischen-) Stelle $x \in \mathbb{R}$ ist

$$\hat{f}(x) \equiv \hat{Y}(x) = \hat{\beta}_0 + \hat{\beta}_1(x - \bar{x});$$

das heißt: es gilt Gleichung (5.48) mit

$$\left(t(x^{(n)}, x)\right)_j = \frac{1}{n} + \frac{(x - \bar{x})(x_j - \bar{x})}{\sum_{k=1}^{n}(x_k - \bar{x})^2}.$$

2. Kernschätzer. Mit Hilfe der Gewichte

$$w_{i,n}(x) \equiv w_{i,n}(x^{(n)}, x) = \begin{cases} \frac{K((x-x_i)/h)}{\sum_{k=1}^{n} K((x-x_k)/h)} & (NW) \\ \frac{1}{h} \int_{s_{i-1}}^{s_i} K((x-s)/h) ds & (GM) \end{cases}$$

für die beiden Fälle des Schätzers nach Nadaraya-Watson (NW) und nach Gasser-Müller (GM) gemäß 5.2.3 gilt für ein $x \in \mathbb{R}$

$$\hat{f}(x) \equiv \hat{\mu}_n(x) = \sum_{i=1}^{n} w_{i,n}(x) Y_i.$$

Folglich gelten die Gleichungen (5.48) und (5.47) mit

$$t(x^{(n)}, x) = \left(w_{1,n}(x), \ldots, w_{n,n}(x)\right), \quad \text{bzw.} \quad \left(S(x^{(n)})\right)_{i,j} = w_{j,n}(x_i).$$

3. Splineschätzer. Gemäß 5.3.3 haben wir für den Splineschätzer, ausgewertet an den Design-Stellen $x_1, \ldots, x_n$,

$$\hat{f}^{(n)} \equiv \hat{\mu}^{(n)} = S(x^{(n)}) \cdot Y^{(n)}, \quad S(x^{(n)}) = \left(I_n + n\lambda K\right)^{-1} \text{ [hat-Matrix]},$$

mit der dort angegebenen $n \times n$-Matrix K und dem smoothing Parameter λ.

5.4.2 Backfitting Algorithmus

Wir kehren jetzt zum additiven Modell mit Regressionsfunktionen $f_1, \ldots, f_p$ zurück.

a) Schätzen im additiven Modell. Das additive Modell (5.41) schreibt sich in Vektorform

$$Y^{(n)} = \sum_{j=1}^{p} f_j^{(n)} + e^{(n)}, \quad \text{mit} \quad f_j^{(n)} = \begin{pmatrix} f_j(x_{j1}) \\ \vdots \\ f_j(x_{jn}) \end{pmatrix} \tag{5.49}$$

und mit $e^{(n)}$ und $Y^{(n)}$ wie in (5.43). Zum Schätzen der Funktionen $f_1, \ldots, f_p$ sollen die smoothing Operatoren $t_1, \ldots, t_p$ bzw. $S_1, \ldots, S_p$ verwendet werden. Für jedes $f_1, \ldots, f_p$ kann also eine eigene Schätzmethode benutzt werden. Insbesondere können etwa lineare und nichtparametrische Regression nebeneinander verwendet werden, wie es im Abschn. 5.4.3 der Fall sein wird. Notationen für die Schätzer der Regressionsfunktionen $f_1, \ldots, f_p$.

- an einer Stelle $x \in \mathbb{R}$:

$$\hat{f}_1(x), \ldots, \hat{f}_p(x)$$

- an den Designstellen $x_1^{(n)}, \ldots, x_p^{(n)}$:

$$\hat{f}_1^{(n)} = \begin{pmatrix} \hat{f}_1(x_{11}) \\ \vdots \\ \hat{f}_1(x_{1n}) \end{pmatrix}, \ldots, \hat{f}_p^{(n)} = \begin{pmatrix} \hat{f}_p(x_{p1}) \\ \vdots \\ \hat{f}_p(x_{pn}) \end{pmatrix}. \tag{5.50}$$

Dabei umfasst $x_k^{(n)} = (x_{k1}, \ldots, x_{kn})^\top$ die n Replikationen der k-ten Regressorvariablen.

b) Lösungsansatz. Wir schreiben (5.49) in Form sogenannter partieller Residuen, d. i.

$$f_k^{(n)} + e^{(n)} = Y^{(n)} - \sum_{j=1,\ j\neq k}^{p} f_j^{(n)}, \qquad k = 1, \ldots, p. \tag{5.51}$$

- Schätzen von f_k an den Designstellen: Wir wenden den Operator $S_k(x_k^{(n)}, \cdot)$ auf die rechte Seite der Gleichung (5.51) an. Das führt zum Schätzer

$$\hat{f}_k^{(n)} = S_k\left(x_k^{(n)}, Y^{(n)} - \sum_{j=1,\ j\neq k}^{p} f_j^{(n)}\right).$$

- Schätzen von f_k an einer (Zwischen-) Stelle $x \in \mathbb{R}$: Wir wenden den Operator $t_k(x_k^{(n)}, x, \cdot)$ auf die rechte Seite der Gleichung (5.51) an:

$$\hat{f}_k(x) = t_k\left(x_k^{(n)}, x, Y^{(n)} - \sum_{j=1,\ j\neq k}^{p} f_j^{(n)}\right).$$

c) Gauß-Seidel Algorithmus. Wir setzen ein Einzelschritt-Verfahren ein, das auf jeder Stufe bereits berechnete Größen sofort verwendet.

Schritt 0. Vorgegeben sind p Startfunktionen

$$f_1^{[0]}(x), \ldots, f_p^{[0]}(x), \qquad x \in \mathbb{R}.$$

Schritt m-1. Nach $m - 1$ Schritten möge der Algorithmus die Funktionen

$$f_1^{[m-1]}(x), \ldots, f_p^{[m-1]}(x), \qquad x \in \mathbb{R},$$

berechnet haben. Die Vektoren der Werte dieser Funktionen an den jeweiligen Designstellen $x_1^{(n)}, \ldots, x_p^{(n)}$ werden mit $f_1^{(n)[m-1]}, \ldots, f_p^{(n)[m-1]}$ bezeichnet, also, wenn wir allgemein l statt $m-1$ benutzen,

$$f_j^{(n)[l]} = \begin{pmatrix} f_j^{[l]}(x_{j1}) \\ \vdots \\ f_j^{[l]}(x_{jn}) \end{pmatrix}, \qquad j = 1, \ldots, p.$$

Schritt m. Im m-ten Schritt bilden wir für ein $x \in \mathbb{R}$ zunächst

$$f_1^{[m]}(x) = t_1\left(x_1^{(n)}, x, Y^{(n)} - \sum_{j=2}^{p} f_j^{(n)[m-1]}\right),$$

und für $k = 2, \ldots, p$

$$f_k^{[m]}(x) = t_k\left(x_k^{(n)}, x, Y^{(n)} - \sum_{j=1}^{k-1} f_j^{(n)[m]} - \sum_{j=k+1}^{p} f_j^{(n)[m-1]}\right).$$

Dieses Verfahren muß für alle (interessierenden) Stellen $x \in \mathbb{R}$, einschließlich der Designstellen, durchgeführt werden.

Sollen $f_1, \ldots, f_p$ *nur* an den Designstellen geschätzt werden, das heißt, sollen die wie in (5.50) gebildeten Vektoren $\hat{f}_1^{(n)}, \ldots, \hat{f}_p^{(n)}$ berechnet werden, so lautet der Schritt m des Algorithmus

$$
\begin{aligned}
f_1^{(n)[m]} &= S_1\left(x_1^{(n)}, Y^{(n)} - \sum_{j=2}^{p} f_j^{(n)[m-1]}\right), \\
f_k^{(n)[m]} &= S_k\left(x_k^{(n)}, Y^{(n)} - \sum_{j=1}^{k-1} f_j^{(n)[m]} - \sum_{j=k+1}^{p} f_j^{(n)[m-1]}\right),
\end{aligned}
\tag{5.52}
$$

$k = 2, \ldots, p$. Im Fall (5.47) eines linearen smoothing Operators heißen diese Gleichungen

$$
\begin{aligned}
f_1^{(n)[m]} &= S_1\left(x_1^{(n)}\right) \cdot \left(Y^{(n)} - \sum_{j=2}^{p} f_j^{(n)[m-1]}\right), \\
f_k^{(n)[m]} &= S_k\left(x_k^{(n)}\right) \cdot \left(Y^{(n)} - \sum_{j=1}^{k-1} f_j^{(n)[m]} - \sum_{j=k+1}^{p} f_j^{(n)[m-1]}\right),
\end{aligned}
\tag{5.53}
$$

$k = 2, \ldots, p$, mit $n \times n$-smoothing Matrizen $S_1\left(x_1^{(n)}\right), \ldots, S_p\left(x_p^{(n)}\right)$. Das Verfahren (5.53) ist hier identisch mit dem Gauß-Seidel Algorithmus für das lineare Gleichungssystem

$$\begin{pmatrix} I_n & S_1 & S_1 & \dots & S_1 \\ S_2 & I_n & S_2 & \dots & S_2 \\ \vdots & \vdots & \vdots & \vdots & \vdots \\ S_p & S_p & S_p & \dots & I_n \end{pmatrix} \cdot \begin{pmatrix} f_1^{(n)} \\ f_2^{(n)} \\ \vdots \\ f_p^{(n)} \end{pmatrix} = \begin{pmatrix} S_1 \cdot Y^{(n)} \\ S_2 \cdot Y^{(n)} \\ \vdots \\ S_p \cdot Y^{(n)} \end{pmatrix}, \qquad S_j = S_j(x_j^{(n)}),$$

in den np Unbekannten $f_1^{(n)}, \dots, f_p^{(n)}$, mit einer Koeffizientenmatrix der Dimension $np \times np$. Aussagen zur Konvergenz der iterierten Größen $f_k^{(n)[m]}$ bei wachsendem m gegen ein $\hat{f}_k^{(n)}$ finden sich bei Hastie & Tibshirani (1990).

5.4.3 Semiparametrisches lineares Modell

Das folgende semiparametrische lineare Modell umfaßt $p = 2$ Regressorvariablen, x und t (statt x_1 und x_2) genannt, einen linearen Regressionsterm

$$f_1(x) = \beta_0 + \beta_1 \cdot (x - \bar{x}), \qquad \bar{x} = \frac{1}{n} \sum_{i=1}^{n} x_i,$$

sowie einen nichtparametrischen Regressionsterm $f_2(t)$. Es lautet also

$$Y_i = \beta_0 + \beta_1(x_i - \bar{x}) + f_2(t_i) + e_i, \quad i = 1, \dots, n. \tag{5.54}$$

Mit den n-dimensionalen Vektoren $Y^{(n)}$, $e^{(n)}$ wie in (5.43) und mit

$$f_1^{(n)} = \begin{pmatrix} f_1(x_1) \\ \vdots \\ f_1(x_n) \end{pmatrix}, \quad f_2^{(n)} = \begin{pmatrix} f_2(t_1) \\ \vdots \\ f_2(t_n) \end{pmatrix}$$

wie in Gleichung (5.49) schreibt sich (5.54) in der Form

$$Y^{(n)} = f_1^{(n)} + f_2^{(n)} + e^{(n)}.$$

Es ist $f_1^{(n)} = X \cdot \beta$, mit $\beta = \begin{pmatrix} \beta_0 \\ \beta_1 \end{pmatrix}$ und mit der $n \times 2$-Designmatrix X, welche die i-te Zeile $(1, x_i - \bar{x})$ aufweist. Gemäß 5.4.1, Bsp. 1, ist der smoothing Operator S_1 linear, mit der smoothing Matrix

$$S_1(x^{(n)}) = X \cdot (X^\top \cdot X)^{-1} \cdot X^\top, \qquad x^{(n)} = \begin{pmatrix} x_1 \\ \vdots \\ x_n \end{pmatrix}. \tag{5.55}$$

Wir nehmen an, dass auch der Operator S_2 linear ist, mit einer smoothing Matrix

$$S_2(t^{(n)}), \qquad t^{(n)} = \begin{pmatrix} t_1 \\ \vdots \\ t_n \end{pmatrix}.$$

Der backfitting-Algorithmus (5.53) lautet im m-ten Schritt

$$
\begin{aligned}
f_1^{(n)[m]} &= S_1\big(x^{(n)}\big) \cdot \big(Y^{(n)} - f_2^{(n)[m-1]}\big) \equiv X \cdot \hat{\beta}^{[m]}, \\
f_2^{(n)[m]} &= S_2\big(t^{(n)}\big) \cdot \big(Y^{(n)} - X \cdot \hat{\beta}^{[m]}\big).
\end{aligned}
\tag{5.56}
$$

Nach (5.55) lässt sich $S_1(x^{(n)}) = X \cdot B$ schreiben, so dass man die erste Gleichung tatsächlich in die Form $X \cdot \hat{\beta}^{[m]}$ umwandeln kann. Dieses $\hat{\beta}^{[m]}$ wird dann sofort in die zweite Gleichung von (5.56) eingesetzt. Das Verfahren konvergiert für $m \to \infty$ gegen ein Lösungspaar $(\hat{f}_1^{(n)}, \hat{f}_2^{(n)})$, mit $\hat{f}_1^{(n)} = X \cdot \hat{\beta}$, das man in geschlossener Form angeben kann (vgl. Green et al (1985)): Der Vektor $\hat{\beta}$ berechnet sich aus dem linearen Gleichungssystem

$$
\big[X^\top \big(I_n - S_2(t^{(n)})\big)X\big] \cdot \hat{\beta} = X^\top \big(I_n - S_2(t^{(n)})\big) \cdot Y^{(n)},
\tag{5.57}
$$

während dann $f_2^{(n)}$, unter Benutzung der Lösung von (5.57), gemäß

$$
\hat{f}_2^{(n)} = S_2(t^{(n)}) \cdot \big(Y^{(n)} - X \cdot \hat{\beta}\big)
\tag{5.58}
$$

geschätzt werden kann. Tatsächlich ist also zur Berechnung von $\hat{f}_1^{(n)}$, $\hat{f}_2^{(n)}$ keine Iteration nötig.

MANOVA und Diskriminanzanalyse

Liegt als Kriterium nicht nur eine einzige Messvariable vor, wie es z. B. in den Kapiteln 2, 3 und 5 der Fall war, sondern ein ganzer Satz mehrerer, miteinander korrelierter Variablen, so sind multivariate Analysen angezeigt. Mit Hilfe der Modelle der multivariaten Varianzanalyse (MANOVA) untersucht man die Mittelwert-Einflüsse einer oder mehrerer kategorialer Größen, die auch Faktoren genannt werden, auf einen Satz von Kriteriumsvariablen. Dabei sprechen wir je nach der Anzahl 1, 2, ... der Faktoren von einer MANOVA mit Einfach-, Zweifach-Klassifikation, usw.

Kann MANOVA den Einfluss der Faktoren bestätigen, so sollte eine Feinanalyse der Unterschiede zwischen den Gruppen (die durch die Stufen der Faktoren definiert werden) mittels simultaner Verfahren vorgenommen werden, siehe 6.1.3.

Ferner interessieren Methoden, die Trennung der Gruppen möglichst ökonomisch zu beschreiben. Dies ist Aufgabe der Diskriminanzanalyse (vgl. Abschn. 6.3), die auch noch Weiteres leistet: Auf der Grundlage dieser Beschreibung können die einzelnen Komponenten des Variablensatzes auf ihre Trennkraft hin beurteilt werden; ferner kann ein Fall (eine Beobachtung) unbekannter Gruppenzugehörigkeit einer der Gruppen zugeordnet werden.

Fallstudie **Toskana,** siehe Anhang A.6. An $n = 180$ Gesteinsproben aus der südlichen Toskana sind die $p = 12$ geochemischen Variablen

V, CR, CO, NI, CU, ZN, PB, RB, SR, Y, ZR, BA,

sowie SB (Antimon), das in der Toskana in abbauwürdiger Form vorkommt, analysiert und ihr Gehalt [g pro t] bestimmt worden. Die 12 Variablen V bis BA sollen daraufhin untersucht werden, ob sie Prospektions-Größen für den SB-Gehalt darstellen. Uns interessiert hier die Frage, in welcher Form und welchem Ausmaß sie vom SB-Gehalt abhängen. Die Proben werden anhand des SB-Gehaltes in drei Gruppen eingeteilt, und zwar wie folgt:

- Gruppe 1: SB < 10, Gruppe 2: $10 \leq$ SB < 100, Gruppe 3: SB $\geq$ 100.

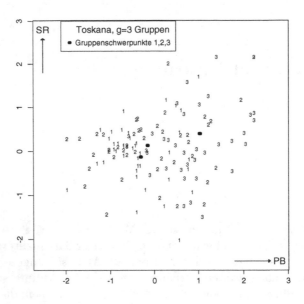

Abb. 6.1. 2D-Scattergramm für die beiden (logarithmierten und standardisierten) Variablen `Blei` (PB) und `Strontium` (SR), mit Nummer `1,2` oder `3` der SB-Gruppe und mit den Schwerpunkten • der Gruppen `1,2` und `3` (von links unten nach rechts oben).

Die Abb. 6.1 zeigt für zwei dieser Variablen, PB und SR, das zwei-dimensionale Streuungsdiagramm, mit eingetragenen Gruppennummern und mit den drei Gruppenschwerpunkten. Die Fälle aus der Gruppe 1 sind mehr links unten, die der Gruppe 3 mehr rechts oben im Plot angesiedelt.

6.1 Einfache MANOVA

Die einfache multivariate Varianzanalyse untersucht den (Mittelwert-) Einfluss eines einzigen Faktors auf einen Satz miteinander korrelierter Kriteriumsvariablen. Der Faktor variiere auf g Stufen; eine Stufe wird auch Gruppe genannt. Das Kriterium bestehe aus dem Satz der p Variablen $Y_1, \ldots, Y_p$.

6.1.1 Lineares Modell und Parameterschätzung

Für die Stufe (Gruppe) i mögen n_i unabhängige Messungen vorliegen, so wie es im Datenschema der Tabelle 6.1 angezeigt ist. In der unteren Zeile der

Tabelle 6.1. Beobachtungswerte und Mittelwerte der p Variablen in der i-ten Gruppe. In der unteren Zeile sind die p-dimensionalen Vektoren angegeben

Variable	Messwiederholungen					Mittelwert
	1	2	... k	...	n_i	
Var. 1	$Y_{i1,1}$	$Y_{i1,2}$	... $Y_{i1,k}$	...	Y_{i1,n_i}	$\bar{Y}_{i1}$
Var. 2	$Y_{i2,1}$	$Y_{i2,2}$	... $Y_{i2,k}$	...	Y_{i2,n_i}	$\bar{Y}_{i2}$
⋮	⋮	⋮		⋮	⋮	⋮
Var. j	$Y_{ij,1}$	$Y_{ij,2}$	... $Y_{ij,k}$	...	Y_{ij,n_i}	$\bar{Y}_{ij}$
⋮	⋮	⋮		⋮	⋮	⋮
Var. p	$Y_{ip,1}$	$Y_{ip,2}$	... $Y_{ip,k}$	...	Y_{ip,n_i}	$\bar{Y}_{ip}$
Vektor	$Y_{i,1}$	$Y_{i,2}$	... $Y_{i,k}$	...	Y_{i,n_i}	$\bar{Y}_i$

Tabelle wird die Bezeichnung des p-dimensionalen Vektors angegeben, also des Vektors

$$Y_{i,k} = \begin{pmatrix} Y_{i1,k} \\ \vdots \\ Y_{ip,k} \end{pmatrix} \tag{6.1}$$

der k-ten Messwiederholung in der Gruppe i ($k = 1,\ldots,n_i$). In der Tabelle 6.2, welche schematisch die Gesamt-Stichprobe vom Umfang $n = n_1 + \ldots + n_g$ beschreibt, werden nur noch diese Vektoren angegeben.

Tabelle 6.2. p-dimensionale Vektoren der Erwartungswerte, Beobachtungen, Mittelwerte. Bei der Tabelle 6.1 oben handelt es sich um eine Entfaltung der eingerahmten Zeile

Gruppe	Erwartungsw.-Vektor	Stichpr.-Umfang	Stichproben-Vektoren			Mittelwert-Vektor
1	μ_1	n_1	$Y_{1,1}$ $Y_{1,2}$ ...		Y_{1,n_1}	$\overline{Y}_1$
2	μ_2	n_2	$Y_{2,1}$ $Y_{2,2}$ ...		Y_{2,n_2}	$\overline{Y}_2$
⋮	⋮	⋮	⋮	⋮	⋮	⋮
i	μ_i	n_i	$Y_{i,1}$ $Y_{i,2}$ ... Y_{i,n_i}			$\overline{Y}_i$
⋮	⋮	⋮	⋮	⋮	⋮	⋮
g	μ_g	n_g	$Y_{g,1}$ $Y_{g,2}$ ...		Y_{g,n_g}	$\overline{Y}_g$

Bezeichnet $\mu_{ij} = \mathbb{E}(Y_{ij,k})$ den Erwartungswert der j-ten Variablen in der Gruppe i, dann lautet das multivariate Lineare Modell

$$Y_{ij,k} = \mu_{ij} + e_{ij,k}, \quad i = 1,\ldots,g, \quad j = 1,\ldots,p, \quad k = 1,\ldots,n_i. \tag{6.2}$$

Die n Zufallsvektoren $e_{i,k}$,

$$e_{i,k} = (e_{i1,k}, \ldots, e_{ip,k})^\top, \quad i = 1, \ldots, g, \quad k = 1, \ldots, n_i, \tag{6.3}$$

sind unabhängig, und jedes $e_{i,k}$ ist p-dimensional normalverteilt; genauer: $N_p(0, \Sigma)$-verteilt, mit einer (unbekannten) symmetrischen, positiv definiten $p \times p$-Matrix $\Sigma = (\sigma_{jj'})$. Die Fehlervariablen $e_{ij,k}$ erfüllen also insbesondere die Bedingungen

$$\mathbb{E}(e_{ij,k}) = 0, \qquad \text{Cov}(e_{ij,k}, e_{ij',k}) = \sigma_{jj'}, \quad j, j' = 1, \ldots, p.$$

Das Modell (6.2) besagt, dass die Werte der j-ten Variablen in der i-ten Gruppe um den Erwartungswert μ_{ij} herum schwanken, und in jeder Gruppe herrscht die identisch gleiche Varianz-/Kovarianz-Struktur Σ zwischen den p Variablen.

Unter Benutzung der p-dimensionalen Vektoren (6.1), (6.3) und

$$\mu_i = (\mu_{i1}, \ldots, \mu_{ip})^\top \qquad \text{[Erwartungswert-Vektor Gruppe i]},$$

schreibt sich das multivariate lineare Modell (6.2) in der Vektorform

$$Y_{i,k} = \mu_i + e_{i,k}, \quad i = 1, \ldots, g, \quad k = 1, \ldots, n_i.$$

Der Erwartungswert $\mu_{ij} = \mathbb{E}(Y_{ij,k})$ wird geschätzt durch

$$\hat{\mu}_{ij} \equiv \bar{Y}_{ij} = \frac{1}{n_i} \sum_{k=1}^{n_i} Y_{ij,k},$$

so dass der Mittelwertvektor $\bar{Y}_i = (\bar{Y}_{i1}, \ldots, \bar{Y}_{ip})^\top$ der Gruppe i den Schätzer des Erwartungswert-Vektors μ_i bildet.

Die Kovarianz $\sigma_{jj'}$ der j-ten und der j'-ten Variablen wird durch

$$\hat{\sigma}_{jj'} = \frac{1}{n-g} \sum_{i=1}^{g} \sum_{k=1}^{n_i} \left(Y_{ij,k} - \bar{Y}_{ij} \right)\left(Y_{ij',k} - \bar{Y}_{ij'} \right) \tag{6.4}$$

geschätzt, so dass

$$\hat{\sigma}_j^2 \equiv \hat{\sigma}_{jj} = \frac{1}{n-g} \sum_{i=1}^{g} \sum_{k=1}^{n_i} \left(Y_{ij,k} - \bar{Y}_{ij} \right)^2$$

die empirische Varianz der Variablen Y_j *innerhalb* der Gruppen darstellt.

6.1.2 Produktsummen-Matrizen, Testkriterien

Zum Testen von Hypothesen im multivariaten linearen Modell führen wir, in Analogie zu den Größen SQT, SQA und SQE der (univariaten) einfachen

Varianzanalyse aus 2.1.2, die folgenden $p \times p$ Matrizen T, B und W von Produktsummen ein (hier sind die Bezeichnungen der englischen Sprache entnommen). Die *between* Matrix B hängt davon ab, wie weit die Schwerpunkte der g Gruppen auseinander liegen, während die *within* Matrix W nur die Binnen-Verhältnisse der Gruppen beschreibt. Wir setzen zur Abkürzung $\sum_i = \sum_{i=1}^{g}$, $\sum_k = \sum_{k=1}^{n_i}$, und definieren die Produktsummen-Matrizen

Total Matrix $\qquad T = \sum_i \sum_k (Y_{i,k} - \bar{Y}) \cdot (Y_{i,k} - \bar{Y})^\top$

Between Matrix $\qquad B = \sum_i n_i (\bar{Y}_i - \bar{Y}) \cdot (\bar{Y}_i - \bar{Y})^\top$

Within Matrix $\qquad W = \sum_i \sum_k (Y_{i,k} - \bar{Y}_i) \cdot (Y_{i,k} - \bar{Y}_i)^\top ,$

die Invertierbarkeit von W vorausgesetzt. Dabei bezeichnet $Y_{i,k}$ wie in (6.1) den p-dimensionalen Vektor der k-ten Messwiederholung in der i-ten Gruppe, und die p-dimensionalen Vektoren

$$\bar{Y}_i = \begin{pmatrix} \bar{Y}_{i1} \\ \vdots \\ \bar{Y}_{ip} \end{pmatrix}, \quad \bar{Y} = \begin{pmatrix} \bar{Y}_{\cdot 1} \\ \vdots \\ \bar{Y}_{\cdot p} \end{pmatrix}$$

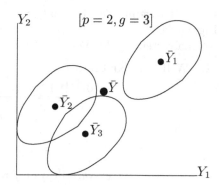

haben die Gruppenmittelwerte $\bar{Y}_{ij}$ bzw. den Gesamtmittelwert $\bar{Y}_{\cdot j} = \frac{1}{n} \sum_i n_i \bar{Y}_{ij}$ der Variablen Y_j als j-te Komponente. Es gilt die Formel

$$T = B + W$$

der Streuungszerlegung, und für die $p \times p$-Matrix $S = (\hat{\sigma}_{jj'})$ der in (6.4) eingeführten Schätzer für die Kovarianzen $\sigma_{jj'}$ erhalten wir

$$S = \frac{1}{n-g} W \qquad \qquad \text{[within Kovarianz-Matrix]}.$$

Zum Testen der globalen Nullhypothese der Gleichheit der Erwartungswert-Vektoren in den g Gruppen,

$$H_0: \quad \mu_1 = \ldots = \mu_g ,$$

führen wir die $p \times p$-Matrix

$$B \cdot W^{-1}$$

ein. Da B (höchstens) den Rang $g - 1$ hat, ist der Rang s der Matrix $B \cdot W^{-1}$ (höchstens) die kleinere der beiden Zahlen p und $g - 1$, d. h. (in der Regel)

$$s = \min(p, g - 1).$$

Als Produkt einer symmetrischen und einer positiv definiten Matrix (das ist W^{-1}) ist $B \cdot W^{-1}$ symmetrisierbar, vgl. Zurmühl (1964), und besitzt reellwertige, nichtnegative Eigenwerte. Die s positiven Eigenwerte von $B \cdot W^{-1}$ bezeichnen wir mit λ_j,

$$\lambda_1 \geq \lambda_2 \geq \ldots \geq \lambda_s > 0.$$

Die ANOVA-Tafel der einfachen MANOVA mit g Gruppen kann wie folgt niedergeschrieben werden:

Variations-Ursache	$p \times p$-Matrizen	F.G.	Testmatrix	Eigenwerte	Test-Statistiken
zwischen	B	$g - 1$			
			$B \cdot W^{-1}$	$\lambda_1, \ldots, \lambda_s$	$\Lambda,\ T^2,\ \vartheta$
innerhalb	W	$n - g$			
total	T	$n - 1$			

Unter Benutzung der Testmatrix $B \cdot W^{-1}$ bzw. der zugehörigen positiven s Eigenwerte λ_j stellen wir drei verschiedene Teststatistiken auf (p-dimensionale Normalverteilung des Vektors der Kriteriumsvariablen vorausgesetzt, s. o.):

1. Wilks' Λ-Kriterium

$$\Lambda = \frac{\det(W)}{\det(T)} = \frac{1}{(1 + \lambda_1)(1 + \lambda_2) \cdot \ldots \cdot (1 + \lambda_s)}.$$

Unter H_0 ist

$$\hat{\chi}^2 = -\left(n - 1 - \frac{1}{2}(p + g)\right) \ln \Lambda \tag{6.5}$$

approximativ χ_f^2-verteilt, mit $f = p(g - 1)$ Freiheitsgraden.

Für $s = 1$ und $s = 2$ gibt es auch Transformationen von Λ, die einer F-Verteilung gehorchen. Die angegebenen Teststatistiken sind F-verteilt mit f_1 und f_2 Freiheitsgraden; vgl. Cooley & Lohnes (1971), Morrison (1976).

p	$q = g - 1$	F-Teststatistik	f_1	f_2
1	bel.	$\frac{n-q-1}{q} \frac{1-\Lambda}{\Lambda}$	q	$n - q - 1$
2	bel.	$\frac{n-q-2}{q} \frac{1-\sqrt{\Lambda}}{\sqrt{\Lambda}}$	$2q$	$2(n - q - 2)$
bel.	1	$\frac{n-p-1}{p} \frac{1-\Lambda}{\Lambda}$	p	$n - p - 1$
bel.	2	$\frac{n-p-2}{p} \frac{1-\sqrt{\Lambda}}{\sqrt{\Lambda}}$	$2p$	$2(n - p - 2)$

Mit der benutzten Abkürzung $q = g - 1$ weist die Tafel eine Symmetrie bezüglich p und q auf.

2. Hotellings Spur-Kriterium

$$T^2 = \operatorname{spur}(B \cdot W^{-1}) = \lambda_1 + \ldots + \lambda_s \,.$$

Unter H_0 ist $n \cdot T^2$ approximativ χ_f^2-verteilt, mit $f = p(g-1)$ Freiheitsgraden. Manchmal wird auch Pillais Spur-Kriterium $\operatorname{spur}\bigl(B \cdot (W+B)^{-1}\bigr)$ verwendet.

3. Roys Kriterium des größten Eigenwertes benutzt die Größen

$$\lambda_1, \quad \text{größter Eigenwert von } B \cdot W^{-1}, \quad \text{bzw.}$$

$$\vartheta = \frac{\lambda_1}{1+\lambda_1}, \quad \text{größter Eigenwert von } B \cdot (W+B)^{-1}.$$

Die Quantile von λ_1 unter H_0 werden nach Roy und Bose mit $q_\gamma \equiv q_{s,m,\nu,\gamma}$ bezeichnet, die von ϑ unter H_0 mit $x_\gamma \equiv x_{s,m,\nu,\gamma}$. Dabei gilt

$$q_\gamma = \frac{x_\gamma}{1-x_\gamma}, \qquad x_\gamma = \frac{q_\gamma}{1+q_\gamma} \,.$$

Die Parameter von q_γ bzw. x_γ sind $s = \min(p, g-1)$,

$$m = \frac{1}{2}\,(|g-1-p|-1) \quad \text{und} \quad \nu = \frac{1}{2}\,(n-g-1-p)\,. \qquad (6.6)$$

Im Spezialfall zweier Gruppen ($g = 2$, d. h. $s = 1$) lässt sich q_γ (und damit auch x_γ) aus F-Quantilen berechnen, und zwar nach der Formel

$$q_\gamma = \frac{p}{n-1-p}\,F_{p,n-1-p,\gamma}\,, \qquad (6.7)$$

vgl. die Tabelle zu Wilks' Λ. Für $s \geq 2$ liegen die Quantile x_γ tabelliert vor bzw. sind aus den sog. Heck-Charts abzulesen, vgl. Morrison (1976) oder Hartung & Elpelt (1995). Eine Näherungsformel für q_γ lautet unter Verwendung von Wilks' Approximation (6.5)

$$q_\gamma = \exp\Bigl(\frac{\chi_{f,\gamma}^2}{n-1-(p+g)/2}\Bigr) - 1\,, \qquad (6.8)$$

$\chi_{f,\gamma}^2$ das γ-Quantil der χ_f^2-Verteilung mit $f = p(g-1)$ Freiheitsgraden.

Die globale Nullhypothese H_0 ist demnach auf dem Signifikanzniveau α abzulehnen, falls der transformierte Λ-Wert oder der Wert $n \cdot T^2$ größer als das entsprechende $(1-\alpha)$-Quantil ist, oder falls gilt

$$\lambda_1 > q_{s,m,\nu,1-\alpha} \qquad \text{bzw.} \qquad \vartheta > x_{s,m,\nu,1-\alpha}\,.$$

Im univariaten Fall $p = 1$ der einfachen ANOVA reduzieren sich Λ und λ_1 auf die Größen SQE/SQT bzw. SQA/SQE aus 2.1.2.

Fallstudie **Toskana**. An $n = 180$ Gesteinsproben aus der südlichen Toskana sind die $p = 12$ geochemischen Variablen

V, CR, CO, NI, CU, ZN, PB, RB, SR, Y, ZR, BA,

sowie SB (`Antimon`), analysiert und ihr Gehalt [g pro t] bestimmt worden. Die Einteilung der Proben in zwei bzw. drei Gruppen wird anhand des Gehaltes von SB vorgenommen. Bei der Analyse mit $g = 2$ Gruppen definieren wir

- Gruppe 1:   SB < 100 ,   Gruppe 2:   SB ≥ 100 .

Bei der Analyse mit $g = 3$ Gruppen lautet die Einteilung

- Gruppe 1: SB < 10 , Gruppe 2: $10 \leq$ SB < 100, Gruppe 3: SB ≥ 100 .

Manova mit g = 2 Gruppen

Gruppierungsvariable: Gr $= 1$ ($0 \leq$ SB < 100), Gr $= 2$ (SB ≥ 100).

Die drei Test-Kriterien (die hier im Fall $g = 2$ äquivalent sind) kommen zur Verwerfung der globalen Nullhypothese gleicher Erwartungswert-Vektoren in den 2 Gruppen ($\alpha = 0.01$):

Tests for the Equality of Means: s $= 1$, $\lambda_1 = 0.5260$

	Statistik	F-Wert	F.G. 1	F.G. 2	Prob
Wilks' Λ	0.6553	7.32	12	167	0.0000
Hotellings T^2	0.5260	7.32	12	167	0.0000

Anwendung des Roy-Kriteriums: Mit $F_{12,167,0.99} = 2.293$ erhalten wir nach Gleichung (6.7) das Quantil

$q_{0.99} = \frac{12}{167} \cdot 2.293 = 0.1647$,

das kleiner ist als der Eigenwert $\lambda_1 = 0.5260$.

Manova mit g = 3 Gruppen

Gruppierungsvariable: Gr $= 1$ ($0 \leq$ SB < 10),   Gr $= 2$ ($10 \leq$ SB < 100), Gr $= 3$ (SB ≥ 100).

Auch hier kommen die drei Test-Kriterien zur Verwerfung der globalen Nullhypothese gleicher Erwartungswert-Vektoren in den 3 Gruppen ($\alpha = 0.01$):

Tests for the Equality of Means: s $= 2$, $\lambda_1 = 0.559$, $\lambda_2 = 0.072$

	Statistik	F-Wert	F.G. 1	F.G. 2	Prob
Wilks' Lambda	0.5984	4.0499	24	332	0.0000
Hotellings T^2	0.6312	4.3392	24	330	0.0000

Die χ^2-Approximation von Hotellings T^2 beläuft sich auf $n T^2 = 113.62 > \chi^2_{24,0.99} = 42.98$. Anwendung des Roy-Kriteriums: Mit

$s = 2$, $m = 4.5$, $\nu = 82$

liest man in den Heck-Charts das Quantil

$x_{0.99} \equiv x_{2,4.5,82,0.99} = 0.17,$ das ist $q_{0.99} = x_{0.99}/(1 - x_{0.99}) = 0.20,$
ab. Es ist
$\lambda_1 = 0.559 > q_{0.99},$ bzw. $\vartheta = \lambda_1/(1 + \lambda_1) = 0.358 > x_{0.99}.$

Splus	R

```
# Einteilen von SB in 3 Kategorien und Manova
SB3<- cut(SB,c(-1,9,99,4000))
tosk.ma<-manova(cbind(V,CR,CO,NI,CU,ZN,PB,RB,SR,Y,ZR,BA)~SB3)
# Splus: Pillai statt Wilks
# univariate bezieht sich auf den output nach 6.1.3
summary(tosk.ma,test="Wilks",univariate=T)
```

SPSS

```
* Einteilen von SB in 3 Kategorien und Manova.
COMPUTE SB3=1.
IF (SB GE 10) SB3=2.
IF (SB GE 100) SB3=3.
MANOVA V to ZR, BA by SB3(1,3)/
    PRINT=ERROR(Cov) SIGNIF(Hypoth,Eigen).
```

6.1.3 Simultane Tests und Konfidenzintervalle

Simultane Tests für die Einzelvariablen

Innerhalb des MANOVA Modells können auch die Variablen $Y_1, \ldots, Y_p$ einzeln auf gleiche Erwartungswerte simultan getestet werden. Zum Prüfen der Hypothese, dass die Variable Y_j gleiche Erwartungswerte in den g Gruppen besitzt, d. h.

$$H_j : \mu_{1j} = \ldots = \mu_{gj}, \qquad j \in \{1, \ldots, p\},$$

verwendet man die aus der ANOVA bekannte Teststatistik

$$F_j = \frac{MQA_j}{MQE_j}, \qquad j = 1, \ldots, p,$$

wobei $MQA_j = SQA_j/(g-1)$ und $MQE_j = SQE_j/(n-g)$ aus der (univariaten) ANOVA mit Kriteriumsvariablen Y_j stammen; siehe 2.1.2. Wie in 6.1.2 bezeichnet $q_\gamma \equiv q_{s,m,\nu,\gamma}$ das γ-Quantil zum größten Eigenwert λ_1. Man lehnt $H_j, j \in \{1, \ldots, p\}$, ab, falls

$$F_j > \frac{n-g}{g-1} q_{1-\alpha} \qquad \text{bzw.} \qquad \frac{SQA_j}{SQE_j} > q_{1-\alpha}. \qquad (6.9)$$

Im Spezialfall zweier Gruppen kann $q_{1-\alpha}$ nach Formel (6.7) oben berechnet werden, ansonsten auch nach Formel (6.8) approximiert werden.

Simultane Konfidenzintervalle, multiple Vergleiche

Mit Vektoren $a = (a_1, \ldots, a_p)^\top$ und $c = (c_1, \ldots, c_g)^\top$ bilden wir Linearkombinationen der Mittelwerte bzw. der Erwartungswerte $[\sum_j \sum_i \equiv \sum_{j=1}^p \sum_{i=1}^g]$

$$\bar{y}^{a,c} = \sum_j \sum_i a_j\, c_i\, \bar{Y}_{ij}\,, \qquad \mu^{a,c} = \sum_j \sum_i a_j\, c_i\, \mu_{ij}\,. \qquad (6.10)$$

Mit Hilfe der a_j können die Variablen Y_j skaliert und selektiert werden, die c_i sind in der Regel Kontrast-Koeffizienten für die Gruppen (Ausnahme der Fall c) unten); das heißt sie erfüllen

$$\sum_{i=1}^g c_i = 0\,.$$

Die folgenden Intervalle gründen auf dem Standardfehler von $\bar{y}^{a,c}$, der sich (in quadrierter Form) als

$$\left[\mathrm{se}(\bar{y}^{a,c}) \right]^2 = \frac{1}{n-g}\, a^\top \cdot W \cdot a \left(\sum_{i=1}^g \frac{c_i^2}{n_i} \right)$$

schreiben lässt. Simultane Konfidenzintervalle für $\mu^{a,c}$ zum Niveau $1 - \alpha$, die

für alle Vektoren $a \in \mathbb{R}^p$ und alle Vektoren $c \in \mathbb{R}^g$ gleichzeitig gültig

sind, lauten mit dem Quantil q_γ zum größten Eigenwert

$$\bar{y}^{a,c} - d^{a,c} \le \mu^{a,c} \le \bar{y}^{a,c} + d^{a,c}\,, \quad d^{a,c} = \sqrt{q_{1-\alpha}} \cdot \sqrt{(a^\top W a) \cdot \left(\sum_{i=1}^g \frac{c_i^2}{n_i} \right)}\,,$$
$$(6.11)$$

vgl. Miller (1981), Morrison (1976).

Bei Beschränkung auf eine kleinere Anzahl K verschiedener Kombinationen von Vektoren a und c kann $\sqrt{q_{1-\alpha}}$ in der Formel (6.11) nach Bonferroni ersetzt werden durch

$$\frac{t_{n-g,1-\beta/2}}{\sqrt{n-g}}\,, \qquad \beta = \frac{\alpha}{K}\,. \qquad (6.12)$$

Nun werden diese simultanen Intervalle (6.11) spezialisiert auf die p Einzelvariablen Y_j, indem wir für den Vektor a nacheinander die p Einheitsvektoren einsetzen. Die Diagonalelemente von W werden mit $w_{11}, \ldots, w_{pp}$ bezeichnet; ferner haben wir in Spezialisierung von (6.10) die linearen Kontraste bezüglich der j-ten Komponente, nämlich

$$\bar{y}_j^c = \sum_{i=1}^g c_i\, \bar{Y}_{ij}\,, \qquad \mu_j^c = \sum_{i=1}^g c_i\, \mu_{ij}\,:$$

a) Lineare Kontraste zwischen den Gruppen

Für alle Kontrast-Koeffizienten $c = (c_1, \ldots, c_g)^\top$ gleichzeitig gelten zum Niveau $1 - \alpha$ die Ungleichungen

$$\bar{y}_1^c - d_1^c \leq \mu_1^c \leq \bar{y}_1^c + d_1^c$$

$$\ldots \quad \ldots \quad \ldots \quad \ldots \quad \text{mit} \quad d_j^c = \sqrt{q_{1-\alpha} \cdot w_{jj} \cdot \left(\sum_i \frac{c_i^2}{n_i}\right)} \quad (6.13)$$

$$\bar{y}_p^c - d_p^c \leq \mu_p^c \leq \bar{y}_p^c + d_p^c.$$

Die Intervalle (6.13) werden weiter spezialisiert auf den Vergleich je zweier Gruppen i und i', $i \neq i'$ (multiple Mittelwertvergleiche), indem wir $c_i = 1$, $c_{i'} = -1$ und alle anderen c_k gleich 0 setzen. Dann werden aus den linearen Kontrasten $\bar{y}_j^c$ und μ_j^c die Differenzen

$$\bar{y}_j^{ii'} = \bar{Y}_{ij} - \bar{Y}_{i'j}, \qquad \mu_j^{ii'} = \mu_{ij} - \mu_{i'j} :$$

b) Vergleich zwischen je 2 Gruppen bei jeder Variablen Y_j

Für alle i, i' ($i \neq i'$) gleichzeitig gelten zum Niveau $1 - \alpha$ die Ungleichungen

$$\bar{y}_1^{ii'} - d_1^{ii'} \leq \mu_1^{ii'} \leq \bar{y}_1^{ii'} + d_1^{ii'}$$

$$\ldots \quad \ldots \quad \ldots \quad \ldots \quad \text{mit} \quad d_j^{ii'} = \sqrt{q_{1-\alpha} \cdot w_{jj} \cdot \left(\frac{1}{n_i} + \frac{1}{n_{i'}}\right)} \quad (6.14)$$

$$\bar{y}_p^{ii'} - d_p^{ii'} \leq \mu_p^{ii'} \leq \bar{y}_p^{ii'} + d_p^{ii'}.$$

Die Mittelwerte $\bar{Y}_{ij}$ und $\bar{Y}_{i'j}$ der Variablen Y_j in den Gruppen i und i' unterscheiden sich also signifikant, falls

$$|\bar{Y}_{ij} - \bar{Y}_{i'j}| > b_j^{ii'},$$

wobei die Schranke $b_j^{ii'}$ berechnet wird nach

$$b_j^{ii'} = \sqrt{q_{1-\alpha} \cdot w_{jj} \cdot \left(\frac{1}{n_i} + \frac{1}{n_{i'}}\right)} \equiv d_j^{ii'} \qquad \text{[(6.14), Roy-Bose]}$$

$$b_j^{ii'} = t_{n-g, 1-\beta/2} \cdot \sqrt{\frac{1}{n-g} \cdot w_{jj} \cdot \left(\frac{1}{n_i} + \frac{1}{n_{i'}}\right)} \qquad \text{[Bonferroni, } \beta = \frac{\alpha}{K}\text{]},$$

wobei in der letzten Gleichung $K = \binom{g}{2} \cdot p$ die Anzahl der Vergleiche ist.

Nun setzen wir in (6.10) $c_i = 1$ und alle anderen c-Koeffizienten gleich 0. Den Vektor a belegen wir mit a_j und $-a_{j'}$ an den Stellen j bzw. j' und mit 0 sonst ($j \neq j'$). Zum Zwecke der Vergleichbarkeit werden die Variablen Y_j und $Y_{j'}$ mit a_j bzw. $a_{j'}$ multipliziert. Dann kommen wir – falls in der konkreten Situation sinnvoll – zum

c) Vergleich zwischen je 2 Variablen bei jeweils gleicher Gruppe i

Die Mittelwerte $a_j \bar{Y}_{ij}$ und $a_{j'} \bar{Y}_{ij'}$ der Variablen $a_j Y_j$ und $a_{j'} Y_{j'}$ unterscheiden sich in der Gruppe $i \in \{1, \ldots, g\}$ signifikant voneinander, falls

$$|a_j \bar{Y}_{ij} - a_{j'} \bar{Y}_{ij'}| > b^i_{jj'},$$

wobei die Schranke $b^i_{jj'}$ gemäß (6.11) bzw. (6.12) berechnet wird nach

$$b^i_{jj'} = \sqrt{q_{1-\alpha} \cdot \frac{1}{n_i} \left(a_j^2 w_{jj} + a_{j'}^2 w_{j'j'} - 2a_j a_{j'} w_{jj'} \right)} \qquad \text{[Roy-Bose]},$$

$$b^i_{jj'} = t_{n-g,1-\beta/2} \sqrt{\frac{1}{n-g} \frac{1}{n_i} \left(a_j^2 w_{jj} + a_{j'}^2 w_{j'j'} - 2a_j a_{j'} w_{jj'} \right)} \qquad \text{[Bonferroni]},$$

mit $w_{jj'}$ als (j, j')-Element der Matrix W und mit $\beta = \alpha/K$, $K = \binom{p}{2} \cdot g$ in der letzten Formel.

Fallstudie **Toskana, g = 2 Gruppen.** Test der p = 12 Einzelvariablen auf signifikanten Gruppenunterschied. Die fünf Variablen mit den größten (univariaten) F-Werten sind

Variable	Mean Gr 1	Mean Gr 2	F-Wert	indiv. Prob
CO	18.078	11.525	8.461	0.004
PB	56.778	255.900	72.352	0.000
SR	121.671	280.100	16.712	0.000
ZR	146.985	198.975	5.687	0.018
BA	876.776	1098.750	14.237	0.000

Diese (univariaten) F-Werte sind nach (6.9) zu vergleichen mit

$$\frac{n-2}{2-1} \cdot q_{0.99} = \frac{178}{1} \cdot \frac{12}{167} \cdot F_{12,167,0.99} = 29.32,$$

wobei wir Formel (6.7) zur Berechnung von $q_{0.99}$ benutzt haben. Nur die Variable PB (`Blei`) erweist sich als (in den beiden Gruppen) signifikant unterschiedlich. Die individuell für jede Variable angegebenen tail Wahrscheinlichkeiten können also im multivariaten Fall irreführen: Sie weisen zu viele Variablen als signifikant aus.

g = 3 Gruppen. Test der p = 12 Einzelvariablen auf signifikanten Gruppenunterschied. Die Variablen mit den größten (univariaten) F-Werten sind

Variable	Mean Gr 1	Mean Gr 2	Mean Gr 3	F-Wert	indiv. Prob
CO	19.446	15.283	11.525	6.007	0.003
PB	43.021	84.891	255.900	38.234	0.000
SR	107.010	151.630	280.100	9.030	0.000
ZR	134.808	171.869	198.975	4.324	0.015
BA	860.787	909.456	1098.750	7.445	0.001

Diese (univariaten) F-Werte sind zu vergleichen mit

$$\frac{177}{2} \cdot q_{2,4.5,82,0.99} = 17.7\,,$$

womit sich wiederum nur die Variable PB als (in den drei Gruppen) signifikant unterschiedlich erweist. (Die Bonferroni-Methode für die 12 Variablen zeichnet auch noch SR und BA als signifikant aus.) Wiederum sind die – individuell für jede Variable – angegebenen P-Werte hinsichtlich der Signifikanz irreführend.

Eine Inspektion der Mittelwerte (bei PB und SR etwa) lässt vermuten, dass sich die Gruppen 1 und 2 weniger deutlich voneinander unterscheiden als es die Gruppen 2 und 3 tun, vgl. Abb. 6.1 oben. Dies werden wir durch die Diskriminanzanalyse bestätigt finden; ferner wird diese Vermutung erhärtet durch den folgenden paarweisen Vergleich zwischen den Gruppen 1 und 2 sowie zwischen den Gruppen 2 und 3. Für die Berechnung der Schranken b_j^{12} bzw. b_j^{23} gemäß Gleichung (6.14) im Teil b) benötigt man die Gruppenstärken $n_1 = 94$, $n_2 = 46$, $n_3 = 40$, die Diagonalelemente der within Matrix W, die gemäß $w_{jj} = s_{jj} \cdot 177$ berechnet werden ($n - g = 177$), sowie die Quantile

$$q_{2,4.5,82,0.99} = 0.20 \qquad \text{[Roy-Bose]}$$
$$t_{177,1-0.01/(2\cdot3\cdot12)} = 3.7095 \qquad \text{[Bonferroni]},$$

wobei sich der Bonferroni-Vergleich über $K = \binom{g}{2} \cdot p = 3 \cdot 12$ paarweise Vergleiche erstreckt. In Auszügen erhalten wir

Var. j	s_{jj}	Gruppe 1 versus 2 Schranke b_j^{12}	MW-Differenz	Gruppe 2 versus 3 Schranke b_j^{23}	MW-Differenz
PB	16839.44	138.91 [86.60]	41.87	166.92 [104.06]	171.01
SR	46642.37	231.19 [144.15]	44.62	277.80 [173.20]	128.47
BA	107859.50	351.60 [219.21]	48.67	422.44 [263.38]	189.29

Die Bonferroni-Schranken stehen in Klammern und sind niedriger (günstiger) als die von Roy-Bose. Signifikant ist der PB Mittelwert-Unterschied zwischen Gruppe 2 und Gruppe 3 (und erst recht zwischen Gruppe 1 und 3).

Programm-Codes wie unter 6.1.2.

6.2 Zweifache MANOVA

Wie bei der zweifachen ANOVA im Abschn. 2.2 wird die Wirkung zweier Faktoren A und B auf die Kriteriumsvariable Y untersucht, die hier allerdings keinen Skalar, sondern einen p-dimensionalen Vektor darstellt. Die beiden

Faktoren mögen auf I bzw. J Stufen variieren (I, J $\geq$ 2). Für jede Stufenkombination (i,j) liegen K Messungen vor, jede der Dimension p,

$$Y_{ij,1}, \ldots, Y_{ij,k}, \ldots, Y_{ij,K}, \quad \text{wobei} \quad Y_{ij,k} = \begin{pmatrix} Y_{ij1,k} \\ \vdots \\ Y_{ijp,k} \end{pmatrix} \quad \left\{ \begin{array}{l} i = 1, \ldots, I \\ j = 1, \ldots, J \\ k = 1, \ldots, K \end{array} \right. .$$

6.2.1 Lineares Modell und Parameterschätzung

Das Lineare Modell für die p-dimensionalen Vektoren $Y_{ij,k}$ lautet

$$Y_{ij,k} = \mu_0 + \alpha_i + \beta_j + \gamma_{ij} + e_{ij,k} \quad \left\{ \begin{array}{l} i = 1, \ldots, I \\ j = 1, \ldots, J \\ k = 1, \ldots, K \end{array} \right. .$$

Dabei unterliegen die p-dimensionalen Parametervektoren

α_i [Effekt der Stufe i des Faktors A],

β_j [Effekt der Stufe j des Faktors B],

γ_{ij} [Wechselwirkung der Faktoren A und B auf den Stufen i und j]

den zur zweifachen ANOVA analogen Nebenbedingungen. Die Zufallsvektoren $e_{ij,k}$ sind unabhängig und p-dimensional normalverteilt; genauer: $N_p(0, \Sigma)$-verteilt, mit unbekannter Kovarianzmatrix Σ. Der Erwartungswert-Vektor μ_{ij} für die Stufenkombination (i,j), das ist

$$\mu_{ij} = \mu_0 + \alpha_i + \beta_j + \gamma_{ij} \,,$$

wird durch den Vektor $\bar{Y}_{ij}$ der Mittelwerte geschätzt,

$$\bar{Y}_{ij} \equiv (\bar{Y}_{ij1}, \ldots, \bar{Y}_{ijp})^\top = \frac{1}{K} \sum_{k=1}^{K} Y_{ij,k} \,.$$

Die Schätzer für die Parametervektoren μ_0, α_i, β_j und γ_{ij} lauten (mit den Abkürzungen $\sum_i = \sum_{i=1}^{I}$, $\sum_j = \sum_{j=1}^{J}$, $\sum_k = \sum_{k=1}^{K}$, MWV = Mittelwertvektor, WW = Wechselwirkung)

$$\hat{\mu}_0 = \bar{Y}, \qquad\qquad [\bar{Y} = \frac{1}{IJ} \sum_i \sum_j \bar{Y}_{ij} \,, \quad \bar{Y} = \bar{Y}_{..} \text{ Gesamt-MWV}]$$

$$\hat{\alpha}_i = \bar{Y}_{i.} - \bar{Y}, \qquad\qquad [\bar{Y}_{i.} = \frac{1}{J} \sum_j \bar{Y}_{ij} \,, \quad \bar{Y}_{i.} \text{ Faktor A-MWV}]$$

$$\hat{\beta}_j = \bar{Y}_{.j} - \bar{Y}, \qquad\qquad [\bar{Y}_{.j} = \frac{1}{I} \sum_i \bar{Y}_{ij} \,, \quad \bar{Y}_{.j} \text{ Faktor B-MWV}]$$

$$\hat{\gamma}_{ij} = \bar{Y}_{ij} - \bar{Y}_{i.} - \bar{Y}_{.j} + \bar{Y}, \qquad\qquad\qquad\qquad [\text{Vektoren der WW}].$$

Tabelle 6.3. Tafel der Mittelwertvektoren bei der zweifachen MANOVA

		B 1	2	...	j	...	J	Mittelwert-Vektor
A	1	$\bar{Y}_{11}$	$\bar{Y}_{12}$	...	$\bar{Y}_{1j}$	...	$\bar{Y}_{1J}$	$\bar{Y}_{1\bullet}$
	2	$\bar{Y}_{21}$	$\bar{Y}_{22}$	...	$\bar{Y}_{2j}$	...	$\bar{Y}_{2J}$	$\bar{Y}_{2\bullet}$
	$\vdots$	$\vdots$	$\vdots$	$\vdots$	$\vdots$	$\vdots$	$\vdots$	$\vdots$
	i	$\bar{Y}_{i1}$	$\bar{Y}_{i2}$	...	$\bar{Y}_{ij}$	...	$\bar{Y}_{iJ}$	$\bar{Y}_{i\bullet}$
	$\vdots$	$\vdots$	$\vdots$	$\vdots$	$\vdots$	$\vdots$	$\vdots$	$\vdots$
	I	$\bar{Y}_{I1}$	$\bar{Y}_{I2}$	...	$\bar{Y}_{Ij}$	...	$\bar{Y}_{IJ}$	$\bar{Y}_{I\bullet}$
Mittelwert-V.		$\bar{Y}_{\bullet 1}$	$\bar{Y}_{\bullet 2}$	...	$\bar{Y}_{\bullet j}$	...	$\bar{Y}_{\bullet J}$	$\bar{Y}_{\bullet\bullet}$

Einen Überblick über die diversen Mittelwertbildungen, die in diesen Formeln auftreten, bietet Tabelle 6.3. Jedes $\bar{Y}$ stellt einen p-dimensionalen Vektor dar. Definieren wir die $p \times p$-Matrix $W = (w_{hh'})$,

$$W = \sum_i \sum_j \sum_k \left(Y_{ij,k} - \bar{Y}_{ij}\right) \cdot \left(Y_{ij,k} - \bar{Y}_{ij}\right)^\top \qquad \text{[within Matrix]},$$

mit den Elementen

$$w_{hh'} = \sum_i \sum_j \sum_k \left(Y_{ijh,k} - \bar{Y}_{ijh}\right)\left(Y_{ijh',k} - \bar{Y}_{ijh'}\right),$$

so wird die $p \times p$-Kovarianzmatrix Σ geschätzt durch die

$$\hat{\Sigma} = \frac{1}{n - IJ} W \qquad \text{[within Kovarianzmatrix]}.$$

6.2.2 Testen von Hypothesen

Analog zur zweifachen ANOVA führen wir für die $p \times p$-Matrix

$$T = \sum_i \sum_j \sum_k \left(Y_{ij,k} - \bar{Y}\right) \cdot \left(Y_{ij,k} - \bar{Y}\right)^\top \qquad \text{[total Matrix]}$$

eine Streuungszerlegung durch. Es gilt nämlich

$$T = S_A + S_B + S_{AB} + W,$$

mit den $p \times p$-Matrizen W (wie oben) und

$$S_A = JK \sum_i \left(\bar{Y}_{i.} - \bar{Y} \right) \cdot \left(\bar{Y}_{i.} - \bar{Y} \right)^\top \qquad \text{[Matrix Faktor A-Effekte]}$$

$$S_B = IK \sum_j \left(\bar{Y}_{.j} - \bar{Y} \right) \cdot \left(\bar{Y}_{.j} - \bar{Y} \right)^\top \qquad \text{[Matrix Faktor B-Effekte]}$$

$$S_{AB} = K \sum_i \sum_j \left(\bar{Y}_{ij} - \bar{Y}_{i.} - \bar{Y}_{.j} + \bar{Y} \right) \cdot \left(\bar{Y}_{ij} - \bar{Y}_{i.} - \bar{Y}_{.j} + \bar{Y} \right)^\top \text{[Matrix WW]}$$

Zum Testen der Hypothesen (Gleichungen sind jeweils Vektorgleichungen)

$$H_A : \alpha_1 = \ldots = \alpha_I = 0 \qquad \text{(„Faktor A hat keinen Einfluss")}$$
$$H_B : \beta_1 = \ldots = \beta_J = 0 \qquad \text{(„Faktor B hat keinen Einfluss")}$$
$$H_{A \times B} : \gamma_{11} = \ldots = \gamma_{IJ} = 0 \qquad \text{(„keine Wechselwirkungen")}$$

können wir die Wilksschen Λ-Teststatistiken

$$\Lambda_A = \frac{\det(W)}{\det(W + S_A)}, \quad \Lambda_B = \frac{\det(W)}{\det(W + S_B)}, \quad \Lambda_{A \times B} = \frac{\det(W)}{\det(W + S_{AB})} \quad (6.15)$$

verwenden. Alternativ zum Wilks-Kriterium kann das Roy-Kriterium benutzt werden. Dazu berechnen wir aus den jeweils größten Eigenwerten λ_A, λ_B und λ_{AB} der $p \times p$-Matrizen

$$S_A \cdot W^{-1}, \quad S_B \cdot W^{-1} \quad \text{bzw.} \quad S_{AB} \cdot W^{-1}$$

die größten Eigenwerte von $S_A(W+S_A)^{-1}$, $S_B(W+S_B)^{-1}$, $S_{AB}(W+S_{AB})^{-1}$, das sind die Testgrößen

$$\vartheta_A = \lambda_A/(1 + \lambda_A), \quad \vartheta_B = \lambda_B/(1 + \lambda_B), \quad \vartheta_{AB} = \lambda_{AB}/(1 + \lambda_{AB}),$$

und vergleichen diese jeweils mit dem Quantil $x_{s,m,\nu,1-\alpha}$. Dabei berechnen sich die Parameter s, m, ν analog zu den Definitionen in (6.6) nach folgender Tabelle (Morrison (1976)):

Hypo-these	Test-Statistik	s	m	ν
H_A	$\vartheta_A = \frac{\lambda_A}{1+\lambda_A}$	$\min(I-1, p)$	$\frac{|I-1-p|-1}{2}$	$\frac{n-IJ-p-1}{2}$
H_B	$\vartheta_B = \frac{\lambda_B}{1+\lambda_B}$	$\min(J-1, p)$	$\frac{|J-1-p|-1}{2}$	$\frac{n-IJ-p-1}{2}$
$H_{A \times B}$	$\vartheta_{AB} = \frac{\lambda_{AB}}{1+\lambda_{AB}}$	$\min((I-1)(J-1), p)$	$\frac{|(I-1)(J-1)-p|-1}{2}$	$\frac{n-IJ-p-1}{2}$

Für $s = 1$ und $s = 2$ gibt es zum Testen der jeweiligen Hypothesen Transformationen des Wilksschen Λ, d. i. $\Lambda = \Lambda_A$, Λ_B, oder Λ_{AB}, die unter der jeweiligen Nullhypothese einer F-Verteilung gehorchen.

s	F-Teststatistik	f_1	f_2	
1	$\frac{\nu+1}{m+1} \cdot \frac{1-\Lambda}{\Lambda}$	$2(m+1)$	$2(\nu+1)$	[f_1 und f_2 Freiheitsgrade]
2	$\frac{2\nu+2}{2m+3} \cdot \frac{1-\sqrt{\Lambda}}{\sqrt{\Lambda}}$	$2(2m+3)$	$2(2\nu+2)$	

Zur Interpretation der Testergebnisse gilt das in 2.2.2 bei der zweifachen ANOVA Gesagte: Ein Verwerfen von H_A [H_B] lässt sich nur dann als ein Nachweis vorhandener Faktor A Effekte [Faktor B Effekte] interpretieren, wenn gleichzeitig die Hypothese $H_{A \times B}$ fehlender Wechselwirkung nicht verworfen wird. Denn die festgestellten Effekte könnten ja sonst über die Wechselwirkung mit dem anderen Faktor entstanden sein.

Fallstudie **Höglwald**, siehe Anhang A.7. Im Höglwald (Bayern) wurden eine Reihe von Probenorten ausgewiesen, auf die man drei verschiedene Behandlungsarten (BEHA) und zwei Kalkvarianten (KALK) anwandte. Die hier analysierten 144 Probenorte teilten sich dabei so auf, wie es in der folgenden Tabelle wiedergegeben ist. Bei jeder der $n = 144$ Bodenproben wurden (u. a.) drei Variablen aufgezeichnet, nämlich

der Gehalt an `Aluminium` (AL) [g pro t],
der Gehalt an `Cadmium` (CD) [10^{-3} g pro t],
der `pH-Wert` (pH).

Die kategorialen Variablen BEHA und KALK gehen als Faktoren A und B in eine zweifache MANOVA ein, mit $p = 3$ Variablen; ferner ist $I = 3$, $J = 2$, $K = 24$.

Behandlung (BEHA)	Kalkung (KALK) ohne	mit	Summe
keine zusätzliche Beregnung	24	24	48
zusätzliche saure Beregnung	24	24	48
zusätzliche normale Beregnung	24	24	48
Summe	72	72	n = 144

Auf die Cadmium-Werte wurde eine Logarithmus-Transformation angewandt, so dass die Größe

$$LCD = \log_{10}(CD + 1)$$

weiter verwendet wurde. Die folgende Tafel gibt die MANOVA Testergebnisse wieder. Die Quantile $x_{0.99}$ zum Roy-Kriterium sind aus den Heck-charts abgelesen [$s = 2$] bzw. nach Formel (6.7) berechnet worden [$s = 1$].

| | Hypothesen | | |
| | H_A | H_B | $H_{A \times B}$ |
	A = BEHA	B = KALK	AB=BEHA×KALK
s	2	1	2
m	0	1/2	0
ν	67	67	67
λ's	0.547, 0.005	0.243	0.041, 0.004
Roys ϑ	0.3535	0.1958	0.0397
$x_{0.99}$	0.105	0.0841	0.105
Wilks' Λ	0.6435	0.8042	0.9565
transf. F	11.176	11.036	1.0191
F.G. f_1, f_2	6, 272	3, 136	6, 272
Sign. (P)	0.000	0.000	0.413

Wir können die Hypothese $H_{A \times B}$ fehlender Wechselwirkung beibehalten (vgl. den hohen P-Wert 0.413 unten rechts in der Tabelle). Beide Faktoren, das sind BEHA und KALK, haben einen signifikanten Einfluß auf den Variablensatz (AL,LCD,PH). Mittels des univariaten F-Quotienten der zweifachen ANOVA prüfen wir nun die drei Variablen einzeln auf BEHA- und KALK-Effekte. Die Signifikanz zum Niveau $\alpha = 0.01$ prüfen wir mit der Bonferroni ad-hoc Methode: Verwirf die jeweilige Hypothese, falls die angegebene (individuelle) tail Wahrscheinlichkeit Sign (P) kleiner gleich dem Wert $\alpha/3 = 0.00333$ ist.

| | | Hypothesen | | |
| | | H_A | H_B | $H_{A \times B}$ |
Variable		A = BEHA	B = KALK	AB=BEHA×KALK
AL	F	10.788	0.0677	0.1334
	Sign (P)	0.000	0.795	0.875
LCD	F	21.544	20.436	1.5651
	Sign (P)	0.000	0.000	0.213
PH	F	6.385	12.813	1.3657
	Sign (P)	0.002	0.000	0.259

Auch bei keiner der drei Variablen einzeln kann eine nennenswerte Wechselwirkung festgestellt werden. Alle drei Variablen weisen einen signifikanten BEHA-Effekt auf, die Variablen LCD und PH (nicht aber AL) auch einen signifikanten KALK-Effekt.

Splus	R

```
# Zweifache MANOVA (Pillai-Kriterium) mit Faktoren
# BEHA (3 Stufen), KALK (2 Stufen) und Wechselwirkung
BEHA3<- factor(BEHA,levels=c("1","2","3"))
KALK2<- factor(KALK,levels=c("1","2"))
```

```
LCD<- log10(CD+1)
hoeg.ma<- manova(cbind(AL,LCD,PH)~BEHA3*KALK2)
summary(hoeg.ma)
```

SPSS

```
* Zweifache MANOVA mit Faktoren BEHA und KALK.
* DESIGN beruecksichtigt Haupteffekte und Wechselwirkungen.
COMPUTE LCD=LG10(CD+1).
MANOVA PH AL LCD BY KALK(1,2)  BEHA(1,3) /DESIGN
       /PRINT= ERROR(COV)   SIGNIF(HYPOTH,EIGEN).
```

6.3 Diskriminanzanalyse

Wie in der multivariaten Varianzanalyse (MANOVA) haben wir hier p Kriteriumsvariablen $Y_1, ..., Y_p$, für welche jeweils Werte aus g Gruppen vorliegen. Umfasst die i-te Gruppe n_i Messwiederholungen, so gibt Tabelle 6.4 das Stichprobenschema für die i-te Gruppe wieder.

Tabelle 6.4. Stichprobenschema für die i-te Gruppe bei der Diskriminanzanalyse

Variable (Merkmal)	Messwiederholungen 1	2	... k	... n_i	Mittelwert
Var. 1	$Y_{i1,1}$	$Y_{i1,2}$	... $Y_{i1,k}$	... Y_{i1,n_i}	$\bar{Y}_{i1}$
Var. 2	$Y_{i2,1}$	$Y_{i2,2}$	... $Y_{i2,k}$	... Y_{i2,n_i}	$\bar{Y}_{i2}$
⋮	⋮	⋮	⋮	⋮	⋮
Var. j	$Y_{ij,1}$	$Y_{ij,2}$	... $Y_{ij,k}$	... Y_{ij,n_i}	$\bar{Y}_{ij}$
⋮	⋮	⋮	⋮	⋮	⋮
Var. p	$Y_{ip,1}$	$Y_{ip,2}$	... $Y_{ip,k}$	... Y_{ip,n_i}	$\bar{Y}_{ip}$
Vektor	$Y_{i,1}$	$Y_{i,2}$	... $Y_{i,k}$	... Y_{i,n_i}	$\bar{Y}_i$

(Das ist das gleiche Schema wie in Tabelle 6.1). Die Aufgabe der Diskriminanzanalyse ist es, eine rationelle und (im gewissen Sinne) optimale Beschreibung der getrennten Guppen durchzuführen. Das geschieht durch Projektion des p-dimensionalen Merkmalraums auf einen geeigneten nieder-dimensionalen Diskriminanzraum. Dieser wird in Territorien aufgeteilt, die den einzelnen Gruppen zugeordnet sind. Das leistet Dreifaches:

- Erstens kann die Gruppentrennung mit weniger (allerdings künstlichen) Variablen durchgeführt werden,
- zweitens können die Variablen Y_1 bis Y_p auf ihre Gruppen-Trennschärfe hin untersucht werden,
- drittens kann eine Stichprobe unbekannter Gruppenherkunft einer der Gruppen zugeordnet werden.

Wir bilden wie in der einfachen MANOVA in 6.1.2 die $p \times p$- within und between Matrizen W und B und leiten aus W noch die $p \times p$-Matrix

$$S = \frac{1}{n-g}\, W \qquad\qquad \text{[within Kovarianzmatrix]}$$

ab. Dies sind auch in der Diskriminanzanalyse die grundlegenden Matrizen.

6.3.1 Geometrische Beschreibung

Im Fall zweier Variablen Y_1, Y_2 und zweier Gruppen (d. h. für $p = 2$, $g = 2$) lässt sich eine einfache geometrische Beschreibung des Verfahrens angeben.

Die Punktwolken der zwei Gruppen A und B im zweidimensionalen Merkmalsraum werden durch die Scharen konzentrischer Ellipsen dargestellt (eine Ellipse bildet dabei die Konturlinie gleicher Punktdichte). Die Schnittpunkte entsprechender Ellipsen bilden eine Gerade, zu der senkrecht eine Gerade γ durch den Nullpunkt gezogen wird.

Projezieren der beiden Punktwolken A und B auf diese Gerade γ liefert zwei Häufigkeitsverteilungen A und B.

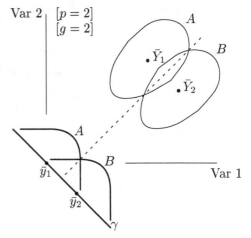

Die Gerade γ zeichnet sich durch folgende Optimalitätseigenschaft aus: Die Trennung der beiden Häufigkeitsverteilungen A und B ist bei der Projektion auf die Gerade γ besser als sie es bei der Projektion auf jede andere Gerade wäre. Wir werden die Gerade γ *Diskriminanz*gerade nennen.

Jeder Beobachtungspunkt $Y = (Y_1, Y_2)$ bekommt durch Projektion auf die Gerade γ einen Lagepunkt auf dieser Geraden und damit einen sog. Diskriminanzscore y zugeordnet.

Mit $\bar{y}_1$ und $\bar{y}_2$ werden die Scores der beiden Gruppenmittelpunkte $\bar{Y}_1$ und $\bar{Y}_2$ bezeichnet. Der Punkt Y mit Score y wird dann der Gruppe A oder B zugeordnet, wenn y näher zu $\bar{y}_1$ oder näher zu $\bar{y}_2$ liegt.

6.3.2 Spezialfall zweier Gruppen

Wir heben die Beschränkung von 6.3.1, nämlich die Einschränkung auf $p = 2$ Variable, auf und betrachten den Zwei-Gruppen Fall mit $p \geq 2$ Variablen.

Die oben eingeführte Diskriminanzgerade γ wird durch einen Vektor

$$a = (a_1, \ldots, a_p)^\top$$

der Dimension p festgelegt, den wir durch die Gleichung

$$a^\top \cdot S \cdot a = 1$$

normieren (auch andere Normierungen sind üblich). Man nennt

- die Komponenten a_j von a die Diskriminanzkoeffizienten,

- die mit $\sqrt{s_{jj}}$ multiplizierten Komponenten a_j von a, das sind

$$a_j^* = \sqrt{s_{jj}} \cdot a_j, \qquad [s_{jj} \text{ j-tes Diagonalelement von } S]$$

die standardisierten Diskriminanzkoeffizienten und

- die lineare Funktion

$$y = a^\top \cdot Y \qquad \left[Y = \begin{pmatrix} Y_1 \\ \vdots \\ Y_p \end{pmatrix} \text{ Beobachtungsvektor} \right]$$

Diskriminanz*funktion*. Liegt eine spezielle Beobachtung Y vor, so heißt $y = a^\top Y$ ihr Diskriminanz*score*.

Bezeichnen wir mit d die Differenz der Mittelwertvektoren der beiden Gruppen,

$$d = \bar{Y}_2 - \bar{Y}_1,$$

so ermitteln wir den Vektor a im Sinne des in 6.3.1 vorgestellten Programms durch Maximieren des Betrages von $a^\top \cdot d$, d. h. aus

$$\left(a^\top \cdot d \right)^2 = \max_a \quad \text{unter der Nebenbedingung} \quad a^\top \cdot S \cdot a = 1.$$

Mit Hilfe eines Lagrange-Parameters λ ergibt sich die Bestimmungsgleichung

$$(S^{-1} d \cdot d^\top - \lambda I_p) \cdot a = 0,$$

so dass sich a als der Eigenvektor der $p \times p$-Matrix $S^{-1} d \cdot d^\top$, die den Rang 1 hat, erweist. Setzt man noch $b_n = n_1 \cdot n_2 / (n_1 + n_2)$, so können wir

$$B = b_n d \cdot d^\top$$

schreiben, so dass a der Eigenvektor der Matrix $S^{-1} \cdot B$ ist.

Eine explizite Gleichung für a, und zwar mit der geforderten Normierung $a^\top \cdot S \cdot a = 1$, lautet

$$a = c\,S^{-1} \cdot d, \quad \text{mit} \quad c = \frac{1}{\sqrt{d^\top \cdot S^{-1} \cdot d}}.$$

Die Beträge $|a_1^*|, \ldots, |a_p^*|$ der standardisierten Diskriminanzkoeffizienten geben die „Trennstärke" der p Variablen $Y_1, \ldots, Y_p$ wieder, ähnlich wie die F-Werte $F_1, \ldots, F_p$ der univariaten einfachen Varianzanalyse (mit denen sie in der resultierenden Reihenfolge allerdings nicht übereinstimmen müssen). Hier, im Spezialfall zweier Gruppen, sind diese F-Werte gleich den t^2-Werten des 2-Stichproben t-Tests.

Wir bilden die Diskriminanzscores

$$\bar{y}_1 = a^\top \cdot \bar{Y}_1, \quad \bar{y}_2 = a^\top \cdot \bar{Y}_2,$$

der Gruppenschwerpunkte und haben die folgende Zuordnungs-Regel nach Fisher. Ordne die Beobachtung Y mit Diskriminanzscore $y = a^\top \cdot Y$ zur

$$\begin{array}{ll}
\text{Gruppe 1,} & \text{falls } y - (\bar{y}_1 + \bar{y}_2)/2 < 0 \\
\text{Gruppe 2,} & \text{falls } y - (\bar{y}_1 + \bar{y}_2)/2 > 0
\end{array} . \qquad (6.16)$$

(Definiert man d verschieden von oben als $\bar{Y}_1 - \bar{Y}_2$, so vertauschen sich in (6.16) das $<$ und $>$ Zeichen.) Nur im Fall $n_1 = n_2$ gleicher Gruppenbesetzungen fällt der Trennpunkt $(\bar{y}_1 + \bar{y}_2)/2$ in (6.16) mit dem Diskriminanzscore $\bar{y} = a^\top \bar{Y}$ des Gesamtschwerpunktes zusammen.

Fallstudie **Toskana, g = 2 Gruppen**. Wie in 6.1.2 und 6.1.3 wird die Gruppeneinteilung an Hand des SB-Gehaltes vorgenommen,
- Gruppe 1: SB < 100,   Gruppe 2: SB ≥ 100,

und es wird die Trennung dieser Gruppen durch den Satz der $p = 12$ Variablen V, Cr, ... , ZR, BA analysiert. Wegen $s = \min(p, g - 1) = 1$ hat der Diskriminanzraum die Dimension 1, ist also eine Gerade, die durch den Vektor $a = (a_1, \ldots, a_p)^\top$ der (unstandardisierten) Diskriminanzkoeffizienten aufgespannt wird.

Variable j	Koeffizient $a_j \cdot 10^2$	s_{jj}	Standard. a_j^*
...	...		...
3 CO	-1.6524	157.92	-0.208
...	...		...
7 PB	0.7282	17049.02	0.951
8 RB	-0.7037	3863.94	-0.437
9 SR	-0.1417	46725.79	-0.306
10 Y	-0.1198	7692.28	-0.105
11 ZR	0.1415	14785.19	0.172
12 BA	0.1144	107664.60	0.375

Zum Zwecke der Interpretation bildet man auch noch den Vektor a^* der standardisierten Koeffizienten, mit

$$a_j^* = a_j \cdot \sqrt{s_{jj}}$$

Nach Aussage dieser standardisierten Koeffizienten rangiert PB auf einer Skala der Trennstärke ganz oben, während – anders als beim univariaten F im Abschn. 6.1.3 – die Variablen CO, SR, ZR, BA hier noch von RB übertroffen werden. Das Vorzeichen des Koeffizienten sagt aus, dass PB, ZR, BA in Gruppe 2 tendenziell höhere Werte aufweisen als in Gruppe 1; umgekehrt ist es z. B. bei CO oder RB.

Als nächstes wird der Diskriminanzscore $y = a^\top \cdot Y$ jedes Falles berechnet (Y der dem Fall zugehörige p-dimensionale Beobachtungsvektor) und der Gruppe 1 oder 2 zugeordnet, je nachdem

$$y - \frac{\bar{y}_1 + \bar{y}_2}{2} < 0 \quad \text{oder} \quad > 0. \tag{6.17}$$

Die Scores der beiden Gruppenschwerpunkte sind $\bar{y}_1 = 0.1104$, $\bar{y}_2 = 1.8452$.

Tabelle 6.5. Für 16 ausgewählte Fälle sind die zentrierten Diskriminanzscores sowie die Herkunft aus und die Zuordnung zu einer der beiden Gruppen aufgeführt

Nr	Tatsächl. aus Gruppe	Klassif. in Gruppe	zentr. Diskrim. Score $y - \bar{y}$	Nr	Tatsächl. aus Gruppe	Klassif. in Gruppe	zentr. Diskrim. Score $y - \bar{y}$
1	1	1	0.2180	...	...	...	...
2	1	1	–0.2783	173	1	2	3.4843
3	1	1	0.2016	174	1	2	0.7656
4	1	1	–0.7426	175	2	1	0.4598
5	1	1	–1.1690	176	1	1	–0.1729
6	1	1	–0.4765	177	1	1	–0.2127
7	1	2	0.7713	178	1	1	–0.8417
8	1	1	–0.4045	179	1	2	0.6074
...	...	...	...	180	1	1	–1.3026

In Tabelle 6.5 ist diese Zuordnung für die ersten und die letzten acht Fälle der Datei ausgedruckt worden. Der Score des Gesamtschwerpunktes $\bar{Y}$ ist $\bar{y} = a^\top \cdot \bar{Y} = 0.4959$ (das Negative dieser Größe wird in Computer outputs auch als *constant* bezeichnet). Wegen $\frac{\bar{y}_1 + \bar{y}_2}{2} - \bar{y} = 0.9778 - 0.4959 = 0.4819$ ist (6.17) gleichbedeutend mit

zentrierter Diskriminanzscore $y - \bar{y} < 0.482$ oder > 0.482.

6.3.3 Diskriminanzfunktionen

Wir heben jetzt die Beschränkung von 6.3.2, nämlich die Einschränkung auf $g = 2$ Gruppen, auf und geben eine analytische Beschreibung der Diskriminanzanalyse im Fall von $g \geq 2$ Gruppen und $p \geq 2$ Variablen.

Diskriminanzscores

Wir greifen wieder auf die $p \times p$-Matrizen W, B und $S = W/(n - g)$ aus
Abschn. 6.1.2 zurück. Die $s = \min(p, g - 1)$ positiven Eigenwerte der $p \times p$-
Matrix

$$S^{-1} \cdot B = (n - g) \cdot W^{-1} \cdot B$$

wollen wir mit

$$\lambda_1' \geq \lambda_2' \geq \ldots \geq \lambda_s' > 0$$

bezeichnen; sie sind das $(n - g)$-fache der MANOVA-Eigenwerte λ_i von $B \cdot W^{-1}$
(man beachte, dass $B \cdot W^{-1}$ und $W^{-1} \cdot B = (B \cdot W^{-1})^\top$ die gleichen Eigenwerte
besitzen). Die zu den λ_i' gehörigen Eigenvektoren werden mit

$$a_1, \ a_2, \ \ldots, \ a_s \qquad\qquad [a_i = (a_{i1}, \ldots, a_{ip})^\top]$$

bezeichnet, wobei diese Eigenvektoren orthogonal zueinander und gemäß der
Gleichung

$$a_i^\top \cdot S \cdot a_i = 1, \qquad i = 1, \ldots, s,$$

normiert seien (auch andere Normierungen sind üblich). Für den p-dimensionalen Beobachtungsvektor $Y = (Y_1, \ldots, Y_p)^\top$ bilden wir die s Diskriminanzfunktionen

$$y_1 = a_1^\top \cdot Y, \quad \ldots \quad, y_s = a_s^\top \cdot Y. \tag{6.18}$$

Sie heißen auch die dem Fall Y zugeordneten Diskriminanzscores, zusammengefasst zum

$$\text{s-dimensionalen Vektor} \quad y = (y_1, \ldots, y_s)^\top.$$

Den Gruppenschwerpunkten

$$\bar{Y}_1 = (\bar{Y}_{11}, \ldots, \bar{Y}_{1p})^\top, \quad \ldots \quad, \bar{Y}_g = (\bar{Y}_{g1}, \ldots, \bar{Y}_{gp})^\top \tag{6.19}$$

werden die s-dimensionalen Diskriminanzscore-Vektoren

$$\bar{y}_1 = (a_1^\top \cdot \bar{Y}_1, \ldots, a_s^\top \cdot \bar{Y}_1)^\top, \quad \ldots \quad, \bar{y}_g = (a_1^\top \cdot \bar{Y}_g, \ldots, a_s^\top \cdot \bar{Y}_g)^\top$$

zugewiesen.

Die Variablen $y_1, \ldots, y_s$ besitzen die (empirische within) Varianz 1 und
die (empirische within) Kovarianz 0 für paarweise verschiedene y_j, $y_{j'}$.

Geometrisch entsteht dieses Bild: Die s linear unabhängigen Vektoren
$a_1, a_2, \ldots, a_s$ spannen den s-dimensionalen *Diskriminanzraum* auf. Die Punkte y und $\bar{y}_1, \ldots, \bar{y}_g$ sind die Transformationen des p-dimensionalen Beobachtungsvektors Y bzw. der p-dimensionalen Gruppenschwerpunkte in diesen
nieder-dimensionalen Raum.

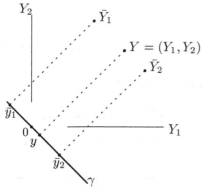

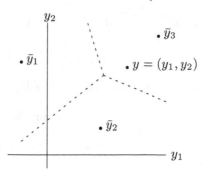

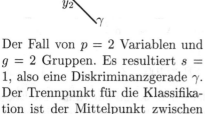

Der Fall von $p = 2$ Variablen und $g = 2$ Gruppen. Es resultiert $s = 1$, also eine Diskriminanzgerade γ. Der Trennpunkt für die Klassifikation ist der Mittelpunkt zwischen $\bar{y}_1$ und $\bar{y}_2$.	Der Fall von $p \geq 2$ Variablen und $g = 3$ Gruppen. Es resultiert $s = 2$, also eine Diskriminanzebene mit den Koordinaten y_1, y_2. Die gestrichelten Linien beziehen sich auf die Klassifikation in 6.3.4

Diskriminanzkoeffizienten, Trenninformation

Die Komponenten a_{ij} des i-ten Eigenvektors a_i von $S^{-1} \cdot B$ heißen Diskriminanzkoeffizienten, $i = 1, \ldots, s$, die Größen

$$a_{ij}^* = a_{ij} \cdot \sqrt{s_{jj}}, \qquad [s_{jj} \text{ j-tes Diagonalelement von } S],$$

heißen wieder *standardisierte* Diskriminanzkoeffizienten. Verwenden wir anstelle der Beobachtungsvektoren $Y = (Y_1, \ldots, Y_p)^\top$ die wie folgt normierten Vektoren Y^*,

$$Y^* = (Y_1/\sqrt{s_{11}}, \ldots, Y_p/\sqrt{s_{pp}})^\top,$$

so ergeben sich gerade die a_{ij}^* als Diskriminanzkoeffizienten. Die Beträge dieser standardisierten Koeffizienten a_{ij}^* geben den Beitrag der Variablen Y_j an der Gruppendiskrimination wieder, soweit die i-te Diskriminanzfunktion beteiligt ist.

Eine andere Möglichkeit, die Stärke der einzelnen Variablen $Y_1, \ldots, Y_p$ bei der Gruppentrennung zu ermitteln, besteht in der Berechnung und im Größenvergleich der F-Werte der einfachen (univariaten) Varianzanalyse aus 2.1.2 für die einzelnen Variablen. Die resultierenden Werte $F_1, \ldots, F_p$ beschreiben dann die „Trennschärfe" der Variablen $Y_1, \ldots, Y_p$; eine Differenzierung nach den verschiedenen s Diskriminanzfunktionen geschieht hier natürlich nicht.

Der Beitrag der s Diskriminanzfunktionen $y_1, \ldots, y_s$ an der Gruppentrennung nimmt stufenweise ab. Akzeptieren wir die ersten k Diskriminanzfunktionen $y_1, \ldots, y_k$, so prüft man die partielle Hypothese

$H_0 :$ $y_{k+1}, \ldots, y_s$ leisten keinen zusätzlichen Beitrag zur Gruppentrennung mit Hilfe der Wilksschen Teststatistik $(0 \leq k < s)$

$$\Lambda_k = \frac{1}{(1 + \lambda_{k+1}) \cdot \ldots \cdot (1 + \lambda_s)} \qquad [\lambda_i \text{ i-ter Eigenwert von } B \cdot W^{-1}].$$

Eine χ^2-Approximation für Wilks' Λ_k lautet: Unter H_0 ist

$$-[n - 1 - \frac{1}{2}(p+g)] \cdot \ln \Lambda_k \quad \text{approximativ } \chi_f^2 - \text{verteilt, mit } f = (p-k)(g-k-1),$$

wobei die Modellannahmen der einfachen MANOVA aus 6.1.1 auch hier getroffen werden.

Fallstudie **Toskana, g = 3 Gruppen.** Wie schon in 6.1.2 und 6.1.3 werden die drei Gruppen durch

Gruppe 1: SB < 10,   Gruppe 2: 10 ≤ SB < 100,   Gruppe 3: SB ≥ 100

definiert. Wegen $s = \min(p, g-1) = 2$ bildet der Diskriminanzraum eine Ebene, welche durch die zwei Vektoren a_1 und a_2 von Diskriminanzkoeffizienten aufgespannt wird.

Tabelle 6.6. Die Diskriminanzkoeffizienten einiger Variablen, in Rohform und standardisiert, zusammen mit dem zugehörigen Diagonalelement der within Kovarianzmatrix S

Variable j	$a_{1,j} \cdot 10^2$	$a_{2,j} \cdot 10^2$	s_{jj}	Standardisiert $a_{1,j}^*$	$a_{2,j}^*$
...			...	...	...
3 CO	−1.6847	−0.0946	155.78	−0.210	−0.012
...			...	...	...
7 PB	0.7333	−0.0363	16839.44	0.951	−0.047
8 RB	−0.6698	0.3655	3867.02	−0.416	0.227
9 SR	−0.1404	0.0266	46642.37	−0.303	0.057
10 Y	−0.0381	0.7100	7466.32	−0.033	0.614
11 ZR	0.1721	0.2460	14629.04	0.208	0.298
12 BA	0.0703	−0.0752	107859.50	0.352	−0.247

Die Variablen PB, RB, BA haben die betragsmäßig größten Komponenten des Vektors a_1^*, die Variable Y hat dies in Bezug auf den Vektor a_2^*, vgl. Tabelle 6.6.

Eine Inspektion der Gruppen-Mittelwerte zeigt an, dass PB und BA vor allem die Gruppen (1,2) von der Gruppe 3 trennen, während Y die Gruppe 1 von der Gruppe 2 trennt.

Variable	Mittelwerte Gruppe 1	Gruppe 2	Gruppe 3
PB	43.02	84.89	255.90
RB	133.37	143.74	126.47
BA	860.79	909.46	1098.75
Y	29.51	68.80	35.60

Wir gelangen zu zwei Vermutungen, die sich gleich bestätigen werden:

(i) Die erste Diskriminanzfunktion $y_1 = a_1^\top \cdot Y$ ist für die Gruppen-Trennung (1,2) versus 3 und die zweite, das ist $y_2 = a_2^\top \cdot Y$, für die Trennung 1 versus 2 verantwortlich.

(ii) Der Trennpunkt 100 bei der Variablen SB ist entschieden gewichtiger als der Trennpunkt 10. Zusammen mit (i) besagt dies auch, dass die zweite Diskriminanzfunktion y_2 weitaus geringere Bedeutung hat als die erste.

Letzere Aussage lässt sich sofort prüfen: Mit Hilfe der Wilksschen Teststatistik

$$\Lambda_1 = \frac{1}{1 + \lambda_2} = 0.933 \qquad [\lambda_2 = 0.072 \text{ zweiter Eigenwert}]$$

(λ_2 aus Abschn. 6.1.2) testen wir die Hypothese H_0, dass die zweite Diskriminanzfunktion y_2 – zusätzlich zur ersten y_1 – keinen Beitrag zur Gruppentrennung leistet. Die χ_{11}^2-Approximation liefert den Wert 11.87, der eine tail Wahrscheinlichkeit von 0.373 aufweist, also nicht signifikant ist (H_0 nicht verwerfen).

In den zweidimensionalen Diskriminanzraum mit den Koordinaten (y_1, y_2) trägt man zuerst die Scores der drei Gruppenschwerpunkte ein, das sind

$$(\bar{y}_{11}, \bar{y}_{12}) = (a_1^\top \cdot \bar{Y}_1, a_2^\top \cdot \bar{Y}_1), \quad (\bar{y}_{21}, \bar{y}_{22}) = (a_1^\top \cdot \bar{Y}_2, a_2^\top \cdot \bar{Y}_2),$$

$$(\bar{y}_{31}, \bar{y}_{32}) = (a_1^\top \cdot \bar{Y}_3, a_2^\top \cdot \bar{Y}_3),$$

und dann für jeden der 180 Fälle die Diskriminanzscores (y_1, y_2); für den Fall mit dem Beobachtungsvektor Y ist dies also

$$(y_1, y_2) = (a_1^\top \cdot Y, a_2^\top \cdot Y).$$

Der Nullpunkt des Koordinatensystems wird in die Scores des Gesamtschwerpunktes hinein gelegt, also in

$$(a_1^\top \cdot \bar{Y}, a_2^\top \cdot \bar{Y}) = (0.5398, 0.3196)$$

(diese Größen – negativ genommen – werden in Computer outputs auch als *constants* bezeichnet). Letztlich sind es also

die *zentrierten* Diskriminanzscores $(y_1 - 0.5398, y_2 - 0.3196)$,

welche in den 2D-Plot eingetragen werden.

In der folgenden Tafel sind für einzelne Fälle diese beiden zentrierten Diskriminanzscores aufgeführt. Neben der tatsächlichen Gruppe, aus welcher der Fall stammt, ist im Vorgriff auf 6.3.4 die Gruppe angegeben, in die er klassifiziert wird.

Nr	Tats. aus Gru.	Klass. in Gru.	Diskrim. Scores (zentriert)	
1	1	1	0.1074	-0.9673
2	2	2	-0.2426	0.3346
3	1	1	0.1764	-0.2375
4	1	1	-0.8680	-0.9879
5	1	1	-1.3710	-1.5949
6	1	1	-0.5228	-0.3426
7	1	3	0.7948	0.1160
8	2	2	0.2768	5.8556
...	...	...	...	...

Nr	Tats. aus Gru.	Klass. in Gru.	Diskrim. Scores (zentriert)	
...	...	...	...	...
...	...	...	...	...
175	3	2	0.5216	0.4769
176	1	1	-0.2278	-0.4496
177	1	1	-0.2420	-0.2270
178	1	1	-0.8142	0.3273
179	1	3	0.6188	0.0309
180	2	1	-1.2923	0.2296

Das mit den Guppenstärken $n_1 = 94$, $n_2 = 46$, $n_3 = 40$ gewichtete Mittel der zentrierten Diskriminanzscores der drei Gruppenschwerpunkte ist jeweils 0.

Gruppe	zentrierter Diskr.score der Gruppenschwerp. 1. Score	2. Score
1	–0.516	–0.174
2	–0.123	0.451
3	1.354	–0.109
Gesamt	0.0	0.0

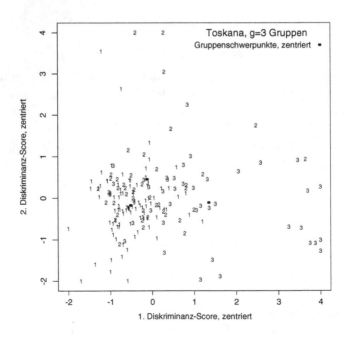

Abb. 6.2. 2D-Plot der zwei zentrierten Diskriminanzscores für alle 180 Fälle, mit den Gruppenschwerpunkten ● der Gruppen 1, 2 und 3 (von links nach rechts).

Der 2D-Plot der Diskriminanzscores (Abb. 6.2) bestätigt die oben geäußerte Vermutung (i): Die Punktwolken der Gruppen (1,2) und 3 werden durch die 1. Diskriminanzfunktion (die Horizontale), nicht aber durch die 2. Diskriminanzfunktion (die Vertikale) getrennt; Letztere trennt vor allem die Gruppen 1 und 2.

$\boxed{\text{SPSS}}$

```
* DISKRIMINANZANALYSE MIT 3 GRUPPEN.
DISCRIMINANT    GROUPS=SB3(1,3)
        /VARIABLES=V TO ZR,BA /ANALYSIS=V TO ZR,BA.
```

6.3.4 Fishers Klassifikationsfunktionen

Wir greifen jetzt das Problem der Gruppenzuweisung auf, falls eine Beobachtung vorliegt, deren Gruppenherkunft – tatsächlich oder fiktiv – unbekannt ist. Mit Hilfe der g Gruppen-Mittelwertvektoren $\bar{Y}_1, \ldots, \bar{Y}_g$ gemäß (6.19) bilden wir die g Vektoren

$$k_1 = S^{-1} \cdot \bar{Y}_1, \quad \ldots \quad, k_g = S^{-1} \cdot \bar{Y}_g,$$

der Dimension p, sowie die g Konstanten

$$c_1 = -\frac{1}{2} k_1^\top \cdot \bar{Y}_1 - \ln g, \quad \ldots \quad, c_g = -\frac{1}{2} k_g^\top \cdot \bar{Y}_g - \ln g.$$

Fishers Klassifikationsfunktionen – in Abhängigkeit vom p-dimensionalen Beobachtungsvektor $Y = (Y_1, \ldots, Y_p)^\top$ – lauten dann

$$z_1 = k_1^\top \cdot Y + c_1, \quad \ldots \quad, z_g = k_g^\top \cdot Y + c_g.$$

Wir nennen die Werte $z_1, \ldots, z_g$ auch Klassifikationsscores der Beobachtung Y. Mit Hilfe dieser Klassifikationsfunktionen kann man die folgende Klassifikationsregel formulieren:

Ordne einen Beobachtungsvektor Y der Gruppe i mit dem größten Klassifikationsscore z_i zu. Ausformuliert heißt das: Ordne Y der Gruppe i zu, falls für alle $j \neq i$

$$(\bar{Y}_i - \bar{Y}_j)^\top S^{-1} Y - \frac{1}{2} (\bar{Y}_i - \bar{Y}_j)^\top S^{-1} (\bar{Y}_i + \bar{Y}_j) > 0$$

gilt. Das ist gleichzeitig die Gruppe i mit der größten *a-posteriori* Wahrscheinlichkeit

$$\mathbb{P}(\text{Gruppe} = i | Y) = \frac{\exp(z_i)}{\exp(z_1) + \ldots + \exp(z_g)}.$$

Die *a-priori* Wahrscheinlichkeiten wurden für alle Gruppen gleich $1/g$ gesetzt: Vergleiche die Konstante $\ln(1/g)$, die in den c_i's auftritt. Für entscheidungstheoretische Ansätze mit beliebigen a-priori Wahrscheinlichkeiten vgl. Afifi & Azen (1979), Fahrmeir & Tutz (1996).

Im Fall von $g = 2$ Gruppen beläuft sich Fishers Klassifikationsregel auf die schon in 6.3.2 Genannte: Ordne den Beobachtungsvektor Y (mit Diskriminanzscore $y = a^\top Y$) der Gruppe 1 oder 2 zu, je nachdem $y - (\bar{y}_1 + \bar{y}_2)/2$ kleiner oder größer als Null ist. In der Tat, man rechnet nach, dass

$$y - \frac{1}{2}(\bar{y}_1 + \bar{y}_2) = c(z_2 - z_1)$$

gilt. Im Fall von $p \geq 2$ Variablen und $g = 3$ Gruppen trennen die gestrichelten Linien der Abb. aus 6.3.3 (rechtes Bild) die den Gruppen zugeordneten „Territorien" in der Diskriminanzebene ab.

Klassifikationstafel. Nicht nur für Beobachtungen (Fälle) Y unbekannter Herkunft lässt sich diese Klassifikation durchführen, sondern auch für die $n = n_1 + \ldots + n_g$ Fälle der Stichprobe, das heißt für die n Beobachtungsvektoren

$$Y_{1,1}, \ldots, Y_{1,n_1}, \ldots, Y_{g,1}, \ldots, Y_{g,n_g}.$$

Dabei kann die durch die Klassifikation zugeordnete Gruppe mit der tatsächlichen Herkunftsgruppe übereinstimmen (korrekte Klassifikation) oder auch nicht (Fehl-Klassifikation).

Anzahl der Fälle $k_{ii'}$ mit

tatsächl. Gruppe	zugeordnete Gruppe 1	2	...	g	$\sum$
1	k_{11}	k_{12}	...	k_{1g}	n_1
2	k_{21}	k_{22}	...	k_{2g}	n_2
⋮	⋮	⋮	⋮	⋮	⋮
g	k_{g1}	k_{g2}	...	k_{gg}	n_g
					n

Ein zusammenfassendes Maß für die Güte, mit der die Diskriminanzanalyse die Gruppen trennt, ist der Prozentsatz

$$\frac{k_{11} + \ldots + k_{gg}}{n} \cdot 100$$

von korrekten Klassifikationen. Zu vergleichen wäre diese Zahl etwa mit $(n_{\max}/n) \times 100$, das ist der Prozentsatz richtiger Klassifikationen, wenn jeder Fall derjenigen Gruppe zugeordnet wird, die den größten Stichprobenumfang (nämlich $n_{\max}$) besitzt.

Unbefriedigend an diesem Vorgehen ist, dass jeder Fall nach einer Regel klassifiziert wird, zu der er selber beigetragen hat. Besser – aber rechenintensiver – ist eine Modifikation gemäß der leave-out-one Methode: Zur Klassifikation eines jeden der n Fälle wird eine Diskriminanzanalyse mit $n - 1$ Fällen zugrunde gelegt, bei der nämlich gerade der zur Klassifikation anstehende Fall weggelassen wird (*cross-validation*).

Fallstudie **Toskana, g = 2 Gruppen**. In Fortsetzung von 6.3.2 wird zusammenfassend eine Klassifikationtafel erstellt, mit den Anzahlen von richtig und falsch klassifizierten Fällen, und zwar getrennt nach der tatsächlichen Gruppenherkunft. Fehlklassifiziert werden diejenigen Fälle der Gruppe 1 [der Gruppe 2], deren zentrierter Diskriminanzscore größer [kleiner] als der Wert 0.482 ist. Man liest aus der folgenden Tafel ab, dass $127 + 25 = 152$ der 180 Fälle (das sind 84.4 %) richtig klassifiziert sind. Klassifiziert man sämtliche Fälle in die größere Gruppe, das ist die Gruppe 1, so erhält man 140 oder 77.8 % richtig klassifizierter Fälle (Die 84.4 % der richtigen Klassifikationen sollten nicht mit 50 %, sondern eher mit diesen 77.8 % verglichen werden).

Klassifikationtafel

Tatsächl. Gruppe	Klassifiziert in Gruppe 1	in Gruppe 2	Summe
1	127	13	140
(SB < 100)	90.7 %	9.3 %	100 %
2	15	25	40
(SB ≥ 100)	37.5 %	62.5 %	100 %

Benutzt man bei der Klassifikation des Falles i einen Vektor $a^{(i)}$ von Diskriminanzkoeffizienten, der auf $n - 1$ Fällen (Fall i ausgelassen) statt auf n Fällen beruht, so erhalten wir eine cross-validation Klassifikationstafel, in der nur noch $125 + 21 = 146$ der 180 Fälle (das sind 81.1 %) richtig klassifiziert sind.

Klassifikationtafel cross-validation

Tatsächl. Gruppe	Klassifiziert in Gruppe 1	in Gruppe 2	Summe
1	125	15	140
(SB < 100)	89.3 %	10.7 %	100 %
2	19	21	40
(SB ≥ 100)	47.5 %	52.5 %	100 %

Im Häufigkeits-Histogramm der Abb. 6.3 stellt man die Diskriminanzgerade als horizontale Achse dar. Auf dieser Achse werden die zentrierten Scores $y - \bar{y}$ der Fälle abgetragen – getrennt nach ihrer tatsächlichen Gruppenherkunft. Die rechten vier Säulen des oberen und die linken vier des unteren Histogramms repräsentieren jeweils fehlklassifizierte Fälle.

Fallstudie **Toskana, g = 3 Gruppen**. Fortsetzung von 6.3.3. Die Klassifikation der $n = 180$ Fälle in die drei Gruppen erfolgt mit Fishers Klassifikationsfunktionen k_1, k_2, k_3. Dann berechnet man aus dem Beobachtungsvektor Y eines jeden Falles die 3 Klassifikationsscores (z_1, z_2, z_3), wobei

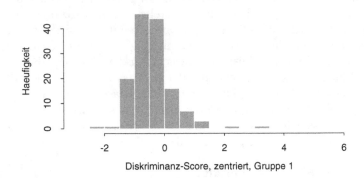

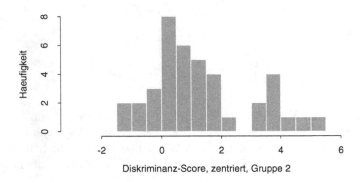

Abb. 6.3. Histogramm der zentrierten Diskriminanzscores, getrennt nach Gruppe 1 und 2. Man beachte die unterschiedlichen vertikalen Häufigkeits-Skalen.

$$z_1 = k_1^\top \cdot Y + c_1, \quad z_2 = k_2^\top \cdot Y + c_2, \quad z_3 = k_3^\top \cdot Y + c_3,$$

und ordnet den Fall der Gruppe i mit dem größten Score z_i zu ($i \in \{1, 2, 3\}$). Das Resultat der Klassifizierung wird in der ersten der beiden folgenden Tafeln festgehalten. Es sind $71 + 12 + 21 = 104$ oder 57.8 % der Fälle richtig klassifiziert. Bei einer cross-validation Klassifikation (zweite Tafel) sind dies nur noch $64 + 7 + 19 = 90$ oder 50 % der Fälle. Das ist eine schlechtere Trefferquote als sich im Vergleich mit dem stereotypen Vorgehen (wenn alle Fälle der größten Gruppe 1 zugesprochen werden) ergibt: Dann sind es 94 oder 52.2 % richtig klassifizierte Fälle. Es sind vor allem die Fälle der Gruppe 2, die massiv fehlklassifiziert werden: Dies ist ein weiteres Indiz dafür, dass die Aufteilung der Gruppe $0 \leq SB < 100$ beim Wert 10 keinen Fortschritt (eher einen Rückschritt) für die Gruppendiskrimination bringt.

Klassifikationtafel

Tatsächl. Gruppe	Klassifiziert in Gruppe 1	in Gruppe 2	in Gruppe 3	Summe
1 (SB < 10)	71 75.5 %	19 20.2 %	4 4.3 %	94 100 %
2 (10 < SB ≤ 100)	26 56.5 %	12 26.1 %	8 17.4 %	46 100 %
3 (SB > 100)	7 17.5 %	12 30.0 %	21 52.5 %	40 100 %

Klassifikationtafel, cross-validation

Tatsächl. Gruppe	Klassifiziert in Gruppe 1	in Gruppe 2	in Gruppe 3	Summe
1 (SB < 10)	64 68.1 %	26 27.7 %	4 4.3 %	94 100 %
2 (10 < SB ≤ 100)	30 65.2 %	7 15.2 %	9 19.6 %	46 100 %
3 (SB > 100)	8 20.0 %	13 32.5 %	19 47.5 %	40 100 %

6.3.5 Schrittweise Diskriminanzanalyse

Es soll die Prozedur der *forward selection* beschrieben werden. Wir geben zwei alternative F-to-enter Statistiken an, die über die Aufnahme einer Variablen entscheiden, nämlich

- den F-Quotienten der einfachen Kovarianzanalyse (im ersten Schritt: Varianzanalyse)
- die F-Approximation F_{appr} des relativen Wilksschen Λ-Zuwachses.

Ersteres Kriterium wurde in 3.6.2 eingeführt, Letzteres ist wie folgt definiert. Sei $k \geq 1$ und

$$\Lambda^{(k)} = \text{Wilks' } \Lambda \text{ mit den Variablen } Y_1, \ldots, Y_k \text{ im MANOVA-Ansatz,}$$

das heißt

$$\Lambda^{(k)} = \frac{\det(W^{(k)})}{\det(T^{(k)})};$$

$\Lambda^{(k-1)}$ ist entsprechend Wilks Λ mit den Variablen $Y_1, \ldots, Y_{k-1}$ im Ansatz. Dann definiert man die F-Statistik

$$F_{appr}^{(k-1)} = f \cdot \frac{\Lambda^{(k-1)} - \Lambda^{(k)}}{\Lambda^{(k)}}$$

$[\Lambda^{(0)} = 1]$, mit dem Faktor

$$f = \frac{N - g - (k - 1)}{g - 1}$$

und mit $g - 1$ und $N - g - (k - 1)$ Freiheitsgraden.

- **Step 0** $(k = 0)$.
  Keine der p Variablen $Y_1, \ldots, Y_p$ im Ansatz.

- **Step 1** $(k = 1)$.
  Nimm die Variable Y_1 mit maximalem F-to-enter in den Ansatz. Dabei ist das F-to-enter
  - der F-Quotient der einfachen Varianzanalyse mit g Gruppen und mit $(g - 1, n - g)$ Freiheitsgraden (F.G.)
  - oder die Approximation $F_{appr}^{(0)}$ des Wilksschen Λ-Zuwachses mit $(g - 1, n - g)$ Freiheitsgraden (F.G.)
  Hier im Fall $k = 1$ sind die beiden F-Größen identisch.
  Nicht im Ansatz: $Y_2, \ldots, Y_m$.

- **Step k**
  Nimm die Variable Y_k mit maximalem F-to-enter in den Ansatz. Dabei ist das F-to-enter
  - der F-Quotient der einfachen Kovarianzanalyse mit g Gruppen, mit Kovariablen $Y_1, \ldots, Y_{k-1}$ und mit $(g - 1, n - g - (k - 1))$ F.G.
  - oder die Approximation $F_{appr}^{(k-1)}$ des Wilksschen Λ-Zuwachses mit $(g - 1, n - g - (k - 1))$ F.G.
  Nicht im Ansatz: $Y_{k+1}, \ldots, Y_p$.

- nach **Step p** $(k = p)$.
  Alle Variablen $Y_1, \ldots, Y_p$ im Ansatz (oder Abbruch bei einem früheren Schritt gemäß eines F-to-enter oder P-to-enter Abbruchkriteriums).

Fallstudie **Toskana, g = 3 Gruppen**. Wie in 6.3.4 werden die drei Gruppen wieder durch

Gruppe 1: SB < 10,   Gruppe 2: $10 \leq$ SB < 100,   Gruppe 3: SB $\geq$ 100

definiert. Wir führen eine schrittweise Diskriminanzanalyse durch und geben zunächst die F-to-enter Werte für die Schritte 0 und 1 wieder. Es wird der Wilkssche Λ-Zuwachs mit entsprechender F-Approximation benutzt.

| | Step 0 | | | Step 1 | |
Variable	$\Lambda^{(1)}$	F-to-enter	Variable	$\Lambda^{(2)}$	F-to-enter
1 V	0.988	1.067	1 V	0.679	2.515
2 CR	0.982	1.642	2 CR	0.695	0.362
3 CO	0.936	6.007	3 CO	0.679	2.522
4 NI	0.978	1.994	4 NI	0.679	2.549
5 CU	0.999	0.058	5 CU	0.696	0.337
6 ZN	0.991	0.835	6 ZN	0.697	0.197
7 PB	0.698	38.234	7 PB	[in the equation]	
8 RB	0.990	0.856	8 RB	0.687	1.409
9 SR	0.907	9.030	9 SR	0.695	0.416
10 Y	0.964	3.290	10 Y	0.673	3.269
11 ZR	0.953	4.324	11 ZR	0.692	0.758
12 BA	0.922	7.445	12 BA	0.689	1.141

Step 0: Die Variable PB weist den höchsten F to-enter Wert [kleinsten Λ-Wert] auf und wird als erste Variable aufgenommen. Setze also $Y_1 = $ PB.

Durch diese Aufnahme verändern sich die F-to-enter Werte einiger Variablen zum Schritt 1 erheblich.

Step 1: Die Variable SR, die bei step 0 noch den zweitgrößten F-Wert hatte, fällt bei step 1 weit zurück. Tatsächlich sind PB und SR stark korreliert (mit r = 0.628), so dass PB einen großen Teil des Trennbeitrages von SR übernehmen kann. Man erkennt hier das schon von der schrittweisen Regression her bekannte *Substitutions*prinzip wieder (vgl. 3.3.1).

Im Schritt 2 wird die Variable Y aufgenommen; wir setzen also $Y_2 = $ Y. Y besaß zu Beginn (step 0) nur den 6. größten F-Wert, doch wegen der Unkorreliertheit von PB und Y (r = 0.016) blieb der F-Wert von Y durch die Aufnahme von PB nahezu unberührt.

In der Summary table werden die Ergebnisse bis Schritt 8 präsentiert: die Aufnahme der einzelnen Variablen und der F-to-enter Wert, der zu ihrer Aufnahme führte. Wegen $F_{2,f,0.95} \approx 3.05$ für $f = 165 \ldots 180$ leistet jeweils nur die Aufnahme von PB und Y einen signifikanten (zusätzlichen) Beitrag zur Gruppentrennung. Ferner wird die Gesamt-Statistik für alle auf dieser Stufe aufgenommen Variablen angegeben, nämlich Wilks $\Lambda^{(k)}$ mit der zugehörigen F-Approximation gemäß 6.1.2.

Summary table

Step Nr. k		Variable entered	F to-enter	Wilks' $\Lambda^{(k)}$	F (approx.)	F.G. f_1	f_2
1	7	PB	38.234	0.6983	38.234	2	177
2	10	Y	3.269	0.6733	19.246	4	352
3	1	V	2.446	0.6550	13.744	6	350
4	13	BA	1.386	0.6447	10.676	8	348
5	8	RB	3.078	0.6226	9.252	10	346
6	4	NI	0.700	0.6175	7.813	12	344
7	9	SR	0.477	0.6141	6.744	14	342
8	3	CO	0.631	0.6096	5.967	16	340

SPSS

```
* Schrittweise DISKRIMINANZANALYSE MIT 3 GRUPPEN.
* Wilks' Kriterium.
DISCRIMINANT    GROUPS=SB3(1,3)
      /VARIABLES=V TO ZR,BA /ANALYSIS=V TO ZR,BA
      /METHOD=WILKS /FIN=1.0 /FOUT=1.0.
```

Hauptkomponenten- und Faktoranalyse

Werden n Beobachtungen (unabhängig voneinander) erhoben, und zwar von jeweils p Kriteriumsvariablen $x_1, \ldots, x_p$, so führt das zu einer multivariaten Datei. Sie wird als $n \times p$-Datenmatrix $X = (x_1, \ldots, x_p)$ dargestellt, mit dem n-dimensionalen Vektor

$$x_i = \begin{pmatrix} x_{1i} \\ \vdots \\ x_{ni} \end{pmatrix}$$

der i-ten Beobachtungsvariablen,
$i = 1, \ldots, p$.

Var. x_1	Var. x_2	$\ldots$	Var. x_i	$\ldots$	Var. x_p
x_{11}	x_{12}	$\ldots$	x_{1i}	$\ldots$	x_{1p}
$\ldots$	$\ldots$ $\ldots$	$\ldots$	$\ldots$ $\ldots$	$\ldots$	$\ldots$
x_{k1}	x_{k2}	$\ldots$	x_{ki}	$\ldots$	x_{kp}
$\ldots$	$\ldots$ $\ldots$	$\ldots$	$\ldots$ $\ldots$	$\ldots$	$\ldots$
x_{n1}	x_{n2}	$\ldots$	x_{ni}	$\ldots$	x_{np}

Die p Kriteriumsvariablen sind typischerweise miteinander korreliert. Eine solche Datei enthält deshalb einen hohen Anteil an Redundanz: Nach Maßgabe der Korrelationsstruktur ist ein Teil der Information, die in einem bestimmten Variablensatz enthalten ist, auch in einem anderen vorhanden.

An Stelle der miteinander korrelierten Variablen sollen neue, künstliche Variablen (Hauptkomponenten, Faktoren) erzeugt werden, die unkorreliert sind, im statistischen Sinne also redundanzfrei sind. Die ursprünglichen Beobachtungsvariablen $x_1, \ldots, x_p$ werden als Linearkombinationen dieser künstlichen – auch latent genannten – Variablen dargestellt. Sind die physikalischen Einheiten, in denen die p Variablen gemessen wurden, untereinander nicht vergleichbar, so sollten standardisierte Variablen $x_1^*, \ldots, x_p^*$ anstelle der ursprünglichen $x_1, \ldots, x_p$ herangezogen werden. Das bedeutet, dass die Korrelationsmatrix R (und nicht die Kovarianzmatrix S) als Ausgangspunkt der folgenden Analysen gewählt werden sollte.

Fallstudie **Laengs,** siehe Anhang A.8. Für jedes der $n = 69$ Kinder gehen $p = 8$ metrische Variablen in die Analyse ein, nämlich
L0, G0, K0, L5, G5, K5, LM, LV,

wobei L,G,K für Körpergröße, Gewicht und Kopfumfang stehen, 0 und 5 für das Alter von 0 bzw. 5 Jahren; M und V bezeichnen Vater und Mutter. Die paarweisen Korrelationen, auf welche die folgenden Analysen aufbauen, zeigen, dass die acht Variablen positiv miteinander korreliert sind. Während unter 7.1.2 ihre Zahlenwerte zu finden sind, gibt Abb. 7.1 einen optischen Eindruck von ihren Größenverhältnissen:

Es fällt ins Auge, dass L und G innerhalb des gleichen Alters höher miteinander korrelieren als die beiden L-Werte in den Altersstufen (0 und 5) und die beiden G-Werte in diesen Altersstufen. K5 fällt etwas aus dieser Korrelationsstruktur heraus. Die Elternvariablen sind höher mit den Kindesdaten im Alter 5 als mit denen im Alter 0 korreliert.

In den folgenden Analysen werden die genannten acht Variablen auf wenige Faktoren (Hauptkomponenten) transformiert, wodurch sich ihre Cluster-Struktur manifestieren wird.

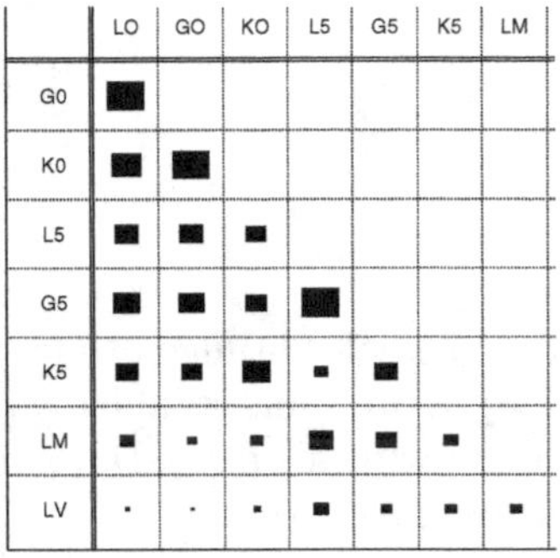

	LO	GO	KO	L5	G5	K5	LM
G0	■						
K0	■	■					
L5	■	■	■				
G5	■	■	■	■			
K5	■	■	■	·	■		
LM	·	·	·	■	■	·	
LV	·	·	·	■	■	■	■

Abb. 7.1. Schematische Darstellung der Größe der paarweisen Korrelationen in der 8 × 8-Korrelationsmatrix.

In der Hauptkomponentenanalyse (HKA) sind die neuen Variablen, die Hauptkomponenten, gemäß ihres „Erklärgehaltes" der Reihe nach geordnet. Die erste Hauptkomponente übernimmt einen maximalen Anteil der Stichprobenvarianz, die zweite Hauptkomponente, die zur ersten unkorreliert ist, enthält einen maximalen Anteil der Restvarianz, usw. Schließlich kann die ganze Korrelations- und Varianzstruktur der p Beobachtungsvariablen durch die p Hauptkomponenten beschrieben werden.

In der Faktoranalyse wird eine kleinere Anzahl von Faktoren ermittelt. Diese enthalten die gesamte Korrelationsstruktur der Beobachtungsvariablen, aber „erklären" nur einen Teil der Varianzstruktur. Den Rest übernehmen zusätzliche (hypothetische) Restvariablen.

7.1 Hauptkomponentenanalyse

Geometrisch betrachtet sind die p Hauptkomponenten die Hauptachsen durch die als Ellipsoid gedachte Punktwolke, welche durch die n Beobachtungen im p-dimensionalen Raum gebildet wird, vgl. Abb. 7.2. Tatsächlich hat die Punktwolke, die durch multivariat normalverteilte Beobachtungen entsteht, eine solche ellipsoide Gestalt. Wirklich vorausgesetzt werden normalverteilte Beobachtungen aber nur bei den Tests und Konfidenzintervallen in 7.1.3.

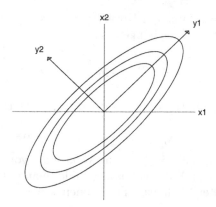

Abb. 7.2. Ellipsoide Punktwolke mit Hauptachsen y_1, y_2 für $p = 2$.

Im Abschn. 7.1.3, nicht aber in 7.1.1 und 7.1.2, trennen wir in der Notation zwischen den („wahren") Größen der Grundgesamtheit und den empirischen der Stichprobe. In 7.1.1 und 7.1.2 bedeuten Var und Cov die empirische Varianz bzw. Kovarianz, also, für n-dimensionale Stichprobenvektoren $u = (u_1, \ldots, u_n)^\top$ und $v = (v_1, \ldots, v_n)^\top$,

$$\mathrm{Var}(u) \equiv s_u^2 = \frac{1}{n-1} \sum\nolimits_{k=1}^{n} (u_k - \bar{u})^2 \,,$$

$$\mathrm{Cov}(u, v) \equiv s_{u,v} = \frac{1}{n-1} \sum\nolimits_{k=1}^{n} (u_k - \bar{u})(v_k - \bar{v}) \,.$$

Der Index k durchläuft i. F. die Fälle $1, \ldots, n$, während i, i' die x-Variablen und j, j' die einzuführenden y-Variablen, bzw. a-Vektoren, indizieren.

7.1.1 Hauptkomponenten aus der Kovarianzmatrix

Ausgangspunkt der folgenden HKA ist die Kovarianzmatrix $S = \mathrm{Cov}(X, X)$ der $n \times p$-Datenmatrix $X = (x_1, \ldots, x_p)$, d. h. die $p \times p$-Matrix $S = (s_{ii'})$, mit den Elementen

$$s_{ii'} \equiv \mathrm{Cov}(x_i, x_{i'}) = \frac{1}{n-1} \sum_{k=1}^{n} (x_{ki} - \bar{x}_i)(x_{ki'} - \bar{x}_{i'}) \,, \quad i, i' = 1, \ldots, p,$$

$(\bar{x}_i = (1/n) \sum_{k=1}^{n} x_{ki})$. Sie wird als invertierbar vorausgesetzt.

Analytisch führen wir Hauptachsen ein als normierte und orthogonale p-dimensionale Vektoren

$$a_1 = (a_{11}, \ldots, a_{1p})^\top, \ldots, a_p = (a_{p1}, \ldots, a_{pp})^\top,$$

welche die p Eigenvektoren der Kovarianzmatrix S bilden.

Wir haben also die Gleichungen

$$S \cdot a_j = \lambda_j a_j, \quad j = 1, 2, \ldots, p, \quad a_j^\top \cdot a_{j'} = \begin{cases} 1 & \text{für } j = j' \\ 0 & \text{für } j \neq j' \end{cases}.$$

Die p positiven Eigenwerte λ_j der positiv definiten Matrix S mögen absteigend geordnet sein,

$$\lambda_1 \geq \lambda_2 \geq \ldots \geq \lambda_p > 0.$$

Liegt ein p-dimensionaler Beobachtungsvektor $x^\top$ vor – wie es bei jeder Zeile der $n \times p$-Datenmatrix X der Fall ist, so bildet man mittels Skalarprodukt die p Hauptkomponenten als lineare Funktionen von $x^\top$:

$$x^\top \cdot a_1, \ldots, x^\top \cdot a_p.$$

Auf der Basis der $n \times p$-Datenmatrix X werden diese p Hauptkomponenten realisiert als n-dimensionale Vektoren $y_1, \ldots, y_p$,

$$y_1 = X \cdot a_1, \ldots, y_p = X \cdot a_p. \tag{7.1}$$

Als wichtigste Eigenschaften der Hauptkomponenten $y_1, \ldots, y_p$ notieren wir:

$$\text{Var}(y_j) = a_j^\top \cdot S \cdot a_j = \lambda_j a_j^\top \cdot a_j = \lambda_j, \quad j = 1, 2 \ldots, p,$$

$$\text{Cov}(y_j, y_{j'}) = a_j^\top \cdot S \cdot a_{j'} = \lambda_{j'} a_j^\top \cdot a_{j'} = 0 \quad \text{für } j \neq j'.$$

Die erste Hauptkomponente (HK) ist also diejenige Linearkombination (mit normiertem Koeffizientenvektor) der $x_1, \ldots, x_p$, welche maximale Varianz besitzt, die zweite HK diejenige, welche unkorreliert zur ersten ist und maximale (Rest-) Varianz aufweist, usw. Aufgrund der Unkorreliertheit der y_j gilt

$$\text{Var}(y_1 + \ldots + y_p) = \lambda_1 + \ldots + \lambda_p = \text{Spur}(S).$$

Die Bedeutung der j-ten HK y_j kann durch ihren Beitrag

$$\frac{\lambda_j}{\text{Spur}(S)} \cdot 100\%$$

zur Gesamtvarianz angegeben werden. Die Korrelation des Vektors $x_i = X \cdot \varepsilon_i$ der i-ten Beobachtungsvariablen [ε_i i-ter p-dim. Einheitsvektor] und der j-ten HK $y_j = X \cdot a_j$ berechnet sich wegen $\text{Cov}(x_i, y_j) = \varepsilon_i^\top S a_j = \lambda_j a_{ji}$ zu

$$r(x_i, y_j) = \frac{\text{Cov}(x_i, y_j)}{\sqrt{\text{Var}(x_i) \cdot \text{Var}(y_j)}} = \frac{\sqrt{\lambda_j}}{s_{x_i}} a_{ji}, \quad s_{x_i} \equiv \sqrt{s_{ii}}.$$

Der Koeffizient a_{ji} kann also nach Umskalierung als Korrelation der i-ten Beobachtungsvariablen mit der j-ten HK interpretiert werden.

7.1.2 Hauptkomponenten aus der Korrelationsmatrix

Anstelle der Kovarianzmatrix S legt man oft – immer aber bei Variablen x_i mit unterschiedlichen physikalischen Dimensionen – die Korrelationsmatrix $R = \left(r(x_i, x_{i'})\right)$ zugrunde, d. i. die Kovarianzmatrix der standardisierten Variablen. Wir setzen dazu für $i = 1, \ldots, p$

$$x_{ki}^* = \frac{x_{ki} - \bar{x}_i}{s_{x_i}}, \quad k = 1, \ldots, n, \quad x_i^* = \begin{pmatrix} x_{1i}^* \\ \vdots \\ x_{ni}^* \end{pmatrix}, \qquad (7.2)$$

so dass x_i^* der standardisierte Vektor der i-ten Beobachtungsvariablen ist. Dann ermittelt man die Eigenwerte und die zugehörigen Eigenvektoren der als invertierbar vorausgesetzten $p \times p$-Matrix R und verfährt wie in 7.1.1.

Fasst man die HKA als spezielle Methode der Faktoranalyse auf, siehe 7.2.2, so geht man

- von der Korrelationsmatrix R anstatt von der Kovarianzmatrix S aus
- zu einer Normierung der Eigenvektoren a_j auf die Länge $\sqrt{\lambda_j}$ über.

Im Folgenden sind $\lambda_1, \ldots, \lambda_p$ die nach absteigender Größe geordneten positiven Eigenwerte von R und $a_1, \ldots, a_p$ die zugehörigen (orthogonalen) Eigenvektoren, welche die Länge $\sqrt{\lambda_j}$ haben sollen:

$$R \cdot a_j = \lambda_j a_j, \quad j = 1, \ldots, p, \qquad a_j^\top \cdot a_{j'} = \begin{cases} \lambda_j & \text{für } j = j' \\ 0 & \text{für } j \neq j' \end{cases}.$$

Es liege ein p-dimensionaler Vektor $x^{*\top}$ aus standardisierten Beobachtungen vor. Die p linearen Funktionen

$$x^{*\top} \cdot a_j / \lambda_j, \qquad j = 1, \ldots, p, \qquad (7.3)$$

von $x^{*\top}$ werden jetzt Hauptfaktoren genannt.

Unter Verwendung der standardisierten $n \times p$-Datenmatrix

$$X^* = (x_1^*, \ldots, x_p^*) \qquad [x_i^* \text{ in } (7.2) \text{ definiert}]$$

realisieren sich die p Hauptfaktoren – analog zu den Hauptkomponenten in (7.1) – als n-dimensionale Vektoren $y_1, \ldots, y_p$,

$$y_1 = \frac{1}{\lambda_1} X^* \cdot a_1, \ldots, y_p = \frac{1}{\lambda_p} X^* \cdot a_p$$

(einer einfachen Notation zuliebe bleiben wir bei den Buchstaben $y_1, \ldots, y_p$). Die p Hauptfaktoren sind unkorreliert und besitzen die Varianz 1,

$$\mathrm{Var}(y_j) = 1, \qquad \mathrm{Cov}(y_j, y_{j'}) = 0, \; j \neq j',$$
$$\mathrm{Var}(y_1 + \ldots + y_p) = p = \mathrm{Spur}(R).$$

Die Korrelation des i-ten Vektors $x_i^* = X^* \varepsilon_i$ der standardisierten Beobachtungsvariablen und des j-ten Hauptfaktors $y_j = (1/\lambda_j)\, X^* a_j$ ist gerade gleich der i-ten Komponente von a_j,

$$r(x_i^*, y_j) = \mathrm{Cov}(x_i^*, y_j) = a_{ji}\,.$$

Es sollen nun die beiden Grundgleichungen (7.5) und (7.6) der HKA (auf der Basis der Korrelationsmatrix) formuliert werden, und zwar gleich in Analogie zur nachfolgenden Faktoranalyse. I. F. steht der $p \times 1$-Vektor $x^{*\top}$ für eine Zeile der (standardisierten) Datenmatrix X^*. Wir fassen die in (7.3) stehenden linearen Funktionen von $x^{*\top}$ zusammen zum Vektor

$$y = \left(\frac{1}{\lambda_1} x^{*\top} \cdot a_1, \ldots, \frac{1}{\lambda_p} x^{*\top} \cdot a_p\right)^{\top} \qquad \text{der Hauptfaktoren.} \qquad (7.4)$$

Ferner führen wir die

$$p \times p - \text{Matrix} \quad \Lambda = (a_1, \ldots, a_p)$$

ein, mit den auf $\sqrt{\lambda_j}$ normierten Eigenvektoren a_j als Spalten. Es gilt

$$\Lambda^{\top} \cdot \Lambda = \mathrm{Diag}(\lambda_j)\,, \quad \text{und}$$

$$\Lambda \cdot \mathrm{Diag}(1/\sqrt{\lambda_j}) \quad \text{ist eine orthogonale Matrix.}$$

Mit Hilfe der Matrix Λ schreibt sich die Eigenwertgleichung $R\, a_j = \lambda_j\, a_j$ als

$$R \cdot \Lambda = \Lambda \cdot \mathrm{Diag}(\lambda_j)\,,$$

und die Definitionsgleichung (7.4) der Hauptfaktoren ist

$$y = \mathrm{Diag}(1/\lambda_j) \cdot \Lambda^{\top} \cdot x^*\,.$$

Aus den letzten beiden Gleichungen erhalten wir in umgekehrter Reihenfolge die Grundgleichungen

$$x^* = \Lambda \cdot y \qquad\qquad\qquad (7.5)$$

$$R = \Lambda \cdot \Lambda^{\top}\,. \qquad\qquad\qquad (7.6)$$

Die erste Grundgleichung beschreibt die Darstellung des p-dimensionalen Vektors x^* der Beobachtungen mit Hilfe des Vektors y der Hauptfaktoren, die zweite die Zerlegung der Korrelationsmatrix R.

Um für einen Vektor x^* von Beobachtungswerten den zugehörigen Vektor y der Werte der Hauptfaktoren zu berechnen, wird (7.5) invertiert zu

$$y = \Lambda^{-1} \cdot x^*\,. \qquad\qquad\qquad (7.7)$$

Die Komponenten des Vektors y heißen auch die Faktorwerte (factor scores) für die Beobachtung x^*.

Fallstudie **Laengs.** Die paarweisen Korrelationen, auf die wir die folgenden Analysen aufbauen, zeigen, dass alle metrischen Variablen positiv miteinander korreliert sind.

Korrelationen $r(x_i, x_{i'})$.

	L0	G0	K0	L5	G5	K5	LM	LV
L0	1.0000							
G0	.7886	1.0000						
K0	.6330	.7602	1.0000					
L5	.5132	.5042	.4330	1.0000				
G5	.5720	.5372	.4611	.8000	1.0000			
K5	.4831	.4357	.5867	.2922	.4803	1.0000		
LM	.3173	.1952	.2673	.5192	.4177	.3142	1.0000	
LV	.1027	.0746	.1561	.3247	.2204	.2524	.2389	1.0000

Die HKA führen wir mit 5 Variablen durch, mit den drei Geburtsvariablen L0, G0, K0 und den zwei Elternvariablen LM, LV. Grundlage ist also die 5 × 5-Korrelationsmatrix R, welche einen entsprechenden Auszug aus der obigen 8 × 8-Matrix darstellt. Die 5 Eigenwerte von R lauten

```
COMPONENT      EIGENVALUE    PCT OF VAR    CUM PCT

    1           2.62249         52.4          52.4
    2           1.10781         22.2          74.6
    3            .74502         14.9          89.5
    4            .36223          7.2          96.8
    5            .16246          3.2         100.0
                -------------------------
   Sum          5.00           100.0
```

```
E    2.622 +    *
I          I
G          I
E          I
N          I
V          I
A          I
L    1.108 +         *
U     .745 +              *
E          I
S     .362 +                   *

      .162 +---+---+---+---+-- *
              1   2   3   4   5
```

Der erste Eigenwert $\lambda_1 = 2.622$ der 5 × 5-Korrelationsmatrix R ist deutlich größer als die restlichen, die dann in etwa gleichmäßig abnehmen, mit dem geringsten Unterschied zwischen dem zweiten und dritten Wert.

Als nächstes werden die 5 Eigenvektoren $a_1, \ldots, a_5$ der Korrelationsmatrix R bestimmt und jeweils auf die Länge $\sqrt{\lambda_1}, \ldots, \sqrt{\lambda_5}$ normiert.

Tabelle 7.1. 5×5-Matrix $\Lambda = (a_1, \ldots, a_5)$

Var.	Hkomp. 1 a_1	Hkomp. 2 a_2	Hkomp. 3 a_3	Hkomp. 4 a_4	Hkomp.5 a_5
L0	.88328	−.14598	−.03632	.39596	−.20099
G0	.90284	−.26808	.11482	.04805	.31227
K0	.86759	−.11709	.11707	−.44466	−.14884
LM	.46101	.58817	−.66112	−.04664	.04771
LV	.24887	.80931	.52889	.05690	.01098
$\sum_i a_{ji}^2$	2.6224	1.1078	0.7450	0.3622	0.1624

Man entnimmt der Tabelle 7.1: Der erste Eigenvektor a_1 hat rein positive Komponenten. Dies ist aber keine Besonderheit der Daten, sondern eine Folge der rein positiven Elemente der Korrelationsmatrix R (Theorem über nichtnegative Matrizen, siehe Zurmühl (1964)). Besonders hohe Ladungen (wie man hier sagt) hat dieser allgemeine „Größenfaktor" für die Geburtsvariablen L0, G0, K0. Der zweite Eigenvektor a_2 hat für die drei Geburtsvariablen anderes Vorzeichen als für die zwei Elternvariablen. Er setzt also diese beiden Variablengruppen gegeneinander ab. Plottet man die 5 Variablen in der durch die ersten beiden Eigenvektoren aufgespannten Ebene, so bilden diese beiden Variablengruppen zwei voneinander getrennte Cluster.

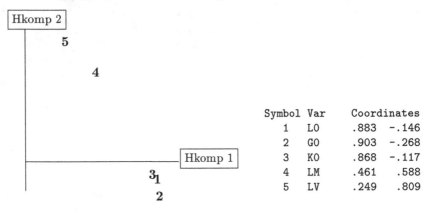

Symbol	Var	Coordinates	
1	L0	.883	−.146
2	G0	.903	−.268
3	K0	.868	−.117
4	LM	.461	.588
5	LV	.249	.809

Schließlich werden für jeden der 69 Fälle die Werte (Scores) der ersten zwei Hauptkomponenten berechnet (Faktorwerte), und zwar nach der Formel (7.7). Sie charakterisieren die 5 Größen L0, G0, K0, LM, LV jedes einzelnen Kindes bezüglich der Faktoren „allgemeine Größe", d. i. Hkomp. 1, und „Kind-Eltern Unterschied", d. i. Hkomp. 2. (Die Ergebnisse der HKA oder der

Faktoranalyse sichern allein noch keine substanzwissenschafliche Bedeutung solcher Faktornamen.)

Fall	Hkomp. 1	Hkomp. 2
1	-0.321	-0.792
2	-0.778	-2.700
3	-0.823	0.226
4	-1.964	1.198
5	1.178	-1.388
6	-1.045	0.511
...	...	...
64	-0.571	-1.303
65	0.802	-0.436
66	-0.244	-1.448
67	0.407	0.564
68	0.538	0.453
69	-0.489	1.246

Kind 4 hat einen negativen ersten und positiven zweiten Faktorwert, entsprechend der Tatsache, daß das relativ kleine Kind einen großen Vater hat.

Genau umgekehrt liegen die Verhältnisse beim Kind 5. Die Faktorwerte des Kindes 68 spiegeln die relative Größe von Kind und Eltern wieder.

Splus   R

```
# Selektion der 5 Variablen L0,G0,K0,LM,LV
# aus der Datei "laengs", siehe A.8
laeng5<- data.frame(laengs[,c(3:5,9,10)])
# Hauptkomponenten-Analyse aus der Korrelationsmatrix
laeng.pca<- princomp(laeng5,cor=T,scores=T)
summary(laeng.pca)
# Eigenvektoren von R auf 1 normiert
# 2D-Plot (R) bzw Balkenhistogramme (Splus) der "Ladungen"
loadings(laeng.pca)
plot(loadings(laeng.pca))
# Faktorenwerte (Scores)
laeng.pca$scores
```

SPSS

```
* Principal Component Analysis (PC) mit 5 Variablen.
FACTOR VARIABLES=LO GO KO LM LV
     /CRITERIA=FACTORS(5)   /EXTRACTION=PC
     /PRINT=INITIAL EXTRACTION FSCORE
     /PLOT=EIGEN ROTATION (1,2) (1,3) /SAVE=REG(ALL FSCORE).
* Ausdruck der Faktorscores.
LIST   FSCORE1 to FSCORE5.
```

7.1.3 Tests und Konfidenzintervalle

In diesem Abschnitt wird vorausgesetzt, dass die p Kriteriumsvariablen einer p-dimensional normalverteilten Grundgesamtheit entstammt, d. h. dass der

Vektor der Zufallsvariablen $x_1, \ldots, x_p$ $N_p(\mu, \Sigma)$ – verteilt

ist. Im Folgenden bezeichnet λ_j die (wahren) Eigenwerte von Σ, während die empirischen Eigenwerte von S nun mit $\hat{\lambda}_j$ bezeichnet werden. Dann lässt sich zeigen, dass die Größe

$$\sqrt{\frac{n-1}{2}} \left(\frac{\hat{\lambda}_j}{\lambda_j} - 1 \right) \quad \text{asymptotisch } N(0,1)\text{-verteilt}$$

ist. Folglich bildet, für jedes $j = 1, \ldots, p$ einzeln,

$$\frac{\hat{\lambda}_j}{1 + v_{n,\alpha}} \leq \lambda_j \leq \frac{\hat{\lambda}_j}{1 - v_{n,\alpha}}, \qquad v_{n,\alpha} = \sqrt{\frac{2}{n-1}}\, u_{1-\alpha/2},$$

ein Konfidenzintervall für λ_j zum asymptotischen Niveau $1 - \alpha$.

Wir wollen die Hypothese prüfen, dass die letzten r Eigenwerte identisch gleich sind, d. i. die Hypothese

$$H_r: \quad \lambda_{p-r+1} = \ldots = \lambda_p$$

einer Isotropie bezüglich der letzten r Hauptachsen, $r = p - 1, p - 2, \ldots, 2$. (Man beachte, dass eine Hypothese der Form $\lambda_j = 0$ mit der impliziten Voraussetzung $\det(\Sigma) \neq 0$ kollidiert). Eine Teststatistik lautet

$$\hat{\chi}_n^2 = -(n-1) \sum_{j=p-r+1}^{p} \ln \hat{\lambda}_j + (n-1)\, r \ln \Big(\sum_{j=p-r+1}^{p} \hat{\lambda}_j / r \Big).$$

Diese Teststatistik ist unter H_r asymptotisch

$$\chi_f^2\text{-verteilt, mit} \quad f = \frac{1}{2} r(r+1) - 1 \quad \text{Freiheitsgraden,}$$

so dass H_r verworfen wird, falls

$$\hat{\chi}_n^2 > \chi_{f,1-\alpha}^2 \quad \text{gilt} \qquad [\text{großes } n \text{ vorausgesetzt}].$$

Dieser Test kann zum sukzessiven Prüfen der Hypothesen $H_{p-1}, H_{p-2}, \ldots$ verwendet werden. Wenn zum ersten Mal die Hypothese H_r nicht verworfen wird, so betrachtet man die Eigenwerte $\lambda_1, \ldots, \lambda_{p-r}$ als signifikant größer als die restlichen (größenmäßig nicht mehr wesentlich unterschiedlichen) λ's.

Diese Verfahren werden üblicherweise auch mit den Eigenwerten der *Korrelations*matrix durchgeführt, wenn sie auch dann nur noch grobe Approximationen darstellen, vgl. Mardia et al (1979).

Fallstudie **Laengs**. Mit Hilfe der Teststatistik $\hat{\chi}_n^2 = (n-1) \cdot (A_r + B_r)$ prüfen wir für $r = 4, 3, 2$ die Isotropiehypothese H_r, dass nämlich die letzten r Eigenwerte identisch gleich sind.

Hypothese	r	FG	$A_r = r \ln\left(\sum \hat{\lambda}_j / r\right)$	$B_r = -\sum \ln \hat{\lambda}_j$	$\hat{\chi}_{69}^2$	$\chi_{FG,0.99}^2$
$\lambda_2 = \ldots = \lambda_5$	4	9	−2.0810	3.0248	64.18	21.67
$\lambda_3 = \ldots = \lambda_5$	3	5	−2.5795	3.1271	37.24	15.09
$\lambda_4 = \lambda_5$	2	2	−2.6762	2.8328	10.65	9.21

Für jedes r gibt es nach Aussage dieses Tests in den (nach abfallender Größe geordneten) r letzten Eigenwerten einen signifikanten Größenunterschied, wenn auch die letzte Hypothese $\lambda_4 = \lambda_5$ nur noch knapp verworfen wird.

Die folgenden Konfidenzintervalle $[a_j, b_j]$ für den Eigenwert λ_j, $j = 1, \ldots, 5$, wurden zum Niveau $1 - \alpha = 0.99$ berechnet. Es ist $v_{69,0.01} = 0.4418$. Das Schema zeigt, dass sich benachbarte Intervalle nur leicht überlappen, mit Ausnahme der oberen Grenze 1.335 von $[a_3, b_3]$ und der unteren Grenze 0.768 von $[a_2, b_2]$, wo eine stärkere Überdeckung stattfindet: Tatsächlich kommt $\hat{\lambda}_2$ auch noch im benachbarten Intervall $[a_3, b_3]$ zu liegen.

j	$\hat{\lambda}_j$	a_j	b_j	Intervall $[a_j \mid b_j]$, mit $\hat{\lambda}_j$ an der Stelle $\mid$
1	2.6225	1.819	4.698	...................................[...........|.............]...
2	1.1078	0.768	1.985	...................[.........|.......].............
3	0.7450	0.517	1.335	.................[......|.........].................
4	0.3622	0.251	0.649	..........[....|......].................
5	0.1625	0.113	0.291	....[..|....]..................

7.2 Faktoranalyse

In der Faktoranalyse geht man grundsätzlich von den standardisierten Beobachtungsvariablen x_i^* und ihrer Kovarianzmatrix, d. i. die Korrelationsmatrix R der Beobachtungsvariablen x_i, aus (anstatt von Variablen wird auch von Merkmalen gesprochen). In 7.2.1 und 7.2.2 soll das mathematische Modell der Faktoranalyse beschrieben werden. Die auftretenden Größen x_i, x_i^*, y_j, e_i sind dabei Zufallsvariablen, die $\mu_i = \mathbb{E}(x_i)$, $\sigma_i^2 = \text{Var}(x_i)$, ψ_i, $\rho_{ii'}$, λ_{ij} sind Parameter ihrer Verteilungen. Erst ab 7.2.3 werden eine Datenmatrix und darauf basierende Schätzer für diese Parameter herangezogen.

7.2.1 Darstellung des Beobachtungsvektors

Die p standardisierten Beobachtungsvariablen

$$x_i^* = \frac{x_i - \mu_i}{\sigma_i}, \qquad i = 1, \ldots, p,$$

werden in der Faktoranalyse dargestellt durch Linearkombinationen mit m unkorrelierten *Faktor*variablen $y_1, \ldots, y_m$ $(m \leq p)$ plus p unkorrelierte Rest-Variable $e_1, \ldots, e_p$:

$$x_i^* = \lambda_{i1} y_1 + \ldots + \lambda_{im} y_m + e_i, \qquad i = 1, \ldots, p. \tag{7.8}$$

Die y_j sind künstliche, nicht beobachtbare (latente) Variable, kurz Faktoren genannt. In Matrixschreibweise heißt (7.8)

$$x^* = \Lambda \cdot y + e. \tag{7.9}$$

Dabei haben wir die p- bzw. m-dimensionalen Zufallsvektoren

$$x^* = \begin{pmatrix} x_1^* \\ \vdots \\ x_p^* \end{pmatrix}, \quad y = \begin{pmatrix} y_1 \\ \vdots \\ y_m \end{pmatrix}, \quad e = \begin{pmatrix} e_1 \\ \vdots \\ e_p \end{pmatrix}$$

eingeführt, sowie die

$$p \times m - \text{Matrix} \quad \Lambda = (\lambda_{ij}) = \begin{pmatrix} \lambda_1^\top \\ \vdots \\ \lambda_p^\top \end{pmatrix} \quad \text{der Koeffizienten}.$$

Für die Variablen y_j und e_i setzt man

$$\mathbb{E}(y_j) = \mathbb{E}(e_i) = 0, \qquad \text{Var}(y_j) = 1$$
$$\text{Cov}(y_j, y_{j'}) = \text{Cov}(e_i, e_{i'}) = 0 \text{ für } j \neq j', \ i \neq i', \quad \text{Cov}(y_j, e_i) = 0 \tag{7.10}$$

voraus. Man schreibt zur Abkürzung $\psi_i = \text{Var}(e_i)$ und nennt

Λ Faktormatrix, λ_{ij} Faktorladungen

e_i merkmalspezifische Variable, ψ_i merkmalspezifische Varianz.

Die Korrelation zwischen der standardisierten Beobachtungsvariablen x_i^* und der Faktorvariablen y_j berechnet sich zu [ε_j j-ter m-dimens. Einheitsvektor]

$$\text{Cov}(x_i^*, y_j) = \lambda_i^\top \text{Cov}(y, y) \varepsilon_j = \lambda_{ij},$$

so dass die Faktorladungen λ_{ij} gerade den (linearen) Zusammenhang zwischen den Beobachtungs- und Faktorvariablen angeben, also „den Einfluss des j-ten Faktors auf das i-te Merkmal" beschreiben.

7.2.2 Zerlegung der Korrelationsmatrix

Für die Elemente $\rho_{ii'} = \text{Cov}(x_i^*, x_{i'}^*)$ der zugrunde liegenden Korrelations-matrix P rechnet man unter (7.8) und (7.10), dass $\rho_{ii'} = \lambda_i^\top \cdot \lambda_{i'} + \delta_{ii'}\,\psi_i$, also dass

$$\rho_{ii'} = \sum_{j=1}^m \lambda_{ij}\,\lambda_{i'j} \quad (i \neq i'), \qquad \rho_{ii} \equiv 1 = \sum_{j=1}^m \lambda_{ij}^2 + \psi_i\,. \tag{7.11}$$

Man setzt $\rho_{ii} \equiv 1 = h_i^2 + \psi_i$ an, nennt

$$h_i^2 = \sum_{j=1}^m \lambda_{ij}^2\,, \qquad i = 1, \dots, p,$$

die Kommunalitäten und interpretiert die Gleichung (7.11) so: Die Korre-lationsstruktur der p Beobachtungsvariablen (Merkmale) wird durch die m Faktoren vollständig, die Varianzstruktur nur zum Teil, nämlich über die Kommunalitäten, „erklärt". Für den restlichen Teil der Varianz stehen die p merkmalspezifischen Variablen e_i. Zur Erinnerung: Bei der Hauptkompo-nentenanalyse lässt sich die gesamte Varianz-/Kovarianz- Struktur aus den Hauptkomponenten ableiten; vergleiche die schematische Darstellung der bei-den Analysen in Abb. 7.3.

Mit Hilfe der $p \times p$-Diagonalmatrix $\Psi = \text{Diag}(\psi_i)$ schreibt sich (7.11) in Matrizenform so:

$$P = \Lambda \cdot \Lambda^\top + \Psi. \tag{7.12}$$

Die Gleichungen (7.9) und (7.12) stellen das mathematische Modell der Fak-toranalyse dar; sie sind mit den entsprechenden Gleichungen (7.5) und (7.6) der Hauptkomponentenanalyse zu vergleichen, für die wir aber nur ein Daten-Modell, nicht ein Modell der Grundgesamtheit, eingeführt haben. In diesem Sinne reduzieren sich im Fall

$$p = m, \quad e = 0, \quad \Psi = 0$$

die Gleichungen (7.9) und (7.12) auf (7.5) und (7.6).

Führt man die reduzierte Korrelationsmatrix $P_{(h)}$ ein, indem man in P die Einsen auf der Hauptdiagonalen durch die Kommunalitäten $h_1^2, \dots, h_p^2$ ersetzt, so erhalten wir aus (7.12) die Gleichung

$$P_{(h)} = \Lambda \cdot \Lambda^\top,$$

welche der Ausgangspunkt zur Berechnung der Matrix Λ ist.

Während die Hauptkomponenten im Wesentlichen festgelegt sind, gilt dies für die Faktoren nicht mehr. Vielmehr lassen sie sich noch beliebigen Drehun-gen und Spiegelungen (Rotationen) unterwerfen. Ist T eine orthogonale $m \times m$-Matrix (d.h. $TT^\top = T^\top T = I_m$, I_m die $m \times m$-Einheitsmatrix) , so erfüllen die „rotierten" Faktoren $z = T^\top y$ ebenfalls die Grundgleichungen. Setzt man nämlich $y = T \cdot z$ in (7.9) ein, dann folgt zusammen mit (7.12)

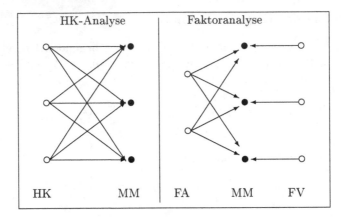

Abb. 7.3. Schematische Darstellung der beteiligten Variablen bei der Hauptkomponenten- und bei der Faktor-Analyse. Abkürzungen: HK Hauptkomponenten, MM Merkmale bzw. (Beobachtungs-) Variablen, FA Faktoren, FV merkmalspezifische Fehlervariablen.

$$x^* = \Gamma \cdot z + e, \qquad P = \Gamma \cdot \Gamma^\top + \Psi, \qquad (7.13)$$

wobei $\Gamma = \Lambda \cdot T$ die rotierte Faktormatrix darstellt.

Nun ziehen wir die Stichprobengrößen $\bar{x}_i$, s_{x_i} und $r_{ii'}$ als Schätzer für die Parameter μ_i, σ_i und $\rho_{ii'}$ der Grundgesamtheit heran (die Schätzer von λ_{ij}, h_i^2, ψ_i erhalten keine eigene Bezeichnung). Wie schon in 7.1.2 setzen wir

$$x_{ki}^* = \frac{x_{ki} - \bar{x}_i}{s_{x_i}} \qquad \text{[standard. Beobachtung]},$$

$$R = (r_{ii'}) \qquad \text{[$p \times p$-Korrelationsmatrix]}.$$

7.2.3 Schritte der Faktoranalyse

Die aufeinanderfolgenden Schritte der Faktoranalyse – zusammen mit den daraus entstehenden Problemen – können schematisch wie in der Tabelle 7.2 dargestellt werden.

Der Schritt 6. wird in 7.2.6 erläutert werden. Bei der Hauptkomponentenanalyse (i. F. mit PCA für *principal component analysis* bezeichnet) trifft man die Wahl:

$m = p$, alle $h_i^2 = 1$, Λ Matrix der Eigenvektoren von R,

$T = I_p$ (keine Rotation).

In diesem Sinne ist PCA also ein Spezialfall der Faktoranalyse.

I. F. werden einige Lösungen für die angesprochenen Probleme genannt. Dabei steht Merkmal synonym für Beobachtungsvariable, PAF steht für eine spezielle Faktor-Methode, dem *principal axis factoring* (siehe 7.2.4 (ii)).

Tabelle 7.2. Schritte und die entstehenden Probleme bei der Faktoranalyse

Schritt	Matrix	Beschreibung	Problem
1.	(x_{ki})	$n \times p$-Datenmatrix	
2.	R	$p \times p$-Korrelationsmatrix	
3.	$R_{(h)}$	$p \times p$-reduzierte Korrelationsmatrix	Festlegung der Kommunalitäten h_i^2 auf der Diagonalen
4.	Λ	$p \times m$-Matrix der Faktorladungen	Festlegung der Anzahl m von Faktoren und Extraktion der Matrix Λ
5.	Γ	$p \times m$-Matrix $\Gamma = \Lambda T$ der rotierten Faktorladungen	Bestimmung einer Rotationsmatrix T
6.	F	$n \times m$-Matrix $F = (f_{ij})$ der Faktorwerte	Schätzen von F

7.2.4 Kommunalitäten, Extraktion der Faktoren

Die Kommunalitäten $h_i^2 = 1 - \psi_i$, $i = 1, \ldots, p$, geben den Varianzanteil des i-ten Merkmals an, der von den m Faktoren übernommen wird; sie sind im Intervall $[0, 1]$ frei vorgebbar. Mögliche Vorgaben sind

(i)	$h_1^2 = \ldots = h_p^2 = 1$	($\rightarrow$ PCA-Methode)
(ii)	$h_i^2 = R_i^2$	($\rightarrow$ PAF-Methode)
(iii)	$h_i^2 = \max_{\{i' \neq i\}} |r_{ii'}|$.	

Dabei ist R_i^2 der quadrierte multiple Korrelationskoeffizient des i-ten Merkmals mit den übrigen $p - 1$ Merkmalen, siehe 3.5.1, und $r_{ii'}$ die (bivariate) Korrelation der Variablen x_i, $x_{i'}$. Im Fall (iii) wählt man also das – vom Diagonalelement abgesehen – betragsmäßig größte Element in der i-ten Reihe der Matrix R.

Die Anzahl m von Faktoren kann durch Vorgabe eines Wertes λ_{min} angegeben werden (üblich ist $\lambda_{min} = 1$): m ist dann die Anzahl der Eigenwerte von R, die größer oder gleich λ_{min} sind. Komplexere Methoden zur Bestimmung von m finden sich bei Fahrmeir et al (1996), Hartung & Elpelt (1995) u. a.

Es gibt mehrere Methoden, die m Faktoren aus der reduzierten Korrelationsmatrix $R_{(h)}$ zu extrahieren.

(i) PCA-Methode

Im Fall $R_{(h)} = R$ (d.h. alle $h_i^2 = 1$) werden die zu den größten m Eigenwerten gehörenden Eigenvektoren genommen und zur Matrix Λ zusammengefasst.

Diese Methode führt aber nur im Fall $m = p$ zu einer Lösung der Grundgleichungen der Faktoranalyse, die dann identisch zur Lösung der Hauptkomponentenanalyse ist.

(ii) PAF-(Iterations-) Methode

1. Schritt: Die ersten m Eigenvektoren der Matrix $R_{(h)} = R_{(h)}^{(1)}$ werden bestimmt, auf die Länge $\sqrt{\lambda_1^{(1)}}, \dots, \sqrt{\lambda_m^{(1)}}$ normiert ($\lambda_1^{(1)} \geq \lambda_2^{(1)} \geq \dots$ absteigend geordnete Eigenwerte von $R_{(h)}^{(1)}$) und zur $p \times m$-Matrix $\Lambda^{(1)} = (\lambda_{ij}^{(1)})$ zusammengefasst. Aus dieser Matrix werden die Kommunalitäten neu berechnet: $(h_i^{(1)})^2 = \sum_{j=1}^{m} (\lambda_{ij}^{(1)})^2$.

2. Schritt: Die neuen Kommunalitäten $(h_i^{(1)})^2$ werden in die Diagonale von R eingetragen, was zu einer Matrix $R_{(h)}^{(2)}$ führt. Die ersten m – auf die Wurzel des zugehörigen Eigenwertes – normierten Eigenvektoren von $R_{(h)}^{(2)}$ werden zur Matrix $\Lambda^{(2)}$ zusammengefasst, aus denen wieder die Kommunalitäten neu berechnet werden, usw.

Dieses Verfahren wird solange wiederholt, bis numerische Konvergenz eintritt, eine vorgegebene Anzahl von Iterationen erreicht ist oder eine Kommunalität grösser als 1 wird.

(iii) Maximum-Likelihood Methode

Unter der Annahme, dass der Zufallsvektor $(x_1, \dots, x_p)$ einer p-dimensionalen Normalverteilung unterliegt, wird eine solche Zerlegung $P = \Lambda \cdot \Lambda^\top + \Psi$ der (wahren) Korrelationsmatrix P gesucht, welche die Likelihoodfunktion der Stichprobe maximiert. Wir betrachten

$$\ell(\Lambda, \Psi) = -\frac{1}{2} n \ln\big(\det(P)\big) - \frac{1}{2} n \operatorname{Spur}(P^{-1}R), \qquad P = \Lambda\Lambda^\top + \Psi,$$

als log-Likelihoodfunktion (wobei der Erwartungswert-Vektor bereits durch seinen ML-Schätzer, den Mittelwertvektor, ersetzt wurde, R die empirische Korrelationsmatrix ist und konstante Terme weggelassen wurden). Das Maximieren von $\ell(\Lambda, \Psi)$ ist gleichbedeutend mit dem Minimieren der Funktion

$$F(\Lambda, \Psi) = -\ln\big(\det(P^{-1}R)\big) + \operatorname{Spur}(P^{-1}R), \qquad P = \Lambda\Lambda^\top + \Psi,$$

welche nach Jöreskog (1967) bzw. Mardia et al (1979) zunächst bez. Λ bei festem Ψ, dann bez. Ψ minimiert wird.

Fallstudie **Laengs.** Wir führen eine Faktoranalyse mit allen 8 metrischen Variablen durch, mit den Kindvariablen zum Alter von 0 und 5 Jahren und mit den beiden Elternvariablen; das sind

L0, G0, K0, L5, G5, K5, LM, LV.

Die Eigenwerte der unter 7.1.2 präsentierten 8×8-Matrix R lauten

j	1	2	3	4	5	6	7	8
λ_j	4.0873	1.2336	0.8647	0.6759	0.5128	0.3399	0.14761	0.13791

Entsprechend der Tatsache, daß die ersten beiden Eigenwerte größer 1 sind, werden 2 Faktoren mit Hilfe der PAF-Methode extrahiert. Die Kommunalitäten zu Beginn des Iterationsverfahrens (initial statistics) sind die quadrierten multiplen Korrelationen der betreffenden Variablen mit den restlichen; am Ende (final statistics) stehen Kommunalitäten h_i^2, die sich nach 12 Iterationen nicht mehr verändern. Mit Ausnahme von h_{K5}^2 liegen sie nicht weit von den anfänglichen Werten entfernt. Die merkmalspezifischen Varianzen $\psi_i = 1 - h_i^2$ sind am größten für die Variablen K5, LM, LV, welche ja auch etwas schwächere paarweise Korrelationen mit den übrigen Variablen aufweisen.

	Initial Statistics				Final Statist. (12 Iterations)		
Var.	Communality	Fac.	Eigenvalue		Communal.	Fac.	Eigenvalue
LO	.67341	*	1	4.08733	.68730	1	3.75894
GO	.76256	*	2	1.23368	.83963	2	.81687
KO	.66768	*	3	.86479	.68854		
L5	.74355	*	4	.67594	.84602		
G5	.72613	*	5	.51281	.70391		
K5	.50888	*	6	.33994	.35609		
LM	.34125	*	7	.14761	.32395		
LV	.18095	*	8	.13791	.13036		

Faktor-Matrix Λ

(Matrix der Faktorladungen)

Var.	FACTOR 1	FACTOR 2
LO	.79551	−.23338
GO	.82022	−.40850
KO	.76289	−.32640
L5	.78353	.48176
G5	.78901	.28527
K5	.59066	−.08490
LM	.46618	.32654
LV	.26207	.24835

Die Summe der quadrierten Ladungen beträgt 3.758 für den ersten und 0.816 für den zweiten Faktor; das sind die beiden Eigenwerte der final statistics.

Trägt man für jede der 8 Variablen die beiden Koordinaten (Ladungen) im Diagramm auf, so kommen die Geburtsvariablen (Punkte 1,2,3), die Elternvariablen (Punkte 7,8) und die Alter-5 Variablen L5, G5 (Punkte 4,5) jeweils beieinander zu liegen, während sich die Variable K5 (Punkt 6), die sich auch auf das Alter von 5 Jahren bezieht, nicht einpasst.

Symbol	Var.	Coordinates	
1	L0	.795	−.233
2	G0	.820	−.408
3	K0	.762	−.326
4	L5	.783	.481
5	G5	.789	.285
6	K5	.590	−.084
7	LM	.466	.326
8	LV	.262	.248

Die Darstellung zeigt Faktor 2 (vertikal) und Faktor 1 (horizontal) mit den Punkten 4, 7, 5, 8 im oberen Bereich und 6, 1, 3, 2 im unteren Bereich.

Splus

```
# Selektion der 8 Variablen L0,G0,K0,L5,G5,K5,LM,LV
laeng8<- data.frame(laengs[,3:10])
# Faktor-Analyse aus der Korrelationsmatrix ohne Rotation
laeng.fac<- factanal(laeng8,factors=2,rotation="none")
summary(laeng.fac)
# unrotierte Ladungen
loadings(laeng.fac); plot(loadings(laeng.fac))
# Faktor-Analyse aus der Korrelationsmatrix mit
# Rotation (s. 7.2.5) und FactorScores (s. 7.2.6)
laeng.rot<- factanal(laeng8,factors=2,scores=T,
     type="regression",rotation="varimax")
summary(laeng.rot)
# rotierte Ladungen
loadings(laeng.rot); plot(loadings(laeng.rot))
# Faktorenwerte (Scores) nach der Rotation
laeng.rot$scores
```

SPSS

```
* Principal Factor Analysis (PAF) mit 8 Variablen.
* Extraktation von 2 Faktoren, Varimax Rotation und FScores.
FACTOR  VARIABLES=L0 G0 K0 L5 G5 K5 LM LV
        /CRITERIA=FACTORS(2) /EXTRACTION=PAF /ROTATE=VARIMAX
```

```
/PRINT=INITIAL EXTRACTION ROTATION FSCORE
/PLOT=EIGEN ROTATION (1,2) /SAVE=REG(ALL FSCORE).
* Ausdruck der Faktorscores.
LIST    FSCORE1, FSCORE2.
```

7.2.5 Rotation

Gemäss (7.13) ist neben $x^* = \Lambda \cdot y + e$, $P = \Lambda \cdot \Lambda^T + \Psi$, auch

$$x^* = \Gamma \cdot z + e, \qquad P = \Gamma \cdot \Gamma^\top + \Psi$$

eine Lösung des Faktorproblems, wenn

$$\Gamma = \Lambda \cdot T, \qquad z = T^\top y,$$

gilt und T eine orthogonale Matrix ist. Gesucht wird eine solche Transformationsmatrix T, dass die $p \times m$-Matrix $\Gamma = (\gamma_{ij})$ der rotierten Faktorladungen eine für Interpretationszwecke einfache Struktur besitzt. Von einfacher Struktur gelten Matrixelemente γ_{ij}, welche Werte (nahe bei) 0, 1 oder −1 aufweisen, deren quadrierte Werte also nahe bei 0 oder 1 liegen.

(i) Varimax-Rotation

Dies ist ein Spalten-orientiertes Verfahren. Im Mittel über alle Spalten $j = 1, \ldots, m$ sollen die quadrierten Elemente der Matrix Γ, das sind (für Spalte j) die Werte $\gamma_{1j}^2, \ldots, \gamma_{pj}^2$, maximale Varianz aufweisen. Schreibt man $\beta_{ij} = \gamma_{ij}^2$, so führt das zur Maximierung des Ausdrucks

$$V_1 = \sum_j \sum_i (\beta_{ij} - \bar{\beta}_{\cdot j})^2, \qquad \bar{\beta}_{\cdot j} = \frac{1}{p} \sum_i \beta_{ij},$$

wobei wir $\sum_j = \sum_{j=1}^m$, $\sum_i = \sum_{i=1}^p$ gesetzt habe. V_1 kann umgeformt werden zu

$$V_1 = \sum_j \sum_i \beta_{ij}^2 - \frac{1}{p} \sum_j \left(\sum_i \beta_{ij} \right)^2.$$

Anstelle von β_{ij} kann man in V_1 auch $\beta_{ij}/h_i^2 = \gamma_{ij}^2/h_i^2$ verwenden, wobei die $h_i^2 = \sum_{j=1}^m \lambda_{ij}^2$ die Kommunalitäten sind (Kaiser-Normalisierung).

(ii) Quartimax-Rotationen

An die Stelle einer Spalten-orientierten Maximierung der Varianzen der Werte $\beta_{ij} = \gamma_{ij}^2$ kann auch eine Zeilen-orientierte Maximierung stehen:

$$V_2 = \sum_j \sum_i (\beta_{ij} - \bar{\beta}_{i\cdot})^2 = \max, \qquad \bar{\beta}_{i\cdot} = \frac{1}{m} \sum_j \beta_{ij},$$

oder die Maximierung aller Elemente der Matrix Γ gleichzeitig,

$$V_3 = \sum_j \sum_i (\beta_{ij} - \bar{\beta})^2 = \max, \qquad \bar{\beta} = \frac{1}{mp} \sum_j \sum_i \beta_{ij}.$$

Fallstudie **Laengs.** Die nach dem Varimax-Kriterium optimale Rotation in der Ebene beträgt $\alpha = 37.60^o$ ($\cos\alpha = 0.7927, \sin\alpha = 0.6096$ sind die Einträge in der Transformationsmatrix T).

```
Varimax Rotation 1, Kaiser Normalization, converged in 3 iterations.
            Factor Transformation Matrix T:
```

		FACTOR 1	FACTOR 2
FACTOR	1	.79268	.60964
FACTOR	2	-.60964	.79268

Die Matrix $\Gamma = \Lambda \cdot T$ der rotierten Faktorladungen lautet

	FACTOR 1	FACTOR 2
L0	.77286	.29997
G0	.89921	.17622
K0	.80372	.20636
L5	.32739	.85955
G5	.45152	.70714
K5	.51997	.29279
LM	.17046	.54304
LV	.05634	.35663

Bezüglich der rotierten Faktorladungen kommen die 8 Variablen, zumindest aber G0, L5, LM, LV, näher an den Koordinatenachsen zu liegen, als dies im Diagramm der nicht-rotierten Faktoren aus 7.2.4 der Fall war.

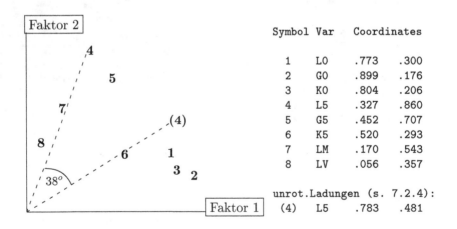

```
Symbol Var    Coordinates

  1    L0    .773    .300
  2    G0    .899    .176
  3    K0    .804    .206
  4    L5    .327    .860
  5    G5    .452    .707
  6    K5    .520    .293
  7    LM    .170    .543
  8    LV    .056    .357

unrot.Ladungen (s. 7.2.4):
  (4)  L5    .783    .481
```

Wegen Programmcodes siehe noch unter 7.2.4.

7.2.6 Faktorwerte

Nach Berechnung der $p \times m$-Matrix Λ der Faktorladungen (bzw. der rotierten Matrix $\Gamma = \Lambda \cdot T$, die wir im Folgenden aber wieder mit Λ bezeichnen wollen) interessieren oft die Werte $y_1, \ldots, y_m$, welche die m Faktorvariablen für die einzelnen Fälle der Datei annehmen. Diese m Werte werden Faktorwerte (factor scores) genannt. Die Darstellungsgleichung (7.9) aus 7.2.1 lässt sich i. A. nicht nach y auflösen – anders als die Gleichung (7.5) in der Hauptkomponentenanalyse, die zu (7.7) invertiert werden konnte. Deshalb berechnen wir die Faktorwerte durch einen multivariaten Regressionsansatz mit m-dimensionaler Kriteriumsvariablen y und mit Regressoren $x^{*\top}$. Dazu bilden wir zunächst die standardisierte Datenmatrix, das ist die $n \times p$-Matrix $X^* = \left(x_{ki}^*\right)$, deren p-dimensionale Zeilenvektoren wir mit $x_1^{*\top}, \ldots, x_n^{*\top}$ bezeichnen. Ferner definieren wir die $n \times m$-Matrix Y, bei welcher die m-dimensionalen Vektoren $y_1^\top, \ldots, y_n^\top$ der (noch zu ermittelnden) Faktorwerte die Zeilen bilden. Wir setzen also

$$X^* = \begin{pmatrix} x_1^{*\top} \\ \vdots \\ x_n^{*\top} \end{pmatrix}, \ x_k^{*\top} = \left(x_{k1}^*, \ldots, x_{kp}^*\right). \quad Y = \begin{pmatrix} y_1^\top \\ \vdots \\ y_n^\top \end{pmatrix}, \ y_k^\top = \left(y_{k1}, \ldots, y_{km}\right).$$

Wir stellen die multivariate lineare Regressionsgleichung

$$Y = X^* \cdot B + \Phi$$

auf, bei der Φ die $n \times m$-Matrix der n Fehler-(Residuen-) Vektoren ist, bei der allerdings die $n \times m$-„Kriteriums"-Matrix Y nicht beobachtbar ist (latent ist). Analog zur univariaten linearen Regression in 3.1.1 gelangen wir zu den Normalgleichungen

$$X^{*\top}X^* \cdot B = X^{*\top} \cdot Y,$$

aus denen die $p \times m$-Matrix B der Regressionskoefizienten wie folgt geschätzt werden kann: Wir setzen $X^{*\top} \cdot Y = \Lambda$, denn das Element (i, j) von $X^{*\top} \cdot Y$ als auch das von Λ können als Schätzer für $\mathrm{Cov}(x_i^*, y_j)$ aufgefasst werden. Ferner gilt die Gleichung $X^{*\top}X^* = R$. Dies führt zu $R \cdot B = \Lambda$ bzw.

$$B = R^{-1} \cdot \Lambda.$$

Als Faktorwerte werden nun die Prädiktionswerte $\hat{Y} = X^* \cdot B$ der linearen Regression hergenommen. Setzen wir – wie es hier üblich ist – F anstatt $\hat{Y}$, so erhalten wir schliesslich die folgende Formel für die $n \times m$-Matrix F der Faktorwerte (deren Zeilen wir mit $f_1^\top, \ldots, f_n^\top$ bezeichnen wollen)

$$F \equiv \begin{pmatrix} f_1^\top \\ \vdots \\ f_n^\top \end{pmatrix} = X^* R^{-1} \Lambda \quad \text{bzw.} \quad f_k^\top = x_k^{*\top} R^{-1} \Lambda, \quad k = 1, \ldots, n. \quad (7.14)$$

Ist $x_k^{*\top}$ der Vektor der p Beobachtungswerte für den Fall Nr. k (also der k-te Zeilenvektor der standardisierten Datenmatrix X^*), so werden nach der zweiten Formel (7.14) die Faktorwerte für diesen Fall berechnet. Im Spezialfall der Hauptkomponentenanalyse, bei der $m = p$ und $R = \Lambda \cdot \Lambda^\top$ ist, reduziert sich (7.14) auf die Formel $y = \Lambda^{-1} x^*$ der Gleichung (7.7), dort ohne Bezug auf eine Fallnummer formuliert.

Fallstudie **Laengs.** Die Faktorwerte (faktor scores) für jeden der 69 Fälle berechnet sich über die Faktor-Koeffizientenmatrix $B = R^{-1} \cdot \Lambda$, wobei Λ die 8×2-Matrix der rotierten Faktorladungen ist, die in 7.2.5 mit Γ bezeichnet wurde.

Koeffizienten-Matrix B

Variable	Faktor 1	Faktor 2
L0	.176	.032
G0	.639	−.390
K0	.267	−.060
L5	−.310	.895
G5	.106	.110
K5	.029	.141
LM	.023	.064
LV	.013	.026

Gemäß Gleichung (7.14) erhalten wir für die ersten und die letzten sechs Fälle k die folgenden Faktorwerte (factor scores) (f_{k1}, f_{k2}). Die Interpretation der Fälle 4 und 5 ist ähnlich zu der in 7.1.2 gegebenen.

Fall	Faktor Score 1	Faktor Score 2	Fall	Faktor Score 1	Faktor Score 2
1	0.0539	−0.5194	..	...	...
2	0.0047	−0.8331	64	−0.1019	−1.2006
3	−0.9348	−0.3012	65	0.4095	1.1887
4	−2.1254	0.1776	66	0.2534	−0.7501
5	1.4103	−0.7850	67	0.1417	0.3617
6	−0.8680	−0.5245	68	0.4360	−0.3324
..	...	...	69	−1.0230	1.3062

Wegen Programmcodes siehe noch unter 7.2.4.

8

Clusteranalyse

Aufgabe der Clusteranalyse ist es, in einer Menge von Objekten (Fällen) eine Gruppenstruktur zu erzeugen. Für jedes von n Objekten liegen die Werte von p Merkmalen (Variablen) vor. Auf der Grundlage dieser Messwerte sollen die n Objekte so in Klassen eingeteilt werden, dass sich Objekte innerhalb der gleichen Klasse möglichst ähnlich und Objekte aus verschiedenen Klassen möglichst unähnlich sind. Anstelle von Klassen spricht man auch von Gruppen oder Cluster. Methodisch gesehen steht die Clusteranalyse also *vor* der multivariaten Varianzanalyse und der Diskriminanzanalyse, die ja beide eine feste Gruppeneinteilung der Objekte voraussetzen. Der methodische Unterschied zur Hauptkomponenten- und Faktoranalyse besteht darin, dass diese auf die Strukturierung der p Merkmalsvariablen abzielen, die Clusteranalyse aber eine solche bei den Objekten vornimmt. Gemeinsam aber haben sie die Form der $n \times p$-Datenmatrix, siehe Tabelle 8.1, welche den Ausgangspunkt der Analysen darstellt.

Tabelle 8.1. $n \times p$ Datenmatrix bei der Clusteranalyse

Objekte (Fälle)	Merkmale (Variablen)					Beobachtungs-
	Var. 1	Var. 2	...	Var. h	... Var. p	Vektor
1	x_{11}	x_{12}	...	x_{1h}	... x_{1p}	$x_1^\top$
2	x_{21}	x_{22}	...	x_{2h}	... x_{2p}	$x_2^\top$
...	...	...	...	...	... ...	...
i	x_{i1}	x_{i2}	...	x_{ih}	... x_{ip}	$x_i^\top$
...	...	...	...	...	... ...	...
n	x_{n1}	x_{n2}	...	x_{nh}	... x_{np}	$x_n^\top$

In den Abschnitten 8.1 bis 8.3 setzen wir metrische (intervall-skalierte) Merkmale, im Abschn. 8.4 dann kategoriale Merkmale voraus.

Fallstudie **Primaten,** siehe Anhang A.9. Für $n = 22$ Arten der Ordnung Primaten sind in dieser Datei Schwangerschafts-, Gebär- und Sterbe-Daten aufgeführt, und zwar in Form von $p = 7$ Variablen, welche die Spalten der Datenmatrix bilden. Die 22 Arten sind taxonomisch in die 3 Unterordnungen

Halbaffen, Neuweltaffen, Altweltaffen

gegliedert, sowie in die 8 Familien

Lemuridae (Lem), Lorisidae (Lor), Callitrichidae (Cal), Cebidae (Ceb), Cercopithecidae (Cer), Hylobatidae (Hyl), Pongidae (Pon), Hominidae (Hom).

Diese – der Systematik der Zoologie entnommene – Klassifizierung basiert auf Merkmalen der Formverwandtschaft unter den Tieren.

Primaten							
Halbaffen		Neuweltaffen		Altweltaffen			
Lemu-ridae	Lori-sidae	Callitri chidae	Cebi-dae	Cercopi-thecidae	Hyloba-tidae	Pongi-dae	Homini-dae
4 Arten	2 Arten	2 Arten	4 Arten	4 Arten	2 Arten	3 Arten	1 Art

Das Gruppierung-Schema der obigen Tabelle lässt sich als ein Baum-Diagramm (Dendrogramm) sehr anschaulich darstellen.

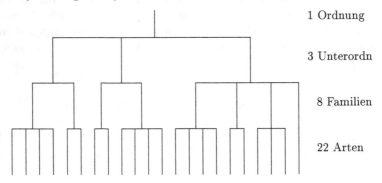

1 Ordnung

3 Unterordn

8 Familien

22 Arten

Wir geben hier dieses vorgegebene taxonomische Schema auf und betrachten die 22 Arten zunächst als unklassifiziert. Vielmehr untersuchen wir mit Hilfe der Clusteranalyse, welche Klassifizierung der Arten sich nach Maßgabe der hier verwendeten sieben Variablen einstellt und wie sich diese von der taxonomischen unterscheidet. Da es sich bei sechs dieser Variablen um Gebär- und Schwangerschafts-Merkmale handelt, sollte sich das Ergebnis der Analyse auf die Evolution innerhalb der Ordnung der Primaten beziehen (worauf wir aber inhaltlich nicht eingehen).

8.1 Probleme, Begriffe, Methodik

8.1.1 Partitionen und Enumeration

Eine Einteilung der n Objekte in Gruppen soll formal durch die Angabe einer Partition

$$\mathcal{A} = (A_1, A_2, \ldots, A_k)$$

beschrieben werden. Dabei ist k die Clusteranzahl, d. h. die Anzahl der Gruppen in der Partition, und jedes A_i bildet eine Menge von Objekten: die Cluster $A_1, \ldots, A_k$ bilden eine disjunkte Zerlegung der Menge $\{1, 2, \ldots, n\}$ aller Objekte. Bezeichnet n_i die Anzahl der Objekte in A_i, so ist $n = n_1 + \ldots + n_k$ (wir setzen stets $n_i \geq 1$, also nicht-leere Cluster voraus). Ist $\mathcal{A}$ das Ergebnis eines der folgenden Verfahren, so wird $\mathcal{A}$ auch eine Clusterlösung genannt.

Wir wollen die Anzahl aller möglichen Partitionen von n Objekten in k Cluster mit $S(n, k)$ bezeichnen. Die $S(n, k)$ heißen Stirlingsche Zahlen zweiter Art. Von den Werten $S(n, 1) = S(n, n) = 1$ ausgehend und $S(n, k) = 0$ für $k > n$ setzend haben wir die Rekursionsformel

$$S(n + 1, k) = k \cdot S(n, k) + S(n, k - 1),$$

aus der sich die Formel

$$S(n, k) = \frac{1}{k!} \sum_{i=0}^{k} (-1)^i \binom{k}{i} (k - i)^n$$

ergibt. Das Hauptproblem der Clusteranalyse liegt in der Tatsache begründet, dass die Anzahl $S(n, k)$ bereits für moderate n und k viel zu groß ist, als dass ein Computer das Verfahren der Enumeration durchführen und sämtliche mögliche Partitionen herstellen könnte. So ist z. B.

k	2	3	4	6	10
S(10,k)	511	9330	34105	22827	1
S(20,k)	524287	$5.8 \ 10^8$	$4.5 \ 10^{10}$	$4.3 \ 10^{12}$	$5.9 \ 10^{12}$
S(50,k)	$5.6 \ 10^{14}$	$1.2 \ 10^{23}$	$5.3 \ 10^{28}$	$1.1 \ 10^{36}$	$2.6 \ 10^{43}$
S(75,k)	$1.9 \ 10^{22}$	$1.0 \ 10^{35}$	$5.9 \ 10^{43}$	$3.2 \ 10^{55}$	$2.7 \ 10^{68}$
S(100,k)	$6.3 \ 10^{29}$	$8.6 \ 10^{46}$	$6.7 \ 10^{58}$	$9.1 \ 10^{74}$	$2.8 \ 10^{93}$

Man beachte, dass $S(n, 2) = 2^{n-1} - 1$ gerade die um 1 verminderte halbe Anzahl der Teilmengen einer n-elementigen Menge ist.

8.1.2 Distanzmaße

Die Unähnlichkeit zweier Objekte i und j wird auf der Grundlage ihrer p-dimensionalen Beobachtungsvektoren $x_i = (x_{i1}, \ldots, x_{ip})^\top$ und $x_j = (x_{j1}, \ldots, x_{jp})^\top$, das sind die i-te und die j-te Zeile der $n \times p$-Datenmatrix, quantifiziert, und zwar durch sogenannte Distanz- oder Abstandsmaße.

Euklidische Distanz. Bei intervall-skalierten (metrischen) Merkmalen ist die Euklidische Distanz bzw. die quadrierte Euklidische Distanz

$$\sqrt{\sum_{h=1}^{p}(x_{ih}-x_{jh})^2} \equiv ||x_i - x_j|| \quad \text{bzw.} \quad \sum_{h=1}^{p}(x_{ih}-x_{jh})^2 \equiv ||x_i - x_j||^2 \quad (8.1)$$

das am häufigsten benutzte Abstandsmaß (beide Versionen werden verwendet). Werden die Merkmale x_i und x_j in unvergleichbaren physikalischen Einheiten gemessen, so wird die Formel (8.1) nicht mit den Originalwerten x_{ih} verwendet, sondern mit den standardisierten Werten

$$z_{ih} = \frac{x_{ih} - \overline{x}_h}{s_h},$$

wobei $\overline{x}_h$ und $s_h = \sqrt{s_h^2}$ den Mittelwert und die Standardabweichung der h-ten Merkmalsvariablen bezeichnen:

$$\overline{x}_h = \frac{1}{n}\sum_{i=1}^{n}x_{ih}, \qquad s_h^2 = \frac{1}{n-1}\sum_{i=1}^{n}(x_{ih}-\overline{x}_h)^2.$$

Gehen wir von der Datenmatrix (x_{ih}) zu der standardisierten Datenmatrix (z_{ih}) über, so erhalten wir Variablen mit Mittelwert 0 und Varianz 1.

Mahalanobis-Distanz. Einen Schritt weiter geht die folgende Transformation, welche neben der Standardisierung noch zusätzlich die Unkorreliertheit der Variablen herstellt. In der Tat ist das Euklidische Distanzmaß idealerweise auf unkorrelierte Variablen anzuwenden. Es bezeichne $S = (s_{hh'})$ die $p \times p$-Kovarianzmatrix der Merkmalsvariablen, das heißt

$$S = \frac{1}{n-1}\sum_{i=1}^{n}(x_i - \overline{x})\cdot(x_i - \overline{x})^\top, \quad s_{hh'} = \frac{1}{n-1}\sum_{i=1}^{n}(x_{ih}-\overline{x}_h)(x_{ih'}-\overline{x}_{h'}),$$

wobei $\overline{x} = (1/n)\sum_{i=1}^{n}x_i = (\overline{x}_1,\ldots,\overline{x}_p)^\top$ den Gesamt-Mittelwertvektor darstellt und $s_{hh} = s_h^2$ ist. Ferner bezeichne

$$S^{-1/2} \quad \text{die symmetrische Wurzel der Inversen } S^{-1} \text{ der Matrix } S$$

(also $S^{-1/2}\cdot S^{-1/2} = S^{-1}$; Invertierbarkeit von S vorausgesetzt). Dann sind die transformierten Beobachtungsvektoren $y_1,\ldots,y_n$, wobei

$$y_i = S^{-1/2}(x_i - \overline{x})$$

gesetzt wurde, standardisiert und unkorreliert. Die Euklidische Distanz der Objekte i und j bez. der transformierten Variablen heißt ihre Mahalanobis-Distanz. d. i.

$$||y_i - y_j|| = \sqrt{(x_i - x_j)^T S^{-1}(x_i - x_j)}.$$

Es bezeichne nun d_{ij} die Distanz zwischen den Objekten i und j bezüglich irgendeines (vorgewählten) Distanzmaßes. Aus den paarweisen Distanzen d_{ij} der Objekte bildet man die $n \times n$-Distanzmatrix D_n, die sich aufgrund von $d_{ii} = 0$ und der Symmetrie $d_{ij} = d_{ji}$ als eine Dreiecksmatrix mit einer Null-Diagonalen darstellen lässt.

Objekt	Objekt 1	2	3	4	...	n	
1	0	d_{12}	d_{13}	d_{14}	...	d_{1n}	
2	-	0	d_{23}	d_{24}	...	d_{2n}	
3	-	-	0	d_{34}	...	d_{3n}	Distanzmatrix D_n (8.2)
$\vdots$	$\vdots$	$\vdots$	$\vdots$	$\vdots$	$\vdots$	$\vdots$	
$n-1$	-	-	-	...	...	$d_{n-1,n}$	
n	-	-	-	-	-	0	

Die unter 8.2.1 einzuführenden Clusterverfahren arbeiten allein auf der Grundlage einer Distanzmatrix D_n und benötigen nicht mehr die zugrunde liegende $n \times p$-Datenmatrix, aus der D_n hergeleitet wurde.

8.1.3 Gütemaße

Um zwischen zwei konkurrierenden Partitionen $\mathcal{A}$ und $\mathcal{A}'$ der Objektmenge $\{1, 2, \ldots, n\}$ entscheiden zu können, benötigen wir ein Gütemaß. Ein solches bildet das *Varianzkriterium*, das wie folgt eingeführt wird.

Ausgehend von den n Beobachtungsvektoren $x_i = (x_{i1}, \ldots, x_{ip})^\top, i = 1, \ldots, n$, und von einer Gruppe A von n_A Objekten bilden wir zunächst den Vektor des Gruppenschwerpunkts

$$\overline{x}_A = \frac{1}{n_A} \sum_{i \in A} x_i = (\overline{x}_{A,1}, \ldots, \overline{x}_{A,p})^\top \qquad \text{[Gruppencentroid]}.$$

Ein Maß für die Heterogenität der Gruppe A ist die Summe $\sum_{i \in A} ||x_i - \overline{x}_A||^2$ aller quadrierten Abstände der Objekte aus A vom Gruppenschwerpunkt, ein Maß für die Heterogenität der Partition $\mathcal{A} = (A_1, \ldots, A_k)$ insgesamt ist dann – gemäß dem sogenannten Varianzkriterium –

$$g(\mathcal{A}) = \sum_{j=1}^{k} \sum_{i \in A_j} ||x_i - \overline{x}_{A_j}||^2. \qquad (8.3)$$

Eine Partition $\mathcal{A}$ ist weniger heterogen (ist um so „besser"), je kleiner $g(\mathcal{A})$ ist. Zu den $p \times p$-Matrizen aus der einfachen MANOVA mit zugrunde liegender Gruppeneinteilung $\mathcal{A}$, das sind gemäß 6.1.2

$T, W = W(\mathcal{A}), B = B(\mathcal{A})$ für die *totale*, die *within*, die *between* Variation, lässt sich ein Zusammenhang herstellen: Da ein Diagonalelement von W gerade $W_{hh} = \sum_{j=1}^{k} \sum_{i \in A_j} (x_{ih} - \overline{x}_{A_j h})^2$ lautet, ist

$$g(\mathcal{A}) = \sum_{h=1}^{p} W_{hh} \equiv \mathrm{spur}(W) \,,$$

weshalb das Varianzkriterium auch Spur W-Kriterium genannt wird. Weil die Matrix $T = W + B$ gar nicht von der Gruppeneinteilung abhängt, ist

$$h(\mathcal{A}) = \sum_{h=1}^{p} B_{hh} \equiv \mathrm{spur}(B) \qquad \left[B_{hh} = \sum_{j=1}^{k} n_j \, (\overline{x}_{A_j h} - \overline{x}_h)^2 \right]$$

das zu $g(\mathcal{A})$ entsprechende Homogenitätsmaß ($\overline{x}_1, \ldots, \overline{x}_p$ stellen dabei wieder die Komponenten des Gesamt-Mittelwertvektors $\overline{x}$ dar, $n_1, \ldots, n_k$ wieder die Gruppenstärken). Sind $\mathcal{A}$ und $\mathcal{A}'$ zwei Partitionen mit k Gruppen, so bezeichnen wir $\mathcal{A}$ besser als $\mathcal{A}'$, falls

$$g(\mathcal{A}) < g(\mathcal{A}'), \quad \text{bzw. äquivalent} \quad h(\mathcal{A}) > h(\mathcal{A}').$$

Für die gröbste Partition $\mathcal{A}_1$, d. i. die Einteilung in eine einzige Gruppe ($k = 1$), und für die feinste Partition $\mathcal{A}_n$, d. i. die Einteilung in n einelementige Gruppen ($k = n$), haben wir

$$g(\mathcal{A}_n) = h(\mathcal{A}_1) = 0, \qquad g(\mathcal{A}_1) = h(\mathcal{A}_n) = \sum_{h=1}^{p} \sum_{i=1}^{n} (x_{ih} - \overline{x}_h)^2.$$

Geht eine Partition $\mathcal{A}_k$ aus $\mathcal{A}_{k+1} = (A_1, A_2, \ldots, A_{k+1})$ durch Fusion zweier Gruppen, z. B. von A_1 und A_2 hervor, so gilt

$$g(\mathcal{A}_{k+1}) \leq g(\mathcal{A}_k), \quad \text{bzw. äquivalent} \quad h(\mathcal{A}_{k+1}) \geq h(\mathcal{A}_k).$$

Ein weiteres aus der einfachen MANOVA abgeleitetes Heterogenitätskriterium ist $\det(W)$, ein weiteres Homogenitätskriterium ist $\mathrm{spur}(B \cdot W^{-1})$.

8.1.4 Clusterbewertungen

Wie gut ist eine bestimmte Clusterlösung mit k Gruppen im Vergleich zur Gesamtheit aller möglichen Partitionen mit dieser Clusteranzahl? Da die Anzahl $S(n, k)$ aller Partitionen nach 8.1.1 in der Regel sehr groß ist, beschränken wir uns auf eine zufällige Auswahl $\mathcal{A}^{(1)}, \ldots, \mathcal{A}^{(M)}$ von M Partitionen mit je k Gruppen (Algorithmus siehe unten) und berechnen mit Hilfe eines Gütemaßes q die zugehörigen Werte

$$q^{(1)} = q(\mathcal{A}^{(1)}), \ldots, q^{(M)} = q(\mathcal{A}^{(M)}). \tag{8.4}$$

Aus diesen M Werten ermitteln wir die empirischen Quantile $x_{M,\gamma}$, vgl. 1.2.1. Das bedeutet: Es sind $\gamma \cdot 100\,\%$ der Werte (8.4) kleiner gleich $x_{M,\gamma}$.

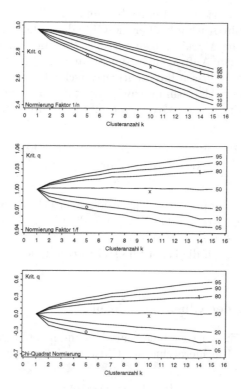

Abb. 8.1. Quantile der Werte $q(\mathcal{A})$ für 4000 zufällige Partitionen $\mathcal{A}$, aufgetragen über die Clusteranzahl k; q das Heterogenitätsmaß (Varianzkriterium) g bei drei verschiedenen Normierungen. Eingetragen sind ferner jeweils eine zufällig gebildete Partition (x), eine „gute" (o) und eine „schlechte" (1) Partition.

Abb. 8.1 (oben) zeigt die Quantile $x_{M,\gamma}$, für $\gamma = 0.05, 0.10, \ldots, 0.95$, bei Verwendung des Heterogenitätskriteriums $q(\mathcal{A}) = g(\mathcal{A})/n$ und für die Clusteranzahlen $k = 1, \ldots, 15$. Aus einer Datei ($n = 100$, $p = 3$) unabhängiger und $N(0, 1)$-verteilter Zahlen sind dabei – für jede Clusteranzahl k getrennt – $M = 4000$ zufällige Partitionen gebildet worden und die Quantile über k aufgetragen worden. Einen Nachteil der Darstellung, nämlich den allgemeinen Abwärtstrend über wachsendes k, kann man durch geeignetes Normieren beheben. Bei Verwendung der Kriterien

$$q(\mathcal{A}) = \frac{g(\mathcal{A})}{f} \quad \text{oder} \quad q(\mathcal{A}) = \frac{g(\mathcal{A}) - f}{\sqrt{2f}}, \quad f = p(n - k),$$

(im zweiten Fall ist die Standardisierung der χ_f^2-Verteilung benutzt worden) erhalten wir eine insgesamt horizontal ausgerichtete Kurvenschar (Abb. 8.1 mitte und unten).

Die Lage eines Wertes $q(\mathcal{A})$ einer bestimmten Clusterlösung $\mathcal{A}$ innerhalb der Kurvenschar gibt Auskunft über die Güte dieser Lösung. Dazu vergleicht man in Abb. 8.1 die Markierungen für drei Partitionen, mit k=5, 10 bzw. 14 Gruppen. Erst ein Auftragen in die Schar der Quantilkurven bzw. eine geeignete Normierung lassen ihre deutlich verschiedene Güte erkennen.

Abschließend der Algorithmus zur Erzeugung einer zufälligen Partition. Eine zufällige Partition mit k Gruppen ergibt sich durch folgende zwei Schritte:

1. Bilde zufällige Permutation $\sigma(1), \ldots, \sigma(n)$ der Zahlen $1, \ldots, n$.
2. Wähle zufällig $k-1$ verschiedene Zahlen m_i zwischen 1 und $n-1$ aus:
   $1 \le m_1 < \ldots < m_{k-1} < n$.

Dann besteht die Gruppe 1 aus den Objekten $\sigma(1), \ldots, \sigma(m_1)$, die Gruppe 2 aus den Objekten $\sigma(m_1 + 1), \ldots, \sigma(m_2)$, die Gruppe k schließlich aus den Objekten $\sigma(m_{k-1} + 1), \ldots, \sigma(n)$.

Eine Anwendung auf die Fallstudie **Primaten** findet sich im Anschluss an 8.3.3.

8.1.5 Einteilung der Clusterverfahren

Zunächst können wir zwischen hierarchischen und nicht-hierarchischen Verfahren unterscheiden. Ein hierarchisches Clusterverfahren produziert eine Folge

$$\ldots, \mathcal{A}_k, \ \mathcal{A}_{k+1}, \ldots, \mathcal{A}_{k+m}, \ldots \tag{8.5}$$

von Partitionen mit dieser Eigenschaft: Ist die Gruppe A aus $\mathcal{A}_k$ und die Gruppe A' aus $\mathcal{A}_{k+m}$, so sind die Mengen A und A' entweder disjunkt oder A' ist in A enthalten.

Wird die Folge (8.5) von Partitionen dabei von links nach rechts produziert, d. h. wird schrittweise aus einer gröberen eine feinere Partition gebildet, und zwar jeweils durch Aufspaltung einer Gruppe, so sprechen wir von einem *divisiven* (hierarchischen) Verfahren. Wird dagegen von rechts nach links vorgegangen, d. h. wird jeweils aus einer feineren eine gröbere Partition durch Fusion zweier Gruppen gebildet, so liegt ein *agglomeratives* (hierarchisches) Verfahren vor. Die Beliebtheit hierarchischer Verfahren liegt in ihrem geringen Rechenzeitbedarf und in der Tatsache begründet, dass sich ihre Ergebnisse in Form von baumartigen Diagrammen (Dendrogrammen) sehr anschaulich darstellen lassen. Auf der senkrechten Achse eines Dendrogramms kann das Distanzniveau abgelesen werden, auf dem sich jeweils die Gruppenfusion (bzw. -spaltung) abgespielt hat, vgl. Abb. 8.2.

Nicht-hierarchische Verfahren erlauben das Austauschen von Objekten (Reallocation) zwischen zwei Gruppen einer Partition. Eine anschauliche Präsentation der Ergebnisse ist hier i. A. nicht möglich.

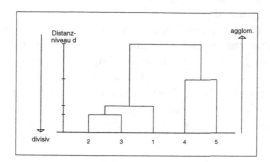

Abb. 8.2. Schema eines Dendrogramms, mit dem Distanzniveau auf der vertikalen Achse.

8.2 Hierarchische Verfahren

Innerhalb der hierarchischen Verfahren, die wir im Folgenden vorstellen, interessieren wir uns hauptsächlich für die agglomerativen. Ähnlich dem *forward* Verfahren der schrittweisen Regression in 3.3.1 arbeiten sie extrem schnell, verfehlen aber durch ihren 1-Schritt Horizont oft eine günstigere Lösung.

8.2.1 Agglomerative Verfahren

Es soll der Algorithmus eines agglomerativen Verfahrens vorgestellt werden. Der Anwender muß sich für ein bestimmtes Distanzmaß d entschieden haben (siehe oben) sowie für eine Regel, wie man nach Vereinigung zweier Objekte (zweier Gruppen von Objekten) zu einer Gruppe A die Distanzen zu dieser Gruppe A neu berechnet.

1. Ausgangspunkt ist die feinste Partition $\mathcal{A}_n = (\{1\}, \ldots, \{n\})$, bei der jedes Objekt eine Gruppe für sich bildet. Man sucht das Paar i, j von Objekten $(i \neq j)$ mit minimaler Distanz d_{ij} aus und vereinigt es zur Gruppe $A = \{i, j\}$.
2. Der Algorithmus habe eine Partition $\mathcal{A}_k = (A_1, \ldots, A_k)$ mit k Gruppen erzeugt. Suche die Gruppen A_i, A_j, $i \neq j$, mit minimaler Distanz d_{A_i, A_j} und vereinige sie zur Gruppe $A = A_i \cup A_j$. Dadurch entsteht eine Partition $\mathcal{A}_{k-1}$ mit $k-1$ Gruppen.
3. Berechne die Distanzen d_{A, A_m} zwischen der neu gebildeten Gruppe A und den übrigen Gruppen A_m.
4. Fahre solange mit den Schritten 2 und 3 fort, bis die gröbste Partition $\mathcal{A}_1$, bei der alle Objekte in einer einzigen Gruppe vereint sind, erreicht ist.

Die im Punkt 2 genannte minimale Distanz d_{A_i,A_j} wird Distanzniveau der Fusion $A_i \cup A_j$ genannt.

Die verschiedenen agglomerativen Verfahren unterscheiden sich allein im Punkt 3 durch unterschiedliche Formeln, nach denen die neuen Distanzen zwischen der gerade gebildeten Gruppe $A = A_i \cup A_j$ und den anderen Gruppen A_m berechnet wird (A_m ungleich A_i und A_j, A_m wird im Folgenden B genannt). Die nun aufgeführten Verfahren haben alle die Eigenschaft, dass sich diese neuen Distanzen $d_{A,B}$ aus den „alten" Distanzen zwischen A_i und B, zwischen A_j und B sowie zwischen A_i und A_j ermitteln lassen (Abb. 8.3).

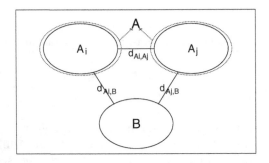

Abb. 8.3. Paarweise Distanzen zwischen A_i, A_j, B .

Single linkage (nearest neighbour). Die neue Distanz ist gleich der kleineren der beiden alten Distanzen:

$$d_{A,B} = \min(d_{A_i,B}, d_{A_j,B}) .$$

Complete linkage (furthest neighbour). Die neue Distanz ist gleich der größeren der beiden alten Distanzen:

$$d_{A,B} = \max(d_{A_i,B}, d_{A_j,B}) .$$

Die in einem Dendrogramm aufgezeichneten Clusterlösungen dieser beiden Methoden zeichnen sich durch folgende Eigenschaft aus: Zu einem auf der senkrechten Dendrogramm-Achse fixierten Distanzniveau d_0 finden sich alle diejenigen Objekte in einer gemeinsamen Gruppe vereinigt, welche

single linkage: zu mindestens einem anderen Objekt dieser Gruppe eine Distanz $\leq d_0$ besitzen.

complete linkage: zu allen anderen Objekten dieser Gruppe eine Distanz $\leq d_0$ besitzen.

Average linkage. Die neue Distanz wird durch Mittelung aus den alten Distanzen gewonnen:

ungewichtet: $d_{A,B} = (d_{A_i,B} + d_{A_j,B})/2$,

gewichtet: $\quad d_{A,B} = (n_i\, d_{A_i,B} + n_j\, d_{A_j,B})/(n_i + n_j)$,

wobei n_i und n_j die Objektanzahl der Gruppen A_i und A_j bedeuten.

Centroid-Verfahren. Hier wird die *quadrierte* Euklidische Distanz als Distanzmaß d zugrunde gelegt. Diejenigen zwei Gruppen werden fusioniert, deren Gruppenschwerpunkte (Centroide) den geringsten Abstand haben. Den Schwerpunkt der fusionierten Gruppe $A = A_i \cup A_j$ erhält man aus denen der Gruppen A_i und A_j gemäß

$$\overline{x}_A = \frac{n_i\,\overline{x}_{A_i} + n_j\,\overline{x}_{A_j}}{n_A}, \qquad n_A = n_i + n_j,$$

woraus man

$$d_{A,B} \equiv \|\overline{x}_A - \overline{x}_B\|^2 = \frac{n_i}{n_A}\, d_{A_i,B} + \frac{n_j}{n_A}\, d_{A_j,B} - \frac{n_i\, n_j}{n_A^2}\, d_{A_i,A_j}$$

berechnet. Ersetzt man die drei als Brüche geschriebenen Faktoren von links nach rechts durch die Brüche 1/2, 1/2 und 1/4, so erhält man das sogenannte Median-Verfahren.

Ward-Verfahren. Auch hier geht man von der *quadrierten* Euklidischen Distanz aus. Der Grundgedanke des Verfahrens ist insofern ein neuer, als die Gruppenvereinigung von einem übergeordneten Gütekriterium für Partitionen, nämlich dem Varianzkriterium g gemäß Gleichung (8.3), gesteuert wird: Diejenigen zwei Gruppen werden jeweils ausgewählt, deren Fusion zu dem geringsten Zuwachs an Heterogenität führt. Die Distanz d_{A_i,A_j} zweier Gruppen aus der Partition $\mathcal{A}$ ist hier also der Zuwachs

$$g(\mathcal{A}') - g(\mathcal{A})$$

des Varianzkriteriums, wobei $\mathcal{A}'$ die aus $\mathcal{A}$ durch Vereinigung von A_i und A_j abgeleitete Partition bezeichnet. Für die Distanzmatrix zu Beginn des Verfahrens, wenn die feinste Partition $\mathcal{A}_n$ vorliegt, bedeutet das die Einträge

$$d_{ij} = \frac{1}{2}\,\|x_i - x_j\|^2,$$

also die halbe quadrierte Euklidische Distanz zwischen den Objekten i und j. Man rechnet nun, dass bei Fusion der Gruppen A_i und A_j aus der Partition $\mathcal{A}$ der Heterogenitätszuwachs

$$d_{A_i,A_j} = \frac{n_i\, n_j}{n_A}\,\|\overline{x}_{A_i} - \overline{x}_{A_j}\|^2, \qquad n_A = n_i + n_j, \tag{8.6}$$

erfolgt. Diese Gleichung lässt sich nun dazu verwenden, nach der Vereinigung $A = A_i \cup A_j$ die neuen Distanzen zu A aus den alten Distanzen auszurechnen:

$$d_{A,B} = \frac{1}{n_i + n_j + n_B} \left((n_i + n_B)\, d_{A_i,B} + (n_j + n_B)\, d_{A_j,B} - n_B\, d_{A_i,A_j} \right),$$

vgl. Bock (1974), Steinhausen & Langer (1977).

Fallstudie **Primaten.** Die Daten für $n = 22$ Primaten-Arten sind in Form von $p = 7$ Variablen aufgeführt, welche die Spalten der 22×7-Datenmatrix bilden. Die 22 Arten sind taxonomisch in 3 Unterordnungen gegliedert, sowie in 8 Familien, siehe die Tabelle zu Beginn des Kapitels. Wir geben diese vorgegebene Gruppierung auf und untersuchen durch die Clusteranalyse, welche Klassifizierung der Arten sich nach Maßgabe der hier verwendeten sieben Variablen einstellt. Aufgrund der verschiedenen Messeinheiten, in denen die einzelnen Variablen erfasst sind, ist eine Standardisierung dringend erforderlich.

Wir wählen zunächst hierarchisch agglomerative Methoden, und zwar das

single linkage   und   complete linkage

Verfahren (vgl. die Dendrogramme der Abb. 8.4). Ferner haben wir das Ward-Verfahren angewandt, welches bei jedem Schritt das Varianzkriterium $g =$ spur(W), das ist die Summe der quadrierten Abstände der Beobachtungen (Fälle) zu ihren Gruppen-Schwerpunkten, minimiert. Das resultierende Dendrogramm ist dem des complete linkage Verfahrens sehr ähnlich und wird nicht gebracht.

Lesen wir die Ergebnisse des Ward-Verfahrens oder des complete linkage von $k = 2$ aufsteigend, in Tabelle 8.2 also von rechts nach links, im Dendrogramm der Abb. 8.4 von oben nach unten, so stellt man fest:

Für $k = 2$ und 3 Gruppen erhalten wir *eine* große Gruppe mit Nicht-Hominiden, Nicht-Pongiden; für $k = 4$ trennen sich – mit einer Ausnahme (Cebus Capucinus) – die Halbaffen und Neuweltaffen von den Altweltaffen ab. Die Clusterlösung für $k = 6$ Gruppen reproduziert immerhin alle 4 Familien der Altweltaffen (allerdings mit der fälschlichen Zuordnung von Cebus Ca). Man kann feststellen, dass die vom Autor der Datei ausgewählten Variablen geeignet sind, die Taxonomie der Altweltaffen und ihre Absetzung von den anderen Unterordnungen nachzuvollziehen. Die ersten beiden Unterordnungen und ihre Familien können sie dagegen nicht reproduzieren.

Das single linkage Verfahren vereinigt – in Richtung von größeren zu kleineren k's gelesen – vorzugsweise mit der Hauptgruppe (in Tabelle 8.2 mit 1 notiert) und lässt diese immer mehr wachsen. Mit aufsteigendem k gelesen: Bei $k = 2$ besteht der zweite Cluster allein aus Homo Sap; auf der Stufe $k = 3$ sind Ward und single linkage Gruppierungen identisch. Für $k = 4$ bis $k = 8$ ist Cluster 1 bei single linkage deutlich größer und entsprechend die Differenzierung der Familien Hyl, Pon und Hom stärker als bei Ward (oder complete linkage).

Für die gefundenen Clusterlösungen stellt sich die Frage der Güte. Wir benutzen das in 8.1.3 eingeführte Varianzkriterium $g =$ spur(W), das wir für jede Clusterlösung $\mathcal{A}$ in der Form

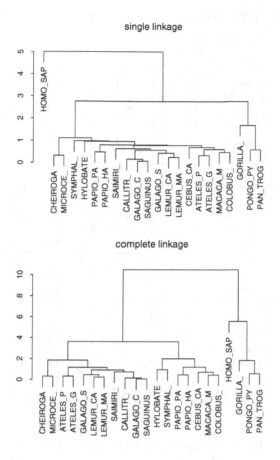

Abb. 8.4. Zum single linkage und complete linkage Verfahren gehörende Dendrogramme. Das Dendrogramm zum Ward-Verfahren unterscheidet sich nur geringfügig vom Letzteren.

$$q(\mathcal{A}) = \frac{spur(W)}{n - k}, \quad \text{hier } n = 22 \text{ Fälle, } k = \text{ Clusteranzahl,}$$

verwenden. Ein kleinerer q-Wert gibt eine geringere Heterogenität der Cluster an und damit eine bessere Clusterlösung.

Gruppierung gemäß	Clusteranzahl k							
	9	8	7	6	5	4	3	2
Single link.	0.239	0.417	0.670	0.762	0.939	1.284	1.323	3.846
Ward-Verf.	0.191	0.251	0.319	0.419	0.537	0.685	1.323	2.307
Taxonomie		0.558					4.355	

Tabelle 8.2. Clusterlösungen nach Ward (W) und single linkage (S). Fälle mit gleicher Ziffer gehören in den gleichen Cluster

			k=9	k=8	k=7	k=6	k=5	k=4	k=3	k=2
UOrd	Fam	Art	W S	W S	W S	W S	W S	W S	W S	W S
Halb	Lem	Lemur.Ca	1 1	1 1	1 1	1 1	1 1	1 1	1 1	1 1
Halb	Lem	Lemur.Ma	1 1	1 1	1 1	1 1	1 1	1 1	1 1	1 1
Halb	Lem	Cheiroga	2 2	2 2	2 2	2 2	2 2	1 1	1 1	1 1
Halb	Lem	Microce.	2 2	2 2	2 2	2 2	2 2	1 1	1 1	1 1
Halb	Lor	Galago.S	1 1	1 1	1 1	1 1	1 1	1 1	1 1	1 1
Halb	Lor	Galago.C	1 1	1 1	1 1	1 1	1 1	1 1	1 1	1 1
Neuw	Cal	Callitr.	1 1	1 1	1 1	1 1	1 1	1 1	1 1	1 1
Neuw	Cal	Saguinus	1 1	1 1	1 1	1 1	1 1	1 1	1 1	1 1
Neuw	Ceb	Cebus.Ca	3 3	3 1	3 1	3 1	3 1	2 1	1 1	1 1
Neuw	Ceb	Saimiri.	1 1	1 1	1 1	1 1	1 1	1 1	1 1	1 1
Neuw	Ceb	Ateles.P	4 3	4 1	1 1	1 1	1 1	1 1	1 1	1 1
Neuw	Ceb	Ateles.G	4 3	4 1	1 1	1 1	1 1	1 1	1 1	1 1
Altw	Cer	Macaca.M	3 3	3 1	3 1	3 1	3 1	2 1	1 1	1 1
Altw	Cer	Papio.Pa	5 4	3 3	3 1	3 1	3 1	2 1	1 1	1 1
Altw	Cer	Papio.Ha	5 4	3 3	3 1	3 1	3 1	2 1	1 1	1 1
Altw	Cer	Colobus.	3 3	3 1	3 1	3 1	3 1	2 1	1 1	1 1
Altw	Hyl	Hylobate	6 5	5 4	4 3	4 1	3 1	2 1	1 1	1 1
Altw	Hyl	Symphal.	6 6	5 5	4 4	4 3	3 1	2 1	1 1	1 1
Altw	Pon	Pongo.Py	7 7	6 6	5 5	5 4	4 3	3 2	2 2	2 1
Altw	Pon	Pan.Trog	7 7	6 6	5 5	5 4	4 3	3 2	2 2	2 1
Altw	Pon	Gorilla.	8 8	7 7	6 6	5 5	4 4	3 3	2 2	2 1
Altw	Hom	Homo.Sap	9 9	8 8	7 7	6 6	5 5	4 4	3 3	2 2

Die q-Werte der Ward-Lösungen liegen unter denen der single linkage Lösungen (für $k = 3$ sind sie identisch); im Sinne der Varianzhomogenität liefert das Ward-Verfahren (das auf die Optimierung dieses Kriteriums angelegt ist) also deutlich „bessere" Partitionen. Die taxonomischen Gruppierungen in $k = 8$ Familien und in $k = 3$ Unterordnungen weisen in diesem Sinne „schlechtere" Werte auf als die Gruppierungen, welche durch die beiden hierarchischen Verfahren erzeugt werden. Die zoologische Taxonomie beruht auf anderen (umfassenderen) Kriterien als auf den hier verwendeten 7 Variablen.

| Splus | R |

```
# Datenmatrix "primat.mat", Standardisierte Datenmatrix und
# Distanzmatrix "distpr" siehe Anhang A.9
# Hierarchische Cluster-Methode single link (=connected)
# mit Dendrogramm
hcl<- hclust(distpr,method="connected")   # R: ="single"
plclust(hcl,label=dimnames(primat.mat)[[1]])
# Hierarchische Cluster-Methode complete link (=compact)
```

```
# mit Dendrogramm
hcl<- hclust(distpr,method="compact")      # R: ="complete"
plclust(hcl,label=dimnames(primat.mat)[[1]])
# Ausdrucken der Cluster-Loesungen und Distanzniveaus
hcl$height
hcl6<- cutree(hcl,k=6); hcl6
hcl7<- cutree(hcl,k=7); hcl7
for(i in 1:6) print(dimnames(primat.mat)[[1]][hcl6==i])
for(i in 1:7) print(dimnames(primat.mat)[[1]][hcl7==i])
```

$\boxed{\text{SPSS}}$

```
* Standardisieren der Variablen siehe Anhang A.9.
* Ward-Verfahren mit standardisierten Variablen.
* Ausdrucken der Clusterloesungen und Dendrogramm.
CLUSTER ZTS to ZG1 / ID Art /
    METHOD=Ward / PRINT=Cluster(2,9) / PLOT=Dendrogram.
```

$\boxed{\text{SAS}}$

```
* Ward-Verfahren mit Standardisierten Variablen u. Dendrogramm;
* Alternativ: Single linkage mit    method=single;
PROC Standard m=0 s=1 out=primast;
PROC Cluster data=primast method=ward;  Id Art;
PROC Tree horizontal;  Id Art;
```

8.2.2 Die agglomerativen Verfahren im Überblick

Die in 8.2.1 angegebenen Gleichungen zur Neuberechnung der Distanzen lassen sich unter eine gemeinsame, von Lance & Williams entdeckte Formel bringen, die vier Parameter α_i, α_j, β, γ enthält, nämlich

$$d_{A,B} = \alpha_i \, d_{A_i,B} + \alpha_j \, d_{A_j,B} + \beta \, d_{A_i,A_j} + \gamma \, |d_{A_i,B} - d_{A_j,B}|.$$

Die in 8.2.1 vorgestellten verschiedenen Verfahren erhält man dann wie in Tabelle 8.3 dargestellt.

Diese Verfahren weisen durchaus unterschiedliche Eigenschaften auf.
Single linkage. Das Verfahren ist kontrahierend in dem Sinne, dass während des Clustervorganges die Abstände von Gruppen tendenziell „schrumpfen". Genauer: Durch Vergrößerung einer Gruppe wird die Übernahme von weiteren Gruppen begünstigt. Das Verfahren neigt zu *chaining*-Effekten: Schrittweise wird ein (und derselbe) Cluster durch Vereinigung mit je einem Objekt vergrößert, vgl. Abb. 8.5 links.

Complete linkage. Konträr zum single linkage ist das Verfahren dilatierend,

Tabelle 8.3. Die agglomerativen Verfahren im Überblick. Ein **quad** bedeutet, dass Euklidische Distanzen in quadrierter Form benutzt werden sollten

		α_i	α_j	β	γ
single linkage		$1/2$	$1/2$	0	$-1/2$
complete linkage		$1/2$	$1/2$	0	$1/2$
average linkage		n_i/n_A	n_j/n_A	0	0
median	quad	$1/2$	$1/2$	$-1/4$	0
centroid	quad	n_i/n_A	n_j/n_A	$-n_i n_j/n_A^2$	0
Ward	quad	$(n_i + n_B)/n_C$	$(n_j + n_B)/n_C$	$-n_B/n_C$	0

(Es wurde $n_A = n_i + n_j$ und $n_C = n_A + n_B$ gesetzt)

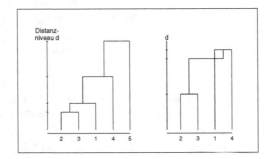

Abb. 8.5. Die Phänomene des *chainings* (links) und der *Inversion* (rechts) bei agglomerativen Verfahren.

d. h., dass die Gruppenabstände sich tendenziell „strecken": Durch Vergrößerung einer Gruppe wird die Übernahme von Nachbargruppen erschwert. Es neigt zur Bildung vieler kleiner Gruppen.

Average linkage. Das Verfahren ist konservativ, d.h. weder dilatierend noch kontrahierend.

Centroid- und Median-Verfahren. Sie sind ebenfalls konservativ, können aber sogenannte *Inversionen* aufweisen: Das Distanzniveau einer Gruppenfusion kann kleiner sein als das einer Gruppenfusion auf einer früheren Stufe, wodurch „Knoten" im Dendrogramm entstehen, vgl. Abb. 8.5 rechts.

Ward-Verfahren. Es ist konservativ und zeichnet sich – wie oben schon betont wurde – dadurch aus, dass auf jeder Stufe ein übergeordnetes Kriterium optimiert wird.

Das Problem der Bestimmung einer geeigneten Clusteranzahl k wird hier nicht behandelt, wohl aber in Bock (1974) und Steinhausen & Langer (1977).

8.2.3 Divisive Verfahren

Geht man bei den agglomerativen Verfahren schrittweise von den Verästelungen eines Dendrogramms zum Stamm, so wählen divisive Verfahren die umgekehrte Richtung.

Ausgangspunkt ist die gröbste Partition $\mathcal{A}_1$, bei der alle Objekte in einem Cluster sind. Dieser wird in zwei Gruppen A_1 und A_2 zerlegt. Im nächsten Schritt wird entweder (i) jede der beiden Gruppen in zwei Teile zerlegt oder (ii) eine der beiden (nach einem Kriterium ausgewählten) Gruppen in zwei Teile zerlegt. Dabei finden Gruppenzerlegungen natürlich nur statt, wenn die Gruppe mindestens zwei Objekte enthält. Schließlich ist die feinste Partition $\mathcal{A}_n$ erreicht, bei der jedes Objekt ein Cluster für sich bildet. Methoden zur Aufteilung eines Clusters gemäß Alternative (ii) sind z. B.

1. Wähle diejenige Gruppe A und teile sie so in die zwei disjunkten Teile A_1 und A_2 auf, dass die Abnahme des Heterogenitätsmaßes (Varianzkriteriums) g maximal wird. Dies ist genau dann der Fall, wenn die Größe

$$\frac{n_1 \, n_2}{n_1 + n_2} \, \|\overline{x}_{A_1} - \overline{x}_{A_2}\|^2$$

   maximal ist, vgl. die Gleichung (8.6) zum Ward-Verfahren.
2. Bilde in jeder Gruppe A_i die Varianz $v(i,j)$ jeder Merkmalsvariablen x_j und wähle dasjenige Paar (i^*, j^*) aus, welches einen maximalen Wert $v(i,j)$ aufweist. Diese Gruppe A_{i^*} wird dann in zwei Teile geteilt gemäß des Wertes von x_{j^*}: je nachdem der Wert der Variablen x_{j^*} nämlich unterhalb oder überhalb des Mittelpunkts ihres Wertebereiches in dieser Gruppe liegt.

Die divisiven Verfahren benötigen in aller Regel mehr Rechenzeit als die agglomerativen; vergleiche auch Bock (1974), Steinhausen & Langer (1977).

8.3 Nicht-hierarchische Verfahren

Bei hierarchischen Verfahren stehen zwei Cluster, die aus Partitionen verschiedener Stufen des Verfahrens herausgegriffen werden, entweder in einer Teilmengen- oder in einer Disjunktheits-Beziehung. Alle anderen Verfahren kann man als nicht-hierarchisch bezeichnen.

8.3.1 Totale Enumeration

Ein nicht-hierarchisches Verfahren ist das der totalen Enumeration. Bei Vorgabe eines Homogenitätsmaßes h (Heterogenitätsmaßes g) wird auf einer Stufe $k \in \{1, \ldots, n\}$ diejenige Partition $\mathcal{A}_k^*$ mit k Gruppen gesucht, welche einen maximalen h (minimalen g) Wert aufweist,

$$\left.\begin{array}{l} h(\mathcal{A}_k^*) \geq h(\mathcal{A}_k) \quad \text{bzw.} \\ g(\mathcal{A}_k^*) \leq g(\mathcal{A}_k) \end{array}\right\} \quad \text{für alle Partitionen } \mathcal{A}_k \text{ mit } k \text{ Gruppen.}$$

Wegen der großen Zahl $S(n,k)$ möglicher Partitionen (siehe 8.1.1 oben) ist diese Methode bereits bei mäßiger Objektanzahl n nicht mehr durchführbar. Wir müssen uns dann mit Verfahren zufrieden geben, die nicht mehr notwendig das (globale) Optimum $\mathcal{A}_k^*$ finden, sondern nur ein lokales Optimum. Von diesen Verfahren wollen wir hier nur diejenigen besprechen, die sich unter dem Titel „Verbesserung einer Anfangspartition" stellen lassen.

8.3.2 Hill-climbing Verfahren

Der algorithmische Ablauf dieses Verfahrens, das auch Austauschverfahren genannt wird, ist wie folgt. Die Clusteranzahl k ist dabei vorgewählt (der Tiefindex k wird unterdrückt).

1. Sei eine (Anfangs-)Partition $\mathcal{A}^{(0)}$ mit k Clustern vorgegeben.
2. Es liege die Partition $\mathcal{A}^{(m)}$ vor. Für die Objekte $i = 1, 2, \ldots, n$ wird der Reihe nach Folgendes geprüft: Ergibt eine Verschiebung (Reallocation) des Objektes i aus der Gruppe A in die Gruppe B (was zur Partition $\mathcal{A}^{(m+1)}$ führen möge) eine Verbesserung des Gütekriteriums, d. h gilt

$$g(\mathcal{A}^{(m+1)}) < g(\mathcal{A}^{(m)}), \tag{8.7}$$

   dann führe diese Verschiebung tatsächlich durch, anderenfalls nicht.
3. Wiederhole Punkt 2. so lange, bis (8.7) n mal hintereinander nicht mehr eintritt. Das Ergebnis ist eine Partition $\mathcal{A}^*$ (mit k Gruppen) als lokales Optimum.

Bei Verwendung des Varianzkriteriums g tritt für das Objekt mit p-dimensionalem Beobachtungsvektor x die Verbesserung (8.7) genau dann ein, wenn

$$\frac{n_B}{n_B + 1} \, ||x - \overline{x}_B||^2 < \frac{n_A}{n_A - 1} \, ||x - \overline{x}_A||^2$$

$[n_A \geq 2$ vorausgesetzt]. Auf Grund der Beziehung (8.7) ist es ausgeschlossen, dass eine frühere Klassifikation erneut erzeugt wird, so dass das Abbruchkriterium 3. auch tatsächlich erreicht wird. Den Algorithmus kann man mit verschiedenen Ausgangspartitionen $\mathcal{A}^{(0)}$ laufen lassen; z. B. kann $\mathcal{A}^{(0)}$ das Ergebnis eines hierarchischen Verfahrens auf der Stufe k sein. Unter den möglicherweise verschiedenen Partitionen $\mathcal{A}^*$ wird diejenige mit minimalem g-Wert ausgewählt.

Die Partition $\mathcal{A}^*$ mit k Clustern, die man mit diesem Algorithmus erhält, kann nach einer geeigneten Aufspaltung einer der Gruppen in zwei Teile Startpartition des gleichen Algorithmus mit der Clusteranzahl $k + 1$ werden.

8.3.3 k-means Verfahren

Der algorithmische Ablauf dieses Verfahrens, das auch iteriertes Minimaldistanz-Verfahren oder Forgy-Verfahren genannt wird, lautet:

1. Für eine gewählte Clusteranzahl k sei eine (Anfangs-)Partition $\mathcal{A}^{(0)}$ vorgegeben.
2. Es liege eine Partition $\mathcal{A}^{(m)}$ vor. Für jeden Cluster A aus $\mathcal{A}^{(m)}$ berechne den Gruppenschwerpunkt $\overline{x}_A$.
3. Verschiebe jedes der n Objekte in diejenige Gruppe, deren Schwerpunkt dem Objekt am nächsten liegt (im Sinne der Euklidischen Distanz), was zu einer Partition $\mathcal{A}^{(m+1)}$ führt.
4. Fahre mit Punkt 2 fort. Das Verfahren endet dann, wenn im Schritt 3 kein Objekt mehr die Gruppe wechselt.

Man rechnet nach, dass sich das Varianzkriterium beim Übergang von $\mathcal{A}^{(m)}$ zu $\mathcal{A}^{(m+1)}$ zumindest nicht vergrößert, d. h. es gilt $g(\mathcal{A}^{(m+1)}) \leq g(\mathcal{A}^{(m)})$. Es kommt allerdings in der Praxis kaum vor, dass frühere Klassifikationen erneut erzeugt werden und der Algorithmus nicht zum Abbruch kommt. Endet das Verfahren gemäß Punkt 4 mit einer Partition $\mathcal{A}^* = (A_1, \ldots, A_k)$, so bilden die Gruppenschwerpunkte

$$a_1^* = \overline{x}_{A_1}, \ldots, a_k^* = \overline{x}_{A_k}$$

dieser Partition optimale Clusterzentren für die p-dimensionalen Beobachtungsvektoren $x_1, \ldots, x_n$ im folgenden Sinne. Für die $a_1^*, \ldots, a_k^*$ nimmt die Funktion Φ_k, die Funktion von k Vektoren $a_1, \ldots, a_k$ der Dimension p ist,

$$\Phi_k(a_1, \ldots, a_k) = \sum_{i=1}^{n} \min_{j=1,\ldots,k} \|x_i - a_j\|^2,$$

ein (lokales, nicht notwendig globales) Minimum an. Es kann vorgeschrieben werden, dass im Schritt 3 die Clusteranzahl k nicht verringert werden darf. Dazu kann der Algorithmus in der Weise modifiziert werden, dass in den Punkten 2 und 3 die Neuberechnung der Gruppenschwerpunkte sofort nach jeder einzelnen Verschiebung erfolgt (Verfahren mit Driftoption).

In der Fallstudie **Primaten**, in der $p = 7$ Variablen zu $n = 22$ Primaten-Arten aufgeführt sind, wenden wir das k-means Verfahren an, um aus einer vorgegebenen Anfangspartition durch Verschieben (Reallocation) von Objekten eine Gruppierung mit kleinerem Gütemaß q zu erzeugen. Dabei verwenden wir wieder wie im Abschn. 8.2.1 das Varianzkriterium $g = \mathrm{spur}(W)$ in der normierten Form $q = \mathrm{spur}(W)/(n-k)$. Wählen wir als Start die taxonomischen Gruppierungen in 8 Familien bzw. in 3 Unterordnungen, so verbessern sich zwar die q-Werte, die Werte der Ward-Lösungen (die in Tabelle 8.2 aufgelistet wurden) werden aber nicht erreicht. Immerhin wird bei $k = 8$ mit $q = 0.350$ der Wert der single linkage Lösung unterboten. Die Ward-Lösungen lassen sich, zumindest für $k = 3$ und $k = 8$, durch Reallocation nicht mehr verbessern, stellen also „lokale Optima" des Clusterproblems dar.

Gruppierung gemäß	Clusteranzahl k							
	9	8	7	6	5	4	3	2
Single link.	0.239	0.417	0.670	0.762	0.939	1.284	1.323	3.846
Ward-Verf.	0.191	0.251	0.319	0.419	0.537	0.685	1.323	2.307
Ward/ Realloc.		0.251					1.323	
Taxonomie		0.558					4.355	
Taxon./ Realloc.		0.350					1.806	

Wie gut sind die aufgeführten q-Werte (ohne Reallocation) im Vergleich zu der Gesamtheit aller Gruppierungen, die man mit k Gruppen herstellen kann. Da eine Enumeration nicht in Frage kommt (siehe 8.1.1), geben wir uns, für jedes k, mit 10000 zufälligen Partitionen zufrieden und berechnen – so wie in 8.1.4 beschrieben – die empirischen Quantile der resultierenden q-Werte. Die Abb. 8.6 (wobei der q-Wert nochmal durch $p = 7$ geteilt wurde) zeigt, dass die Lösungen nach Ward (und selbst nach single linkage) besser sind als 0.5 % der Werte der zufälligen Partitionen. Dasselbe gilt für die taxonomische Einteilung in $k = 8$ Familien, während die Einteilung in $k = 3$ Unterordnungen beiweiten nicht so günstig liegt. Dies steht in Übereinstimmung mit den Ergebnissen im Anschluss an 8.2.1, dass auf der Basis der hier verwendeten sieben Variablen die Familien (zumindest die vier Familien der Altweltaffen) gut, die Unterordnungen Halbaffen und Neuweltaffen gar nicht getrennt werden.

8.4 Clustern bei kategorialen Daten

Bislang arbeiteten die vorgestellten Verfahren der Clusteranalyse bei metrischen Daten; man vergleiche solche Begriffe wie Distanzen, Gruppenschwerpunkte etc. Die Datenmatrix umfasste die p Messgrößen von n Objekten. I. F. ist die zugrunde liegende N×p-Matrix eine Häufigkeitsmatrix: Die p Spalten stehen für die p Kategorien (Alternativen) $M_1, \ldots, M_p$ einer nominalskalierten Variablen, die auch wieder Merkmal genannt wird. In der i-ten Zeile und j-ten Spalte steht die Häufigkeit n_{ij}, mit der beim Objekt i die Alternative j beobachtet wurde, vgl. auch Abschn. 4.4.

	M_1	M_2	...	M_p	$\sum$
1	n_{11}	n_{12}	...	n_{1p}	$n_{1\bullet}$
2	n_{21}	n_{22}	...	n_{2p}	$n_{2\bullet}$
⋮	⋮	⋮		⋮	⋮
N	n_{N1}	n_{N2}	...	n_{Np}	$n_{N\bullet}$
$\sum$	$n_{\bullet 1}$	$n_{\bullet 2}$	...	$n_{\bullet p}$	$n_{\bullet\bullet} = n$

$N \times p$-Kontingenztafel

$$\left(n_{ij}, \begin{matrix} i = 1, \ldots, N \\ j = 1, \ldots, p \end{matrix} \right)$$

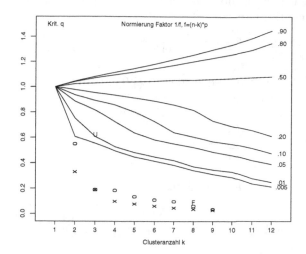

Abb. 8.6. Empirische Quantile der 10000 q-Werte zufälliger Partitionen, jeweils mit k=2,3,...,12 Gruppen. Verwendet wurde das Varianzkriterium $g = \mathrm{spur}(W)$ in der Normierung $q = \mathrm{spur}(W)/[(n\text{-}k)\cdot 7]$. Ferner sind die q-Werte der single linkage- (o) und Ward-Lösungen (x), sowie die der taxonomischen Einteilung in 3 Unterordnungen (U) bzw. 8 Familien (F) eingetragen.

In jeder Zeile der Tafel steht eine Häufigkeitsverteilung, welche angibt, wie oft für das betreffende Objekt die p Alternativen beobachtet wurden. Beispiel: Bei N Individuen einer Tiergruppe ist jeweils aufgezeichnet worden, wie häufig die p verschiedenen Verhaltensweisen (aus dem Verhaltensrepertoir der Tiere) ausgeführt wurden. Ziel der Clusteranalyse ist es, eine Struktur in der Tiergruppe zu erkennen.

8.4.1 Transinformation als Heterogenitätsmaß

Als ein Heterogenitätsmaß für die N Häufigkeitsverteilungen der $N \times p$-Kontingenztafel wählen wir die sogenannte Transinformation $T = T(\mathcal{A}_0)$. Dabei steht

$$\mathcal{A}_0 = (\{1\}, \{2\}, \dots, \{N\})$$

für die N einzelnen Objekte, also für die Anfangspartition, bei der jedes Objekt einen Cluster für sich bildet. Man definiert

$$T(\mathcal{A}_0) = \sum_{i=1}^{N} \sum_{j=1}^{p} n_{ij} \ln(n_{ij}/e_{ij})$$

$$= \lambda(n) - \sum_{i=1}^{N} \lambda(n_{i\bullet}) - \sum_{j=1}^{p} \lambda(n_{\bullet j}) + \sum_{i=1}^{N} \sum_{j=1}^{p} \lambda(n_{ij}) . \tag{8.8}$$

Dabei haben wir die Randhäufigkeiten $n_{i\bullet} = \sum_j n_{ij}$, $n_{\bullet j}$ und $n = n_{\bullet\bullet}$ entsprechend, benutzt; ferner wurde

$$e_{ij} = \frac{n_{i\bullet}\, n_{\bullet j}}{n} \qquad \text{und} \qquad \lambda(m) = m \cdot \ln m$$

für ganze Zahlen $m \geq 0$ gesetzt $[0 \cdot \ln 0 = 0]$. Definieren wir noch die Entropiegröße

$$H(\mathcal{A}_0) = -\sum_{j=1}^{p} n_{\bullet j}\, \ln(n_{\bullet j}/n)$$

$$= \lambda(n) - \sum_{j=1}^{p} \lambda(n_{\bullet j}),$$

so können wir die Ungleichungen

$$0 \leq T(\mathcal{A}_0) \leq H(\mathcal{A}_0)$$

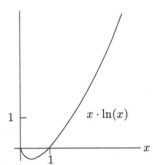

aufstellen. Die Extremwerte 0 und $H = H(\mathcal{A}_0)$ werden dabei von der Größe $T = T(\mathcal{A}_0)$ in den folgenden Fällen angenommen, welche die Fälle maximaler Homogenität bzw. maximaler Inhomogenität beschreiben:

- $T = 0$ genau dann, wenn die N Zeilen der Kontingenztafel proportional zueinander sind (d. h. $n_{ij}/n_{i\bullet} = n_{\bullet j}/n$ für alle i, j)
- $T = H$ genau dann, wenn in jeder der N Zeilen nur eine der p Häufigkeiten n_{ij} größer 0 ist (dann $n_{ij} = n_{i\bullet}$ für dieses n_{ij}).

In 4.4.1 haben wir die Größe $T_n = 2 \cdot T(\mathcal{A}_0)$ als Teststatistik für die Homogenitätshypothese benutzt. Oft wird auch $T(\mathcal{A}_0)/n$ als Transinformation bezeichnet.

8.4.2 Transinformation einer Partition

Sei A eine Gruppe von m Objekten,

$$A = (i_1, \ldots, i_m), \qquad 1 \leq i_1 < \ldots < i_m \leq N,$$

zu der eine m×p-Untertafel mit den entsprechenden m Zeilen gehört:

	M_1	M_2	$\ldots$	M_p	$\sum$
i_1	$n_{i_1 1}$	$n_{i_1 2}$	$\ldots$	$n_{i_1 p}$	$n_{i_1 \bullet}$
i_2	$n_{i_2 1}$	$n_{i_2 2}$	$\ldots$	$n_{i_2 p}$	$n_{i_2 \bullet}$
$\vdots$	$\vdots$	$\vdots$		$\vdots$	$\vdots$
i_m	$n_{i_m 1}$	$n_{i_m 2}$	$\ldots$	$n_{i_m p}$	$n_{i_m \bullet}$
$\sum$	n_{A1}	n_{A2}	$\ldots$	n_{Ap}	$n_{A\bullet}$

$m \times p$-Kontingenztafel

$$\left(n_{ij}, \quad \begin{matrix} i \in A \\ j = 1, \ldots, p \end{matrix} \right)$$

Mit den Randhäufigkeiten bzw. der Gesamthäufigkeit

$$n_{Aj} = \sum_{i \in A} n_{ij}, \quad j = 1, \dots, p, \qquad n_{A\bullet} = \sum_{j=1}^{p} n_{Aj} \qquad (8.9)$$

leitet man als Transinformation dieser Untertafel

$$T(A) = \lambda(n_{A\bullet}) - \sum_{i \in A} \lambda(n_{i\bullet}) - \sum_{j=1}^{p} \lambda(n_{Aj}) + \sum_{i \in A} \sum_{j=1}^{p} \lambda(n_{ij}) \qquad (8.10)$$

ab, und zwar durch geeignete Anpassung von (8.8). $T(A)$ ist eine Maß für die Heterogenität der Gruppe A. Im Spezialfall $m = 1$, in dem die Untertafel nur aus einer Zeile besteht, haben wir T(A) = 0. Liegt eine Partition in K Gruppen vor,

$$\mathcal{A} = (A_1, A_2, \dots, A_K),$$

so bilden wir durch Verschmelzen aller Objekte (Zeilen), die jeweils zu derselben Gruppe gehören, eine neue Kontingenztafel: Die Häufigkeiten der zu einer Gruppe A aus $\mathcal{A}$ gehörenden Zeilen werden wie in (8.9) zu den Häufigkeiten $n_{A1}, \dots, n_{Ap}$ aufaddiert, mit der Gesamtsumme $n_{A\bullet}$ der zur Gruppe A gehörenden Untertafel. Führt man dies nun mit allen Gruppen $A = A_1, \dots, A_K$ der Partition durch, so erhält man die zur Partition $\mathcal{A}$ gehörende Tafel

	M_1	M_2	$\dots$	M_p	$\sum$
A_1	$n_{A_1 1}$	$n_{A_1 2}$	$\dots$	$n_{A_1 p}$	$n_{A_1 \bullet}$
A_2	$n_{A_2 1}$	$n_{A_2 2}$	$\dots$	$n_{A_2 p}$	$n_{A_2 \bullet}$
$\vdots$	$\vdots$	$\vdots$	$\vdots$	$\vdots$	$\vdots$
A_K	$n_{A_K 1}$	$n_{A_K 2}$	$\dots$	$n_{A_K p}$	$n_{A_K \bullet}$
$\sum$	$n_{\bullet 1}$	$n_{\bullet 2}$	$\dots$	$n_{\bullet p}$	$n_{\bullet\bullet} = n$

$K \times p$-Kontingenztafel

$$\left(n_{A_l j}, \quad \begin{matrix} A_l \in \mathcal{A} \\ j = 1, \dots, p \end{matrix} \right)$$

Die zu dieser Partition gehörende Transinformation berechnet sich dann – wiederum Gleichung (8.8) geeignet angepasst – nach der Formel

$$T(\mathcal{A}) = \lambda(n) - \sum_{l=1}^{K} \lambda(n_{A_l \bullet}) - \sum_{j=1}^{p} \lambda(n_{\bullet j}) + \sum_{l=1}^{K} \sum_{j=1}^{p} \lambda(n_{A_l j}). \qquad (8.11)$$

Analog zur Streuungszerlegung der einfachen Varianzanalyse in 2.1.2 gilt die Aussage, dass die Heterogenität der Anfangspartition $\mathcal{A}_0$ (*total*) gleich ist der Heterogenität *zwischen* den Gruppen der Partition $\mathcal{A}$, plus der Summe der Heterogenitäten *innerhalb* der Gruppen $A_1, \dots, A_K$ von $\mathcal{A}$. Man rechnet nämlich mit (8.8), (8.10), (8.11), dass

$$T(\mathcal{A}_0) = T(\mathcal{A}) + \sum_{l=1}^{K} T(A_l) \qquad (8.12)$$

gilt, jedes $T(A_l)$ nach (8.10) berechnet; vgl. Orloci (1968), Bock (1974). Der erste Summand $T(\mathcal{A})$ ist ein Homogenitätsmaß $h(\mathcal{A})$, der zweite $\sum_l T(A_l)$ ein Heterogenitätsmaß $g(\mathcal{A})$, jeweils für die Partition $\mathcal{A}$.

8.4.3 Agglomeratives hierarchisches Verfahren

Das Ziel einer Klassifikation wird es sein, eine solche Partition

$$\mathcal{A} = (A_1, A_2, \ldots, A_K)$$

zu finden, welche die Heterogenität $T(\mathcal{A})$ zwischen den Gruppen maximiert, bzw. nach (8.12) äquivalent, welche die Heterogenität $\sum_{l=1}^{K} T(A_l)$ innerhalb der Gruppen minimiert. Wir beschränken uns auf das agglomerative hierarchische Verfahren. Von der Anfangspartition

$$\mathcal{A}_0 = (\{1\}, \{2\}, \ldots, \{N\})$$

ausgehend, suchen wir im ersten Schritt dasjenige Objektpaar $A = \{i, j\}$ ($i \neq j$), welches die Größe T(A) minimiert (man beachte, dass alle anderen ein-elementigen Gruppen die Transinformation 0 haben). Dabei ist gemäß Gleichung (8.10)

$$T(A) = \lambda(n_{A\bullet}) - \big(\lambda(n_{i\bullet}) + \lambda(n_{j\bullet})\big)$$
$$- \sum_{k=1}^{p} \lambda(n_{Ak}) + \Big(\sum_{k=1}^{p} \lambda(n_{ik}) + \sum_{k=1}^{p} \lambda(n_{jk})\Big), \qquad (8.13)$$

mit $n_{Ak} = n_{ik} + n_{jk}$ und $n_{A\bullet} = n_{i\bullet} + n_{j\bullet}$. Haben wir eine Partition

$$\mathcal{A} = (A_1, A_2, \ldots, A_K)$$

erreicht, so entsteht eine neue Partition $\mathcal{A}'$ mit $K - 1$ Gruppen durch Vereinigung zweier Gruppen A_i, A_j. Wir suchen dasjenige Gruppenpaar A_i, A_j ($i \neq j$), und fusionieren es zu einer Gruppe $A = A_i \cup A_j$, für welches

die Abnahme $\Delta = T(\mathcal{A}) - T(\mathcal{A}')$ der Homogenität

minimal wird. Man rechnet mit Gleichungen (8.12) und (8.10), dass

$$\Delta = \lambda(n_{A\bullet}) - \big(\lambda(n_{A_i\bullet}) + \lambda(n_{A_j\bullet})\big)$$
$$- \sum_{k=1}^{p} \lambda(n_{Ak}) + \Big(\sum_{k=1}^{p} \lambda(n_{A_ik}) + \sum_{k=1}^{p} \lambda(n_{A_jk})\Big) \qquad (8.14)$$

gilt. Wiederum gemäß (8.10) erhalten wir schließlich $\Delta = T((A_i, A_j))$, d. i. die Transinformation der folgenden $2 \times p$-Untertafel:

	1	2	...	p	$\sum$
A_i	n_{A_i1}	n_{A_i2}	...	n_{A_ip}	$n_{A_i\bullet}$
A_j	n_{A_j1}	n_{A_j2}	...	n_{A_jp}	$n_{A_j\bullet}$
$\sum$	n_{A1}	n_{A2}	...	n_{Ap}	$n_{A\bullet}$

$2 \times p$-Kontingenztafel

$$\left(n_{A,k}, \; \begin{array}{l} A = A_i, A_j \\ k = 1, \ldots, p \end{array}\right)$$

In einem **numerischen Beispiel** betrachten wir eine Kontingenztafel, in der für $N = 5$ Objekte jeweils die Häufigkeiten für $p = 2$ Alternativen M_1 und M_2 ausgezählt sind. Neben die Tafel der beobachteten Häufigkeiten n_{ik} setzen wir die Tafel der relativen Häufigkeiten $n_{ik}/n_{i\bullet}$.

	M_1	M_2	$\sum$
1	154	15	169
2	113	63	176
3	110	71	181
4	5	25	30
5	24	29	53
$\sum$	406	203	609

	M_1	M_2	$\sum$
1	0.911	0.089	1.0
2	0.642	0.358	1.0
3	0.608	0.392	1.0
4	0.167	0.833	1.0
5	0.453	0.547	1.0

Besonders ähnlich sind die Verteilungen für die Objekte 2 und 3, während die Verteilung von Objekt 1 und von Objekt 4 jeweils den anderen am unähnlichsten sind.

1: Von allen 10 Objektpaaren (1,2),...,(4,5) besitzt das Paar (2,3) den kleinsten T-Wert. Aus der Untertafel

	M_1	M_2	$\sum$
2	113	63	176
3	110	71	181
$\sum$	223	134	357

berechnet man $\Delta = T((2,3)) = 0.2240$ nach (8.13). Man vereinigt 2 und 3 und erhält die neue Kontingenztafel

	M_1	M_2	$\sum$
1	154	15	169
(2,3)	223	134	357
4	5	25	30
5	24	29	53
$\sum$	406	203	609

2: Von allen sechs Fusionen von je zwei Zeilen besitzt die Fusion von (2,3) und 5 den kleinsten T-Wert, nämlich $\Delta = T((2,3),5) = 2.7820$ nach (8.14). Fusion der zugehörigen zwei Zeilen führt zur Kontingenztafel

	M_1	M_2	$\sum$
1	154	15	169
(2,3,5)	247	163	410
4	5	25	30
$\sum$	406	203	609

3: Im nächsten Schritt werden die Zeilen (2,3,5) und 4 vereinigt, es ist nämlich $\Delta = T((2,3,5),4) = 11.2726$ der kleinste von drei T-Werten.

4: Im letzten Schritt schließlich kommt das Objekt 1 hinzu, und zwar mit $\Delta = T(1,(2,3,4,5)) = 36.6820$.

Man beachte, dass die Summe der vier angegebenen Δ-Werte gleich 50.9603 ergibt, die Transinformation der 5 × 2 Ausgangmatrix. Wir erhalten das Dendrogramm der Abb. 8.7 (links).

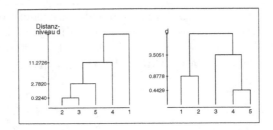

Abb. 8.7. Resultierendes Dendrogramm für das Clustern in einer Kontingenztafel gemäß 8.4.3 (*links*) und für das Clustern in einer Übergangsmatrix gemäß 8.4.4 (*rechts*). Distanzniveaus nicht maßstabsgerecht.

8.4.4 Clusteranalyse in einer Übergangsmatrix

In 8.4.1 – 8.4.3 wurden die N Objekte, welche den N Zeilen einer Kontingenztafel zugeordnet sind, einer Clusteranalyse unterworfen. Die p Spalten der Tafel waren von dem Prozess des Fusionierens zu Gruppen nicht betroffen. Bei einem bestimmten Typus von Häufigkeitstafel, den sogenannten Übergangsmatrizen, stehen die N Objekte sowohl für die N Zeilen als auch für die N Spalten; die Häufigkeit n_{ij} gibt an, wie oft ein Übergang von Objekt i zu Objekt j beobachtet wurde. Beispiele für solche Objekte sind Lager (Häfen, Terminals), bei denen Transporte von i nach j stattfinden, oder – in Verhaltenssequenzen bei Tieren – Verhaltensweisen aus einem Katalog von N verschiedenen, bei denen auf das Auftreten von Verhaltensweise Nr. i die mit der Nr. j folgt. Dabei sind auch immer Übergange von i nach i zugelassen.

Objekte	1	2	...	N	$\sum$
1	n_{11}	n_{12}	...	n_{1N}	$n_{1\bullet}$
2	n_{21}	n_{22}	...	n_{2N}	$n_{2\bullet}$
⋮	⋮	⋮	⋮	⋮	⋮
N	n_{N1}	n_{N2}	...	n_{NN}	$n_{N\bullet}$
$\sum$	$n_{\bullet 1}$	$n_{\bullet 2}$	...	$n_{\bullet N}$	$n_{\bullet\bullet} = n$

$N \times N$-Übergangsmatrix

$$\left(n_{ij}, \quad \begin{matrix} i = 1, \dots, N \\ j = 1, \dots, N \end{matrix} \right)$$

Ein Zusammenfassen von Objekten zu einer Gruppe betrifft hier Zeilen und Spalten gleichzeitig. Wir benutzen wieder die Transinformation T einer Häufigkeitstafel als Kriterium. Dabei ist $p = N$ in Formel (8.8) zu setzen. Der Wert T in einer Übergangsmatrix lässt sich als ein Maß für die Vorhersagbarkeit des nachfolgenden Objekts (bei Kenntnis des vorangegangenen) auffassen, bzw. als Korrelation der Zeilen- und Spalten-Objekte. Um auch die Gruppierung der Objekte, welche die Spalten repräsentieren, in der Notation zu erfassen, schreiben wir für die linke Seite von (8.8) jetzt $T(\mathcal{A}_0, \mathcal{A}_0)$ anstatt

$T(\mathcal{A}_0)$, das ist

$$T(\mathcal{A}_0, \mathcal{A}_0) = \lambda(n) - \sum_{i=1}^{N} \lambda(n_{i\bullet}) - \sum_{j=1}^{N} \lambda(n_{\bullet j}) + \sum_{i=1}^{N} \sum_{j=1}^{N} \lambda(n_{ij}).$$

Die Anfangspartition mit N Gruppen und eine Partition mit K Gruppen werden wieder mit

$$\mathcal{A}_0 = (\{1\}, \{2\}, \ldots, \{N\}) \quad \text{bzw.} \quad \mathcal{A} = (A_1, \ldots, A_K)$$

bezeichnet. Die zur Partition $\mathcal{A}$ gehörende Übergangsmatrix lautet

Gru.	A_1	A_2	$\ldots$	A_K	$\sum$
A_1	$n_{A_1 A_1}$	$n_{A_1 A_2}$	$\ldots$	$n_{A_1 A_K}$	$n_{A_1 \bullet}$
A_2	$n_{A_2 A_1}$	$n_{A_2 A_2}$	$\ldots$	$n_{A_2 A_K}$	$n_{A_2 \bullet}$
$\vdots$	$\vdots$	$\vdots$	$\vdots$	$\vdots$	$\vdots$
A_K	$n_{A_K A_1}$	$n_{A_K A_2}$	$\ldots$	$n_{A_K A_K}$	$n_{A_K \bullet}$
$\sum$	$n_{\bullet A_1}$	$n_{\bullet A_2}$	$\ldots$	$n_{\bullet A_K}$	$n_{\bullet\bullet} = n$

$K \times K$-Übergangsmatrix

$$\left(n_{A_i A_j}, \quad \begin{matrix} A_i \in \mathcal{A} \\ A_j \in \mathcal{A} \end{matrix} \right)$$

wobei $n_{A_i A_j} = \sum_{k \in A_i} \sum_{k' \in A_j} n_{kk'}$ gesetzt wurde. Die zugehörige Transinformation ist

$$T(\mathcal{A}, \mathcal{A}) = \lambda(n) - \sum_{l=1}^{K} \lambda(n_{A_l \bullet}) - \sum_{l=1}^{K} \lambda(n_{\bullet A_l}) + \sum_{l=1}^{K} \sum_{l'=1}^{K} \lambda(n_{A_l A_{l'}}).$$

Wiederholte Anwendung von Gleichung (8.12) liefert

$$T(\mathcal{A}_0, \mathcal{A}_0) = T(\mathcal{A}, \mathcal{A}) + \sum_{l=1}^{K} \left[T(A_l, \mathcal{A}) + T(\mathcal{A}, A_l) \right] + \sum_{l=1}^{K} \sum_{l'=1}^{K} T(A_l, A_{l'}). \quad (8.15)$$

Dabei bezieht sich $T(A, \mathcal{A})$ auf folgende Übergangsmatrix: Den Objekten aus der *Gruppe A* sind die Zeilen und den Gruppen aus der *Partition $\mathcal{A}$* sind die Spalten zugeordnet; bei $T(\mathcal{A}, A)$ ist es entsprechend. Aus (8.15) leiten wir das Kriterium ab, welches aus der bereits erreichten Partition $\mathcal{A}$ ein Gruppenpaar A_i, A_j $(i \neq j)$ auswählt, um zu einer Gruppe $A = A_i \cup A_j$ fusioniert zu werden, was zu einer Partition $\mathcal{A}'$ mit $K - 1$ Gruppen führt (eine davon A). Dann ist dasjenige Paar A_i, A_j zu vereinigen, für welches

$$T(\mathcal{A}, \mathcal{A}) - T(\mathcal{A}', \mathcal{A}')$$

minimal wird. Man kann nachweisen, dass es die Größe

$$\Delta = T((A_i, A_j), \mathcal{A}') + T(\mathcal{A}', (A_i, A_j)) + T((A_i, A_j), (A_i, A_j)) \quad (8.16)$$

zu minimieren gilt, vgl. Maurus & Pruscha (1973), Pruscha (1983). Zur Berechnung der Größen in (8.16):

- $T((A_i, A_j), (A_i, A_j))$ wird aus der 2×2-Übergangsmatrix $\begin{pmatrix} n_{A_i,A_i} & n_{A_i,A_j} \\ n_{A_j,A_i} & n_{A_j,A_j} \end{pmatrix}$ berechnet, bei der die Zeilen als auch die Spalten den Gruppen A_i, A_j zugeordnet sind.

- $T((A_i, A_j), \mathcal{A}')$ wird aus der $2 \times (K-1)$-Übergangsmatrix $\begin{pmatrix} \cdots & n_{A_i,A_l} & \cdots \\ \cdots & n_{A_j,A_l} & \cdots \end{pmatrix}$ ermittelt, bei der die Zeilen den Gruppen A_i, A_j und die Spalten den A_l's aus der Partition $\mathcal{A}'$ zugeordnet sind.

- $T(\mathcal{A}', (A_i, A_j))$ basiert entsprechend auf einer $(K-1) \times 2$-Übergangsmatrix.

Als **numerisches Beispiel** betrachten wir die folgende 5×5-Übergangsmatrix, zu welcher sich eine Transinformation von 6.4353 berechnet.

	1	2	3	4	5	$\sum$
1	2	1	1	3	3	10
2	1	1	1	3	4	10
3	1	3	4	1	1	10
4	3	3	2	1	1	10
5	3	2	2	2	1	10
$\sum$	10	10	10	10	10	50

Man erkennt, dass sich die Zeilen (und Spalten) 1 und 2 sowie 4 und 5 sehr ähneln, während Zeile (Spalte) 3 dazwischen steht. Das resultierende Dendrogramm (siehe oben Abb. 8.7 rechts) entspricht also der Erwartung.

Detaillierter: Im ersten Schritt werden die Objekte 4 und 5 vereinigt. Das zugehörige Δ beträgt 0.4429 und ist kleiner als die Δ-Werte der 9 konkurrierenden Paarfusionen. Nach Fusion entsteht die 4×4-Übergangsmatrix

	1	2	3	(4,5)	$\sum$
1	2	1	1	6	10
2	1	1	1	7	10
3	1	3	4	2	10
(4,5)	6	5	4	5	20
$\sum$	10	10	10	20	50

Im zweiten Schritt werden Objekte 1 und 2 fusioniert, mit einem $\Delta = 0.8778$, so dass wir die Partition $\mathcal{A} = ((1,2),3,(4,5))$ erhalten.

Im nächsten Schritt wird Objekt 3 mit (4,5) vereinigt, $\Delta = 3.5051$, und der Zusammenschluss zu einer einzigen Gruppe erfolgt mit $\Delta = 1.6095$, was eine Inversion des Distanzniveaus darstellt.

Man beachte, dass die Summe 6.4353 der angegebenen Deltawerte die Transinformation der 5×5-Ausgangsmatrix ist. Das zugehörige Dendrogramm findet sich in Abb. 8.7 (rechts, Inversion nicht dargestellt).

9

Zeitreihenanalyse

Zeitreihen-Daten entstehen in Situationen, in denen eine metrisch skalierte Größe Y in regelmäßigen zeitlichen Abständen gemessen wird, und in denen wir annehmen müssen, dass der Wert von Y im Zeitpunkt t von den vorangegangenen Messwerten zu den Zeitpunkten $t - 1$, $t - 2$, ... abhängt. Wir bezeichnen die äquidistanten Zeitpunkte der insgesamt n Messungen (Beobachtungen) mit

$$t = 1, 2, \ldots, n, \qquad \text{manchmal auch mit} \qquad t = 0, 1, \ldots, n - 1.$$

Die Zeitreihe können wir dann in der Form

$$Y_1, Y_2, \ldots, Y_n \qquad \text{bzw.} \qquad Y_0, Y_1, \ldots, Y_{n-1}$$

niederschreiben. Werden diese n Messwerte über der Zeitachse aufgetragen, d. h., werden die n Punkte (t, Y_t), $t = 1, \ldots, n$, in ein Koordinatensystem eingetragen und verbunden, so entsteht ein Zeitreihenplot; vergleiche die Temperatur-Mittelwerte über die Jahre 1781–2004 der Abb. 9.1

9.1 Einführung

In diesem Abschnitt soll zunächst ein Überblick über die verschiedenen Aufgabengebiete der Zeitreihenanalyse gegeben werden. Dann steht die Bestimmung von Trendkomponenten und von periodischen Komponenten an. Ohne eine Entfernung dieser Komponenten (falls vorhanden) kann nicht mit der eigentlichen *klassischen* Zeitreihenanalyse begonnen werden, die Stationarität des Prozesses voraussetzt.

9.1.1 Aufgaben der Zeitreihenanalyse

Dieser Unterabschnitt gibt – neben der Definition der Komponenten einer Zeitreihe – eine kurze Zusammenfassung des Kapitels 9.

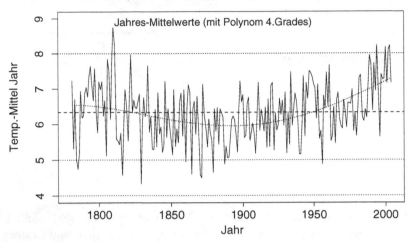

Abb. 9.1. Mittlere Jahrestemperaturen $[^{o}C]$ Hohenpeißenberg, 1781–2004, mit Ausgleichspolynom vierten Grades $(\cdots)$ und mit dem Mittelwert 6.334 ^{o}C über alle 224 Jahre (- - -).

Komponenten einer Zeitreihe

Ein Studium des rein äußerlichen Aussehens von Zeitreihenplots lässt mehrere Komponenten erkennen.

1. **Trendkomponente.** Eine langfristig sich erstreckende glatte Bewegung, die sich oft durch eine bestimmte stetige (lineare, quadratische, exponentielle) Funktion darstellen lässt.
2. **Saisonkomponente, zyklische Komponente.** Eine Saisonkomponente ist eine periodische Bewegung bekannter Periodenlänge (z. B. Tagesperiode, Jahresperiode), die sich oft durch eine harmonische (sinus, cosinus) Funktion beschreiben lässt. Eine periodische Bewegung unbekannter Periodenlänge, bzw. eine Überlagerung von solchen Bewegungen verschiedener Periodenlängen, kann man als zyklische Komponente bezeichnen.
3. **Stochastische Komponente.** Eine kurzfristig oszillierende, nicht deterministische Bewegung. Die Ursache der Zufalls-Abhängigkeit können unkontrollierbare Einflüsse aller Art oder auch Messfehler sein. Die stochastische Komponente wird durch eine Folge von Zufallsvariablen beschrieben.

Eine traditionelle Aufgabe der Zeitreihenanalyse ist die Zerlegung der Beobachtungen Y_t in Komponenten; das heißt, die Bestimmung einer Trendkomponente m_t, einer periodischen (zyklischen) Komponente s_t und einer stochastischen Komponente Z_t,

$$Y_t = m_t + s_t + Z_t\,, \qquad t = 1,\ldots,n.$$

Die Abgrenzung der einzelnen Komponenten voneinander ist natürlich alles andere als eindeutig. Die Zerlegung sollte aber unter dem Gesichtspunkt möglichst großer Sparsamkeit erfolgen (möglichst einfache Funktionen für m_t und s_t verwenden). Meist geht man zweistufig vor: Nach Bestimmung von Schätzern $\hat{m}_t$ und $\hat{s}_t$ für Trend und Periode (Zyklus) bildet man die Residuen-Zeitreihe

$$\hat{Z}_t = Y_t - \hat{m}_t - \hat{s}_t \,.$$

Enthält $\hat{Z}_t$ keinen Trend und keine Periode mehr, so sollte mit $\hat{Z}_t$ die stochastische Komponente gefunden sein. Anderenfalls müssen die Trend- und die periodische Komponente neu bestimmt werden. Eine Alternative zur Residuenbildung (zum Zwecke der Entfernung von Trend und Periode) besteht in der Bildung geeigneter Differenzen der Beobachtungswerte, vgl. Abschn. 9.4.3, wie etwa der Differenzen $Y_t - Y_{t-1}$. Für die *bereinigte* Zeitreihe $\hat{Z}_t$ wird dann ein stochastisches (Zeitreihen-) Modell angepasst.

Anpassung eines Zeitreihenmodells

Für die bereinigte (stationäre) Zeitreihe, die wir einfachheitshalber jetzt wieder mit Y_t bezeichnen wollen, gilt es, ein geeignetes Modell aus einer Klasse von bewährten Modellen anzupassen. Die Zeitreihenanalyse bietet dem Anwender verschiedene stationäre Modelle an. Nächst der *Zufallsreihe*, die aus unabhängigen, identisch verteilten Variablen besteht (sie wird auch oft *reine Zufallsreihe* genannt), gibt es

1. Autoregressive (AR) Prozesse
2. Moving average (MA) Prozesse
3. Gemischte AR-MA Prozesse.

Um eine Wahl zu treffen, hat der Anwender diverse statistische Kenngrößen der beobachteten Zeitreihe Y_t zu konsultieren, wie die Auto-Korrelationsfunktion und das Periodogramm (oder Spektrum).

Zufallsreihe. Die (reine) Zufallsreihe, die in der Zeitreihenanalyse auch *weißes Rauschen* genannt wird, kommt in den meisten Zeitreihenmodellen vor, allerdings nur als ein – für sich gesehen uninteressanter – Baustein. (Man beachte, dass in der Standardstatistik des Kap. 1 es gerade das Modell der Zufallsreihe ist, das in der 1-Stichproben Situation vorausgesetzt wird.) Oft werden stillschweigend zentrierte Variablen (mit Erwartungswert Null) unterstellt. Besitzen die unabhängigen und identisch verteilten Variablen den Erwartungswert μ und die Varianz σ^2, so sprechen wir von einer (μ, σ^2)-Zufallsreihe. Es werden in den folgenden Abschnitten einige Tests zum Prüfen der Hypothese H_0: „Zufallsreihe" vorgestellt. Ein elementarer Test ist der folgende *Zackentest*: Eine Zeitreihe $Y_1, Y_2, \ldots, Y_n$ bildet beim Zeitpunkt t eine Zacke, falls die benachbarten Werte Y_{t-1} und Y_{t+1} beide größer oder beide kleiner als Y_t sind, $t = 2, \ldots, n - 1$. Sei N die Anzahl der Zacken. Unter H_0 erwartet man an 2/3 der Zeitpunkte eine Zacke (4 von 6 möglichen Permutationen der Werte 1,2,3 führen zu einer Zacke), d. h.

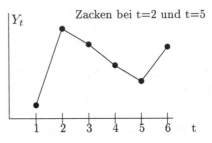

$$\mathbb{E}_0(N) = \frac{2}{3} \cdot (n - 2), \qquad \mathrm{Var}_0(N) = \frac{1}{90} \cdot (16n - 29),$$

für letztere Gleichung siehe Kendall (1976). Wir betrachten für große n und unter H_0 die Größe

$$Z = \frac{N - \mathbb{E}_0(N)}{\sqrt{\mathrm{Var}_0(N)}} \quad \text{als N(0,1)-verteilt}, \tag{9.1}$$

so dass H_0 (also die Annahme einer Zufallsreihe) verworfen wird, falls $|Z| > u_{1-\alpha/2}$, Letzteres das $(1 - \alpha/2)$-Quantil der N(0,1)-Verteilung.

Prognose

Ein weiteres wichtiges Ziel der Zeitreihenanalyse besteht in der Prognose des zukünftigen Verlaufs der Zeitreihe, und zwar auf der Basis der analysierten Zeitreihe bis zum gegenwärtigen Zeitpunkt. Hier werden wir den Box-Jenkins Ansatz für ARMA-Modelle präsentieren. Mit Hilfe des Korrelogramms und des Spektrums (siehe unten) identifiziert man ein Zeitreihenmodell, schätzt die Modellparameter und wendet eine Prognose-Formel an.

9.1.2 Bestimmung eines Trends

Die Bestimmung einer Trendkomponente erlaubt uns Aussagen über die langfristigen Bewegungen der Messgröße Y. Dazu wird eine Ausgleichskurve durch die Punkte (t, Y_t), $t = 1, \ldots, n$, des Zeitreihenplots gelegt. Dazu gibt es vor allem diese zwei Alternativen.

Ausgleichspolynom vom Grade q. Für das Modell

$$Y_t = \beta_0 + \beta_1 \cdot t + \ldots + \beta_q \cdot t^q + e_t, \qquad t = 1, \ldots, n, \tag{9.2}$$

(e_t Zufallsreihe) der $q+1$-fachen linearen Regression werden die Koeffizienten β_j durch die MQ-Lösungen $\hat{\beta}_j$ geschätzt, vgl. Abschn. 3.1.1. Die Trendkomponente wird durch das Polynom

$$\hat{m}_t = \hat{\beta}_0 + \hat{\beta}_1 \cdot t + \ldots + \hat{\beta}_q \cdot t^q$$

q-ten Grades dargestellt (vgl. das Polynom vierten Grades in Abb. 9.1).

Mittels der zweiten, nun folgenden Methode lässt sich der Kurvenverlauf unter Umständen enger verfolgen:

Ausgleich durch gleitende Durchschnitte. Es wird für jeden Zeitpunkt t einzeln ein Polynom vom Grade q angepasst, und zwar werden dazu die Messwerte an den $k = 2 \cdot m + 1$ benachbarten Punkten, also die Werte

$$Y_{t-m}, Y_{t-m+1}, \ldots, Y_{t-1}, Y_t, Y_{t+1}, Y_{t+2}, \ldots, Y_{t+m-1}, Y_{t+m} \qquad (9.3)$$

verwendet. Das Modell der *lokalen* Polynome lautet

$$Y_{t+s} = \alpha_0 + \alpha_1 \cdot s + \ldots + \alpha_q \cdot s^q + e_{t+s}, \qquad s = -m, \ldots, m, \qquad (9.4)$$

(e_t Zufallsreihe). Man benötigt von den MQ-Schätzern $\hat{\alpha}_j$ für die Koeffizienten α_j nur $\hat{\alpha}_0$. Der Wert $\hat{\alpha}_0$ stellt jeweils den Wert der Trendkomponente an der Stelle t dar und ergibt sich als eine Mittelung der $k = 2m + 1$ Y-Werte (9.3), nämlich als

$$\hat{m}_t \equiv \hat{\alpha}_0 = \sum_{s=-m}^{m} c_s \cdot Y_{t+s}, \qquad (9.5)$$

mit gewissen Koeffizientem c_s. Bei dieser Methode der gleitenden Durchschnitte erhält man für eine ungerade Polynomordnung q die gleichen Trendschätzungen (9.5) wie für die (nächst-kleinere, gerade) Ordnung $q - 1$. Ferner gilt für die Koeffizienten c_s

$$c_{-s} = c_s, \qquad \sum_{s=-m}^{m} c_s = 1, \qquad \sum_{s=-m}^{m} c_s^2 = c_0.$$

Aus der folgenden Tabelle lassen sich die c_s-Koeffizienten für den quadratischen oder kubischen Ausgleich ($q = 2$ oder $q = 3$) ablesen.

Anzahl k	m	gemeins. Faktor	Y_{-7}	Y_{-6}	Y_{-5}	Y_{-4}	Y_{-3}	Y_{-2}	Y_{-1}	Y_0	Y_1
5	2	1/35						−3	12	17	12 …
7	3	1/21					−2	3	6	7	6 …
9	4	1/231				−21	14	39	54	59	54 …
11	5	1/429			−36	9	44	69	84	89	84 …
13	6	1/143		−11	0	9	16	21	24	25	24 …
15	7	1/1105	−78	−13	42	87	122	147	162	167	162 …

So berechnet sich z. B. für $k = 5$ und $q = 2$ oder 3 die Trendkomponente zur Zeit t zu

$$\hat{m}_t = \frac{1}{35} \left[-3 \cdot Y_{t-2} + 12 \cdot Y_{t-1} + 17 \cdot Y_t + 12 \cdot Y_{t+1} - 3 \cdot Y_{t+2} \right].$$

Soll die Zeitreihe anschließend von der Trendkomponente befreit werden (*Trendbereinigung*), so ist bei einer zu engen Anpassungskurve zu bedenken, dass nach ihrer Entfernung von der ursprünglichen Zeitreihenstruktur nur noch zufällige Werte nahe Null übrig bleiben. Vielmehr ist ein Ausgleichspolynom oder eine Ausgleichskurve (nach der Methode der gleitenden Durchschnitte) mit größerer Punktezahl k zu empfehlen. Für weitere Schemata gleitender Durchschnitte konsultiere man Anderson (1971) oder Kendall (1976).

Fallstudie **Sunspot**, siehe Anhang A.11, hier die n=84 monatlichen Sonnenfleckenzahlen von Jan. 1958 bis Dez. 1964. In diese Periode fällt das Absinken der Zahlen von einem Maximum zu einem Minimum. Der Zeitreihenplot zeigt insgesamt eine fallende Tendenz, mit einigen Zwischenhochs und -tiefs.

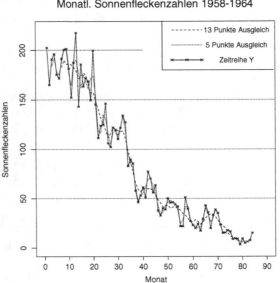

Abb. 9.2. Monatliche Sonnenfleckenzahlen von Jan. 1958 bis Dez. 1964, mit 5- und 13-Punkte Ausgleichskurve.

Wir legen Ausgleichskurven $\hat{m}_t$ gemäß der 5-, 9- und 13-Punkte Formeln. Während der 5-Punkte Ausgleich den beobachten Werten eng folgt, flacht die 13-Punkte Ausgleichskurve die Höhen und Tiefen der Zeitreihe ab (Abb. 9.2).

n	$k = 5$	$k = 9$	$k = 13$
	80	76	72
stand dev $\hat{Z}_t$	8.653	12.861	12.872
N Zacken $\hat{Z}_t$	55	43	38
$\mathbb{E}_0(N)$	52.00	49.33	46.67
N(0,1)-Approx Z	0.805	-1.744	-2.453
2-tailed Prob P	0.421	0.081	0.014

Bei wachsendem k (besonders von k=5 zu 9) nimmt die Standardabweichung der trendbereinigten Reihe $\hat{Z}_t = Y_t - \hat{m}_t$ zu, die Anzahl N der *Zacken* der Reihe $\hat{Z}_t$ nimmt dagegen ab.

Der Test auf H_0 : „$\hat{Z}_t$ ist eine Zufallsreihe" benutzt die Teststatistik Z aus (9.1) und verwirft H_0 bei $k = 13$, nicht aber bei $k = 5$ ($\alpha = 0.05$). Bei $k = 9$ liegt die tail Wahrscheinlichkeit zwischen 0.05 und 0.10. Die 5-Punkte Ausgleichskurve folgt der Zeitreihe so eng, dass eine Bereinigung von dieser Kurve keine Struktur mehr – nur noch Zufallswerte nahe 0 – übrig lässt.

| Splus | | R | Y = sol monatliche Sunspot-Zahlen, s. A.11

```
# Zeitreihe Y[1]...Y[84], 5 Punkteausgleich Y5[1]...Y5[80]
# Residuenzeitreihe Z5[1]...Z5[80]
# Y5[i], Z5[i] passen zu Y[i+2]
c5<- c(-3,12,17,12,-3); Y5<- 1:80; Z5<- 1:80
for (i in 3:82)  {Y5[i-2]<- 0
  {for (j in 1:5)   Y5[i-2]<- Y5[i-2]+c5[j]*Y[i-3+j]/35 }}
for (i in 3:82)    {Z5[i-2]<- Y[i]-Y5[i-2]}
```

9.1.3 Saisonkomponente

Stellen die Zeitpunkte $t = 1, 2, \ldots$, an denen die Größe Y_t gemessen wird, Monate [Stunden] dar, die sich über einen Zeitraum von mehreren Jahren [Tagen] erstrecken, so weist die Zeitreihe Y_t oft eine Saisonkomponente s_t auf (die Namensgebung orientiert sich an monatlichen Daten). Sei p die Periodenlänge der Saisonkomponente s_t, z. B. $p = 12$ bei monatlichen Daten; p ist dann die kleinste natürliche Zahl, für welche gilt

$$s_{t+p} = s_t \quad t = 1, 2, \ldots; \qquad \text{mit der Zentrierung} \quad \sum_{t=1}^{p} s_t = 0 \,.$$

Man schätzt die Saisonkomponente s_t durch sogenannte Monatswerte, mit anschließender Mittelwertkorrektur. Ist $n = h \cdot p$, liegen also (z. B.) monatliche Daten über h Jahre vor, so lauten die Monatswerte $\hat{w}_t$ bzw. der Schätzer $\hat{s}_t$ der Saisonkomponente

$$\hat{w}_t = \frac{1}{h} \sum_{j=0}^{h-1} Y_{t+j \cdot p}, \qquad t = 1, \ldots, p,$$

$$\hat{s}_t = \hat{w}_t - \bar{Y}, \qquad \text{mit dem Gesamtmittel} \quad \bar{Y} = \frac{1}{n} \sum_{t=1}^{n} Y_t \,.$$

Tatsächlich gilt dann $\sum_{t=1}^{p} \hat{s}_t = 0$. Diese Saisonkomponente $\hat{s}_t$, $t = 1, \ldots, p$, wird periodisch über alle h Jahre fortgesetzt.

Ist in der Zeitreihe ein Trend vorhanden, so hat man diesen *vor* Bestimmung der Saisonkomponente zu entfernen. Dazu empfiehlt sich ein solcher gleitender Durchschnitt, der – nach seiner Entfernung – die Saisonkomponente nicht (zu stark) verändert zurücklässt. Man wählt gleitende Durchschnitte mit Koeffizienten $c_j = 1/p$. Da p in der Regel eine gerade Zahl ist (z. B. $p = 12$ oder $p = 24$), und die Anzahl k der Punkte beim gleitenden Durchschnitt ungerade ist, setzt man $k = p+1 \equiv 2 \cdot m + 1$, und gelangt zum Schema der sog. *zentrierten* gleitenden Durchschnitte:

Anzahl Punkte k	gemeins. Faktor	Y_{-m}	$Y_{-(m-1)}$	$\cdots$	Y_0	$\cdots$	Y_{m-1}	Y_m
p+1 = 2m+1	1/p	1/2	1	$\ldots$	1	$\ldots$	1	1/2

So berechnet sich bei $p = 12$ (dann $m = 6$) die Trendkomponente zur Zeit t nach diesem Schema gemäß

$$\hat{m}_t = \frac{1}{12}\left[\frac{1}{2} \cdot Y_{t-6} + Y_{t-5} + \ldots + Y_t + \ldots + Y_{t+5} + \frac{1}{2} \cdot Y_{t+6}\right]. \qquad (9.6)$$

Fallstudie **Hohenpeißenberg**, s. Anhang A.10 (Monatstemperaturen).

Wir betrachten die $n = 1200$ mittleren Monatstemperaturen Y_t der 100 Jahre von Januar 1905 bis Dezember 2004.

Die 12 Monatswerte $\hat{w}_t$ bestehen aus den 12 Monatsmitteln – jeweils gemittelt über 100 Jahre; siehe neben stehendes Diagramm.

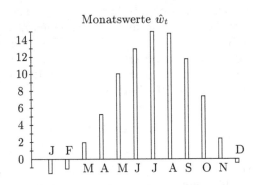

Monatswerte $\hat{w}_t$

Die Abb. 9.3 gibt die beobachteten mittleren Monatstemperaturen Y_t der ersten und der letzten vier Jahre wieder.

In den Bildern links sind die Monatswerte $\hat{w}_t$ und die Residuen $Y_t - \hat{w}_t$ eingetragen. An diesen erkennt man, in welchen Monaten die Temperatur über/unter dem 100 Jahre-Mittel lag, und wie stark diese Abweichung war.

In den rechts stehenden Bildern sind die gleitenden Durchschnitte $\hat{m}_t$ (also die Trendkomponente) gemäß der 13-Punkte Gleichung (9.6) sowie $\hat{Y}_t = \hat{m}_t + \hat{s}_t$ eingetragen (also Trend- + Saisonkomponente). Die Residuen $Y_t - \hat{Y}_t$ zeigen an, in welchen Monaten die Trend- und Saison-bereinigten Temperaturen zu hoch oder zu niedrig waren.

Der „Rekordsommer" 2003 sticht mit überdurchschnittlich hohen Temperaturwerten im Juni und August ins Auge. Entsprechend sind die Residuenwerte deutlich positiv. Überdurchschnittlich kalt waren September, November und Dezember 2001, sowie ganz besonders der Oktober 2003 (Letzterer mit extrem negativem Residuum im Vergleich zur Trend- + Saisonkomponente).

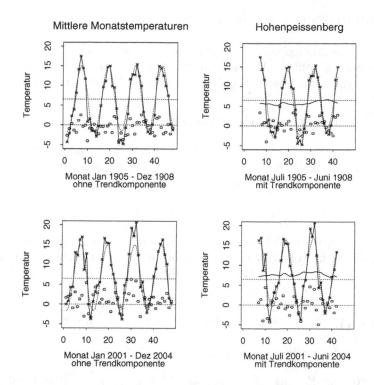

Abb. 9.3. Die mittleren Monatstemperaturen Y_t (×) über jeweils vier Jahre, 1905–1908 (*oben*) und 2001–2004 (*unten*). Links: Zusätzlich mit den Monatswerten (···) und den Residuen davon (o). Rechts: Zusätzlich mit Trendkomponte (—) und Trend- + Saisonkomponente (···), sowie den Residuen davon (o).

⬚ Splus ⬚ ⬚ R ⬚ Datei Dhohe1.dat umfasst die Jahre 1905-2004 (ohne Header)

```
# hohve/ hohma Zeitreihe  als 1200 x 1 Vektor/ 100 x 12 Matrix
hohma<- matrix(scan("DATEN/Dhohe1.dat"),ncol=12,byrow=T)
hohve<- scan("DATEN/Dhohe1.dat")
hohma<- hohma/10;  hohve<- hohve/10
# yt Zeitreihenwerte, mose Monatswerte, gl Gleitende Durschn.
mo<- 1:12;     for (j in 1:12) {mo[j]<- mean(hohma[,j])}
mose<- rep(mo,times=4)
yt<- 1:48; su<- 1:48; gl<- 1;48;       # Die ersten 48 Monate
for (t in 1:48) {yt[t]<- hohve[t]}
for (t in 7:42) {su[t]<- 0
  {for (k in -5:5) su[t]<- su[t]+ hohve[t+k] }}
for (t in 7:42) {gl[t]<- 0
  gl[t]<- gl[t]+((hohve[t-6]+hohve[t+6])/2+su[t])/12}
```

9.2 Kenngrößen stationärer Prozesse

Im Folgenden studieren wir stationäre Zeitreihen; eventuelle Trend- und Saisonkomponenten sollten also entfernt worden sein. Die wichtigsten Kenngrößen sind die Auto-Korrelationsfunktion und die Spektraldichte.

9.2.1 Stationarität, Kovarianzfunktion

Es gibt verschiedene Möglichkeiten, die Stationarität einer Zeitreihe zu definieren. Wir benötigen einen relativ schwachen Begriff von Stationarität, der nur die Erwartungswerte $\mathbb{E}Y_t$ und die Kovarianzen

$$\mathrm{Cov}(Y_t, Y_{t+h}) = \mathbb{E}\big((Y_t - \mathbb{E}Y_t)(Y_{t+h} - \mathbb{E}Y_{t+h})\big)$$

betrifft. Die Zeitreihe Y_t heißt *stationär*, falls die Erwartungswerte und die Kovarianzen nicht vom Zeitpunkt t abhängen (Letztere wohl aber von der Zeitdifferenz $t + h - t = h$). Wir können also

$$\mathbb{E}Y_t = \mu \qquad \text{für alle } t = 1, 2, \ldots,$$
$$\mathrm{Cov}(Y_t, Y_{t+h}) = \gamma(h), \qquad \text{für alle } t = 1, 2, \ldots; \quad h = 0, 1, \ldots,$$

schreiben. Im Spezialfall $h = 0$ haben wir

$$\gamma(0) = \mathbb{E}(Y_t - \mu)^2 \equiv \sigma^2 \quad \text{für alle } t = 1, 2, \ldots \qquad \text{[Varianz der } Y_t \text{]},$$

wobei stets $\sigma^2 > 0$ vorausgesetzt wird. Es gilt die Verschiebungsformel

$$\gamma(h) = \mathbb{E}(Y_t\, Y_{t+h}) - \mu^2.$$

Die Zeitdifferenz h wird auch *time lag* genannt; mit der symmetrischen Fortsetzung
$$\gamma(-h) = \gamma(h)$$
lassen wir den *time lag* h in ganz $\mathbb{Z} = \{\ldots, -1, 0, 1, \ldots\}$ variieren. Die Funktion $\gamma(h)$, $h \in \mathbb{Z}$, wird Kovarianzfunktion, auch Auto-Kovarianzfunktion, genannt. Die paarweisen Kovarianzen von Y_i und Y_j, $i, j = 1, \ldots, n$, werden durch die symmetrische (positiv semi-definite) $n \times n$-Matrix $\Gamma_n = \big(\gamma(i - j), i, j = 1, \ldots, n\big)$, d. i.

$$\Gamma_n = \begin{pmatrix} \gamma(0) & \gamma(1) & \gamma(2) & \ldots \gamma(n-1) \\ \gamma(1) & \gamma(0) & \gamma(1) & \ldots \gamma(n-2) \\ \vdots & & & \vdots \\ \gamma(n-1) & \gamma(n-2) & \gamma(n-3) & \ldots & \gamma(0) \end{pmatrix}, \tag{9.7}$$

dargestellt.

Autokorrelation

Aus der Auto-Kovarianzfunktion $\gamma(h)$, $h \in \mathbb{Z}$, leitet man die Auto-Korrelationsfunktion $\rho(h)$, $h \in \mathbb{Z}$, ab. Die Korrelation der Variablen Y_t und Y_{t+h}, das ist

$$\rho(Y_t, Y_{t+h}) = \frac{\mathrm{Cov}(Y_t, Y_{t+h})}{\sqrt{Var(Y_t) \cdot Var(Y_{t+h})}},$$

schreibt sich nämlich für stationäre Prozesse in der Form

$$\rho(Y_t, Y_{t+h}) = \frac{\gamma(h)}{\gamma(0)} \equiv \rho(h),$$

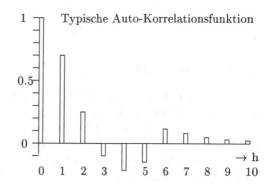

Typische Auto-Korrelationsfunktion

$h = 0, 1, \ldots$, und hängt nicht mehr von t ab. Wir setzen sie wieder mit $\rho(-h) = \rho(h)$ symmetrisch fort. Für die Autokorrelation $\rho(h)$, $h \in \mathbb{Z}$, gilt

$$\rho(0) = 1, \qquad -1 \le \rho(h) \le 1.$$

Für die (μ, σ^2)-Zufallsreihe erhalten wir

$$\gamma(h) = \begin{cases} \sigma^2 & \text{für } h = 0 \\ 0 & \text{für } h \ne 0, \end{cases} \quad \text{bzw.} \quad \rho(h) = \begin{cases} 1 & \text{für } h = 0 \\ 0 & \text{für } h \ne 0. \end{cases}$$

Analog zu (9.7) fassen wir die paarweisen Korrelationen von Y_i und Y_j, $i, j = 1, \ldots, n$, in der symmetrischen (positiv semi-definiten) $n \times n$-Matrix $P_n = \big(\rho(i-j), i, j = 1, \ldots, n\big)$, d. i.

$$P_n = \begin{pmatrix} 1 & \rho(1) & \rho(2) & \ldots \rho(n-1) \\ \rho(1) & 1 & \rho(1) & \ldots \rho(n-2) \\ \vdots & & & \vdots \\ \rho(n-1) & \rho(n-2) & \rho(n-3) & \ldots \quad 1 \end{pmatrix}, \tag{9.8}$$

zusammen. In der Regel ist P_n invertierbar.

Partielle Autokorrelation

Neben der Autokorrelation $\rho(h)$ führt man noch die partielle Autokorrelation Φ_{kk}, $k \in \mathbb{N}$, ein. Φ_{kk} ist der partielle Korrelationskoeffizient von Y_t und Y_{t+k}, gegebenen die Werte der Variablen $Y_{t+1}, \ldots, Y_{t+k-1}$ an den Zwischenzeitpunkten, vgl. 3.5.2. Insbesondere ist

$$\Phi_{11} = \rho(1), \qquad \Phi_{22} = \frac{\rho(2) - (\rho(1))^2}{1 - (\rho(1))^2}.$$

Die partielle Autokorrelation Φ_{nn} lässt sich mit Hilfe der $n \times n$-Matrix P_n aus (9.8) und der n-dimensionalen Vektoren

$$
\Phi_n = \begin{pmatrix} \Phi_{n1} \\ \vdots \\ \Phi_{nn} \end{pmatrix}, \qquad \rho_n = \begin{pmatrix} \rho(1) \\ \vdots \\ \rho(n) \end{pmatrix},
$$

berechnen. Der Vektor Φ_n, mit der partiellen Autokorrelation Φ_{nn} als n-te Komponente, ergibt sich nämlich mittels des linearen Gleichungssystems $P_n \cdot \Phi_n = \rho_n$ zu

$$
\Phi_n = P_n^{-1} \cdot \rho_n. \tag{9.9}
$$

9.2.2 Spektraldichte

In der Frequenzanalyse wird die Oszillation der Zeitreihe in verschiedene Frequenzanteile zerlegt. Dabei lässt man sich von der Vorstellung leiten, dass die beobachtete Zeitreihe eine Überlagerung von zyklischen Komponenten mit den Kreisfrequenzen ω, welche zwischen 0 und π variieren, darstellt. Anstelle der Kreisfrequenz ω gibt man oft auch die Frequenz $\nu = \omega/(2\pi)$ an, welche dann zwischen 0 und $1/2$ liegt.

Die entscheidende Größe in diesem Zusammenhang ist die Spektraldichte $f(\omega)$, $0 \leq \omega \leq \pi$, kurz auch *Spektrum* genannt. Sie ist mit der Kovarianzfunktion $\gamma(h)$, $h \in \mathbb{Z}$, durch die Formeln

$$
\gamma(h) = \int_0^\pi f(\omega) \cos(h\omega)\,d\omega, \qquad h = \ldots,-1,0,1,\ldots
$$
$$
f(\omega) = \frac{1}{\pi} \sum_{h=-\infty}^{\infty} \gamma(h) \cos(h\omega), \qquad 0 \leq \omega \leq \pi, \tag{9.10}
$$

verknüpft; γ und f bilden ein Paar von Fouriertransformierten. Man beachte, dass im Spezialfall $h = 0$ die Formel

$$
\gamma(0) \equiv \sigma^2 = \int_0^\pi f(\omega)\,d\omega \tag{9.11}
$$

eine Zerlegung der Varianz in die Frequenzanteile $f(\omega)$ ausdrückt. Aufgrund der Symmetrie der Cosinusfunktion, d. i. $\cos(-x) = \cos x$, lässt sich $f(\omega)$ auch

$$
f(\omega) = \frac{1}{\pi} \left(\gamma(0) + 2 \sum_{h=1}^{\infty} \gamma(h) \cos(h\omega) \right)
$$

schreiben. Vorausgesetzt wird hier stets, dass $\sum_{h=1}^{\infty} |\gamma(h)| < \infty$ gilt, was für die wichtigsten Beispiele von Zeitreihen der Fall ist.

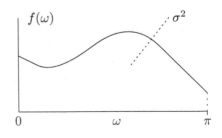

Für die reine (μ, σ^2)-Zufallsreihe ist die Spektraldichte konstant über dem Intervall $[0, \pi]$, nämlich

$$f(\omega) = \frac{\sigma^2}{\pi}, \qquad 0 \leq \omega \leq \pi.$$

Alle Kreisfrequenzen aus dem Intervall $[0, \pi]$ liefern zur Varianz σ^2 der Zufallsreihe einen gleich großen Beitrag. Aus diesem Grund wird eine reine Zufallsreihe auch *weißes Rauschen* genannt.

9.3 Schätzen und Testen der Kenngrößen

Die oben eingeführten Kenngrößen einer stationären Zeitreihe sind in aller Regel unbekannt und müssen aus einer Beobachtung (Realisation)

$$Y_1, Y_2, \ldots, Y_n$$

der Zeitreihe geschätzt werden.

9.3.1 Empirische Autokorrelation

Die Autokovarianz $\gamma(h) = \mathbb{E}\big((Y_t - \mu)(Y_{t+h} - \mu)\big)$ einer stationären Zeitreihe, mit Erwartungswert $\mu = \mathbb{E}Y_t$ für alle t, schätzt man mit Hilfe der bivariaten Stichprobe

$$(Y_1, Y_{h+1}), \ldots, (Y_{n-h}, Y_n) \tag{9.12}$$

vom Umfang $n - h$. Die empirische Kovarianz von (9.12) lautet

$$\tilde{c}(h) = \frac{1}{n - h - 1} \sum_{t=1}^{n-h} (Y_t - \bar{Y}^{(1)})(Y_{t+h} - \bar{Y}^{(2)}),$$

vgl. 1.4.1, mit den Mittelwerten

$$\bar{Y}^{(1)} = \frac{1}{n-h} \sum_{t=1}^{n-h} Y_t, \qquad \bar{Y}^{(2)} = \frac{1}{n-h} \sum_{t=h+1}^{n} Y_t.$$

Allerdings verwendet man in der Zeitreihenanalyse nicht diesen Schätzer $\tilde{c}(h)$, sondern eine Variante, die (i) anstelle der $\bar{Y}^{(1)}$, $\bar{Y}^{(2)}$ den Mittelwert

$$\bar{Y} = \frac{1}{n} \sum_{t=1}^{n} Y_t$$

der ganzen Stichprobe vom Umfang n benutzt und (ii) den für alle time lags h einheitlichen Faktor $1/n$. Der Schätzer für $\gamma(h)$ lautet also

$$c(h) = \frac{1}{n} \sum_{t=1}^{n-h} (Y_t - \bar{Y})(Y_{t+h} - \bar{Y}), \quad h = 0, 1, \ldots, \qquad c(-h) \equiv c(h).$$

Letzteres bedeutet wieder, wie schon bei $\gamma(h)$ geschehen, dass $c(h)$ für negative h-Werte symmetrisch ergänzt wird. Dieser Schätzer ist positiv semi-definit in dem Sinne, dass die $n \times n$-Matrix $C_n = \big(c(i-j), i, j = 1, \ldots, n\big)$, die von der Bauart (9.7) ist, positiv semi-definit ist. Der Schätzer $\hat{\sigma}^2$ für die Varianz $\sigma^2 = \mathrm{Var}(Y_t)$, das ist

$$\hat{\sigma}^2 \equiv c(0) = \frac{1}{n} \sum_{t=1}^{n} (Y_t - \bar{Y})^2,$$

hat den Faktor $1/n$ und nicht – wie in der Standardstatistik üblich – den Faktor $1/(n-1)$. Asymptotische Aussagen wollen wir nicht für $c(h)$ formulieren, sondern für den in der Praxis wichtigeren Schätzer $r(h)$ der Autokorrelation aufsparen.

Die empirische Korrelation der bivariaten Stichprobe (9.12) lautet $\tilde{r}(h) = \tilde{c}(h)/(s^{(1)} \cdot s^{(2)})$, $s^{(1)}$ und $s^{(2)}$ analog zu $\bar{Y}^{(1)}$ und $\bar{Y}^{(2)}$ gebildet.

In der Zeitreihenanalyse verwendet man den aus $c(h)$ abgeleiteten Schätzer der Autokorrelation, das ist,

$$r(h) = \frac{c(h)}{c(0)} = \frac{\sum_{t=1}^{n-h}(Y_t - \bar{Y})(Y_{t+h} - \bar{Y})}{\sum_{t=1}^{n}(Y_t - \bar{Y})^2}, \quad h = 0, 1, \ldots, \qquad r(-h) \equiv r(h).$$

Es ist $r(0) = 1$. Die Größen $r(h)$, über $h = 1, 2, \ldots$ aufgetragen, bilden das sogenannte *Korrelogramm* der Zeitreihe; zusammen mit dem Spektraldichteschätzer (bzw. Periodogramm, siehe unten) ist das Korrelogramm das wichtigste Werkzeug der statistischen Zeitreihenanalyse. Der Umfang der Teilstichprobe, der zur Berechnung von $c(h)$ und $r(h)$ verwendet wird, beträgt $n - h$, wird also mit wachsendem h kleiner. Box & Jenkins (1976) empfehlen, Analysen mittels Korrelogramme erst ab einem Stichprobenumfang $n \geq 50$ durchzuführen und $r(h)$ nur bis zu einem time lag $h \leq n/4$ zu verwenden.

9.3.2 Asymptotische Eigenschaften des Korrelogramms

Unter schwachen Voraussetzungen an die stationäre Zeitreihe $Y_1, Y_2, \ldots$ gilt, dass $r(h)$ ein konsistenter Schätzer für die Autokorrelation $\rho(h)$ darstellt und asymptotisch normalverteilt ist. Genauer: Für jedes $k \geq 1$ ist der k-dimensionale Zufallsvektor

$$\big(\sqrt{n}\,(r(1) - \rho(1)), \ldots, \sqrt{n}\,(r(k) - \rho(k))\big)$$

asymptotisch $N_k(0, W)$-verteilt, d. h. asymptotisch k-dimensional normalverteilt, mit Erwartungswert-Vektor 0 und mit $k \times k$-Kovarianzmatrix W. Diese Matrix hat als Elemente

$$w_{ij} = v_{i+j} + v_{i-j} + 2\,v_0\,\rho(i)\rho(j) - 2\,v_i\,\rho(j) - 2\,v_j\,\rho(i), \quad i, j = 1, \ldots, k, \quad (9.13)$$

wobei $v_h = \sum_{k=-\infty}^{\infty} \rho(k)\rho(k+h)$ ist. Eine einzelne Komponente $\sqrt{n}\,(r(h) - \rho(h))$ ist also asymptotisch $N(0, w_{hh})$-verteilt, woraus das unten stehende Konfidenzintervall für $\rho(h)$ abgeleitet werden kann.

Im Spezialfall der reinen (μ, σ^2)-Zufallsreihe ist W gleich der k-dimensionalen Einheitsmatrix I_k, der Zufallsvektor

$$\left(\sqrt{n}\,r(1), \ldots, \sqrt{n}\,r(k)\right)$$

also asymptotisch $N_k(0, I_k)$-verteilt. Die Komponenten $\sqrt{n}\,r(h)$ sind dann insbesondere asymptotisch unabhängig und $N(0,1)$-verteilt. (Allerdings weist die Approximation $\mathbb{E}(r(h)) \approx -1/n$ auf einen relativ großen Bias hin, vgl. Kendall (1976), Schlittgen & Streitberg (1999)). Daraus ergeben sich die folgenden beiden Tests zum Signifikanzniveau α (großes n vorausgesetzt; anstelle von $r(h)$ kann in diesen Tests auch der Bias-korrigierte Wert $r(h) + 1/n$ verwendet werden).

Test auf $\rho(1) = 0$. Die wichtige Autokorrelation zum time lag 1 wird auf den hypothetischen Wert 0 wie folgt getestet: Verwirf $H_0 : \rho(1) = 0$ zugunsten von $\rho(1) \neq 0$, falls

$$|r(1)| > u_{1-\alpha/2}/\sqrt{n} \qquad [u_\gamma \text{ das } \gamma\text{-Quantil der N(0,1)-Verteilung}].$$

Test auf Zufallsreihe. Er basiert auf den k Werten $r(h)$, $h = 1, \ldots, k$, des Korrelogramms. Man verwirft die Hypothese

$$H_0 : \quad \text{die Zeitreihe ist Realisation einer reinen Zufallsreihe}$$

zum Niveau α, falls, mit der Bonferroni-Schranke $b_k = u_{1-\beta/2}/\sqrt{n}$, $\beta = \alpha/k$,

mindestens einer der Werte $|r(1)|$, $|r(2)|$, $\ldots$, $|r(k)|$ größer ist als b_k.

Konfidenzintervall. Geht $\rho(h)$ für $h \to \infty$ schnell gegen 0, so können wir in (9.13)

$$w_{hh} \approx v_0 = \sum_{k=-\infty}^{\infty} \rho^2(k)$$

setzen und es ist $\mathrm{Var}\left(\sqrt{n}\,r(h)\right) \approx \sum_{k=-\infty}^{\infty} \rho^2(k)$ für große n. Mit Hilfe des (approximativen) Standardfehlers

$$\mathrm{se}\left(r(h)\right) = \frac{1}{\sqrt{n}} \sqrt{\sum_{k=-\infty}^{\infty} r^2(k)}$$

für $r(h)$ stellen wir das (approximative) Konfidenzintervall

$$r(h) - u_{1-\alpha/2} \cdot \mathrm{se}(r(h)) \leq \rho(h) \leq r(h) + u_{1-\alpha/2} \cdot \mathrm{se}(r(h))$$

für $\rho(h)$ zum asymptotischen Niveau $1 - \alpha$ auf.

Für spezielle Zeitreihenmodelle können Approximationsformeln für $\mathrm{se}(r(h))$ angegeben werden, so etwa in 9.4.5.

9.3.3 Empirische partielle Autokorrelation

Die partiellen Autokorrelationen Φ_{hh} schätzt man durch die plug-in Methode, indem man die Werte $r(1)$, $r(2)$, ... des Korrelogramms anstelle der $\rho(1)$, $\rho(2)$, ... in Gleichung (9.9) einsetzt. Das heißt: Wird die $h \times h$-Matrix

$$R_h = \big(r(i-j), i, j = 1, \ldots, h\big)$$

analog zur Matrix P_h aus (9.8) gebildet, und ist

$$r_h = \big(r(1), \ldots, r(h)\big)^\top$$

der Vektor der ersten h Werte des Korrelogramms, so berechnet sich der Schätzer $\hat{\Phi}_{hh}$ für Φ_{hh} als h-te Komponente von $\hat{\Phi}_h = (\hat{\Phi}_{h1}, \ldots, \hat{\Phi}_{hh})^\top$ aus dem Analogon zu (9.9), das heißt aus

$$\hat{\Phi}_h = R_h^{-1} \cdot r_h \, . \tag{9.14}$$

Insbesondere ergeben sich die Formeln

$$\hat{\Phi}_{11} = r(1) \, , \qquad \hat{\Phi}_{22} = \frac{r(2) - (r(1))^2}{1 - (r(1))^2} \, .$$

Fallstudie **Hohenpeißenberg** (Wintertemperaturen).
Die mittleren Temperaturen Y_t für die drei meteorologischen Wintermonate, das sind der Dezember des Vorjahres, Januar und Februar des laufenden Jahres, i. F. kurz Wintermittelwerte genannt, zeigen über die 224 Jahre 1781–2004 viel geringere Trendbewegungen als die Zeitreihe der Jahresmittelwerte; man vergleiche Abb. 9.4 mit Abb. 9.1.

Die Koeffizienten einer Ausgleichsparabel weisen Signifikanz auf, nicht aber zusätzliche Koeffizienten eines Ausgleichspolynoms höherer Ordnung. Wir verzichten aber auf eine Trendbereinigung (diese würde die folgenden Ergebnisse nur unwesentlich verändern). Das Korrelogramm der Zeitreihe Y_t der Wintermittelwerte weist durchweg kleine (meist positive) Werte auf, vgl. Abb. 9.5. Die Schranke für den Betrag $|r(1)|$ liegt bei

$$b_1 = \frac{u_{0.975}}{\sqrt{224}} = 0.1310 \, ,$$

so dass der hypothetische Wert $\rho(1) = 0$ nicht verworfen werden kann (Signifikanzniveau $\alpha = 0.05$). Die simultane Schranke für $k = 12$ Werte beläuft sich auf

$$b_{12} = u_{1-0.025/12}/\sqrt{224} = 0.1914 \, ,$$

so dass die Hypothese einer (reinen) Zufallsreihe nicht abgelehnt wird.

Die partiellen Auto-Korrelationskoeffizienten $\hat{\Phi}_{hh}$ sind nicht wesentlich von den Auto-Korrelationskoeffizienten $r(h)$ verschieden sind, vgl. Abb. 9.6. Insbesondere ist keiner der Werte signifikant von Null verschieden.

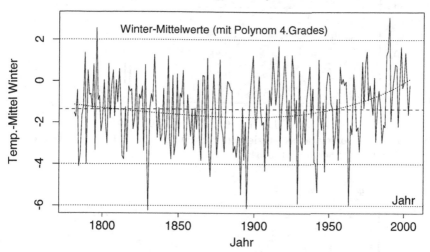

Abb. 9.4. Mittlere Wintertemperatur [°C] Hohenpeißenberg für die Jahre 1781 bis 2004. Eingezeichnet ist ein Ausgleichspolynom vierten Grades (···) und der Mittelwert −1.369 °C über die 224 Winter (- - -).

$\boxed{\text{Splus}}$ $\boxed{\text{R}}$ $Y = \text{Wi}$ mittlere Wintertemperatur, siehe A.10

```
# Zeitreihenplot mit Ausgleichspolynom 4.ten Grades
plot(Jahr,Y,type="l",lty=1,xlim=c(1780,2004),ylim=c(-6.0,3.0))
# Jahr-1800 zur Vermeidung grosser Werte
Ja<- Jahr -1800; J2<- Ja*Ja; J3<- J2*Ja; J4<- J3*Ja
tppol4<- lm(Y~Ja+J2+J3+J4)
lines(Jahr,predict(tppol4),lty=2)
# Autokorrelation und Partielle Autokorrelation
acf(Y,lag.max=12,type="corr")
acf(Y,lag.max=12,type="partial")
```

$\boxed{\text{SPSS}}$

```
* Wi mittlere Wintertemperatur.
* Autokorrelation und partielle Autokorr.
ACF Variables=Wi /MXAUTO=12 /PACF.
```

9.3.4 Periodogramm einer Zeitreihe

Die statistische Analyse im Frequenzbereich geht von der Fourier-Darstellung einer Zeitreihe aus. Mit Hilfe der Fourier-Koeffizienten wird das Periodo-

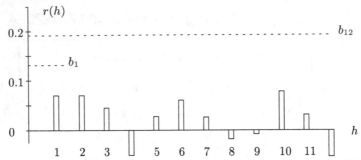

Abb. 9.5. Auto-Korrelationskoeffizienten für time lags $h = 1, \ldots, 12$. Wintermittelwerte Hohenpeißenberg, 1781–2004.

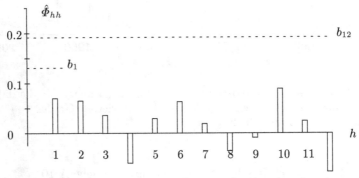

Abb. 9.6. Partielle Auto-Korrelationskoeffizienten für time lags $h = 1, \ldots, 12$. Wintermittelwerte Hohenpeißenberg, 1781–2004.

gramm gebildet, das als Grundlage zu Tests und Konfidenzintervallen dienen kann. Als ein Schätzer für die Spektraldichte wird im nächsten Abschnitt dann der Spektraldichteschätzer eingeführt, den man als ein geglättetes Periodogramm auffassen kann.

Fourier-Darstellung einer Zeitreihe

Es liegt wieder eine Realisation $Y_1, \ldots, Y_n$ einer stationären Zeitreihe zugrunde. Für das Folgende setzen wir stets ein geradzahliges n voraus. Für die Zahlen $k = 0, 1, \ldots, n/2$ definieren wir die Kreisfrequenzen

$$\omega_k = \frac{2\pi k}{n},$$

die auch *Fourier*frequenzen genannt werden. Der Zusammenhang zwischen den einzelnen Schwingungsgrößen ist in der folgenden Tabelle dargestellt.

Schwingungszahl	k	0	1	2	...	k	...	$n/2$
Frequenz	$\nu = k/n$	0	$1/n$	$2/n$	...	k/n	...	$1/2$
Periode(nlänge)	$T = 1/\nu$	∞	n	$n/2$	...	n/k	...	2
Kreisfrequenz	$\omega = 2\pi\nu$	0	$2\pi/n$	$2\pi\cdot 2/n$	...	$2\pi\cdot k/n$	...	π

Wir verwenden das *Orthogonalsystem* der folgenden n Funktionen,

$$\frac{1}{2}, \quad \cos(\omega_j t), \quad j = 1, \ldots, n/2, \qquad \sin(\omega_j t), \quad j = 1, \ldots, n/2 - 1,$$

vergleiche Abb. 9.7. Auf der Basis dieser Funktionen lautet die Fourier-Darstellung der Zeitreihe $Y_1, \ldots, Y_n$

$$Y_t = \frac{1}{2} a_0 + \sum_{j=1}^{n/2} a_j \cos(\omega_j t) + \sum_{j=1}^{n/2-1} b_j \sin(\omega_j t), \qquad t = 1, 2, \ldots, n.$$

Wir benutzen die Orthogonalitäts-Relationen ($\sum = \sum_{t=1}^{n}$)

$$\sum \sin(\omega_k \cdot t) = \sum \cos(\omega_k \cdot t) = \sum \sin(\omega_k \cdot t) \cdot \cos(\omega_j \cdot t) = 0$$

$$\sum \cos(\omega_k \cdot t) \cdot \cos(\omega_j \cdot t) = \begin{cases} 0 & j \neq k \\ n & j = k = 0 \text{ oder } j = k = n/2 \\ n/2 & j = k \neq 0, \neq n/2 \end{cases} \tag{9.15}$$

und $\sum \sin(\omega_k \cdot t) \cdot \sin(\omega_j \cdot t)$ wie auf der rechten Seite von (9.15), allerdings mit einer mittleren Zeile, in der ebenfalls $= 0$ (anstatt $= n$) steht. Mit ihrer Hilfe berechnen sich die n *Fourier*-Koeffizienten

$$a_0, a_1, \ldots, a_{n/2}, b_1, \ldots, b_{n/2-1}$$

gemäß der Formeln

$$a_0 = \frac{2}{n} \sum_{t=1}^{n} Y_t \equiv 2\bar{Y}, \qquad a_{n/2} = \frac{1}{n} \sum_{t=1}^{n} (-1)^t Y_t,$$

$$a_j = \frac{2}{n} \sum_{t=1}^{n} Y_t \cos(\omega_j t), \qquad j = 1, \ldots, n/2 - 1 \tag{9.16}$$

$$b_j = \frac{2}{n} \sum_{t=1}^{n} Y_t \sin(\omega_j t), \qquad j = 1, \ldots, n/2 - 1.$$

Die Fourier-Koeffizienten jeder Teilauswahl von Koeffizienten $a_j, b_j,$

$$a_j, \ j \in K_a \subset \{1, \ldots, n/2\}, \qquad b_j, \ j \in K_b \subset \{1, \ldots, n/2 - 1\},$$

lassen sich auch als Regressionskoeffizienten durch einen linearen Regressionsansatz

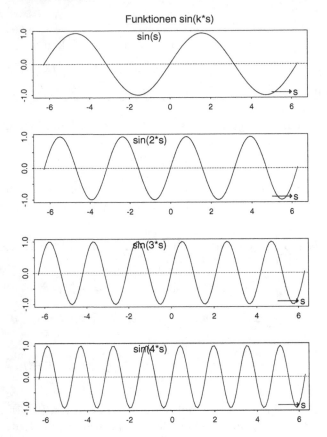

Abb. 9.7. Die trigonometrischen Funktionen $\sin(k \cdot s)$, aufgetragen über s, für $k = 1, 2, 3, 4$. Die Substitution $s = \frac{2\pi}{n} \cdot t$ führt zu den Funktionen $\sin(\omega_k \cdot t)$.

$$Y_t = \frac{1}{2} a_0 + \sum_{j \in K_a} a_j \cdot x_{jt}^{(a)} + \sum_{j \in K_b} b_j \cdot x_{jt}^{(b)} + e_t, \qquad t = 1, \ldots, n,$$

wie in 3.1.1 gewinnen, wenn wir die folgenden Regressoren definieren:

$$x_{jt}^{(a)} = \cos(\omega_j t), \qquad x_{jt}^{(b)} = \sin(\omega_j t).$$

Wir setzen jetzt zur Abkürzung

$$R_j^2 = a_j^2 + b_j^2, \quad j = 1, \ldots, n/2 - 1, \qquad R_{n/2}^2 = 2\, a_{n/2}^2.$$

Dann erhält man für den Schätzer $\hat{\sigma}^2 = \frac{1}{n} \sum_{t=1}^{n} (Y_t - \bar{Y})^2$ der Varianz σ^2 aus der sogenannten Parseval-Gleichung die Beziehung

$$\hat{\sigma}^2 = \frac{1}{2} \sum_{j=1}^{n/2} R_j^2. \tag{9.17}$$

Definition des Periodogramms

Die Gleichung (9.17) interpretieren wir jetzt als eine Zerlegung der Varianz $\hat\sigma^2$ der Zeitreihe in die Frequenzanteile $R_k^2/2$. Die Größe $R_k^2/2$ gibt an, wie stark die Komponente mit Frequenz k/n (Kreisfrequenz ω_k, Periodenlänge n/k) an der „Oszillation" der Zeitreihe beteiligt ist. Diese Frequenzanteile werden – nach einer geeigneten Skalierung – über k aufgetragen. Wir definieren nämlich das

$$\text{Periodogramm}\quad I(\omega_k)\,,\qquad k = 1, 2, \ldots, n/2\,,$$

durch die Gleichungen

$$I(\omega_k) = \frac{n}{4\pi}\,R_k^2 = \frac{n}{4\pi}\,(a_k^2 + b_k^2)\,,\qquad k = 1, 2, \ldots, n/2 - 1,$$
$$I(\omega_{n/2}) \equiv I(\pi) = \frac{n}{2\pi}\,R_{n/2}^2 = \frac{n}{\pi}\,a_{n/2}^2\,,\tag{9.18}$$

und tragen es über $k = 1, 2, \ldots, n/2$ bzw. über $T = n, n/2, \ldots, 2$ auf. (Die Definition des Periodogramms ist nicht einheitlich; unterschiedliche Vielfache von R_k^2 werden benutzt.)

In einer Histogramm-Darstellung von $I_n(\omega)$ über ω ist die Fläche der k-ten Säule gerade gleich

$$\frac{2\,\pi}{n} \cdot I(\omega_k) = \frac{R_k^2}{2}$$

für $k = 1, \ldots, \frac{n}{2} - 1$, und die Fläche der letzten Säule gleich

$$\frac{\pi}{n} \cdot I(\omega_{n/2}) = a_{n/2}^2\,.$$

Mit der Festlegung (9.18) ist die Gesamtfläche nach (9.17) gleich $\hat\sigma^2$. Dies steht in Analogie zur Gleichung (9.11).

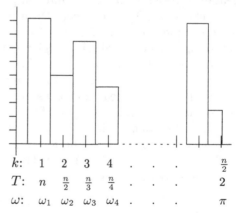

Histogramm-Darstellung von $I(\omega_k)$

k:	1	2	3	4	.	.	.	$\frac{n}{2}$
T:	n	$\frac{n}{2}$	$\frac{n}{3}$	$\frac{n}{4}$	.	.	.	2
ω:	ω_1	ω_2	ω_3	ω_4	.	.	.	π

Zusammenhang mit der Autokovarianz. Es besteht ein enger Zusammenhang zwischen dem Periodogramm $I(\omega_j)$ und den empirischen Kovarianzen $c(k)$: Die $c(k)$'s können als Fourier-Koeffizienten der $I(\omega_j)$ interpretiert werden. Es gilt nämlich für $j = 1, \ldots, n/2$

$$\pi\,I(\omega_j) = \sum_{k=-(n-1)}^{n-1} c(k)\,\cos(\omega_j k) = c(0) + 2\sum_{k=1}^{n-1} c(k)\,\cos(\omega_j k).\tag{9.19}$$

Aus dieser Darstellung folgt, dass die Periodogramm-Werte $I(\omega_j)$, anders als die Werte der Fourier-Koeffizienten, nicht von der Zählweise $t = 0, 1, \ldots, n-1$, $t = 1, 2, \ldots, n$ oder $t = h+1, \ldots, h+n$ der Zeitpunkte abhängt.

Erweitern wir die Gleichung (9.19), indem wir eine Funktion $\tilde{I}(\omega)$ auf dem ganzen Intervall $[0, \pi]$ gemäß

$$\pi \, \tilde{I}(\omega) = c(0) + 2 \sum_{k=1}^{n-1} c(k) \cos(\omega k), \quad \omega \in [0, \pi],$$

definieren, so lässt sich umgekehrt die empirische Autokovarianz $c(k)$ mit Hilfe von $\tilde{I}(\omega)$ zu

$$c(k) = \int_0^\pi \tilde{I}(\omega) \cos(\omega k) \, d\omega, \quad -(n-1) \le k \le n-1,$$

berechnen. Das stellt das empirische Gegenstück zur Gleichung (9.10) für $\gamma(h)$ aus 9.2.2 dar. Die $c(k)$'s und $\tilde{I}(\omega)$ stellen eine Paar von Fouriertransformierten dar.

9.3.5 Periodogramm-Analyse

Das Periodogramm kann eingesetzt werden, um *verborgene* Periodizitäten in einer Zeitreihe aufzudecken. Als Schätzer der zugrunde liegenden Spektraldichte ist es dagegen weniger geeignet, siehe 9.3.6.

Für die nun folgende statistische Analyse definieren wir das Periodogramm $I(\omega)$ auf dem ganzen Interval $[0, \pi]$, indem wir uns der Histogramm-Darstellung aus 9.3.4 bedienen. Dazu teilen wir wieder das Intervall $[0, \pi]$ in Teilintervalle der Länge 2Δ ein, $\Delta = \pi/n$, mit Mittelpunkte ω_1, ω_2, ..., und setzen $I_n(\omega)$ konstant gleich $I_n(\omega_k)$ auf dem Teilintervall mit dem Mittelpunkt ω_k, siehe die Abb. in 9.3.4.

Wir setzen voraus, dass die Zeitreihe Y_t, $t \in \mathbb{Z}$, einen stationären Prozess aus der Klasse der linearen Prozesse bildet (siehe Abschn. 9.4.2), mit positiver Spektraldichte, d. i. mit $f(\omega) > 0$ für $\omega \in [0, \pi]$, und mit absolut summierbarer Kovarianzfunktion, d. i. mit $\sum_{k=1}^\infty |\gamma(k)| < \infty$. Dann besitzt das Periodogramm $I_n(\omega)$, $\omega \in (0, \pi)$, die folgenden asymptotischen Eigenschaften, vgl. Fuller (1976), Brockwell & Davies (1987).

a) Asymptotische Erwartungstreue.

$$\lim_{n \to \infty} \mathbb{E}(I_n(\omega)) = f(\omega)$$

b) Asymptotische Exponentialverteilung.

$I_n(\omega)/f(\omega)$ ist asymptotisch exponentialverteilt mit Parameter 1

c) Asymptotische Unabhängigkeit.

$I_n(\omega)$ und $I_n(\omega')$ sind für $\omega \ne \omega'$ asymptotisch unabhängig.

Aussage b) lässt sich auch so formulieren: $2\,I_n(\omega)/f(\omega)$ besitzt asymptotisch eine χ^2-Verteilung mit zwei Freiheitsgraden. Aussage c) erklärt die starke Fluktuation der Ordinatenwerte des Periodogramms.

Asymptotische Konfidenzintervalle und Tests. Für ein vorgegebenes α zwischen 0 und 1 bilden

$$a(\alpha) = -\ln(1-\alpha/2), \qquad b(\alpha) = -\ln(\alpha/2)$$

unteres und oberes Quantil der Exponentialverteilung mit Parameter 1. Bei $n \to \infty$ folgt aus Aussage b), dass

$$\mathbb{P}\big(a(\alpha) \leq I_n(\omega)/f(\omega) \leq b(\alpha)\big) \longrightarrow e^{-a(\alpha)} - e^{-b(\alpha)} = 1 - \alpha$$

gilt. Also stellt

$$\frac{I_n(\omega)}{b(\alpha)} \leq f(\omega) \leq \frac{I_n(\omega)}{a(\alpha)} \qquad (9.20)$$

für großes n ein Konfidenzintervall für die Spektraldichte $f(\omega)$ zum asymptotischen Niveau $1 - \alpha$ dar. Dieses Konfidenzintervall ist für eine vorgegebene, individuelle Kreisfrequenz $\omega \in (0, \pi)$ gültig. Ein *simultanes* Konfidenzintervall für die Spektraldichte $f(\omega)$, ausgewertet an m Stellen $\omega_1, \ldots, \omega_m$, zum asymptotischen Niveau $1 - \alpha$ lautet

$$\frac{I_n(\omega)}{b_m(\alpha)} \leq f(\omega) \leq \frac{I_n(\omega)}{a_m(\alpha)}, \qquad \text{mit} \quad \begin{cases} b_m(\alpha) &= -\ln(\alpha/(2m)) \\ a_m(\alpha) &= -\ln(1-\alpha/((2m)) \end{cases}, \quad (9.21)$$

$[b_1(\alpha) \equiv b(\alpha), a_1(\alpha) \equiv a(\alpha)]$. Für den Logarithmus der Spektraldichte bedeutet (9.21)

$$\log I_n(\omega) - \log b_m(\alpha) \leq \log f(\omega) \leq \log I_n(\omega) - \log a_m(\alpha),$$

so dass ein Konfidenzstreifen für $\log f(\omega)$, gültig für m verschiedene ω-Stellen, aus dem Intervall der Breite $-\log a_m(\alpha) + \log b_m(\alpha)$ um $\log I_n(\omega)$ herum besteht, also für jedes $\omega \in (0, \pi)$ gleich breit ist. Aus diesen simultanen Konfidenzintervallen leitet sich auch Fishers Test auf Zufallsreihe ab; d. h. auf die Hypothese

H_0: die Zeitreihe $Y_1, \ldots, Y_n$
   ist eine reine Zufallsreihe.

Unter H_0 ist die Spektraldichte konstant gleich σ^2/π. Also wird H_0 verworfen, falls der maximale Wert von m Periodogrammwerten grösser als

$$-\frac{\hat{\sigma}^2}{\pi} \cdot \ln(\frac{\alpha}{m}) \qquad (9.22)$$

ist; d. h. falls

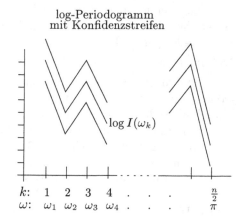

log-Periodogramm
mit Konfidenzstreifen

$\log I(\omega_k)$

k: 1 2 3 4 . . . $\frac{n}{2}$
ω: ω_1 ω_2 ω_3 ω_4 . . . π

$$\frac{\max\{I_n(\omega_1), \ldots, I_n(\omega_m)\}}{\hat{\sigma}^2} > -\frac{1}{\pi} \cdot \ln\left(\frac{\alpha}{m}\right).$$

(Signifikanzniveau α; hier wurde die einseitige Version des Konfidenzintervalls (9.21) benutzt, sowie n als groß und $m \leq n/2 - 1$ vorausgesetzt).

In der Fallstudie **Hohenpeißenberg**, Wintermittelwerte, werden die $n = 224$ mittleren Temperaturen für die drei Monate Dez. des Vorjahres, Jan. und Feb. des laufenden Jahres (von 1781 bis 2004) einer Periodogramm-Analyse unterzogen (der Mittelwert der Zeitreihe vorher abgezogen).

Hohenpeissenberg, Temperatur Winter 1781-2004

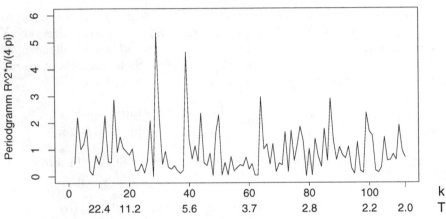

Abb. 9.8. Periodogramm der Zeitreihe Hohenpeißenberg, Wintermittelwerte, 1781 bis 2004. Aufgetragen ist das Periodogramm $I(\omega_k)$ gemäß (9.18) in Abhängigkeit von der Schwingungszahl k bzw. von der Periode $T = n/k$.

Keiner der 112 Periodogramm-Werte ist größer als die 95 % Schranke des Fisherschen Tests auf Zufallsreihe, falls m nur größer als 14 gewählt wird: Die Schranke b_m gemäß (9.22) ist hier, mit $\hat{\sigma}^2 = 2.978$, gleich

7.31 für $m = 112$,   6.66 für $m = 56$,   5.34 für $m = 14$,   2.84 für $m = 1$.

Die Annahme einer (reinen) Zufallsreihe kann nicht verworfen werden. Der größte Periodogramm-Wert, das ist $I = 5.35$ an der Stelle $k = 29$ bzw. $T = 7.7$ [Jahre], überschreitet die Schranke b_m bis zu einem $m = 14$. Eine Periodizität der „Winterkälte" kann auf der Grundlage dieser Daten nicht gesichert werden, vgl. dazu auch Pruscha (1986). Zur individuellen Schranke b_1: Selbst unter H_0 überschreiten (bei $\alpha = 0.05$) im Mittel 5 % aller Periodogrammwerte diese Schranke (in unserem Fall sind es vier Werte von 112).

Erwartungsgemäß fluktuieren die Werte des Periodogramms sehr stark. In Abb. 9.9 sind geglättete Werte aufgetragen (diskrete Versionen des Danielfensters, siehe (9.27)), und zwar geglättet mittels eines gleitenden Durchschnitts über 11 bzw. 21 Punkte (m = 5 bzw. 10 in Formel (9.27)). Mit wachsender Punktezahl kommen die Peaks zum Verschwinden.

```
SPSS

* Cosinus und Sinus Funktionen als Regressoren.
* zur Fourieranalyse.
DO REPEAT  Cs=Cs1 TO Cs10/ Sn=Sn1 TO Sn10/ Ka=1 TO 10.
COMPUTE    Cs= Cos(T*KA*6.2832/224).
COMPUTE    Sn= Sin(T*KA*6.2832/224).
END REPEAT.
* Fourierkoeffizienten berechnen mittels Regression.
* Wintermittelwerte Wi siehe Anhang A.10
REGRESSION  Variables= Wi  Cs1 to Sn10
   / Dependent = Wi/Method=Enter.
* Periodogramm und Spektralanalyse mit Parzenfenster.
* Die SPSS Definition des Periodogramms ist R_k^2 * (n/2).
SPECTRA Variables=Wi / Window=Parzen (19) / Center / Plot= P S
   / Save= FREQ(Frequ) PER(Periode) P(Pgramm) S(Spectr).
```

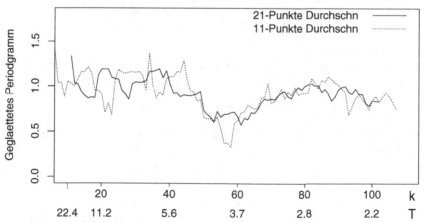

Abb. 9.9. Geglättetes Periodogramm der Zeitreihe Hohenpeißenberg, Wintermittelwerte, 1781–2004. Aufgetragen ist der gleitende 21- und 11-Punkte Durchschnitt der Periodogrammwerte aus Abb. 9.8, in Abhängigkeit von der Schwingungszahl k bzw. von der Periode $T = n/k$.

9.3.6 Spektraldichteschätzer

Zwar ist das Periodogramm ein asymptotisch erwartungstreuer Schätzer für die Spektraldichte $f(\omega)$, aber er ist nicht konsistent. Ein konsistenter Schätzer $\hat{f}_n$ erfüllt (positives f vorausgesetzt)

$$\hat{f}_n(\omega)/f(\omega) \longrightarrow 1 \qquad \text{[stochastische Konvergenz]},$$

während der Quotient $I_n(\omega)/f(\omega)$ gegen eine nichtausgeartete Verteilung (die Exponentialverteilung) konvergiert. Außerdem konvergiert die Varianz von $I_n(\omega)$ nicht gegen 0, sondern (unter gewissen Zusatzvoraussetzungen) gegen $f^2(\omega)$, siehe Eigenschaft b) in Abschn. 9.3.5.

Einen geeigneteren Schätzer $\hat{f}_n(\omega)$ für $f(\omega)$ gewinnt man auf zwei Arten, die aber – wie sich zeigen wird – auf die gleiche Größe hinaus laufen.

(i) In der Formel (9.19) aus 9.3.4, das ist

$$I_n(\omega) = (1/\pi) \sum_{k=-(n-1)}^{n-1} c(k) \cos(\omega k),$$

werden die $c(k)$'s mit Gewichten $\lambda(k)$ versehen, $\lambda(k) = \lambda(-k)$, die (i. d. R.) mit wachsendem k abfallen und ab einem *truncation point* M, $M \leq n-1$, den Wert 0 annehmen. Wir erhalten so den Spektraldichteschätzer

$$\hat{f}_n(\omega) = \frac{1}{\pi} \sum_{k=-M}^{M} \lambda(k)\, c(k) \cos(\omega k) = \frac{1}{\pi}\Big(\lambda(0)\, c(0) + 2 \sum_{k=1}^{M} \lambda(k)\, c(k) \cos(\omega k)\Big).$$
$$(9.23)$$

Der Satz von Gewichten, das sind die Zahlen

$$\lambda(k), \quad -M \leq k \leq M, \qquad \lambda(k) = \lambda(-k),$$

wird *Lagfenster* genannt.

(ii) Die Periodogrammwerte $I_n(\omega')$ werden um ω herum zu einem gewichteten Mittelwert summiert (tatsächlich integriert). Mit einer Gewichtsfunktion

$$h(\omega), \quad -\pi \leq \omega \leq \pi, \qquad h(\omega) = h(-\omega),$$

die *Spektralfenster* genannt wird, lautet die alternative Form des Spektraldichteschätzers

$$\hat{f}_n(\omega) = \int_{-\pi}^{\pi} h(\omega')\, I_n(\omega - \omega')\, d\omega', \qquad (9.24)$$

(es wird $I_n(\omega) = I_n(-\omega)$ gesetzt; ferner setzen wir $I_n(\omega)$ außerhalb $[-\pi, \pi]$ periodisch fort). Die Größen (9.23) und (9.24) erweisen sich als identisch, wenn die λ's und h ein Paar von Fouriertransformierten bilden, d. h. wie folgt voneinander ableitet werden.

Für ein gegebenes Lagfenster $\lambda(k)$ berechnet man das zugehörige Spektralfenster $h(\omega)$ zu

$$h(\omega) = \frac{1}{2\pi} \sum_{k=-M}^{M} \lambda(k)\, \cos(\omega k). \qquad (9.25)$$

Umgekehrt ermittelt man das Lagfenster aus einem vorgegebenen Spektralfenster gemäß

$$\lambda(k) = \int_{-\pi}^{\pi} h(\omega)\cos(\omega k)\,d\omega\,. \tag{9.26}$$

Das Spektralfenster h ist normiert i. S. v. $\int_{-\pi}^{\pi} h(\omega)d\omega = 1$, falls $\lambda(0) = 1$.

Einige Fenster

a) Rechteckfenster: $\lambda(k) = 1$, $-M \le k \le M$. Hier werden in (9.19) nur über alle $c(k)$'s mit $|k| \le M$ summiert. Im Spezialfall $M = n-1$ erhalten wir den Periodogramm-Schätzer zurück; es ist dann $\hat{f}_n = I_n$. Das nach (9.25) zum Rechteckfenster $\lambda(k)$ gehörende Spektralfenster

$$h(\omega) = \frac{1}{2\pi}\frac{\sin\big((2M+1)\omega/2\big)}{\sin(\omega/2)}$$

wird auch Dirichlet-Fenster genannt.
b) Dreiecks- (Bartlett-) Fenster: $\lambda(k) = 1 - |k|/M$, $-M \le k \le M$. Das nach (9.25) zugehörige Spektralfenster lautet

$$h(\omega) = \frac{1}{2\pi M}\left(\frac{\sin(M\omega/2)}{\sin(\omega/2)}\right)^2.$$

c) Cosinus- (Tukey-) Fenster: $\lambda(k) = \frac{1}{2}\big(1 + \cos(\pi k/M)\big)$, $-M \le k \le M$. Das zugehörige Spektralfenster kann der Literatur entnommen werden, vgl. etwa Priestley (1981), König & Wolters (1972) oder Brockwell & Davies (1987).
d) Parzenfenster:

$$\lambda(k) = \begin{cases} 1 - 6(k/M)^2 + 6(k/M)^3, & \text{falls } 0 \le k \le M/2 \\ 2(1 - k/M)^3 & \text{falls } M/2 \le k \le M \end{cases}, \quad \lambda(-k) = \lambda(k),$$

mit dem zugehörigen (approximativen) Spektralfenster

$$h(\omega) = \frac{3}{8\pi M^3}\left(\frac{\sin(M\omega/4)}{\sin(\omega/4)}\right)^4$$

(auch andere Approximationen werden benutzt). Anders als in den bisherigen Fällen a) – d) gehen wir beim folgenden Danielfenster von einer bestimmten geometrischen Form des Spektralfensters aus, nämlich der Rechteckform, und berechnen daraus das Lagfenster.
e) Danielfenster: Mit einem positiven b, $b < \pi$, ist

$$h(\omega) = \begin{cases} \frac{1}{2b} & \text{falls } |\omega| \le b \\ 0 & \text{falls } |\omega| > b. \end{cases}$$

Damit wird aus (9.24)

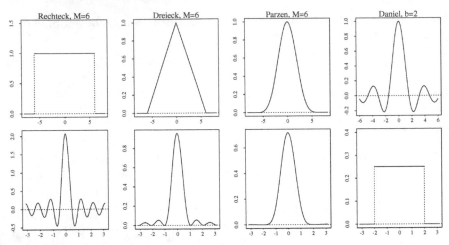

Abb. 9.10. Rechteck-, Dreieck-, Parzen-, Daniel-Fenster. Lagfenster $\lambda(k)$, $k = -M, \ldots, M$ (*oben*) und zugehörige Spektralfenster $h(\omega)$, $-\pi \leq \omega \leq \pi$ (*unten*).

$$\hat{f}_n(\omega) = \frac{1}{2b} \int_{-b}^{b} I_n(\omega - \omega') \, d\omega',$$

d. i. der Mittelwert des Periodogramms über das Intervall $[\omega - b, \omega + b]$. Das nach (9.26) zum Danielfenster gehörende Lagfenster berechnet sich zu

$$\lambda(k) = \frac{1}{b\,k} \sin(bk) \quad \text{für } k \neq 0$$

und $\lambda(k) = 1$ für $k = 0$. Eine diskrete Version $\hat{f}_n^{(d)}(\omega_k)$ des Danielfensters benutzt nur die Fourierfrequenzen $\omega_j = 2\pi j/n$, nämlich

$$\hat{f}_n^{(d)}(\omega_k) = \frac{1}{2m+1} \sum_{j=-m}^{m} I_n(\omega_{k+j}) \qquad [m < n/2]. \tag{9.27}$$

9.3.7 Asymptotisches Verhalten des Spektraldichteschätzers

Wir setzen voraus, dass die zugrunde liegende Zeitreihe Y_t, $t \in \mathbb{Z}$, der Klasse linearer Prozesse angehört (siehe Abschn. 9.4.2), mit positiver Spektraldichte. Ferner besitze das gewählte Lagfenster die Eigenschaften

$$\lambda(0) = 1, \quad |\lambda(k)| \leq 1 \text{ für alle } k, \quad \lambda(k) = 0 \text{ für } k > M.$$

Der *truncation* Wert M geht dabei mit n gegen ∞, aber langsam genug, so dass $M/n \to 0$ bei $n \to \infty$ gilt. Wir setzen

$$\nu = \frac{2n}{\sum_{k=-M}^{M} \lambda^2(k)} \, ; \qquad [\text{es folgt } \nu \to \infty \text{ für } n \to \infty].$$

Wir nennen die Zahl ν (nach Runden zu einer ganzen Zahl) die *Freiheitsgrade* des Lagfensters. Für die oben aufgeführten Lagfenster erhält man für größere M und n

$$\nu = c\,\frac{n}{M}, \quad \text{mit } c = 1,\, 3,\, 8/3,\, 3.71$$

für das Rechteck-, Dreiecks-, Cosinus-, Parzen-Fenster. Unter Benutzung des Spektralfensters $h(\omega)$ berechnet sich ν zu

$$\nu = \frac{n}{\pi \int_{-\pi}^{\pi} h^2(\omega)\,d\omega}.$$

Für das Danielfenster gilt $\nu = 2\,n\,b/\pi$.

Der Spektraldichteschätzer $\hat{f}_n(\omega)$ besitzt – unter den oben formulierten Voraussetzungen (plus gewissen Zusatzannahmen) – für $\omega \in (0,\pi)$ die folgenden asymptotischen Eigenschaften, vgl. Anderson (1971), Priestley (1981) oder Brockwell & Davies (1987).

(i) $\lim_{n\to\infty} \mathbb{E}\hat{f}_n(\omega) = f(\omega)$ [asymptotische Erwartungstreue]

(ii) $\lim_{n\to\infty} \nu\, Var\big(\hat{f}_n(\omega)\big) = 2 \cdot f^2(\omega)$

(iii) Die Zufallsvariable $\nu\,\hat{f}_n(\omega)/f(\omega)$ ist asymptotisch χ_ν^2-verteilt.

Eigenschaft (ii) liefert – zusammen mit (i) – die Konsistenz des Schätzers $\hat{f}_n(\omega)$ für $f(\omega)$. Die in (iii) angegebene asymptotische Verteilung ist nur approximativ gültig. Nach (iii) lautet demnach ein (approximatives) Konfidenzintervall für $f(\omega)$ zum asymptotischen Niveau $1 - \alpha$

$$\nu\,\frac{\hat{f}_n(\omega)}{\chi_{\nu,1-\alpha/2}^2} \leq f(\omega) \leq \nu\,\frac{\hat{f}_n(\omega)}{\chi_{\nu,\alpha/2}^2}, \tag{9.28}$$

[$\chi_{\nu,\gamma}^2$ das γ-Quantil der χ_ν^2-Verteilung]. Logarithmieren von (9.28) bedeutet

$$\log \hat{f}_n(\omega) - \log\big(\chi_{\nu,1-\alpha/2}^2/\nu\big) \leq \log f(\omega) \leq \log \hat{f}_n(\omega) - \log\big(\chi_{\nu,\alpha/2}^2/\nu\big).$$

Ein (approximatives) Konfidenzintervall für $\log f(\omega)$ an der individuellen Stelle $\omega \in (0,\pi)$ besteht demnach aus dem Intervall der Breite

$$-\log\big(\chi_{\nu,\alpha/2}^2/\nu\big) + \log\big(\chi_{\nu,1-\alpha/2}^2/\nu\big)$$

um $\log \hat{f}_n(\omega)$ herum, das für alle ω also gleich breit ist.

In der klassischen Zeitreihen-Fallstudie **Sunspot**, siehe Anhang A.11, hier die jährlichen Sonnenfleckenzahlen von 1770 bis 1889, offenbart die Spektraldichteschätzung der Abb. 9.11 einen deutlichen Gipfel für Periodenlängen zwischen $T = 10$ bis $T = 12$ [Jahre] (astronomischer Wert: 11.1 Jahre). Mit zunehmender Fensterbreite wird die Kurve glatter, der Peak weniger ausgeprägt und weniger scharf positioniert. Das Periodogramm hat noch einen Nebengipfel bei der halben Periodenlänge, das ist bei 5.5 [Jahre].

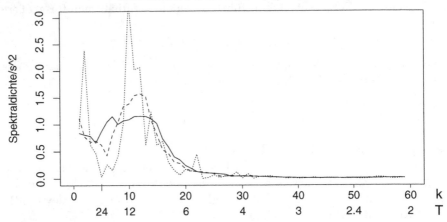

Abb. 9.11. Spektraldichteschätzung in Abhängigkeit von der Schwingungszahl k bzw. von der Periode $T = 120/k$. Aufgetragen sind Periodogramm ($\cdots$) und die Schätzer mittels Parzen-Fenster für mittlere (- - -) und große (——) Fensterbreiten, jeweils geteilt durch $\hat{\sigma}^2$.

☐ SPSS ☐   Y = jährliche Sunspot-Zahlen, s. A.11

```
COMMENT Periodogramm und Spektralanalyse.
COMMENT Die SPSS Definition des Periodogramms ist R_k^2 * (n/2).
SPECTRA    Variables=Y / Center
  / Window=Parzen (7) / Plot= P S by Freq
  / Save= FREQ(Frequ) PER(Periode) P(Pgramm) S(Spektrum).
```

9.4 Zeitreihenmodelle

In diesem Abschnitt stellen wir eine wichtige Klasse von Zeitreihen vor, die Klasse der sog. ARMA-Modelle. Dabei steht AR für *autoregressiv* und MA für *moving average*. Bei den AR-Modellen stellt der aktuelle Beobachtungswert eine Linearkombination früherer Werte (plus einem Fehlerterm) dar, bei den MA-Modellen ergibt sich der aktuelle Wert aus einer Linearkombination früherer Fehlerterme (plus aktuellem Fehlerterm). Aus einer Kombination dieser beiden entstehen die ARMA-Modelle. Um bei der Beschreibung von Werten zu früheren Zeitpunkten $t-1$, $t-2$, ... nicht auf die untere Beschränkung des Zeitbereichs $\mathbb{N} = \{1, 2, \ldots\}$ Rücksicht nehmen zu müssen, dehnen wir diesen auf die ganzen Zahlen $\mathbb{Z} = \{\ldots, -2, -1, 0, 1, 2, \ldots\}$ aus.

9.4.1 Moving average Prozesse

Eine Zeitreihe Y_t, $t \in \mathbb{Z}$, heißt ein moving average Prozess der Ordnung q, kurz ein MA(q)-Prozess, falls

$$Y_t = \beta_q \, e_{t-q} + \ldots + \beta_2 \, e_{t-2} + \beta_1 \, e_{t-1} + e_t, \qquad t \in \mathbb{Z}, \qquad (9.29)$$

gilt. Dabei ist e_t, $t \in \mathbb{Z}$, eine reine $(0, \sigma_e^2)$-Zufallsreihe, β_1, β_2, ..., β_q sind (unbekannte) Parameter und $q \geq 0$ ist eine vorgegebene ganze Zahl. Ein MA(q)-Prozess ist ein stationärer Prozess mit Erwartungswert 0,

$$\mathbb{E}Y_t = 0 \qquad \text{für alle } t \in \mathbb{Z}.$$

Seine Varianz lautet mit der Festsetzung $\beta_0 = 1$

$$\sigma^2 \equiv \gamma(0) = \sigma_e^2 \sum_{j=0}^{q} \beta_j^2.$$

Falls die Differenz der Zeitpunkte t und s größer als q ist, so tauchen in der Modellgleichung (9.29) für Y_s und Y_t keine Fehlerterme e gemeinsam auf. Beobachtungen, die um mehr als q Zeiteinheiten auseinander liegen, sind also unkorreliert: Die Kovarianzfunktion $\gamma(h)$ und die Korrelationsfunktion $\rho(h)$ sind gleich 0 für $|h| > q$; es gilt

$$
\begin{aligned}
\gamma(h) &= \begin{cases} \sigma_e^2 \sum_{j=0}^{q-h} \beta_j \, \beta_{j+h}, & \text{falls } 0 \leq h \leq q \\ 0, & \text{falls } h > q, \end{cases} \\
\rho(h) &= \begin{cases} \sum_{j=0}^{q-h} \beta_j \, \beta_{j+h} / \sum_{j=0}^{q} \beta_j^2, & \text{falls } 0 \leq h \leq q \\ 0, & \text{falls } h > q, \end{cases}
\end{aligned}
\qquad (9.30)
$$

zusammen mit $\gamma(-h) = \gamma(h)$ und $\rho(-h) = \rho(h)$.

MA(1)-Prozess

Für $q = 1$ reduziert sich (9.29) zu $Y_t = \beta \, e_{t-1} + e_t$ für alle $t \in \mathbb{Z}$. Wir erhalten aus (9.30), dass $\sigma^2 \equiv \gamma(0) = \sigma_e^2 \, (1 + \beta^2)$, sowie

$$\rho(1) = \frac{\beta}{1 + \beta^2}, \qquad \rho(h) = 0 \quad \text{für } |h| > 1.$$

Da $|\rho(1)| \leq 1/2$ gilt, sollten Zeitreihen mit betragsmäßig großen Autokorrelationswerten nicht durch einen MA(1)-Prozess modelliert werden. Für die partielle Autokorrelation errechnet man

$$\Phi_{kk} = (-1)^{k-1}\,\beta^k\,\frac{1-\beta^2}{1-\beta^{2(k+1)}}\,,$$

k=1,2,...; insbesondere
$\Phi_{11} \equiv \rho(1) = \beta/(1+\beta^2)$, und

$$\Phi_{22} = -\beta^2\,\frac{1-\beta^2}{1-\beta^6}\,.$$

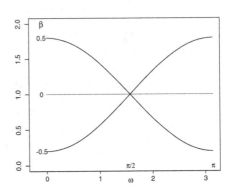

Die Spektraldichte für den MA(1)-
Prozess lautet

$$f(\omega) = \frac{\sigma_e^2}{\pi}\left(1 + 2\beta\cos\omega + \beta^2\right).$$

Die normierte MA(1)-Spektraldichte
$$f^*(\omega) = \tfrac{\pi}{\sigma_e^2}\cdot f(\omega)/(1+\beta^2)$$
für $\beta = -0.5, 0, 0.5$.

9.4.2 Autoregressive Prozesse

Eine Zeitreihe $Y_t,\,t \in \mathbb{Z}$, heißt ein autoregressiver Prozess der Ordnung p, kurz
ein AR(p)-Prozess, falls

$$Y_t = \alpha_p Y_{t-p} + \ldots + \alpha_2 Y_{t-2} + \alpha_1 Y_{t-1} + e_t\,, \qquad t \in \mathbb{Z}\,, \qquad (9.31)$$

gilt. Dabei ist $e_t,\,t \in \mathbb{Z}$, eine reine $(0,\sigma_e^2)$-Zufallsreihe (e_t unabhängig von
$Y_{t-1}, Y_{t-2}, \ldots$), $\alpha_1, \alpha_2, \ldots, \alpha_p$ sind (unbekannte) Parameter und $p \geq 0$ ist eine
vorgegebene ganze Zahl. Anders als bei MA(q)-Prozessen bildet ein AR(p)-
Prozess nicht notwendigerweise einen stationären Prozess. Tatsächlich gilt dies
genau unter der Voraussetzung, dass

alle Nullstellen des Polynoms $\alpha(s) = 1 - \alpha_1\,s - \ldots - \alpha_p\,s^p$

betragsmäßig größer 1

sind. Unter dieser *Stationaritätsbedingung* lässt sich Y_t darstellen als ein sogenannter linearer Prozess, d. h. als ein Prozess der Gestalt

$$Y_t = \sum_{j=0}^{\infty} \beta_j\,e_{t-j}\,, \qquad\qquad \text{[MA}(\infty)\text{-Darstellung]} \qquad (9.32)$$

mit gewissen Koeffizienten β_j [$\beta_0 = 1$]. Es gilt $\mathbb{E}Y_t = 0$ für alle $t \in \mathbb{Z}$, und
$\sigma^2 = \sigma_e^2 \sum_{j=0}^{\infty}\beta_j^2$, mit den β's aus der MA(∞)-Darstellung (9.32).
   Zur Berechnung der Autokovarianzen $\gamma(h)$ bzw. der Autokorrelationen
$\rho(h) = \gamma(h)/\gamma(0)$: Multiplikation von (9.31) mit Y_{t-h} und Bilden des Er-
wartungswertes liefern

$$\gamma(h) = \alpha_p\,\gamma(h-p) + \ldots + \alpha_1\,\gamma(h-1)\,,$$
$$\rho(h) = \alpha_p\,\rho(h-p) + \ldots + \alpha_1\,\rho(h-1)\,. \tag{9.33}$$

Wir bilden die $p \times p$-Matrizen Γ_p und P_p wie in (9.7) und (9.8) und die p-dimensionalen Vektoren γ_p, ρ_p sowie α, gemäß

$$\Gamma_p = \big(\gamma(i-j),\ i,j = 1,\ldots,p\big),\quad \gamma_p = \big(\gamma(1),\ldots,\gamma(p)\big)^\top,\quad \alpha = \big(\alpha_1,\ldots,\alpha_p\big)^\top,$$

$$P_p = \big(\rho(i-j),\ i,j = 1,\ldots,p\big),\quad \rho_p = \big(\rho(1),\ldots,\rho(p)\big)^\top.$$

Gemäß (9.33) gewinnt man die ersten p Autokovarianz-/Autokorrelations-Koeffizienten, das sind die im Vektor γ_p bzw. ρ_p enthaltenen, aus den *Yule-Walker* Gleichungen

$$\gamma_p = \Gamma_p \cdot \alpha \qquad \text{bzw.} \qquad \rho_p = P_p \cdot \alpha\,. \tag{9.34}$$

Weitere Koeffizienten erhält man für $h > p$ rekursiv aus (9.33). Ein Vergleich mit der Bestimmungsgleichung $P_p \cdot \Phi_p = \rho_p$ aus 9.2.1 für die partielle Autokorrelation Φ_{pp} führt zu

$$\Phi_{pp} = \alpha_p\,; \qquad \text{ferner} \quad \Phi_{kk} = 0 \ \text{für } k > p,$$

Letzteres, weil ein AR(p)-Prozess auch ein AR(p+1)-Prozess ist mit $\alpha_{p+1} = 0$.

AR(1)-Prozess

Beim AR(1)-Prozess, auch Markov-Schema genannt, reduziert sich (9.31) zu $Y_t = \alpha\,Y_{t-1} + e_t$, $t \in \mathbb{Z}$. Die Stationaritätsbedingung ist $-1 < \alpha < 1$. In der MA(∞)-Darstellung (9.32) des stationären AR(1)-Prozesses haben wir $\beta_j = \alpha^j$ zu setzen. Sie lautet

$$Y_t = \sum\nolimits_{j=0}^{\infty} \alpha^j\, e_{t-j}\,.$$

Die Autokovarianz- und Autokorrelationsfunktion sind

$$\gamma(h) = \sigma_e^2\,\frac{\alpha^h}{1-\alpha^2},\ \ h = 0,1,\ldots, \qquad \text{insbesondere } \sigma^2 \equiv \gamma(0) = \frac{\sigma_e^2}{1-\alpha^2}\,,$$
$$\rho(h) = \alpha^h,\ \ h = 0,1,\ldots \qquad \text{(also } \rho(h) = \alpha^{|h|} \text{ für alle } h \in \mathbb{Z}).$$

Die partiellen Autokorrelationen zeigen, dass die (bedingte) Korrelation von Y_t und Y_{t-2}, bei gegebenem „Zwischenwert" Y_{t-1}, gleich 0 ist. Sie ergeben sich nämlich zu

$$\Phi_{11} \equiv \rho(1) = \alpha, \quad \Phi_{kk} = 0 \ \text{für } k \geq 2\,.$$

Hinsichtlich Autokorrelation und partieller Autokorrelation verhalten sich AR(1)- und MA(1)-Prozesse in gewisser Hinsicht komplementär. Die Spektraldichte des AR(1)-Prozesses lautet

$$f(\omega) = \frac{1}{\pi} \frac{\sigma_e^2}{1 - 2\alpha \cos \omega + \alpha^2}.$$

Für $\alpha > 0$ sind langwellige (niederfrequente), für $\alpha < 0$ kurzwellige (hochfrequente) Schwingungen dominant.

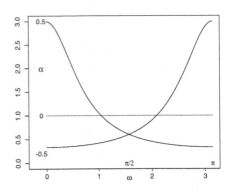

Die normierte AR(1)-Spektraldichte
$$f^*(\omega) = \frac{\pi}{\sigma_e^2} \cdot f(\omega) \cdot (1 - \alpha^2)$$
für $\alpha = -0.5, 0, 0.5$.

AR(2)-Prozess

Beim AR(2)-Prozess (auch Yule-Schema genannt), das ist $Y_t = \alpha_2 Y_{t-2} + \alpha_1 Y_{t-1} + e_t$, $t \in \mathbb{Z}$, lauten die Stationaritätsbedingungen

$$\alpha_1 + \alpha_2 < 1, \quad -\alpha_1 + \alpha_2 < 1, \quad \alpha_2 > -1. \tag{9.35}$$

Insbesondere wird $-1 < \alpha_2 < 1$ gefordert, siehe das Diagramm des Stationaritätsdreiecks. (Unterhalb der Parabel $\alpha_1^2 + 4 \cdot \alpha_2 = 0$ sind die Wurzeln des Polynoms $\alpha(s)$ komplex). Aus den Yule-Walker Gleichungen

$$\rho(1) = \alpha_2 \, \rho(1) + \alpha_1$$
$$\rho(2) = \alpha_2 \quad\;\; + \alpha_1 \, \rho(1)$$

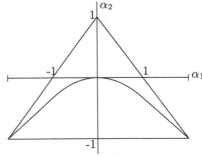

Stationaritätsdreieck

berechnen sich die ersten beiden Autokorrelationen zu

$$\rho(1) = \frac{\alpha_1}{1 - \alpha_2}, \qquad \rho(2) = \frac{\alpha_1^2}{1 - \alpha_2} + \alpha_2. \tag{9.36}$$

Die Umkehrung dieser beiden Gleichungen führt zu

$$\alpha_1 = \rho(1) \frac{1 - \rho(2)}{1 - \rho^2(1)}, \qquad \alpha_2 = \frac{\rho(2) - \rho^2(1)}{1 - \rho^2(1)}. \tag{9.37}$$

Die weiteren Autokorrelationen ergeben sich gemäß (9.33) rekursiv aus

$$\rho(h) = \alpha_2\,\rho(h-2) + \alpha_1\,\rho(h-1), \qquad h > 2.$$

Ferner ergibt sich für die Varianz des Prozesses

$$\mathrm{Var}(Y_t) \equiv \sigma^2 = \frac{\sigma_e^2(1-\alpha_2)}{(1+\alpha_2)(1-\alpha_1-\alpha_2)(1+\alpha_1-\alpha_2)}.$$

Die partiellen Autokorrelationen lauten

$$\Phi_{11} = \frac{\alpha_1}{1-\alpha_2}, \quad \Phi_{22} = \alpha_2, \quad \Phi_{hh} = 0 \ \text{für}\ h > 2.$$

Die Spektraldichte des AR(2)-Prozesses berechnet sich zu

$$f(\omega) = \frac{1}{\pi}\,\frac{\sigma_e^2}{1 + \alpha_1^2 - 2\alpha_1(1-\alpha_2)\cos\omega - 2\alpha_2\cos(2\omega) + \alpha_2^2}.$$

Für $\alpha_2 < 0$, $\alpha_1^2 + 4\alpha_2 < 0$ zeigt die Spektraldichte einen deutlichen Gipfel innerhalb des Intervalls $(0,\pi)$, so dass ein solcher AR(2)-Prozess geeignet ist, Zeitreihen mit einer zyklischen Komponente zu modellieren. Dieser Maximalwert von $f(\omega)$ wird für ein $\omega \in (0,\pi)$ angenommen, für welches

$$\cos\omega = -\frac{\alpha_1(1-\alpha_2)}{4\alpha_2}$$

gilt, vorausgesetzt die Zahl auf der rechten Seite liegt im Intervall $(-1,1)$. Für $\alpha_2 > 0$ ähnelt die Spektraldichte des AR(2)-Prozesses der des AR(1)-Prozesses.

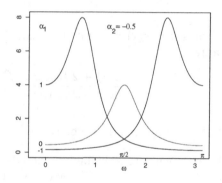

Die normierte Spektraldichte $\tilde{f}(\omega) = (\pi/\sigma_e^2)\cdot f(\omega)$ des AR(2)-Prozesses (hier mit σ_e^2 statt mit σ^2 normiert), für $\alpha_2 = -0.5$ und für $\alpha_1 = -1, 0, 1$.

9.4.3 ARMA und ARIMA Prozesse

Die Kombination von AR(p)- und MA(q)-Termen ergeben die ARMA(p,q)-Prozesse. Ein solcher Prozess ist also durch die Gleichung

$$Y_t = \alpha_p Y_{t-p} + \ldots + \alpha_2 Y_{t-2} + \alpha_1 Y_{t-1} + \beta_q\, e_{t-q} + \ldots + \beta_2\, e_{t-2} + \beta_1\, e_{t-1} + e_t \quad (9.38)$$

für alle $t \in \mathbb{Z}$ gegeben. Dabei setzen wir voraus, dass die Koeffizienten α_j die Stationaritätsbedingung aus Abschn. 9.4.2 erfüllen. Ein ARMA(p,0)- bzw. ARMA(0,q)-Prozess ist ein AR(p)- bzw. MA(q)-Prozess.

Die ersten q Autokorrelationen $\rho(1), \ldots, \rho(q)$ werden hier nicht wiedergegeben; sie hängen von den α_j als auch von den β_j ab. Für $h > q$ berechnet man $\rho(h)$ rekursiv nach Formel (9.33) allein unter Verwendung der α_j,

$$\rho(h) = \alpha_p\,\rho(h-p) + \ldots + \alpha_1\,\rho(h-1), \quad h > q.$$

ARMA(1,1)-Prozess

Für den ARMA(1,1)-Prozess steht nur ein AR- und ein MA-Term in der Gleichung (9.38), das heißt

$$Y_t = \alpha\,Y_{t-1} + \beta\,e_{t-1} + e_t, \quad t \in \mathbb{Z}, \qquad |\alpha| < 1.$$

Man rechnet

$$\gamma(0) \equiv \sigma^2 = \sigma_e^2\,\frac{1 + 2\alpha\beta + \beta^2}{1 - \alpha^2}\,,$$

$$\gamma(1) = \sigma_e^2\,\frac{(1 + \alpha\beta)(\alpha + \beta)}{1 - \alpha^2}\,, \qquad \gamma(h) = \alpha\,\gamma(h-1), \quad \text{falls } h \geq 2,$$

woraus sich $\rho(1) = (1+\alpha\beta)(\alpha+\beta)/(1+2\alpha\beta+\beta^2)$ ergibt. Die Spektraldichte lautet

$$f(\omega) = \frac{\sigma_e^2}{\pi}\,\frac{1 + 2\beta\cos\omega + \beta^2}{1 - 2\alpha\cos\omega + \alpha^2} = \frac{\pi}{\sigma_e^2}\,f_{\mathrm{AR}(1)}(\omega) \cdot f_{\mathrm{MA}(1)}(\omega)\,.$$

Differenzieren einer Zeitreihe

Im Rahmen der Modellbildung und der Prognose wird ein Trend in der Zeitreihe – anders als in 9.1.2 oben – oft durch Differenzen-Bildung entfernt (die Trendkomponente selber interessiert dann nicht). Ist $Y_1, \ldots, Y_n$ die, möglicherweise mit einem Trend behaftete, Zeitreihe, so führen wir die *differenzierte* Zeitreihe $\nabla Y_2, \ldots, \nabla Y_n$ ein,

$$\nabla Y_t = Y_t - Y_{t-1}, \quad t = 2, \ldots, n.$$

Aus dieser differenzierten Zeitreihe ∇Y_t lässt sich die Original-Zeitreihe Y_t durch Aufaddieren („Integrieren") zurück gewinnen. Ausgehend von einem Anfangswert Y_1 berechnet man rekursiv

$$Y_2 = Y_1 + \nabla Y_2, \ldots, Y_n = Y_{n-1} + \nabla Y_n.$$

Gegebenenfalls muss die Zeitreihe ∇Y_t weiter differenziert werden, um zu einer stationären Reihe zu kommen. Man bildet dann als nächstes die Differenzen *zweiter* Ordnung

$$\nabla^2 Y_t = \nabla(\nabla Y_t) \equiv \nabla Y_t - \nabla Y_{t-1} = Y_t - 2Y_{t-1} + Y_{t-2}, \quad t = 3, \ldots, n.$$

Differenzen d-ter Ordnung werden rekursiv oder explizit durch

$$\nabla^d Y_t = \nabla(\nabla^{d-1} Y_t) = \sum_{j=0}^{d} (-1)^j \binom{d}{j} Y_{t-j}$$

definiert und berechnet.

Ein linearer, quadratischer, ... Trend $m_t^{(1)} = a + bt$, $m_t^{(2)} = a + bt + ct^2$, ... wird durch Differenzenbildung erster, zweiter, ... Ordnung konstant,

$$\nabla m_t^{(1)} = b, \quad \nabla^2 m_t^{(2)} = 2c, \quad \dots .$$

Auch zur Beseitigung einer Saisonkomponente, sagen wir einer Saisonkomponente von 12 Monaten, lässt sich das Differenzen-Verfahren anwenden. Anstatt die Differenzen $\nabla \equiv \nabla_{(1)}$ benachbarter Y-Werte zu bilden, verwendet man mit

$$\nabla_{(12)} Y_t = Y_t - Y_{t-12}$$

die Differenzen von Werten, die 12 Zeitpunkte auseinander liegen.

ARIMA-Prozesse

Die Zeitreihe Y_t, $t \in \mathbb{Z}$, heisst ein ARIMA-Prozess der Ordnungen (p,d,q), kurz ein ARIMA(p,d,q)-Prozess, falls der Prozess X_t ihrer d-ten Differenzen, das ist

$$X_t = \nabla^d Y_t, \quad t \in \mathbb{Z},$$

einen ARMA(p,q)-Prozess bildet. Der Prozess Y_t wird durch sukzessive Additionen (auch Integrieren genannt) aus dem differenzierten Prozess X_t zurückgewonnen. Ein ARIMA(p,0,q)-Prozess ist ein ARMA(p,q)-Prozess.
(i) ARIMA(1,1,1): $X_t = Y_t - Y_{t-1}$ bildet einen ARMA(1,1)-Prozess, wenn X_t die Gleichung

$$X_t = \alpha X_{t-1} + \beta e_{t-1} + e_t$$

erfüllt. Der ARIMA(1,1,1)-Prozess Y_t hat dann die Darstellung

$$Y_t = \alpha_1' Y_{t-1} + \alpha_2' Y_{t-2} + \beta e_{t-1} + e_t, \quad \alpha_1' = 1 + \alpha, \ \alpha_2' = -\alpha.$$

Wegen der Beziehung $\alpha_1' + \alpha_2' = 1$ sind die Stationaritätsbedingungen aus 9.4.2 verletzt und Y_t stellt keinen stationären ARMA(2,1)-Prozess dar.
(ii) ARIMA(2,1,0)-Prozess: $X_t = Y_t - Y_{t-1}$ bildet einen ARMA(2,0)-Prozess, wenn

$$X_t = \alpha_1 X_{t-1} + \alpha_2 X_{t-2} + e_t$$

gilt. Der ARIMA(2,1,0)-Prozess Y_t hat dann die Darstellung

$$Y_t = \alpha_1' Y_{t-1} + \alpha_2' Y_{t-2} + \alpha_3' Y_{t-3} + e_t, \quad \alpha_1' = 1 + \alpha_1, \ \alpha_2' = \alpha_2 - \alpha_1, \ \alpha_3' = -\alpha_2.$$

Wie in (i) ist die Stationaritätsbedingung verletzt, und zwar wegen $\alpha_1' + \alpha_2' + \alpha_3' = 1$.

Mittelwertkorrektur

Die bisher eingeführten AR-, MA- und ARMA-Prozesse haben sämtlich einen Erwartungswert Null, $\mathbb{E}Y_t = 0$ für alle $t \in \mathbb{Z}$. Um einen stationären Prozess Y_t mit $\mathbb{E}Y_t = \mu$ für alle $t \in \mathbb{Z}$ als ARMA-Modell darzustellen, bedarf es einer Mittelwertkorrektur (genauer: Erwartungswert-Korrektur) ϑ_0 in der Form

$$Y_t = \alpha_p Y_{t-p} + \ldots + \alpha_1 Y_{t-1} + \vartheta_0 + \beta_q e_{t-q} + \ldots + \beta_1 e_{t-1} + e_t. \qquad (9.39)$$

Bildet man auf beiden Seiten Erwartungswerte, so erhalten wir ϑ_0 als Funktion von μ und den AR-Parametern α_j, nämlich

$$\vartheta_0 = (1 - \alpha_1 - \ldots - \alpha_p) \cdot \mu. \qquad (9.40)$$

Für einen AR(2)-Prozess z. B. lautet die Mittelwertkorrektur $\vartheta_0 = (1 - \alpha_1 - \alpha_2) \cdot \mu$, für jeden MA(q)-Prozess ist $\vartheta_0 = \mu$.

9.4.4 Schätzen von ARMA-Parametern (aus den Residuen)

Zum Schätzen der unbekannten Parameter

$$\alpha_1, \ldots, \alpha_p, \quad \beta_1, \ldots, \beta_q \quad \text{und} \quad \mu$$

eines ARMA(p,q)-Modells (mit Mittelwertkorrektur) gehen wir von einer Realisation $Y_1, Y_2, \ldots, Y_n$ der Zeitreihe aus. Im ersten Schritt formen wir die Gleichung (9.39) nach der Residuen-(Fehler-) Variablen um,

$$e_t = Y_t - (\alpha_p Y_{t-p} + \ldots + \alpha_1 Y_{t-1}) - \vartheta_0 - (\beta_q e_{t-q} + \ldots + \beta_1 e_{t-1}) \qquad (9.41)$$

für $t = 1, \ldots, n$. Dabei müssen wir die ersten q Residuenwerte e und die ersten p Beobachtungswerte Y vorgeben (z. B. durch $e = 0$ und $Y = \bar{Y}$) und dann die weiteren Residuenwerte rekursiv aus der Gleichung (9.41) berechnen. Verzichtet man auf die Vorgabe von Anfangswerten für Y, dann kann man die Werte e_t erst ab $t = p + 1$ ermitteln.

ARMA(2,2): Nach Vorgabe der Anfangswerte e_{-1}, e_0 und Y_{-1}, Y_0 berechnet man nacheinander die Residuen

$$e_1 = Y_1 - (\alpha_2 Y_{-1} + \alpha_1 Y_0) - \vartheta_0 - (\beta_2 e_{-1} + \beta_1 e_0)$$
$$e_2 = Y_2 - (\alpha_2 Y_0 + \alpha_1 Y_1) - \vartheta_0 - (\beta_2 e_0 + \beta_1 e_1)$$
$$\ldots\ldots$$
$$e_n = Y_n - (\alpha_2 Y_{n-2} + \alpha_1 Y_{n-1}) - \vartheta_0 - (\beta_2 e_{n-2} + \beta_1 e_{n-1}).$$

Man beachte, dass die Werte der Residuenvariablen von den Werten μ, α, β der Parameter abhängen. Darauf bildet man die Residuenquadrat-Summe

$$S_n(\mu, \alpha, \beta) = \sum\nolimits_{t=1}^{n} e_t^2, \qquad (9.42)$$

und versucht diejenigen Werte der Parameter μ, α, β zu finden, bei denen (9.42) minimal wird (MQ-Methode). Das geschieht auf numerischem Wege durch Vorgabe eines Gitters auf dem $p + q + 1$-dimensionalen Raum aller möglichen Parameterwerte (bzw. einer sinnvollen Teilmenge davon). Für jeden Gitterpunkt wird (9.42) berechnet und es wird der Punkt mit einem minimalen S_n-Wert als MQ-Schätzer hergenommen. Genaueres findet man bei Box & Jenkins (1976) oder Schlittgen & Streitberg (1999).

9.4.5 Schätzen von AR-Parametern (aus dem Korrelogramm)

In diesem Abschnitt wird es – alternativ zu 9.4.4 – unser Ziel sein, aus den Autokovarianzen bzw. Autokorrelationen Schätzer für die unbekannten Parameter zu berechnen. Danach stellen wir das verwandte Normalgleichungs-Verfahren vor. Diese Methoden eignen sich besonders gut für AR-Prozesse, während für MA- und ARMA-Prozesse die MQ-Methode aus 9.4.4 zu empfehlen ist. Wie in 9.3.1 führen wir die empirischen Autokovarianzen

$$c(h) = \frac{1}{n} \sum_{t=1}^{n-h} (Y_t - \bar{Y})(Y_{t+h} - \bar{Y}), \quad h = 0, 1, \ldots, \quad c(-h) \equiv c(h),$$

ein, als Schätzer der Autokovarianzen $\gamma(h)$, $h \in \mathbb{Z}$, der Zeitreihe, sowie die empirischen Autokorrelationen

$$r(h) = \frac{c(h)}{c(0)}$$

als Schätzer der $\rho(h)$, $h \in \mathbb{Z}$. Sei $n > p$. Die Schätzer $\hat{\alpha}_1, \ldots, \hat{\alpha}_p$ der Parameter $\alpha_1, \ldots, \alpha_p$ des AR(p)-Prozesses

$$Y_t = \vartheta_0 + \alpha_p Y_{t-p} + \ldots + \alpha_1 Y_{t-1} + e_t \tag{9.43}$$

$[\vartheta_0 = (1 - \alpha_1 - \ldots - \alpha_p)\mu]$ lassen sich durch ein Gleichungssystem berechnen, das sich als empirisches Gegenstück der Yule-Walker Gleichungen (9.34) darstellt. Dazu bilden wir die $p \times p$-Matrix C_p und die p-dimensionalen Vektoren c_p und $\hat{\alpha}$ gemäß

$$C_p = \begin{pmatrix} c(0) & c(1) & c(2) & \ldots c(p-1) \\ c(1) & c(0) & c(1) & \ldots c(p-2) \\ \ldots & & & \ldots \\ c(p-1) & c(p-2) & c(p-3) & \ldots & c(0) \end{pmatrix}, \ c_p = \begin{pmatrix} c(1) \\ c(2) \\ \vdots \\ c(p) \end{pmatrix}, \ \hat{\alpha} = \begin{pmatrix} \hat{\alpha}_1 \\ \hat{\alpha}_2 \\ \vdots \\ \hat{\alpha}_p \end{pmatrix}.$$

Völlig analog zu C_p und c_p – nämlich mit $r(h)$'s statt $c(h)$'s – sind die $p \times p$-Matrix R_p und der p-dimensionale Vektor r_p definiert. C_p und R_p sind Schätzer für die Matrizen Γ_p und P_p aus (9.7) und (9.8). Die empirischen Versionen der Yule-Walker Gleichungen (9.34) lauten dann

$$C_p \cdot \hat{\alpha} = c_p \qquad \text{bzw.} \qquad R_p \cdot \hat{\alpha} = r_p. \tag{9.44}$$

Im Fall der Invertierbarkeit von R_p löst man (9.44) auf nach

$$\hat{\alpha} = R_p^{-1} \cdot r_p.$$

Die Mittelwertkorrektur wird geschätzt durch

$$\hat{\vartheta}_0 = (1 - \hat{\alpha}_1 - \ldots - \hat{\alpha}_p) \cdot \bar{Y}.$$

Spezialfall **p = 1**: $\hat{\alpha}_1 = r(1)$

Spezialfall **p = 2**: Man erhält die empirischen Versionen der Gleichungen (9.37), nämlich

$$\hat{\alpha}_1 = r(1) \frac{1 - r(2)}{1 - r^2(1)}, \qquad \hat{\alpha}_2 = \frac{r(2) - r^2(1)}{1 - r^2(1)}.$$

Es besteht ein enger Zusammenhang zwischen den Lösungen von (9.44) und den Lösungen, die sich durch die MQ-Methode im Linearen Modell (9.43) ergeben. Tatsächlich lassen sich die Gleichungen (9.43), jetzt gelesen für $t = p + 1, p + 2, \ldots, n$, als ein Regressionsmodel auffassen, mit

Kriteriumsvariable Y_t und mit

(zufallsabhängigen) Regressoren $Y_{t-1}, \ldots, Y_{t-p}$,

das sich wie folgt darstellen lässt. Es liege wieder eine Stichprobe $Y_1, \ldots, Y_n$ vor. Man führt ein: Die $(n - p) \times (p + 1)$-Designmatrix X, die $(n - p)$-dimensionalen Zufallsvektoren Y und e, den – jetzt um die Komponente $\alpha_0 \equiv \vartheta_0$ erweiterten – $(p + 1)$-dimensionalen Parametervektor α, und zwar gemäß

$$Y = \begin{pmatrix} Y_{p+1} \\ Y_{p+2} \\ \vdots \\ Y_n \end{pmatrix}, \quad e = \begin{pmatrix} e_{p+1} \\ e_{p+2} \\ \vdots \\ e_n \end{pmatrix}, \quad X = \begin{pmatrix} 1 & Y_p & \ldots & Y_1 \\ 1 & Y_{p+1} & \ldots & Y_2 \\ \vdots & & \vdots & \\ 1 & Y_{n-1} & \ldots & Y_{n-p} \end{pmatrix}, \quad \alpha = \begin{pmatrix} \alpha_0, \\ \alpha_1, \\ \vdots, \\ \alpha_p \end{pmatrix}.$$

Dann hat das lineare Regressionsmodell die Gestalt

$$Y = X \cdot \alpha + e.$$

Die zugehörigen Normalgleichungen zur Berechnung von $\hat{\alpha}$ heißen gemäß 3.1.1

$$(X^\top \cdot X) \cdot \hat{\alpha} = X^\top \cdot Y, \tag{9.45}$$

wobei die Elemente der Koeffizientenmatrix links und des Vektors rechts

$$(X^\top \cdot X)_{ij} = \sum_{t=p+1}^{n} Y_{t-i} Y_{t-j}, \qquad i, j = 1, \ldots, p,$$

$$(X^\top \cdot Y)_i = \sum_{t=p+1}^{n} Y_{t-i} Y_t, \qquad i = 1, \ldots, p,$$

lauten (die erste Spalte von X als 0-te Spalte gezählt). Die Lösungen von (9.44) und (9.45) sind asymptotisch äquivalent, denn ihre Differenz konvergiert (stochastisch) gegen 0. Dazu und für weiter führende Methoden (inklusive Rechenalgorithmen) konsultiere man Fuller (1976), Brockwell & Davis (1987) oder Schlittgen & Streitberg (1999).

Asymptotische Konfidenzintervalle. Sei $\hat{\alpha}_n = (\hat{\alpha}_{n,1}, \ldots, \hat{\alpha}_{n,p})^\top$ der nach (9.44) oder (9.45) berechnete Schätzer für $(\alpha_1, \ldots, \alpha_p)^\top$. Dann ist $\hat{\alpha}_n$ asymptotisch p-dimensional normalverteilt. Genauer: Bei wachsendem n konvergiert die Verteilung des Zufallsvektors

$$\sqrt{n}\left(\hat{\alpha}_n - \alpha\right) \quad \text{gegen eine} \quad N_p\left(0, \sigma_e^2\, \Gamma_p^{-1}\right) - \text{Verteilung},$$

vorausgesetzt, die $p \times p$-Matrix Γ_p aus 9.2.1 bzw. 9.4.2 ist invertierbar. Mit Hilfe von konsistenten Schätzern $\hat{\sigma}_e^2$ für σ_e^2 und C_p für Γ_p ergibt sich daraus ein Konfidenzintervall für eine Komponente α_j zum asymptotischen Niveau $1 - \alpha$ der Form

$$\hat{\alpha}_{n,j} - u_{1-\alpha/2} \cdot \hat{\sigma}_e \cdot \sqrt{\frac{\hat{v}_j}{n}} \leq \alpha_j \leq \hat{\alpha}_{n,j} + u_{1-\alpha/2} \cdot \hat{\sigma}_e \cdot \sqrt{\frac{\hat{v}_j}{n}}, \qquad (9.46)$$

$j = 1, \ldots, p$. Dabei sind $\hat{v}_j$ das j-te Diagonalelement von C_p^{-1} und $u_{1-\alpha/2}$ das $(1 - \alpha/2)$-Quantil der $N(0,1)$-Verteilung.

Spezialfälle $p = 1$ und $p = 2$. Wir geben im Folgenden an:

- die Lösungen der empirischen Yule-Walker Gleichungen (9.44)
- einen Schätzer für eine Mittelwertkorrektur ϑ_0 gemäß (9.40)
- einen (konsistenten) Schätzer für σ_e^2
- die Größe $\hat{v}_j$ aus dem Konfidenzintervall (9.46)
- (für $p = 1$) eine Approximation für den Standardfehler von $r(1)$, vgl. 9.3.2.

AR(1):

$$\hat{\alpha} = \frac{c(1)}{c(0)} \equiv r(1), \quad \hat{\vartheta}_0 = (1 - \hat{\alpha}) \cdot \bar{Y},$$

$$\hat{\sigma}_e^2 = (1 - \hat{\alpha}^2) \cdot s_y^2, \qquad \hat{\sigma}_e^2 \cdot \hat{v} = 1 - \hat{\alpha}^2,$$

$$\operatorname{se}(r(1)) \approx \frac{1}{\sqrt{n}} \sqrt{\frac{1 + \hat{\alpha}^2}{1 - \hat{\alpha}^2}}.$$

AR(2):

$$\hat{\alpha}_1 = r(1)\frac{1 - r(2)}{1 - r^2(1)}, \quad \hat{\alpha}_2 = \frac{r(2) - r^2(1)}{1 - r^2(1)}, \quad \hat{\vartheta}_0 = (1 - \hat{\alpha}_1 - \hat{\alpha}_2) \cdot \bar{Y},$$

$$\hat{\sigma}_e^2 = (1 - \hat{\alpha}_1 - \hat{\alpha}_2)(1 + \hat{\alpha}_1 - \hat{\alpha}_2)\frac{1 + \hat{\alpha}_2}{1 - \hat{\alpha}_2} \cdot s_y^2,$$

$$\hat{\sigma}_e^2 \cdot \hat{v}_1 = \hat{\sigma}_e^2 \cdot \hat{v}_2 = 1 - \hat{\alpha}_2^2.$$

In der Fallstudie **Sunspot**, jährliche Sonnfleckenzahlen 1770–1889, wählen wir einen AR(2)-Prozess als zugrunde liegendes Modell. Zur Motivation vergleiche man die Spektren des AR(2)-Prozesses aus 9.4.2 mit den Spektraldichteschätzern dieser Zeitreihe aus 9.3.6. Mittels der Korrelogramm-Werte

$$r(1) = 0.807, \qquad r(2) = 0.431$$

errechnet man gemäß obiger Formeln die Koeffizienten des AR(2)-Prozesses zu

$$\hat{\alpha}_1 = r(1)\,\frac{1 - r(2)}{1 - r^2(1)} = 1.316 \qquad \hat{\alpha}_2 = \frac{r(2) - r^2(1)}{1 - r^2(1)} = -0.632\,.$$

Mit $\bar{Y} = 46.517$ ergibt sich $\hat{\vartheta}_0 = (1 - \hat{\alpha}_1 - \hat{\alpha}_2) \cdot \bar{Y} = 14.699$ als Schätzer der Mittelwertkorrektur. Nach 9.4.2 hat die Spektraldichte eines AR(2)-Prozesses einen Gipfel bei der Kreisfrequenz ω mit $\cos(\omega) = -\alpha_1(1 - \alpha_2)/(4\alpha_2)$. Einsetzen der obigen Schätzwerte führt zu

$$\omega = 0.555 \quad \text{oder} \quad T = 2\pi/\omega = 11.3 \ \text{[Jahre]},$$

was dem astronomischen Wert nahe kommt. Mittels der Werte von $\hat{\alpha}_j$ und $\hat{\vartheta}_0$ berechnen wir die Residuenterme wie in 9.4.4 durch

$$e_t = Y_t - \left(\hat{\alpha}_2\,Y_{t-2} + \hat{\alpha}_1\,Y_{t-1} + \hat{\vartheta}_0\right), \quad t = 3,\ldots,120\,.$$

Für die entstehende Residuen-Zeitreihe e_t prüfen wir die Hypothese

$$H_0 : \ e_t \ \text{bildet eine (reine) Zufallsreihe}$$

unter Vorwegnahme der in 9.5.1 zu nennenden Methoden der Modellüberprüfung. Dazu wird in Abb. 9.12 das Korrelogramm der Residuenwerte e_t vom AR(2)-Modell aufgetragen.

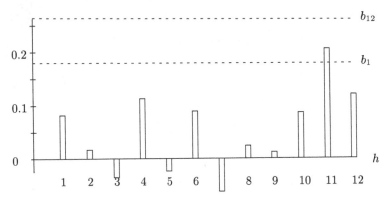

Abb. 9.12. Korrelogramm $r_e(h)$ der AR(2)-Residuen, $h = 1, 2, \ldots, 12$, mit individueller und simultaner Schranke [$\alpha = 0.05$].

Die Korrelogrammwerte übersteigen betragsmäßig nicht die simultane Schranke von $b_{12} = u_{1-0.025/12}/\sqrt{118} = 0.264$. Allein der Wert $r(11)$ liegt über der individuellen Schranke von $b_1 = u_{0.975}/\sqrt{118} = 0.180$:

Das Periodogramm der Residuen-Zeitreihe in Abb. 9.13 zeigt keinen signifikanten Gipfel mehr, vgl. Fishers Test in 9.3.5: Nur zwei $I(\omega_k)/\hat{\sigma}_e^2$ Werte, darunter der für die Periode $T = 118/10 = 11.8$, übersteigen die individuelle Schranke von $-\ln(0.05)/\pi = 0.95$, keiner die simultane Schranke von $-\ln(0.05/m)/\pi$, wenn nur $m \geq 5$ ist. Insgesamt kann die Passgüte des AR(2)-Modells als befriedigend bezeichnet werden: Die 11-Jahres Periodizität wird gut nachgebildet, nicht aber die die genaue Höhe der 11-Jahres Gipfel, so dass die Residuenreihe eine Rest-Periodizität enthält.

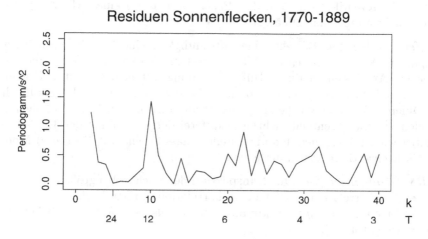

Abb. 9.13. Zeitreihe e_t der Residuen vom AR(2)-Modell: Periodogramm $I(\omega_k)$, geteilt durch die Varianz der e_t, in Abhängigkeit von der Schwingungszahl k bzw. von der Periode $T = 118/k$ aufgetragen.

Splus   R

```
# Erzeugen der Residuenzeitreihe e[t] aus sun[1]...sun[120]
sunar<- ar(sun,order=2)
# Parameter alpha_1, alpha_2, theta_0 des AR(2)-Modells
al1<- sunar$ar[1]; al2<- sunar$ar[2]
the<- (1 - al1 -al2)*mean(sun)
et<- 1:120
for (t in 3:120)
{et[t]<- sun[t]-(al1 * sun[t-1] + al2 * sun[t-2] + the)}
acf(et[3:120],lag.max=12,type="corr")
```

9.5 Modelldiagnostik und Prognose

Die Auswahl eines ARIMA-Modells, das den Daten angepasst ist, lässt sich nach Box & Jenkins (1976) in drei Schritten vornehmen, nämlich durch
  Identification (Modell-Identifikation),
  Estimation (Parameterschätzung),
  Verification (Modellüberprüfung und -Bestätigung).
Auf der Basis des ausgewählten Modells kann dann eine Prognose über den zukünftigen Verlauf der Zeitreihe durchgeführt werden.

9.5.1 Identifikation, Residuenanalyse

Modell-Identifikation. Von den Parametern p, d, q eines ARIMA(p, d, q)-Modells bestimmt man zunächst die

Differenzordnung d: Besteht keine Notwendigkeit, eine Trendkomponente anzupassen, so kann von einem ARMA-Modell, also von $d = 0$, ausgegangen werden. Ansonsten ist durch Differenzbildung mit dem Operator ∇ gemäß 9.4.3 eine Differenz-Zeitreihe zu bilden, also d von 0 auf 1 zu erhöhen; für diese Differenz-Zeitreihe ist die Frage des Trends erneut zu prüfen. Im Folgenden wollen wir die (eventuell mehrfach) differenzierte Zeitreihe der Einfachheit halber wieder Y_t nennen und unterstellen, dass Y_t einem ARMA(p, q)-Modell mit Mittelwertkorrektur unterliegt.

ARMA-Ordnungen p,q: Durch Inspektion der Stichprobengrößen
  • Autokorrelation, partielle Autokorrelation, Spektraldichte
sind Werte für p und q zu bestimmen (die jeweils den Wert 2 möglichst nicht übersteigen sollten).

Parameterschätzung. Mit Hilfe der Methode 9.4.4 (falls die MA-Ordnung $q > 0$) bzw. der Methoden 9.4.5 (falls die MA-Ordnung $q = 0$) führen wir Schätzungen der Modellparameter μ, α, β durch.

Modell-Überprüfung. Die so erhaltenen Werte für die Parameter μ, α, β werden zur Berechnung der Residuenwerte e_t und der Residuenquadrat-Summe $S_n(\mu, \alpha, \beta)$ gemäß 9.4.4 benötigt. Theoretisch bildet die Zeitreihe e_t der nach (9.41) gebildeten Residuen eine (reine) Zufallsreihe (praktisch stimmt dies – selbst bei Korrektheit des gewählten Modells – nach Einsetzen von Parameterschätzern nicht mehr). Die folgenden Testverfahren prüfen die Hypothese eines
  ARMA(p, q)-Modells (mit den spezifizierten Parameterwerten),
indem sie die Residuen-Zeitreihe e_t auf eine Zufallsreihe hin testen,
  H_0: Die Zeitreihe e_t bildet eine (reine) Zufallsreihe.
Wegen der eben gemachten Einschränkung handelt es sich nur um angenäherte Verfahren. Solche Tests benutzen

• das *Korrelogramm* $r_e(h)$ der Residuen, vgl. 9.3.2

• das *Periodogramm* der Residuen, vgl. 9.3.5

- die *Durbin-Watson Statistik* $d = \sum_{t=2}^{n} (e_t - e_{t-1})^2 / \sum_{t=1}^{n} e_t^2$.

Für diese Statistik gilt $0 \leq d \leq 4$. Falls d oder $4 - d$ zu klein ausfallen (im Vergleich mit Quantilen der Durbin-Watson Statistik, die man etwa bei Kendall (1976) oder Draper & Smith (1981) findet), so verwirft man die Hypothese H_0 einer Zufallsreihe e_t. Es besteht ein enger Zusammenhang mit dem Auto-Korrelationskoeffizienten $r_e(1)$ der Residuen, siehe 3.4.1 d), denn es gilt bei Vernachlässigung der Randwerte e_1, e_n

$$d \approx 2 \left(1 - r_e(1)\right).$$

Anstelle des Durbin-Watson Tests kann also auch der (allerdings asymptotische) Test auf $\rho_e(1) = 0$ aus 9.3.2 verwendet werden. Kommt der gewählte Test zur Verwerfung der Hypothese H_0, so geht man zu anderen ARMA-Ordnungen p, q über und durchläuft die Punkte Parameterschätzung und Modell-Überprüfung erneut; bei Nichtverwerfung sollte ein angepasstes ARMA(p, q)-Modell gefunden sein.

9.5.2 Prognoseverfahren

Ausgehend von den Beobachtungen einer Zeitreihe bis zum festen Zeitpunkt T, das ist

$Y_1, Y_2, \ldots, Y_T$,   [*Vergangenheit*]

soll eine Vorhersage (Prognose) über zukünftige Werte

$Y_{T+1}, Y_{T+2}, \ldots$,   [*Zukunft*]

getroffen werden. Diese Vorhersagen bezeichnen wir mit

$\hat{Y}_T(1), \hat{Y}_T(2), \ldots$,   [*Forecast*]

die Prognose- oder Vorhersage-Fehler mit

$\hat{Y}_T(1) - Y_{T+1}, \hat{Y}_T(2) - Y_{T+2}, \ldots$.   [*Forecast-Fehler*]

Die Funktion $\hat{Y}_T(l)$, $l = 1, 2, \ldots$, heißt *Forecast*-Funktion zum Zeitpunkt T für *time lead* $l = 1, 2, \ldots$.

$$\ldots \quad Y_{T-1} \qquad Y_T \quad \Big| \quad \hat{Y}_T(1) \qquad \hat{Y}_T(2)$$
$$\ldots \quad T-1 \qquad T \quad \Big| \quad T+1 \qquad T+2$$

Sie wird nach den folgenden Prinzipien ermittelt.

1. $\hat{Y}_T(l)$ ist eine Funktion der Beobachtungen $Y_1, Y_2, \ldots, Y_T$
2. $\hat{Y}_T(l)$ ist unter allen diesen Funktionen diejenige mit dem kleinsten mittleren quadratischen Fehler

$$\mathbb{E}\big(\hat{Y}_T(l) - Y_{T+l}\big)^2.$$

Dieser in diesem Sinne *beste* Prädiktor für Y_{T+l} ergibt sich als die *bedingte* Erwartung von Y_{T+l}, gegeben die Beobachtungen $Y_1, Y_2, \ldots, Y_T$ bis zum Zeitpunkt T,

$$\hat{Y}_T(l) = \mathbb{E}\big(Y_{T+l}|Y_1, \ldots, Y_T\big).$$

9.5.3 Box-Jenkins Forecast-Formel

Liegt ein stationärer $ARMA(p, q)$-Prozess mit Mittelwertkorrektur zugrunde, d. h. gemäß (9.39)

$$Y_t = \alpha_1 Y_{t-1} + \ldots + \alpha_p Y_{t-p} + \vartheta_0 + \beta_1 e_{t-1} + \ldots + \beta_q e_{t-q} + e_t, \qquad (9.47)$$

mit $\vartheta_0 = (1 - \alpha_1 - \ldots - \alpha_p) \cdot \mu$, so lautet die Gleichung für den zukünftigen Zeitpunkt $T + l$

$$Y_{T+l} = \alpha_1 Y_{T+l-1} + \ldots + \alpha_p Y_{T+l-p} + \vartheta_0 + \beta_1 e_{T+l-1} + \ldots + \beta_q e_{T+l-q} + e_{T+l}.$$

Wir erhalten durch Bildung bedingter Erwartungen auf der linken wie rechten Seite

$$\hat{Y}_T(l) = \alpha_1 \mathbb{E}_T[Y_{T+l-1}] + \ldots + \alpha_p \mathbb{E}_T[Y_{T+l-p}] + \vartheta_0$$

$$+ \beta_1 \mathbb{E}_T[e_{T+l-1}] + \ldots + \beta_q \mathbb{E}_T[e_{T+l-q}] + \mathbb{E}_T[e_{T+l}].$$

Dabei haben wir für $Z = Y$ oder $Z = e$ mit

$$\mathbb{E}_T[Z] = \mathbb{E}(Z|Y_1, \ldots, Y_T)$$

die bedingte Erwartung von Z, gegeben die Beobachtung $Y_1, \ldots, Y_T$, bezeichnet. Die Bestimmung der $\mathbb{E}_T[.]$-Werte erfolgt nach dem folgenden Schema.

Zeitpunkte bis einschließlich T		Zeitpunkte nach T	
$\mathbb{E}_T[Y_{T-j}] = Y_{T-j}$	$j \geq 0$	$\mathbb{E}_T[Y_{T+j}] = \hat{Y}_T(j)$	$j \geq 1$
$\mathbb{E}_T[e_{T-j}] = e_{T-j}$	$j \geq 0$	$\mathbb{E}_T[e_{T+j}] = 0$	$j \geq 1$

Nach diesem Schema lässt sich die Forecast-Funktion schrittweise gemäß der ARMA-Formel (9.47) berechnen, indem man zu Zeitpunkten t bis T einschließlich

- die Fehlerterme e_t und die beobachteten Zeitreihenwerte Y_t belässt

und zu Zeitpunkten t später als T

- die Fehlerterme e_t Null setzt und für Werte Y_t die Prognose $\hat{Y}$ einsetzt.

Für $l = 1$ ist demnach

$$\hat{Y}_T(1) = \alpha_1 Y_T + \ldots + \alpha_p Y_{T-p+1} + \vartheta_0 + \beta_1 e_T + \ldots + \beta_q e_{T-q+1}.$$

Für $1 < l < p$ und q erhält man

$$\hat{Y}_T(l) = \alpha_1 \hat{Y}_T(l-1) + \ldots + \alpha_{l-1} \hat{Y}_T(1) + \alpha_l Y_T + \ldots + \alpha_p Y_{T-p+l}$$

$$+ \vartheta_0 + \beta_l e_T + \ldots + \beta_q e_{T-q+l}.$$

Für $l > p$ und q schließlich wird

$$\hat{Y}_T(l) = \alpha_1 \, \hat{Y}_T(l-1) + \ldots + \alpha_p \, \hat{Y}_T(l-p) + \vartheta_0 \,,$$

das ist die AR(p)-Formel, ohne Fehlerterm und mit den Prädiktionen $\hat{Y}$ anstelle der Beobachtungen Y. Falls in (9.47) ein MA-Anteil vorhanden ist, so müssen die unbekannten Fehlerterme $e_{T-q+1}, e_{T-q+2}, \ldots, e_T$ wie in 9.4.4 rekursiv aus den $Y_1, \ldots, Y_T$ und eventuellen Anfangswerten berechnet werden.
Beispiel: ARMA(1,1)-Prozess $Y_t = \alpha \, Y_{t-1} + \beta \, e_{t-1} + \vartheta_0 + e_t$.

$$\hat{Y}_T(1) = \alpha \, Y_T + \vartheta_0 + \beta \, e_T$$
$$\hat{Y}_T(2) = \alpha \, \hat{Y}_T(1) + \vartheta_0$$
$$\hat{Y}_T(3) = \alpha \, \hat{Y}_T(2) + \vartheta_0 \,, \text{ usw.}$$

9.5.4 Prognoseintervalle

Ein Prognoseintervall zum Niveau $1 - \alpha$ ist ein um die Prognose $\hat{Y}_T(l)$ herum gebildetes Intervall, in welchem ein (zukünftiger) Wert Y_{T+l} mit Wahrscheinlichkeit $1 - \alpha$ zu liegen kommt. Zur Angabe von Prognoseintervallen benötigt man die Darstellung des stationären ARMA-Prozesses als MA(∞)-Prozess,

$$Y_t = \sum_{j=1}^{\infty} c_j \, e_{t-j} + e_t \,. \tag{9.48}$$

Für MA(q)-Prozesse gilt gemäß 9.4.1

$$c_j = \begin{cases} \beta_j, & j = 1, \ldots, q \\ 0, & j = q+1, q+2, \ldots, \end{cases}$$

für den AR(1)-Prozess gilt gemäß 9.4.2

$$c_j = \alpha^j, \quad j \geq 1.$$

Für den Prozess (9.48) lautet die Prognose und der Prognosefehler

$$\hat{Y}_T(l) = \sum_{j=l}^{\infty} c_j \, e_{T+l-j} \,, \qquad \hat{Y}_T(l) - Y_{T+l} = -\sum_{j=0}^{l-1} c_j \, e_{T+l-j} \,,$$

$[c_0 = 1]$, und Erwartungswert und Varianz des Prognosefehlers lauten

$$\mathbb{E}\big(\hat{Y}_T(l) - Y_{T+l}\big) = 0 \,,$$
$$\text{Var}\big(\hat{Y}_T(l) - Y_{T+l}\big) = (1 + c_1^2 + \ldots + c_{l-1}^2) \cdot \sigma_e^2 \equiv V(l) \,.$$

Für $l \to \infty$ konvergiert $V(l)$ gegen $\sigma_e^2 \cdot \sum_{j=0}^{\infty} c_j^2 = \sigma^2$, das ist $\text{Var}(Y_t)$. Ein Prognoseintervall für Y_{T+l} zum Niveau $1 - \alpha$ lautet

$$\hat{Y}_T(l) - u_{1-\alpha/2} \cdot \sqrt{\hat{V}(l)} \leq Y_{T+l} \leq \hat{Y}_T(l) + u_{1-\alpha/2} \cdot \sqrt{\hat{V}(l)},$$

mit $\sqrt{\hat{V}(l)} = \hat{\sigma}_e \cdot \sqrt{1 + \hat{c}_1^2 + \ldots + \hat{c}_{l-1}^2}$. Dabei haben wir normalverteilte Fehlervariablen e_t unterstellt.

In der Fallstudie **Sunspot**, jährliche Sonnfleckenzahlen 1770–1889, bei der wir am Ende von 9.4.5 einen AR(2)-Prozess als zugrunde liegendes Modell angepasst hatten, soll eine Prognose für die 20 folgenden Jahre 1890–1909 abgegeben werden (für die es ja auch tatsächlich beobachtete Werte gibt, siehe die Abb. 9.14). Mit Hilfe der in 9.4.5 errechneten Werte

$$\hat{\alpha}_1 = 1.316, \quad \hat{\alpha}_2 = -0.632, \quad \hat{\vartheta}_0 = 14.699$$

bilden wir die Forecast-Funktion $\hat{Y}_T(1), \hat{Y}_T(2), \ldots$, wobei $T = 120$ dem Jahr 1889 entspricht,

$$\hat{Y}_T(1) = \hat{\alpha}_1 Y_T + \hat{\alpha}_2 Y_{T-1} + \hat{\vartheta}_0 = 18.17$$
$$\hat{Y}_T(2) = \hat{\alpha}_1 \hat{Y}_T(1) + \hat{\alpha}_2 Y_T + \hat{\vartheta}_0 = 34.82$$
$$\hat{Y}_T(3) = \hat{\alpha}_1 \hat{Y}_T(2) + \hat{\alpha}_2 Y_T(1) + \hat{\vartheta}_0 = 49.04$$

usw. Die Abb. 9.14 zeigt, dass die Prognose einen weiteren Zyklus andeutet, der aber kürzer und weniger ausgeprägt ist als die real beobachteten Zyklen, und der sich dann dem Gesamtmittel der Reihe, das ist $\bar{Y} = 46.517$, annähert.

Splus   R

```
# Berechnen der Forecast-Funktion Forc[3]...Forc[22]
# Zeitreihe sun[1]...sun[120] als AR(2)-Prozess modelliert
sunar<- ar(sun,order=2)
# Parameter alpha_1, alpha_2, theta_0 des AR(2)-Modells
al1<- sunar$ar[1]; al2<- sunar$ar[2]
the<- (1 - al1 -al2)*mean(sun)
Forc<- 1:22;  Forc[1]<- sun[119]; Forc[2]<- sun[120]
for (t in 3:22)
{Forc[t]<- al1*Forc[t-1] + al2*Forc[t-2] + the}
```

9.6 Bivariate Zeitreihen

In vielen Anwendungen werden zu konsekutiven Zeitpunkten $t = 1, 2, \ldots$ nicht nur eine, sondern zwei Messreihen

$$X_1, X_2, \ldots \quad \text{und} \quad Y_1, Y_2, \ldots$$

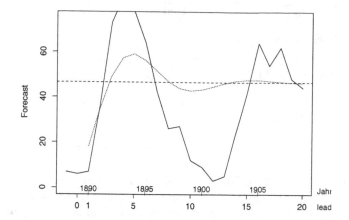

Abb. 9.14. Sonnenfleckenzahlen. Forecast-Funktion $Y_T(l)$ $(\cdots)$ für $T = 1889$ und lead $l = 1, \ldots, 20$, zusammen mit den tatsächlichen Beobachtungswerten Y_t (——) und mit dem Mittelwert (- - - -) der 120 Jahre von 1770 bis 1889.

erhoben, deren wechselseitige Beeinflussungen von Interesse sind. Eine solche bivariate Zeitreihe wird stationär genannt, wenn jede der beiden Zeitreihen, $X_1, X_2, \ldots$ und $Y_1, Y_2, \ldots$, für sich stationär ist, *und* wenn auch die Korrelationen zwischen den Reihen nicht vom gewählten Zeitpunkt abhängen. Technisch gesprochen: Auch die Kreuzkovarianz $\mathrm{Cov}(X_t, Y_{t+h})$ hängt nur vom *time lag* h, nicht aber vom Zeitpunkt t ab. Wie schon in 9.2.1 geschehen, weiten wir für stationäre bivariate Zeitreihen den Zeitbereich auf $\mathbb{Z}$ aus,

$$(X_t, Y_t), \quad t \in \mathbb{Z} = \{\ldots, -1, 0, 1, \ldots\}.$$

9.6.1 Kenngrößen einer bivariaten Zeitreihe

Zunächst gibt es für jeden (univariaten) Prozess, X_t und Y_t,

je einen Erwartungswert, μ_x und μ_y,

je eine Varianz, σ_x^2 und σ_y^2,

je eine (Auto-) Kovarianzfunktion, $\gamma_{xx}(h)$ und $\gamma_{yy}(h)$, wobei

$$\gamma_{xx}(0) = \sigma_x^2, \quad \gamma_{yy}(0) = \sigma_y^2, \quad \gamma_{xx}(-h) = \gamma_{xx}(h), \quad \gamma_{yy}(-h) = \gamma_{yy}(h).$$

Die Verknüpfung der beiden Prozesse erfolgt durch die *Kreuz*-Kovarianzfunktion

$$\mathrm{Cov}(X_t, Y_{t+h}) \equiv \gamma_{xy}(h), \quad h \in \mathbb{Z}, \qquad \gamma_{xy}(-h) = \gamma_{yx}(h),$$

beziehungsweise durch die daraus abgeleitete *Kreuz*-Korrelationsfunktion $\rho(X_t, Y_{t+h}) \equiv \rho_{xy}(h)$, $h \in \mathbb{Z}$, wobei

$$\rho_{xy}(h) = \frac{\gamma_{xy}(h)}{\sigma_x \cdot \sigma_y},$$

definiert ist. Es gelten

$$\rho_{xy}(-h) = \rho_{yx}(h)$$

und $|\rho_{xy}(h)| \leq 1$.

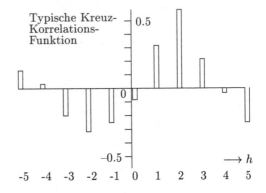

Im Unterschied zur Auto-Korrelationsfunktion ist die Kreuz-Korrelations-funktion weder symmetrisch noch nimmt sie für $h = 0$ den Wert 1 an.

Im Frequenzbereich haben wir neben den Spektraldichten f_{xx} und f_{yy} der univariaten Prozesse das komplexwertige *Kreuzspektrum*

$$f_{xy}(\omega) = \frac{1}{\pi} \sum_{k=-\infty}^{\infty} \gamma_{xy}(k)\, e^{-\iota \omega k}, \qquad 0 \leq \omega \leq \pi \qquad [f_{yx}(\omega) = \overline{f_{xy}(\omega)}].$$

Der Realteil der komplexen Zahl $f_{xy}(\omega)$ heißt Kospektrum $co(\omega)$, der (negativ genomme-ne) Imaginärteil ist das sog. Quadraturspektrum $qu(\omega)$, der zugehörige Winkel in der komplexen Zahlenebene wird Pha-senspektrum $\varphi(\omega)$ genannt. Das bedeutet

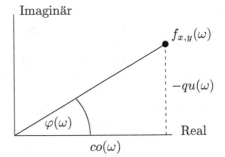

$$f_{xy}(\omega) = co(\omega) - \iota \cdot qu(\omega), \qquad co(\omega) = \frac{1}{\pi} \sum_{k=-\infty}^{\infty} \gamma_{xy}(k)\, \cos(\omega k),$$

$$qu(\omega) = \frac{1}{\pi} \sum_{k=-\infty}^{\infty} \gamma_{xy}(k)\, \sin(\omega k),$$

$$\tan \varphi(\omega) = -qu(\omega)/co(\omega), \qquad -\pi < \varphi(\omega) < \pi.$$

Zur Bestimmung des Phasenwinkels $\varphi(\omega)$ im Intervall $(-\pi, \pi)$ müssen die Vorzeichen von $co(\omega)$ und $qu(\omega)$ herangezogen werden. Aus dem Ko- und Quadraturspektrum werden abgeleitet

$$A(\omega) = \sqrt{co^2(\omega) + qu^2(\omega)} \qquad \text{[Amplitudenspektrum]}$$

$$C(\omega) = \frac{co^2(\omega) + qu^2(\omega)}{f_{xx}(\omega) \cdot f_{yy}(\omega)} \qquad \text{[Kohärenz]}.$$

(9.49)

Es gilt $A(\omega) = |f_{xy}(\omega)|$ und $0 \leq C(\omega) \leq 1$. Die Kohärenz $C(\omega)$ ist ein Maß für den linearen Zusammenhang zwischen den ω-Komponenten der beiden Prozesse, und zwar im Sinne des quadrierten Korrelationskoeffizienten. Das Phasenspektrum $\varphi(\omega)$ gibt die Phasenverschiebung zwischen diesen beiden ω-Komponenten an. Ausführungen zu den schwer erschließbaren Bedeutungen dieser Spektren findet man bei König & Wolter (1972) oder Priestley (1981).

9.6.2 Schätzen der Kenngrößen

Aus der bivariaten Stichprobe

$$(X_1, Y_1), (X_2, Y_2), \ldots, (X_n, Y_n) \tag{9.50}$$

gewinnen wir den Schätzer $c_{xy}(h)$ für die Kreuzkovarianz $\gamma_{xy}(h)$, und zwar für positive und für negative lags h nach den Formeln:

$$c_{xy}(h) = \begin{cases} \frac{1}{n}\sum_{t=1}^{n-h}(X_t - \bar{X})(Y_{t+h} - \bar{Y}) & \text{für } h = 0, 1, 2, \ldots, n-1 \\ \frac{1}{n}\sum_{t=1+|h|}^{n}(X_t - \bar{X})(Y_{t-|h|} - \bar{Y}) & \text{für } h = -1, -2, \ldots, -(n-1). \end{cases}$$

Dabei sind

$$\bar{X} = \frac{1}{n}\sum_{t=1}^{n} X_t \quad \text{und} \quad \bar{Y} = \frac{1}{n}\sum_{t=1}^{n} Y_t$$

die Mittelwerte der x- bzw. y-Stichprobe. Aus den Koeffizienten $c_{xy}(h)$ gewinnt man das *Kreuz-Korrelogramm*

$$r_{xy}(h) = \frac{c_{xy}(h)}{\hat{\sigma}_x \cdot \hat{\sigma}_y}, \qquad \hat{\sigma}_x = \sqrt{c_{xx}(0)}, \ \hat{\sigma}_y = \sqrt{c_{yy}(0)}.$$

Es gelten $c_{xy}(-h) = c_{yx}(h)$, $r_{xy}(-h) = r_{yx}(h)$, $|r_{xy}(h)| \leq 1$, und $r_{xy}(0)$ ist der gewöhnliche Korrelationskoeffizient der bivariaten Stichprobe (9.50).

Unter der Annahme

$$H_0: \quad X_t \text{ und } Y_t \text{ sind zwei unkorrelierte reine Zufallsreihen}$$

können wir, für jedes $k \geq 1$, den k-dimensionalen Zufallsvektor

$$(\sqrt{n} \cdot r_{xy}(h_1), \ldots, \sqrt{n} \cdot r_{xy}(h_k)), \qquad [h_1, \ldots, h_k \quad \text{k verschiedene time lags}]$$

asymptotisch als einen Vektor von k unabhängigen $N(0, 1)$-verteilten Zufallsvariablen ansehen. Deshalb wird H_0 zum asymptotischen Signifikanzniveau α verworfen, falls die Testgröße

$$T_n = \sqrt{n} \cdot \max\{|r_{xy}(h_1)|, \ldots, |r_{xy}(h_k)|\}$$

das $(1 - \beta_k/2)$-Quantil der $N(0, 1)$-Verteilung übersteigt, d. h. falls

$$T_n > u_{1-\beta_k/2}, \quad \beta_k = \alpha/k.$$

Im Frequenzbereich schätzt man das Ko- und Quadraturspektrum mit Hilfe eines *truncation* Wertes M und eines Lagfensters $\lambda(k)$, $-M \leq k \leq M$, vgl. 9.3.6, durch

$$\widehat{co}(\omega) = \frac{1}{\pi} \sum_{k=-M}^{M} \lambda(k) \, c_{xy}(k) \, \cos(\omega k),$$

$$\widehat{qu}(\omega) = \frac{1}{\pi} \sum_{k=-M}^{M} \lambda(k) \, c_{xy}(k) \, \sin(\omega k).$$

Es folgen die Schätzer für das Amplitudenspektrum und die Kohärenz durch Einsetzen (*plug in*) dieser Größen in die Gleichungen (9.49). Das Phasenspektrum berechnet man gemäß

$$\hat{\varphi}(\omega) = \arctan\left(-\frac{\widehat{qu}(\omega)}{\widehat{co}(\omega)}\right) \in (-\pi, \pi),$$

unter Berücksichtigung der Vorzeichen von $\widehat{co}(\omega)$ und $\widehat{qu}(\omega)$.

Fallstudie Hohenpeißenberg. Wir untersuchen die bivariate Zeitreihe (X_t, Y_t), bestehend aus

- X_t, mittlere Temperatur Winter (Dez. des Vorjahrs, Jan., Feb.)
- Y_t, mittlere Temperatur Sommer (Juni, Juli, August)

von 1781 bis 2004, kurz Wintermittel und Sommermittel genannt.

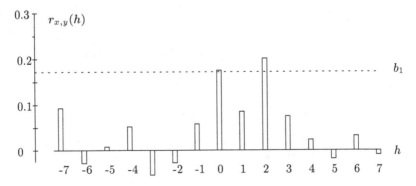

Abb. 9.15. Kreuz-Korrelationsfunktion für die bivariate Zeitreihe (Wintermittel, Sommermittel); individuelle Schranke b_1 für $\alpha = 0.01$.

a) Kreuz-Korrelogramm Die Korrelation zwischen den mittleren Temperaturen

    1. im Winter und im nachfolgenden Sommer ist $r(X_t, Y_t) = r_{xy}(0) = 0.175$

    2. im Sommer und im nachf. Winter ist $r(X_t, Y_{t-1}) = r_{xy}(-1) = 0.058$,

vgl. Abb. 9.15. Wir wählen $\alpha = 0.01$ (beachte den großen Stichprobenumfang $n = 224$). Dann lauten die Signifikanzschranken $b_k = u_{1-\alpha/(2k)}/\sqrt{n}$ für k Korrelogramm-Werte simultan

$$b_1 = 0.172, \quad b_2 = 0.188, \quad b_3 = 0.196, \quad b_5 = 0.206.$$

Im Vergleich mit b_2 kann selbst der unter 1. aufgeführte Wert $r_{xy}(0)$ nicht als signifikant betrachtet werden. Auch der größte Korrelogramm-Wert, das ist die Korrelation $r(2) = 0.203$ zwischen dem Wintermittel und dem Sommermittel zwei Jahre später, übersteigt nur knapp die Schranke b_3. Ein Zusammenhang zwischen der „Winterkälte" und der „Sommerwärme" (zeitlich nahe beieinander liegender Saisons) ist statistisch nicht eindeutig zu sichern.

b) Kohärenz und Phasenspektrum

    Dem Kohärenz- und dem Phasen-Spektrum der Abb. 9.16 lassen sich nicht ohne Weiteres Struktur-Aussagen entnehmen:

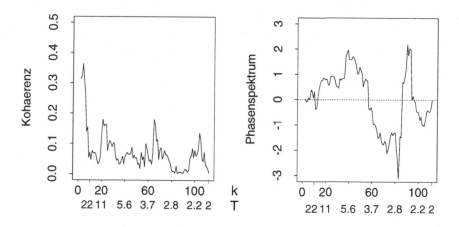

Abb. 9.16. Kohärenzspektrum und Phasenspektrum der bivariaten Zeitreihe (Wintermittel, Sommermittel). Das Parzenfenster wurde benutzt.

Die etwas höheren Kohärenz-Werte für größere Periodenlängen könnten einer – noch nicht entfernten – gemeinsamen Trendkomponente der beiden Reihen entstammen, die Phasenverschiebung bei diesen größeren Periodenlängen liegt nahe Null; der weitere Verlauf des zweiten Diagramms ist möglicherweise mehr artifizieller Natur und ist schwer zu interpretieren.

SPSS

```
* Wi Wintermittel, So Sommermittel, siehe A 10.
DESCRIPTIVES Variables=Wi So.
* Kreuzkorrelationen.
CCF Variables=Wi So/MXcross=7.
* Kreuz-Spektralanalyse.
SPECTRA Variables=Wi So /CROSS /CENTER /Window=Parzen (11)
  /Plot= K A PH by FREQ
  /Save= FREQ(Frequ) PER(Periode) K(Kohae) A(Ampl) PH(Phase).
```

A

Fallstudien zur Statistik

Jede der folgenden Fallstudien enthält neben den Daten(auszügen) eine kurze Erklärung und eine Variablenbeschreibung. Größere Dateien findet man (auch zum Herunterladen) vollständig als Textdatei unter

www.mathematik.uni-muenchen.de/~pruscha/

In der Regel sind zwei oder drei kommentierte Programmtexte in der Syntax von Splus/R, SPSS, SAS angefügt. Die eingefügten Kommentare sind erkennbar an den Zeichen * (SPSS und SAS) bzw. ♯ (Splus/R). In diesem Anhang wird stets nur der Rahmen zum Einlesen der Daten, die Variablendefinitionen und erste Analysen wiedergegeben. Die zu den einzelnen Verfahren gehörenden Programmcodes sind in den vorangehenden Kapiteln an passender Stelle wiedergegeben. Es wird auf die Dateinamen hingewiesen.

Splus/R: Der Dateiname Hname.dat deutet darauf hin, dass die erste Zeile aus einem *header* besteht, der die Variablennamen enthält (vgl. die erste Fallstudie); ab Zeile 2 folgt die Datenmatrix.

SPSS und SAS: Hier lauten die Dateien Dname.txt bzw. Dname.dat und bestehen aus der Datenmatrix allein (ohne header). Variablennamen müssen im Programm definiert werden.

A.1 Waldzustand Spessart [Spessart]

Autor: Prof. A. Göttlein, TU München, Waldernährung.

Beschreibung: Unter der Leitung von Axel Göttlein werden im Hochspessart (Forstamt Rothenbuch, Bav.) jährlich Daten zur Erfassung des Waldzustandes und der Bodenversauerung erhoben. Dazu wurden in dem Waldgebiet gitterförmig 87 Probekreise festgelegt (Abstand ca. 1 km) und die einschlägigen Standortgrößen bestimmt. Von besonderem Interesse sind die pH-Werte in 0–2 cm Tiefe (PHo) und in 15–17 cm Tiefe (PHu), sowie – als Maß des Waldzustandes – die Entlaubungsgrade der am Standort befindlichen Bäume. Letztere werden in Stufen von 12.5 % angeschätzt:

Buche, Eiche, Fichte, Kiefer, Lärche: $0 \approx 0\,\%$, $1 \approx 12.5\,\%$,..., $5 \approx 62.5\,\%$

Die in der folgenden Datei aufgeführten Variablen B1, ..., L1 sind um den Wert 1 erhöht (was bei entsprechenden Auswertungen wieder rückgängig gemacht werden muss). Steht bei B1, ..., L1 eine Null (0), so ist diese Baumart am Standort nicht zu finden (*missing value*).

Literatur: Göttlein & Pruscha (1992), (1996); Pruscha & Göttlein (2002), (2003).

Der folgende Datenauszug gibt die Erhebung des Jahres 1999 wieder.

| N | X | Y | O | O | U | N | H | A | B | B | B | B | F | D | H | PHo | PHu | N | B | E | F | K | L |
R			R	H	H	G	O	L	S	T	W	O	R	U	U			S	1	1	1	1	1
1	1.5	5.0	8	0	0	2	3.2	59	10	2	0	1	1	1	2	4.37	4.48	3	1	0	0	3	1
2	1.2	4.2	7	1	0	15	3.2	71	7	1	2	1	1	0	3	4.10	4.60	2	0	0	0	5	1
3	0.7	2.9	2	0	0	21	3.4	132	8	3	0	1	3	0	1	4.31	4.58	1	2	0	0	0	0
4	2.2	4.4	8	0	0	2	3.9	33	9	2	0	1	2	1	2	4.25	4.75	2	1	0	0	0	1
5	1.7	3.9	8	1	0	17	3.5	91	7	2	3	1	1	0	5	4.05	4.52	4	1	2	4	5	0
6	1.5	3.6	8	0	1	11	2.7	63	9	3	1	5	3	0	0	5.04	4.69	1	2	0	0	0	0
7	1.2	3.4	6	0	1	5	2.5	50	10	3	0	5	3	0	2	5.50	6.01	1	2	0	0	0	0
8	2.9	4.1	3	0	0	35	3.2	159	8	2	0	0	2	1	2	4.36	4.77	4	1	2	0	2	2
9	2.2	3.4	1	1	0	20	4.0	129	7	3	1	1	3	0	1	4.38	4.85	2	2	2	0	0	0
10	1.7	2.9	6	0	1	10	2.8	98	4	2	0	1	3	0	5	4.25	4.46	4	3	0	3	4	1
11	1.6	2.6	8	0	0	14	3.5	173	4	3	1	1	1	1	2	4.36	4.96	1	2	0	0	0	0
12	1.2	2.4	2	0	0	10	4.0	173	4	2	1	1	2	0	3	4.08	4.52	1	2	0	0	0	0
13	2.7	2.9	1	0	0	10	4.5	148	7	3	1	1	2	1	2	4.40	4.66	1	2	0	0	0	0
14	2.2	2.4	8	0	0	10	3.7	58	10	2	0	1	3	0	1	4.29	4.55	3	1	0	1	0	1
15	3.8	4.1	6	1	0	41	3.2	54	10	2	0	1	1	0	3	4.23	4.42	2	1	0	0	4	0
16	3.3	2.7	1	0	0	15	3.6	147	3	3	0	1	3	0	0	4.28	4.70	1	3	0	0	0	0
17	3.2	2.4	4	0	0	18	4.4	98	9	2	0	1	2	0	1	4.22	4.70	3	1	0	1	2	0
18	2.7	1.9	4	0	0	27	3.9	143	6	3	1	1	3	0	2	4.26	4.53	1	5	0	0	0	0
19	3.7	2.9	1	1	0	10	3.9	143	8	2	0	1	2	0	1	4.26	4.86	3	1	2	0	0	1
20	3.6	2.2	6	0	0	2	4.5	100	6	2	0	4	2	1	4	4.22	4.43	3	1	0	1	0	2
......																		......					
68	11.2	5.0	5	0	0	2	4.5	159	6	3	0	1	2	0	0	4.56	5.07	1	6	0	0	0	0
69	11.1	4.0	5	0	0	2	4.5	169	10	3	0	1	2	0	2	4.52	4.80	2	2	3	0	0	0
70	11.1	3.0	4	0	0	5	4.2	170	6	2	0	1	2	0	4	3.91	4.67	2	5	0	0	0	2
71	11.1	2.0	3	0	0	0	4.2	95	9	2	0	1	2	0	2	4.27	5.09	2	1	0	0	0	3
72	11.1	1.1	4	0	0	25	3.2	127	7	3	1	1	3	0	1	4.63	4.62	2	2	3	0	0	0
73	12.2	6.1	8	0	0	22	4.4	112	8	2	0	1	3	1	0	4.52	5.05	2	2	0	0	0	3
74	12.2	5.1	6	0	0	5	4.4	17	9	3	0	1	2	0	0	4.44	4.49	1	1	0	0	0	0
75	12.1	4.0	6	0	1	25	3.4	18	5	3	2	1	2	0	3	3.69	4.85	3	1	1	1	0	0
76	12.1	3.0	2	0	0	20	3.3	103	6	3	0	1	3	0	2	4.11	4.70	2	3	5	0	0	0
77	12.1	2.1	6	0	1	15	2.9	148	9	3	0	1	3	0	1	4.16	4.56	1	4	0	0	0	0
78	13.1	5.1	5	0	0	0	4.8	166	9	3	0	4	4	0	0	4.61	4.43	2	1	3	0	0	0
79	13.1	4.0	4	0	0	14	4.2	159	5	3	1	1	3	0	1	4.06	4.48	1	4	0	0	0	0
80	13.1	3.0	5	0	0	0	4.4	131	9	3	0	1	2	0	0	4.12	4.91	2	1	3	0	0	0
81	14.1	5.0	4	1	0	10	4.8	78	10	2	0	2	2	0	0	4.34	4.39	3	1	2	0	0	2
82	14.1	4.0	4	0	0	20	4.2	20	10	2	0	1	3	0	0	4.44	4.73	2	1	0	0	0	1

```
83 15.1 4.0 5 0 0 20 4.0 229  5 3 1 1 2 1 0 4.49 4.70 2 2 2 0 0 0
84 15.1 3.0 3 0 0 21 3.2  71 10 3 0 1 3 0 0 4.86 4.81 1 1 0 0 0 0
85 15.1 2.0 6 0 1  6 2.6 180  5 3 0 1 2 0 1 4.21 4.68 2 1 3 0 0 0
86 16.1 3.0 6 0 0 21 4.2  92  9 2 0 1 2 0 0 4.49 4.50 2 1 0 0 4 0
87 16.1 2.0 5 0 1 26 2.8  81  7 2 0 1 3 0 0 4.35 4.85 2 1 0 2 0 0
```

[n=87]

Legende.

Variable	Beschreibung
NR	Nummer des Probekreises
X Y	Koordinaten des Probekreises in W–O bzw. S–N Richtung
OR	Orientierung der Hangneigung: N,NW,...,NO (0–8)
OH UH	Oberhang/Unterhang: jeweils ja (1), nein (0)
NG HO	Neigung [Grad] des Hanges /Meereshöhe [100 m]
AL	Alter des Baumbestandes [Jahre]
BS	Beschirmungsgrad (0–10)
BT	Bestand (Nadel (1), Misch (2), Laub (3))
BW	Bewuchs (0–10)
BO FR	Art und Frische des Bodens
DU	Kalkungsmaßnahme vor 1983: ja (1), nein (0)
HU	Dicke der Humusauflage [cm]
PHo PHu	pH-Wert in 0–2 cm Tiefe/ 15–17 cm Tiefe
NS	Anzahl der Baumarten im Probekreis
B1 E1 F1	Um 1 erhöhte Entlaubungsstufe der Buche, Eiche, Fichte,
K1 L1	Kiefer, Lärche (0–6)
	$1 = 0$ %, $2 = 12.5$ %, ..., $6 = 62.5$ % Blatt-/Nadelverlust
	$0 =$ nicht am Standort

Die in den SPSS und SAS Programmen benutzte Datei Dspess99.txt bzw.
Dspess99.dat besteht aus einer 87×24-Matrix, so wie sie oben auszugsweise
abgedruckt ist (natürlich ohne die Querstriche - - -):

```
1  1.5 5.0 8 0 0  2 3.2  59 10 2 0 1 1 1 2 4.37 4.48 3 1 0 0 3 1
2  1.2 4.2 7 1 0 15 3.2  71  7 1 2 1 1 0 3 4.10 4.60 2 0 0 0 5 1
...                                                             ...
87 16.1 2.0 5 0 1 26 2.8  81  7 2 0 1 3 0 0 4.35 4.85 2 1 0 2 0 0
```

Die im Splus/R Programm verwendete Datei Hspess99.dat hat eine erste
Zeile (header) mit den Variablennamen vorgeschaltet:

```
NR X Y OR OH UH NG HO AL BS BT BW BO FR DU HU PHo PHu NS B1 E1 F1 K1 L1

1  1.5 5.0 8 0 0  2 3.2  59 10 2 0 1 1 1 2 4.37 4.48 3 1 0 0 3 1
2  1.2 4.2 7 1 0 15 3.2  71  7 1 2 1 1 0 3 4.10 4.60 2 0 0 0 5 1
...                                                             ...
87 16.1 2.0 5 0 1 26 2.8  81  7 2 0 1 3 0 0 4.35 4.85 2 1 0 2 0 0
```

Splus R

```
# Waldzustandsdaten Spessart 1999, A. Goettlein.
spess99<- read.table("DATEN/Hspess99.dat",header=T)
attach(spess99)
# Output wird in eine Datei geschrieben
sink("OUTP/spess1")
# Postscript file abspeichern unter file=" "
postscript(file="PICT/spess1.ps",height=16,width=16,horizontal=F)
# Indikatoren: 1 = Anwesenheit der Baumart, 0 = Abwesenheit
BuI<- pmin(B1,1); EiI<- pmin(E1,1); FiI<- pmin(F1,1)
KiI<- pmin(K1,1); LaI<- pmin(L1,1)
# Reduzierte Datenvektoren (d.h: ohne missing values)
Br<-B1[B1>0]; Er<-E1[E1>0]; Fr<-F1[F1>0]; Kr<-K1[K1>0]; Lr<-L1[L1>0]
# Variable GesamtDefoliation
# Mittelwert der standardisierten Defol.Werte
GDef<-  (BuI*(B1 - mean(Br))/sqrt(var(Br)) +
         EiI*(E1 - mean(Er))/sqrt(var(Er)) +
         FiI*(F1 - mean(Fr))/sqrt(var(Fr)) +
         KiI*(K1 - mean(Kr))/sqrt(var(Kr)) +
         LaI*(L1 - mean(Lr))/sqrt(var(Lr)))/NS
GDef      # Ausdrucken der GDef-Werte
# Haeufigkeits-Histogrammen fuer PHo
hist(PHo,xlab="PHo")
dev.off()          # Damit das Postscriptfile abgelegt wird
detach(spess99)
rm(BuI,EiI,FiI,KiI,LaI,Br,Er,Fr,Kr,Lr,GDef)   # Loeschen der Variablen
```

SPSS

```
DATA LIST FREE FILE='E:\DATEN\Dspess99.txt' /
   NR X Y OT OH UH NG HO AL BS BT BW BO FR DU HU PHo PHu NS
   B1 E1 F1 K1 L1.
* Waldzustandsdaten Spessart 1999, A.Goettlein.
VAR LABELS OT 'ORIENTIERUNG 0-360'/NG 'HANGNEIGUNG 0-90'/AL 'Alter'
    /HU 'Humusstaerke' /PHo 'PH-Wert oben' /PHu 'PH-Wert unten'.
MISSING VALUE B1 E1 F1 K1 L1(0).
Compute logPHo = Ln(PHo - 3.3).
* Beschreibende Statistik.
Descriptives Variables= PHo logPHo /Statistics=Mean Stddev.
```

SAS

```
data Aspess;
infile 'E:\DATEN\Dspess99.dat';      /* Spessart 1999 A. Goettlein */
input Nr X Y Or Oh Uh Ng Ho Al Bs Bt Bw Bo Fr Du Hu PHo PHu NS
      B1 E1 F1 K1 L1;
```

```
* Paarweise Korrelationen;
proc corr pearson;
    var PHo Ng Ho Al Bs Bt Bw Du Hu;
Run;   Quit;
```

A.2 Baumwollsamen-Ertrag [Cotton]

Autoren: R.L. Anderson & H.L. Manning.
Beschreibung: Im ehemaligen Britischen Ost-Afrika Protektorat Uganda wurden im Jahre 1946 Feldexperimente zur Bestimmung eines optimalen Pflanztermins für Baumwolle durchgeführt. Um Schädlingseinflüsse zu vermeiden, wurden für das Experiment verschiedene Pflanzorte herangezogen. Die folgenden Werte stellen den Ertrag an Baumwollsamen in kg dar.
Literatur: Anderson & Manning (1948).

```
Pflanz-      Pflanz-Ort
Termin     A      B      C

           ------------------
1        | 6.12   7.02   1.99
29.Mai   | 5.67   7.93   2.89              Mittelwerte
         | 5.22   6.60   1.68
         | 6.10   6.12   2.13                   Ort
                                           A     B    C   |Total
           ------------------
2        | 6.34   7.02   2.45            ----------------------
12.Juni  | 5.67   7.69   2.80      Ter  1 | 5.78 6.92 2.17 | 4.96
         | 5.66   6.61   2.47      min  2 | 5.71 6.63 2.61 | 4.98
         | 5.17   5.19   2.71           3 | 4.42 4.42 2.15 | 3.66

           ------------------            ----------------------------
3        | 3.83   3.85   3.17      Total | 5.30 5.99 2.31 | 4.53
26.Juni  | 4.30   4.57   1.50
         | 5.20   4.56   1.95
         | 4.33   4.70   1.96
```

Die Datei `Dcotton.dat` besteht aus der 12 × 3-Datenmatrix

```
6.12   7.02   1.99
5.67   7.93   2.89
...           ...
5.20   4.56   1.95
4.33   4.70   1.96
```

Splus/R `scan` liest diese Datei zeilenweise ein und transformiert sie in einen 36 x 1-Datenvektor `Ertr`.

Splus   R

```
# Einlesen des 36 x 1 Datenvektors, mit Zuordnungen
#          der 3 Termine (Term) und der 3 Orte (Ort)
# Termine und Orte sind Gruppierungsvariablen,
# Term und Ort sind Faktoren
Ertr<- scan("DATEN/Dcotton.dat")
Termine<- Ertr; Orte<- Ertr          # nur Festlegen der Dimensionen
for(i in 1:36) {Termine[i]<- trunc((i-1)/12) + 1}    # trunc Ganzzahl
Term<- factor(Termine,levels=c(1,2,3))
# Alternativ:  Term<- factor(rep(c("1","2","3"),c(12,12,12)))
for(i in 1:12) { for (j in 1:3) Orte[(i-1)*3+j]<- j }
Ort<- factor(Orte,levels=c(1,2,3))
# Zweifache Varianzanalyse mit Faktoren Term und Ort
ertr.aov<- aov(Ertr~Term*Ort); summary(ertr.aov)
```

SAS

```
data Acotton;
* Einlesen der 12 x 3 Datenmatrix, mit Zuordnungen;
*    der 3 Termine (Term) und der 3 Orte (Ort), mit Zeilenhalter @;
* Bildung eines neuen Faktors TxO mit 9 Kategorien;
infile 'E:\DATEN\Dcotton.dat';
Do Term=1 to 3;
   Do Rep=1 to 4;
      Do Ort=1 to 3;
          Input Y@; TxO=Term*10+Ort; Output;
      End;
   End;
End;
Label Term='Pflanztermin'
      Ort='Pflanzort';
* Zweifache Varianzanalyse mit Faktoren Term und Ort;
Proc anova;
   Classes Term Ort;
   Model Y=Term Ort Term*Ort;
Run; Quit;
```

A.3 Porphyrgestein [Porphyr]

Autoren: Dr. H. Heinisch, Prof. R. Höll, Geologisches Institut der LMU.
Beschreibung: In einigen Regionen der Süd- und Ostalpen wurden Proben von Gesteinen (Porphyroide) entnommen und u. a. auf ihren Gehalt an Kieselsäure (SiO_2) hin untersucht. NGZ gibt die Zugehörigkeit der Region zur Nördlichen Grauwackenzone an. Die Datei gibt für sechs Regionen die Werte von jeweils sieben Proben wieder.
Literatur: Heinisch (1980).

Region		SiO_2 Anteil in Prozent
1 Brixen		67.38 72.06 73.27 73.11 74.21 69.41 70.92
2 Eisenerz (NGZ)		63.45 67.79 61.90 56.49 66.42 64.87 66.25
3 Kitzbuehel (NGZ)		72.41 72.31 78.06 76.91 76.78 77.04 74.54
4 Martelltal		77.68 75.11 73.88 75.56 75.05 75.51 76.86
5 Veitsch (NGZ)		69.37 67.81 67.14 67.02 67.04 71.06 67.98
6 Comelico		67.91 67.78 67.54 72.81 70.76 79.83 69.40

Die Datei Dporph.dat (bzw. Dporph.txt) besteht aus der obigen 6 × 7-Datenmatrix. Splus/R scan liest sie zeilenweise und transformiert sie in einen 42 × 1-Datenvektor.

Splus   R

```
# Einlesen des 42 x 1 Datenvektors
# Zuordnung des Faktors Region mit 6 Stufen
SiO2<- scan("DATEN/Dporph.dat")
Reg<- factor(rep(c("1","2","3","4","5","6"),c(7,7,7,7,7,7)))
# Kruskal-Wallis Rangvarianzanalyse
kruskal.test(SiO2,Reg)
```

SPSS

```
DATA LIST FREE
FILE='E:\DATEN\Dporph.txt'  / SiO2.
VAR LABELS SiO2 'Kieselsaeuregehalt'.
* Gruppierungsvariable Reg.
*    mit den 6 Werten 1,...,6.
* TRUNC Ganzzahl, $Casenum Fallnr.
COMPUTE Reg=TRUNC(($Casenum-1)/7)+1.
* Kruskal-Wallis Rangvarianzanalyse.
NPAR TESTS K-W = SiO2 by Reg(1,6).
```

SAS

```
* Einlesen der 6 x 7 Datenmatr;
* mit Zeilenhalter @;
* Zuordnung der 6 Regionen;
 data Aporph;
infile 'E:\DATEN\Dporph.dat';
Do Reg=1 to 6; Do Rep=1 to 6;
   input Y @@; output;
end; end;
Label Y='Kieselsaeuregehalt'
      Reg ='Region';
* K-W Rangvarianzanalyse;
*    (wegen Anzahl Reg > 2);
Proc Npar1way Wilcoxon;
Var Y;   Class Reg;
```

A.4 Insektenfallen [Insekten]

Autor: Dr. U. Köhler, Forstwissenschaftliche Fakultät der LMU.
Beschreibung: In einer Freilanduntersuchung auf Waldflächen des Ebersberger Forstes (Bav.) wurde die Wirkung von Insektiziden auf bodenbewohnende Insekten untersucht. Dazu wurden drei Flächen ausgewiesen und den drei Behandlungen

• Unbehandelt • Dimilin-behandelt • Ambush-behandelt

unterworfen. An sechs verschiedenen Terminen wurden pro Fläche 15 Fallen aufgestellt und nach gefangenen Insekten ausgezählt. Die Variable

z = Anzahl der in der Falle befindlichen Insekten

gilt als Maß für die Aktivitätsdichte am gegebenen Ort zum gegebenen Termin.

Ein Termin (0) war vor Applikation, fünf weitere (1 – 5) nach Applikation des Insektizids, so dass wir die Variablen Z0 – Z5 haben.

Literatur: Köhler (1983).

Beh	Z0	Z1	Z2	Z3	Z4	Z5	
1	48	54	24	88	57	45	
1	32	47	40	50	35	76	
1	57	131	84	103	37	98	
1	37	103	89	88	46	82	
1	38	97	58	40	41	21	
1	52	93	48	66	31	91	
1	31	86	36	33	30	57	
1	40	66	65	49	30	101	Unbehandelt
1	51	143	125	147	38	107	
1	30	71	55	43	17	139	
1	68	164	78	144	73	64	
1	45	121	46	43	29	43	
1	26	46	46	22	26	49	
1	28	63	73	54	29	189	
1	45	117	81	69	37	62	
2	33	60	54	43	38	37	
2	37	54	37	31	16	55	
2	6	20	5	44	35	29	
2	50	35	35	86	47	62	
2	27	24	25	39	64	72	
2	56	46	34	95	45	115	
2	27	67	15	99	39	35	
2	29	81	63	63	24	46	Dimilin
2	18	36	45	39	23	92	
2	20	25	16	78	59	131	
2	40	47	54	60	42	59	
2	27	49	46	53	29	34	
2	32	54	24	31	40	68	
2	36	51	59	35	13	26	
2	35	42	62	63	64	55	
3	35	44	87	84	89	72	
3	37	38	46	54	62	112	
3	50	63	51	176	141	97	
3	30	61	43	161	94	125	

```
3   31   47   53  116   52  216
3   21   67   51   85  143   31
3   22   59   41  143   46  187
3   39  104   86  121   55  184          Ambush
3   23   96   72   91   51  118
3   29   95   74  119   82   81
3   34   75   57  257   88   32
3   19   73   40  187   49  113
3   44  153  116  126   47   81
3   28   59   58   77   59   90
3   25   30   51   25   46   89
```

Die Datei Dfallen.dat besteht aus 45 Zeilen mit je 10 Einträgen, im Muster Z0 Z1 Z0 Z2 usw. aufgetragen. SPLUS/R scan liest diese Datei als einen 450×1-Datenvektor zeilenweise ein.

Die Variablen $Y_j = \log_{10}(Z_j/Z_0)$, $j = 1, \ldots, 5$, vgl. 2.4.3, werden aus einer Datei berechnet, die 45 Zeilen mit je 6 Einträgen umfasst (und einen header)

```
[Muster:    Z0 Z1 Z0 Z2 Z0 Z3 Z0 Z4 Z0 Z5]       Z0 Z1 Z2 Z3 Z4 Z5
1. Z.:      48 54 48 24 48 88 48 57 48 45          48 54 24 88 57 45
2. Z.:      32 47 32 40 32 50 32 35 32 76          32 47 40 50 35 76
               . . . .                    . . . .     . . . .      . . . .
45. Z.:     25 30 25 51 25 25 25 46 25 89          25 30 51 25 46 89
```

Splus   R

```
# Einlesen des 450 x 1 Datenvektors, mit Zuordnung von
# Z0 und Z-Werten, sowie den Termin Werten 1,...,5
Anz<- scan("DATEN/Dfallen.dat")
Z<- 1:225; Z0<- 1:225; Termin<- 1:225     # Dimension der Vektoren
for (i in 1:225) {Z0[i]<- Anz[2*i-1]; Z[i]<- Anz[2*i]}
for (i in 1:45) {for (j in 1:5) Termin[(i-1)*5+j]<- j}
#   Faktoren A= ABeh und B= BTerm
ABeh<- factor(rep(c(1,2,3),c(75,75,75)))
levels(ABeh)<- c("Unbeh","Dimilin","Ambush")
BTerm<- factor(Termin,levels=c(1,2,3,4,5))
# Zweifache Varianzanalyse fuer Kriteriumsvariable Y
Y<- log10(Z/Z0)
ABaov<- aov(Y~ABeh*BTerm)
summary(ABaov)
```

SAS

```
* Einlesen der 45 x 10 Datenmatrix, mit Zuordnung von;
* Beh und Term,  mit Zeilenhalter @;
data Afall;
    infile 'E:\DATEN\Dfallen.dat';
```

```
Do Beh=1 to 3;
   Do Rep=1 to 15;
      Do Term=1 to 5;
         input z0 z @@; Y=log10(z/z0); output;
/* Alternativ fuer 3.6.4:
         input z0 z @@; Y=log10(z); x = log10(z0); output; */
end; end; end;
* Zweifache Varianzanalyse fuer Kriteriumsvariable Y;
Proc Anova;
   Classes Beh Term;   Model Y=Beh Term Beh*Term;
```

A.5 Stylometrie in Texten [Texte]

Autor: Prof. H. Bluhme. Universität von Antwerpen, 1999.
Beschreibung: 57 deutschsprachige Textstücke ganz unterschiedlicher Natur, von Lyrik über Romane und Werbetexte bis hin zu amtlichen Verlautbarungen, wurden ausgezählt hinsichtlich
- Anzahl der im Text vorkommenden Wörter (Tokens)
- Anzahl der (lexikographisch) verschiedenen Wörter unter diesen (Types).

Die Prosatexte bilden jeweils zusammenhängende Textstücke. Ferner sind die mittleren Wortlängen (MWL, in Zahl der Buchstaben) und die Anzahl der Sätze (NoS) angegeben.
Homepage: http://webpost.ua.ac.be/~bluhme/

Nr Text	Tokens	MWL	NoS	Types	[Erlaeuterung, nicht zur Datei gehoerend]
1 BENN3	5415	5.24	635	2276	
2 BERNHARD	1158	5.44	57	407	
3 BROCH	3687	5.93	76	1597	
4 BUNDESRE	2183	6.74	46	555	Ostvertraege
5 CELAN	9725	5.69	529	4045	
6 ENDE	1100	5.16	83	521	Ende, Michael
7 ENDE2	1460	5.23	83	640	
8 EUROPA	31728	6.57	1832	3918	Verwaltungstexte
9 FAUST1	28466	4.73	3037	5920	Goethe
10 FAUST2	43421	5.10	4267	9759	Goethe
11 FRISCH	884	5.26	48	455	
12 GOETHE	1428	5.90	61	610	Urpflanze
14 HAENSEL	2674	4.66	135	800	H. & Gretel
15 HANDKE1	1483	5.56	61	674	
16 HANDKE2	2212	5.12	55	631	
17 HEINE	10933	5.09	811	3610	
18 JAKOBOW	1479	4.79	117	695	Gedichte Jakobowski
19 KAFKA	10258	5.22	656	2353	
20 KANT	1048	5.82	24	506	
21 KLEIST	1015	5.17	65	483	

22	KONSALIK	1018	5.29	110	503	
23	LESSING	1793	5.49	89	594	
24	MAERCHEN	7527	4.68	398	1535	
25	MANNH	3382	4.75	383	1100	Mann, Heinrich
26	MANNT	21414	5.26	1274	5111	Mann, Thomas
27	MAY	2009	5.16	137	822	May, Karl
28	MEYER1	41276	4.94	1861	9211	
29	MEYER2	27592	5.40	1941	6952	
30	MORGICH	2786	4.87	219	1175	Morgenstern
31	MORGPFAD	3315	4.82	276	1263	Morgenstern
32	MUELLER	1081	4.63	85	483	
33	NIETZSCH	1012	4.87	78	451	
34	RAPUNZEL	1334	4.58	57	493	
35	REKLAME1	5042	6.18	542	2059	
36	REKLAME2	2681	5.96	222	1273	
37	REKLAME3	1517	7.01	256	963	
38	REKLAME4	833	6.19	62	375	
39	RILKE	2561	4.71	306	953	
40	ROTKAEPC	1000	4.58	57	393	Maerchen
41	RUMPELST	1005	4.57	50	371	Maerchen
42	SCHNEEWIT	2839	4.77	156	767	Maerchen
43	SCHNITZLE	1156	5.08	77	573	
44	STEFFEN1	4334	5.51	238	1619	
45	STEFFEN2	9292	5.09	758	2934	
46	STEFFEN4	2207	4.94	154	951	
47	STRAMM	4176	5.57	306	1654	
48	TAGES'63	2145	6.47	146	1082	Tagesschau
49	TAGES'83	921	6.45	71	510	Tagesschau
50	TRAKL	627	5.43	57	419	
51	WAHLV1	37450	5.39	2219	6750	Wahlverwandtsch Bd 1
52	WAHLV2	41685	5.42	2309	7544	Wahlverwandtsch Bd 2
53	WALSER	680	5.16	57	354	
54	WEISS	492	5.66	19	283	Weiss, Peter
55	WOLF	1380	5.12	120	627	Wolf, Christa
56	ZWEIGA	815	5.37	41	593	Zweig, Arnold
57	ZWEIGS	8049	5.07	440	2099	Zweig, Stefan

[n=56]

| Splus | | R |

```
# Kopfzeile von Htexte.dat enthaelt die 6 Variablennamen
text<- read.table("DATEN/Htexte.dat",header=T)
attach(text)
postscript(file="PICT/texte.ps",height=10,width=12,horizontal=F)
Y1<- Types/1000;   X1<- Tokens/1000
plot(log(X1),log(Y1),type="n",xlim=c(-1,4),ylim=c(-1.5,2.5),
        xlab="ln (Tokens/1000)",ylab= "ln (Types/1000)")
# Scattergram ln(Y1) ueber ln(X1), mit Eintrag der Nr des Textes
```

```
# siehe Abbildung 5.2
text(log(X1),log(Y1),Nr,cex=0.5)
dev.off()
detach(text)
```

A.6 Gesteinsproben Toskana [Toskana]

Autoren: Prof. D.D. Klemm, Dr. Th. Langer, Geologisches Institut der LMU.
Beschreibung: Aus Tausenden von Gesteinsproben, welche Mitarbeiter des
Geologischen Instituts München in den Jahren 1979–1982 in der südlichen
Toskana sammelten, sind hier die Daten von $n = 180$ zufällig ausgewählt
worden. Bei jeder Probe wurde der Gehalt (in g pro t) von 13 geochemischen
Variablen analysiert, von
    Vanadium (V), Chrom (CR), usw. bis Antimon (SB) und Barium (BA).
Von besonderem Interesse ist Antimon (SB), das in der Toskana in ab-
bauwürdiger Form vorkommt. Das Projekt sollte u. a. die Frage beantworten,
welche geochemischen Variablen Hinweise auf das Vorkommen von Antimon
geben können.
Literatur: Langer (1989).

V	CR	CO	NI	CU	ZN	PB	RB	SR	Y	ZR	SB	BA
70	69	28	108	44	100	93	112	6	9	140	1	974
61	65	18	44	31	144	90	122	19	16	123	16	453
27	30	6	16	52	36	170	82	228	0	113	0	381
90	179	41	139	42	96	44	137	83	28	120	0	904
187	87	37	151	49	81	25	224	0	44	70	2	1241
0	0	1	23	14	32	25	55	76	0	11	3	284
9	98	11	169	40	333	104	90	124	3	95	0	828
35	333	6	6	88	125	65	126	247	777	305	12	1333
121	25	21	64	37	130	606	184	231	26	111	310	1333
14	239	7	23	49	86	40	109	83	41	108	200	1333
234	0	27	222	60	200	375	199	114	45	109	1273	1333
33	88	5	14	44	65	16	74	387	0	173	1	517
19	0	14	51	23	65	37	84	464	1	199	4	129
14	1	11	42	22	79	33	117	587	6	224	8	556
28	107	6	21	60	128	15	139	93	19	108	4	1219
80	143	13	32	58	86	36	122	94	26	116	2	1177
.....												.....
0	183	10	22	32	67	4	155	30	45	71	8	1333
0	14	2	6	15	105	159	532	650	98	648	0	1333
31	82	14	52	26	79	63	137	19	26	189	8	898
110	333	34	59	88	333	120	124	53	81	95	6	622
152	105	25	54	78	142	29	202	101	52	142	3	896
2	333	20	6	88	126	6	84	122	12	89	12	383
25	0	17	189	30	135	218	144	195	24	158	43	860
0	164	88	7	16	208	99	137	133	30	218	36	1333

94	137	2	60	88	333	666	132	1111	68	129	46	1254
49	55	12	45	37	100	248	245	55	37	182	80	1085
51	133	6	38	60	120	185	228	83	34	209	232	1057
30	29	4	10	26	49	17	91	112	0	69	6	878
54	135	24	78	39	112	63	121	18	16	155	2	746
0	333	24	5	88	129	2	50	133	6	68	2	455
43	56	5	24	30	65	53	135	104	24	303	4	1333
55	124	22	33	71	99	10	90	138	38	100	17	285

[n=180]
Kodierung oberer Messgrenzen: 333 ... 1333

Die Datei Dtoskan.txt besteht aus der oben (nur auszugsweise) angegebenen 180 × 13-Datenmatrix; die Datei Htoskan.dat hat als vorgeschaltete
erste Zeile (header) die 13 Kürzel V CR ... SB BA für die Variablen.

$\boxed{\text{Splus}}$ $\boxed{\text{R}}$

```
toska<- read.table("DATEN/Htoskan.dat",header=T)
attach(toska)
# Gruppierungsvariable SBc definiert 2 Gruppen: SB < 100 und SB >= 100
SBc<- cut(SB,c(-1,99,4000))
# Einfache MANOVA
toska.ma<- manova(cbind(V,CR,CO,NI,CU,ZN,PB,RB,SR,Y,ZR,BA)~SBc)
summary(toska.ma)
detach(tosc)
```

$\boxed{\text{SPSS}}$

```
DATA LIST  FREE  FILE= 'E:\DATEN\Dtoskan.txt'
  / V CR CO NI CU ZN PB RB SR Y ZR SB BA.
TITLE 'ANTIMON(SB)PROSPEKTION SUEDLICHE TOSKANA'.
COMMENT  GEOCHEMISCHE ELEMENTE IN G/T.
COMPUTE SB2=1.
IF (SB GE 100) SB2=2.
VALUE LABELS SB2 1 'SB<100' 2 'SB>=100'.
COMMENT  DISKRIMINANZANALYSE MIT 2 GRUPPEN.
DISCRIMINANT  GROUPS=SB2(1,2) /
  VARIABLES=V to ZR,BA/ ANALYSIS=V to ZR,BA.
```

A.7 Bodenproben Höglwald [Höglwald]

Autoren: Dr. R. Schierl und Dr. A. Göttlein, Forstwissenschaftliche Fakultät
der LMU.
Beschreibung: Im Forst „Höglwald" (Forstamt Aichach, Bav.) wurden Frei-
landexperimente durchgeführt, um die Wirkung von Beregnung und Kalkung

zu studieren. Dabei wurden sechs Parzellen ausgewiesen, auf denen alle sechs Kombinationen der

- Beregnung: Kontrolle (1), zusätzliche saure Beregnung (2), zusätzliche normale Beregnung (3)
- Kalkung: Kontrolle (1), zusätzliche einmalige Kalkung des Waldbodens (2)

durchgeführt wurden. Innerhalb dieser Parzellen wurden jeweils an verschiedenen Probeorten in unterschiedlichen Tiefen Messungen durchgeführt und unter anderem der pH-Wert und die Gehalte an Mangan (MN), Aluminium (AL), Cadmium (CD), jeweils in [mg/l], bestimmt. Im folgenden Datenauszug ist der Wert CD gleich dem Cadmium-Wert mal 1000.
Literatur: Kreutzer & Göttlein (1986).

$\boxed{\text{Splus}}$ $\boxed{\text{R}}$ 288 x 7 Datenmatrix Hhoegl.dat, mit Kopfzeile
          BEHA KALK TIEF PH MN AL CD

```
hoeg<- read.table("DATEN/Hhoegl.dat",header=T)
attach(hoeg)
# Selektion der Tiefenstufen 4,5,6, das sind Cases 144 bis 288
hoegred<- hoeg[144:288,]
detach(hoeg);  attach(hoegred)
BEHA3<- factor(BEHA,levels=c("1","2","3"))
KALK2<- factor(KALK,levels=c("1","2"))
LCD<- log10(CD+1)
# Manova mit Pillai Kriterium
hoeg.ma<- manova(cbind(AL,LCD,PH)~BEHA3*KALK2)
summary(hoeg.ma)
detach(hoegred)
```

$\boxed{\text{SPSS}}$ 288 x 7 Datenmatrix Dhoegl.txt

```
DATA LIST  FREE  FILE="E:\DATEN\Dhoegl.txt"
   /BEHA KALK TIEF PH MN AL CD.
TITLE 'HOEGLWALD PROJEKT BODENPROBEN, SCHIERL & GOETTLEIN,1987'.
VAR LABELS BEHA 'Flaeche ABC' /TIEF 'Tiefe'
   / PH 'pH-Wert' / MN 'Mangan' /AL 'Aluminium'  /CD 'Cadmium*1000'.
VALUE LABELS BEHA 1 'A UNBEH' 2 'B SAURER REGEN' 3 'C NORMAL REGEN'
   /KALK 1 'OHNE KALK' 2 'MIT KALK'
   /TIEF 1 '1 LOF1' 2 '2 OF2' 3 '3 OH' 4 '4 AH' 5 '5 10-20' 6 '6 30-40'.
*Nur Tiefenstufen 4,5,6 werden in der Analyse verwendet.
SELECT IF(TIEF GE 4).
*Logarithmustransformation von CD.
COMPUTE LCD=LG10(CD+1).
VAR LABELS LCD 'log(CD+1)'.
*Diverse deskriptive Statistiken.
DESCRIPTIVES VARIABLES= PH to CD, LCD.
FREQUENCIES VARIABLES= PH MN AL/ HISTOGRAM.
CORRELATION  VARIABLES= PH MN AL LCD.
```

```
BE KA TI PH   MN   AL   CD
HA LK EF
----------------------------
 1  1  1  4.31 1.86 0.43  36        1  2  4  3.46 0.59 3.79  89
 1  1  1  4.59 2.32 0.41  54        1  2  4  3.58 0.32 4.30  54
 ....                 ....          1  2  4  3.58 0.50 2.84  89
 1  1  4  3.54 3.03 2.71  89        1  2  4  3.72 0.52 3.07  54
 1  1  4  3.37 2.88 2.53 179        1  2  4  3.69 0.79 2.10  89
 1  1  4  3.51 2.09 5.04  71        2  2  4  4.06 0.96 3.85  36
 1  1  4  3.23 2.55 2.44  89        2  2  4  3.66 1.45 3.49 107
 1  1  4  3.24 2.14 3.11 125        2  2  4  3.97 1.33 8.61  36
 1  1  4  3.46 1.96 2.74  71        2  2  4  3.56 0.75 5.19  53
 1  1  4  3.44 2.86 2.83 125        2  2  4  3.73 0.65 5.82  36
 1  1  4  3.44 2.49 2.14 125        2  2  4  3.75 0.68 3.13  54
 2  1  4  3.48 3.27 3.39  89        2  2  4  4.07 0.84 3.59  89
 2  1  4  3.35 3.29 2.80 143        2  2  4  3.62 0.58 3.23  36
 2  1  4  3.47 2.33 4.11  71        3  2  4  4.19 1.35 3.50  36
 2  1  4  3.19 3.17 2.83  89        3  2  4  3.80 1.81 4.27 107
 2  1  4  3.30 2.31 3.11  89        3  2  4  3.99 1.12 4.07  36
 2  1  4  3.26 3.22 2.83 125        3  2  4  3.86 0.75 9.20  36
 2  1  4  3.46 3.15 2.51  89        3  2  4  4.05 0.78 2.97  36
 2  1  4  3.36 3.26 2.83 143        3  2  4  4.04 0.63 4.83  18
 3  1  4  3.62 2.37 3.23  53        3  2  4  4.41 0.49 4.14   0
 3  1  4  3.39 2.79 2.72  54        3  2  4  3.88 0.72 7.01  18
 3  1  4  3.58 1.42 4.55  36        1  1  5  3.98 2.16 3.93  89
 3  1  4  3.40 1.86 3.42  53        ....                .....
 3  1  4  3.36 1.83 3.33  36        3  2  5  4.07 1.13 1.59  54
 3  1  4  3.71 1.32 3.01  54        1  1  6  4.00 2.86 2.79 107
 3  1  4  3.79 1.52 3.95  71        ....                .....
 3  1  4  3.45 2.06 2.39  54        3  2  6  4.06 1.67 1.40  54
 1  2  4  3.80 0.73 2.48  71     ----------------------------
 1  2  4  3.49 0.79 2.90  36     Nach Selektion der
 1  2  4  3.69 0.44 3.32 107     Tiefenstufen=4,5,6:  [n=144]
```

A.8 Pädiatrischer Längsschnitt [Laengs]

Autoren: Dr. F. Lajosi, Dr. H. Schneider, Soziale Pädiatrie München.
Beschreibung: Die hier analysierten Daten stellen einen Auszug (bezüglich Fälle und Variablen) aus einer Pädiatrischen Längsschnittstudie dar. In dieser Studie wurden mehr als 1000 Kinder, die im Zeitraum 1971–1973 geboren wurden, über die ersten fünf Lebensjahre hindurch nach vielerlei Kriterien hin beobachtet. Hier werden die Variablen Geschlecht (SX) und Geburtsrang (GR, 1 = Erstgeborenes Kind, usw.) reproduziert, sowie die Körpermerkmale Größe (L), Gewicht (G) und Kopfumfang (K), jeweils im Alter von 0 (Geburt) und 5 Jahren, und die Größe der Eltern (LM, LV).
Literatur: Lajosi et al. (1978), Schneider (1981).

SX	GR	LO	GO	KO	L5	G5	K5	LM	LV
1	2	50	3.50	35.0	110	17.7	52.0	162	173
1	1	50	3.45	35.0	109	17.7	52.0	154	164
1	1	50	3.10	33.5	111	16.6	48.3	163	178
1	1	48	2.35	32.0	109	17.4	50.5	163	181
1	3	55	3.98	36.0	110	20.0	51.0	168	168
1	1	49	2.92	34.0	108	17.0	51.5	160	182
1	2	50	3.40	34.5	107	18.4	49.7	160	165
1	2	51	3.17	32.0	115	19.9	51.0	171	168
1	4	52	3.58	33.5	113	17.5	48.5	164	170
1	1	53	3.27	36.5	112	18.8	50.6	163	175
2	2	53	4.10	37.0	111	19.5	53.5	168	170
2	1	51	3.55	35	116	20.8	51.0	164	184
2	2	51	3.10	33.5	113	18.0	51.5	171	179
2	4	52	3.20	34	111	19.1	49.4	163	180
2	1	55	3.90	37	114	20.5	53.0	173	172
2	2	47	2.56	34.5	104	15.3	51.0	162	169
2	1	49	3.05	33	115	19.5	49.0	157	172
. . . .						. . . .			
2	1	50	2.76	33.5	108	15.5	52	162	185
2	2	58	4.41	38	122	22.7	55.4	178	186
2	2	50	3.38	35	117	20.2	50.5	164	183
2	2	54	3.60	35	115	22.0	54	163	178
2	2	52	4.20	36	115	20.4	53.5	164	181
2	1	50	3.22	35.5	112	19.5	53.5	168	175
2	2	54	4.00	36.5	122	24.9	53.8	176	180
2	1	50	3.14	34	113	17.4	51	165	181
2	1	48	2.67	34	108	18.4	51.5	162	172
2	1	50	3.01	35	109	16.0	50	164	179
1	3	50	3.50	34	115	17.8	48.7	172	170
2	3	51	3.45	34	108	16.2	49.8	158	172
2	4	53	3.72	36	118	21.9	50.3	170	172
1	4	51	3.6	35	110	18.3	50.5	158	172
1	3	50	3.35	37	113	19.9	51.3	172	176
1	3	52	3.65	35.5	111	16.8	52.3	168	180
1	4	49	3.0	35	116	19.2	51.5	168	182

SX	Geschlecht 1 = w
	2 = m
GR	Geburtsrang
L	Groesse [cm]
G	Gewicht [kg]
K	Kopfumfang [cm]
O	0 Jahre alt
5	5 Jahre alt
LM	Groesse Mutter [cm]
LV	Groesse Vater [cm]

[n = 69]

| Splus | R | 69 x 10-Datenmatrix Hlaengs.dat, mit Kopfzeile
          SX GR LO GO KO L5 G5 K5 LM LV

```
laengs<- read.table("DATEN/Hlaengs.dat",header=T)
attach(laengs)
postscript(file="PICT/laengs.ps",height=12,width=12,horizontal=F)
# Selektion der 8 Variablen L0,G0,K0,L5,G5,K5,LM,LV
laeng8<- data.frame(laengs[,3:10])
# Paarweise Korrelationen und Scatterplots
```

```
cor(laeng8); pairs(laeng8)
dev.off()
detach(laengs)
```

SPSS   69 x 10-Datenmatrix Dlaengs.txt

```
DATA LIST FILE= "E:\DATEN\Dlaengs.txt" FREE
         / Sx Rang LO GO KO L5 G5 K5 LM LV.
* Muenchener paediatrische Laengsschnittstudie (Auszug).
VARIABLE LABELS LO 'Groesse Geburt' GO 'Gewicht Geburt'
  KO 'Kopfumfang Geburt' L5 'Groesse 5 Jahre' G5 'Gewicht 5 Jahre'
  K5 'Kopfumfang 5 Jahre' LM 'Groesse Mutter' LV 'Groesse Vater'.
VALUE LABELS Sx 1 'weibl' 2 'maennl'.
* Paarweise Korrelationen.
Correlation  LO,GO,KO,L5,G5,K5,LM,LV.
```

SAS   69 x 10-Datenmatrix Dlaengs.dat

```
data laengsa;
infile 'E:\DATEN\Dlaengs.dat';
input SX RG LO GO KO L5 G5 K5 LM LV;
label SX='Geschl' LO='Groe Geburt' L5='Groe 5 Jahre';
* Paarweise Korrelationen;
var LO GO KO LM LV;  proc corr pearson spearman;
```

A.9 Primaten-Taxonomie [Primaten]

Autor: Dr. H. Schneider.
Beschreibung: Für die Weibchen von $n = 22$ Primaten-Arten sind, neben dem maximalen Sterbealter, einige Gebär- und Schwangerschaftsdaten (Dauer, Alter, Körper- und Gehirngewicht) aufgelistet. Diese Größen haben für die Entwicklung der Primaten entscheidende Bedeutung.
Literatur: Schneider (1985).

UNT ORD	FAMI LIE	SPEZIES	TS	T1	T2	KO	K1	GO	G1	CODES U	F
HALB	LEM	LEMUR_CA	135	3.0	27	0.09	2.0	9.0	21.5	1	1
HALB	LEM	LEMUR_MA	128	3	31	0.08	1.8	10.0	23.5	1	1
HALB	LEM	CHEIROGA	68	1.5	9	0.02	0.43	2.0	7.0	1	1
HALB	LEM	MICROCE_	65	1.5	15	0.01	0.06	0.5	1.8	1	1
HALB	LOR	GALAGO_S	120	2	25	0.02	0.2	2.4	4.8	1	2
HALB	LOR	GALAGO_C	136	2	14	0.04	0.85	5.0	10.0	1	2
NEUW	CAL	CALLITR_	142	2	16	0.04	0.26	3.7	8.0	2	3
NEUW	CAL	SAGUINUS	134	2	15	0.04	0.46	5	12	2	3
NEUW	CEB	CEBUS_CA	180	4	40	0.25	3.2	29	72	2	4

```
NEUW CEB SAIMIRI_    163  3   21  0.11  6.5   15    22     2  4
NEUW CEB ATELES_P    142  3   24  0.5   5.5   52    90     2  4
NEUW CEB ATELES_G    142  3   18  0.56  6.5   57   105     2  4
ALTW CER MACACA_M    168  4   29  0.47  5.8   55    95     3  5
ALTW CER PAPIO_PA    180  5   45  0.6  18.0   65   190     3  5
ALTW CER PAPIO_HA    180  5   36  0.58 16.0   60   179     3  5
ALTW CER COLOBUS_    190  4   28  0.35  7.0   38    96     3  5
ALTW HYL HYLOBATE    210  7   31  0.4   5.0   57   100     3  6
ALTW HYL SYMPHAL_    232  8   16  0.56 10.0   70   125     3  6
ALTW PON PONGO_PY    265 10   50  1.5  37.0  170   350     3  7
ALTW PON PAN_TROG    235 10   49  1.6  40.0  180   360     3  7
ALTW PON GORILLA_    255 10   50  1.75 70.0  220   450     3  7
ALTW HOM HOMO_SAP    270 15  100  3.35 55.4  382  1320     3  8
```

[n=22]

TS	Schwangerschaftsdauer	[Tage]
T1	Fruehestes Gebaeralter	[Jahre]
T2	Maximales Sterbealter	[Jahre]
KO	Koerpergewicht Geburt	[kg]
K1	Koerpergewicht Gebaeralter	[kg]
GO	Gehirngewicht Geburt	[g]
G1	Gehirngewicht Gebaeralter	[g]

Familien (F):
1 LEM Lemuridae, 2 LOR Lorisidae, 3 CAL Callitrichidae, 4 CEB Cebidae,
5 CER Cercopithecidae, 6 HYL Hylobatidae, 7 PON Pongidae, 8 HOM Hominidae
Unterordnungen (U):
1 HALB Halbaffen, 2 NEUW Neuweltaffen (Breitnas-Affen), 3 (ALTW) Altweltaffen (Schmalnas-Affen)

Die Datei `Hprimat.dat` hat eine Kopfzeile (header) mit den Variablennamen. In den weiteren Zeilen sind die ersten drei Werte alphanumerische Werte mit den Abkürzungen für Unterordnung, Familie und Art. Numerische Werte für die beiden Ersteren enthalten die Variablen U und F. In der Datei `Dprimat.txt` bzw. `Dprimat.dat` fehlt die Kopfzeile.

```
UOrd Fam Art         TS   T1   T2  KO    K1    GO    G1     U  F
HALB LEM LEMUR_CA    135  3.0  27  0.09  2.0   9.0  21.5    1  1
HALB LEM LEMUR_MA    128  3    31  0.08  1.8  10.0  23.5    1  1
....                                                       ....
ALTW PON GORILLA_    255 10    50  1.75 70.0  220   450     3  7
ALTW HOM HOMO_SAP    270 15   100  3.35 55.4  382  1320     3  8
```

Splus R

```
primat<- read.table("DATEN/Hprimat.dat",header=T)
attach(primat)
postscript(file="PICT/primat.ps",height=12,width=12,horizontal=F)
# Variablenselektion und Transformation in eine Matrix
primat1<- data.frame(TS,T1,T2,K0,K1,G0,G1)
summary(primat1)
primat.mat<- as.matrix(primat1)
# Zentrieren und Standardisieren der Datei
# Dabei werden FUNktionen - und / angewandt
primat.me<- apply(primat.mat,2,mean)
primat.sd<- sqrt(apply(primat.mat,2,var))
primat.smat<- sweep(primat.mat, 2,primat.me,FUN="-")
primat.smat<- sweep(primat.smat,2,primat.sd,FUN="/")
# Distanzmatrix erstellen
distpr<- dist(primat.smat)
# Hierarchische Cluster-Methode single link (=connected)
#  mit Dendrogramm
hcl<- hclust(distpr,method="connected")      # R: ="single"
plclust(hcl,label=dimnames(primat.mat)[[1]])
dev.off()
detach(primat)
```

SPSS

```
DATA LIST FILE 'E:\DATEN\Dprimat.txt' FREE
  / ORD1 (A) ORD2 (A) ART (A) SCHW GALT SALT
    GEWO GEWG GEHO GEHG U F.
VARIABLE LABELS SCHW 'Schwangersch_dauer' GALT 'Gebaeralter'
    SALT 'Sterbealter' GEWO 'Gewicht Geburt' GEWG 'Gewicht Gebaeralter'
    GEHO 'Gehirngew Geburt' GEHG 'Gehirngew Gebaeralter'.
* Deskriptive Statistik mit Standardisieren der 7 Variablen.
DESCRIPTIVES Variables=SCHW (ZSCHW) GALT (ZGALT) SALT (ZSALT)
    GEWO (ZGEWO)  GEWG (ZGEWG) GEHO (ZGEHO) GEHG (ZGEHG).
* Testen der Standardisierten Variablen.
DESCRIPTIVES Variables= ZSCHW  TO  ZGEHG.
```

SAS

```
data Aprimat;
Infile 'E:\DATEN\Dprimat.dat';
Input Ord1 $ Ord2 $ Art $ SchwD GebAlt StbAlt GewNul
      GewGeb GehNul GehGeb U F;
* Standardisieren der Variablen;
  Proc standard m=0 s=1 out=primast;
```

A.10 Klima Hohenpeißenberg [Hohenpeißenberg]

Quelle: Deutscher Wetterdienst, Klimadaten ausgewählter deutscher Stationen: www.dwd.de/de/. Ferner: H. Grebe (1957), R. Aniol, in: W. Attmannspacher (1981).

Beschreibung: Auf dem zwischen Weilheim und Schongau (Bav.) gelegenen Hohen Peißenberg (989 m ü. M.) befindet sich ein Pfarrhaus, das seit 1781 der Ort von Wetteraufzeichnungen ist. Im Jahre 1940 zog diese Bergwetterstation in das neugebaute Observatorium um. Im Folgenden ist pro Monat die mittlere Monatstemperatur (d. i. der Mittelwert über die mittleren Tagestemperaturen) wiedergegeben (mit 10 multipliziert, um Dezimalpunkte zu vermeiden). Ferner ist für jedes Jahr die mittlere Jahrestemperatur (Tjahr: Mittelwert aus Jan. bis Dez., mit 100 multipliziert) und der Dezemberwert des Vorjahres aufgeführt (dzvj), Letzteres, damit die Werte der meteorologischen Winterzeit (Dez., Jan., Feb.) nebeneinander zu sehen sind. Der dzvj-Wert von 1781 ist das Dezembermittel von 1781–1790.

Wir haben die Originaldaten von Attmannspacher (dort Tab. A 3.1) übernommen. Ausnahmen bilden die Jahre 1811, 1812 (Aufzeichnungslücke) und 1879–1900 (geänderter täglicher Ablesemodus). Hier haben wir auf die homogenisierten Werte von Grebe zurückgegriffen.

Literatur: Grebe (1957), Attmannspacher (1981).

Jahr	dzvj	jan	feb	mae	apr	mai	jun	jul	aug	sep	okt	nov	dez	Tjahr
1781	-18	-18	-10	24	87	122	145	154	166	126	44	15	12	723
1782	12	-10	-54	0	38	94	156	176	144	108	36	-28	-23	531
1783	-23	7	3	-4	64	108	131	163	144	118	82	12	-24	670
1784	-24	-53	-46	0	21	128	132	152	136	143	23	12	-47	501
1785	-47	6	-65	-60	13	91	117	131	131	141	60	23	-19	474
1786	-19	-1	-30	-5	71	91	139	118	123	94	35	-5	-10	517
1787	-10	-35	8	33	38	72	141	143	161	120	93	18	39	693
1788	39	-19	21	23	56	116	148	176	140	135	56	-6	-105	618
1789	-105	-10	-5	-34	74	131	110	147	144	110	65	4	12	623
1790	12	-6	9	16	38	120	144	135	157	109	85	28	-11	687
.....														.....
1901	23	-29	-63	-0	53	104	137	156	140	123	67	-8	-5	562
1902	-5	-1	-21	13	70	53	117	153	142	109	56	12	-19	570
1903	-19	-0	26	39	14	102	121	137	145	121	86	16	-18	657
1904	-18	-12	-13	17	72	108	139	180	154	90	65	10	1	676
1905	1	-43	-21	23	39	81	141	175	144	117	8	16	-15	554
1906	-15	-15	-29	-3	49	96	111	147	150	98	95	41	-45	579
1907	-45	-37	-48	-7	28	116	128	127	154	124	99	33	7	603
1908	7	-18	-22	1	25	117	150	144	126	100	75	2	-12	573
1909	-12	-42	-54	2	65	83	114	124	142	107	88	-9	2	518
1910	2	-14	-1	19	44	86	133	128	139	90	80	8	21	611
.....														.....

```
1991  -17   -14 -27   50   42   61  119  168  166  141   58   25  -22   639
1992  -22    -4   9   28   53  125  136  164  191  124   51   49    1   772
1993    1    22 -18   14   81  125  138  139  150  112   61   -9   18   694
1994   18     5   1   61   46  106  145  189  170  117   75   62   12   824
1995   12   -20  30    5   61  104  111  181  146   98  113   20  -18   692
1996  -18   -16 -32  -12   61   98  141  140  139   80   73   27  -21   565
1997  -21   -10  27   45   37  110  128  139  170  133   62   37   11   741
1998   11     5  34   18   64  115  149  152  161  109   73  -10    2   727
1999    2    20 -32   36   60  122  125  161  155  146   78    5   -1   729
2000   -1   -20  19   25   83  126  157  129  172  126   86   46   33   818
2001   33    -0   8   43   43  131  123  163  170   87  128    0  -37   716
2002  -37     7  32   48   56  113  167  155  154   99   76   54   12   811
2003   12   -23 -38   48   63  127  193  172  207  125   43   58   13   823
2004   13   -21   2   19   71   90  134  153  164  126  102   16    4   717
```

Die Datei Hhohen.dat besteht aus der Kopfzeile (header) mit den 15 Variablennamen Jahr dzvj jan ... dez Tjahr und der 224 x 15-Datenmatrix.

Splus   R

```
hohtp<- read.table("DATEN/Hhohen.dat",header=T)
attach(hohtp)
postscript(file="PICT/hohen.ps",height=16,width=16,horizontal=F)
Y<- Tjahr/100; Ymean<- mean(Y)
# Zeitreihenplot, mit Gesamtmittelwert ueber die 224 Jahre
plot(Jahr,Y,type="l",lty=1,xlim=c(1780,2004),ylim=c(4.0,9.0),
  xlab="Jahr",ylab="Temp.-Mittel Jahr")
abline(h=Ymean,lty=2)
# Bereitstellung von Winter und Sommer Daten
Wi<- (dzvj + jan + feb)/30;   So<- (jun + jul + aug)/30
dev.off();   detach(hohtp)
```

Die folgende Datei Dhohwiso.txt besteht aus den Winter- und Sommer-Mittelwerten Wi und So.

```
  1 -1.533 15.500
  2 -1.733 15.866
  3 -0.433 14.600
  4 -4.100 14.000
  5 -3.533 12.633
...        ...
220 -0.066 15.266
221  1.366 15.200
222  0.066 15.866
223 -1.633 19.066
224 -0.200 15.033
```

SPSS

```
DATA LIST FREE FILE =
    'E:\DATEN\Dhohwiso.txt' / T Wi So.
* Hohenpeissenberg, 1781 - 2004.
* Winter- und Sommer-Mittel.
VARIABLE LABELS
    Wi 'Wintermittel' So 'Sommermittel'.
DESCRIPTIVES
    Variables=Wi So.
```

A.11 Sonnenfleckenzahlen [Sunspot]

Die Sonnenfleckenzahlen bilden eine klassische Datei für Zeitreihenanalysen. Rudolf Wolf führte 1849 einen Index ein, der sich aus der Anzahl der Sonnenflecken und der Anzahl der Flecken-Gruppen berechnet und der ein Maß für die Sonnenaktivität darstellt. Diesen Index (die Wolfsche Relativzahl R) ermittelte er auch für die vorangegangenen 100 Jahre. Die Sonnenflecken-Aktivität durchläuft Zyklen, deren mittlere Zykluslänge ca. 11.1 [Jahre] beträgt. Monatliche bzw. jährliche Relativzahlen verstehen sich als Mittelwerte täglicher Messungen.

Literatur: Waldmeier (1955), Anderson (1971). Ferner: Astronomische Mitteilungen der Eidgen. Sternwarte Zürich, Band XXII, 276–300 (1966).

Wir geben zunächst jährliche Relativzahlen wieder, und zwar die 120 Zahlen für die Jahre 1770 bis 1889 (Dsunspot.dat), dann die Zahlen für die 20 nachfolgenden Jahre 1890–1909, die wir bei der Prognose für diesen Zeitraum als Vergleich heranziehen (vgl. Abb. 9.14).

101	82	66	35	31	7	20	92	154	125	Datei Dsunspot.dat
85	68	38	23	10	24	83	132	131	118	Jahre 1770 - 1889
90	67	60	47	41	21	16	6	4	7	
14	34	45	43	48	42	28	10	8	2	
0	1	5	12	14	35	46	41	30	24	
16	7	4	2	8	17	36	50	62	67	
71	48	28	8	13	57	122	138	103	86	
63	37	24	11	15	40	62	98	124	96	
66	64	54	39	21	7	4	23	55	94	
96	77	59	44	47	30	16	7	37	74	
139	111	102	66	45	17	11	12	3	6	
32	54	60	64	64	52	25	13	7	6	

7	36	73	85	78	64	42	26	27	12	Jahre 1890 - 1909
9	3	5	24	42	64	54	62	48	44	

Ferner geben wir monatliche Relativzahlen an, und zwar von Januar 1958 bis Dezember 1964 (Dsolar.dat). In diesem Zeitraum fiel das Absinken von einem Maximum zu einen Minimum der Aktivität.

202.5	164.9	190.7	196.0	175.3	171.5	Datei Dsolar.dat
191.4	200.2	201.2	181.5	152.3	187.6	Monate Jan 1958
217.4	143.1	185.7	163.3	172.0	168.7	bis Dez 1964
149.6	199.6	145.2	111.4	124.0	125.0	
146.3	106.0	102.2	122.0	119.6	110.2	
121.7	134.1	127.2	82.8	89.6	85.6	
57.9	46.1	53.0	61.4	51.0	77.4	
70.2	55.9	63.6	37.7	32.6	40.0	
38.7	50.3	45.6	46.4	43.7	42.0	

```
21.8    21.8    51.3    39.5    26.9    23.2
19.8    24.4    17.1    29.3    43.0    35.9
19.6    33.2    38.8    35.3    23.4    14.9
15.3    17.7    16.5     8.6     9.5     9.1
 3.1     9.3     4.7     6.1     7.4    15.1
------------------------------------------
```

Splus R

```
# Einlesen der jaehrlichen Sunspot-Zahlen von 1770 bis 1889
sun<- scan("DATEN/Dsunspot.dat")
dim(sun)<- c(120)      # Dimension des 120 x 1 Datenvektors sun
Time<- 1770:1889       # Werte des 120 x 1 Datenvektors Time
mean(sun); sqrt(var(sun))
postscript(file="PICT/sunsp.ps",height=8,width=10,horizontal=F)
plot(Time,sun,type="l",lty=1,xlim=c(1770,1890),ylim=c(0,150),
   xlab="Jahr",ylab="Sonnenfleckenzahl")
dev.off()
```

Splus R

```
# Einlesen der monatl Sunspot-Zahlen von Jan 1958 bis Dez 1964
sol<- scan("DATEN/Dsolar.dat")
dim(sol)<- c(84)       # Dimension des 84 x 1 Datenvektors sol
Time<- 1:84            # Zaehlung der Monate
mean(sol); sqrt(var(sol))
```

A.12 Qualität pflanzlicher Nahrungsmittel [VDLUFA]

In einer Untersuchung des Verbandes Deutscher Landwirtschaftlicher Unter-
suchungs- und Forschungsanstalten, kurz VDLUFA, wurden Nahrungsmittel-
proben auf Pflanzenschutzmittel-Rückstände hin analysiert. Es wurden 360
Proben aus dem Handel genommen, davon je 72 Proben der fünf Lebensmit-
telformen

Brot, Kartoffel, Kopfsalat, Möhre, Apfel.

Ferner wurden die Proben aufgeschlüsselt nach drei Anbietern. In unsere Auswertung geht für jede einzelne Probe nur die – durch einen Schwellenwert definierte – Alternative Rückstand „ja" oder „nein" ein, vgl. 2.5.2. Weiterführende
statistische Analysen zu dieser Fallstudie finden sich in Pruscha (1996).
Literatur: H. Vetter, W. Kampe, K. Ranfft (1983), insbesondere: K. Ranfft
„Ergänzende Auswertung".

A.13 Verhalten von Primaten [Verhalten]

Am Max-Planck-Institut für Psychiatrie in München wurden über viele Jahre hinweg Experimente zum Sozialverhalten von Primaten, genauer: von Totenkopfaffen (*Saimiri sciureus*), durchgeführt. Die beobachtete Tiergruppe bestand i. d. R. aus fünf Tieren, aus zwei Männchen – mit deutlichem Rangunterschied – und drei Weibchen. Das Protokollieren des Sozialverhaltens geschah auf der Grundlage eines Kataloges von genau definierten Verhaltenseinheiten. Bei jeder beobachteten Verhaltensaktion wurden das ausführende Tier (Sendertier), das Empfängertier und die ausgeführte Verhaltenseinheit aufgezeichnet. Die Verhaltens-Experimente unterschieden sich durch die Art der (technischen) Auslösung der Verhaltenssequenzen.

Literatur: Maurus & Pruscha (1973), Pruscha & Maurus (1976).

B

Quantil-Tabellen

Im Folgenden werden Tabellen mit den γ-Quantilen der wichtigsten Test-verteilungen präsentiert. Diese sind bei der Konstruktion von Konfidenzin-tervallen und als kritische Werte bei Signifikanztests von Bedeutung. In den Anwendungen tritt meistens $\gamma = 1 - \alpha$ oder $\gamma = 1 - \alpha/2$ auf, mit $\alpha = 0.10$, 0.05, 0.01. Zur Definition des γ-Quantils $(0 < \gamma < 1)$:

Besitzt die Zufallsvariable X eine N(0,1)- [t_m-, χ_m^2-, $F_{k,m}$-] Verteilung und bezeichnen wir mit Q_γ das zugehörige Quantil u_γ [$t_{m,\gamma}$, $\chi_{m,\gamma}^2$, $F_{k,m,\gamma}$], so gilt

$$\mathbb{P}(X \leq Q_\gamma) = \gamma.$$

Dichte der Normalverteilung

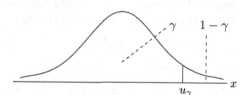

Folgende Quantile findet man tabelliert:

1. Quantile u_γ der N(0,1)-Verteilung für einige γ-Werte zwischen 0.5 und 0.9999. Für γ-Werte zwischen 0 und 0.5 bedient man sich der Formel

$$u_{1-\gamma} = -u_\gamma.$$

2. Quantile $t_{m,\gamma}$ der t-Verteilung mit m Freiheitsgraden (FG), für einige m-Werte zwischen 1 und 800 und für $\gamma = 0.90$, 0.95, 0.975, 0.99, 0.995. Es ist $t_{m,1-\gamma} = -t_{m,\gamma}$, und für $m \to \infty$ gilt die Formel

$$t_{\infty,\gamma} = u_\gamma.$$

3. Quantile $\chi_{m,\gamma}^2$ der χ^2-Verteilung mit m Freiheitsgraden (FG), für einige m-Werte zwischen 1 und 800 und für $\gamma = 0.90$, 0.95, 0.975, 0.99, 0.995. Es gilt

$$\chi_{1,1-\alpha}^2 = (u_{1-\alpha/2})^2 \quad \text{und} \quad \chi_{2,1-\alpha}^2 = -2\ln\alpha.$$

4. Quantile $F_{k,m,\gamma}$ der F-Verteilung mit k und m Freiheitsgraden (FG), für einige k und m-Werte zwischen 1 und 800 und für $\gamma = 0.95$ und 0.99. Es gilt

$$F_{1,m,1-\alpha} = t^2_{m,1-\alpha/2} \quad \text{und} \quad F_{k,\infty,\gamma} = \chi^2_{k,\gamma}/k .$$

| Splus | | R |

```
# Erzeugung einiger Quantil-Werte der Tabelle B.1
gamma<- c(0.5,0.6,0.7,0.8,0.9,0.95,0.975,0.99,0.995)
qnorm(gamma)
# Erzeugung der Zeile FG = 10 der Tabelle B.2
gamma<-  c(0.9,0.95,0.975,0.99,0.995); fg <- 10
qt(gamma,fg)
# Erzeugung der Zeile FG = 10 der Tabelle B.3
gamma<-  c(0.9,0.95,0.975,0.99,0.995); fg <- 10
qchisq(gamma,fg)
# Erzeugung der Zeile FG = m = 10 der Tabelle B.4 a
fg1<- 1:12; gamma<- 0.95; fg2<- 10
qf(gamma,fg1,fg2)
```

Will man – umgekehrt zur Erzeugung von Quantilen – zu einem Wert T einer Teststatistik (evtl. mit Freiheitsgraden fg oder (fg1,fg2)) den zugehörigen Wert γ ermitteln, so lauten die Befehle

```
pnorm(T)      pt(T,fg)      pchisq(T,fg)      pf(T,fg1,fg2) .
```

Der zum Wert T einer Teststatistik gehörende P-Wert wird ermittelt durch

```
1-pnorm(T)    1-pt(T,fg)    1-pchisq(T,fg)    1-pf(T,fg1,fg2) ,
```

wobei sich die Statements auf einseitige Tests mit einem oberen Verwerfungsbereich beziehen. Bei zweiseitigen Tests lauten die ersten beiden

```
2*(1-pnorm(abs(T)))    und    2*(1-pt(abs(T),fg)).
```

Tabelle B.1. Quantile u_γ der $N(0,1)$-Verteilung.

γ	0.500	0.550	0.600	0.650	0.700	0.750	0.800
u_γ	0.0000	0.1257	0.2533	0.3853	0.5244	0.6744	0.8416

γ	0.850	0.900	0.925	0.950	0.960	0.970	0.975
u_γ	1.0364	1.2815	1.4395	1.6448	1.7506	1.8807	1.9599

γ	0.980	0.985	0.990	0.995	0.999	0.9995	0.9999
u_γ	2.0537	2.1700	2.3263	2.5758	3.0902	3.2905	3.7190

Tabelle B.2. Quantile $t_{m,\gamma}$ der t_m-Verteilung

FG			γ		
m	0.9	0.95	0.975	0.99	0.995
1	3.0777	6.3138	12.7062	31.8205	63.6567
2	1.8856	2.9200	4.3027	6.9646	9.9248
3	1.6377	2.3534	3.1824	4.5407	5.8409
4	1.5332	2.1318	2.7764	3.7470	4.6041
5	1.4759	2.0150	2.5706	3.3649	4.0322
6	1.4398	1.9432	2.4469	3.1427	3.7074
7	1.4149	1.8946	2.3646	2.9980	3.4995
8	1.3968	1.8595	2.3060	2.8965	3.3554
9	1.3830	1.8331	2.2622	2.8214	3.2498
10	1.3722	1.8125	2.2281	2.7638	3.1693
11	1.3634	1.7959	2.2010	2.7181	3.1058
12	1.3562	1.7823	2.1788	2.6810	3.0545
13	1.3502	1.7709	2.1604	2.6503	3.0123
14	1.3450	1.7613	2.1448	2.6245	2.9768
15	1.3406	1.7530	2.1314	2.6025	2.9467
16	1.3368	1.7459	2.1199	2.5835	2.9208
17	1.3334	1.7396	2.1098	2.5669	2.8982
18	1.3304	1.7341	2.1009	2.5524	2.8784
19	1.3277	1.7291	2.0930	2.5395	2.8609
20	1.3253	1.7247	2.0860	2.5280	2.8453
21	1.3232	1.7207	2.0796	2.5176	2.8314
22	1.3212	1.7171	2.0739	2.5083	2.8188
23	1.3195	1.7139	2.0687	2.4999	2.8073
24	1.3178	1.7109	2.0639	2.4922	2.7969
25	1.3163	1.7081	2.0595	2.4851	2.7874
26	1.3150	1.7056	2.0555	2.4786	2.7787
28	1.3125	1.7011	2.0484	2.4671	2.7633
30	1.3104	1.6973	2.0423	2.4573	2.7500
40	1.3031	1.6839	2.0211	2.4233	2.7045
50	1.2987	1.6759	2.0086	2.4033	2.6778
60	1.2958	1.6706	2.0003	2.3901	2.6603
70	1.2938	1.6669	1.9944	2.3808	2.6479
80	1.2922	1.6641	1.9901	2.3739	2.6387
90	1.2910	1.6620	1.9867	2.3685	2.6316
100	1.2901	1.6602	1.9840	2.3642	2.6259
150	1.2872	1.6551	1.9759	2.3515	2.6090
200	1.2858	1.6525	1.9719	2.3451	2.6006
300	1.2844	1.6499	1.9679	2.3388	2.5923
400	1.2837	1.6487	1.9659	2.3357	2.5882
500	1.2832	1.6479	1.9647	2.3338	2.5857
600	1.2830	1.6474	1.9639	2.3326	2.5840
800	1.2826	1.6468	1.9629	2.3310	2.5820

Tabelle B.3. Quantile $\chi^2_{m,\gamma}$ der χ^2_m-Verteilung

FG	γ				
m	0.9	0.95	0.975	0.99	0.995
1	2.7055	3.8415	5.0239	6.6349	7.8794
2	4.6052	5.9915	7.3778	9.2103	10.5966
3	6.2514	7.8147	9.3484	11.3449	12.8382
4	7.7794	9.4877	11.1433	13.2767	14.8603
5	9.2364	11.0705	12.8325	15.0863	16.7496
6	10.6446	12.5916	14.4494	16.8119	18.5476
7	12.0170	14.0671	16.0128	18.4753	20.2777
8	13.3616	15.5073	17.5345	20.0902	21.9550
9	14.6837	16.9190	19.0228	21.6660	23.5894
10	15.9872	18.3070	20.4832	23.2093	25.1882
11	17.2750	19.6751	21.9200	24.7250	26.7568
12	18.5493	21.0261	23.3367	26.2170	28.2995
13	19.8119	22.3620	24.7356	27.6882	29.8195
14	21.0641	23.6848	26.1189	29.1412	31.3193
15	22.3071	24.9958	27.4884	30.5779	32.8013
16	23.5418	26.2962	28.8454	31.9999	34.2672
17	24.7690	27.5871	30.1910	33.4087	35.7185
18	25.9894	28.8693	31.5264	34.8053	37.1565
19	27.2036	30.1435	32.8523	36.1909	38.5823
20	28.4120	31.4104	34.1696	37.5662	39.9968
21	29.6151	32.6706	35.4789	38.9322	41.4011
22	30.8133	33.9244	36.7807	40.2894	42.7957
23	32.0069	35.1725	38.0756	41.6384	44.1813
24	33.1962	36.4150	39.3641	42.9798	45.5585
25	34.3816	37.6525	40.6465	44.3141	46.9279
26	35.5632	38.8851	41.9232	45.6417	48.2899
28	37.9159	41.3371	44.4608	48.2782	50.9934
30	40.2560	43.7730	46.9792	50.8922	53.6720
40	51.8051	55.7585	59.3417	63.6907	66.7660
50	63.1671	67.5048	71.4202	76.1539	79.4900
60	74.3970	79.0819	83.2977	88.3794	91.9517
70	85.5270	90.5312	95.0232	100.4252	104.2149
80	96.5782	101.8795	106.6286	112.3288	116.3211
90	107.5650	113.1453	118.1359	124.1163	128.2990
100	118.4980	124.3421	129.5612	135.8067	140.1695
150	172.5812	179.5806	185.8004	193.2077	198.3602
200	226.0210	233.9943	241.0579	249.4451	255.2642
300	331.7885	341.3951	349.8745	359.9064	366.8445
400	436.6490	447.6325	457.3055	468.7245	476.6064
500	540.9303	553.1268	563.8515	576.4928	585.2066
600	644.8005	658.0936	669.7692	683.5156	692.9816
800	851.6712	866.9114	880.2753	895.9843	906.7862

Tabelle B.4 a. Quantile $F_{k,m,\gamma}$ $\gamma = 0.95$

FG m	FG k 1	2	3	4	5	6	7	8	9	10	11	12
1	161	200	216	225	230	234	237	239	241	242	243	244
2	18.5	19.0	19.2	19.2	19.3	19.3	19.4	19.4	19.4	19.4	19.4	19.4
3	10.1	9.55	9.28	9.12	9.01	8.94	8.89	8.85	8.81	8.79	8.76	8.74
4	7.71	6.94	6.59	6.39	6.26	6.16	6.09	6.04	6.00	5.96	5.94	5.91
5	6.61	5.79	5.41	5.19	5.05	4.95	4.88	4.82	4.77	4.74	4.70	4.68
6	5.99	5.14	4.76	4.53	4.39	4.28	4.21	4.15	4.10	4.06	4.03	4.00
7	5.59	4.74	4.35	4.12	3.97	3.87	3.79	3.73	3.68	3.64	3.60	3.57
8	5.32	4.46	4.07	3.84	3.69	3.58	3.50	3.44	3.39	3.35	3.31	3.28
9	5.12	4.26	3.86	3.63	3.48	3.37	3.29	3.23	3.18	3.14	3.10	3.07
10	4.96	4.10	3.71	3.48	3.33	3.22	3.14	3.07	3.02	2.98	2.94	2.91
11	4.84	3.98	3.59	3.36	3.20	3.09	3.01	2.95	2.90	2.85	2.82	2.79
12	4.75	3.89	3.49	3.26	3.11	3.00	2.91	2.85	2.80	2.75	2.72	2.69
13	4.67	3.81	3.41	3.18	3.03	2.92	2.83	2.77	2.71	2.67	2.63	2.60
14	4.60	3.74	3.34	3.11	2.96	2.85	2.76	2.70	2.65	2.60	2.57	2.53
15	4.54	3.68	3.29	3.06	2.90	2.79	2.71	2.64	2.59	2.54	2.51	2.48
16	4.49	3.63	3.24	3.01	2.85	2.74	2.66	2.59	2.54	2.49	2.46	2.42
17	4.45	3.59	3.20	2.96	2.81	2.70	2.61	2.55	2.49	2.45	2.41	2.38
18	4.41	3.55	3.16	2.93	2.77	2.66	2.58	2.51	2.46	2.41	2.37	2.34
19	4.38	3.52	3.13	2.90	2.74	2.63	2.54	2.48	2.42	2.38	2.34	2.31
20	4.35	3.49	3.10	2.87	2.71	2.60	2.51	2.45	2.39	2.35	2.31	2.28
21	4.32	3.47	3.07	2.84	2.68	2.57	2.49	2.42	2.37	2.32	2.28	2.25
22	4.30	3.44	3.05	2.82	2.66	2.55	2.46	2.40	2.34	2.30	2.26	2.23
23	4.28	3.42	3.03	2.80	2.64	2.53	2.44	2.37	2.32	2.27	2.24	2.20
24	4.26	3.40	3.01	2.78	2.62	2.51	2.42	2.36	2.30	2.25	2.22	2.18
25	4.24	3.39	2.99	2.76	2.60	2.49	2.40	2.34	2.28	2.24	2.20	2.16
26	4.23	3.37	2.98	2.74	2.59	2.47	2.39	2.32	2.27	2.22	2.18	2.15
28	4.20	3.34	2.95	2.71	2.56	2.45	2.36	2.29	2.24	2.19	2.15	2.12
30	4.17	3.32	2.92	2.69	2.53	2.42	2.33	2.27	2.21	2.16	2.13	2.09
40	4.08	3.23	2.84	2.61	2.45	2.34	2.25	2.18	2.12	2.08	2.04	2.00
50	4.03	3.18	2.79	2.56	2.40	2.29	2.20	2.13	2.07	2.03	1.99	1.95
60	4.00	3.15	2.76	2.53	2.37	2.25	2.17	2.10	2.04	1.99	1.95	1.92
70	3.98	3.13	2.74	2.50	2.35	2.23	2.14	2.07	2.02	1.97	1.93	1.89
80	3.96	3.11	2.72	2.49	2.33	2.21	2.13	2.06	2.00	1.95	1.91	1.88
90	3.95	3.10	2.71	2.47	2.32	2.20	2.11	2.04	1.99	1.94	1.90	1.86
100	3.94	3.09	2.70	2.46	2.31	2.19	2.10	2.03	1.97	1.93	1.89	1.85
150	3.90	3.06	2.66	2.43	2.27	2.16	2.07	2.00	1.94	1.89	1.85	1.82
200	3.89	3.04	2.65	2.42	2.26	2.14	2.06	1.98	1.93	1.88	1.84	1.80
300	3.87	3.03	2.63	2.40	2.24	2.13	2.04	1.97	1.91	1.86	1.82	1.78
400	3.86	3.02	2.63	2.39	2.24	2.12	2.03	1.96	1.90	1.85	1.81	1.78
500	3.86	3.01	2.62	2.39	2.23	2.12	2.03	1.96	1.90	1.85	1.81	1.77
600	3.86	3.01	2.62	2.39	2.23	2.11	2.02	1.95	1.90	1.85	1.80	1.77
800	3.85	3.01	2.62	2.38	2.23	2.11	2.02	1.95	1.89	1.84	1.80	1.76

Tabelle B.4 a.   (Fortsetzung)

FG m \ FG k	14	16	18	20	25	30	40	50	60	80	100	500
1	245	246	247	248	249	250	251	252	252	253	253	254
2	19.4	19.4	19.4	19.5	19.5	19.5	19.5	19.5	19.5	19.5	19.5	19.5
3	8.71	8.69	8.67	8.66	8.63	8.62	8.59	8.58	8.57	8.56	8.55	8.53
4	5.87	5.84	5.82	5.80	5.77	5.75	5.72	5.70	5.69	5.67	5.66	5.64
5	4.64	4.60	4.58	4.56	4.52	4.50	4.46	4.44	4.43	4.41	4.41	4.37
6	3.96	3.92	3.90	3.87	3.83	3.81	3.77	3.75	3.74	3.72	3.71	3.68
7	3.53	3.49	3.47	3.44	3.40	3.38	3.34	3.32	3.30	3.29	3.27	3.24
8	3.24	3.20	3.17	3.15	3.11	3.08	3.04	3.02	3.01	2.99	2.97	2.94
9	3.03	2.99	2.96	2.94	2.89	2.86	2.83	2.80	2.79	2.77	2.76	2.72
10	2.86	2.83	2.80	2.77	2.73	2.70	2.66	2.64	2.62	2.60	2.59	2.55
11	2.74	2.70	2.67	2.65	2.60	2.57	2.53	2.51	2.49	2.47	2.46	2.42
12	2.64	2.60	2.57	2.54	2.50	2.47	2.43	2.40	2.38	2.36	2.35	2.31
13	2.55	2.51	2.48	2.46	2.41	2.38	2.34	2.31	2.30	2.27	2.26	2.22
14	2.48	2.44	2.41	2.39	2.34	2.31	2.27	2.24	2.22	2.20	2.19	2.14
15	2.42	2.38	2.35	2.33	2.28	2.25	2.20	2.18	2.16	2.14	2.12	2.08
16	2.37	2.33	2.30	2.28	2.23	2.19	2.15	2.12	2.11	2.08	2.07	2.02
17	2.33	2.29	2.26	2.23	2.18	2.15	2.10	2.08	2.06	2.03	2.02	1.97
18	2.29	2.25	2.22	2.19	2.14	2.11	2.06	2.04	2.02	1.99	1.98	1.93
19	2.26	2.21	2.18	2.16	2.11	2.07	2.03	2.00	1.98	1.96	1.94	1.89
20	2.22	2.18	2.15	2.12	2.07	2.04	1.99	1.97	1.95	1.92	1.91	1.86
21	2.20	2.16	2.12	2.10	2.05	2.01	1.96	1.94	1.92	1.89	1.88	1.83
22	2.17	2.13	2.10	2.07	2.02	1.98	1.94	1.91	1.89	1.86	1.85	1.80
23	2.15	2.11	2.08	2.05	2.00	1.96	1.91	1.88	1.86	1.84	1.82	1.77
24	2.13	2.09	2.05	2.03	1.97	1.94	1.89	1.86	1.84	1.82	1.80	1.75
25	2.11	2.07	2.04	2.01	1.96	1.92	1.87	1.84	1.82	1.80	1.78	1.73
26	2.09	2.05	2.02	1.99	1.94	1.90	1.85	1.82	1.80	1.78	1.76	1.71
28	2.06	2.02	1.99	1.96	1.91	1.87	1.82	1.79	1.77	1.74	1.73	1.67
30	2.04	1.99	1.96	1.93	1.88	1.84	1.79	1.76	1.74	1.71	1.70	1.64
40	1.95	1.90	1.87	1.84	1.78	1.74	1.69	1.66	1.64	1.61	1.59	1.53
50	1.89	1.85	1.81	1.78	1.73	1.69	1.63	1.60	1.58	1.54	1.52	1.46
60	1.86	1.82	1.78	1.75	1.69	1.65	1.59	1.56	1.53	1.50	1.48	1.41
70	1.84	1.79	1.75	1.72	1.66	1.62	1.57	1.53	1.50	1.47	1.45	1.37
80	1.82	1.77	1.73	1.70	1.64	1.60	1.54	1.51	1.48	1.45	1.43	1.35
90	1.80	1.76	1.72	1.69	1.63	1.59	1.53	1.49	1.46	1.43	1.41	1.33
100	1.79	1.75	1.71	1.68	1.62	1.57	1.52	1.48	1.45	1.41	1.39	1.31
150	1.76	1.71	1.67	1.64	1.58	1.54	1.48	1.44	1.41	1.37	1.34	1.25
200	1.74	1.69	1.66	1.62	1.56	1.52	1.46	1.41	1.39	1.35	1.32	1.22
300	1.72	1.68	1.64	1.61	1.54	1.50	1.43	1.39	1.36	1.32	1.30	1.19
400	1.72	1.67	1.63	1.60	1.53	1.49	1.42	1.38	1.35	1.31	1.28	1.17
500	1.71	1.66	1.62	1.59	1.53	1.48	1.42	1.38	1.35	1.30	1.28	1.16
600	1.71	1.66	1.62	1.59	1.52	1.48	1.41	1.37	1.34	1.30	1.27	1.15
800	1.70	1.66	1.62	1.58	1.52	1.47	1.41	1.37	1.34	1.29	1.26	1.14

Tabelle B.4 b. Quantile $F_{k,m,\gamma}$ $\gamma = 0.99$

FG m	FG k 1	2	3	4	5	6	7	8	9	10	11	12
1	4052	4999	5403	5625	5764	5859	5928	5981	6022	6056	6083	6106
2	98.5	99.0	99.2	99.3	99.3	99.3	99.4	99.4	99.4	99.4	99.4	99.4
3	34.1	30.8	29.5	28.7	28.2	27.9	27.7	27.5	27.4	27.2	27.1	27.1
4	21.2	18.0	16.7	16.0	15.5	15.2	15.0	14.8	14.7	14.6	14.5	14.4
5	16.3	13.3	12.1	11.4	11.0	10.7	10.5	10.3	10.2	10.1	9.96	9.89
6	13.8	10.9	9.78	9.15	8.75	8.47	8.26	8.10	7.98	7.87	7.79	7.72
7	12.2	9.55	8.45	7.85	7.46	7.19	6.99	6.84	6.72	6.62	6.54	6.47
8	11.3	8.65	7.59	7.01	6.63	6.37	6.18	6.03	5.91	5.81	5.73	5.67
9	10.6	8.02	6.99	6.42	6.06	5.80	5.61	5.47	5.35	5.26	5.18	5.11
10	10.0	7.56	6.55	5.99	5.64	5.39	5.20	5.06	4.94	4.85	4.77	4.71
11	9.65	7.21	6.22	5.67	5.32	5.07	4.89	4.74	4.63	4.54	4.46	4.40
12	9.33	6.93	5.95	5.41	5.06	4.82	4.64	4.50	4.39	4.30	4.22	4.16
13	9.07	6.70	5.74	5.21	4.86	4.62	4.44	4.30	4.19	4.10	4.02	3.96
14	8.86	6.51	5.56	5.04	4.69	4.46	4.28	4.14	4.03	3.94	3.86	3.80
15	8.68	6.36	5.42	4.89	4.56	4.32	4.14	4.00	3.89	3.80	3.73	3.67
16	8.53	6.23	5.29	4.77	4.44	4.20	4.03	3.89	3.78	3.69	3.62	3.55
17	8.40	6.11	5.18	4.67	4.34	4.10	3.93	3.79	3.68	3.59	3.52	3.46
18	8.29	6.01	5.09	4.58	4.25	4.01	3.84	3.71	3.60	3.51	3.43	3.37
19	8.18	5.93	5.01	4.50	4.17	3.94	3.77	3.63	3.52	3.43	3.36	3.30
20	8.10	5.85	4.94	4.43	4.10	3.87	3.70	3.56	3.46	3.37	3.29	3.23
21	8.02	5.78	4.87	4.37	4.04	3.81	3.64	3.51	3.40	3.31	3.24	3.17
22	7.95	5.72	4.82	4.31	3.99	3.76	3.59	3.45	3.35	3.26	3.18	3.12
23	7.88	5.66	4.76	4.26	3.94	3.71	3.54	3.41	3.30	3.21	3.14	3.07
24	7.82	5.61	4.72	4.22	3.90	3.67	3.50	3.36	3.26	3.17	3.09	3.03
25	7.77	5.57	4.68	4.18	3.85	3.63	3.46	3.32	3.22	3.13	3.06	2.99
26	7.72	5.53	4.64	4.14	3.82	3.59	3.42	3.29	3.18	3.09	3.02	2.96
28	7.64	5.45	4.57	4.07	3.75	3.53	3.36	3.23	3.12	3.03	2.96	2.90
30	7.56	5.39	4.51	4.02	3.70	3.47	3.30	3.17	3.07	2.98	2.91	2.84
40	7.31	5.18	4.31	3.83	3.51	3.29	3.12	2.99	2.89	2.80	2.73	2.66
50	7.17	5.06	4.20	3.72	3.41	3.19	3.02	2.89	2.78	2.70	2.63	2.56
60	7.08	4.98	4.13	3.65	3.34	3.12	2.95	2.82	2.72	2.63	2.56	2.50
70	7.01	4.92	4.07	3.60	3.29	3.07	2.91	2.78	2.67	2.59	2.51	2.45
80	6.96	4.88	4.04	3.56	3.26	3.04	2.87	2.74	2.64	2.55	2.48	2.42
90	6.93	4.85	4.01	3.53	3.23	3.01	2.84	2.72	2.61	2.52	2.45	2.39
100	6.90	4.82	3.98	3.51	3.21	2.99	2.82	2.69	2.59	2.50	2.43	2.37
150	6.81	4.75	3.91	3.45	3.14	2.92	2.76	2.63	2.53	2.44	2.37	2.31
200	6.76	4.71	3.88	3.41	3.11	2.89	2.73	2.60	2.50	2.41	2.34	2.27
300	6.72	4.68	3.85	3.38	3.08	2.86	2.70	2.57	2.47	2.38	2.31	2.24
400	6.70	4.66	3.83	3.37	3.06	2.85	2.68	2.56	2.45	2.37	2.29	2.23
500	6.69	4.65	3.82	3.36	3.05	2.84	2.68	2.55	2.44	2.36	2.28	2.22
600	6.68	4.64	3.81	3.35	3.05	2.83	2.67	2.54	2.44	2.35	2.28	2.21
800	6.67	4.63	3.81	3.34	3.04	2.82	2.66	2.53	2.43	2.34	2.27	2.21

Tabelle B.4 b.   (Fortsetzung)

FG m	FG 14	16	18	k 20	25	30	40	50	60	80	100	500
1	6143	6169	6192	6209	6240	6261	6287	6303	6313	6326	6335	6361
2	99.4	99.4	99.4	99.5	99.5	99.5	99.5	99.5	99.5	99.5	99.5	99.5
3	26.9	26.8	26.8	26.7	26.6	26.5	26.4	26.4	26.3	26.3	26.2	26.2
4	14.3	14.2	14.1	14.0	13.9	13.8	13.8	13.7	13.7	13.6	13.6	13.5
5	9.77	9.68	9.61	9.55	9.45	9.38	9.29	9.24	9.20	9.16	9.13	9.04
6	7.60	7.52	7.45	7.40	7.30	7.23	7.14	7.09	7.06	7.01	6.99	6.90
7	6.36	6.28	6.21	6.16	6.06	5.99	5.91	5.86	5.82	5.78	5.75	5.67
8	5.56	5.48	5.41	5.36	5.26	5.20	5.12	5.07	5.03	4.99	4.96	4.88
9	5.01	4.92	4.86	4.81	4.71	4.65	4.57	4.52	4.48	4.44	4.41	4.33
10	4.60	4.52	4.46	4.41	4.31	4.25	4.17	4.12	4.08	4.04	4.01	3.93
11	4.29	4.21	4.15	4.10	4.01	3.94	3.86	3.81	3.78	3.73	3.71	3.62
12	4.05	3.97	3.91	3.86	3.76	3.70	3.62	3.57	3.54	3.49	3.47	3.38
13	3.86	3.78	3.72	3.66	3.57	3.51	3.43	3.38	3.34	3.30	3.27	3.19
14	3.70	3.62	3.56	3.51	3.41	3.35	3.27	3.22	3.18	3.14	3.11	3.03
15	3.56	3.49	3.42	3.37	3.28	3.21	3.13	3.08	3.05	3.00	2.98	2.89
16	3.45	3.37	3.31	3.26	3.16	3.10	3.02	2.97	2.93	2.89	2.86	2.78
17	3.35	3.27	3.21	3.16	3.07	3.00	2.92	2.87	2.83	2.79	2.76	2.68
18	3.27	3.19	3.13	3.08	2.98	2.92	2.84	2.78	2.75	2.70	2.68	2.59
19	3.19	3.12	3.05	3.00	2.91	2.84	2.76	2.71	2.67	2.63	2.60	2.51
20	3.13	3.05	2.99	2.94	2.84	2.78	2.69	2.64	2.61	2.56	2.54	2.44
21	3.07	2.99	2.93	2.88	2.79	2.72	2.64	2.58	2.55	2.50	2.48	2.38
22	3.02	2.94	2.88	2.83	2.73	2.67	2.58	2.53	2.50	2.45	2.42	2.33
23	2.97	2.89	2.83	2.78	2.69	2.62	2.54	2.48	2.45	2.40	2.37	2.28
24	2.93	2.85	2.79	2.74	2.64	2.58	2.49	2.44	2.40	2.36	2.33	2.24
25	2.89	2.81	2.75	2.70	2.60	2.54	2.45	2.40	2.36	2.32	2.29	2.19
26	2.86	2.78	2.72	2.66	2.57	2.50	2.42	2.36	2.33	2.28	2.25	2.16
28	2.79	2.72	2.65	2.60	2.51	2.44	2.35	2.30	2.26	2.22	2.19	2.09
30	2.74	2.66	2.60	2.55	2.45	2.39	2.30	2.25	2.21	2.16	2.13	2.03
40	2.56	2.48	2.42	2.37	2.27	2.20	2.11	2.06	2.02	1.97	1.94	1.83
50	2.46	2.38	2.32	2.27	2.17	2.10	2.01	1.95	1.91	1.86	1.82	1.71
60	2.39	2.31	2.25	2.20	2.10	2.03	1.94	1.88	1.84	1.78	1.75	1.63
70	2.35	2.27	2.20	2.15	2.05	1.98	1.89	1.83	1.78	1.73	1.70	1.57
80	2.31	2.23	2.17	2.12	2.01	1.94	1.85	1.79	1.75	1.69	1.65	1.53
90	2.29	2.21	2.14	2.09	1.99	1.92	1.82	1.76	1.72	1.66	1.62	1.49
100	2.27	2.19	2.12	2.07	1.97	1.89	1.80	1.74	1.69	1.63	1.60	1.47
150	2.20	2.12	2.06	2.00	1.90	1.83	1.73	1.66	1.62	1.56	1.52	1.38
200	2.17	2.09	2.03	1.97	1.87	1.79	1.69	1.63	1.58	1.52	1.48	1.33
300	2.14	2.06	1.99	1.94	1.84	1.76	1.66	1.59	1.55	1.48	1.44	1.28
400	2.13	2.05	1.98	1.92	1.82	1.75	1.64	1.58	1.53	1.46	1.42	1.25
500	2.12	2.04	1.97	1.92	1.81	1.74	1.63	1.57	1.52	1.45	1.41	1.23
600	2.11	2.03	1.96	1.91	1.80	1.73	1.63	1.56	1.51	1.44	1.40	1.22
800	2.10	2.02	1.96	1.90	1.80	1.72	1.62	1.55	1.50	1.43	1.39	1.20

Literaturverzeichnis

Afifi, A.A. & Azen, S.P.: Statistical Analysis. 2nd ed. Academic Press, New York (1979)

Andersen, E.B.: The Statistical Analysis of Categorical Data. Springer, Berlin (1990)

Anderson, R.L. & Manning, H.L.: An experimental design used to estimate the optimum planting date for cotton. Biometrics **4**, 171–196 (1948)

Anderson, T.W.: An Introduction to Multivariate Statistical Analysis. Wiley, New York (1958)

Anderson, T.W.: The Statistical Analysis of Time Series. Wiley, New York (1971)

Arnold, S.F.: The Theory of Linear Models and Multivariate Analysis. Wiley, New York (1981)

Atkinson, A.C.: Plots, Transformation & Regression. Claredon, Oxford (1985)

Attmannspacher, W. (Hrsg.): 200 Jahre meteorologische Beobachtungen auf dem Hohenpeißenberg 1781–1980. Berichte des Dt. Wetterdienstes Nr. 155. Offenbach a. M. (1981)

Bishop, Y.M.M.: Full contingency tables, logits and split contingency tables. Biometrics **25**, 83–399 (1969)

Bock, H.H.: Automatische Klassifikation. Vandenhoeck & Ruprecht, Göttingen (1974)

Bosch, K.: Elementare Einführung in die Wahrscheinlichkeitsrechnung. 8. Aufl. vieweg, Braunschweig (2003)

Box, G.E.P. & Jenkins, G.M.: Time Series Analysis: Forecasting and Control. Rev. ed. Holden-Day, San Francisco (1976)

Brockwell, P.J. & Davis, R.A.: Time Series: Theory and Methods. Springer, New York (1987)

Christensen, R.: Plane Answers to Complex Questions. The Theory of Linear Models. Springer, New York (1987)

Conover, W. J.: Practical Nonparametric Statistics. 2nd ed. Wiley, New York (1980)

Cooley, W.W. & Lohnes, P.R.: Multivariate Data Analysis. Wiley, New York (1971)

Cramér, H.: Mathematical Methods of Statistics. Princeton University Press (1954)

Draper, N.R. & Smith, H.: Applied Regression Analysis. 2nd ed. Wiley, New York (1981)

Dufner, J., Jensen, U. & Schumacher, E: Statistik mit SAS. 2. Aufl. Teubner, Stuttgart (2002)

Efron, B. & Tibshirani, R.J.: An Introduction to the Bootstrap. Chapman & Hall, London (1993)

Eubank, R.L.: Spline Smoothing and Nonparametric Regression. Dekker, New York (1988)

Fahrmeir, L., Hamerle, A. & Tutz, G. (Hrsg.): Multivariate statistische Verfahren. 2. Aufl. DeGruyter, Berlin (1996)

Fahrmeir, L. & Tutz, G.: Multivariate Statistical Modelling Based on Generalized Linear Models. 2nd ed. Springer, New York (2001)

Falk, M., Becker, R. & Marohn, F.: Angewandte Statistik mit SAS. Springer, Berlin (1995)

Falk, M.: A First Course on Time Series. Examples with SAS. Open-Source-Book, Würzburg (2005)

Fan, J. & Gijbel, I.: Local Polynomial Modelling and its Application. Chapman & Hall, London (1996)

Fuller, W.A.: Introduction to Statistical Time Series. Wiley, New York (1976)

Gallant, A.R.: Nonlinear Statistical Models. Wiley, New York (1987)

Georgii, H.-O.: Stochastik. de Gruyter, Berlin (2002)

Göttlein, A. & Pruscha, H.: Ordinal time series models with application to forest damage data. In: Lecture Notes in Statistics, **78**, 113–118. Springer, New York (1992).

Göttlein, A. & Pruscha, H.: Der Einfluß von Bestandeskenngrößen auf die Entwicklung des Kronenzustandes im Bereich des Forstamtes Rothenbuch. Forstw. Cbl. **115**, 146–162 (1996)

Goodman, L.A.: Simultaneous confidence limits for cross-product ratios in contingency tables. J. Royal Statist. Soc. B **26**, 86–102 (1964)

Grebe, H.: Temperaturverhältnisse des Observatoriums Hohenpeißenberg. Berichte des Dt. Wetterdienstes Nr. 36. Offenbach a. M. (1957)

Green, P.J., Jennison, C. & Seheult, A.: Analysis of field experiments by least squares smoothing. J. R. Statist. Soc. B **47**, 299–314 (1985)

Green, P.J. & Silverman, B.W.: Nonparametric Regression and Generalized Linear Models. Chapman & Hall, London (1994)

Härdle, W.: Applied Nonparametric Regression. Cambridge University Press, Cambridge (1990)

Handl, A.: Multivariate Analysemethoden (mit besonderer Berücksichtigung von S-Plus). Springer, Berlin (2002)

Hartung, J.: Statistik. 12. Aufl. Oldenbourg, München (1999)

Hartung, J. & Elpelt, B.: Multivariate Statistik. 5. Aufl. Oldenbourg, München (1995)

Hastie, T.J. & Tibshirani, R.J.: Generalized Additive Models. Chapman & Hall, London (1990)

Heinisch, H.: Der Ordovizische Porphyroid-Vulkanismus der Ost- und Südalpen. Dissertation Geowissenschaften LMU, München (1980)

Heyl, P. R.: A redetermination of the constant of gravitation. J. Res. Nat. Bur. Standards 5, 1243–1290 (1930)

Holm, S.: A simple sequentially rejective multiple test procedure. Scand. J. Statist. 6, 65–70 (1979)

Jöreskog, K.G.: Some contribution to maximum likelihood factor analysis. Psychometrika 32, 443–482 (1967)

Kendall, M.: Time-Series. 2nd ed. Griffin, London (1976)

Köhler, U.: Zur Wirkung des Häutungshemmstoffes Dimilin und des Pyrethroides Ambush. Dissertation Forstwissenschaften LMU, München (1983)

König, H. & Wolters, J.: Einführung in die Spektralanalyse ökonomischer Zeitreihen. Anton Hain, Meisenheim (1972)

Kreutzer, K. & Göttlein, A.: Ökosystemforschung Höglwald. Parey, Hamburg (1991)

Krickeberg, K. & Ziezold, H.: Stochastische Methoden. 4. Aufl. Springer, Berlin (1995).

Lajosi, F., u. a.: Münchener pädiatrische Längsschnittstudie. BPT-Bericht Nr. 3/78. GfS, München (1978)

Langer, Th.: Ermittlung zweckmäßiger statistischer Verfahren zur genetischen Deutung von Antimon-Anomalien in der südlichen Toskana. Dissertation Geowissenschaften LMU, München (1989)

Lehmann, E. L.: Nonparametrics. McGraw-Hill, New York (1975)

Lilliefors, H.W.: On the Kolmogorov-Smirnov test for normality with mean and variance unknown. JASA 62, 399-402 (1967)

Lindeman, R.H., Merenda, P.F. & Gold, R.Z.: Introduction to Bivariate and Multivariate Analysis. Scott, Glenview (1980)

Mardia, K.V., Kent, J.T. & Bibby, J.M.: Multivariate Analysis. Academic Press, New York (1979)

Maurus, M. & Pruscha, H.: Classification of social signals in squirrel monkeys by means of cluster analysis. Behaviour 47, 106–128 (1973)

Miller, R.G.: Simultaneous Statistical Inference, 2nd ed. McGraw-Hill, New York (1981)

Morrison, D.F.: Multivariate Statistical Analysis. 2nd ed. McGraw-Hill, Tokyo (1976)

Nadaraya, E.A.: Nonparametric Estimation of Probability Densities and Regression Curves. Kluwer, Boston (1989)

Nollau, V.: Statistische Analysen. Birkhäuser, Basel (1975)

Orloci, L. Information analysis in phytosociology. Partition, classification and prediction. J. Theoret. Biol. 20, 271–284 (1968)

Priestley, M.B.: Spectral Analysis of Time Series. Academic Press, London (1981)

Pruscha, H. & Maurus, M.: The communicative function of some agonistic behaviour patterns in squirrel monkeys. Behav. Ecol. Sociobiol. 1, 185–214 (1976)

Pruscha, H.: A clustering method for the states of a Markov chain with an application to primate communication. Biometrical J. 25, 579–592 (1983)

Pruscha, H.: A note on time series analysis on yearly temperature data. J. Royal Statist. Soc. A 149, 174–185 (1986)

Pruscha, H.: Angewandte Methoden der Mathematischen Statistik, 2. Aufl. Teubner, Stuttgart (1996)

Pruscha, H.: Statistical models for vocabulary and text length with an application to the NT corpus. Literary and Linguistic Computing. 13, 195–198 (1998)

Pruscha, H.: Vorlesungen über Mathematische Statistik. Teubner, Stuttgart (2000)

Pruscha, H. & Göttlein, A.: Regression analysis of forest inventory data with time and space dependencies. Enviromental and Ecological Statistics 9, 43–56 (2002)

Pruscha, H. & Göttlein, A.: Forecasting of categorical time series using a regression model. Economic Quality Control 18, 223–240 (2003)

Randles, R.H. & Wolfe, D.A.: Introduction to the Theory of Nonparametric Statistics. Wiley, New York (1979)

Rasch, D.: Einführung in die Mathematische Statistik, Vol. II. Anwendungen. Deutscher Verlag der Wissenschaften, Berlin (1976)

Sachs, L.: Angewandte Statistik. 8. Aufl. Springer, Berlin (1997)

Schlittgen, R. & Streitberg, H.J.: Zeitreihenanalyse. 8. Aufl. Oldenbourg, München (1999)

Schneider, H.: Somatographische Entwicklungsmessungen. Sozialpäd. 3, 142–146 (1981)

Schneider, H.: Entwicklung und Sozialisation der Primaten. TUDEV, München (1985)

Steinhausen, D. & Langer, K.: Clusteranalyse. de Gruyter, Berlin (1977)

Toutenburg, H.: Lineare Modelle. 2. Aufl. Physika, Heidelberg (2003)

Venables, W.N. & Ripley, B.D.: Modern Applied Statistics with S-Plus. 2nd ed. Springer, New York (1997)

Vetter, H., Kampe, W. & Ranfft, K.: Qualität pflanzlicher Nahrungsmittel. VDLUFA-Schriftenreihe Nr. 7, Darmstadt (1983)

Waldmeier, M.: Ergebnisse und Probleme der Sonnenforschung. 2. Aufl. Akad. Verlagsgesellschaft, Leipzig (1955)

Wand, M.P. & Jones, M.C.: Kernel Smoothing. Chapman & Hall, London (1995)

Zöfel, P.: SPSS-Syntax. Pearson, München (2002)

Zurmühl, R.: Matrizen. 4. Aufl. Springer, Berlin (1964)

Index

Amplitudenspektrum 366
  empirisches 368
Anpassungstest 22, 24, 154
AR(1)-Prozess 349
AR(2)-Prozess 350
AR(p)-Prozess 348
  als Regressionsmodell 356
ARIMA(p,d,q)-Prozess 353
ARMA(p,q)-Prozess 351
  integrierter 353
Aspin-Welch 30
Austausch-Verfahren 306
Autokorrelation 327
  der Residuen 126, 361
  empirische 37, 330, 355
  partielle 327
  partielle empirische 332
Autokovarianz 326
  empirische 329, 355
autoregressiver Prozess 346

Bandbreite 210
Bartlett 69
Bartlettfenster 343
Bestimmtheitsmaß 119
Bestimmungsschlüssel 54
Bestrafungsterm 218
Bias 4, 212
  asymptotischer 214
Binomialverteilung 3
Bonferroni 49, 65, 240, 241, 331
bootstrap 51
Box-Jenkins 362
Boxplot 17

Chi-Quadrat Verteilung 395
Clusteranzahl 291
Clusterbewertung 294
Clusterverfahren
  agglomerativ 297, 312
  average-linkage 299
  centroid 299
  complete-linkage 298
  divisiv 305
  hierarchisch 296
  hill-climbing 306
  in Übergangsmatrix 314
  in Kontingenztafel 309
  k-means 307
  nicht-hierarchisch 305
  single-linkage 298
  Ward 299
compound symmetry 85, 87
Cramérs V 46
cross-product ratio 171
cross-validation 221, 260

Danielfenster 343
Dendrogramm 296
Designmatrix 59
Diskriminanzanalyse 249
  schrittweise 263
Diskriminanzfunktion 251, 254
Diskriminanzgerade 250
Diskriminanzkoeffizient 251, 255
  standardisierter 251, 255
Diskriminanzraum 254
Diskriminanzscore 251, 254

Distanzmaß
  Euklidisch   292
  Mahalanobis   292
Distanzniveau   298
Durbin-Watson   126, 361
Durchschnitt
  gleitender   321

Erwartung
  bedingte   362
Erwartungstreue   4
  asymptotische   338, 345
Extraktion eines Faktors   281

F-Test
  der einfachen Kovarianzanalyse   139,
    140
  der einfachen Varianzanalyse   60
  der Regressionsanalyse   109
  der zweifachen Kovarianzanalyse
    146
  der zweifachen Varianzanalyse   74
  partieller   110
F-to-enter   111, 119, 263
F-to-remove   120
F-Verteilung   395
Faktoranalyse   277
Faktorladung   278
  rotierte   285
Faktormatrix   278
Faktorscore   272, 287
Faktorvariable   278
Faktorwert   272, 287
Fallstudie
  Cotton   61, 70, 75, 79, 375
  Hoeglwald   247, 383
  Hohenpeissenberg   324, 332, 340,
    368, 390
  Insekten   91, 142, 147, 377
  Laengs   267, 273, 277, 282, 286, 288,
    385
  Porphyr   57, 62, 66, 97, 376
  Primaten   290, 300, 307, 387
  Spessart   11, 14, 18, 21, 27, 32, 35, 41,
    47, 53, 106, 111, 116, 122, 127, 135,
    150, 157, 167, 187, 191, 196, 199,
    214, 222, 371
  Sunspot   322, 345, 358, 364, 392
  Texte   206, 380

Toskana   231, 238, 242, 252, 261, 264,
    382
VDLUFA   101, 393
Verhalten   172, 176, 180, 394
Fehler
  1. Art   7, 19, 49
  2. Art   7, 22
Fenster   343
Fisher   153, 259, 339
Forecast-Formel   362
Forecast-Funktion   361
Fourierfrequenz   334
Fourierkoeffizient   335
Fouriertransformierte   328, 338, 342
Frequenzanalyse   328
Friedman   98
Funktionalmatrix   200, 202

Gauß-Seidel Algorithmus   226
Glättungsparameter   209, 218
Grundgesamtheit   1
Gruppeneffekte   59

Hatmatrix   219
Hauptachse   270
Haupteffekt   73, 183, 194, 244
Hauptfaktor   271
Hauptkomponente   270
Hauptkomponentenanalyse   269
Heterogenitätsmaß   293
Histogramm   12
homogenisierende Blöcke   98
homogenisierende Variable   137
Homoskedastizität   124
Hotellings Spur   237
Hypothese
  der Isotropie   276
  der Unabhängigkeit   46, 170
  Einzelvariable   239
  globale   60, 109, 235, 237
  hierarchische   184
  lineare   204
  partielle   110, 255

Informationsmatrix   153, 162, 165
Interpolationsspline   219
iterative proportional fitting   175, 185

Kaiser-Normalisierung   285
Kern   210

Kernschätzer   211
Klassifikationsfunktion   259
Klassifikationsregel   252
Klassifikationsscore   259
Klassifikationstafel   154, 260
Knotenstelle   215
Kohärenzspektrum   367
Kolmogorov-Smirnov   25
Kommunalitäten   279
Konfidenzintervall   8
  asymptotisches   35, 51, 153, 163, 191,
    195, 204, 213, 276, 331, 339, 345,
    357
  bootstrap   52
  für μ 20
  für Regressionsgerade   39
  für Regressionshyperebene   115
  für Regressionskoeffizienten   115,
    204
  simultanes   40, 50, 63, 77, 89, 115,
    138, 142, 240
  simultanes asymptotisches   172, 179,
    339
Konfidenzniveau   8
Konsistenz   5, 345
Kontingenzkoeffizient   46
Kontingenztafel   45
  dreidimensionale   181
  vierdimensionale   192
  zweidimensionale   170
Korrelationskoeffizient
  multipler   132, 281
  partieller   42, 111, 134
  Pearson-   34
  Spearman-   44
Korrelationsmatrix   267, 271
  reduzierte   279
Korrelogramm   330
Kovariable   42
Kovarianz
  empirische   34
Kovarianzanalyse   263
  einfache   137
  zweifach   140
Kovarianzmatrix   269
  within   235, 245, 250
Kreisfrequenz   334
Kreuzkorrelation   365
  empirische   367

Kreuzkovarianz   365
  empirische   367
Kreuzspektrum   366
Kruskal-Wallis   95
Kurvenschätzer   209

Lagfenster   342
lateinisches Quadrat   84
leave-out-one Methode   220, 260
Levene   68
leverage value   125
Lilliefors-Quantil   26
linearer Kontrast   63, 77, 89, 138, 142,
    179, 240
linearer Prozess   348
log-Likelihood   152, 162, 164
logistische Funktion   151
Logitfunktion   151

MA(∞)-Prozess   348
MA(1)-Prozess   347
MA(q)-Prozess   347
Mahalanobis-Distanz   292
Mann-Whitney   30
MANOVA   231
  einfache   233
  zweifache   244
Markov-Schema   349
Matrix
  between   235, 245, 293
  total   235, 245, 293
  within   235, 245, 293
Maximum-Likelihood   5
mean squared error   60
Median   13, 20
Messreihe   1
Minimum-Quadrat   5
Mittelwert   16
  adjustierter   137, 141
  gestutzter   16
Mittelwertkorrektur   354, 356
Mittelwertvektor   234, 244
Mittelwertvergleich
  multipler   66, 78, 90, 241
ML-Methode   5, 282
ML-Schätzer   5, 152, 163
Modell
  additives   222
  generalisiertes lineares   149

grouped continuous   164
hierarchisches   183, 194
log-lineares   182, 193
Logit   194, 198
saturiertes   183, 193, 198
semiparametrisches   228
Modell-Identifikation   360
Monatswert   323
moving average Prozess   346
MQ-Methode   5, 38, 108, 133, 202, 355
penalisierte   218
MQ-Schätzer   5, 60, 73, 203

N(0,1)-Verteilung   395
Newton Verfahren   203
nichtlineares Modell   200, 202
Nichtzentralitätsparameter   60
normal probability plot   22, 125
Normalgleichungen
lineare   108
nichtlineare   202
Normalverteilung   2, 395
asymptotische   51, 213
Normalverteilungs-Annahme   60, 109
Nullhypothese   5

P-Wert   7, 396
Paarvergleich
simultaner   63, 77, 90, 96, 100, 138, 142, 180
Parametermenge   4
Partition   291
Parzenfenster   343
Periodogramm   337
Perzentil   13
bootstrap   52
Phasenspektrum   366
empirisches   368
Plus-Funktion   216
Polynom
Ausgleichs-   320
lokales   321
Population   1
Prädiktions-Wahrscheinlichkeit   153
Prädiktionsvektor   219
Prädiktionswert   38, 108, 203
principal axis factoring   280
Prognosefehler   361, 363
Prognoseintervall   116, 363

Quantil   395
empirisches   13
Quartil   13
Quartilabstand   16
Quartimax-Rotation   285
Quasi-Unabhängigkeit   174

Rangkorrelationskoeffizient   44
Rangsumme   20, 31, 95, 99, 102
Rangvarianzanalyse
einfache   94
zweifache   99, 102
Rangzahl   13, 44
Regel von Bishop   195
Regel von Fisher   24
Regression
binäre logistische   152
kumulative logistische   163
multikategorielle logistische   162
nichtlineare   200
nichtparametrische   209
Regressionsanalyse
einfache   118
multiple   107
schrittweise   119
Regressionsfunktion   209, 223
Regressionsgerade   37
Regressionskoeffizient   38, 108
innerhalb   137, 141
total   139
Regressionsterm
linearer   152, 161, 205
Regressor   106
repeated measurements   85
Residuenanalyse   125, 360
Residuenplot   125, 166
Residuenzeitreihe   319
Residuum   38, 108, 153, 166, 203, 354
Responsefunktion   162
Rotation   285
Roy-Bose   241

s-m Plot   69
Saisonkomponente   323
Schätzer   4
bootstrap   51
Gasser-Müller   211
konsistenter   5, 342
Nadaraya-Watson   211

Scheffé   40, 64, 77, 96, 115
Schiefe   17
Scorevektor   152, 162, 165
Signifikanzniveau   5
Signifikanztest   6
smoothing Matrix   224
smoothing Operator   223
smoothing Parameter   218
Spearman   44
Spektraldichte   328
Spektraldichteschätzer   342
Spektralfenster   342
Spektrum   328
Spline
  kubischer   216
Splineschätzer   218
split-plot   85
Spur W-Kriterium   294
Standardabweichung   16
Standardfehler   9, 114
  approximativer   153, 165, 172, 179,
    191, 195
  bootstrap   52
Stationaritätsbedingung   348
Statistik
  beschreibende   1
  schließende   1
  to-enter   155, 156, 263
  to-remove   155, 205
Stichprobe   1
  bivariate   33
  bootstrap   51
  geordnete   13
  gruppierte   24
  multivariate   267
  trivariate   42
  verbundene   21, 98
Stirlingsche Zahl   291
Streuungszerlegung   61, 74, 83, 109,
    139, 235
Strukturelle Null   174
Substitutionsprinzip   123, 265

t-Verteilung   395
Test
  Aspin-Welch   30
  asymptotischer   51, 276
  asymptotischer χ^2 46, 171, 178, 186
  auf $\rho(1) = 0$ 331

auf Linearität   130
auf Unabhangigkeit   46
auf unkorrelierte Zufallsreihen   367
auf Unkorreliertheit   35
auf Zufallsreihe   331, 339
Bartlett   69
des Regressionskoeffizienten   39
Durbin-Watson   126, 361
Ein-Stichproben t-   20
exakter   50
Friedman   99
goodness-of-fit   154
Hotellings Spur   237
K-S Normalverteilungs-   26
Kolmogorov-Smirnov   25
konditionaler log-LQ   186
Kruskal-Wallis   95
Levene   68
log-LQ   46, 155, 171, 178, 186
Mann-Whitney U-   31
Pearson χ^2-   24
Pillai   237
Roy   237, 246
Score   156
simultaner   49, 239
simultaner asymptotischer   172, 180
verbundene Stichproben t-   21
Vorzeichen   100
Wald   156, 204
Wilcoxon Vorzeichen-Rang   20
Wilks' Λ 236, 246, 256, 263
Zwei-Stichproben Varianz-   30
Teststatistik   5
time lag   37, 326
time lead   361
Transformation
  Fishers z-   35
  varianzstabilisierende   69
Transinformation   309, 315
Trendbereinigung   322
Trendkomponente   320
truncation point   342
Tukey   64, 77, 97

Unabhängigkeitshypothese   46, 170

Variablenselektion
  backward   120
  best subset   121

forward   120
Varianz
  empirische   16
  innerhalb   234
  merkmalspezifische   278
Varianzanalyse
  dreifache   81
  einfache   58
  multivariate   231, 244
  zweifache   72
Varianzhomogenität   29, 59, 68
Varianzkriterium   293, 299, 306
Varianzschätzer
  bootstrap   52
Varimax-Rotation   285
Verteilungsfunktion
  empirische   14
Verwerfungsbereich   5

Verzerrung   4, 212

Wachstumsfunktion   201, 205
Wechselwirkung   73, 75, 86, 183, 194,
  244, 247
Wilcoxon   20

Yule-Schema   350
Yule-Walker Gleichungen   349, 350
  empirische   355

Zackentest   320
Zeitreihe
  bivariate   365
  differenzierte   352
  integrierte   353
  Komponenten   318
  stationäre   326
Zufallsreihe   319